KB120896

전략론

MILITARY

CLASSIC

전략론

바실 리델 하트 지음
주은식 옮김

strategy

책세상

일러두기

1. 이 책에 사용된 맞춤법과 외래어 표기는 1989년 3월 1일부터 시행된 〈한글 맞춤법 규정〉과 〈문교부 편수자료〉에 따랐다.

2. 번역 텍스트로는 《Strategy》(Meridian, 1991)을 사용했다.

3. 지은이주는 각주로, 옮긴이주는 본문 안에 괄호로 처리했다.

4. 인명은 처음 1회에 한하여 원어를 병기했다.

군사훈련 전문가 이보어 맥스에게

차례

지도

스케치 요도

모든 전쟁은 기만에 바탕을 두고 있다. 따라서 공격할 때는 공격할 수 없는 것처럼 해야 하는 바, 군대를 사용할 경우에도 사용할 수 없는 것처럼 하고, 가까이 있을 경우에는 적으로 하여금 우리가 멀리 떨어져 있다고 믿게 해야 하며, 우리가 멀리 떨어져 있으면 가까이 있는 것으로 믿게 해야 한다. 미끼를 던져 적을 유인하며 무질서를 가장하여 적을 격파하라.

전쟁을 오래하여 국가 이익을 도모한 나라는 아직 없다.

전쟁의 해악을 철저하게 아는 자만이 가장 효과적인 전쟁수행 방법을 완전히 이해할 수 있다.

싸우지 않고 적을 굴복시키는 것이 최상의 방책이다. 그러므로 적의 계획을 사전에 좌절시키는 것이 최선의 용병술이라면, 차선은 군대가 집중하지 못하도록 하는 것이고 그 다음은 무력을 사용하여 교전하는 것이며, 견고히 준비된 적의 도시를 공격하는 것은 최악의 정책이다.

무릇 전투는 정正으로 합하고 기奇로 승리한다.

적이 필히 방어해야 할 장소를 쳐서 적을 견제하고 적이 생각하지 않은 곳을 기습한다.

적의 진격을 받고도 방자가 막지 못하는 것은 공자가 방자의 약점을 치기 때문이며, 퇴각하는 적을 추격하지 못하는 것은 퇴각군의 속도가 신속하여 이를 따라잡을 수 없기 때문이다.

아군이 적을 이기는 데 어떠한 전술을 사용했는지는 누구나 알 수 있지만 우리가 적을 어떻게 제압할 수 있었는지 그 전략은 누구도 알 수 없다.

무릇 전술은 물과 같다(兵形象水). 물은 높은 곳을 피하여 얕은 곳으로 흐른다. 또한 실한 곳을 피하고 허한 곳을 친다. 물은 지형에 따라 그 흐름을 조절하고 군인은 상대하는 적에 따라 승리할 수 있는 방법을 궁리한다.

이처럼, 아군의 행군로는 먼 우회로를 피하고, 적에게 이익을 주어 유인하며 아군이 사잇길로 진격함을 알지 못하게 한다. 적보다 늦게 출발하여 먼저 목적지에 도달한다. 이것이 우직지계迂直之計를 아는 자이다.

우직지계를 아는 자는 승리할 것이다. 이것이 기동술의 극치이다.

깃발이 질서 정연한 적군을 치지 말고, 조용하고 당당하게 준비된 적군도 치지 말라. 이것이 바로 상황 판단을 잘하는 기술이다.

적을 포위할 때는 반드시 퇴로를 열어두라. 궁지에 몰린 적을 과도하게 압박하지 말라.

신속함이 전쟁의 본질이다. 적이 준비되지 않은 것을 이용하고 예상하지 못한 접근로로 가서, 무방비 지점을 쳐야 한다.
　　—《손자병법》

가장 완전하고 멋진 승리는 다음과 같다. 자기는 어떠한 손실도 입지 않고 적으로 하여금 전쟁 목적을 포기하게 하는 것이다.
　　—벨리사리우스

간접적인 방법으로 방향을 찾아라.
　　—셰익스피어,《햄릿》2막 1장

전쟁술의 요체는 신속, 대담한 공격에 뒤이어 대단히 신중하고도 용의주도한 방어를 구축하는 것이다.
　　—나폴레옹

모든 군사 행동은 정보의 힘과 그 효과로 가득 차 있다.
　　—클라우제비츠

현명한 군사 지도자는 전략적 관점에서 극히 공세적인 특성을 구비한 방어 지점을 선택하므로, 적은 이 진지를 공격하지 않을 수 없게 된다.'
　　—몰트케

용감한 용사들이여! 그대들은 언제나 가장 방비가 탄탄한 지역으로 돌진하는구나!
　　—1915년 4월 25일 갤리폴리 반도 상륙을 지켜보며, 드로벡 제독

개정판 서문

이 책의 최종판은 핵분열 기술이 핵융합 기술로 발전하면서 등장한 열핵 폭탄, 즉 최초의 수소 폭탄의 폭발 실험이 행해진 1954년에 출간되었다. 최초의 수소 폭탄은 1945년에 투하된 최초의 원자 폭탄보다 천 배의 폭발력을 지니고 있었다.

그러나 여기에 재인쇄된 당시 개정판의 서문에서 나는 새로운 무기의 개발이 응용 면에서 좀더 새로운 방법의 발전을 촉진하는 계기가 될 수는 있을지언정, 그 때문에 우리가 소위 재래식 무기에 대한 의존에서 완전히 벗어나거나 전략의 기초와 실제가 근본적으로 변화되는 일은 없을 것이라고 감히 예언한 바 있다.

1954년 이후, 핵무기와 비핵 분쟁의 증대에도 불구하고 경험에 비추어볼 때 당시 예언이 현실적으로 명확히 입증되었다. 무엇보다 그러한 경험을 통해 실증된 것은 핵무기의 발전이 억제 효과를 무효화시켜 게릴라형 전략의 활용이 증대될 것이라는 예언이었다. 게릴라전의 기본 요소와 문제점을 다룬 장을 새로 추가한 것도 바로 이 때문이다. 이러한 문제점들은 대단히 오랫동안 지속되어온 것들이지만 아직까지도 명확하게 이해되지 못하고 있다. 이러한 점은 특히 '게릴라전'이라 불리는 것이라면 무엇이든 새로운 군사적 유행으로 여기고 열광적으로 받아들였던 나라들일수록 더하다.

서문

수소 폭탄이 완벽하고도 최종적인 안전보장이라는 서구인들의 꿈에 화답하는 해결책은 아니다. 수소 폭탄은 서구인들의 앞에 놓인 위험에 대한 '만병 통치약'이 아니라는 것이다. 수소 폭탄은 파괴력을 증대시킨 반면, 서구인들의 걱정과 불안감을 자극, 심화시켰다.

1945년 당시 서구의 책임 있는 정치가들에게 원자탄은 신속하고도 완전한 승리, 나아가 세계 평화를 보장하는 쉽고도 단순한 방안으로 보였다. 윈스턴 처칠이 말한 바와 같이, 그들은 단 몇 차례의 원자 폭발을 통해 압도적인 힘을 보여줌으로써 고통받는 국민들에게 구원의 손을 내밀고, 전쟁을 종결시켜 세계에 평화를 가져다줄 수 있다면, 그것은 곧 고난과 위기 끝에 찾아든 구원의 기적과도 같은 것이라 생각했다. 그러나 오늘날 자유 진영의 국민이 처해 있는 불안 상태는 승리를 통한 평화 달성이라는 문제의 핵심을 '꿰뚫지 못했다'는 사실을 입증한다.

그들은 '전쟁 승리'라는 전략적 당면 목표에 집착한 나머지, 군사적 승리가 평화를 보장한다——이것은 역사의 일반적 경험과는 반대되는 가정인데——는 생각에 안주하고 말았다. 그 결과, 최근 들어 순수 군사적인 전략이 더욱 높은 '대전략'의 차원에서 나온 더욱 폭넓고 긴 안목에 의해 유도되어야 한다는 교훈을 얻게 되었다.

제2차 세계대전을 둘러싼 여러 가지 정황을 살펴볼 때 승리를 추구하는 것은 애초부터 비극과 무의미함에 빠질 운명을 안고 있었다. 독일의 저항 능력을 일소한다는 것은 곧 소련의 유라시아 대륙 지배와 공산주의 세력의 전방위에 걸친 방대한 확장에 길을 터주는 것이나 마찬가지였다. 이와 마찬가지로 전쟁을 마무리했던 원자탄의 현란한 과시가 러시아의 유사 무기 개발로 이어질 것이라는 점은 어쩌면 자명한 사실이었다. 그토록 유례 없는 불안한 평화가 유지되었고 전후 8년 간의 신경전을 거치는 동안 열핵 무기가 제조되면서 '전승국' 국민의 불안감은 더욱 심화되었다. 그러나 열핵 무기 제조의 유일한 효과는 그것만이 아니었다.

수소 폭탄은 실험 단계에서조차 방법으로서의 '총력전'과 전쟁 목표로서의 '승리'가 시대에 뒤처진 개념이라는 점을 다른 무엇보다도 분명히 했다.

이러한 점은 전략적 폭격의 대표적 주창자들에 의해 인식되었다. 영국 공군 원수 슬레서John Slessor 경은 최근 "우리가 과거 40년 동안 알고 있었던 총력전은 이미 과거지사가 되어버렸으며 오늘날, 우리 모두가 알고 있듯 세계대전은 총체적 자살 행위이자 문명의 종말"이라는 소신을 발표했다.

이에 앞서 영국 공군 원수 테더Tedder 경은 동일한 문제를 두고 "실제적 가능성에 대한 정확하고도 냉철한 의사 표명"이라고 강조하면서 "원자탄을 사용한 경쟁은 더 이상 결투가 아니라 상호 자살 행위"라고 말했다.

그렇게 논리적이지는 않지만 그는 "침략 행위가 조장될 전망은 거의 사라졌다"고 덧붙였다. 이 말이 비논리적이라는 것은 위협이 명백히 국가의 운명을 좌우할 만한 것이 아닌 한, 피침국은 당연히 즉각적인 자살 행위(즉, 핵무기의 사용)를 주저할 것이고, 냉혈적인 침략자라면 바로 이 점을 계산에 넣을 것이기 때문이다.

어떤 정부가, 간접 침략 또는 국지적 · 제한적인 침략에 대한 응전으로써 수소 폭탄의 사용을 결정하겠는가? 어떤 책임 있는 정부가 공군 수뇌부들이 앞서 경고한 이른바 '자살 행위'에 앞장서겠는가? 수소 폭탄은 위협의 치명성이 수소 폭탄만큼이나 확실하고도 즉각적이지 않은 이상 사용되지 않을 것이라고 단정할 수 있다.

수소 폭탄이 침략에 대한 억제책 가운데 하나라는 정치가들의 믿음은 환상에 지나지 않는 것 같다. 수소 폭탄을 사용하겠다는 위협은 크레믈린보다는 오히려 철의 장막 인근 국가에서 더욱 심각하게 받아들여지고 있는 듯하다. 이러한 나라의 국민들은 러시아와 러시아의 전략 폭격 부대에 위험할 정도로 가까이 살고 있기 때문이다. 원자탄에 의한 위협이 만약 자국민의 보호를 위해 이용된다면, 국민들의 저항 의지를 약화시키기에 충분할 것이다. 원자탄의 '역풍'은 이미 엄청난 해를 끼치고 있다.

수소 폭탄은 봉쇄 정책에 도움이 되기보다는 장애가 되어왔다. 수소 폭탄은 전면전의 가능성을 감소시키는 반면, 그만큼 간접적이고 광범위한 국지 침략에 의한 '제한전'의 가능성을 '증대'시키고 있다. 침략자는 수소 폭탄 또는 원자탄을 통한 반격을 주저하게 만들면서 그 동안 선수를 칠 수 있는 다양한 유형의 기술을 선택 · 활용할 수 있게 되었다.

이러한 위협을 봉쇄하기 위해 우리는 이제 '재래식 무기'에 더욱 의존하게 되었다. 그러나 이러한 결론이 재래식 방법으로 되돌아가야 한다는 것을 의미하는 것은 아니다. 다만 새로운 방식의 개발에 대한 자극제가 되어야 한다는 것이다.

우리는 지난 시대의 '혁신가'들, 다시 말해 항공 · 원자력의 옹호자들이 생각했던 것과는 완전히 다른 새로운 전략의 시대에 돌입했다. 우리의 적이 개발하고 있는 전략은 우월한 공군력을 회피하고 행동을 제약하는 이중적인 포석을 깔고 있다. 아이러니컬한 것은 우리가 폭격 무기의 '대량' 효과를 발전시킬수록 상대방의 게릴라형 전략의 발전을 도와주게 된다는 사실이다.

우리의 전략은 이러한 개념에 대한 정확한 이해에 근거해야 하며 군사 정책의 방향 역시 재설정되어야 한다. 전망은 이미 존재하며, 그에 상응하는 유형의 대응 전략을 마련하기 위해 그 전망을 효과적으로 발전시키는 것은 우리의 몫이다. 혹자는 여기에 부연하여, 수소 폭탄으로 도시를 쓸어버리면 잠재적인 '제5열'의 성장 기반을 파괴해버릴 수 있지 않느냐고 말할 수도 있겠다.

그러나 원자력이 전략을 불필요하게 만들었다는 일반적 가정은 근거 없는 오산이다. 자살에 이르는 극단적인 파괴성을 내포한 원자력은 전략의 본질인 간접적인 방법으로의 복귀를 고취하고 촉진시켰는데 그것은 간접적 방법이 전쟁에 지적인 속성을 부여하여 전쟁을 야만적인 힘의 행사 이상으로 격상시켰기 때문이다. '간접 접근'으로의 복귀 징후는 비록 대전략이 빠져 있긴 했지만, 제1차 세계대전보다 전략이 훨씬 더 큰 역할을 수행했던 제2차 세계대전에서 이미 분명히 나타났다. 핵 억지력은 행동을 예측 가능한 방향으로 유도하는 반면, 침략자측으로 하여금 더욱 전략적 정교함을 심화시키도록 조장하는 경향이 있다. 따라서 중요한 것은 이러한 상대의 전략적 발전에 대응하여, 우리측의 전략적 힘에 대한 이해가 증진되어야 한다는 점이다. 근본적으로 전략의 역사는 간접 접근의 적용과 발전의 기록인 것이다.

간접 접근 전략에 대한 나의 첫 연구는 1929년에 《역사상 결정적인 전쟁The Decisive wars of History》이라는 제목으로 출간되었다. 이

책은 전략과 대전략에 있어 제2차 세계대전이 남긴 교훈을 분석하여 25년 간의 연구와 사색의 결과를 수록한 것이다.

오랜 기간에 걸친 일련의 군사 전역을 연구하는 과정에서 직접 접근보다 간접 접근이 우월하다는 사실을 알게 될 무렵, 나는 단지 전략을 비추는 한 줄기 빛을 찾고 있을 따름이었다. 그러나 사색의 깊이가 더할수록 나는 간접 접근에도 폭넓게 적용할 수 있는 타당성이 있음을 알게 되었는데, 그것은 간접 접근이 모든 영역에서 삶의 법칙이자 철학적 진리라는 점이었다. 간접 접근을 수행하는 것이야말로 인간적 요인이 지배하는 모든 문제, 그리고 이익 침해에 대한 잠재적인 불안에서 기인하는 의지의 충돌을 해결하는 실천적 성과물의 핵심이라 여겨졌다. 새로운 착상의 직접적인 유입은 완고한 저항을 불러일으키고, 그러다 보면 시각의 변화를 끌어내는 데 어려움이 더하게 마련이다. 그보다는 전혀 다른 착상을 기습적으로 침투시키거나 상대가 본능적으로 반대하는 측익을 우회하여 논지를 편다면 사고의 전환을 훨씬 쉽고도 신속하게 달성할 수 있다. 간접 접근은 정치 분야에서와 마찬가지로 성性의 영역에서도 근본적이다. 상거래 때도 할인이 보장되어 있다는 암시가 사라고 직접 호소하는 것보다 훨씬 더 효과가 크다. 그리고 어떤 분야에서든 상급자가 새로운 아이디어를 받아들이도록 하는 가장 확실한 방법은 그것이 상급자 자신의 생각이라고 믿게 하는 것이다! 전쟁에서와 마찬가지로, 목표는 공격 전에 적의 저항을 약화시키는 데 있다. 그리고 상대방을 방어 진지에서 끌어낼 때에 최선의 효과를 달성할 수 있다.

간접 접근이라는 착상은 마음에 대한 마음의 영향에 관한 모든 문제와 밀접하게 연관되어 있으며 이러한 문제는 인류 역사상 가장 영향력이 큰 요소이기도 하다. 그것은 다음과 같은 또 다른 교훈과 양립할 수 없다. 즉 진리가 다른 여러 가지 이익들을 어디로 이끄는지, 그리고 그것들에 어떤 효과를 미치는지에 대해 고려하지 않고 진리를 추구해야 진정한 결론에 도달하거나 접근할 수 있다는 것이다.

　역사는 예언자들이 인간의 진보——그것은 진리를 보이는 그대로 남김 없이 표현하는 것이 얼마나 궁극적이고 실제적인 가치를 지니고 있는지를 입증하는 것인데——에서 없어서는 안 될 역할을 수행했다는 사실을 증명하고 있다. 하지만 예언자들의 생각을 수용하고 널리 전파하는 일은 언제나 또 다른 계급, 즉 지도자들——이들은 진리와 인간의 수용 능력 사이에 타협안을 제시하는 철학적 전략가여야 했다——의 몫이었다는 사실 또한 분명해지고 있다. 지도자들의 영향력은 진리를 이해함에 있어서 그들이 가진 한계만큼이나, 진리를 전파함에 있어서 그들이 가진 실천적인 지혜에 의해서도 좌우되었다.

　예언자들은 돌팔매질을 당해야 했다. 그것은 그들의 운명이자 자기 완결성에 대한 시험이었다. 그러나 지도자가 박해를 받는다는 것은 지혜가 부족하여, 혹은 예언자의 역할과 혼동하여 자신의 역할과 기능을 제대로 수행하지 못했음을 입증하는 것에 지나지 않는다. 그러한 자기 희생의 결과가 지도자로서의 명백한 실패를 인간으로서의 명예로 보상해줄지는 오로지 시간만이 말해줄 것이다. 적어도 지도자들의 공통적인 실책——명분에 궁극적인 우위를 두지 않고 진리를 희생하여 편리를 취하는——을 피할 수 있을 것이다. 전술상의 이익 때문에 습관적으로 진리를 억압하는 자는 누구나 자신의 사상적 모태로부터 불구의 사상을 만들어낼 것이다.

　진리의 달성을 향한 진보와 그러한 진리의 수용을 향한 진보를 결합하는 실제적인 방법은 존재하는가? 이 문제에 대한 한 가지 가능한 해결책은 전략적인 원칙에 대한 사색에서 찾을 수 있다. 전략적인 원칙이 지적하는 바는 하나의 목적을 일관되게 유지하면서, 상황에 적합한 방법으로 추구하는 것이 중요하다는 것이다. 진리에 대한 저항은 피할 수 없으며 특히 진리가 새로운 착상의 형태를 띨 경우 더욱 그러하다. 그러나 저항의 강도는 목표뿐만 아니라 접근 방식까지 고려에 넣는다면 어느 정도 감소시킬 수가 있다. 장기간에 걸쳐 구축된 진리에 대한 정면 공격을 피하고, 대신 측면 이동으로 진지를 우회하라. 그러면 좀더 취약한 측면이 진리의 습격에 노출될 것이다. 그러나 그러한 간접 접근 과정에서 어떠한 경우라도 진리에서 이탈하지 않도록 주의해야 한다. 그 이유는 간접 접근의 실질적인 진척에 있어서 진리가 아닌 방향으로 비껴나가는 것만큼 치명적인 일은 없기 때문이다.

이러한 생각의 의미는 자기 자신만의 경험에 비추어본다면 더욱 분명해질 것이다. 여러 가지 참신한 착상이 수용되는 과정을 돌이켜보면, 근본적으로 전혀 새로운 것이 아니라 예로부터 존중되어왔으나 잊혀졌던 원칙 또는 관행을 현대적인 개념으로 재해석한 것으로 제안할 경우 더욱 쉽게 받아들여진다는 사실을 알 수 있다. 이를 위하여 연결 고리를 세심히 추적해야 한다. 왜냐하면 "태양 아래 새로운 것이란 전혀 없기" 때문이다. 이에 대한 뛰어난 사례로는 기동성 있는 장갑 차량──고속전차──이 기본적으로 장갑 기마병의 후신이며, 따라서 과거 기병이 수행했던 결정적인 역할을 재현하는 자연스런 수단이라는 사실을 보여줌으로써, 기계화에 대한 반대를 누그러뜨릴 수 있었다는 점을 들 수 있을 것이다.

B. H. 리델 하트

제1부
기원전 5세기에서 20세기까지의 전략

제1장 실제 경험으로서의 역사

"어리석은 자는 자기 경험에 의해 배운다고 한다. 그보다 나는 남의 경험을 이용하는 편을 택하겠다." 비스마르크의 말을 인용한 이 어구는 독창적이지는 않지만 군사문제에 관한 한 특별한 의미를 지니고 있다. 다른 직업을 가진 자들과는 달리, '정규' 군인은 정기적으로 자신의 전문 기능을 실습할 수가 없다. 사실 문자 그대로 생각하면 군 전문직은 전문직이라기보다 '임시직'이라고 해도 지나친 말이 아니다. 역설적이지만, 전쟁을 수행할 목적으로 고용되고 봉급을 받는 용병이 전쟁이 없을 때도 봉급을 받는 상비군으로 교체되면서 군은 전문직으로서의 의의를 잃어버렸다고 할 수 있다.

엄격히 말해 군 전문직이 존재하지 않는다는 주장은 직무라는 견지에서 볼 때 오늘날의 대다수의 군대에서 타당하지 않다면, 전쟁이 과거에 비하여 비록 규모는 커졌지만 발생 빈도가 적어졌기 때문에 훈련의 측면이 강화되는 것은 불가피하다. 왜냐하면 평화시의 훈련은 아무리 잘해도 이론적인 경험에 지나지 않기 때문이다.

그러나 비스마르크의 금언은 이 문제를 다른 각도에서 조명하고 있다. 그는 실제적 경험에도 직접·간접의 두 가지 형식이 있다는 것을 지적하면서 이 둘 중에 무한대로 확장시킬 수 있는 간접 경험이 더욱 가치가 있다고 주장한다. 가장 활동적인 경력, 특히 군인의 경력에 있어서도 직접 경험의 범위나 가능성은 극히 한정되어 있다. 군대와는 달리, 의사라는 전문직 종사자들은 끊임없이 실습을 한다. 그러나 내과 및 외과 의학에서 위대한 발전은 개업의보다는 과학적 창안자와 연구직 종사자들에 의해 성취되었다.

직접 경험은 이론이나 응용에서 적당한 기초를 구성하기엔 그 속성상 너무나 많은 한계가 있다. 직접 경험은 기껏해야 사고의 구조를 공고히 하는 데 가치 있는 환경을 제공할 뿐이다. 이에 비해 간접 경험의 더 큰 가치는 그 다양성과 범위에 있다. '역사는 보편적인 경험이다. 다시 말해 단순히 다른 사람의 경험이라기보다는 다양한 조건을 가진 많은 사람들의 경험인 것이다.'

이것이 군사軍史를 군사교육의 기초로 내세울 합리적 근거이며 이러한 군사교육은 병사들의 훈련과 정신적 개발에서 우수한 실제적 가치를 누릴 수 있다. 하지만 모든 경험이 가져다주는 이익과 마찬가지로 군사軍史가 가져다주는 이익은 역사가 보편적인 경험이라는 것에 얼마나 접근하고 있는지, 그 연구가 어떠한 방법으로 실행되는지에 따라 좌우된다.

군인들이 때때로 인용하듯 나폴레옹의 "전쟁에서 정신은 물질의 3배의 가치를 지닌다"는 금언은 널리 받아들여지고 있다. 어쩌면 이러한 산술적 비율은 무의미할지도 모른다. 왜냐하면 무기가 적절하지 못하면 사기는 떨어지게 마련이고 죽은 자의 몸 안에 있는 의지라면 제아무리 강하더라도 쓸모가 없을 것이기 때문이다. 정신적 요소와 체력적 요소를 분리할 수는 없지만, 위의 금언은 '정신적 요소가 모든 군사적 결정에 있어 우월하다'는 생각을 표현하고 있다는 점에서 영원한 가치가 있다. 전쟁 및 전투의 귀추는 언제나 정신적 요소에 따라 결정된다. 전쟁의 역사에서 정신적 요소는 물질적 요소보다 불변적인 요소를 구성하며 그 변화는 다만 정도의 차이에 그칠 뿐이지만, 물질적 요소는 거의 모든 전황이나 전쟁에서 변화하게 마련이다.

　이와 같은 인식은 실용적 목적의 전사 연구라는 문제 전반에 영향을 끼치게 된다. 최근 여러 세대에 걸친 연구 방식은 한두 가지 전역을 선정, 그것을 직업적 훈련의 수단이나 군사 연구의 기초로 삼아 그것 자체에만 매달려 연구하는 경향이 있다. 그러나 그처럼 좁은 기반 위에서는 전쟁에 따라 사용되는 군사적 수단이 항상 변하기 때문에 연구자의 시야가 좁아져 잘못된 교훈을 도출할 위험이 있다. 물질적인 면에서 오직 변함 없는 요소는 '수단과 조건은 예외 없이 변화한다'는 것이다.

　이와는 대조적으로 인간의 본성은 비록 다양한 것이긴 해도 위험에 대한 반응은 그리 큰 차이가 없다. 유전이나 환경 또는 훈련에 의해 일부 사람이 다른 사람보다 덜 민감할 수는 있지만 이는 정도의 차이일 뿐 근본적인 차이는 아니다. 우리가 연구하는 상황이 국지적인 것일수록 정도의 차이는 더욱 모호하고도 미미하게 마련이다. 따라서 상황별로 인간의 저항을 정확히 수치로 계산할 수는 없다. 하지만 미리 경계 상태에 있었던 때보다 기습을 받았을 때 인간의 저항이 적고, 건강하고 영양 상태가 좋을 때보다 피로하고 굶주렸을 때 저항이 적다는 것은 잘못된 판단이 아니다. 추론의 근거로서 심리적 조사는 그 범위가 넓을수록 좋다.

　심리적인 것이 물질적인 것보다 우월하고 불변도 또한 크다는 것은 어떤 전쟁 이론이든 그 근거를 최대한 확장해야 한다는 것을 의미한다. 하나의 전역을 심도 있게 연구했다고 해도 전쟁 역사 전체에 대한 광범위한 지식에 기반하지 않으면 함정에 빠지기 쉽다. 그러나 서로 다른 시대, 다양한 조건 아래 있는 20개 이상의 사례에서 특정 원인이 특정 결과를 낳는다는 것이 인정된다면, 그 원인이야말로 어떠한 전쟁 이론에 있어서도 불가결한 일부를 구성한다고 해도 좋을 것이다.

이 책에 등장하는 명제들은 그러한 '광범위한' 검토의 산물로서 사실상 특정 원인들이 낳는 복합적인 결과를 개념화한 것이라 해도 좋다. 이는 《브리태니커 백과사전》의 군사 부문 편집장으로서 내 업무와도 관련 있다. 이 업무를 통해 나는 전 시대에 걸쳐 총체적인 조사를 할 수 있었다. 조사자는, 단순히 여행자라고 해도, 최소한 시야가 넓기 때문에 토지의 전반적인 지형을 읽어낼 수 있는 반면 채굴업자들은 자신이 발견해낸 지층밖에는 알지 못한다.

이 조사를 하는 동안 내게는 하나의 인상이 강렬해져갔다. 그것은 시대를 통틀어 상대의 의표를 찌르는 간접 전략을 수행하지 않고 효과적인 전과를 거두는 예는 거의 없었다는 사실이다. 이러한 간접성은 통상 물리적인 것이었지만 언제나 심리적인 것이기도 했다. 전략상으로는 목적에 대한 가장 먼 우회로가 때때로 최단 경로일 수도 있다.

시간이 지남에 따라, 적이 생각하는 '당연한 예상 경로'를 따라 정신적 목표나 물리적 대상에 직접 접근할 경우, 부정적인 결과를 초래한다는 교훈이 더욱 명백해졌다. 그 이유는 나폴레옹의 금언 '정신은 물질의 3배이다'에서도 알 수 있다. 이 말을 과학적으로 표현하자면 어떤 군대나 국가의 대항력이 외면적으로는 그 숫자나 그것이 지닌 자원에 기반하고 있는 것처럼 보이지만, 이들 요소 또한 근본적으로는 지휘나 사기, 보급의 안정성에 의존한다고 말할 수 있다.

적이 당연히 예상할 수 있는 선을 따라 행동한다면 적의 균형은 강해지고 그럼으로써 적의 저항력 또한 강화된다. 레슬링과 마찬가지로 전쟁에서도 먼저 상대의 발판을 흔들어 균형을 흐트러뜨린 다음 상대를 넘어뜨려야지, 그렇지 않으면 상대에게 가하는 힘에 비해 낭비되는 힘의 비율이 커져 제풀에 지치게 마련이다. 후자와 같은 방법으로 승리를 거둔다는 것은 어떤 형태로든 엄청난 격차의 힘의 우위를 확보해야 가능한 일이며, 설사 그렇다고 해도 승패의 결정권을 잃기가 쉽다. 지금껏 대부분의 전역에서, 적의 물리적·심리적 균형을 교란시키는 것이야말로 적을 전복시키려는 시도를 성공으로 이끄는 핵심적인 전주곡이었다.

이러한 교란은 의도된 것이든 우연에 의한 것이든 전략적 간접 접근을 통해 달성되었다. 분석에 따르면 교란은 다양한 형태를 띤다. 왜냐하면, 간접 접근 전략은 카몽 장군이 자신의 연구 속에서 나폴레옹이 작전을 지휘하는 데에 있어 불변의 목표이자 가장 중요한 방법이라 말한 '적의 후방을 지향하는 기동' 까지도 포괄하는, 한층 넓은 의미를 지니고 있기 때문이다. 카몽 장군은 주로 병참 이동, 즉 시간·공간 및 교통의 요소에 관심을 기울이고 있었다. 그러나 심리적 요소를 분석한 결과, 적의 후방을 향한 기동과는 외관상 전혀 유사성이 없으면서도, 그에 못지 않게 '간접 접근 전략' 의 핵심 사례임에 분명한 많은 작전들 사이에 잠재적인 상호 관련성이 존재한다는 사실이 명백히 밝혀졌다.

이러한 상호 관련성을 추적하고 작전의 성격을 판단하기 위해 수적인 힘이나 보급 수송에 대한 세부자료를 제시할 필요는 없을 것이다. 왜냐하면 우리들의 관심은 다만 포괄적인 일련의 사례들 내에 존재하는 역사적 결과와 그와 같은 결과를 가져온 병참의 이동 또는 심리적인 행동에 있기 때문이다.

성격, 시대, 규모 면에서 매우 다양한 조건을 지닌 유사한 행동들이 근본적으로 유사한 결과를 낳는다면, 이러한 행동들 사이에는 분명 공통의 원인을 논리적으로 연역해낼 수 있는 연관성이 존재한다. 그리고 조건이 다양하면 할수록 이러한 연역적 추론의 확실성 역시 배가된다.

전쟁에 대한 광범위한 조사가 가진 객관적 가치는 새롭고 진실된 교리를 만들어내기 위한 연구에 국한되지 않는다. 만약 광범위한 조사가 모든 전쟁 이론에의 불가결한 기초라고 한다면, 이와 마찬가지로 자신의 시야와 판단력을 개발하려는 일반적인 군사학도에게도 필수적이다. 그렇지 않으면 그의 전쟁에 대한 지식은 뾰족한 첨탑 끝으로 불안스레 균형을 잡으며 거꾸로 서 있는 피라미드처럼 되고 말 것이기 때문이다.

제2장 그리스시대의 전쟁
― 에파미논다스, 필리포스 그리고 알렉산드로스

이 조사에서 가장 타당한 출발점은 유럽의 역사상 최초의 '대전쟁'인 페르시아 대전쟁이다. 전략이 아직 요람기에 있었던 시대에 많은 지침을 얻을 것이라고 기대할 수는 없다. 그러나 마라톤이라는 지명은 무시할 수 없을 정도로 역사를 읽는 모든 이들의 상상력과 사고 속에 깊이 새겨져 있다. 특히 그리스 인들에게는 한층 더 강렬하게 그 인상이 새겨져 있다. 그 때문에 그것이 갖는 중요성은 그리스 인들에 의해 과장되었고, 그들을 통해 후대의 유럽인들 또한 이를 과장하게 되었다. 그러나 그 중요성을 적절한 정도로 축소해야 그 전략적 의의는 증대되는 것이다.

기원전 490년에 있었던 페르시아의 침공은, 다리우스 왕의 눈에는 소국에 지나지 않던 에레트리아와 아테네로 하여금 페르시아에 예속되어 있던 소아시아의 그리스 인들 사이에 반란을 부추기지 못하도록 가르치기 위한, 비교적 소규모의 출정이었다. 첫째로 에레트리아가 격파되었고, 그 국민은 페르시아 만 연안의 강제 이주지로 추방되었다. 다음은 아테네의 차례였다. 알려진 바에 따르면 아테네의 극단적 민주주의 정당은 자기 나라의 보수 정당에 반하는 페르시아의 개입을 원조하려고 기다리고 있었다. 페르시아는 아테네로 직접 진격하는 대신 아테네의 동북방 25마일에 위치한 마라톤에 상륙했다. 그렇게 함으로써 페르시아는 아테네 육군을 상륙 지점 방향으로 유도하여 내통자들로 하여금 아테네의 권력 장악을 촉진시킨다는 계산이었다. 그러나 이와 반대로, 만약 아테네를 직접 공격했다면 그와 같은 봉기를 방해할 뿐만 아니라, 경우에 따라서는 그 봉기의 세력조차도 반反페르시아 세력으로 결집시키는 결과를 낳았을 것이다. 그리고 어느 편으로나 페르시아는 아테네의 포위 공격이라는 아무런 이익도 없는 곤경을 경험할 뻔했다.

만약 이 마라톤 상륙이 페르시아의 계산이었다면 이 계략은 성공을 거두었다. 아테네의 육군은 페르시아군을 맞아 싸우기 위하여 마라톤을 향해 진출했으나, 페르시아군은 그 전략 계획의 제2단계를 실행에 옮기고 있었다. 페르시아군은 엄호 부대의 보호 아래 육군의 일부를 또다시 승선시켰는데, 목적은 그 병력을 팔레룸으로 회항, 상륙시켜 무방비 상태인 아테네로 약진하는 것이었다. 이 전략 계획은 대단히 절묘한 것이었으나 여러 가지 요인으로 실패하고 말았다.

명장 밀티아데스Miltiades의 헌신적인 노력 덕분에 아테네측은 페르시아군의 엄호 부대를 지체없이 공격, 단 한 번뿐인 기회를 장악하는 데 성공했다. 마라톤 전투에서는 그때까지 언제나 페르시아군에 대항하는 최고의 자산이었던 우수한 장갑과 긴 창이 그리스군의 전승에 기여했다. 그러나 이 싸움은 애국적인 전설에서 전해지는 것보다 훨씬 더 격렬했고, 대부분의 페르시아군 엄호 부대는 안전을 찾아서 배로 도주하고 말았다. 아테네군은 더욱 눈부신 힘을 발휘하여 신속히 아테네로 진군했는데, 이 신속한 행군이 아테네 내에 있던 반정부 세력(극단적 민주주의 정당)의 봉기가 지연되는 것과 맞물려 아테네를 구하게 되었다. 왜냐하면, 아테네군이 아테네에 되돌아왔을 때 페르시아군은 (내부 반란이 지연되고 있었으므로) 포위 공격이 불가피하다는 것을 깨달고 아시아로 귀항해버렸기 때문이다. 그것은 그들이 한낱 징벌을 목적으로 비싼 대가를 요하는 포위 공격을 수행할 가치는 없다고 판단했기 때문이었다.

페르시아가 두 번째로 침공을 한 것은 그로부터 10년이 지난 후의 일로 이때는 좀더 커다란 대가를 무릅써야 했다. 그 동안 그리스는 다양한 경고에 신속하게 대응하지 못했다. 당시 함대는 페르시아측의 지상군이 가지고 있던 우월성에 대항하는 데 결정적인 요소였음에도 아테네가 함대 확장에 착수한 것은 기원전 487년에 이르러서였다. 따라서 그 10년이란 기간 동안 그리스와 유럽이 무사할 수 있었던 것은 그리스 인들의 철저한 대비 덕분이 아니라 전적으로 이집트의 반란(그 때문에 기원전 486~484년 기간 동안 유럽은 페르시아의 관심에서 벗어날 수 있었다)과 당대 페르시아의 가장 뛰어났던 지배자인 다리우스 대왕의 죽음 때문이었다고 해도 틀림없을 것이다.

기원전 481년, 페르시아의 위협이 심해졌다. 그 위험이 점차 커지자 그리스 내에 있던 당파 및 소국 간의 분열은 해소되고, 단결이 강화되었을 뿐 아니라 페르시아 왕 크세르크세스Xerxes는 목표를 직접 겨냥해야 하는 상황에 처했다. 그것은 페르시아의 침공 육군이 너무 많아, 해로로 수송할 수가 없었으므로 육로를 택할 수밖에 없었기 때문이다. 그리고 인원이 너무 많아서 자체 보급이 곤란하여 보급을 목적으로 함대를 동원하지 않으면 안 되었다. 페르시아 육군은 그 때문에 연안에 묶여 있었고 함대는 육군에 묶여져 있어, 양자는 발이 묶여진 꼴이 되었다. 이리하여 그리스는 적의 접근로를 확실하게 알 수 있었지만 페르시아로서는 다른 선택의 여지가 없었다.

그리스 국토의 특징은, 적의 진공이 당연히 예상되는 선 위에 적을 봉쇄할 수 있는 일련의 지점을 가지고 있다는 점이다. 따라서 그룬디

Grundy의 말대로 그리스 내에 이해 및 의견상의 알력이 없는 한, 테르모필레의 남쪽에 진출할 수 있는 침략자는 없다고 보아도 과언이 아니었다. 역사는 불멸의 삽화를 그 한 페이지에 덧붙였거니와, 그리스 함대는 살라미스 해에서 페르시아 함대를 재기 불능이 될 때까지 격파함으로써 침략자를 교란했던 것이다. 이 동안 크세르크세스 왕과 페르시아 육군은 그들의 함대, 다시 말해 보급 기지가 격파되는 치명적인 광경을 절망 속에서 지켜보아야 했다.

이 해상 결전의 기회가 간접 접근의 한 형태로 분류될 수 있는 계략에 의해서 얻게 되었던 것은 특기할 만하다. 그 계략이란 테미스토클레스가 크세르크세스 왕에게 '그리스 함대는 명령을 거역하고 항복할 예정'이라는 메시지를 보낸 것이었다. 수적으로 우월한 페르시아 함대를 그 우세의 효과가 상쇄될 수밖에 없는 협소한 해협으로 끌어들이기 위해 고안된 이러한 위계는 경험상 신빙성이 있는 것으로 비춰졌기 때문에 한층 더 효과적이었다. 사실 테미스토클레스의 메시지는 그 자신이 두려워했던 것에서 힌트를 얻은 것이었다. 그 두려움이란 그리스 연합 함대 안에 있는 펠로폰네소스의 지휘관들이 그 전의 전쟁 회의석상에서 주장한 바와 같이 살라미스 해에서 철수할 경우 아테네 함대는 단독으로 싸울 수밖에 없고, 그렇게 되면 페르시아 함대에게 넓은 해상에서 그 수적 우세를 발휘할 기회를 주는 결과가 될지도 모른다는 것이었다.

한편 페르시아에서 크세르크세스 왕의 한결같은 전투욕에 반대하는 의견은 단 한 가지뿐이었다. 그것은 할리카르나소스 출신의 '선박의 여왕' 아르테미샤가 제시한 것으로, 기록에 따르면 그녀는 직접 공격은 삼가는 대신 육군은 펠로폰네소스를 향해서 진격하고 함대가 이에 협력하는 정반대의 계획을 주장했다고 한다. 그녀의 주장에 따르면,

그리스

본국이 위협받게 되면 펠로폰네소스 파견 함대는 철수할 수밖에 없고, 그렇게 되면 연합 함대는 붕괴될 수밖에 없었다. 그녀의 예상은 테미스토클레스의 우려와 마찬가지로 타당한 것이어서 페르시아 함대의 갤리 선단이 공격을 위해 출구를 폐쇄하지 않는 한 펠로폰네소스 파견 함대의 철수는 하루 아침에 실현되고 말았을 것이다.

그러나 페르시아측의 공격은 방어 태세에 있던 그리스 함대의 철수에 의해 공격하는 쪽에 치명적으로 불리한 방향으로 쏠리기 시작했다. 철수는 수적으로 우월한 페르시아 함대를 불균형하게 협소한 해전장으로 유인하는 미끼 역할을 했다. 왜냐하면 공격측이 좁은 해협을 통해서 전진하는 동안 그리스의 갤리 선단은 후퇴하여 도주해버렸기 때문이다. 페르시아 갤리 선단은 노 젓는 속도를 올리지 않을 수 없었고, 그 결과 극도의 혼란 속에 그리스의 갤리 선단이 좌우 양편에서 가하는 반격에 무방비 상태로 노출되기에 이르렀다.

그 후 70년 간, 페르시아가 그리스에 대해 간섭을 삼가게 된 주요한 요인의 하나는 아테네가 페르시아 병참선에 대해 발휘할 수 있었던 간접 접근의 힘이었다고 할 수 있다. 이 결론을 뒷받침하는 사실로는, 시러큐스에서 아테네 함대가 함락된 직후 즉각적으로 페르시아의 간섭이 재개되었다는 점을 들 수 있다. 그와 같은 간접 접근을 위한 전략적 기동력의 유용성이 지상전보다도 해전에서 훨씬 일찍 인식, 활용되었다는 것은 역사적으로 특기할 가치가 있다. 육군이 병참선에 보급을 의지하게 된 것은 발달 단계가 꽤 진보된 훗날의 일이라는 것이 타당한 이유이다. 이에 비해 함대는 적대 국가의 해상 병참선, 다시 말하면 보급 수단에 대한 작전에 익숙해 있었던 것이다.

살라미스 해전의 결과 페르시아의 위협이 사라지자, 그리스에서의 아테네의 지위는 태양과 같은 기세를 보였다. 그러나 이 기세도 펠로폰네소스 전쟁(기원전 431~404)으로 끝을 맺었다. 27년에 걸친 긴 전쟁과, 그로 인한 엄청난 국력 소모——이것은 주요한 교전국들뿐 아니라 중립 지향적인 나라들 역시 마찬가지였다——의 원인은 교전국 쌍방이 일관성이 없고 대개의 경우 목적을 상실한 전략을 되풀이했다는 점에서 찾을 수 있다.

그 최초 국면은 스파르타가 연합국들과 함께 아티카에 대한 직접 침략을 시도한 것에서 시작된다. 이러한 시도는 지상 전투를 피하면서 우월한 아테네 해군을 활용하여 파괴적인 습격을 행함으로써 스파르타의 침략 의지를 약화시키는 페리클레스의 전쟁 정책에 의해서 좌절되고 말았다.

'페리클레스의 전략'이란 말은 이후에 등장하는 '파비우스의 전략'이란 말과 비슷하게 익숙해 있는 것이기는 하나, 이 말은 이 전쟁이 거쳐온 단계의 의의를 좁히는 한편 혼란시키는 것이다. 정확한 용어 구사가 명확한 사고의 핵심을 이룬다는 점에서 보자면, 전략이라는 용어는 '용병술'이라는 그 문자적 의미에 의해 가장 잘 설명된다. 즉 용병술은 병력에 대한 실제적인 지휘라는 점에서 용병술의 사용을 통제하고 용병술을 다른 경제적·정치적·심리적인 수단과 결합시키는 '정책'과는 명백히 구별된다는 것이다. 다시 말해 그러한 '정책'은 그 응용 면에서 고차원의 전략이라고 할 수 있는데, 이것에 대해서는 '대전략'이라는 명칭이 정착되어 있다.

전쟁의 승패를 결정짓기 위해 적의 균형을 교란시킬 목적을 가진 간접 접근 전략과는 반대로, 페리클레스의 계획은 적으로 하여금 전승을 얻을 수 없다는 것을 자각하게 만들어 적의 지구력을 점차 고갈시킬 목적을 갖는 대전략이었다. 이러한 심리적·경제적인 소모전을 벌이고 있던 아테네에 불운하게도 역병이 침입, 전세가 불리한 쪽으로 기울게 되자, 기원전 426년에 이르러 페리클레스의 전략은 클레온Cleon 및 데모스테네스Demosthenes의 직접 공세 전략으로 대체되고 말았다. 이 직접 공세 전략은 전술적으로는 약간의 성공을 거두기도 했으나, 전자에 비해서 비용도 많이 들고 성공률도 낮았다. 그뿐 아니라 기원전 424년 겨울에는 스파르타의 가장 유능한 군인 브라시다스 Brasidas가 이제까지 아테네가 고생 끝에 얻었던 유리한 입장을 모두 소멸시켜버리고 말았다. 브라시다스의 전략적 행동은 적 전력의 줄기가 아닌 뿌리를 지향했다. 브라시다스는 아테네 자체를 우회하고 그리스 본토를 북쪽 끝까지 신속하게 진군하여 칼키디케에 있는 아테네의 속령을 공격했다. 이 속령은 '아테네 제국의 아킬레스 건'이라고 불리고 있었다. 브라시다스는 군사적 위력을 과시함과 더불어 아테네에 반기를 들고 있던 모든 도시에 대하여 자유 및 보호를 약속함으로써 아테네가 칼키디케에 가지고 있던 장악력을 흔들었으며 따라서 아테네의 주력군을 칼키디케로 끌여들였다. 아테네군은 암피폴리스 전투에서 비참한 패배를 당했다. 정작 브라시다스 자신은 승리의 순간에 전사했음에도 아테네는 스파르타와 불리한 강화조약을 맺는 데 만족해야 했다.

그 후 몇 년 간은 유사 평화 시대로 아테네는 몇 차례나 출정을 되풀이했지만 칼키디케에서 잃어버렸던 발판을 되찾을 수 없었다. 이에 아테네는 최후의 공세 수단으로서 시칠리아 섬의 요충지 시러큐스에 대한 원정에 착수했다. 당시 시칠리아 섬은 바다 건너 스파르타를 비롯한 지역에 펠로폰네소스 해로로 식량을 보급하고 있었다. 대전략이라는 점에서 볼 때 이 공격은 적의 실제적인 우방이 아닌 다만 무역 상대국에 대한 것이라는 결함을 안고 있었다. 그 때문에 적을 견제하기는 커녕 새로운 적을 만드는 결과가 되었다.

그럼에도 불구하고 유례를 찾을 수 없을 만큼 커다란 일련의 실책만 아니었다면 원정에서 거둔 정신적·경제적인 결과는 전세를 일시에 뒤집어놓기에 충분했다. 이 원정 계획의 입안자였던 알키비아데스 Alcibiades는 정치적 적대자의 음모로 통합사령부에 소환되었다. 재판을 받게 되면 신성 모독죄를 뒤집어쓰고 사형에 처해질 것이 뻔했던 그는 소환에 응하지 않고 스파르타로 피신, 자기가 입안한 계획을 무력화시키는 방법을 그들에게 일러주고 말았다. 알키비아데스의 계획에 대한 완고한 반대자였던 니키아스Nicias는 통합사령부에 이후의 작전 수행을 위해 남아 있게 되었고, 어리석은 아집 때문에 마침내 실패를 자초하고 말았다.

　아테네는 시러큐스에서 자국의 육군을 잃었으나, 그 함대를 활용하여 본국에서의 패배를 피하는 데는 성공했다. 그 후 9년 간에 걸친 해전을 통해 아테네는 유리한 강화 체결뿐만 아니라 아테네 제국의 부흥까지도 실현할 수 있는 단계에 도달했다. 그러나 이 아테네의 희망은 기원전 405년, 스파르타의 리산데르Lysander 제독에 의해 극적인 종말을 고하게 되었다.《케임브리지 고대사》에 기록된 이에 관한 기록을 보면 다음과 같다. "그의 전역 계획은 …… 싸움을 회피하고, 아테네 제국의 가장 취약한 여러 지점을 공격함으로써 아테네를 극도로 소모시키는 것이었다……." 그의 계획은 전투 회피라기보다는 간접 접근이었으므로, 첫 구절은 그리 정확한 것이라고는 할 수 없다. 그는 자기에게 매우 유리한 시기와 장소에서 기회를 포착하기 위해 그러한 계획을 짰던 것이다.

　그는 함대의 항해 방향을 비밀리에 교묘히 변경해가면서 다르다넬스 해협의 입구에 도착, 아테네를 향해 오고 있던 폰틱Pontic의 곡물 선단을 기다리고 있었다. '곡물의 보급은 사활적인 문제였으므로' 아테네의 지휘관들은 곡물 선단의 호위를 위해 180척으로 이루어진 함대 전체를 급히 보냈다. 그 후 4일 간 그리스의 지휘관들은 리산데르를 전투에 끌어들이려고 했으나 실패했다. 한편 리산데르는 그리스의 지휘관들이 자기를 막다른 골목으로 몰아붙였다고 믿도록 갖가지 수단을 부렸다. 이리하여 그리스의 지휘관들은 세스토스라는 안전한 항구로 후퇴하지 않고 아에고스포타모이에서 리산데르의 함대와 광대한 해협 위에 정박하고 있었다. 5일째 되는 날, 대부분의 선원들이 식량보급을 위해 상륙한 틈을 이용하여 리산데르는 돌연히 출격, 일격도 가하지 않고 함대 전체를 일순간에 나포해버리고 말았다. 그리하여 '가장 길었던 전쟁을 불과 한 시간만에 종결지어버렸다.'

이 27년에 걸친 전쟁에서는 수십 회의 직접 접근이 행해졌으나 모두 실패했으며, 언제나 그것을 시작한 편이 상처를 입는 결과를 가져왔다. 칼키디케의 '뿌리'에 대한 브라시다스의 공세를 계기로 전세는 결정적으로 아테네 쪽으로 불리하게 기울어갔다. 아테네의 부흥을 지향하는 희망에 최대의 근거가 주어진 것은 알키비아데스가 시칠리아 섬에 있는 스파르타의 경제의 근거지에 대해——대전략의 차원에서—— 간접 접근을 시도한 때였다. 그리고 다시 10년 간의 장기전이 계속된 다음, 해상에 있어서의 전술상의 간접 접근을 통해 최후의 일격을 가했다. 이러한 전술상의 간접 접근은 다름 아닌 대전략상의 간접 접근에서 도출된 것이었는데 이는 당시로서는 대단히 신선한 것이었다. 왜냐하면 놀랍게도 그러한 기회가 아테네의 '국가적' 병참선에 대한 위협에서 나온 것이었기 때문이다. 리산데르는 경제적 목표를 선택함으로써 최소한 적의 국력을 소모시키는 결과를 기대할 수 있었다. 이렇게 하여 분노와 공포를 조장함으로써 그는 기습에 유리한 상황을 만들어낼 수 있었으며, 나아가 신속히 군사적 승부를 결정지을 수 있었던 것이다.

아테네 제국의 몰락에 잇따른 그리스 역사의 다음 국면은 스파르타가 그리스의 지배국이 된 것이었다. 그러므로 우리의 다음 문제는 스파르타의 상승세를 몰락시킨 결정적 요인이 무엇이었는가 하는 것이다. 그 대답은 한 인물과 그 인물의 과학 및 전쟁술에 대한 헌신에서 찾을 수 있다. 에파미논다스가 등장하기까지 수년 간, 테베가 스파르타의 지배에서 벗어날 수 있었던 것은 후대에 '파비우스 전략'이라고 명명된 방식 덕분이었다. 이 방식은 교전을 거부하는 것으로 간접 접근 대전략의 일종이지만, 단순히 회피의 전략에 그치는 것이었다. 그 때문에 그 기간 동안 스파르타 육군은 보에오티아Boeotia의 각지를 아무런 제지를 받지 않고 활보하고 있었다. 이 방식을 활용, 테베는 '신성병단'으로 유명한 직업적 정예 부대를 창설할 시간적 여유를 마련했다. 그 후 이 정예 부대는 테베군의 선봉이 되었다. 이 방식은 또한 스파르타의 국내에 정치적 불만이 퍼져가는 시간과 기회를 조성하여 아테네는 영토에 대한 압박을 덜고 국력과 인적 자원을 자국 함대의 재건에 집중시킬 수 있었다.

그리하여 기원전 374년, 테베를 포함한 아테네 동맹은 스파르타가 아테네에게 유리한 강화를 체결할 의사를 가지고 있음을 알게 되었다. 3년 후 아테네 국민들이 오랜 전쟁에 염증을 느낄 무렵, 새로이 그리스 강화 회의가 소집되었으나 아테네의 해상에서의 모험적 행위로 말미암아 오래잖아 파기되고 만다. 그러나 이 강화 회의에서 스파르타는 전장에서 잃었던 것을 상당 부분 되찾고, 테베를 다른 동맹국으로부터 고립시키는 데 성공했다. 이때부터 스파르타는 테베를 궤멸시키는 쪽으로 입장을 바꾸었다. 전통적으로 질이 우수하며 수적으로도 테베에 비해 우월한 입장(10,000 대 6,000)에 있던 스파르타의 육군은 기원전

371년, 보에오티아에 침입했으나 레우크트라 전투에서 에파미논다스 휘하의 테베 신모델 육군에 의해 돌이킬 수 없는 패배를 당하고 말았다.

에파미논다스는 수세기 간의 경험에 기초한 기존의 전술 방식을 완전히 뒤바꾸어놓았으며, 전술, 전략, 나아가 대전략의 측면에서 후세의 거장들의 이론에 기초를 제공했다. 심지어 그의 구조적 설계는 지금까지도 전승·차용되어오고 있다. 전술적인 측면에서 한 가지 예를 들면 프리드리히 대왕에 의해 널리 알려진 '사선 대형'도 에파미논다스의 방식을 정밀하게 다듬은 것에 불과하다. 레우크트라 전투에서 에파미논다스는 그때까지의 관행을 뒤집어 좌익에 우수 병력뿐 아니라 주력을 배치하고, 그 다음 약한 중앙과 우익을 후퇴시키면서 적의 총지휘관, 다시 말해 전투 의지의 핵심이 자리잡고 있는 적의 일익에 대하여 압도적 우세를 접할 수 있었다.

레우크트라 전쟁 1년 후, 에파미논다스는 새로 편성된 아르카디아 동맹군을 이끌고 처녀지 스파르타로 전진했다. 그때까지 다른 나라의 지배를 받은 일이 없는 스파르타의 펠로폰네소스 반도 심장부를 향한 이 진군은 다양한 간접 접근의 성격을 지니고 있는 것으로 유명하다. 그것은 한겨울에 행해졌으며, 병력은 3개 종대로 분리되어 있었으나 끝에서 서로 만나도록 되어 있었다. 이는 적의 병력과 대항 방향을 분산시키기 위한 것이었다. 이것 하나만을 보더라도 고대, 나아가 나폴레옹 이전 시대의 전쟁에 있어서도 거의 유례를 찾기 힘든 진용이었다. 그러나 에파미논다스는 다시 깊은 전략적 통찰력을 발휘하여 스파르타로부터 20마일 가량 떨어진 카리에에 전 병력을 집결시킨 다음, 적의 수도를 우회, 뒤쪽으로 병력을 이동시켰다. 여기에는 이러한 움직임을 통해 상당수의 헬로트 인(스파르타의 노예) 집단과 불만분자들을 자기 편으로 만들 수 있을 것이라는 부수적 효과에 대한 계산이 깔려 있었다. 그러나 스파르타측은 헬로트 인들에게 황급히 해방을 약속하여 이렇듯 위험한 내적 분란을 저지할 수 있었다. 그리고 펠로폰네소스 반도에서 스파르타의 동맹국들의 강력한 증원 병력이 적시에 도착했기 때문에 포위 공격도 받지 않고 수도가 함락되는 상황을 막을 수 있었다.

에파미논다스는 즉각 스파르타측을 개활지로 유인하는 것은 불가능하고 장기전은 곧 자신이 이끌고 있는 혼성군의 와해를 의미한다는 것을 알아차렸다. 그러므로 그는 무뎌진 전략적 무기를 버리고 간접 접근 대전략이라는 정교한 무기를 빼들었다. 그는 메세니아의 자연 요새인 이톰 산에 새로운 메세니아국의 수도를 건설하여, 거기에 그의 편이 되어 있는 반란분자들을 이주시킨 다음 침공 후 획득한 약탈 물자를 활용, 새로운 국가의 건설을 후원했다. 이는 남부 그리스 지역에서 스파르타를 견제하여 세력 균형을 이루기 위한 포석이었다. 새로운 국가의 건설로 스파르타는 그 영토의 반과 농노의 과반수를 잃게 되었다. 이에 그치지 않고 에파미논다스는 스파르타에 대한 또 하나의 견제책으로서 아르카디아에 메갈로폴리스국을 창설하기에 이르렀고, 이 때문에 정치적으로 궁지에 몰리고 일련의 요새로 포위당한 스파르타는 군사적 우위를 뒷받침하던 경제적 기반을 위협받게 되었다. 불과 몇 개월 간의 전역을 마치고 펠로폰네소스 반도를 떠날 당시, 에파미논다스는 전장에서의 승리를 얻지는 못했으나 대전략을 통해 스파르타의 세력 기반을 결정적으로 뒤흔들어놓은 것이다.

그러나 궤멸적인 군사적 승리를 원했던 테베 본국의 정치가들은 그것이 달성되지 않은 것에 대해 실망하고 있었다. 에파미논다스가 그 후 일시적으로 파직 상태에 있는 동안, 테베의 민주정부는 근시안적 정책과 오점투성이의 외교 때문에 자국이 쟁취했던 유리한 지위를 상실했다. 이렇게 되자 아르카디아에 있던 테베의 동맹국들은 자만과 야심을 키워 은공을 저버리고 테베의 지도력에 도전하기 시작했다. 기원전 362년, 테베는 자국의 권위를 강제적으로 재인식시키느냐 자국의 위신을 포기하느냐 하는 양자택일의 기로에 서게 되었다. 테베가 아르카디아에 대한 행동을 개시하자, 그리스의 여러 나라들은 새로이 양대 진영으로 나뉘게 되었다. 테베에게 있어 다행스런 일은 에파미논다스가 테베를 위해 일하고 있다는 사실뿐 아니라, 메세니아와 메갈로폴리스를 건국한 그의 대전략적 결심 덕분에 스파르타의 세력을 견제하고 테베의 역량을 보충할 수 있었다는 데 있다.

에파미논다스는 펠로폰네소스 반도 깊숙이 진격해 들어가다 테게아에 이르러 테베에 동조하는 펠로폰네소스 동맹군과 합류, 스파르타와 당시 만티네아에 집결해 있던 반反테베 동맹군 사이에 진주하기에 이른다. 이에 스파르타는 동맹군과 합류하기 위해 크게 우회하여 행진했는데 이를 틈타 에파미논다스는 한 기동 종대를 가지고 스파르타 시에 야습을 시도했다. 그러나 한 낙오병이 스파르타군에게 빨리 스파르타 시로 돌아가라고 경고했기 때문에 에파미논다스의 기도는 좌절되고 말았다. 그리하여 그는 전투에 의한 승부를 결심하고 테게아로부터 20마일 떨어진 만티네아를 향해 모래시계 형태의 계곡을 따라 전진했다. 적은 모래시계의 허리에 해당하는 1마일 폭의 좁고 험한 길에 견고한 진지를 구축하고 있었다.

그의 이 전진에 대해서 우리는 어디까지가 전략이고 어디까지가 전술인지를 생각하게 된다. 그러나 이 경우에 그와 같은 자의적인 구분은 잘못이다. 더구나 그가 만티네아에서 승리하게 된 근원은 사실상 적과의 실제적 접촉에 이르기까지 그가 행한 간접 접근에서 찾아야 할 것이므로 전략과 전술의 구분은 더욱 불가능하다. 처음에 에파미논다스는 적의 정면으로 진격하여 적이 그의 접근선——당연한 예상 경로——에 대해 전투 대형을 취하도록 했다. 그러나 적과의 거리가 수 마일로 좁혀졌을 때, 그는 돌연 방향을 왼쪽으로 바꾸어 모래시계 지형의 오목한 부분 아래로 들어가 자취를 감추어버렸다. 이러한 갑작스런 기동은 적을 위협하여 그 우익으로 하여금 종대로 거동을 취하게 했다. 나아가 그는 적의 전투 배치를 교란하기 위해 마치 그 장소에서 야영에 들어가는 것처럼 부대를 정지시키고 무기를 지상에 내려놓게 했다. 이러한 기만술은 성공하여, 이에 현혹된 적은 전투 대형을 풀고 병력을 해산한 다음 말의 안장을 내려놓도록 명령했다. 이 사이에 에파미논다스는 경무장 부대로 은폐된 배후에서, 레우크트라 전투 때와 비슷하나 한층 개량된 전투 배치를 사실상 완료해놓고 있었다. 그리고는 신호와 동시에 테베 육군은 무기를 들고 적의 균형 상실로 이미 보장된 것이나 다름없었던 승리를 향해 질풍처럼 전진했다. 에파미논다스 자신은 승리의 순간에 전사하고 말았으나, 죽음의 순간에서조차 그는 유례를 찾기 힘들 정도로 너무나 극적이고도 확실한 증거를 통해 '한 나라와 군대가 몰락하는 가장 빠른 길은 두뇌의 마비'임을 증명함으로써 후대에 적지 않은 교훈을 남겼다.

그 다음에 있었던 결정적인 전역은 꼭 20년 뒤에 일어난 것으로, 그리스의 지배권이 마케도니아로 넘어가는 계기가 되었다. 기원전 338년에 있었던 이 전역은 그것이 초래한 결과의 중요성만큼이나 의의가 깊을 뿐 아니라 정책과 전략이 어떻게 상호 원조할 수 있는지, 전략이 어떻게 지형적 장애가 갖는 불리함을 유리하게 전환시킬 수 있는지를 보여주는 빛나는 사례였다. 그 도전자는 그리스 인이었으나 그리스 사회에서는 '이방인'이었으므로 테베와 아테네는 마케도니아라는 신흥 세력에 대항하기 위해 범 그리스 연맹을 결성하려는 공동의 노력을 전개하고 있었다. 양국은 페르시아 왕에게 해외의 지원을 구했는데, 이는 과거 역사나 인간 본성에 비추어 대단히 기묘한 일이었다. 다시 한 번 지적하지만, 그 도전자는 '간접 접근'의 가치를 파악하고 있었다고 할 수 있다. 그리스 지배권을 확보하는 과정에서 마케도니아의 필리포스 왕이 내세운 구실 역시 간접 접근의 성격을 띠고 있었다. 그 이유는 암픽티온 회의에 필리포스를 초대한 것은 단지 서부 보에오티아의 암피사가 행한 신성모독적 침략에 대한 응징을 도와달라는 의미였기 때문이다. 이렇게 되면 테베-아테네 동맹은 그로부터 완전히 등을 돌리게 되는 반면, 다른 나라의 호의적 중립만큼은 보장할 수 있다는 점에서 필리포스는 이 초대에 대단히 고무되었을 것이다.

필리포스 왕은 남진한 후, 키티니움에 이르러 돌연 암피사로 향하는 진로——당연히 예상되는 노선——를 벗어나 엘라테아를 점령하고 그곳을 요새화했다. 이 최초의 방향 전환은 그의 넓은 정치적 목적을 예고함과 동시에 이후 사태 추이에 따라 확실해질 전략적 동기를 미리 암시하는 것이기도 했다. 테베와 보에오티아의 동맹은 보에오티아로 들어가는 두 가지 통로를 모두 차단했다. 그것은 키티니움에서 암피사로 통과하는 서쪽 루트와 엘라테아에서 카에로네아로 통하는 파라포타미의 동쪽 통로로 나뉘어 있었다. L자에 비유해보면, 전자는 세로선, 키티니움에서 엘라테아에 이르는 루트는 가로선에 해당하며, 카에로네아에 이르는 통로와 교차되는 연장 통로는 가로선 끝의 '튀어나온 부분'에 해당한다.

또한 군사 행동을 재개하기에 앞서 필리포스는 적을 약화시키기 위한 새로운 조치를 진행해나갔다. 먼저 정치적인 측면에서 그는 테베에 의해 파괴되었던 포키아족 공동체의 재건을 추진했으며, 정신적인 측면에서는 스스로가 델피 신의 옹호자임을 선언했던 것이다.

그 후 기원전 338년 봄, 그는 다음과 같은 계략으로 진로를 개척하고 누구도 예측하지 못한 행동을 시작했다. 이미 엘라테아를 점령하여 당연한 예상 경로가 되어버린 동쪽 루트에 적의 전략적 관심을 집중시킨 그는, 서쪽 루트를 저지하고 있는 적 부대의 손에 그가 트라케로 돌아갔다는 내용의 서신을 고의적으로 흘림으로써 그 부대의 전술적 주의력을 흐트러뜨렸다. 그런 다음, 그는 키티니움으로부터 신속히 빠져나와 야간에 서쪽 루트를 통과, 서부 보에오티아의 암피사로 진출했다. 그는 여세를 몰아 나우팍투스까지 진출하면서 해상 보급로를 여는 데 성공했다.

그는 이제 어느 정도 거리는 있으나 동쪽 루트를 방어하고 있는 부대의 배후에 위치하고 있었다. 따라서 적의 방어 부대는 파라포타미에서 황급히 퇴각하고 말았는데, 이는 그대로 있다가는 퇴로가 차단될 수도 있을 뿐 아니라 거기에 머물러 있을 이유가 없었기 때문이었다. 그러나 필리포스는 다시 한번 적이 당연히 예상할 만한 선을 피해 또하나의 간접 접근을 수행했다. 암피사에서 동진할 경우, 적의 저항을 용이하게 하는 구릉지대를 통과해야 했으므로 그는 군대를 되돌려 다시 키티니움과 엘라테아를 통과한 다음, 남으로 방향을 전환하여 무방비 상태의 파라포타미 통로를 지나 카에로네아에 주둔해 있던 적군을 압박했다. 이 기동은 이후 계속되는 전투에서 그의 승리를 보장해줄 정도로 효과적이었다. 그리고 그 효과는 그의 교묘한 전술에 의해 완성되었다. 그는 길을 열어 아테네군을 이끌어낸 다음, 저지대까지 진격해 들어오기를 기다렸다가 반격을 가하여 적의 전선을 격파했다. 이러한 카에로네아의 전과에 힘입어 마케도니아의 그리스 지배권이 확립되었다.

운명은 필리포스로 하여금 정복의 손길을 아시아에 뻗치도록 내버려두지 않았다. 그리하여 필리포스가 의도했던 전역의 실현은 그의 아들 손으로 넘어갔다. 알렉산드로스는 그 계획과 그것을 위해 사용해야 할 모범적 도구——필리포스가 길러놓은 육군——뿐 아니라 대전략의 개념까지도 부친의 유산으로 계승했다.[1]

그 밖에도 명백한 물질적 가치를 갖는 유산으로 기원전 336년 필리포스의 지령 아래 점령했던 다르다넬스 교두보를 소유하고 있었다.

알렉산드로스의 진로를 표로 나타내보면 그것이 예리하게 지그재그 모양을 이룬다는 점을 발견할 수 있다. 그 역사에 대한 한 가지 연구 성과에 의하면 그러한 간접성은 전략적 이유보다는 정치적 이유에서 나온 것이라고 한다. 물론 여기서 정치적이라는 말은 대전략적인 의미에 국한된다.

알렉산드로스의 병참 전략은 초기의 전역에 있어서는 직접적이며 그리 정교하지 못했다. 그 원인은 첫째, 태어나면서부터 왕위 계승과 전쟁에서의 승리만을 위한 교육을 받은 젊은 알렉산드로스에게는 역사상의 어떤 위대한 장군보다도 호메로스의 영웅을 동경할 수밖에 없었다는 사실에서 찾을 수 있다.[2]

---

1) 필리포스는 소년 시절 에파미논다스가 전성기를 구가하고 있을 때 인질로 끌려가 테베에서 3년을 보냈다. 이후 마케도니아 군의 전술을 살펴보면 당시 필리포스가 에파미논다스로부터 입은 영향을 명확히 발견할 수 있다.

2) 아시아를 침공할 때 알렉산드로스는 낭만적이게도 호메로스의 트로이 원정 이야기를 다시금 무대에 올렸다. 알렉산드로스군이 다르다넬스를 통과하기 위해 기다리고 있는 동안, 알렉산드로스 자신은 트로이 전쟁 때 그리스군이 배를 정박시킨 곳으로 추측되는 지점인 일리움 근처에 분견대를 상륙시켰다. 그리고는 고도古都가 있었던 장소까지 진출, 아테네 신전에서 제물을 바친 다음, 트로이 전쟁을 재연한 모의 전투를 무대에 올리고는 자신의 조상 아킬레스가 묻혀 있는 것으로 알려진 묘지에서 연설을 했다. 이러한 여러 가지 상징적인 공연을 마친 후에야 그는 본대에 합류하여 실제 전역을 수행했다.

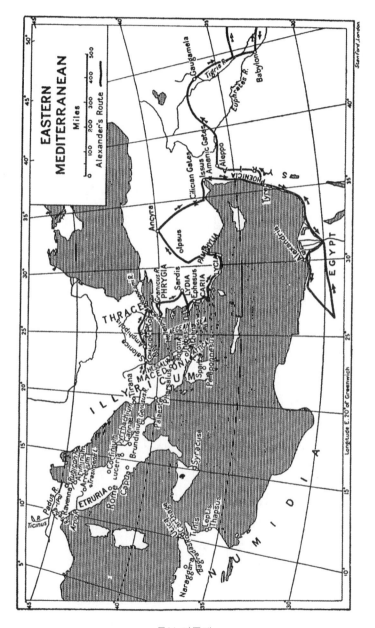

동부 지중해

전쟁에 앞서 적의 전략적 균형을 교란할 필요성을 느끼지 않을 정도로 자신의 군대와 전투지도 능력의 우위를 자신하고 있었고, 나아가 이런 그의 자신감이 타당한 것이었다는 점에 있을 것이다. 후세에 대한 그의 교훈은 두 개의 기둥——대전략과 전술——에 기반하고 있다.

기원전 334년 봄 알렉산드로스는 다르다넬스의 동부 해안을 출발, 먼저 남쪽으로 진군하여 그라니쿠스 강변에서 페르시아군의 엄호 부대를 격파했다. 여기에서 적은 창으로 무장한 기병 부대의 중량감 있는 공격력에 유린당했으나, 힘을 집중하여 지나치리만큼 대담한 알렉산드로스를 죽일 수만 있다면 침략을 초기에 좌절시킬 수 있으리라는 것을 감지해낼 정도로 영민했다. 그러나 이러한 그들의 목적은 성공 직전에 실패하고 말았다.

그런 다음 그는 리디아에 있어서 정치 · 경제적 요충지였던 사르디스를 향해 남진했으며, 그곳에서 다시 서쪽으로 진군하여 에페수스에 이르렀다. 이들 그리스계 도시에서 그는 그들이 과거에 누렸던 민주적인 정치와 모든 권리를 부활시켰는데, 이는 후방의 안전을 가장 경제적인 방법으로 확보하는 수단이었다.

에게 해안으로 돌아온 그는 연안을 따라 남진했다가 곧 동진했는데, 그 동안 카리아, 리키아 및 팜필리아를 통과했다. 그의 이러한 접근의 목적은 함대의 기지를 탈취하여 페르시아 함대로부터 행동의 자유를 박탈함으로써 페르시아의 제해권을 교란하는 데 있었다. 동시에 항구들을 해방시켜 이들 항구에서 징발되던 적 함대 인적 자원의 상당 부분을 빼앗았다.

팜필리아 너머 소아시아의 연안에는 실질적으로 항만이 없었다. 그러므로 알렉산드로스는 또다시 북진, 프리기아를 거쳐 앙키라(오늘날의 앙카라)까지 동진했으며 그 동안 소아시아의 중앙부에 거점을 굳히고, 후방의 안전을 확보했다. 그 후 기원전 333년, 그는 시리아로 통하는 직선 경로상에 있는 킬리키아의 '관문' 을 거쳐 남진했다. 시리아에서는 페르시아의 다리우스 3세가 그를 무찌르기 위해 병력을 집결시키고 기다리고 있었다. 여기서 알렉산드로스는 정보 부서의 실책과 페르시아군이 평야에서 알렉산드로스 군을 기다리고 있을 것이라는 잘못된 예측으로 인해 기동 면에서 전략적으로 실패했다. 알렉산드로스가 직접 접근으로 나온 것과는 반대로 다리우스는 간접 접근으로 유프라테스 강 서쪽 상류로 이동, 아만 관문을 거쳐 알렉산드로스의 배후로 들이닥쳤다. 그때까지 일련의 기지군을 확보하는 데에만 주의를 기울이고 있던 알렉산드로스는, 그제서야 적이 아군과 그 기지군들과의 사이를 차단하고 있다는 것을 알게 되었다. 그러나 배후의 적을 향해 뒤돌아선 그는 이수스 전투에서 전술과 전술적 수단이 지닌 우월성을 충분히 활용, 위기 상황에서 탈출하는 데 성공했다. 어떤 다른 위대한 지휘자도 이렇듯 갑작스럽게 자신의 전술에 간접성을 부여한 예는 없었다.

거기에서 그는 또다시 간접 진로를 선택, 페르시아 세력의 심장부인 바빌론으로 진격하지 않고 시리아의 연안을 따라 내려갔다. 그가 이 진로를 택한 것은 분명 그의 대전략에 따른 것이었다. 왜냐하면 그는 페르시아의 제해권을 교란하고는 있었으나, 아직 그것을 완전히 격파한 것은 아니었기 때문이다. 페르시아의 제해권이 존재하는 한, 언제 자신의 배후를 위협할지 모를 일이었고, 그리스 특히 아테네는 완고하게 비우호적인 태도를 견지하고 있었다. 그는 페니키아로 진격하면서 페르시아 함대를 격파, 잔존해 있는 것은 주로 페니키아의 함대뿐이었다. 그러나 이내 페니키아 함대의 대부분이 그의 휘하에 들어왔고, 티르 인 함대 역시 티르의 함락과 더불어 또다시 그의 손에 떨어졌다. 그후 그는 또다시 남진하여 이집트로 진출했는데 이러한 조치는 부가적인 사전 포석이라는 점 외에 해군 전리상으로는 해명하기 곤란하다. 그러나 페르시아 제국을 점령하여 그 자리에 자기의 제국을 세우겠다는 정치적 목적에 비추어볼 때, 그것은 매우 슬기로운 일이었다. 그러한 목적을 위해서라면 이집트는 대단히 귀중한 경제적 자산이었던 것이다.

기원전 331년 마침내 그는 또다시 북진, 알레포에서 동쪽으로 방향을 바꾼 다음 유프라테스 강을 건너 티그리스 강 상류까지 밀고 올라갔다. 그곳 니네베(오늘날의 모슬) 부근에서는 다리우스가 대규모의 새로운 육군을 집결시켜놓고 있었다. 알렉산드로스는 전투를 원했으나, 그의 접근은 간접적이었다. 그는 티그리스 강 상류를 건너 동쪽 강변을 따라 남하함으로써, 다리우스에게 진지 변환을 강요했다. 가우가멜라(이 전투는 일반적으로 그곳에서 가장 가까운 도시의 이름을 따서 아르벨라 전투라고 불리나, 실제 전장은 60마일 가량 떨어진 곳이었다)에서 다리우스와 또다시 만난 알렉산드로스와 휘하 육군은 적군에 대해 완전한 우세를 점하여 다리우스의 군대 역시 대전략적 목표를 향한 도정에 있어서 비교적 손쉬운 장애물에 지나지 않았다. 이 전투 결과, 마침내 바빌론이 함락되기에 이른다.

인도 국경에 이르기까지 계속된 일련의 전역은 군사적인 측면에서는 페르시아 제국의 '일소'였으나, 정치적인 측면에선 자신의 제국을 강화하기 위한 기초 작업이었다. 그는 욱시안 협곡과 페르시아의 '관문'을 간접 접근으로 밀어붙였다. 그는 히다스페스 강에서 포루스 Porus와 대치했을 때 간접 접근의 위대한 사례를 남겼는데, 이는 그의 전략적 능력의 성숙을 나타내는 것이기도 했다. 그는 곡물을 비축하는 한편, 휘하 군대를 서쪽 강변에 널리 분산시킴으로써 자신의 의도를 숨겼다. 먼저 기병 부대는 소란스럽게 전진 후퇴의 행진을 되풀이함으로써 포루스의 마음을 불안하게 하고, 끊임없이 이를 반복하여 적의 반응을 둔화시켰다. 이렇게 해서 포루스 군을 일정한 고정된 진지에 묶어둔 다음, 자군의 상당 부분을 대치시켜놓고 자신은 정예 일개 부대를 인솔, 18마일 상류에서 야간 도하 작전을 실시했다. 그는 이러한 기습적인 간접 접근을 통해 포루스의 정신적·심리적 균형은 물론 포루스 군의 사기와 물리적 균형까지도 뒤흔들어놓는 데 성공했다. 알렉산드로스는 이후 계속된 전투에서 자군의 일부만으로 적군의 대부분을 격파할 수 있었다. 만약 이러한 사전 교란 작전이 없었다면 알렉산드로스가 자군의 고립된 일부를 각개 격파될지도 모르는 위험에 노출시킨 것에 대해서 이론적으로나 실제적으로 타당성을 찾아볼 수 없었을 것이다.

알렉산드로스가 죽은 후, 그의 제국을 분열시킨 그의 '후계자들'은 장기간에 걸친 전쟁을 통하여 간접 접근의 가치를 보여주는 수많은 사례를 남겼다. 알렉산드로스의 휘하 장군들은 나폴레옹 휘하의 원수들보다 유능했으며, 경험에 의해 병력 절약의 깊은 의의를 이해하고 있었다. 그들이 행한 수많은 작전은 그것 자체로서 연구할 가치가 있지만, 이 글에서의 분석은 고대사의 결정적 전역에 한정되어 있다는 점에서 디아도키Diadochi의 여러 전쟁들 가운데서도 기원전 301년에 발생했던 최후의 싸움만이 그러한 범주에 속한다고 할 수 있다. 이 최종전을 결전이라고 주장하는 데는 거의 이의를 제기할 여지가 없는데, 그것은 《케임브리지 고대사》의 신중한 표현에 의하면, "이 최종전에 의해 중앙 세력과 왕조의 자손들과의 항쟁은 종결되었고, 그리스, 마케도니아 세계의 분열은 불가피한 것이었다"고 기록되어 있는 것에서도 확인할 수 있다.

알렉산드로스의 후계자임을 자처한 안티고누스Antigonus는 기원전 302년 마침내 제국을 자신의 수중에 넣겠다는 목표를 목전에 두게 된다. 그는 프리기아에 있는 그의 출신지 사트라피로부터 세력을 확대하여 에게 해에서 유프라테스 강에 이르는 아시아를 지배하게 되었다. 안티고누스에 대항하여 셀레우쿠스Seleucus는 곤란을 무릅쓰고 바빌론에 거점을 확보했고, 프톨레마이오스는 이집트에 고립되어 있었으며, 리시마쿠스Lysimachus는 프톨레마이오스측보다 강한 장악력으로 트라케를 확보하고 있었다. 그러나 실현 직전에 있던 안티고누스의 꿈에 대항하는 주춧돌이자, 경쟁자들 가운데 가장 강했던 카산데르 Cassander는 안티고누스의 아들 데메트리우스——성격상 여러 점에서 알렉산드로스를 닮았다——에 의해 그리스로부터 구축되었다. 카산데르는 무조건 항복하라는 제안에 전략적 천재성을 드러낸 반격으로 대응했다. 그 계획은 리시마쿠스와의 회의를 통해 입안되어 프톨레마이오스의 지원을 받는다는 전제 아래 실행되었으며, 아라비아 사막 너머에 있는 셀레우쿠스에게도 낙타를 탄 전령들을 보내 연락을 취했다.

정예 부대로 이름난 5만 7천 명의 병력으로 테살리를 침공한 데메트리우스에 대항하는 카산데르는 불과 3만 1천여 병력을 보유하고 있었을 뿐, 나머지 병력은 리시마쿠스에 빌려준 상태였다. 리시마쿠스는 다르다넬스 해협을 동쪽으로 건너갔고, 한편 셀레우쿠스는 소아시아를 향해 서쪽으로 진출했는데, 그의 군에는 인도에서 얻은 5백 마리의 코끼리가 포함되어 있었다. 프톨레마이오스는 북진하여 시리아에 들어갔으나, 리시마쿠스 패배라는 허위 첩보를 받고 이집트로 돌아가버렸다. 그럼에도 불구하고 양쪽에서 제국의 심장부를 향해 분진 합격으로 전진해 들어오자 안티고누스는 불안에 빠져, 데메트리우스를 테살리로부터 급히 소환하기에 이르렀다. 그 동안 카산데르는 소아시아의 전략적 후방에 대한 데메트리우스의 간접 이동이 (안티고누스에 의해) 취소될 때까지 테살리에서 그를 저지하는 데 성공했는데, 이는 후대에 스키피오가 한니발로 하여금 아프리카로 돌아가지 않을 수 없게 한 것과 근본적으로 유사한 방식이라 할 수 있다.

프리기아에 있는 입수스 전투에서 카산데르의 전략은 협력자의 결정적인 전술적 승리에 의해 완수되었으며 이로 말미암아 안티고누스는 전사했고 데메트리우스는 도주하기에 이른다. 이 전투에서 코끼리가 결정적 수단으로서 위력을 발휘한 것과 거기에 알맞게 승자의 전술이 본질적으로 간접성을 갖추고 있었던 것은 특기할 만하다. 카산데르의 기병 부대가 데메트리우스의 맹렬한 추격을 뒤로 하고 전장에서 모습을 감추면, 카산데르의 코끼리 떼가 나타나 데메트리우스의 퇴로를 차단했다. 그 상황에서도 리시마쿠스는 진퇴양난에 빠진 안티고누스의 아들을 곧바로 공격하지 않고, 사기가 떨어져 자멸할 때까지 공격 위협과 화살 세례만을 계속했다. 그런 다음 셀레우쿠스는 안티고누스가 서 있는 지점에 돌파 공격을 개시했다.

이 전역이 시작된 시점에서는 전세가 안티고누스에게 현저하게 유리했다. 운명의 균형이 이와 같이 극적으로 뒤집히는 것은 참으로 드문 일이다. 명백한 것은 안티고누스의 균형이 카산데르가 계획한 간접 접근에 의해 전복되었다는 사실이다. 그것은 안티고누스의 사고의 균형을 교란하는 한편, 나아가 그의 부하와 부대가 지닌 정신적 균형과 군사 배치의 물리적 균형을 교란했던 것이다.

제3장 로마시대의 전쟁
— 한니발, 스키피오 그리고 카이사르

결과에서나 유럽사에 미친 영향에 있어서나, 결정적인 의미를 갖는 또 다른 분쟁으로 로마와 카르타고 간의 갈등을 들 수 있다. 특히 한니발 전쟁이라고도 불리는 제2차 포에니 전쟁은 양국 간의 갈등을 판가름하는 시기라고 볼 수 있는데, 이 시기는 다시 각기 전쟁의 흐름을 새로운 양상으로 변화시키는 데 결정적 역할을 했던 일련의 국면 또는 전역으로 나뉘어진다.

첫번째 국면은 기원전 218년 한니발이 스페인에서 알프스를 넘어 이탈리아로 진격하면서 시작되었다. 이 국면의 자연적인 종결점은 이듬해 봄, 트라시메네에서의 섬멸적 승리라 할 수 있겠다. 그 결과, 한니발이 로마를 즉각 공격했더라면 로마는 성과 수비대를 빼면 무방비 상태로 당할 처지였다.

사람들은 일반적으로, 한니발이 처음부터 해상의 직선 경로가 아닌 멀고 험한 육로를 택한 이유를 로마의 제해권에서 찾는다. 하지만 이 문제를 현대적으로 해석하여 선박이 원시적이고 적을 해상에서 차단할 수 있는 능력이 대단히 불확실했던 시대에 적용하는 것은 잘못이다. 더구나 이러한 제약 외에도 폴리비우스가 그의 글에서 트라시메네 전투 시기에 관해 설명하면서, 당시 로마 원로원이 카르타고의 해상 지배가 더욱 공고해지지 않을까 걱정했다고 기록한 것에 비추어볼 때,

(앞의 관점에 근거가 되는) 로마의 해상 우월권 역시 의심의 여지가 있다. 심지어 전쟁의 종결 단계에서 로마는 해상에서 계속된 승리를 거두고 카르타고 함대로부터 스페인의 기지를 모두 탈취, 아프리카에 발판을 구축했음에도 불구하고, 마고Mago가 제노바령 리비에라 해안에 원정군을 상륙시키고 한니발이 평온히 아프리카에 귀항하는 것을 무력하게 보고만 있었다. 따라서 한니발이 간접적인 육로를 선택한 것은 북부 이탈리아의 켈트족을 반로마 동맹에 끌어들이기 위해서라고 보는 편이 더 타당하다.

다음에 우리는 이러한 지상 행군의 간접성과 그로 인해 얻게 되는 이점에 주목해야 한다. 로마측은 한니발의 진로를 론 강에서 저지할 목적으로 집정관인 푸블리우스 스키피오('아프리카 인의 아버지'라는 뜻)를 마르세유에 급파했다. 그러나 예측과 달리 한니발은 이 거대한 강의 상류를 건넌 다음 더욱 북쪽으로 거슬러올라가 리비에라 해안의 방해가 적은 직선로를 두고 이제르 강 계곡의 험난한 길을 택했다. 폴리비우스에 따르면 '3일 후에 도하점에 도착한 스키피오는 적이 흔적도 없이 사라져버린 것을 보고 매우 놀랐다'고 한다. 왜냐하면 '카르타고군이 그토록 험난한 (북쪽) 통로를 통해 이탈리아 반도로 진입하는 일은 없을 것'이라고 확신했었기 때문이다. 그러나 그는 즉각적인 결정과 빠른 기동으로 예하 군의 일부를 남겨놓고 해상을 통해 이탈리아로 회군, 롬바르디아 평원에서 한니발군과 대치했다. 그러나 한니발은 이미 그곳에서 자신의 우월한 기마 부대에 적합한 지형적 이점을 확보하고 있었다. 그 결과 티키누스와 트레비아의 전투에서 잇달아 승리했고, 여기서 유발된 정신적 파급 효과로 말미암아 한니발은 '충분할 만큼의' 병력과 보급을 확보할 수 있었다.

북부 이탈리아의 지배자가 된 한니발은 그곳에서 겨울을 지냈다. 이듬해 봄, 한니발의 계속된 전진을 예상한 신임 집정관들은 군대를 둘로 나눠 한 부대는 아드리아 해 연안의 아리미눔리미니에, 다른 한 부대는 에트루리아의 아레티움(아레조)에 배치했다. 이는 다시 말해 로마로 진입하기 위해 거쳐야 하는 동·서 두 가지 통로를 통제하기 위한 조치였다. 한니발은 에트루리아 통로를 선택했다. 그러나 그는 정규 도로 가운데 하나를 통과하는 대신, 철저한 조사를 실시한 다음 "에트루리아로 통하는 도로는 길고 적에게 잘 알려져 있었던 반면, 습지로 통하는 길은 짧고 플라미니우스에게 기습을 가할 수 있다는 것을 확신했다. 이는 그만의 천재성에 걸맞은 것이었다. 그리고 그는 이 도로를 택하기로 결심했다. 그러나 자신의 지휘관이 습지 행군을 결정했다는 소식이 부대 내에 퍼지자 모든 병사가 놀랐……."(폴리비우스)

일반 병사는 항상 미지의 사실보다 알려진 것을 선호한다. 한니발은 비범한 장군이었으므로 다른 위대한 지휘관과 마찬가지로 적이 선정한 위치에서 적과 조우하는 대신 가장 위험한 조건을 선택했다.

한니발의 부대는 극심한 피로와 수면 부족에 시달리면서 나흘 간을 밤새 쉬지 않고 '물 밑에 잠겨 있는 통로를 따라' 행군했다. 이 과정에서 많은 병력과 말을 잃었다. 그러나 그가 출현했을 때 로마군은 아직도 아레티움에서 소극적인 자세로 숙영 중이었다. 한니발은 이를 알고도 직접 공격을 시도하지 않았다. 대신, 폴리비우스에 의하면 "그는 이 숙영지를 우회하여 후방의 지역을 유린한다면 플라미니우스는 여론의 비난과 개인적인 동요로 인해 더 이상 수동적인 자세로 이 지역이 황폐화되는 것을 방관하지는 못할 것이므로 자발적으로 그를 추격하여……공격 기회를 줄 것이라고 계산했다."

이것은 적의 개성에 대한 조사에 근거하여 적 후방에 대한 기동을 심리적으로 응용한 것이었다. 그 뒤에는 물리적 실행이 뒤따랐다. 로마로 향하는 도로를 따라 적을 압박하면서 한니발은 사상 최대의 매복을 준비, 성공시켰다. 안개가 낀 다음날 아침, 트라시메네 호수의 산자락을 따라 맹렬히 추격하던 로마군은 함정에 빠져 전후방으로 기습을 당해 전멸하고 말았다. 역사를 읽는 사람들은 승리의 사실은 기억하면서도 이를 가능하게 한 정신적 힘을 간과하는 경향이 있다. 그러나 폴리비우스는 이 전투를 돌아보면서 기본적인 교훈을 도출했는데 그것은 다음과 같다. "배에서 조타수를 제거하면 모든 선원들이 적의 수중에 들어간다. 전쟁에서의 군대도 이와 마찬가지로 만약 당신이 지략에서 적의 지휘관을 앞서거나 기동으로 압도하면 적 부대의 의지는 고스란히 당신의 수중으로 떨어질 것이다."

트라시메네 전투 후 왜 한니발이 로마를 향해 행군하지 않았는지는 역사의 의문점이다. 그리고 이에 대해 지금까지 나온 해답은 모두 추측에 지나지 않는다. 포위 공격 부대의 부족이 가장 두드러진 이유이지만 완전한 설명은 되지 못한다. 우리가 확실히 아는 것은 이후 수년 동안 한니발은 이탈리아 동맹에 대한 로마의 지배권을 붕괴시키고 이들을 반로마 동맹에 가입시키기 위해 노력했다는 것이다. 이 과정에서 얻은 일련의 승리는 이 목적을 달성하기 위한 정신적 추진제였을 뿐이다. 한니발이 자신의 우세한 기병에게 유리한 조건에서 전투를 실시했을 때에는 언제나 전술적 이점을 확보할 수 있었다.

이 두 번째 단계는 로마측에게 로마 인의 기질보다는 그리스 인의 기질과 더 잘 어울리는 일종의 간접 접근으로 시작되었다. 이러한 형태의 역사상 이를 모방한 전략에 대해 '파비우스 전략'이라는 고유의 이름을 갖게 했는데 그 대부분은 잘못된 것이었다. 파비우스 전략은 단순히 시간을 벌기 위해 전투를 회피하는 것이 아니라 적의 사기, 나아가 잠재적인 동맹국들에게 미치는 효과까지도 계산에 넣는 것이다.

따라서 이것은 일차적으로 전쟁 정책 또는 대전략의 문제였다. 한니발의 군사적 우세를 너무도 잘 알았던 파비우스는 군사적 결전이라는 모험을 감행하지 않았다. 군사적 결전을 회피하면서 그는 소규모 군사 행동으로 신경을 자극, 침략자의 인내력을 고갈시킴과 동시에 이탈리아의 도시와 카르타고의 기지로부터 징집을 하지 못하도록 했다. 이러한 대전략에 의거하여 전략을 실행하는 데 가장 중요한 조건은 군을 항상 언덕 위에 위치시켜 한니발의 우세한 기병을 무력화시켜야 한다는 것이었다. 따라서 이제 전쟁은 한니발식 간접 접근과 파비우스식 간접 접근의 결투 양상을 띠게 되었다.

적의 주변에서 맴돌며 낙오자와 징발대를 포획하고 영구 기지를 획득하지 못하도록 방해함으로써, 파비우스는 지평선 너머로부터 한니발이 거둔 승리의 빛에 어두운 그림자를 드리우기에 이른다. 따라서 파비우스는 과거의 패배에 굴하지 않고 한니발이 이전에 거둔 승리가 이탈리아의 친로마 동맹국들에게 미친 정신적 영향을 상쇄시켜 이들이 카르타고의 편으로 돌아서지 못하도록 했다. 이 게릴라전 형식의 전역은 또한 로마군의 정신을 소생시키는 한편, 본국에서 멀리 원정왔기 때문에 더더욱 조기에 결정적인 성과를 획득할 필요성을 인식하고 있던 카르타고군의 사기를 침체시켰다.

그러나 소모 전략은 아무리 잘 만들어진 것이라 해도 양면에 날이 있는 무기이므로 사용하는 쪽에서도 긴장을 늦출 수가 없다. 이러한 긴장은 특히 조속한 결말을 열망하는 국민 대중에게는 더욱 괴로운 것이고 그리고 그들은 언제나 결말이란 곧 적의 패배라고 섣불리 가정하는 경향이 있다. 로마 인들이 한니발의 승리로 인한 충격에서 회복돼가면서 회복의 기회를 가져다준 파비우스의 조치가 지혜로운 것인지 의심하기 시작했다. 그들의 의심은 파비우스의 '겁 많고 소심한 성격'

을 비난하는 군내의 야심만만하고 성미 급한 사람들에 의해 더욱 부풀려졌다. 이러한 상황은 파비우스의 직속 부하이자 비판자인 미누키우스Minucius를 공동 집정관에 임명하는 이례적인 조치로 이어졌다. 이에 한니발은 미누키우스를 함정으로 유인할 수 있는 기회를 포착했고 미누키우스는 파비우스의 신속한 개입으로 간신히 구출되었다.

이로 인해 한동안은 파비우스에 대한 비난이 잠잠해졌다. 그러나 그가 약속한 6개월이 지나자 그와 그의 정책 모두 이 전략을 더 이상 지속할 수 없을 정도로 인기를 잃었다. 집정관 선거에서 두 명이 선출되었는데 그 중 한 명이 충동적이고 무지한 바로Varro로 미누키우스의 공동 집정관 임명을 선동한 장본인이었다. 게다가 원로원은 한니발과의 전투를 실시해야 한다는 결정을 통과시켰다. 이러한 결정은 이탈리아가 겪고 있던 황폐화에 근거하고 있었고, 216년에 이르러서는 전역을 위해 야전에서 일찍이 보유한 일이 없었던 최대 규모인 8개 군단으로 로마군을 증편하는 실제 조치로 뒷받침되었다. 그러나 로마 인들은, 공격적인 성향과 합리적 판단의 균형이 잡히지 않는 지도자를 선출함으로써 값비싼 대가를 치르게 되었다.

또 한 명의 집정관인 파울루스는 유리한 시기를 기다려 움직이려 했으나 그와 같은 신중함은 바로의 생각과는 맞지 않았다. '전장에 보초를 세우는 것에 대해서는 많이 들어왔으므로 검을 빼어 들어 싸우는 군인들에 대한 얘기를 듣고 싶다'는 바로의 생각은 곧 국민에게 약속한 바와 같이 언제, 어디서든 적이 보이기만 하면 공격하겠다는 것이었다. 그 결과로 바로는 칸나이의 평원에서 한니발에게 전쟁을 선포할 수 있는 최초의 기회를 얻게 된다. 파울루스가 보병 전투에 유리한 지형으로 한니발을 유도할 것을 주장한 가운데, 바로는 하루 동안의 지휘권을 이용하여 한니발군에 가까이 접근했다. 폴리비우스에 따르면,

그 다음날 파울루스는 한니발군이 보급품 부족으로 이내 퇴각하게 될 것이라는 계산하에 부대원으로 하여금 참호 속 야영지에 대기하도록 했다. 그러자 바로의 전투욕은 어느 때보다 맹렬히 불타올랐다. 그리고 그와 같은 느낌은 전투의 지연에 초조해하던 대부분의 군인들도 마찬가지였다. "불안보다 견디기 힘든 것은 없으므로, 일단 어떤 일이 결정되면 인간은 그 어떤 사악한 일도 감내해낼 수밖에 없는데, 이것이 바로 인간이 겪어야 할 불행이다." (폴리비우스)

다음날 아침 바로는 전투를 개시하기 위해 자군을 야영지에서 출동시켰고 그 전투 형태는 이미 한니발이 기대하고 있던 바였다. 관행대로 두 보병은 중앙에, 그리고 기병은 양쪽 날개에 편성이 되었으나 한니발의 세부적인 부대 배치는 관행과 전혀 달랐다. 그는 보병 전선의 중앙을 골군과 스페인군으로 구성, 앞으로 밀고 나갔으며 보병 선단의 양쪽에는 각각 아프리카 보병을 배치했다. 중앙에 배치된 골군과 스페인군은 마치 자석과 같이 로마 보병을 끌어들임과 동시에 의도한 대로 서서히 뒤로 물러났고 그 결과, 한니발의 보병 전선은 양끝이 튀어나오고 중앙이 오목한 형태가 되었다. 외형적인 성공에 흥분한 로마군은 주머니 형태의 적진 깊숙이 몰려 들어갔다. 로마군은 자신들이 카르타고군의 전선을 돌파하고 있다고 생각했으나 사실은 그들이 카르타고의 자루 속으로 돌진해 들어온 셈이었다. 밀려드는 힘에 의해 로마군이 병기를 사용할 수 없을 정도로 밀집되자 이 기회를 이용하여 양쪽 끝에 포진되어 있던 아프리카 정병들이 안쪽으로 선회하면서 로마군을 자동적으로 포위했다.

이 기동은 살라미스의 해상 전투와 유사하나 더욱 치밀하게 계산된 포위 방법이었다. 이를 일본식 백병전술의 집합적 형태라고 개념화해도 틀린 것은 아니지만, 본질적으로는 간접 접근에 기초한 것이었다.

이 포위가 지속되는 동안, 좌익의 한니발 중장기병 부대는 대항하던 로마 기병 부대의 전선을 돌파하여 로마군의 배후를 유린하고, 반대쪽에 있던 기병 부대마저도 격파했다. 이 기병 부대는 그때까지 카르타고의 신출귀몰한 누미디아 기병에 의해 견제되고 있었다. 한니발의 중기병대는 구축된 적에 대한 추격을 누미디아 기병에 맡기고 이번에는 로마 보병의 배후로 진입하여 최후의 일격을 퍼부었다. 그 전에 로마의 보병은 이미 세 방향에서 포위되어 있었고 너무나 빽빽이 밀집되어 있었기 때문에 제대로 저항할 수 없었다. 여기서부터 이 전투는 대학살로 변했다. 폴리비우스의 기록에 의하면 이때 로마 육군 병력 7만 6천 명 중 7만 명이 전사했다고 한다. 그 중에는 파울루스도 있었으나 아이러니하게 파멸을 자초한 장본인인 바로는 도망치는 데 성공했다.

칸나이의 참패로 이탈리아 연합은 일시적으로 붕괴되었으나 파비우스가 계속적인 저항을 위해 국민의 결속에 힘쓴 탓에 로마 자체가 붕괴되지는 않았다. 로마의 부흥에 큰 힘이 된 것은 많은 희생 속에서 '회피 전략'을 추구하는 과정에서 보여준 결연한 의지와 끈기 덕분이었으나 이와 더불어 한니발이 포위 공격을 하기에 충분한 장비와 증원 병력을 갖지 못했다는 점 그리고 '원시적으로 조직된 나라'인 로마에 대한 침공자의 입장에 있었다는 점 또한 상당한 영향을 미쳤다(후일 스키피오가 아프리카에 역침공을 가했을 때 그는 카르타고의 고도로 발달한 경제 구조가 결정적인 목표 달성에 도움이 된다고 생각했다).

전쟁의 두 번째 국면은 또 다른 종류의 전략적 간접 접근에 의해 기원전 207년에 종결되었다. 집정관 네로는 한니발과 대치하고 있던 진지에서 빠져나와, 자군을 이끌고 북부 이탈리아에 막 도착한 한니발의 아우에 대항하여 강행 전진, 병력을 집결했다. 메타우루스에서 네로는 한니발의 동생이 지휘하는 부대를 격파했는데, 그 동안 한니발은 전승을 얻기에 충분한 증원 병력이 도착하기만을 기다리고 있었다. 그런 후, 네로는 대치 중인 자신의 진지가 비어 있다는 사실을 한니발이 눈치를 채기 전에 돌아가 있었다.

그 후부터 이탈리아는 교착 상태에 빠졌고 이것이 곧 전쟁의 세 번째 국면이었다. 5년 간 한니발은 서부 이탈리아 만 인근 지역에 머물러 있었고 이에 대해 과도한 직접 접근을 시도한 몇몇 로마 장군들은 큰 피해를 입고 패퇴했다. 그런 가운데 푸블리우스 스키피오는 기원전 210년, 필사의 모험을 위해 스페인에 파견되어 있었다. 그 필사의 모험이란 스페인에서 있었던 부친과 숙부의 패배를 설욕하여 그들의 죽음에 대한 원수를 갚고, 가능하다면 우세한 카르타고군에 대항하여 북동쪽에 있는 로마의 약소한 근거지를 유지해가는 것이었다. 그는 신속한 행동과 우수한 전술, 그리고 교묘한 외교술을 이용하여 방어적인 목표를 전환했으며 간접적이긴 하나 카르타고와 한니발을 상대로 공세적인 위협을 가하기 시작했다. 왜냐하면 당시 스페인은 한니발의 실질적 전략 기지로서 자군을 훈련시키고 전력 증강을 꾀했기 때문이다. 스키피오는 기습과 시기를 적절히 결합시켜 먼저 카르타고군의 손에서 카르타헤나를 탈취했는데, 스페인에 있는 카르타고의 주요 기지인 그곳의 탈취는 곧 여러 동맹국의 이탈과 군대의 격멸을 알리는 전주곡이었다.

기원전 205년, 그는 이탈리아로 돌아와 집정관으로 선출되었다. 그는 오랫동안 계획해왔던 한니발의 전략적 후방에 대한 두 번째 결정적 간접 접근을 준비하고 있었다. 당시 노회한 원로가 되어 있었던 파비우스는 스키피오의 책무가 이탈리아에서 한니발을 공격하는 것이라고 촉구하는 한편 다음과 같은 정통적인 전략 구상을 귀띔한 것으로 알려져 있다.

"왜 귀관은 이 문제에 전념하지 않고, 순진하게도 한니발이 있는 장소에서 전쟁을 치르려고 하는가? 우회로를 택하여 아프리카로 진격하면 한니발은 귀관의 뒤를 따라오게 되어 있다는 것은 정한 이치이거늘……."

스키피오는 원로원으로부터 아프리카 원정 허가만을 얻어냈을 뿐 징병권은 거절당했다. 그 결과 기원전 204년 봄, 그는 고작 7천 명의 지원병과 칸나이 패전에 대한 책임을 지고 시칠리아 섬으로 좌천되었으며 그곳을 수비하고 있던 2개의 불명예 군단을 이끌고 원정길을 떠났다. 아프리카에 상륙한 직후 그는 카르타고가 당장 동원할 수 있었던 유일한 기병 부대와 만났다. 그는 교묘한 단계별 퇴각을 통해 적을 유인, 격멸했다. 이로써 그는 진지 강화를 위한 시간적 여유를 얻었을 뿐 아니라, 한편으로 본국의 당국자들로부터 좀더 풍부한 지원을 이끌어내고, 다른 한편으론 가장 강력한 시팍스를 제외한 아프리카 동맹국들에 대한 카르타고의 장악력을 이완시킬 만한 정신적 인상을 심어주게 되었다.

다음으로 스키피오는 기지로 활용하기 위해 우티카 항을 점령하려 했으나, 카르타헤나 점령 당시처럼 신속하게 행동하는 데는 실패하고 말았다. 결국 6주 후 하스드루발 기스코Hasdrubal Gisco가 육성하고 있던 신 카르타고군을 지원하기 위해 6만에 이르는 시팍스군이 도착했기 때문에 스키피오는 우티카 포위 작전을 포기하지 않을 수 없었다. 질은 차치하더라도 수적으로 월등한 적의 연합군이 접근하자 스키피오는 작은 반도로 퇴각, 후세에 웰링턴이 만든 토레스 베드라스 선의 원형이 된 진지를 구축했다. 여기서 그는 먼저 포위 작전에 참여했던 부대 지휘관들을 안정시킨 다음 우티카 항구에 대해 해상 공격을 준비하고 있는 것처럼 위장함으로써 그들의 주의를 딴 곳으로 돌리고는 마침내 적의 2개 야영지에 대한 야습을 실시했다.

이 기습이 적에게 미친 사기 저하 및 조직 교란의 효과는 스키피오의 교묘한 계산에 의해 한층 강화되었다. 그는 시팩스군의 두 야영지 가운데, 움막들이 진지 주변에 몰려 있고 인화성이 강한 짚이나 왕골이 몰려 있는 상대적으로 혼잡스러운 곳에 최초의 공격을 가했던 것이다. 어수선한 움막들에 불을 질러, 그로 인해 혼란해진 틈을 타서 로마군은 적의 야영지 내에 잠입할 수 있었다. 그 동안 하스드루발의 카르타고군은 7마일 떨어진 로마군의 야영지가 해질 무렵까지 조용하고 별 이상이 없었기에 우발적인 화재로 생각하고 목숨을 구하기 위해 문밖으로 쏟아져나왔다. 카르타고군의 문이 열리자 스키피오는 2차 공격을 퍼부음으로써 쉽게 문 안으로 들어갈 수가 있었다. 적군은 모두 패주해버렸고, 전 병력의 절반을 잃은 것으로 알려졌다.

이 작전의 추이를 살펴보면서 외면적으로는 우리가 전략에서 시작하여 전술로 경계를 넘은 것처럼 생각되지만, 실제로는 전략이 승리를 위한 길을 열었을 뿐만 아니라 승리 자체를 가져다주었다고 해야 옳을 것이다. 여기서 승리는 전략적 접근의 최후 일막에 지나지 않았다. 왜냐하면 저항 없는 대학살은 전투가 아니기 때문이다.

스키피오는 출혈 없는 승리 후에도 즉각 카르타고를 습격하지는 않았다. 그 이유에 대해서는 역사가 정확한 해답을 주지 않는다 해도, 한니발이 트라시메네와 칸나이에서의 승리 후 로마 공격을 보류했던 것보다 훨씬 명확한 추론의 근거가 있다. 신속한 기습 공격을 위한 유리한 전망이나 기회가 없다면 포위 공격은 모든 작전 가운데 가장 비경제적인 방법이다. 적이 여전히 이쪽 행동에 개입할 수 있는 야전군을 보유하고 있는 경우 포위 공격은 또한 가장 위험한 방법이다. 그것은 포위 공격이 성공하는 시점까지 공격측의 힘은 적의 힘에 비해 지속적으로 약화되어가기 때문이다.

스키피오는 카르타고의 성벽뿐 아니라 한니발이 돌아올 것까지 생각하지 않으면 안 되었다. 이는 우연을 가장하긴 했지만, 실제로는 스키피오의 계산된 목표였다. 물론 한니발이 돌아오기 전까지 스키피오가 카르타고를 강제로 항복시킬 수 있다면 그것은 커다란 이익일 것이다. 그러나 그 과정에서 카르타고 성 내부의 저항을 심리적으로 교란하여 희생을 최소화하고, 또한 성벽을 돌파하지 못한 사이에 한니발이 배후를 칠 때를 대비하여 과도한 병력 소모를 피해야 했다.

스키피오는 직접 행동을 취하는 대신, 카르타고로부터 보급 지역과 동맹 제국을 체계적으로 격리시켰다. 그 중에서도 시팩스군을 가차없이 추격·섬멸한 것은 힘을 분리시키려는 대단히 합당한 시도였다. 왜냐하면 그 후 스키피오는 자신과 동맹을 맺은 마시니사Masinissa를 누미디아 왕위에 복위시켜, 한니발의 최고의 무기에 대항할 수 있는 기병 자원을 확보할 수 있었기 때문이다.

이와 같은 형태의 심리적 압박이 지닌 설득력을 더욱 강화하기 위해 그는 카르타고가 보이는 튀니스로 전진했는데, 이는 '카르타고를 공포와 절망에 빠뜨리기 위한 가장 유효한 수단'이었다. 다른 간접적인 압박 수단과 적절히 혼용됨으로써 그것은 카르타고의 저항 의지를 교란시키기에 충분한 것이었기 때문에, 결국 카르타고는 스키피오에게 강화를 요구했다. 하지만 이 강화 조약이 로마에서 비준되는 것을 기다리는 사이, 한니발이 귀환하여 렙티스에 상륙했다는 소식을 접한 카르타고에 의해 잠정적인 평화 상태는 끝이 나고 말았다(기원전 202년).

이리하여 스키피오는 곤란하고 위험한 입장에 놓이게 되었다. 물론 카르타고를 공격하지 않았기 때문에 전력이 약화되지는 않았으나 카르타고가 스키피오의 강화 조건을 수락한 직후, 왕권 강화를 위해 마시니사를 누미디아로 돌려보냈기 때문이다. 정통 병법에 따른다면 이러한 상황에서는 한니발의 카르타고 도착을 저지하기 위해 공세를 취하든가, 지원을 기다리며 태세를 취해야 할 것이다. 스키피오는 둘 중 어느 것도 택하지 않고 지리적으로 대단히 기기하게 보일 만한 경로를 취했다. 렙티스에서 카르타고까지 한니발의 직선 경로를 그림으로 나타내면 역 V자(∧)를 오른쪽에서 왼쪽으로 쓰는 것과 같은 반면, 스키피오는 카르타고 부근에 있는 야영지 수비를 위해 일부를 남겨놓고 왼쪽에서 오른쪽으로 V자를 쓰는 형태로 행군했기 때문이다. 이 얼마나 엄청난 간접 접근인가! 그러나 바그라다스 계곡을 통과하는 이 길은 내륙으로부터 자원을 끌어들이는 카르타고의 핵심적인 보급로였다. 게다가 스키피오는 이 통로를 통해 행군함으로써 긴급 요청에 따라 마시니사가 소집한 지원 병력과 합류하는 데 필요한 시간을 최소화할 수 있었다.

이러한 병력 이동은 그 전략적 목적을 달성했다. 국가의 사활이 걸린 영토가 스키피오에 의해 차례로 황폐화되고 있다는 소식에 놀란 카르타고의 원로원은 한니발에게 전령을 보내어, 즉각 사태에 개입, 스키피오와 교전할 것을 촉구했다. 한니발은 "나에게 문제를 맡기라"고 회신했으나 스키피오가 만들어놓은 여러 조건에 이끌려 카르타고를 향해 북쪽으로 이동하지 못하고 서쪽으로 이동하여 스키피오와 맞설 수밖에 없었다. 그리하여 스키피오는 한니발을 자신이 원하는 곳으로 끌어들였고, 한니발은 물자 보급, 견고한 지탱점, 전투에 패했을 경우 대피할 장소조차 구할 수 없는 처지가 되었다. 카르타고 근처에서 전투를 벌였더라면 한니발은 이 모든 것을 누릴 수 있었을 것이다.

스키피오는 적으로 하여금 교전하지 않으면 안 되는 상황을 조성함은 물론, 이와 같은 심리적인 이점을 남김 없이 활용했다. 마시니사는 한니발의 도착과 거의 동시에 합류했는데 이때, 스키피오는 전진하지 않고 오히려 뒤로 물러서면서 한니발의 부대를 식수가 부족한 야영지로 끌어들였다. 게다가 그곳은 평야 지대여서 스키피오는 새로이 획득한 우세한 기병을 충분히 활용할 수 있었다. 여기서 그는 두 가지 책략을 썼다. 첫번째로는 자마(더 정확히 말하면 나라가라Naraggara)의 전장에서 과거 한니발의 지휘 아래 있었던 기병(누미디아 기병)을 자신의 것으로 만들면서 전술적인 우위를 확보한 다음 결전에 임할 수 있었다는 점을 들 수 있고, 두 번째로는 전술적 패배로 허를 찔린 한니발이 예비 단계에서의 전략적 패배로 다시 한번 치명타를 입게 되었다는 점을 들 수 있다. 왜냐하면 가까운 곳에 전열을 재정비할 만한 요새가 없어 일단 패배를 당할 경우 추격전에 뒤이은 전멸을 피할 수 없었기 때문이다. 결국 카르타고는 피 한 방울 흘리지 않고 항복하기에 이른다.

자마 전역으로 로마는 지중해 세계의 맹주가 되었다. 우세권의 확대와 로마의 종주국화는 약간의 위협을 받긴 했지만 큰 어려움 없이 진척되어갔다. 따라서 기원전 202년은 고대 세계사의 전환기와 그것을 낳은 군사적 원인을 연구함에 있어서 자연스런 귀결점이라 할 수 있다. 궁극적으로 그 팽창세가 쇠퇴하면서 세계 제국 로마는 사분오열되고 마는데, 이는 부분적으로 이민족의 압박 때문이기도 하지만 그보다는 내적인 부패에 주된 원인이 있었다.

이러한 '흥망'의 시기, 다시 말해 유럽이 낡은 단색에서 다양한 색깔의 옷으로 바꿔 입은 수세기 동안의 군사적 리더십을 연구하는 것은 대단히 가치 있는 일이어서, 벨리사리우스를 비롯한 후대 비잔틴 제국의 장군들에 못지않은 연구 가치가 있다고도 볼 수 있다. 하지만 전반적으로 보아 전쟁의 결정적 중요성은 정의하기가 쉽지 않고 그 전환점은 불명확하며 불확실한 전략과 일관되지 못한 기록으로 과학적인 추론의 기초가 될 수 없는 경우가 많다.

하지만 로마의 위세가 절정에 이르기 직전에 일어난 하나의 내전만큼은 검토할 만한 가치가 있다. 이는 또 하나의 위대한 장군의 무대로서 역사의 흐름에 큰 영향을 끼쳤기 때문이다. 제2차 포에니 전쟁이 로마의 손에 세계를 쥐어주었다면, 기원전 50~45년의 이 전쟁은 로마를 카이사르의 손에 넘기고 나아가, 제정시대로 접어드는 계기가 되었다.

카이사르가 기원전 50년 10월, 루비콘 강을 건넜을 때 그의 세력은 골과 일리리쿰에 국한되었던 반면, 폼페이우스Pompey는 이탈리아와 나머지 로마령을 지배하고 있었다. 카이사르 휘하의 9개의 군단 중 라베나에 있는 것은 단 하나뿐이었고 나머지는 머나 먼 골에 위치하고 있었다. 폼페이우스는 이탈리아에 10개 군단, 스페인에 7개 군단 그리고 로마제국 각지에 많은 지대를 가지고 있었다. 그러나 이탈리아의 군단은 각각의 군기軍旗 아래 간부만으로 구성되어 있어, 완전 편제될 경우 1개의 군단은 동원되지 않은 두 개의 군단 이상의 가치가 있었다. 카이사르는 이처럼 채 편성되지 않은 병력을 이끌고 남진했는데 이는 무모한 짓이라 비난받았다. 그러나 전쟁에서 시간과 기습은 가장 치명적인 요소이다. 카이사르의 전략은 이러한 두 가지 요소에 대한 평가를 뛰어넘어 폼페이우스의 심리에 대한 이해를 바탕으로 도출된 것이었다.

라베나에서 로마로 가는 길은 두 가지였다. 카이사르는 아드리아 해안을 따라 우회하는 더 긴 길을 선택했지만 신속하게 움직였다. 인구가 많은 이 지역를 통과하는 동안 폼페이우스가 징집하여 집결해 있던 병력이 카이사르군에 합류했는데, 이는 1815년 나폴레옹의 경우와 비슷하다. 사기가 크게 저하된 폼페이우스군은 로마를 포기하고 카푸아로 물러났고 그 동안 카이사르는 루케리아 부근의 폼페이우스 직할의 주력 부대와 코르피니움의 적 전위 부대 사이를 뚫고 들어가 다시금 피 한 방울 흘리지 않고 병력을 손에 넣었다. 그는 루케리아를 향해 계속 남진했고, 병력 또한 눈덩이처럼 불어났다. 하지만 이때부터 카이사르는 직접 공격 형태로 전환, 적을 이탈리아 반도의 발꿈치에 해당되는 지점인 부룬디시움의 요새항으로 몰아넣었고, 그의 저돌적인 추격에 폼페이우스는 서둘러 아드리아 해를 건너 그리스로 퇴각하고 말았다. 결국 지나치게 직접적이고 세련되지 못한 전술 때문에 카이사르는 단 한 번의 전역으로 전쟁을 종결시킬 기회를 잃고 지중해 연안의 각지에서 4년에 걸쳐 지루한 전쟁을 치르지 않으면 안 되었다.

이제 두 번째 전역이 시작되었다. 카이사르는 그리스로 폼페이우스군을 추격하는 대신 스페인의 폼페이우스 전선 쪽으로 방향을 전환했다. 이와 같이 적의 주력 부대가 아닌, '약체동맹'에 힘을 집중하는 것에 대한 비난도 있었으나 폼페이우스의 소극성에 대한 카이사르의 예측은 실제로 증명되었다. 이번에는 너무나 안일하게 전역을 시작했다. 그는 피레네 산맥을 가로질러 적의 주력이 위치한 일레르다로 직접 진격, 적에게 교전을 회피할 시간을 주고 말았다. 공격은 실패로 끝나고 카이사르의 개인적 중재 노력으로 파국만은 면할 수 있었다. 병사들의 사기가 떨어지자 카이사르는 적절한 때에 접근 방법을 바꿨다.

계속 포위 압력을 가하는 대신에, 카이사르는 일레르다를 관통하는 시코리스 강의 양안을 점령하기 위해 인공 도섭장을 만드는 데 온 힘을 기울였다. 이렇게 보급원을 단단히 조이자 위협을 느낀 폼페이우스의 대리 장교들은 시간적 여유가 있었음에도 후퇴의 유혹을 느끼게 되었다. 카이사르는 그들이 빠져나가도록 압박을 늦추는 한편, 골 기병을 적의 후방에 배치시켜 행군을 지연시켰다. 그런 다음, 그는 적의 후위가 지키고 있는 다리를 공격하지 않고 그때까지 기병만이 건널 수 있다고 간주되던 수심이 깊은 강을 직접 군사들을 이끌고 건너는 모험을 감행했으며, 그날 야간에 커다란 원을 그리며 기동하여 적의 퇴로를 가로막았다. 그러면서도 그는 교전을 시도하지 않고, 한 번씩 다른 퇴로를 택하려는 적을 방해하는 것으로 만족했다. 그리고 기병을 사용, 적을 교란하여 행동을 지체시키면서 다른 한편으로 휘하의 군단을 넓게 배치하여 전진하게 했다. 그는 아군의 전투 의욕을 자제시키는 한편, 피로와 굶주림으로 사기가 크게 저하되어 있던 적군에겐 감언으로 투항을 유도했다. 최종적으로 적을 일레르다 쪽으로 몰면서 식수가 없는 곳에서 야영할 수밖에 없었던 적의 항복을 받아냈다.

이는 전략적인 승리로서 승자는 물론 패자도 피를 한 방울 흘리지 않았다. 동시에 적의 사상자가 적으면 적을수록 카이사르의 잠재적인 추종자와 징집 병력의 수는 더욱 많아졌다. 적에 대한 직접 공격 대신 기동을 활용했음에도 불구하고 그가 소비한 시일은 6주에 불과했다.

그러나 기원전 48년의 다음 전역에서 그는 전략을 바꿨고, 8개월 후 승리를 거머쥐었으나 그때까지도 전쟁이 완전히 종결된 것은 아니었다. 간접 지상로로 일리리쿰을 통과하여 그리스로 진격하는 대신 카이사르는 직접적인 해상 경로를 택했다. 결국 그는 초반에는 시간을 벌었으나 궁극적으로는 시간을 낭비하게 되었다. 폼페이우스는 애초부터 대규모 함대를 가지고 있었지만 카이사르는 그렇지 못했다. 따라서 그는 대규모 함선 건조와 징집을 명령했으나 정작 조달된 것은 일부에 지나지 않았다. 그러나 카이사르는 때를 기다리지 않고 절반이 겨우 넘는 함선을 이끌고 브린디시 항을 출발했다. 팔레스테에 상륙함과 동시에 그는 해안을 따라 중요 항구인 디라키움을 향해 북상했는데, 이미 그곳에는 폼페이우스군이 먼저 도착해 있었다. 카이사르에게 다행스러운 일은 폼페이우스의 행동이 여전히 느려, 안토니우스는 카이사르가 남겨놓은 절반의 함대를 이끌고 합류하기 전에 우월한 실력을 발휘할 기회를 놓쳤다. 그뿐 아니라 안토니우스가 디라키움 항의 반대편에 상륙했을 때 폼페이우스는 중앙에 위치하고 있었음에도 카이사르를 저지하는 데 실패해서 티라나에서 적군이 합류하는 것을 방치하고 말았다. 퇴각하던 폼페이우스는 적군이 그 뒤를 따랐지만 전투를 하는 데엔 실패를 했다. 그 후 양군은 디라키움 남쪽의 제누수스 강 남쪽 제방에서 대치하게 되었다.

교착 상태는 간접 접근에 의해 타개되었다. 카이사르는 45마일 정도 되는 길고 험한 산길을 따라 행군하여 디라키움으로 행군하는 폼페이우스를 가로막았다. 폼페이우스는 다라키움까지 25마일만을 남겨놓고는 위험을 깨닫고 자신의 기지를 구하기 위해 서둘러 되돌아갔다. 그러나 카이사르는 유리한 입장에 있었음에도 더 이상 상대를 밀어붙이지 않았다. 폼페이우스에겐 해양을 통한 보급 수단이 있었기에 그의 기질상 선제 공격의 유혹에 넘어갈 가능성은 없었다. 카이사르는 이어 독창적이지만 그 자체만으로는 아무런 이익을 기대할 수 없는 경로를 택해, 자신의 부대보다 더 강할 뿐 아니라 해양을 통해 보급을 받거나 원하는 경우에 다른 곳으로 이동할 수 있는 적을 상대로 대단히 넓은 포위망을 구축했다.

소극적인 폼페이우스도 그토록 얇은 포위망의 허점을 공격할 기회를 놓치진 않았고 이를 만회하기 위해 카이사르는 응집된 힘으로 역습을 기했으나 비참한 실패로 끝났다. 폼페이우스의 우유부단함만 아니었더라도, 카이사르 군은 사기가 크게 떨어져 와해되고 말았을 것이다.

카이사르의 부하들은 적을 향한 새로운 공격을 소리 높여 주장했지만, 실패를 통해 배운 것이 있었던 카이사르는 성공적으로 후퇴한 후, 간접 접근 전략으로 돌아갔다. 이러한 전환기에 폼페이우스에게는 간접 접근을 수행할 더 좋은 기회가 있었다. 카이사르의 패배로 인한 심리적 효과 덕분에, 아드리아 해를 건너 이탈리아를 손쉽게 탈환할 수 있었기 때문이다. 그러나 카이사르는 이미 서쪽으로의 접근 가능성이 지닌 이러한 위험성을 감지하고 있었다. 그는 재빨리 마케도니아에 있던 폼페이우스의 부관, 스키피오 나시카Scipio Nasica를 치기 위해 동쪽으로 이동했다. 심리적으로 쫓기게 된 폼페이우스는 카이사르를 추격, 다른 길을 통해 서둘러 스키피오를 지원해주러 갔다. 카이사르가 먼저 도착했지만 성에 대한 공격을 지시하지 않고, 폼페이우스가 오기를 기다렸다. 카이사르의 입장에서 보자면, 이는 디라키움 전투 후 폼페이우스를 개활지 전투로 유도하기 위해서는 좀더 확실한 미끼가 필요할 것이라는 생각에 사로잡힌 나머지, 좋은 기회를 놓치는 꼴이었다. 만약 카이사르의 생각이 그러했다면 그는 폼페이우스군이 2배 가량 수적으로 우세함에도 불구하고, 위험을 무릅쓰고 측근을 설득, 전투를 감행했어야 했다. 카이사르가 기회를 만들고자 몇 가지의 기동을 준비하는 동안 폼페이우스가 먼저 접근, 파르살루스에서 전투를 걸어왔다. 카이사르는 하구河口와 너무 가깝기 때문에 그 전투는 시기 상조라고 생각했다. 카이사르의 간접 접근은 전략적인 균형을 회복하기 위한 것이었고, 폼페이우스의 균형을 깨기 위해서는 더욱 진전된 형태의 간접 접근이 요구되었다.

파르살루스에서의 승리 후 카이사르는 다르다넬스와 소아시아를 거치고, 지중해를 건너 알렉산드리아까지 폼페이우스를 추격했다. 거기서 프톨레마이오스가 폼페이우스를 암살, 카이사르의 수고를 덜어주었다. 그러나 카이사르는 프톨레마이오스와 그의 누이 클레오파트라 사이의 이집트 왕위 쟁탈전에 끼어들면서 그 동안 쌓아온 이점을 상실하고 8개월 동안 쓸데없는 곳에 힘을 낭비하고 말았다. 카이사르가 실수를 반복한 것은 근본적으로 그가 눈에 보이는 것에만 집중한 나머지, 더 큰 목적을 간과한 때문이었다. 전략적으로 그는 지킬 박사와 하이드 같은 인물이었다. 이러한 시간적 간격을 틈타 폼페이우스군은 아프리카와 스페인에서 회생을 꾀했다.

아프리카에서 카이사르가 부딪힌 난관은 그의 부관인 쿠리오Curio에 의해 적용된 직접적인 행동으로 인해 더욱 심화되었다. 상륙해서 최초의 전투를 승리로 이끈 후, 쿠리오는 폼페이우스의 동맹인 주바Juba 왕의 함정에 빠져 암살되었다. 카이사르는 기원전 46년 그의 그리스 전역에서와 같은 과감함과 기동성, 그리고 부족한 군대를 이끌고 아프리카 전역을 시작했다. 그는 수시로 덫에 걸렸지만 약간의 행운과 전술적인 기교를 결합시켜 빠져나올 수 있었다. 이후 그는 루스피나 근처에 진지를 구축하고 나머지 군대가 도착할 때까지 전투 유혹을 뿌리치고 기다렸다.

이때부터 카이사르는 지킬 박사와 같은 면모로 소모 없는 기동전을 계속했다. 그의 지원병이 도착하고 난 후에도 몇 달 동안 극단적이고 제한적인 간접 접근 전략을 펼쳐 기동에 이은 일련의 습격으로 적의 사기를 크게 떨어뜨렸고, 이에 따라 탈영하는 적군의 숫자가 크게 늘어났다. 마침내 그는 적의 중요 기지인 탑수스에 광범위한 간접 접근을 시도하여 기회를 조성했고, 그러자 전투욕에 불타던 그의 군대는 최고 지휘관 없이 공격을 감행하여 승리를 이끌어냈다.

그에 뒤이어 발생했으며 결과적으로 마지막 전역이 된 기원전 45년 스페인 전역에서 카이사르는 처음부터 사상자를 줄이려고 애쓰는 한편, 좁은 작전 지역 내에서도 끊임없이 기동, 적을 유리한 전투 위치로 끌어들였다. 그는 문다에서 이러한 유리한 위치를 확보하여 승리했으나, 우열을 가릴 수 없는 치열한 전투로 다수의 사상자가 발생한 것은 병력 절약과 단순히 전력을 아끼는 것은 엄연히 다르다는 사실을 극명하게 보여준 것이다.

카이사르식 접근법이 내포한 간접성은 폭이 좁고, 기습적인 측면이 결여되어 있었다. 각각의 전역에서 그는 적의 사기에 압박을 가했지만, 그것을 교란시키지는 못했다. 그 이유는 카이사르가 적의 지휘관보다는 부대원들에게 초점을 맞추었기 때문이다. 그의 전역들이 적 부대원에 대한 간접 접근과 지휘관에 대한 간접 접근 사이의 질적인 차이를 보여준다면, 그것이 보여주는 직접 접근과 간접 접근의 차이는 더욱 극명하다. 카이사르는 직접 접근을 통해 매번 실패의 쓴맛을 보았고, 그때마다 간접 접근으로 전환하여 이를 회복했기 때문이다

제4장 비잔틴시대의 전쟁
—벨리사리우스 및 나르세스

카이사르는 기원전 45년, 문다에서의 눈부신 승리 후 로마제국의 '종신 집정관' 칭호를 얻게 되었다. 이러한 결정적인 조치는 용어상으로 모순된 것일 뿐만 아니라 헌법의 황폐화를 의미하기도 했다. 이 조치로 인해 로마제국이 공화정에서 제정으로 변모하는 길이 열리게 되었다. 이는 자신의 체제 내에 제국을 붕괴시킬 병균을 배양하는 것이나 다름없었다. 그러나 이 붕괴의 과정은 비록 장기적 관점에서 볼 때는 진보적인 것일지 모르나 점진적인 것이었다. 카이사르의 승리 후 로마제국이 멸망하기까지는 오백 년의 세월이 흘렀을 뿐 아니라 그 후에도 로마제국은 다른 곳에서 천 년 간 명맥을 유지했던 것이다. 그 이유는 다음과 같이 설명될 수 있다. 첫째는 콘스탄티누스 대제가 330년에 수도를 로마에서 비잔티움(콘스탄티노플)으로 옮겼다는 점이고, 둘째는 364년에 로마제국이 동로마와 서로마제국으로 분명하게 분리되었다는 점이다. 동로마제국은 비교적 그 힘을 잘 보전했으나 서로마제국은 시간이 지날수록 늘어나는 이민족들의 공격과 침투에 시달렸다. 그러다가 5세기경, 이탈리아 독립 왕국에 뒤이어 스페인, 아프리카 등지에 이와 유사한 왕국이 들어섰고, 이름뿐이던 서로마 황제마저 폐위됨으로써 마침내 종말을 고하게 되었다.

그러나 6세기 중엽은 동에서 서로 로마의 지배권이 확대되던 시기였다. 유스티니아누스가 콘스탄티노플을 지배하던 시기에 그의 장군들은 아프리카, 이탈리아 및 남부 스페인을 다시 점령했다. 주로 벨리사리우스와 연관되는 이러한 업적은 다음의 두 가지 이유에서 돋보인다고 할 것이다. 첫째는 벨리사리우스가 매우 부족한 자원을 기반으로 원거리 전역을 수행했다는 점이고, 둘째는 그가 전술적 방어를 지속적으로 이용했던 점이다. 역사상 그처럼 공격을 자제하면서도 연속적으로 정복에 성공한 예는 찾아볼 수가 없다. 게다가 이러한 일련의 정복이 대부분 기병으로 구성된 기동군에 의해 달성되었다는 점은 더욱 놀라운 일이다. 벨리사리우스는 충분히 대담했지만, 그의 전술은 적으로 하여금 공격을 취하도록 허용——또는 유도——하는 것이었다. 부분적으로는 수적인 열세 때문에 그러한 선택을 한 경우도 있었지만 그역시 전술적·심리적 측면에서 치밀하게 계산된 것이었다.

그의 군대에서는 전통적인 방진형 군대의 모습은 거의 찾아볼 수 없고, 오히려 중세시대의 군대와 유사하면서도 더욱 발전된 형태였다. 카이사르시대의 군인이라면 벨리사리우스의 군대를 로마의 군대라고 여기지 않았겠지만 아프리카에서 스키피오 휘하에 근무했던 군인이라면 이러한 발전된 경향에 그리 놀라지 않았을 것이다. 스키피오에서부터 카이사르의 시대까지, 다시 말해서 도시국가에서 제국으로 발전하기까지 로마의 군대는 시민으로 구성된 단기 복무제 군대에서 전문 직업군인으로 구성된 장기 복무제 군대로 변화되었다. 그러나 군 조직에 있어서는 일찍이 자마에서 예견되었던 기병의 우세가 반영되지 못했다. 보병은 로마제국 군대의 근간이었고 기병(크기와 속도 면에서 말의 품종은 상당 수준 개량되었지만)은 한니발과의 전쟁 당시의 초기 형태와 마찬가지로 보조적인 역할을 수행했다. 국경 수비를 위해 더욱 큰 기동성이 요구됨에 따라 기병의 비율이 단계적으로 높아지긴 했으나 그 또한 378년에 로마의 방진형 군대가 아드리아노플에서 고트족 기병에게 패배한 후, 이러한 교훈을 인식하고 나서야 이루어진 일이었다. 다음 세대에는 발전의 방향이 이와는 정반대로 진행되었다. 테오도시우스Theodosius 황제 시대에는 상당수의 이민족 기병을 징집하여 기동군을 급속도로 확대시켰다. 이후에는 징집 비율이 어느 정도 조정되었고 새로운 형식의 편제가 정착되었다. 유스티니아누스와 벨리사리우스 시대에는 중기병이 기간 부대가 되었고, 이들은 장갑裝甲을 착용하고 활과 창으로 무장했다. 기본이 되는 아이디어는 훈족이나 페르시아의 기병 궁수와 고트족의 창기병에서 각각 볼 수 있었던 기동 화력과 기동 타격력을 한 전사戰士에게 통합하는 것이었다. 이러한 중기병은 경기병 궁수 부대에 의해 지원을 받았는데 이는 형태나 전술에서 현대의 경전차와 중전차(또는 중형 전차)의 출현을 예고하는 것이었다. 보병 역시 경보병과 중보병으로 구분되었으나 중보병은 무거운 창과 밀집 대형 때문에 전투시 기병이 기동할 수 있는 안정된 회전축으로서의 역할만을 수행했다.

6세기 초, 동로마제국은 위기에 처해 있었다. 동로마제국의 군대가 페르시아 국경에서 굴욕적인 패배를 거듭함으로써 소아시아에서의 동로마제국의 전반적인 입지가 위태롭게 되었다. 한때 페르시아가 북으로부터 훈족의 침략을 받아 이러한 압력이 누그러지는 듯했으나 525년경 산발적이지만 새로운 전쟁이 국경 지역에서 발발했다. 벨리사리우스가 페르시아령 아르메니아에 대해 수차례에 걸쳐 기병 공격을 실시하고, 후에 페르시아군이 점령한 국경 지역의 성城에 대한 의욕적인 반격을 가한 곳도 바로 이곳이었다. 다른 장군들이 졸렬하게 임무를 수행했기 때문에 유스티니아누스는 30세도 안 된 벨리사리우스를 동방 지역 총사령관에 임명했다.

530년, 4만 명에 이르는 페르시아군대가 다라스 요새로 진격했다. 이에 대항하는 벨리사리우스의 군대는 그 절반밖에 되지 않았을 뿐만 아니라 대부분 이제 막 부대에 배치된 신병들로 구성되어 있었다. 그는 포위 공격을 당하느니 공격과 방어를 결합한 전술을 구사하기 위해 신중하게 선정된 진지에서 전투를 감행하기로 결심했다. 페르시아 인들이 수적으로 우세할 뿐 아니라 비잔틴을 경시하고 있었기 때문에 그는 그들로부터 선제 공격을 이끌어낼 수 있을 것이라고 예측했다. 다라스의 전방에는 깊고 넓은 참호가 구축되었고 그 안에 있는 수비 부대가 성벽으로부터 화력 지원을 받을 수 있는 거리에 위치해 있었다. 벨리사리우스는 이 참호에 상대적으로 약한 보병 부대를 배치했다. 이 십자형 참호는 직각으로 뻗어 있었고 다시 그 끝에서부터 계곡 양측의 능선으로 또 다른 참호가 곧게 이어져 있었다. 측방으로 구축된 이 참호를 따라 중간중간 나 있는 넓은 통로에는 역습을 위한 중기병 부대가 배치되었다. 훈족 경기병은 참호의 내각內角 부분에 배치되어 양익의 중기병 부대가 격퇴될 경우, 적의 후방을 공격, 교란하여 공격 압력을 약화시킬 수 있도록 했다.

도착하자마자 이러한 배치에 당황한 페르시아군은 첫째 날을 탐색전에 허비했다. 다음날 아침, 벨리사리우스는 페르시아군 지휘관에게 전투보다는 상호 대화로 문제를 좀더 잘 해결할 수 있을 것이라는 내용의 편지를 보냈다. 프로코피우스Procopius에 의하면 편지에는 다음과 같이 씌어 있었다. "가장 큰 축복은 평화다. 이것은 약간의 분별력이라도 있는 사람이라면 누구나 인정하는 바다. …… 그러므로 가장 훌륭한 지휘관은 전쟁에서 평화를 이끌어낼 수 있는 사람이다." 이는 그의 생애에서 처음으로 위대한 승리를 눈앞에 둔 젊은 군인이 한 말로는 대단히 훌륭한 것이었다. 그러나 페르시아의 지휘관은 로마의 약속은 절대 신뢰할 수 없다는 답장을 보내왔다. 그는 벨리사리우스의 편지와 참호 뒤에서 취하고 있을 방어적 자세를 단순히 두려움을 느끼고 있다는 신호로 받아들였다. 그리하여 공격은 시작되었다. 페르시아 군은 신중했기 때문에 중앙부의 뻔히 보이는 함정 깊숙이 공격해 들어오지는 않았다. 그러나 이 신중함 때문에 오히려 그들은 벨리사리우스의 손에 놀아나는 꼴이 되고 말았다. 왜냐하면 그로 인해 공격력이 분산되었을 뿐 아니라, 벨리사리우스군 가운데 병력 열세비가 가장 낮고 가장 신뢰하던 기병 부대가 포진한 양익에 공격이 제한되었기 때문이었다. 게다가 벨리사리우스의 보병은 화살을 이용하여 전투를 지원할 수 있었다. 비잔틴의 활은 페르시아의 활보다 사거리가 길었으며 상대의 활에 대한 페르시아 갑옷의 방호력 또한 비잔틴보다 못했다.

처음에는 페르시아의 기병이 벨리사리우스의 좌익을 향해 전진했으나, 측방 능선에 매복하고 있던 소규모 기병 부대가 이들의 후방을 기습 공격했다. 반대편 측익에서 훈족의 경기병이 출현함과 동시에 이루어진 예상치 못한 공격으로 페르시아군은 후퇴할 수밖에 없었다. 이때 다른 측방에서는 페르시아 기병이 도시의 성벽 근처까지 깊숙이 압박했으나 그 결과, 전진한 측익과 정지한 중앙 부대 사이에 간격이 발생했고 벨리사리우스는 이 간격을 통해 활용 가능한 모든 기병을 투입했다. 페르시아군의 약화된 결절점에 가해진 이 역습으로 먼저 페르시아군 기병의 측방이 전장에서 분산되었고 이후 공격은 중앙부에 위치한 보병의 노출된 측면을 향했다. 다라스 전투는 페르시아군의 결정적인 패배로 끝이 났으며, 이는 페르시아가 수세대만에 최초로 비잔틴에게 당한 패배이기도 했다.

이후에도 수차례의 실패를 겪은 다음에야 페르시아 왕은 유스티니아누스의 사절과 평화 회담을 시작했다. 협상이 한창 진행될 무렵, 페르시아의 동맹이었던 사라센의 왕은 비잔틴에 대한 간접 공격안으로 새로운 전역 계획을 제시했다. 그는 강력하게 방어되고 요새화된 비잔틴의 국경보다는 예상치 못한 곳을 공격하는 것이 유리하다고 주장했다. 최대한 기동력이 뛰어난 부대로 군대를 편성하여 오랫동안 횡단 불가능한 장벽으로 여겨지던 사막을 통과하여 유프라테스에서 서쪽으로 이동해서 동로마제국에서 가장 부유한 도시였던 안티오크를 기습해야 한다는 것이었다. 이 계획은 채택되었고 적절히 편성된 부대라면 이러한 사막 횡단이 실현 가능하다는 사실이 입증될 만큼 상당히 진척되었다. 그러나 벨리사리우스는 자신의 부대를 기동화시키고 국경선을 따라 효과적인 병참 체계를 구축했기 때문에 신속히 남하, 적보다 먼저 도착할 수 있었다. 그는 적의 위협을 분쇄했기 때문에 침략자들을 본국으로 쫓아버리는 것으로 만족했다. 이러한 행동 자제는 그의 부대에게는 불만스러운 것이었다. 부하들의 불평을 알았던 그는 다음과 같은 사항을 지적했다. "진정한 승리는 최소한의 손실로 적으로 하여금 목적을 포기하도록 하는 것이다. 일단 이러한 목적이 달성되었다면 전투에서 승리한다고 해도 진정한 이득은 기대할 수 없다. 불필요한 패배의 위험을 초래하고 국가를 더욱 위험한 침략자에게 노출시킬 수도 있는데, 패주하는 적을 무엇 때문에 추격하겠는가? 후퇴하는 부대에게 도망칠 수 있는 길을 열어주지 않는 것은 적으로 하여금 죽기 살기로 싸울 용기를 주는 것밖에 되지 않는다."

이러한 논리는 부하들의 피끓는 본능을 진정시키기에는 지나치게 이론적인 것이었다. 벨리사리우스는 그들의 욕구를 충족시켜주기 위해 추격 권한을 부여했으나 그의 경고를 입증하듯 결과는 유일한 패배로 끝났다. 그러나 추격군을 격퇴한 페르시아군 또한 손실이 너무나 커서 후퇴를 계속할 수밖에 없었다.

벨리사리우스는 동로마제국을 성공적으로 방어한 후, 곧바로 서방 원정 임무에 투입되었다. 1세기 전, 독일계 반달족이 남하를 중지하고 로마령 아프리카를 점령하여 카르타고에 수도를 건립했다. 여기서 이들은 대규모 해적 행위를 일삼았고 약탈을 위해 지중해 연안 도시로 습격대를 파견하기도 했다. 455년에는 로마를 점령, 콘스탄티노플에서 파견된 대규모 원정군을 완파했다. 그러나 몇 세대가 지난 후에 사치와 아프리카의 태양은 그들의 기질뿐 아니라 정신력마저도 약화시켰다. 531년에는 어린 시절 유스티니아누스의 친구였던 반달의 힐데릭Hilderic 왕이 호전적인 조카인 겔리머Gelimer에 의해 퇴위된 후 투옥되었다. 유스티니아누스는 겔리머에게 삼촌을 석방할 것을 요구하는 서한을 보내고 이것이 묵살되자 533년, 벨리사리우스 지휘하에 아프리카 원정군을 파견하기로 결심했다. 그러나 그는 단지 5천 명의 기병과 만 명의 보병만을 할당했다. 비록 선발된 정예 부대였지만 10만에 이르는 것으로 알려진 반달의 군대에 비하면 대단한 열세임에 분명했다.

원정군이 시칠리아에 도착했을 때 벨리사리우스는 고무적인 소식들을 접할 수 있었는데, 이는 반달의 최정예 부대가 당시 반달령이었던 사르디니아에 반란 진압을 위해 파견되었으며 겔리머 왕도 카르타고에서 자리를 비웠다는 사실이었다. 벨리사리우스는 즉각 출항하여 아프리카 상륙에 성공했는데 상륙 지점은 우세한 반달 함대의 개입을 피해 카르타고로부터 9일 거리에 있는 곳을 택했다. 이 소식을 듣자마자 겔리머는 카르타고에서 10마일 떨어진 아드 데키뭄 근방의 협곡에 병력을 집결시키도록 여러 예하 부대에 명령했다. 그는 이곳에서 침략군을 포위할 계획이었으나 계획은 좌절되고 말았다. 그 이유는 벨리사리우스의 함대가 카르타고를 위협함과 동시에 신속하게 전진한 육군이 반달 부대의 집결을 방해했고 혼란스런 일련의 전투로 무질서해진 반달군은 벨리사리우스군을 섬멸하기는커녕 오히려 완전히 와해되었기 때문이다. 이로써 벨리사리우스는 카르타고까지 별다른 장애 없이 진격할 수 있었다. 그러자 겔리머는 부대를 재집결시키는 한편 사르디니아 원정군을 복귀시키도록 명령, 재공격을 준비했고, 그 동안 벨리사리우스는 반달에 의해 황폐화된 채 방치되어 있던 카르타고의 방어벽을 재정비했다.

벨리사리우스는 반달군의 공격 시도를 몇 달 간 기다린 후, 적이 아무런 움직임을 보이지 않자 사기가 크게 떨어져 있는 것으로 판단하여 패배할 경우 안전하게 후퇴할 공간을 확보한 다음, 공격을 감행하기로 결정했다. 그는 기병 부대를 선봉으로 있던 하천 너머 트리카메론에 있던 반달군의 숙영지에 도착하여, 보병 부대의 도착을 기다리지 않고 전투를 개시했다. 그의 생각은 수적 열세를 미끼로 반달 군의 공격을 유도한 다음 이들이 하천을 도하할 때 역습하려고 했던 것으로 보인다. 그러나 '유인' 공격과 위장 철수만으로는 반달군으로 하여금 하천까지 추격해 오도록 유도할 수 없었다. 그러자 벨리사리우스는 적의 신중성을 이용해서 대규모 병력을 적의 방해 없이 도하시켜 적 중앙을 공격, 주의를 유도한 다음 전 전선으로 공격을 확대했다.

반달군의 저항은 일시에 붕괴되었으며 이들은 방책이 둘러쳐진 숙영지로 도주했다. 그날 밤, 겔리머가 도주하자 그의 부대는 완전히 해체되었고 벨리사리우스가 겔리머를 추격, 체포함으로써 전쟁은 종결되었다. 필사의 모험이라고 생각했던 로마령 아프리카 탈환은 이렇듯 실제로는 매우 간단하게 달성되었다.

손쉬운 승리로 용기를 얻은 유스티니아누스는 535년, 동고트로부터 이탈리아와 시칠리아를 가능한 한 적은 대가로 탈환하려고 했다. 그는 소규모 부대를 달마티아 해안으로 파견하는 한편, 원조금을 지원하겠다는 약속으로 프랑크족을 설득하여 북으로부터 고트를 공격하도록 했다. 이러한 견제 공격 아래 유스티니아누스는 벨리사리우스의 지휘 하에 만 2천 명의 원정군을 시칠리아로 파병하면서, 도착하자마자 카르타고를 향해 진군하는 중이라고 선전할 것을 지시했다. 이는 섬을 쉽게 점령할 수 있다고 생각되면 그렇게 하고, 그렇지 않다면 의도를 노출시키지 말고 철수하는 것이었다. 결과적으로 계획을 실행에 옮기는 데는 큰 어려움이 없었다. 시칠리아 섬의 도시들은 동고트로부터 온당한 대우를 받았음에도 이곳 사람들은 벨리사리우스를 그들의 해방자이자 수호자로 맞아들였다. 고트의 소규모 수비대의 저항은 팔레르모를 제외하고는 보잘것없었고 팔레르모에서의 저항 역시 벨리사리우스의 계략으로 극복되었다. 이러한 성공과는 반대로 달마티아 침공은 참담한 실패로 끝났다. 그러나 이 견제 공격 부대는 비잔틴에서 파견된 부대에 의해 증원되었고, 전진을 재개하자마자 벨리사리우스는 이탈리아 침공을 개시하기 위하여 메시나 해협을 건넜다.

고트족 내부의 반목과 왕에 대한 불신으로 인해 벨리사리우스는 남부 이탈리아 지역을 아무런 저항도 받지 않고 진군했으며 동로마 군대와 대등한 규모의 수비대가 강력한 방어벽을 구축하고 있던 나폴리에 이르렀다. 벨리사리우스는 잠시 시간을 보낸 후 마침내 폐기된 수로를 통한 진입로를 발견, 선발된 부대를 터널로 침투시키는 한편, 야음을 틈타 정면에서는 사다리를 이용해 요새에 기어오르고 동시에 후방에서 공격을 실시하여 도시를 장악했다.

나폴리의 함락 소식은 고트족의 왕에 대한 반란을 유발하여 결국 비티게스Vitiges라는 의욕 넘치는 장군이 왕위를 차지했다. 그러나 비티게스는 새로운 침략자에게 집중하기 위해서는 먼저 프랑크와의 전쟁을 종결시켜야 한다는 전통적인 군사적 관점을 지니고 있었다. 그리하여 로마에 적절한 규모의 수비대를 잔류시키고 프랑크와의 문제를 해결하기 위해 북으로 이동했다. 그러나 로마의 시민들은 그의 생각에 동의하지 않았고 고트 수비대 또한 자신들의 힘만으로는 도시를 방어할 수 없다고 생각했기 때문에 벨리사리우스는 손쉽게 도시를 점령할 수 있었다. 벨리사리우스가 접근하자 수비대가 전투를 치르기도 전에 철수해버렸다.

뒤늦게 자신의 결정을 후회한 비티게스는 금과 영토로 프랑크족을 회유한 후, 로마 탈환을 위해 15만 명의 병력을 집결시켰다. 이에 비해 벨리사리우스는 단 만 명의 방어 부대를 보유하고 있을 뿐이었다. 그러나 포위 공격이 개시되기 전까지 3개월 동안 벨리사리우스는 도시의 방어 체계를 재정비하고 상당량의 식량을 비축했다. 더구나 그의 방어 전술은 간간이 용이주도한 성 밖 출격을 실시하는 등 대단히 적극적인 것이었다. 여기에서 그는 활로 무장된 기병 부대의 이점을 활용, 적 기병이 먼 곳에 있을 때는 활로 이들을 자극하고 또 고트 창병의 신경을 건드려 무모한 공격을 유도했다. 비록 병력 부족으로 수비 측이 느끼는 부담이 컸지만 포위 공격을 실시하는 공자의 전투력은 특히 질병으로 인해 급속도로 감소되었다. 벨리사리우스는 적의 병력 감소를 더욱 가속화하기 위해 부족한 병력 가운데서 두 개의 분견대를 파견, 포위군의 주보급로에 위치하고 있는 두 도시인 티볼리와 테라치나를 기습, 장악했다. 그리고 본국으로부터 증원군이 도착하자 벨리사리우스는 아드리아 해안까지 공격 범위를 확장하여 라베나에 있던 고트의 본거지를 위협했다. 마침내 고트는 1년 간의 포위 공격을 포기하고 북으로 철수했는데, 이들의 철수를 앞당긴 것은 라베나와의 병참선상에 불안할 정도로 가까운 도시인 리미니가 비잔틴의 습격 부대에 의해 점령당했다는 소식이었다. 벨리사리우스는 고트의 후위가 물비아교에서 엉켜 있을 때, 분리 공격을 가해 심각한 손실을 입혔다.

비티게스가 라베나를 향해 동북쪽으로 후퇴하고 있을 때 벨리사리우스는 함대와 병력의 일부를 서해안으로 파견하여 파비아와 밀라노를 점령했다. 한편 자신은 병력 3천 명만을 대동하고 바다 건너 동부해안으로 이동, 환관 나르세스의 지휘하에 새로이 상륙한 7천 명의 병력과 합류했다. 이후 그는 비티게스에 의해 포위되어 리미니 성 안에 갇혀 있던 분견대를 구출하기 위해 신속한 조치를 취했다. 그는 고트군이 2만 5천 명의 병력을 잔류시킨 오시모 요새를 기만, 이들에게 발각되지 않고 두 개의 종대로 나눠 리미니를 향해 이동했고 일부 병력은 해로로 이동했다. 이처럼 세 가지 방향으로 이동한 것은 고트군에게 그의 병력이 많은 것처럼 보이기 위해서였다. 이와 같은 기만 효과를 극대화하기 위하여 밤에는 숙영지의 장작불을 멀리까지 나란히 피워놓았다. 이러한 계략은 널리 알려진 벨리사리우스에 대한 두려움 때문에 더욱 효과를 발휘하여 대부분의 고트족은 그가 접근해오자 공황 상태에 빠져버렸다.

벨리사리우스는 라베나의 비티게스에 대한 감시를 유지하면서, 로마와의 병참선을 확보하기 위해 그가 신속히 진격하면서 우회했던 많은 요새들을 제거하기로 계획했다. 그가 보유한 소규모 병력으로는 이것이 어려워 보였으나 그가 채택한 방책은 요새를 하나씩 고립시키고 하나의 요새를 집중 공격할 때 기동 부대로 하여금 원거리에 차단막을 구축하여 지원군이 접근할 잠재적 가능성을 제거하는 것이었다. 그렇다고 해도 이는 많은 시간이 소요되는 작전이었는데, 그나마도 일부 예하 장군에 의해 더욱 지연되었다. 이들은 본국에 영향력을 행사하여 자신의 항명을 은닉하면서 더욱 손쉽고 경제적으로 가치 있는 목표를 골라 공격하려 했기 때문이다. 이 사이에 비티게스는 프랑크와 페르시아에 사절을 보내, 현재 비잔틴의 병력이 분산되어 있으므로 두 나라가 비잔틴 제국에 협공을 가하여 비잔틴의 팽창 정책을 저지할 수 있는 절호의 기회라고 설득했다. 프랑크의 왕은 이에 동의하여 알프스 너머로 대규모 부대를 파견했다.

그들에게 최초의 고통을 안긴 것도 자신들이 동맹군이라 생각했던 고트군이었다. 왜냐하면 비잔틴군과 대치하고 있던 고트군이 파비아 근방에서 이들에게 도하 지점을 개방해준 후, 비잔틴군과 이들을 무차별 공격, 패주 상태에 빠뜨렸기 때문이다. 이들은 식량을 약탈하기 위하여 시골로 흘러 들어갔다. 대부분 보병으로 구성된 이들 부대는 약탈 범위가 제한되자 곧 자초한 굶주림으로 수천 명씩 죽어갔다. 이들은 한치 앞을 내다보지 못하는 우매함으로 기동군에 대항하기는커녕, 벨리사리우스에 의해 손쉽게 본국으로 축출되었다. 이로 인해 벨리사리우스는 라베나에 대한 장악력을 강화하고 비티게스를 굴복시킬 수 있었다.

540년, 바로 그 시점에서 벨리사리우스는 유스티니아누스에 의해 소환되었다. 이는 표면상으로는 페르시아의 새로운 위협에 대응하기 위한 목적이었고, 실제로 더 정확한 원인은 황제의 시기심에 있었던 것으로 보인다. 벨리사리우스를 서로마제국 황제로 인정한다는 조건 하에 고트족이 강화를 제안했다는 소식이 유스티니아누스의 귀에 들어갔기 때문이었다.

벨리사리우스가 본국으로 귀환하는 동안 페르시아의 새로운 왕인 코스로에스Chosroes는 전에 실패했던 사막 횡단 행군을 다시 결행, 안티오크를 점령하는 데 성공했다. 그는 이미 이 도시를 비롯한 시리아의 다른 도시를 약탈한 후였기 때문에, 강화의 대가로 매년 상당량의 보상금을 제공하겠다는 유스티니아누스의 제의를 수락했다. 유스티니아누스는 벨리사리우스가 콘스탄티노플에 돌아오고 코스로에스가 페르시아로 돌아가기가 무섭게 페르시아에 제공하기로 했던 배상금을 지불하지 않음으로써 이 조약을 파기했다. 이리하여 모든 전쟁에서 일반적으로 경험할 수 있듯이 패배자는 그의 신하들밖에 없었다.

다음 전역에서 코스로에스 왕은 흑해 연안의 콜키스를 침공하여 페트라의 비잔틴 요새를 점령했고, 이와 거의 같은 시기에 벨리사리우스는 동부 국경에 도착했다. 장소는 정확하지 않지만 코스로에스가 원거리 원정에 출병했다는 소식을 들은 벨리사리우스는 즉시 페르시아 영토 안으로 기습 공격을 실시했다. 효과를 증대시키기 위해 그는 아랍 동맹군으로 하여금 아시리아의 티그리스를 공격하도록 했다. 이 시의 적절한 공격은 간접 접근의 가치를 부지불식간에 입증했다. 왜냐하면 이 때문에 콜키스를 공격 중이던 페르시아군의 본거지가 위협당하자 코스로에스로서는 병참선이 차단당하는 것을 막기 위해 급히 귀국할 수밖에 없었기 때문이다.

오래지 않아 벨리사리우스는 또다시 콘스탄티노플로 소환되었다. 이번에는 내부 문제가 원인이었다. 그가 없는 사이에 페르시아 왕이 안티오크의 파괴 후 동로마제국에서 가장 부유한 도시였던 예루살렘을 점령하기 위해 팔레스타인을 침공했다. 이러한 소식을 전해들은 유스티니아누스는 이 도시를 구하기 위해 벨리사리우스를 파견했다. 이번 원정에서 코스로에스는 20만에 이르는 대군을 동원했으므로 사막을 횡단할 수는 없고 유프라테스 강을 건너 시리아까지 행군한 다음, 이곳에서 팔레스타인을 향해 남진해야 했다. 따라서 코스로에스의 행군로를 예측할 수 있었던 벨리사리우스는 비록 소수지만 기동화되어 있던 부대를 유프라테스 강 상류의 카르셰미시에 배치했다. 이곳에서 그는 페르시아군의 취약 지점인 남으로 선회하는 행군 대형의 안쪽 측면을 위협할 수 있었다. 벨리사리우스의 출현을 보고받은 코스로에스는 특사를 파견했는데, 강화 조건 논의가 목적이었지만 실제로는 벨리사리우스의 병력과 상태를 파악하기 위한 술수였다. 사실 벨리사리우스의 병력은 페르시아군의 10분의 1 이하 또는 20분의 1을 간신히 넘어서는 수준이었다.

벨리사리우스는 사절단의 목적을 알아차리고 군사적 '연극'을 실행했다. 그는 고트 부대, 반달 부대, 무어 부대를 비롯, 포로 생활을 마치고 입대한 자들 중 가장 뛰어난 병력을 선발하여 페르시아 특사의 예상 접근로에 배치함으로써 특사로 하여금 대부대의 전초와 마주친 것으로 믿게 만들었다. 그리고 병사들로 하여금 그들의 병력 규모가 매우 큰 것처럼 보이도록 들판에 넓게 흩어져 쉼없이 움직이라고 명령했다. 특사는 벨리사리우스의 낙천적인 자신감과 적의 공격에도 전혀 아랑곳하지 않을 듯한 병사들의 태도에 의해 더욱 깊은 인상을 받았다. 특사로부터 보고를 받은 코스로에스는 이처럼 강력한 군대를 자신의 병참선 측방에 두고 공격을 계속하는 것은 대단히 위험하다는 확신을 갖게 되었다. 이때 유프라테스 강을 끼고 벨리사리우스의 기병들이 기동하자 더욱 혼란스러워진 이들은 유프라테스 강을 서둘러 도하하여 그 길로 본국으로 철수했다. 그 누구도 불가항력일 것 같은 침공을 이보다 경제적으로 격퇴할 수는 없었을 것이다. 그리고 이러한 기적적인 성과는 간접 접근에 의해 얻어진 것으로서, 여기서 간접 접근은 측면 지향에 따른 이점도 있었지만 그것 자체로는 순수하게 심리적인 것이었다.

벨리사리우스는 높아만 가는 그의 명성에 대한 유스티니아누스의 시기 어린 의심 때문에 또다시 콘스탄티노플로 소환되었다. 그러나 얼마 지나지 않아 이탈리아 문제에 대한 부적절한 대응으로 그 지역에 대한 비잔틴의 지배력이 약화될 기미가 보이자 유스티니아누스는 이러한 상황에 대처하기 위해 벨리사리우스를 다시 파견할 수밖에 없었다. 그러나 시기심이 많고 인색했던 황제는 임무 수행에 필요한 최소한의 자원만을 할당해주었을 뿐 아니라, 벨리사리우스가 라베나에 도착했을 때에는 이미 문제의 범위가 너무나 확대되어 있었다. 왜냐하면 고트족들이 새로운 왕인 토틸라Totila의 지배하에 점차 세력을 확대하여 이탈리아 북서 지역 대부분을 점령하고 남부를 유린하고 있었기 때문이다. 나폴리는 이미 점령당했고 로마 역시 위협받고 있었다. 벨리사리우스는 소규모 부대를 이끌고 해안을 항해하여 티베르 강을 따라 진격함으로써 로마를 구한다는 대담한 계획을 시도했지만 성공 가능성은 희박했다. 이때 토틸라는 방어벽을 철거한 다음 만 5천 명의 병력을 잔류시켜 7천 명의 벨리사리우스 군대를 해안에 고착시키고 자신은 나머지 병력을 인솔, 벨리사리우스가 없는 사이 라베나를 점령할 목적으로 북진했다. 그러나 벨리사리우스는 자신을 고착, 견제하는 병력을 물리치고 로마로 잠입했다. 이것은 용맹스런 고트족으로서는 걸려들지 않을 수 없는 미끼였다. 토틸라가 휘하 병력과 함께 도착하기 3주 전까지 벨리사리우스는 성문을 교체한 것 외에도 방어벽을 훌륭히 재정비하여 두 차례의 대규모 공세를 격퇴할 수 있었다. 이 공세에서 너무도 큰 손실을 입은 고트군은 자신감을 상실했으며 세 번째 공세에는 벨리사리우스가 역습을 가하자 혼란에 빠지고 말았다. 결국 다음날 고트군은 포위를 풀고 티볼리로 철수했다.

그러나 수차례의 간언에도 불구하고 유스티니아누스는 소규모의 증원군만을 파병했다. 벨리사리우스는 이탈리아 전체를 재탈환하는 시도는 하지 못한 채 요새들 사이로 이 항구에서 저 항구로 몇 년을 허비해가면서 '치고 달리기' 식 전역을 수행할 수밖에 없었다. 결국 자신을 신뢰하지 못하는 유스티니아누스에게 충분한 병력을 기대하는 것이 부질없는 것임을 안 벨리사리우스는 548년 황제의 허락을 얻어 임무 수행을 포기하고 콘스탄티노플로 복귀해버렸다.

4년 후, 이탈리아 포기 결정을 후회한 유스티니아누스는 새로운 원정을 결정했다. 벨리사리우스가 동로마에 대항하는 새로운 국가를 건설하지 않을까 두려워했던 유스티아누스는 그가 지휘권을 갖는 것이 못마땅했으므로 결국 벨리사리우스 대신 나르세스에게 지휘권을 부여했다. 나르세스는 오랫동안 전쟁에 대해 철저히 공부해왔고 벨리사리우스가 첫번째 이탈리아 전역에서 지대한 공을 세울 때에도 자신의 실제 역량을 입증했었다.

나르세스는 자신에게 주어진 기회를 최대한 이용했다. 첫번째로 그는 황제의 제안을 수락하는 대신 전투력이 우수하고 무장이 잘된 부대를 제공받았다. 그는 이 부대를 이끌고 아드리아 해안을 돌아 북으로 이동했다. 이때 고트군은 수많은 강 하구를 지나 험난한 해안 도로를 따라 이동하기는 매우 어렵기 때문에 반드시 바다를 통해 공격해 올 것이라고 판단하여, 결과적으로 나르세스의 침공을 도와준 셈이 되고 말았다. 그러나 나르세스는 많은 수의 보트를 육상 이동 부대와 병진, 이를 부교로 이용함으로써 적의 예상보다 빨리 전진하여 별 저항 없이 라베나에 도착할 수 있었다. 나르세스는 지체 없이 공격 루트를 가로막고 있던 요새들을 우회하여 남진했는데 이는 토틸라의 부대가 완전히 집결되기 전에 전투를 유도하려는 데 그 목적이 있었다. 토틸라는 아페니노 산맥의 주요 통로를 확보하고 있었으나 나르세스는 우회 도로를 따라 이동하여 타기나에에서 토틸라를 공격했다.

벨리사리우스는 이전의 전역에서 언제나 적보다 적은 수의 병력으로 전투를 수행해야 했으나 나르세스는 이미 고트군에 비해 우세한 병력을 확보하고 있었다. 그럼에도 불구하고 전략적 공세를 통해 최대한 이점을 끌어낸 나르세스는 토틸라에 대해서는 전술적 방어를 구사했다. 고트군의 본능적인 '공격성'을 염두에 두고, 그들의 선제 공격을 유도하며 함정에 빠뜨릴 속셈이었던 것이다. 이는 8백여 년 후, 크레시 전투에서 프랑스군 기병에 맞서 싸웠던 영국군에게도 영향을 미친 전술로, 기병 공격에 취약한 비잔틴 보병을 고트군이 얕보고 있다는 사실에 근거를 두고 있었다. 그는 먼저 기병들을 말에서 내리게 한 다음 중앙에 대규모로 배치하여 이들이 휴대하고 있던 창을 보병 전투에 이용하는 한편, 적에게는 마치 창보병인 것처럼 보이게 했다. 이 대형의 양익에는 보병 궁수를 초승달 모양으로 충분히 전진 배치하여 중앙부에 대한 공격이 있을 때에는 언제든지 응사할 수 있도록 했고 이들 후방에는 대부분의 기병을 근거리에 배치했다. 좌익 전방에서 충분히 이격된 능선에는 고트군이 깊숙이 공격해왔을 경우 이들의 후방에 기습을 가할 수 있도록 정예 기병 부대를 배치했다.

이렇듯 주도면밀하게 준비된 함정은 그대로 성공했다. 고트 기병은 적 대형 중앙에 위치한 보병이 허약할 것으로 예상하고, 이에 대해 공격을 개시했다. 이들은 진격하는 동안 측방에서 실시된 집중 사격에 의해 큰 손실을 입었고 말에서 내린 창기병의 견고한 방어 앞에서 고착되었으며, 이들의 측방으로 접근한 궁수 부대에 의해 손실은 더욱 증대되었다. 한편 고트군 보병은 나르세스가 측방의 능선에 배치해놓은 기병 궁수 부대에게 후방을 공격당하는 것이 두려워 지원 공격을 주저하고 있었다. 무모한 공격을 지속하던 고트군 기병은 후퇴하기 시작했고 이때 나르세스는 이제까지 예비로 보유하고 있던 기병으로 결정적인 역습을 가했다. 여기서 고트군이 입은 손실은 실로 대단한 것이어서 나르세스가 이후 이탈리아를 재정복해가는 동안 강력한 저항에 부딪힌 적이 거의 없을 정도였다.

고트 정복이 적시에 완료됨으로써 나르세스는 고트의 필사적인 간청으로 새로 습격한 프랑크에 비교적 자유롭게 대처할 수 있었다. 이번 공격에서 프랑크는 이전 공격 때보다 깊숙이 밀고 내려와 캄파니아까지 이르렀다. 그 동안 나르세스는 고트 침공에서 얻은 경험으로 장거리 행군과 이질痢疾로 인해 적의 전투력이 감소할 때까지 전투를 회피함으로써 프랑크의 '자승자박'을 노렸던 것으로 보인다. 그러나 프랑크는 553년 카실리눔에서 공격을 개시할 당시, 여전히 8만의 병력을 보유하고 있었다. 이때 나르세스는 자신의 전형적인 전술에 딱 들어맞는 함정을 고안했다. 보병으로 구성된 적군은 무게와 충격력을 이용, 종대를 이루어 공격했고 이들의 무기는 주로 단거리용으로 창과 투부(던지는 도끼) 그리고 검이었다.

카실리눔에서 나르세스는 중앙에 창보병과 보병 궁수를 배치했다. 프랑크의 공격으로 이들이 뒤로 물러나자 나르세스는 측익에 위치하고 있던 기병으로 프랑크군의 측방을 공격했다. 이 공격이 프랑크군을 정지시켰고 그들은 측방 공격에 대응하기 위하여 즉각 말머리를 바깥쪽으로 돌렸다. 그러나 프랑크군의 대형이 충격력으로 분쇄하기에는 너무나 견고하다는 것을 알았던 나르세스는 이들에게 접근하는 대신, 기병으로 하여금 적의 투부 사정거리 밖에서 활을 사용하도록 했다. 집중 사격을 받으면 피해를 감소시키기 위해 밀집 대형을 소산하지 않을 수 없기 때문이었다. 마침내 프랑크군이 대형을 이탈, 후방으로 흩어지자 나르세스는 적의 중심을 공격할 기회를 포착했다. 이렇듯 시의 적절한 공격으로 적은 몰살당하다시피 했다.

언뜻 보기에 벨리사리우스와 나르세스는 대부분 적을 향해 직접 접근했고 다른 위대한 장군들에 비해 적의 병참선을 향한 계산된 기동의 사례가 적었기 때문에, 이들이 수행한 전역을 전략적이라기보다는 전술적인 것이라 평가할 수도 있겠다. 그러나 면밀히 조사해보면 이것이 잘못된 평가임을 알 수 있다. 벨리사리우스는 자신의 전술에 맞는 조건하에서 적의 공격을 유인할 수만 있다면 아무리 우세한 병력의 적이라도 격파할 수 있다고 생각해서 새로운 유형의 전술을 개발했다. 이러한 목적에서 보자면, 수적인 열세는 지나치지 않는 한 오히려 이점이 되었고, 특히 대담할 정도로 직접적인 전략적 공세를 취할 때는 그 이점이 더욱 배가되었다. 따라서 그의 전략은 군수에 관련된 것이라기보다는 심리적인 측면에 더 관련이 있었다. 그는 서방의 이민족을 자극하여 그들의 본성인 직접 공격을 유도하는 방법을 알고 있었다. 또한 더욱 신중하고 정교한 페르시아를 대적할 때도 처음에는 비잔틴에 대한 그들의 우월감을 이용했으며, 그를 두려워하게 된 후에는 그들의 경계심을 이용하여 심리적 우위를 장악했다.

벨리사리우스는 자신의 약점을 강점으로, 또한 적의 강점을 약점으로 전환시킬줄 알았던 전쟁술의 대가로, 그의 전술 또한 적의 균형을 교란하여 연결 고리를 노출시켜 차단하는 간접 접근의 본성을 지니고 있었다.

최초의 이탈리아 전역을 수행하던 중 친구로부터 그토록 우세한 적을 공격할 자신감이 어디서 나오느냐는 개인적인 질문을 받자, 그는 고트와의 최초 교전시 적의 약점을 면밀히 탐색해보니 적이 전투력을 효과적으로 통합 운용할 수 없을 것이라는 사실을 알았기 때문이라 대답한 바 있다. 그 이유는, 지나치게 밀집된 대형에서 오는 곤란은 접어두더라도 벨리사리우스 기병이 모두 승마에 뛰어난 데 비해 고트군 기병은 승마 훈련이 되어 있지 않아 창과 검만을 다룰 수 있었으며, 보병 궁수들 또한 오로지 기병의 엄호하에서만 기동할 수 있었다는 데 있다. 따라서 고트군 기병은 근접 전투 외에는 비효율적이어서 적 기병이 공격거리 밖에서 활로 집중 사격을 할 때에는 적절한 방어 수단이 전혀 없었고 보병 궁수 부대 역시 적의 기병 앞에 절대로 노출되지 않으려 했다. 그 결과, 고트군 기병은 줄곧 근접 전투만을 시도했기 때문에 돌격 시기를 놓치기 쉽고 보병은 기병 엄호 부대가 전방으로 진격할 때 후방으로 뒤처지는 경향이 있으므로 이들 두 부대의 조화가 깨질 때 발생하는 간격을 통해 측방 역습을 가할 수 있었다는 것이다.

벨리사리우스가 개발한 전술 체계와 공수 양면 전략은 서유럽이 암흑기로 접어드는 이후 몇 세기 동안 비잔틴제국이 자신의 입지와 로마의 전통을 성공적으로 유지하는 근간이 되었다. 이 뒤를 잇는 수단의 체계화와 군의 조직 개편에 관해서는 비잔틴의 위대한 군사학 교과서 마우리카우스 황제의 '전략론Strategicon'과 레오의 '전술Tactica'에서 찾아볼 수 있다. 이러한 구조는 다방면에 걸친 이민족의 침입과 페르시아 왕국을 통합한 이슬람 교도들의 수차례에 걸친 정복 전쟁을 이겨낼 정도로 강력한 것이었다. 비록 식민지는 상실했지만 비잔틴제국의 주영토는 온전히 보전되었고 9세기의 바실리우스 1세 통치 시기부터는 실지失地를 차츰 회복했다. 11세기 초, 바실리우스 2세 시대에는 5백 년 전 유스티니아우스 시대 이래 가장 강력한 국력을 보유하게 되었으며 안보적인 측면에서는 이보다 확실한 기반을 다지게 되었다.

그러나 50년 후 안보는 위태로워지고 그 전망 역시 한치 앞을 내다볼 수 없을 정도로 어두워졌다. 만연된 안보 불감증 때문에 매년 군사 예산을 삭감하여 군의 축소뿐 아니라 부패를 초래하게 되었다. 이후 1063년 이래로 알프 아슬란Alp Arslan의 통치하에 국력을 키워온 셀주크 투르크에 의해 뒤늦게나마 재무장의 필요성을 인식, 1068년에는 위기 관리를 위한 조치로서 로마누스 디오게네스Romanus Diogenes 장군이 황제로 등극했다. 군대를 과거의 수준으로 훈련시키느라 시간을 허비하고 싶지 않았던 그는 성급하게 해외 전역을 개시했다. 유프라테스에서 최초로 맞이한 성공에 자신감을 갖게 되자 아르메니아 지역 깊숙이 진격하여 만지케르트 인근에서 셀주크군의 주력과 조우하게 되었다. 알프 아슬란은 비잔틴군의 규모에 압도되어 평화적 문제 해결을 위한 협상을 제안했으나 로마누스는 대화를 시작하려면 먼저 술탄이 야영지를 비우고 철수해야 한다고 주장했다. 이것은 체면의 문제로, 결코 받아들여질 수 없는 것이었다. 알프 아슬란이 이를 거부함과 동시에 로마누스는 공격을 개시했다. 그러나 이 행위는 비잔틴의 군사적 전통을 깨뜨리는 것으로, 민첩하게 전투를 회피하는 적을 쫓아 근접 전투를 시도함으로써 아무런 성과 없이 군사력만 낭비하는 꼴이 되고 말았고, 그 동안 술탄의 기병 궁수 부대는 이들의 전진을 끊임없이 방해했다. 황혼이 질 무렵 군사들이 탈진하여 대형이 와해되고 나서야 로마누스는 철수 명령을 하달했고, 이때 측면으로 우회 접근해 들어온 투르크군의 포위 공격으로 비잔틴군은 격파되고 말았다.

이때의 패배는 너무나 완벽한 것이어서 투르크는 곧 소아시아 대부분의 지역을 유린할 수 있었다. 결국 공격적인 기질과 판단력이 조화를 이루지 못한 우둔한 지휘관 한 사람 때문에 제국 전체가 돌이킬 수 없는 타격을 입은 셈이다. 그러나 비잔틴제국은 생존에 필요한 여력은 가지고 있었으므로 이후 400여 년 간 축소된 형태로나마 존속했다.

제5장 중세시대의 전쟁

　이 장의 내용은 고대사와 현대사를 이어주는 고리에 지나지 않는다.
그 이유는 중세시대에 벌어진 몇몇 전역의 경우 하나의 예증으로 삼기
에는 적당할지 모르지만 그것을 뒷받침할 만한 자료가 적고 그 신뢰도
역시 이전 또는 이후보다 떨어지기 때문이다. 인과적 추론을 통해 과
학적 진리를 추구할 때 가장 안전한 방법은, 명확한 사실에 기반을 둔
역사 분석을 출발점으로 삼아 비록 가치 있는 몇몇 확증적인 사례를
희생시키는 한이 있더라도, 증거에 대한 원문 그대로의 해석과 역사적
해석 사이에 논란이 뒤따르는 기간은 건너뛰는 것이다. 중세시대의 군
사軍史에서는 전략적인 세부 사항보다는 전술적인 차원에서의 논쟁이
더욱 치열했으나, 일반 군사학도들이 보기에 혼란스럽기는 둘 다 마찬
가지여서 중세시대에 대한 추론 자체에 지나친 의구심을 갖게 만들었
다. 그러나 특별한 분석 범주에 포함시키지는 않더라도, 그 중 몇 가지
일화는 잠재적인 흥미와 교훈을 전한다는 측면에서 간단히 묘사해볼
가치는 있을 것이다.

　중세 서구에는 봉건 기사도 정신이 군사 기술의 발전을 저해하는 가
운데서도 단조롭고 지루한 군의 앞길을 비추는 몇 가지 밝은 빛이 있
었으니, 비율로 따지자면 역사상 다른 시기에 비해 결코 적은 것도 아
니다.

　처음으로 그 빛을 제공한 것은 노르만족으로, 그 후손들은 이후에도

중세시대 전쟁술의 앞길을 밝히는 빛의 역할을 계승해나갔다. 처음에는 노르만의 용맹스런 혈통에 가치를 두었던 그들이 점차 두뇌 사용에 가치를 부여하게 되자 현저한 이익을 얻게 되었다.

모든 학생들이 그 날짜를 알고 있고, 누구나 연도쯤은 기억하는 1066년 그 해는 그 결정적인 결과만큼이나 절묘한 전략과 전술로 잘 알려져 있는데, 당면 승부뿐만 아니라 역사의 전반적인 흐름에 미친 영향이란 측면에서 결정적인 결과를 초래했다. 노르망디 공국의 윌리엄 대공에 의한 영국 침공은 일종의 전략적 견제를 이용한 것이었기 때문에 애초부터 간접 접근의 이점을 확보하고 있었다. 여기서 전략적 견제란 해럴드 왕에게 반기를 든 동생 토스티그Tostig와 그의 동맹인 노르웨이의 왕 해럴드 하드라다Harold Hardrada가 요크셔 해안에 상륙한 것을 두고 이르는 말이다. 이 사건은 처음에는 윌리엄의 침공보다 덜 시급한 위협으로 간주되었지만, 실제 상황은 오히려 더 빨리 진행됨으로써 즉각적인 격퇴에도 불구하고 윌리엄의 계획이 효과적으로 진행되는 데 일조했다. 스탬포드 브리지에서 노르웨이군이 섬멸된 지 이틀 후, 윌리엄은 서식스 해안에 상륙했다.

그는 북진하는 대신 일부 병력으로 켄트와 서식스 지방을 약탈함으로써 해럴드 왕으로 하여금 황급히 남진하도록 유인했다. 해럴드 왕이 남쪽으로 멀리 이동할수록, 또한 전투를 일찍 개시할수록 시간과 공간 면에서 자신의 증원 부대와 그와의 거리는 더욱 멀어지는 것이다. 윌리엄의 계산은 그대로 들어맞았다. 그는 해럴드 왕을 영국해협의 해안이 보이는 헤이스팅스로 유인, 전술적 간접 접근으로 승부를 결정지었다. 그는 병력의 일부로 하여금 거짓으로 패주하도록 하여 적의 최초 대형을 와해시켰던 것이다. 그리고 마지막 단계에서는 화살을 고각高角 사격하여 해럴드 왕을 전사시켰는데 이것이 화력의 간접 접근이 아니고 무엇이겠는가!

승리를 거둔 후에 윌리엄이 구사한 전략 역시 중요한 의미를 갖는다. 그는 런던으로 직접 전진하는 대신 먼저 도버를 점령, 해상 병참선을 확보했다. 런던의 교외 지역에 다다른 그는 직접적인 공격을 지양하고 동에서 서로, 남에서 북으로 런던 주위를 돌며 원형 초토화 작전을 수행했다. 그러자 기아 위협에 직면한 런던은 버크엄스테드에 도착한 윌리엄에게 항복을 선언했다.

다음 세기에 이르러 우리는 노르만족이 지닌 천재적 전쟁술을 목격하게 되는데, 그것은 역사상 가장 놀라운 전역 가운데 하나로 '스트통보' 백작과 단 몇 백 명에 불과한 웰시 마치스(잉글랜드와 웨일스의 국경 지역을 이르는 말 ─ 옮긴이주) 출신 기사들이 노르웨이의 강력한 침략을 격퇴하고 아일랜드의 대부분을 점령한 것을 이른다. 이 전역은 이들의 자산이 매우 빈약했다는 점, 숲과 습지가 주는 극한의 어려움, 관습으로 내려오던 봉건적인 전법을 개선ㆍ타파하는 적응성이라는 측면에서 그 가치가 더욱 돋보인다. 그들은 기마 공격의 효과를 극대화시킬 수 있는 개활지 전투로 상대를 끊임없이 유인함으로써 자신들의 기술과 지략을 과시했다. 그들은 또한 기만 철수, 전환, 적의 대형을 와해하기 위한 후방 공격을 구사했으며 전략적 기습, 야간 공격도 실시했고 적이 방어 진지에서 유인되지 않을 때는 활을 사용했다.

그러나 전략적 기교를 보여주는 것이라면 13세기의 사례가 훨씬 풍부하다. 그 최초의 사례로 존 왕이 거의 잃을 뻔했던 자신의 왕국을 구해낸 1216년의 일을 들 수 있는데 이때 그는 전투와 결합되지 않은 순수 전략을 구사했다. 그의 수단은 기동성과 요새들을 보유하고 있는 데 따르는 강한 대항력, 귀족들과 그들의 해외 동맹 세력인 프랑스의 루이 왕에 대한 혐오에 내재된 정신력이었다. 동부 켄트 지역으로 상류한 루이 왕이 런던과 윈체스터를 점령했을 때, 그를 상대하기에는 존 왕의 전투력이 너무나 부족했고 대부분의 영토가 귀족들에 의해 장악된 상태였다. 그러나 존 왕은 템스 강을 통제하고 귀족들을 남북으로 분리시킬 수 있는 윈저, 레딩, 월링포드, 옥스포드 요새를 여전히 확보하고 있었던 반면, 루이 왕 후방의 핵심 거점인 도버는 여전히 점령되지 않은 상태였다. 존 왕은 도싯으로 퇴각했으나 상황이 명확해진 7월에는 세번 강을 확보, 반란이 서부와 남서부로 확대되지 못하도록 장벽을 구축한 다음 우스터를 향해 북진했다. 이때 그는 이미 확보된 템스 강을 따라 윈저를 구하러 가는 것처럼 동쪽으로 이동했다.

그는 이러한 생각을 포위군이 확신하도록 만들기 위해서 적의 주둔지를 향해 야간 사격을 실시하도록 웨일스 출신의 궁수 부대를 파견했다. 그리고 존 왕 자신은 북동으로 방향을 선회했는데, 출발을 빨리한 탓에 적보다 먼저 케임브리지에 도착했다. 이제 그는 프랑스군의 주력이 도버 확보에 집중하고 있는 동안 북으로 통하는 도로를 가로질러 추가적인 장벽을 설치할 수 있었다. 존 왕은 비록 10월에 사망, 자신의 왕위를 끝냈지만 그 전에 이미 반란군과 그 동조 세력이 장악한 지역을 차단, 축소시키는 데 성공함으로써 그들과 동맹군의 패배는 예견된 것이나 다름없었다. 존 왕의 사인이 복숭아와 맥주를 과식한 것에 있다면 반란군의 패인은 전략적 거점의 과식에 있었던 것이다.

이후 또다시 발생한 귀족들의 반란은 일시적으로 성공했으나 후에 에드워드 1세로 즉위하게 될 에드워드 왕자의 뛰어난 전략으로 진압되었다. 헨리 3세가 루이스에서 패배한 후 웰시 마치스를 제외한 잉글랜드 전역이 귀족들의 지배하에 들어갔으며 시몽 드몽포르Simon de Montfort는 이때를 틈타 웰시 마치스를 기점으로 세번 강을 건너 뉴포트까지 연승을 거두며 진격했다. 귀족군의 억류로부터 탈출, 국경 지역에서 지지자와 합류한 에드워드 왕자는 드몽포르의 후방에 있는 세번 강의 교량들을 확보, 그의 배후를 향해 진격함으로써 계획을 좌절시켰다. 에드워드는 단지 드몽포르를 우스크 강 건너로 격퇴하는 데 그치지 않고 뉴포트에서 세 척의 갤리 선으로 습격하여 부대를 잉글랜드로 수송하려는 새로운 계획까지도 좌절시켰다. 이로써 드몽포르는 척박한 웨일스 지방을 통과하여 북쪽으로 멀고 힘든 행군을 하지 않을 수 없었고, 에드워드는 드몽포르의 도착에 대비하여 세번 강을 확보하기 위해 우스터로 복귀했다. 드몽포르의 아들이 아버지를 구하기 위해 잉글랜드 동부에서부터 진격해 들어오자 에드워드는 내선의 위치를 이용, 서로 분리되어 상황 파악을 못하고 있던 부자의 부대를 차례로 각개 격파했다. 이때 그는 기동력을 최대한 활용하여 행군에 뒤이은 역행군으로 정반대 방향에 있던 케닐워스와 이브스엄을 연속적으로 기습, 적을 격파했다.

왕이 된 에드워드는 웨일스 전쟁을 통해 활의 운용, 기병 공격과 궁수 사격의 조화, 나아가 해외 정복 전략에 이르기까지 군사학의 발전에 지대한 공헌을 했다. 문제는 산 속으로 숨어들어가 전투를 회피하고 겨울이 되어 토벌군이 작전을 중단하면 다시 내려와 계곡을 점령하는 덩치가 크고 야만적인 산악 종족들을 어떻게 정복하느냐였다. 에드워드가 활용할 수 있는 수단이 상대적으로 제한되어 있었다면, 다른 한편으로 그에게는(산악 종족들이 활동할 수 있는) 시골 지역 역시 제한되어 있다는 이점도 있었다. 그의 해결책은 기동성과 전략적 요지를 결합하는 것이었다. 그는 이러한 요지에 성을 구축하고 이들을 도로로 연결하여 산악 종족의 움직임을 지속적으로 감시하는 방법으로 겨울철 동안 이들이 육체적·심리적·지리적으로 세력을 회복할 수 없도록 만드는 한편, 적을 분리시켜 저항력을 소진시켰다.

그러나 에드워드의 전략적 재능이 그의 수명을 연장해주지는 못했고, 이후 벌어진 백년전쟁에서 그의 손자와 증손자가 수행한 전략을 통해 배울 것이라곤 부정적인 교훈밖에 없었다. 그들의 맹목적인 프랑스 공격은 대부분 비효율적이었으며 그중 뛰어난 결과도 '뛰어난' 어리석음에서 비롯된 것이었다. 크레시와 푸아티에 전역에서 에드워드 3세와 왕세자는 각각 위기를 자초했다. 바로 이러한 곤경 때문에 직접 접근 지향적인 적들이 현혹당하여 자신들에게 불리한 상황에서 무모한 공격을 감행, 영국인들이 빠져나갈 수 있는 기회를 갖게 되었다는 점에서 그들이 자초한 위기는 극도로 간접적이며 의도하지 않은 강점을 초래했다고 볼 수 있다. 그 이유는 방어 전투가 영국군이 선정한 위치에서 벌어짐으로써 무모한 전술을 구사하는 프랑스군 기사를 상대로 장궁을 활용, 전술적 우위를 확보할 수 있었기 때문이다.

　그러나 이 전투에서의 뼈아픈 패배는 궁극적으로 프랑스에 유리하게 작용했다. 왜냐하면 전쟁의 다음 단계에서 프랑스는 뒤게스클랭Du Guesclin 원수의 지휘 아래 파비우스 정책을 고수했기 때문이다. 그는 이 정책을 수행함에 있어서 영국군 주력과의 전투를 회피하고 지속적으로 적의 기동을 방해하여 작전 공간을 축소시키는 전략을 구사했다. 그의 전략은 수동적인 전투 회피와는 거리가 먼 것이었는데, 순찰대와 분견대를 기습 공격하고 고립된 수비대를 포획하는 등 그 능란함에서 그를 따를 지휘관이 없을 정도로 철저히 기동과 기습을 활용했다. 그는 항상 최소 예상선을 따라 공격했고 이러한 수비대에 대한 기습 공격은 종종 야간에 실시되었다. 여기서 그가 개발한 새로운 급습 방법과 심리적으로 계산된 공격 대상 선정은 큰 힘을 발휘했다. 그는 불만을 품고 있거나 반역의 분위기가 무르익은 수비대를 선정함으로써 국지적 불만을 선동하기도 했는데 이는 직접적으로는 적의 주의를 교란시키고 궁극적으로는 그들을 점령지에서 축출하기 위한 것이었다.

5년이 채 못 되어 뒤게스클랭은 프랑스 영토 내의 광대한 영국 점령지를 보르도와 바욘 사이의 좁은 지역으로 축소시켰다. 그는 단 한 번의 전투도 치르지 않고 이를 이루어냈다. 실제로 그는 영국군의 병력이 아무리 적다고 해도 그들이 방어 진지 구축을 위한 시간을 벌어놓고 있는 경우에는 절대로 공격하지 않았다. 지휘관들은 다른 사채업자들과 마찬가지로 '안전이 확보되지 않으면 전진(대출)하지 않는다'라는 원칙을 고수했던 반면, 뒤게스클랭은 '기습이 아니면 공격하지 않는다'는 원칙을 따랐다.

무모했던 초기와는 달리 해외 정복 다음 단계에서 영국은 최소한 수행 방법, 그리고 목적과 수단에 대한 계산만은 신중하게 고려했다. 헨리 5세 최초의 가장 유명한 전역은 또한 어리석은 것이기도 했다. 1415년, 아쟁쿠르에서 극에 달한 '에드워드 식의 무력 시위'에서 프랑스군은 단지 헨리 왕의 진로를 봉쇄하여 굶주림으로 자멸하도록 만들면 되었으나, 당시 지휘관들은 크레시의 교훈과 뒤게스클랭의 가르침을 망각했다. 그들은 4배나 되는 우세한 병력을 가지고 직접 공격을 하지 않는 것은 수치스러운 일이라고 생각했다. 그 결과, 그들은 크레시와 푸아티에의 반복이라는 더욱 큰 치욕을 당하게 되었다. 운좋게 빠져나온 헨리 5세는 '폐색 시스템'이라 부를 만한 전략을 채택했는데 이는 단계별로 영토를 확장, 영구적인 정복을 꾀하는 것으로 토지에 대한 장악력을 강화하기 위해 주민들을 회유하는 방법이었다. 헨리 5세가 나중에 실시한 전역이 지닌 이익과 가치는 전략적 차원보다는 대전략적 차원에서 찾을 수 있다.

전략의 영역을 연구하다 보면 중세시대에는 에드워드 4세를 반드시 거치게 되는데, 그는 1461년 왕위에 올랐다가 추방된 후 1471년 탁월한 기동력으로 다시 왕위를 되찾은 바 있다.

첫번째 전역의 승리는 신속한 판단력과 기동력에 의한 것이었다. 에드워드는 랭커스터 군 주력이 런던을 향해 남진하고 있다는 소식을 듣고 웨일스의 랭커스터 지방군과 교전했다. 부대를 다시 돌려 2월 20일 글로스터에 도착한 그는 2월 17일에 랭커스터군이 세인트 앨번스에서 워윅Warwick이 지휘하는 요크셔군을 격파했다는 소식을 들었다. 세인트 앨번스에서 런던까지는 20마일 거리였고 글로스터에서 런던까지는 100마일이 넘는 거리였으므로 랭커스터군은 3일이라는 시간을 더 앞서가고 있었다. 그러나 그는 22일 버포드에서 워윅을 만나 아직 런던 자치구가 성문을 걸어 잠근 채 항복 조건을 협상하고 있다는 소식을 들었다. 다음날 에드워드는 버포드를 출발, 26일 런던에 도착하여 왕권 장악을 선포했고 공격에 실패한 랭커스터군은 북으로 철수해버렸다. 에드워드는 이들을 추격하는 데 성공했으나 우세한 적을, 그것도 적이 선정한 장소인 토튼에서 공격하여 위험을 자초했다. 그러나 우연하게도 눈보라가 몰아쳤는데 예하 지휘관 포콘버그Fauconberg가 이를 적절히 이용함으로써 다시 전세를 유리한 방향으로 돌릴 수 있었다. 그는 눈보라로 시야가 가려진 적을 화살로 공격, 무모한 공격을 유도하여 완벽한 승리를 이끌어낼 수 있었다.

1471년에 이르러 에드워드의 전략은 더욱 정교해진 반면 기동성은 예전과 다름없었다. 그 동안 그는 왕위를 잃었으나 처남으로부터 빌린 5만 크라운과 1,200명의 추종자, 그리고 잉글랜드의 옛 지지자로부터 받은 지원 약속을 바탕으로 왕권 회복을 시도했다. 그가 플러싱에서부터 항해를 개시했을 때 잉글랜드 해안에는 이미 그에 대한 방어선이 구축되어 있었으나 그는 최소 예상선을 따라 이동했고, 험버의 랭커스터 인들은 그를 동정하기 때문에 방어를 하지 않을 것이라는 철저한 계산하에 그곳에 상륙했다. 그는 자신의 상륙 소식이 알려지기 전에 신속하게 기동하여 요크에 도착했다. 여기서 그는 런던을 향해 남진, 태드캐스터에서 방어하고 있는 적을 가볍게 우회했다. 그는 자신에 대한 추격을 개시한 태드캐스터 주둔군보다 앞서 기동했기 때문에 뉴워크에서 그를 기다리고 있던 적은 위협을 느끼고 동쪽으로 퇴각했다. 여기서 에드워드는 남서쪽으로 방향을 전환하여 레스터로 이동하여 더욱 많은 지지자를 모집했다. 그리고는 지금은 그의 주적이 된 워윅이 병력을 집결 중이던 코벤트리로 향했다. 그는 자신을 추격 중인 두 부대를 이곳으로 유인해서 적의 손실을 통해 자신의 병력을 증강시킨 다음, 남동쪽으로 방향을 전환하여 자신을 위해 성문을 열어놓은 런던으로 곧장 행군했다. 이제 전투를 실시해도 좋을 만큼 힘을 키웠다고 느낀 에드워드는 바넷에 도착하자마자 장기간의 추격으로 지친 적에게 공격을 가했고 안개로 인해 혼전 양상을 띠던 전투는 마침내 그의 승리로 끝났다.

같은 날 랭커스터의 여왕, 앙주의 마거릿Margaret은 약간의 프랑스 용병을 이끌고 서부에서 지지자를 확보하고자 웨이머스에 상륙하여 웨일스에서 봉기한 펨브로크Pembroke 백작과 접촉하기 위해 이동했다. 마거릿의 부대가 브리스톨과 글로스터를 연결하는 계곡 아래 도로를 따라 북으로 이동하는 동안 에드워드는 다시 신속히 기동하여 코츠월즈 부근에 도달했다. 하루종일 경주를 하듯 급박한 행군을 한 결과 한 부대는 계곡 아래에, 다른 한 부대는 능선에 도달하게 되었다. 에드워드는 궁정 장관에게 마거릿군이 글로스터에서 세번 강을 도하하지 못하도록 성문을 폐쇄하라는 명령을 하달한 다음, 이들을 투크스베리에서 저지하는 데 성공했다. 그날 날이 밝은 이래로 이들의 행군 거리는 거의 40마일에 달했다. 그는 그날 밤 랭커스터군이 빠져나가지 못하도록 근접하여 숙영지를 편성했다. 마거릿의 랭커스터군은 강력한 수비 태세를 갖추고 있었으나 에드워드는 포격과 화살 공격으로 끊임없이 마거릿군을 괴롭혀 공격을 유도했고, 다음날 아침 전투에서 결정적인 승기를 잡게 되었다.

에드워드는 기동에서는 탁월했으나 정교한 맛이 부족했는데 이는 당시의 조류였다. 중세시대의 전략은 대개 즉각적인 전투의 모색이라는 단순하고 직접적인 목표를 갖고 있었다. 전투 결과가 결정적일 경우, 전술적으로 방자로부터 공격을 이끌어내지 않는 한 대개 그러한 결과를 먼저 추구한 공자가 패배를 당했다.

중세시대 전략의 대표적인 예는 서양이 아니라 동양에서 찾을 수 있다. 13세기 서양에서 전략이 급속히 발전한 것은 몽골군이 유럽의 기사들에게 남긴 뼈아픈 교훈 때문이었다. 규모와 질적 수준, 기습과 기동성, 전략적 · 전술적 간접 접근이라는 측면에서 이들이 수행한 전역은 역사상 가장 훌륭한 것이었다. 칭기즈칸의 중국 정벌에서 우리는 보나파르트가 후에 만토바 요새에서 사용했던 함정인 대동부大同府(각기 다른 방향에서 3개의 부대가 적으로 하여금 혼란에 빠지게 하여 전투 의욕 상실과 마비에 빠지게 하는 전법. 한쪽에서 유인 퇴각하면 어느 지점에 이르러 협공을 가하는 전략적 간접 접근의 전형으로 볼 수 있다─옮긴이주)의 예를 발견할 수 있다. 그는 3개의 부대를 통합 운용하여 원거리에서 기동시킴으로써 마침내 금나라의 정신적, 군사적 응집력을 와해시켰다. 몽고가 1220년 카리스미아 제국(현재의 투르크스탄에 위치─옮긴이주)을 침공했을 때 그는 1개 부대를 카시가리아 남쪽으로 접근시켜 적의 주의를 분산시킨 다음 주력 부대는 북쪽에서 남하시켰다. 칭기즈칸은 이러한 작전으로 예비대를 이끌고 원거리 우회를 실시하여 키질─쿰 사막으로 사라졌다가 적의 방어선 후방인 부하라에서 기습적으로 모습을 드러냈다.

　1241년 칭기즈칸의 예하 장군인 수부타이Subutai는 이후 두 가지 의미에서 유럽에 교훈을 남긴 출정을 개시했다. 1개 군이 전략적 측익으로서 갈리키아를 따라 폴란드, 독일, 보헤미아를 차례로 격파하면서 주의를 분산시키는 동안, 주력 부대는 넓게 이격한 3개 종대로 편성되어 헝가리를 지나 다뉴브로 전진했다. 전진 간 바깥의 두 종대는 나중에 이동을 개시하는 중앙 종대의 측방을 방호하고 은폐하는 역할을 했다. 다뉴브 강변 그랑 부근에 집결했을 때 몽골군은 차안상에 배치되어 있던 헝가리군에 의해 저지당했으나 교묘한 단계별 퇴각으로 헝가리군을 방어 진지에서 끌어내 증원 부대와 단절되도록 유인했다. 그후 수부타이는 사요 강에서 신속한 야간 기동과 기습으로 헝가리군을 섬멸하여 유럽 중앙 평원의 지배자로 군림했다. 그로부터 1년후 그는 자발적으로 정복군을 철수시켰으며, 그때까지 그를 축출할 아무런 힘도 가지지 못했던 유럽인들은 이를 당혹과 안도감이 교차되는 눈으로 바라볼 수밖에 없었다.[3]

---

　3) 몽골군의 전략 전술에 대해서는 나의 초기 저서인 《가면을 벗은 위대한 명장들》에서 더욱 상세하게 다루고 있으며, 이 책은 1927년에 창설된 최초의 기계화 실험 부대의 교재로 선정되었다.

제6장 17세기의 전쟁
— 구스타프, 크롬웰, 튀렌

이제 우리는 근대사에 있어서 최초의 '대전大戰'인 30년전쟁(1618∼ 1648)에 대해 알아볼 것이다. 그러나 분명한 것은 이렇게 오랜 전쟁 기간 동안 그 어떤 결정적인 전역도 없었다는 점이다.

그 중 이에 가장 근접한 사례로는 구스타프와 발렌슈타인Wallenstein의 전투를 들 수 있는데 이는 전성기를 누리던 구스타프가 뤼첸에서 사망함으로써 스웨덴의 선도하에 거대 신교도 연방체가 탄생할 가능성이 사라지는 결정적인 계기가 되었기 때문이다. 게다가 프랑스의 개입과 발렌슈타인의 암살만 없었다면, 그의 죽음으로 독일의 통일은 3백 년 이상 앞당겨졌을 것이다.

그런 결과와 가능성은 간접적으로 달성되었다. 왜냐하면 전역의 최고조에서 이루어진 전투가 전쟁 내내 우위를 점하고 있던 측의 패배로 끝났기 때문이다. 이 패배는 부분적으로는 발렌슈타인측의 무기가 스웨덴보다 열세했고 발렌슈타인이 자신의 전략적 이점을 전술적으로 활용하지 못했기 때문이기도 하다. 발렌슈타인은 전투가 개시되기 전에는 실질적인 이점을 가지고 있었으나 세 차례의 각기 다른 간접 접근을 연속적으로 거치는 동안 이러한 이점을 상실했으며 이는 전쟁의 전반적 양상을 변화시켜놓았다.

1632년 발렌슈타인은 자신을 부당하게 대우해온 왕의 비열한 요청

영국

을 받아 실제 존재하지도 않는 부대를 지휘하기 위해 본국으로 소환되었다. 그는 3개월 만에 자신의 명성을 듣고 찾아온 용병 4만을 확보했다. 구스타프 정복군에 의해 국토를 유린당하고 있던 바바리아의 간절한 요청을 뒤로하고, 그는 더 약한 구스타프의 동맹인 작센족을 공격하기 위해 북진, 보헤미아에서 이들을 축출한 다음 작센의 본토로 쳐들어갔다. 심지어 그는 주저하는 바바리아의 선거후에게 그들의 군대를 합류시키도록 강요함으로써 바바리아의 방어력은 어느 때보다 약해진 것으로 보였다. 그러나 현실은 이와 반대였다. 따라서 발렌슈타인의 계산은 적중했던 것이다. 자신의 약체동맹인 작센을 위험에서 구하기 위해 구스타프는 바바리아를 포기하고 서둘러 철수해야 했던 것이다.

구스타프가 도착하기 전 발렌슈타인과 바바리아의 선거후는 동맹을 체결했고 구스타프는 동맹군을 피해 뉘른베르크로 철수했다. 이곳까지 추격한 발렌슈타인은 스웨덴군이 강력하게 배치되어 있는 것을 보고 다음과 같이 말했다. "이미 전투는 충분히 치렀다. 이제는 새로운 수단을 적용할 때이다." 그는 새로이 징집된 신병으로 오랫동안 무적으로 일컬어지던 스웨덴군에 맞서는 대신, 진지를 구축하여 부대원들로 하여금 안전한 가운데 휴식을 취하면서 자신감을 회복하도록 하면서 한편으로는 경기병으로 구스타프의 보급선을 통제했다. 그는 적의 선동에도 일체 동요하지 않고 굶주림으로 고통받는 구스타프가 무모한 공격을 할 때까지 이 방법을 고수했다. 그 결과는 군사적으로 불행한 사건에 불과했지만, 그것이 일으킨 정치적 파장은 전 유럽에 영향을 미쳤다. 비록 구스타프가 아직 와해되지는 않았으나 그가 이제까지 승리를 통해 쌓아온 명성이 실추됨으로써 독일에 대한 지배력을 상실하게 되었던 것이다. 자신이 지닌 제한된 수단을 현실주의적으로 파악하여, 이를 더욱 높은 차원의 전략적 목표에 대한 장기적 계산과 결합시켰던 것이다.

구스타프는 뉘른베르크에서 다시 바바리아를 향해 남진했다. 발렌슈타인은 그를 추격하는 대신 북쪽의 작센을 향한 장대한 기동을 실시하여 전과 마찬가지로 구스타프를 즉각 유인하는 데 성공했다. 그러나 구스타프는 뛰어난 기동으로 발렌슈타인의 강요로 작센이 독자적인 강화를 선언하기 전에 도착하는 데 성공했다. 이어진 뤼첸 전투에서 스웨덴군은 전술적 승리를 통해 전략적인 위기를 타개했지만 그 대가로 지도자를 잃고 말았으며, 이는 곧 스웨덴 주도의 거대 신교 동맹 건설이라는 구스타프의 계획이 끝났음을 의미하는 것이기도 했다.

16년 간 지속된 지루하고 소모적인 전쟁의 결과, 독일은 황폐화되고 이로써 프랑스가 유럽 정치에 있어서 독점적인 지위를 확보하게 되었다.

．

1642~52년의 영국 내전과 같은 세기의 대륙에서 발발한 전쟁과 확연히 다른 것은 결정적인 승리에 대한 의욕이 유달리 강했다는 점이다. 이는 디포Defoe의 《기사의 회고록Memories of a Cavalier》에 다음과 같이 적절히 표현되어 있다. "우리는 절대 요새나 참호를 구축하지 않는다. …… 또한 강이나 애로를 이용해 방어선을 구축하지도 않는다. 적이 어디에 있는가? 적을 쳐부수러 가자. 이것이 일반적인 철칙이다."

이러한 공격적인 기질에도 불구하고 1차 내전은 4년이나 지속되었고 전술적인 측면 외에는 결정적인 결과를 가져온 전투 또한 전혀 없었다. 그리고 1646년에 전쟁이 결국 종결되었을 때에도 왕당파의 수가 여전히 많고 열정적이었다. 그러므로 2년 후의 전쟁은 이전보다 더욱 격렬한 형태로 재발했고 승자 내부의 알력이 이를 더욱 부채질했다.

결정적 승리에 대한 의욕이 그토록 왕성했음에도 결과가 이처럼 결정적이지 못했다는 사실을 보면서, 우리는 쌍방이 현대 용어로 '소탕작전'이라 부를 만한 행동을 남발하여 직접 접근의 형식을 띤 군사 전역을 반복적으로 수행함으로써 병력을 소진시키고 국지적이고 일시적인 효과밖에 얻을 수 없었다는 사실에 주목할 필요가 있다.

초기에 왕당파는 서부와 중부에, 의회군은 런던에 각각 근거를 두고 있었다. 왕당파군의 런던을 향한 최초의 진격은 불명예스럽게도 턴엄 그린에서 중단되고 말았는데 이는 종종 '영국 내전의 발미 전투'라 일컬어져왔다. 이렇듯 아무런 희생 없이 진격이 중단된 것은 앞서 주력 부대가 에지힐 전투에서 엄청난 피를 흘리고도 아무런 소득을 얻지 못한 데서 비롯된 정신적 영향 때문이었다.

이때부터 옥스포드와 그 주변 도시들은 왕당파의 요새가 되었다. 이 지역 외곽에서는 양측의 주력 부대가 비효율적인 대치 상태를 오랫동안 유지하고 있었으며 서부와 북부에서는 지역 수비군과 원정군 간의 일진일퇴가 계속되었다. 결국 1643년 포위된 글로스터를 구하기 위해 에식스Essex 경 지휘하의 의회군은 옥스퍼드 지역의 측방을 스치듯 제한된 우회로를 따라 이동했다. 이러한 상황을 틈타 왕당파군은 이들의 퇴로를 차단할 수 있었으나 뉴베리에서의 직접적인 무력 충돌로 결정적인 결과를 이끌어내는 데는 또다시 실패했다.

이제 전쟁에 대한 자연스런 두려움 때문에 쌍방이 협상을 통해 분쟁을 해결하려 했으나, 아일랜드 반란군과 휴전을 하는 과정에서 찰스가 범한 정치적 실책만은 예외였다. 겉으로 볼 때 구교인 아일랜드가 신교인 잉글랜드를 굴복시킨 이 사건은, 오히려 장로교인 스코틀랜드 내에 반왕정反王政 분위기를 더욱 확산시키는 역효과를 불러일으키고 말았다. 스코틀랜드군이 북부의 왕당파군과 교전하기 위해 진격하고 있다는 사실에 고무된 의회군은 다시 옥스포드 지역에 대한 직접 공격에 전투력을 집중했으나 외곽에 있는 몇몇 요새를 점령하는 정도의 성과만을 거두었다. 심지어 왕은 스코틀랜드군에 대항하기 위하여 북부의 왕당파를 신속하게 집중시키도록 루퍼트Rupert를 파견할 수 있었다. 왕에게는 불행한 일이지만 마스턴 무어에서의 전술적 패배에 의해 이 전략적 기회는 아무런 결실을 맺지 못했다. 승자도 별다른 이득이 없었다. 또 한 번 비효율적인 주력 부대의 직접 공격이 실패로 돌아가자 사기는 저하되었고 탈주병이 발생했으며 크롬웰Cromwell과 같이 불굴의 의지를 가지고 있는 사람을 제외하고는 모두 전쟁에 지쳐 강화를 희망했다. 의회군에게는 일종의 행운이었는데 왕당파의 대의명분은 외부의 공격이 아닌 내부의 원인에 의해서 더욱 실추되었다. 따라서 오로지 의회파의 전략적 무능력에 의해 이토록 오랫동안 생명을 보전해오긴 했지만 사기나 병력 면에서 열세했던 왕당파는 1645년 네이스비에서 페어팩스Fairfax와 크롬웰의 신모델군에 의해 분쇄되었다. 그러나 이와 같은 승리가 전술적으로 결정적이긴 했지만 이후 1년 간 지속되는 전쟁을 종결시키지는 못했다.

2차 내전에서 우리는 통솔력을 가진 크롬웰과 28세의 탁월한 보좌관인 램버트John Lambert를 통해 전쟁의 새로운 면모를 발견하게 된다. 1648년 4월 말, 왕당파를 지원하는 스코틀랜드가 영국을 침공하기 위해 병력을 양성 중이라는 소식을 듣고 페어팩스는 여기에 대응하기 위해 북으로 행군할 준비를 했고, 크롬웰은 남부 웨일스에서 일어난 왕당파 봉기를 진압하기 위하여 서부로 파견되었다. 그러나 이후 켄트와 동부 앙글리아에서 발생한 반란에 의해서 페어팩스는 이 지역에 묶이게 되었고 스코틀랜드의 북부 침략 계획은 여전히 진행중이었다. 램버트는 침략한 적을 지연시키기 위해 소규모의 부대와 함께 잔류했으며 적이 해안 도로를 따라 남진할 때 측방을 계속 위협하는 간접 기동을 구사하여 임무를 훌륭히 완수했다. 그리고 적이 페나인 산맥을 넘어 요크셔의 지지자와 합류하지 못하도록 방해했다.

펨브로크의 함락 후(1648년 7월11일) 마침내 크롬웰은 북으로 이동할 수 있었다. 그는 스코틀랜드군을 향해 직접 진격하는 대신 노팅엄과 돈캐스터를 경유하는 우회 기동을 실시하면서 보급품을 조달했다. 그 후 북서쪽으로 방향을 바꾸어 스코틀랜드군의 측방에 있는 오틀리에서 램버트와 합류했다. 이곳은 위건과 프레스턴에서 뻗어나온 곳으로 랭데일Langdale의 지휘하에 3,500명 규모의 부대가 본대의 좌측방을 방호하고 있었다. 크롬웰은 2만 명 규모의 적에 맞서 램버트의 기병과 요크셔 민병대를 포함, 고작 8,600명의 부대를 보유하고 있었다. 그러나 프레스턴에서 스코틀랜드군 후위를 크롬웰의 예하 부대가 공격, 균형을 붕괴시켜 스코틀랜드군으로 하여금 방향을 전환하여 부대별로 파상공격을 실시하도록 만들었다. 프레스턴 무어에서 랭데일의 군단은 격파되었고, 이후 크롬웰은 맹렬하게 추격하여 스코틀랜드군을 유린하면서 위건을 거쳐 어톡스터로 밀어붙였다. 그런데 이곳에는 미들랜드 민병대가 전방을 차단하고 있었으므로 크롬웰은 기병으로 후방을 추격했다. 적은 8월 25일 항복했다. 이번의 승리는 결정적이었다. 이로써 의회파의 적들을 섬멸했을 뿐 아니라 군대가 의회 내 반대파들을 '숙청'하고 왕을 재판하여 처형할 수 있었다.

이후의 스코틀랜드 침공은 이와는 별개의 전쟁으로, 새로이 수립된 정권에 의해 수행되었다. 그 목적은 스코틀랜드의 지원하에 잃어버린 왕권을 되찾으려는 왕자(훗날의 찰스 2세)의 계획을 미연에 좌절시키는 것이었다. 따라서 이를 역사의 흐름에 결정적인 영향을 주었던 전역의 범주에 포함시키기는 어렵다. 동시에 이 전역은 크롬웰이 얼마나 간접 접근 전략에 심취해 있었는지를 보여주는 사례이기도 하다. 그는 에딘 버러로 향하는 도로 전방에서 레슬리Leslie 휘하의 스코틀랜드군을 발 견했을 때, 적의 병력 규모를 알아보기 위한 조우전만을 실시했다. 목 표가 눈앞에 보이고 보급품이 부족한 상황에서도 그는 불리한 지형에 서의 정면 공격을 억제할 수 있는 자제력을 가지고 있었다. 그는 내재 된 공격욕을 억누르고 적을 개활지로 유인하여 노출된 측방을 공격할 기회를 만들지 못하는 한 모험을 감행하지 않았다. 따라서 그는 재충 전을 위하여 머셀버러로, 이후 다시 던바로 철수했다. 1주일 후 그는 다시 이동을 개시, 머셀버러에서 에딘버러의 언덕을 통과하여 적의 후 방으로 장거리 기동을 하기 위해 병사들에게 3일치 식량을 지급했다. 그리고 레슬리가 코스토파인 언덕에서 그의 진로를 직접 차단하는 기 동에 성공했을 때(1650년 8월 21일), 크롬웰은 자신의 기지에서 멀리 떨어져 있었음에도 좌측방으로 기동을 실시하여 새로운 접근로를 찾 아냈다. 하지만 고거에서 다시 레슬리에게 차단당했다. 이러한 상황에 서 대부분 사람들은 직접 공격을 감행했을 것이다. 그러나 크롬웰은 그렇지 않았다. 더위와 피로에 의한 질병과 그로 인한 병력 손실을 막 기 위하여 그는 머셀버러로 철수했다가 다시 던바로 이동했다. 이때 레슬리는 크롬웰을 추격하고 있었다. 그러나 그는 다른 사람들이 주장 하는 대로 부대를 함선으로 철수시키지 않고 적이 자신에게 기회를 제 공해줄, 잘못된 기동을 하기까지 기다렸다.

그러나 그의 적인 레슬리는 대단히 용의주도하여 그의 다음 기동으 로 크롬웰은 더욱 위험한 상황에 빠지고 말았다. 레슬리는 주도로는 남겨둔 채 9월 1일 야음을 이용하여 우회 도로를 개설, 버윅으로 통하 는 도로를 감시·통제할 수 있는 둔 언덕을 점령했다. 또한 그는 7마일 남쪽의 콕번스패스 통로를 점령하기 위해 분견대를 파견했다. 그 결과 다음날 아침 크롬웰은 자신이 잉글랜드로부터 차단되었다는 사실을 알게 되었다. 보급품은 고갈되었고 환자는 증가하여 곤경은 더욱 심화되었다.

레슬리의 계획은 잉글랜드군이 버윅으로 통하는 도로를 따라 이동을 강행할 것을 언덕 위에서 기다리고 있다가 경사를 이용, 아래 방향으로 공격하겠다는 것이었다. 그러나 커크Kirk (스코틀랜드 장로교회) 사제들은 '신'의 징계가 '죄인'들에게 집행되는 것을 보고 싶어했고, 침략자들이 바다를 통해 도주할 것이라는 징후가 보이자 이들의 성화는 더욱 거세졌다. 더구나 9월 2일의 날씨는 둔 언덕의 정상에 위치해 있는 스코틀랜드군을 날려버릴 만큼 폭풍우가 심했다. 오후 4시경 그들은 언덕을 내려와 버윅의 도로 근처 낮은 곳으로 이동했는데 이곳은 비바람을 피할 수도 있었고 계곡을 따라 바다 근처까지 흐르던 브록천川에 의해 전방을 방호받을 수 있었다.

크롬웰과 램버트는 이러한 이동 상황을 지켜보면서 동시에 '우리에게 유리한 상황이 조성되는구나'라는 생각을 갖게 되었다. 왜냐하면 스코틀랜드군의 좌익이 언덕과 급류를 이루며 흐르는 하천 사이에 고정되어 있기 때문에 우익에 공격이 집중되어도 지원하기가 어렵기 때문이다. 그날 저녁 전쟁 회의에서 램버트는 적의 방어선을 붕괴시키기 위해 우익에 대한 즉각적인 공격을 실시하면서 고착된 적 좌익에 대해 포병 사격을 집중하자는 안건을 제시했다. 그의 주장은 회의에서 채택되었고 그의 독창성을 인정한 크롬웰은 그에게 공격 개시를 위한 기동을 지휘하도록 일임했다. '바람이 몰아치고 칠흑같이 어두운 밤', 부대는 하천의 북쪽을 따라 공격 위치로 이동했다. 포병을 스코틀랜드군의 좌익 전방에 배치한 후, 램버트는 해안에서 기병에 의한 여명 공격을 실시하기 위해 반대편으로 이동했다. 기습은 성공하여 이들 기병과 중앙의 보병은 어려움 없이 하천을 도하할 수 있었다. 이후 진격 작전은 다소 주춤했으나 잉글랜드군 예비대의 투입으로 해안 쪽 전투를 진척시킬 수 있었고, 크롬웰은 스코틀랜드군의 방어선을 우측에서 좌측으로, 즉 언덕과 하천 사이의 고립된 지형을 향해 유린해나갔다. 이곳에 고립된 스코틀랜드군은 대형에서 이탈하여 도주할 수밖에 없었다. 결국 적의 지나친 자신감에 의해 빚어진 실수와 이에 뒤이은 전술적 간접 접근으로 크롬웰은 자신의 두 배나 되는 적을 분쇄할 수 있었다. 그는 자신의 운명을 위태롭게 할 수도 있는 위험을 무릅쓰고 간접 접근 전략을 포기하라는 모든 유혹을 뿌리침으로써 전역을 확실한 승리로 이끌었던 것이다.

던바에서의 승리로 크롬웰은 남부 스코틀랜드의 지배권을 장악했다. 그는 커크 교의 군대를 소탕하는 한편, 정치권 내에서 이들과 결탁했던 자들을 제거했다. 하일랜드의 순수 왕당파 세력만이 크롬웰과 대항할 수 있었으나 정치적 안정은 크롬웰의 중병으로 지연되었고, 그 사이 레슬리는 4차 내전 발발까지 새로운 왕당파군을 편성하고 훈련시킬 수 있는 여유를 갖게 되었다.

1651년 6월 말, 작전을 재개할 수 있을 정도로 크롬웰의 병세가 호전되었을 때, 그의 앞에는 어려운 문제가 놓여져 있었다. 노련하고도 절묘한 계산이라는 측면에서 그의 해결책은 역사상 가장 훌륭한 전략들을 혼합해놓은 것에 버금가는 것이었다. 비록 그는 처음으로 적보다 우세한 전투력을 보유하고 있었지만 소택지와 황무지에서 빈틈없이 구축된 적과 대치하고 있었을 뿐 아니라 약자의 입장에서 볼 때 스털링을 향한 그의 진격을 저지하는 데 매우 유리한 지형에 위치해 있었다. 만약 크롬웰이 저항을 단기간 내에 분쇄하지 못한다면 그는 또다시 스코틀랜드에서 혹독한 겨울을 보낼 수밖에 없고 이렇게 되면 병력 손실이 커져 본국이 위험에 처할 상황이었다. 적을 축출하는 것으로는 충분하지 않았다. 왜냐하면 제한적인 승리는 적을 아일랜드로 분산시켜 옆구리에 가시를 남기는 결과를 낳을 것이기 때문이다.

이 문제에 대한 크롬웰의 해결책은 탁월했다. 먼저 그는 팔커크 부근의 캘란더 하우스를 맹공격하여 정면에서 레슬리를 위협했다. 그리고는 다음 단계로 전 부대를 이끌고 퍼스 오브 포스를 건너 퍼스로 행군했다. 그리하여 스털링으로 향하는 접근로를 방어하고 있던 레슬리의 방어 진지 방향을 전환시켰을 뿐 아니라 레슬리의 병참 지역을 통제할 수 있는 요지를 확보했다. 그러나 이러한 기동으로 크롬웰은 잉글랜드에 이르는 통로를 적에게 노출시켰다. 여기에 크롬웰 계획의 가장 훌륭한 기교가 숨어 있었다. 그는 이제 기아와 탈영으로 위협받는 적의 배후에 위치, 탈출구를 열어놓은 것이다. 적군 가운데 한 명은 이렇게 말했다. "우리는 굶어 죽거나 부대를 해체하거나 약간의 병력을 이끌고 영국으로 돌아갈 수밖에 없고, 그 가운데 마지막 선택이 가장 나을 것 같지만 그마저도 절망적일 것 같다." 적은 영국으로의 귀환을 선택, 7월 말 잉글랜드를 향해 남진을 개시했다.

이를 예견한 크롬웰은 웨스트민스터 당국의 지원하에 이들을 맞을 준비를 했다. 즉시 민병대가 소집되었고 의심스러운 왕당파를 감시했으며, 숨겨둔 무기들을 압수했다. 다시 한번 스코틀랜드군은 서해안 도로를 따라 남으로 이동했다. 크롬웰은 램버트의 기병을 파견하여 이들을 추격하는 한편, 해리슨으로 하여금 뉴캐슬에서 워링턴까지 대각선으로 이동하도록 하고 플리트우드Fleetwood에게는 미들랜드 민병대를 지휘하여 북으로 이동하게 했다. 램버트는 적의 측방을 우회하여 8월 13일에 해리슨과 합류했다. 그 후 이들은 접근하는 적에게 탄력적인 지연전을 수행했다. 그 동안 크롬웰은 8월의 더위를 무릅쓰고 동해안 도로를 따라 하루 동안 무려 20마일을 행군했고, 이후 남서쪽으로 방향을 전환했다. 그 결과 4개 부대가 함정에 빠진 적을 향해 집결하게 되었다. 찰스 왕은 런던으로 향하는 도로에서 벗어나 세번 계곡으로 이동했지만 포위망를 굳히려는 적의 계획을 며칠 동안 지연시켰을 뿐 좌절시키지는 못했다. 던바 전투 1주년인 9월 3일, 우스터 전장은 크롬웰에게 '위대한 영광'을 안겨주었다.

30년전쟁의 종결부터 스페인 왕위계승전쟁 개시에 이르는 기간 동안 끊이지 않고 발생한 일련의 전쟁——루이 14세의 군대는 이때 유럽 대부분 국가의 군대와 어떤 때는 동시에 또 어떤 때는 차례로 대적했다——은 놀라우리 만큼 비결정적이었다. 목표는 제한되었고 편의에 따라 수시로 변경되었다. 이들 전쟁이 결정적이지 못했던 두 가지 원인은 다음과 같다. 첫째는 20세기 초 기관총의 발달이 그랬던 것처럼 축성 기술의 발달이 무기 체계의 발달 속도를 앞질러, 방자가 월등한 이점을 갖게 되었다는 점이다. 둘째는 군대가 모든 기능을 포함하는 영구 편제 부대로 구성되지 않고 통상 단일 부대로서 육군 전체가 기동하여 전투를 벌였기 때문에 적을 교란, 기만하는 능력과 적의 이동 범위를 속박하는 능력이 제한되었다는 점이다.

프롱드 전쟁, 스페인 왕위 계승 전쟁, 네덜란드 전쟁, 대동맹 전쟁으로 알려진 일련의 전쟁들 가운데 그 특수성을 고려하더라도 단 하나의 전역만이 결정적인 것으로 일컬어질 수 있다. 그 전역은 튀렌의 1674~75년 동계 전역으로 튀르켕에서의 승리로 인해 더욱 빛을 발한다. 이 시기는 프랑스에게 매우 중요했다. 루이 14세의 동맹국들은 하나 둘씩 그를 떠났고 스페인, 네덜란드, 덴마크, 오스트리아, 그리고 대부분의 독일 군주들이 프랑스에 적대적인 동맹에 가입했다. 이에 튀렌은 선거후 영지인 팔라틴령을 버리고 라인 강을 넘어 철수할 수밖에 없었다. 브란덴부르크의 선거후는 부르농빌Bournonville의 휘하에 있는 제국군과 합류하기 위하여 집결했다. 튀렌은 선거후가 도착하기 전인 1674년 10월, 엔츠하임에서 부르농빌을 저지했다. 그러나 그는 독일군이 알자스 지역으로 소산, 스트라스부르와 벨포르 사이의 지역에 있던 동계 진지를 점령했기 때문에 데트와일러로 철수해야 했다.

상황은 튀렌이 위대한 업적을 남기기에 좋은 방향으로 전개되었다. 그는 한겨울에 전역을 수행하기로 결정, 최초의 기습을 감행했다. 적을 기만하기 위해 그는 알자스 지역의 요새들에게 방어 태세를 갖추도록 했다. 그리고 나서 전 야전군을 로렌으로 은밀히 이동시킨 다음 보주 산맥의 뒤를 돌아 남쪽으로 신속히 행군했다. 그 동안 사용 가능한 병력을 증원한 그는 마지막 단계로 적의 간첩을 기만하기 위해 병력을 여러 개의 소규모 부대로 분할했다. 산악 지역과 눈보라를 뚫고 행군을 마친 후 그는 부대를 벨포르 부근에서 다시 집결시키고 북쪽은 그대로 둔 채 지체없이 알자스를 남쪽에서 공격했다.

부르농빌은 자신이 보유하고 있던 병력으로 12월 29일 뮐하우젠에서 튀렌을 저지하려 했지만 섬멸당하고 말았다. 이로부터 프랑스는 보주 산맥과 라인 강 사이의 저지대를 소탕, 분쇄된 독일 제국군을 북쪽의 스트라스부르로 몰아붙였으며 이 과정에서 저항하는 부대는 모두 전멸시켰다. 독일군을 지휘하고 있던 브란덴부르크 선거후는 스트라스부르로 향하는 도중에 위치한 콜마르에 튀렌의 병력과 동일한 규모의 방어 부대를 배치했다. 그러나 물리적으로나 사기 면에서나 기세는 튀렌 쪽으로 기울었다. 그리고 이러한 기세는 튀르켕 전투에서의 전술적 간접 접근으로 능란하게 유지되었다. 여기서 튀렌은 적을 직접 공격하는 대신 저절로 붕괴되기를 기다리면서 적의 강력한 저항을 약화시켰다. 그는 며칠 후 알자스 지역에는 적이 하나도 남아 있지 않다고 보고할 수 있을 만큼 대단한 성공을 거두었다.

이후 프랑스는 스트라스부르에 있는 동계 기지들을 재점령하여 라인 강의 독일측 하구, 심지어는 네카어에까지 들어와, 자유롭게 보급품을 조달했다. 선거후는 잔여 병력을 가지고 브란덴부르크로 철수했고 튀렌의 오랜 숙적인 몬테쿠쿨리Montecuculi가 이듬해 봄, 제국군의 지휘를 맡게 되었다. 그 역시 튀렌에게 유리한 지역인 자스바흐로 유인되었으나 작전의 초기 단계에서 튀렌이 포병 사격에 의해 전사함으로써 전쟁은 다시 변하게 되었다.

왜 튀렌의 결정적인 동계 전역은 17세기 유럽의 다른 전역들과 그토록 극명한 대조를 이루게 되었는가? 이 시대는 비록 장군들의 시야는 좁았지만 기동 능력은 뛰어났던 때였다. 그러나 쌍방이 이 방면에 너무나도 숙달되어 있었기 때문에 다른 시대였다면 성공했을 측방 기동도 능숙하게 무산시켜버리곤 했다. 적의 실질적인 와해는 이것이 달성되었을 때 가능한 것이다. 튀렌은 나이를 먹어감에 따라 지속적으로 발전한 위대한 지휘관으로 유명하다. 그리고 그가 역사상 다른 어떤 지휘관보다 많은 전역을 지휘한 후, 자신의 마지막 전역에서 17세기 전쟁을 결정지을 수 있는 해결책을 터득했다는 데 중요한 의미가 있다. 그는 '고도로 훈련받은 병사들은 너무나 값비싼 존재들이므로 낭비해선 안 된다' 는 당시의 황금률에서 벗어나지 않으면서 이러한 결론을 얻어냈던 것이다.

그는 자신의 경험을 통해, 당시와 같은 상황에서는 그 어느 때보다 더욱 급진적인 간접 접근을 포함하는 전략 계획을 세워야 결정적인 결과를 획득할 수 있다는 교훈을 얻어낸 것으로 보인다. 모든 기동이 야전군 유지를 위한 보급품 저장 시설인 요새를 중심으로 이루어지는 시대에, 그는 이러한 작전의 기본에서 벗어나 기동과 기습을 결합시켜 전역의 결정적 결과뿐 아니라 안보까지도 확보해낼 수 있었다. 이것은 도박이 아닌 치밀한 계산이었다. 정신력, 사기, 군수에서 적을 와해시킬 수만 있다면, 이는 곧 아군이 엄청난 안보 격차를 누리게 됨을 의미하게 때문이다.

제7장 18세기 전쟁
— 말버러와 프리드리히

　스페인 계승전쟁(1701~13)은 이중적 특성 때문에 의문스러운 점을 많이 보이는 것으로 유명하다. 정치적으로 볼 때, 이 전쟁은 제한된 목표를 지닌 극단적인 전쟁의 일례이자 루이 14세의 지배하에 있던 프랑스의 유럽에 대한 지배력을 강화 또는 파괴하기 위한 결연한 투쟁이었다. 전략적 측면에서 볼 때 무모한 일련의 직접 접근으로 이루어져 있어 고차원적인 목적에 입각한 간접 기동을 찾아보기 힘들지만 그 가운데 발견되는 몇몇 뛰어난 간접 접근은 대부분 말버러라는 빛나는 이름과 관련된 것이다. 이러한 간접 접근이 지닌 가치는 이것이 전쟁의 전환점이 되었다는 데 있다.

　프랑스에 대항하는 동맹은 오스트리아, 영국, 독일의 몇 개 공국, 네덜란드, 덴마크, 포르투갈 등으로 이루어져 있었고 루이 14세는 주로 스페인, 바바리아 그리고 초기에는 사보이로부터 지원을 받고 있었다.

　전쟁이 개시된 곳은 북부 이탈리아로 이때 다른 나라의 군대들은 전쟁 준비를 하고 있었다. 외젠Eugène 왕자 휘하의 오스트리아군은 티롤에 집결하여 직접 접근을 실시할 것처럼 위장했다. 이에 카티나Catinat 원수 지휘하의 프랑스군은 리볼리 애로에서 방어 진지를 편성했다. 그러나 외젠은 오랫동안 군대에 의해 사용되지 않았던 산 속의 애로를 은밀히 정찰한 후, 동쪽으로 크게 우회하여 평지로 내려왔다.

그는 적을 자신의 의도대로 기만하는 기동을 반복, 이점을 확보한 다음, 치아리에서 마침내 공격을 개시, 완승함으로써 북부 이탈리아에서 자신의 입지를 공고히 다지게 되었다. 이러한 간접 접근과 책략을 쓴 결과, 대군주의 무적 육군에 맞서 전쟁을 시작하려는 동맹국들의 사기가 크게 고양되었을 뿐 아니라 이탈리아에 대한 프랑스와 스페인의 영향력은 심각한 타격을 입게 되었다. 이후 발생한 또 하나의 중요한 사건은 본능적으로 강자 편에 서곤 했던 사보이 공의 변절이었다.

1702년 본격적인 전쟁이 시작되었다. 참전국 가운데 가장 큰 규모였던 프랑스군은 플랑드르에 집결했는데, 이곳은 프랑스가 공격시 후방을 방호하기 위해 앤트워프에서 뫼즈 강을 연한 위Huy까지 60마일 길이의 브라방 방어선을 구축해놓은 지역이었다. 침략의 위협 앞에 네덜란드군은 본능적으로 요새 안에 들어가 미동조차 하지 않았다. 말버러는 전쟁에 대한 다른 개념을 가지고 있었으나 수동적인 방어를 중지하고 부플레르Boufllers 원수의 지휘하에 라인 강을 향해 행군중이던 프랑스군을 직접 공격하지는 않았다. 대신 그는 소중한 요새를 적에게 노출시킨 채 신속히 기동, 브라방 방어선과 프랑스군 퇴각로로 이동했다. 일단 심리적 '위축감'을 느낀 부플레르는 서둘러 퇴각했다. 육체적으로 지치고 정신력이 떨어진 프랑스군은 이들을 공격하기 위하여 기다리고 있던 말버러의 손쉬운 희생양이 될 수 있었기 때문이다. 그러나 네덜란드 황제의 사절들은 프랑스군의 침략이 중지되었다는 사실에 만족하여 병력 손실을 가져올 전투에 반대했다. 그 해 부플레르는 말버러에 의해 두 번이나 함정에 빠졌으나 매번 네덜란드 황제 사절들의 우유부단함 때문에 무사히 빠져나올 수 있었다.

다음해, 말버러는 앤트워프를 탈취하고 요새화된 방어선을 돌파하기 위해 정교한 계획을 수립했다. 그는 마스트리히트에서 서쪽으로 직접 진격해 들어감으로써 빌레루아Villeroi 휘하의 프랑스군을 방어선 남단에 고착시키고자 했다. 그런 다음, 함대의 지원으로 코호른 Cohorn 휘하의 부대가 오스탕을 공격하고 이때 스파르Spaar 휘하의 다른 부대는 북서쪽에서부터 앤트워프를 향해 공격을 실시하기로 했다. 이러한 바다로부터의 공격은 앤트워프의 프랑스군 지휘관으로 하여금 측방의 위협에 대응, 방어선 북단을 방어하고 있던 부대를 전환시키기 위한 것이었다. 그리고 4일 후에는 오프담Opdam 휘하의 세 번째 네덜란드군 부대가 북동쪽에서 공격하는 동안 말버러는 빌레루아의 측방을 우회하여 앤트워프를 공격하는 부대와 합류하기 위해 북으로 신속히 전진하기로 계획되어 있었다.

작전의 1단계는 성공적으로 시작되었다. 말버러의 위협에 의해 빌레루아는 뫼즈로 철수했다. 그러나 코혼은 스파르와 합류, 앤트워프로 신속히 진격한다는 명목으로 오스탕을 점령하지 않았는데 이 때문에 당초 원했던 만큼의 견제 효과를 불러일으키지 못했다. 게다가 오프담은 위험을 느끼고 미리 이동을 개시했을 뿐 아니라 말버러는 북쪽으로 진지 변환을 위한 기동을 개시할 때 빌레루아를 따돌리는 데 실패하고 말았다. 실제로 빌레루아는 부플레르 휘하의 30개의 기병대대와 3천 명의 기마 척탄병을 파견, 속도 면에서 말버러를 능가했다. 이 기동 부대는 24시간 동안 거의 40마일을 기동하여 7월 1일, 앤트워프의 수비대와 함께 오프담을 공격했고 오프담은 상당한 피해를 입고 탈출하기에 급급했다. 이로써 말버러가 자신 있게 제시한 '위대한 구상'은 완전히 실패했다.

실망한 말버러는 곧바로 브라방 방어선 앤트워프 남쪽 지점에 대한 공격을 제안했다. 네덜란드의 장군들은 대등한 병력으로 방어되고 있는 요새에 대한 정면 공격이 될 것이라는 타당한 이유를 들어 이를 거부했다. 말버러는 기동 면에서 탁월했으나, 때때로 특히 실의에 빠졌을 때에는 무모한 도박꾼과 같은 심경을 드러내 보였다. 말버러의 재능뿐 아니라 그의 개인적 매력에 매료되어 있는 영국 역사가들은 네덜란드의 지휘관들을 비난할지도 모른다. 그러나 그들은 말버러보다 더 많은 위험 부담을 안고 있었다. 전쟁을 흥미진진한 게임이나 대단한 모험쯤으로 생각하기에는 그들의 조국 앞에 놓인 위험이 너무나 컸던 것이다. 그들은 2세기 후 젤리코Jellicoe 제독이 그러했듯이 결정적인 패배를 당할 수도 있는 상황에서 전투를 감행한다면 '하루아침에 전쟁에서 패할 수 있다'는 사실을 분명히 알고 있었다.

네덜란드군 장군들의 만장일치의 결정에 의해 말버러는 앤트워프 공격 구상을 포기하고 뫼즈 강으로 철수, 위 포위 공격을 지휘했다. 그러나 그는 8월 말 브라방 방어선에 대한 공격을 다시 주장했는데, 이번에는 남부의 상황이 호전된 상태였기 때문에 좀더 설득력을 가지고 있었다. 그러나 네덜란드군 지휘관들은 이 주장도 확신하지 못했다.

말버러는 네덜란드에 대해 강한 반감을 가지고 있었기 때문에 황제의 특사인 래티슬로Wratislaw가 은연중에 부대를 다뉴브 강 지역으로 이동시켜야 한다고 주장하자 이를 더욱 의심했다. 이러한 두 가지 사건의 복합적인 영향력 속에서 1704년 말버러의 폭넓은 전략적 식견에 힘입어 역사상 가장 뛰어난 간접 접근이 실행되었다. 당시 적군의 주력 부대 가운데 빌레루아가 지휘하는 부대는 플랑드르에, 탈라르Tallard가 지휘하는 부대는 소규모 연결 부대와 함께 만하임과 스트라스부르 사이의 라인 강 상류 지역에 위치하고 있었으며, 바바리아 선거후와 마르생Marsin에 의해 지휘되던 바바리아 – 프랑스 동맹군은 다뉴브 강 연안의 울름에 위치하고 있었다. 이 동맹군은 바바리아에서 빈 쪽으로 맹렬히 진격하고 있었다. 말버러는 자신의 잉글랜드군 부대를 뫼즈 강에서 다뉴브 강 지역으로 이동시켜 적 동맹군 중 약한 상대인 바바리아군에 치명타를 가하는 계획을 세웠다. 기지와 멀리 떨어지게 되고 북측을 방어함으로써 얻는 이익과의 연계성 또한 적은 이러한 장거리 기동은 일반적인 기준, 나아가 당대의 신중한 전략적 풍토에 비한다면 더욱 대담한 것이었다. 이러한 기동의 안전은 기습에 의한 교란 효과에 달려 있었는데, 그는 '방향을 종잡을 수 없는' 행군을 실시함으로써 단계별로 대용 목표Alternative objective(예비 목표 또는 양자 택일 목표라고도 할 수 있다. 여러 개의 목표 중에서 공자가 선택의 자유를 갖는 동등 목표군을 말한다―옮긴이주)를 위협, 적으로 하여금 그의 진짜 목표가 무엇인지 모르게 하는 효과를 달성했다.

그가 남쪽으로 이동하여 라인 강을 향하자, 처음에는 프랑스로 향하는 모젤 도로를 확보하려는 것처럼 보였고, 그 후 코블렌츠를 공격할 때에는 알자스의 프랑스군을 지향하는 것으로 보였다. 그리고 그는 라인 강 연안의 필립스부르크에서는 적에게 노출된 상태로 도하를 실시함으로써 적이 당연히 갖게 되는 기만 효과를 증대시켰다. 그러나 만하임 부근에 도착해서는 당연히 남서 방향으로 이동할 것이라고 생각했으나 반대로 남동 방향으로 이동, 네카어 계곡의 삼림 속으로 사라져 라인 강과 다뉴브 강의 삼각지대에 위치한 울름으로 행군했다. 그의 전략적 모호성으로 행군 방향이 은폐됨으로써 '6주간 하루 평균 10마일'이라는 비교적 느린 행군 속도는 별 문제가 되지 않았다. 그는 그로스 헤파흐에서 외젠 왕자와 바덴의 후작을 만난 다음 바덴 후작이 지휘하는 군대와 함께 이동하고 외젠은 후방에 남아 라인 강 일대에 배치된 프랑스군을 저지 또는 지연하기로 했다. 빌레루아는 뒤늦게 플랑드르에서 이곳까지 말버러를 추격해왔다.[4]

그러나 말버러는 프랑스군이 보는 방향에서는 프랑스-바바리아 동맹군의 후방에, 바바리아군이 보는 방향에서는 여전히 그 전방에 위치하고 있었다. 이러한 지리적 병렬은 다른 조건과 함께 그의 전략적 이점을 잃게 만드는 요인이 되었다. 이러한 여러 조건 가운데 이 시대의 모습을 대표하는 것은 군 전술 편성상의 경직성으로, 이 때문에 전략적 기동을 종결하는 데 어려움이 있었다. 지휘관은 적을 물가로는 데리고 갈 수 있어도 물을 마시도록 할 수는 없다. 다시 말해 적의 의지에 반하여 적을 전투로 유인할 수는 없는 것이다. 그리고 말버러의 또 다른 약점은 소심한 바덴 후작과 지휘권을 공유하고 있었다는 점이다.

바바리아의 선거후와 마르생 원수가 지휘하는 동맹군은 다뉴브 연안 딜링겐의 요새화된 진지를 점령하고 있었는데 이곳은 울름과 그 동쪽 지역인 도나우베르트의 중간에 위치하고 있었다. 탈라르 원수가 라인 강에서 동쪽으로 이동했으므로 울름은 바바리아로 통하는 입구가 되는 위험한 곳이었다. 말버러는 새로운 자군 병참선의 끝인 도나우베르트에 도하점을 확보하고자 했으나, 이미 안전상의 목적으로 병참선이 뉘른베르크를 경유하도록 동으로 변경된 후였다. 도나우베르트를 확보했더라면 그는 바바리아를 자유롭게 드나들면서 다뉴브 강의 양안을 안전하게 기동할 수 있었을 것이다.

불행하게도 딜링겐에 있는 적 정면에서 실시된 측방 기동은 의도가 너무도 분명하게 드러나 보였고 속도 또한 느렸으므로 선거후는 강력한 부대를 파견하여 도나우베르트를 방어할 수 있었다. 말버러는 행군의 마지막 단계에서 강행군을 실시했지만 적은 도나우베르트를 감제할 수 있는 고지인 쉘렌베르크의 방어 진지를 연장시킬 수 있었다. 말

---

4) 말버러는 라인 강 계곡을 포기하는 그 순간까지 미리 집결시켜두었던 보트에 병력을 싣고 라인 강을 따라 신속히 내려가 플랑드르로 복귀하는 역량을 발휘했다. 이것이 프랑스군 사령관의 주의를 분산시키는 원인이 되었다.

버러는 7월 2일, 이러한 상황에서 이곳에 도착했다. 그는 적에게 방어 진지를 완성할 시간을 주지 않기 위해 그날 저녁 공격을 개시했다. 최초의 공격에서는 투입한 병력의 절반을 잃고 참담하게 격퇴당했으나 동맹군의 대부대가 도착함으로써 병력 차가 4대 1로 벌어져 전투 양상이 뒤바뀌었다. 그러나 우세한 병력과는 상관없이 전투를 결정지은 것은 적 진지의 취약한 부분을 탐지, 공격하는 측방 기동이었다. 말버러는 서한에서 도나우베르트를 탈취하면서 많은 손실을 입었음을 인정했다. 결정적인 기동은 바덴 후작에 의해 이루어진 것이었으므로, 이 전투에서 그의 전술을 비난하는 견해가 일반적이다.

이제 적의 주력 부대는 아우크스부르크로 철수했다. 남으로 바바리아를 압박하고 있던 말버러는 수백 개의 마을과 곡식을 불태워 이 지역을 초토화시켰다. 이를 통해 그는 바바리아의 선거후로 하여금 강화를 제안하거나 불리한 조건하에서의 전투를 받아들이도록 강요했다. 그러나 스스로 개인적 수치라고 여긴 이러한 야만적인 방법으로도 또 다른 시대적 조건 때문에 그 목적을 달성할 수 없었다. 당시의 전쟁은 국민들이 아닌 통치자의 문제였으므로 선거후는 이러한 이차적인 불편에 직접적인 반응을 보이지 않았던 것이다. 결국 그 동안 탈라르는 라인 강으로부터 돌아올 수 있었고 8월 5일에는 아우크스부르크에 도착했다.

다행스럽게 탈라르의 출현은 외젠에 의해 좌절되었는데 외젠은 말버러와 합류하기 위하여 대담하게도 빌레루아의 면전에서 은밀한 전투 이탈을 감행했던 것이다. 이러한 상황이 조성되기 직전, 바덴 후작은 말버러와 외젠의 엄호하에 다뉴브 강으로 이동, 잉골슈타트 요새를 포위하기로 되어 있었다. 그러던 중, 9일경 적이 다뉴브 강을 향해 북진하고 있다는 소식을 듣게 되었다. 이러한 적의 기동 목적은 말버러의 병참선을 공격하려는 것으로 보였다. 그럼에도 말버러와 외젠은 바덴 수령으로 하여금 잉골슈타트로 계속 행군하도록 했고, 그 결과 6만 명에서 계속 병력이 증강되는 적군 앞에 5만 6천 명의 병력을 배치할 수밖에 없었다. 그들이 바덴 후작을 주력 부대에서 떼어놓은 것은 그에 대한 그들의 혐오감을 생각하면 이해할 수도 있지만, 기회가 오면 바로 전투를 개시하려 했던 그들의 태도에 비추어보자면 대단히 놀라운 일이었다. 이는 적에 대한 질적인 우세에 대한 자신감을 나타내는 것이었으나 전투가 곧 개시될 시점이었다는 사실에 비추어볼 때는 일종의 과신이었다.

다행스럽게도 적들도 이에 못지않은 자신감을 가지고 있었다. 바바리아의 선거후는 대부분의 부대가 아직 도착하지 않은 상황에서도 공격하기를 간절히 원했다. 부대가 도착할 때까지 대기하면서 진지를 구축하는 것이 나을 것이라고 탈라르가 주장했으나 선거후는 이러한 경고를 비웃었다. 이에 탈라르는 냉소적으로 대꾸했다. "전하의 성실성을 몰랐더라면, 자신의 병력은 하나도 없이 프랑스 왕의 병력만을 가지고 앞으로 닥칠 위험을 보지 못한 채 도박을 하려 한다고 생각할 뻔했소." 그 후 양측의 줄다리기에 의해 다음과 같은 타협안이 채택되었다. 프랑스군은 공격 준비로서 도나우베르트로 향하는 통로상에 있는 네벨 강을 넘어 블렌하임 근방의 진지로 신속히 이동한다는 것이다.

다음날인 8월 13일 아침에 그들은 다뉴브 강 북측 제방을 따라 빠르게 전진하는 동맹군과 갑작스럽게 조우하게 되었다. 이에 말버러는 다뉴브 강 부근의 프랑스군 우익을 정면으로 공격했고 외젠은 강과 언덕에 의해서 기동 공간이 제약되어 있던 프랑스군의 좌측방으로 우회했다. 자신들의 사기와 훈련 수준을 제외하고 동맹군이 지닌 유일한 강점은 이러한 상황에서 적이 자신들이 전투를 적극적으로 실시할 것이라는 예상을 하지 못할 것이라는 점이었다. 이러한 부분적인 기습으로 둘로 나뉘어져 있던 프랑스군은 협조된 부대 배치를 할 수 없었으므로 전투 배치 상태가 아닌 숙영지 편성 상태에서 전투를 수행했다. 이것은 그 자체로 부대의 균형을 깨는 역할을 하여, 넓은 중심부에는 보병이 거의 배치되어 있지 않을 정도였다. 그러나 그날 저녁이 되어서야 이러한 불리함이 분명히 드러났고, 다른 실수가 없었다면 그것조차도 불거지지 않았을 것이다.

전투의 초기 단계는 동맹군측에게 불리하게 전개되었다. 말버러의 프랑스군 좌익에 대한 공격은 심대한 손실을 입고 실패했고, 오버글로 Oberglau의 우익에 대한 공격도 실패했으며 우익에 실시된 외젠의 공격도 두 번이나 격퇴되었다. 그리고 말버러의 중앙 부대가 네벨에서 도하를 실시하던 중에 선두 부대가 프랑스군 기병 부대의 공격을 받았으나 가까스로 격퇴했다. 이들에게는 행운이었지만 프랑스군이 명령을 잘못 이해함으로써 탈라르의 의도보다 소규모의 기병이 역습을 실시했던 것이다. 그러나 곧 마르생의 기병이 노출된 측방에 대한 역습을 재개했는데 이 역습은 아슬아슬하게 말버러의 요청에 의해 곧바로 실시된 외젠의 기병에 의한 역습으로 좌절되었다.

가까스로 재앙은 피했지만 위태로운 균형 상태가 형성되었으므로 이때 상황을 밀어붙이지 못했다면 말버러는 네벨 강의 습지에서 위기에 빠졌을 것이다. 그러나 이번에는 탈라르가 말버러로 하여금 아무런 방해 없이 도하할 수 있도록 허용한 판단 착오, 또는 계획의 비효율적인 수행에 대한 대가를 치를 차례였다. 왜냐하면 탈라르가 말버러군 중앙의 선두를 격파하는 기병 역습이 실패함으로써 그 잔여 부대가 이후 소강 상태에서 강을 건너 대열을 정비할 수 있었기 때문이다. 그리고 탈라르가 총 50개의 보병 대대를 보유했고 말버러는 48개 대대만을 보유했는데도, 그는 단지 적 23개 대대에 대해 9개 대대만을 중앙에 배치했던 것이다. 이는 최초 부대 배치상의 실수 때문이었는데 시간적 여유가 있었음에도 그는 이를 재조정하지 않았다. 이렇듯 얼마 되지 않는 보병 대열을 수적 우세와 포병의 근접 화력으로 서서히 압도해나 가면서 말버러는 개방된 간격을 통하여 전진할 수 있었고, 그 결과 다 뉴브 연안 블렌하임 근방에서 밀집된 프랑스군 보병을 고립시키고 마르생의 노출된 측방을 공격할 수 있었다. 마르생은 심각한 손실을 입지 않고 외젠군과의 전투를 회피, 철수할 수 있었으나 대부분의 탈라르군은 다뉴브 강으로 몰려 항복을 강요당했다.

블렌하임 전투에서의 승리는 많은 대가와 위험을 무릅쓰고 획득한 것이다. 객관적 입장에서 전투를 분석해보면 이 전투는 분명 말버러의 능력보다는 병사들의 강인함과 프랑스군 지휘부의 판단 착오에 의해서 전세가 결정되었다. 그러나 승리라는 분명한 사실 때문에 세계는 이 전투가 노정하고 있었던 도박성을 간과하게 되었다. 그리고 '무적' 프랑스군대의 패배로 인해 유럽 전체의 장래가 뒤바뀌게 되었다.

프랑스군의 퇴각과 함께 동맹군은 라인 강으로 전진하여 필립스부르크에서 도하를 실시했다. 그러나 블렌하임에서의 승리에서 너무나 많은 희생을 치른 나머지 말버러를 제외한 모든 지휘관들은 더 이상 힘을 쏟지 않으려 했고 이에 전역은 점차 수그러들었다.

1705년 말버러는 플랑드르 지역의 얽히고 설킨 요새망을 우회하여 프랑스를 침공하는 계획을 고안해냈다. 외젠이 북이탈리아의 프랑스군과 교전하고 네덜란드군은 플랑드르에서 방어를 실시하며 동맹군 주력인 말버러 휘하의 부대는 모젤 강을 거슬러 올라가 티옹빌까지 전진하고 바덴 후작의 부대는 자르 강을 건너 집중 공격을 실시한다는 것이었다. 그러나 이 계획은 일련의 문제에 의해 좌절되었다. 보급품은 예정된 대로 도착하지 않았고 이동 수단은 부족했으며 동맹군 증원 부대는 예상보다 뒤처졌고 바덴 후작은 협력에 소극적이었다. 그 이유는 시기심으로 알려져 있으나 화상을 입은 것이 더 설득력이 있는 이유로 결국 그는 이 부상 때문에 사망했다.

말버러는 모든 성공의 조건이 사라진 후에도 계획 실행을 고집하며 아주 제한된 의미의 직접 접근으로 변질시켜버렸다. 그는 자신의 약점을 노린 프랑스군이 전투에 응하리라는 희망을 갖고 모젤 강을 따라 계속 전진했다. 그러나 빌라르Villars 원수는 식량 부족으로 말버러가 더욱 약해지기를 기다리고 있다가 네덜란드군이 다급하게 구원을 요청하는 상황이 되어서야 플랑드르에서 공격을 가했다. 이러한 두 가지 압력에 의해 말버러는 비록 쓰디쓴 패배의 절망감으로 바덴 후작을 희생양으로 만들었지만 더 이상의 모험을 포기할 수밖에 없었다. 심지어 그는 빌라르에게까지 철수를 변명하는 편지를 보냈으며 모든 책임을 바덴 후작의 어깨에 전가했다.

말버러가 신속히 플랑드르에서 철수하자 상황은 호전되었다. 그가 접근하자 빌레루아는 리에주에 대한 포위를 풀고 브라방 방어선으로 철수했다. 그러자 말버러는 방어선 돌파 계획 수립에 모든 정신을 쏟았다. 뫼즈 강 연안의 약하게 요새화된 지점을 위장 공격함으로써 프랑스군을 남쪽으로 유인하고, 이때 신속히 부대를 전환시켜 티를르몽 부근의 요새화는 강하게 되어 있으나 방어는 약한 지점을 돌파한다는 것이었다. 그러나 그는 루뱅으로 전진, 딜 강을 도하하지 못함으로써 이러한 기회를 이용하는 데 실패했다. 이 같은 실패의 원인은 그가 적보다는 동맹군을 철저하게 기만했고, 더욱이 그의 힘이 일시적으로 소진되었기 때문으로 풀이된다. 그럼에도 불구하고 그 유명한 브라방 방어선도 이제 더 이상 장애물이 될 수 없었다.

몇 주 후, 그는 자신의 용병술이 발전했음을 보여주는 새로운 계획을 완성했다. 비록 이 계획은 커다란 성공을 거두진 못했지만 말버러의 발전을 보여주기에는 충분했다. 그가 플랑드르에서 실시한 기동은 순전히 기만에 의존했으므로 이것이 성공하기 위해서는 속도가 필수적이었으나 그의 느림보 네덜란드군으로는 이를 달성할 수 없었다. 그러자 이번에는 대용 목표가 존재하는 통로를 따라 간접 접근을 시도했다. 결국 적은 교란당하여 우수한 속도의 필요성을 경감시킬 수 있었다.

루뱅 부근에 있던 빌레루아 진지를 휩쓸고 지나면서 그는 적이 자신의 목적지를 분간할 수 없도록 교묘한 경로를 선택하여 전진했다. 왜냐하면 그의 기동은 나무르, 샤를루아, 몽, 아 등 일대의 모든 요새를 위협했기 때문이다. 그 후 그는 주나프에 도착하자마자 워털루를 지나 브뤼셀을 향해 북으로 방향을 전환했다. 빌레루아는 이 도시를 구출하기 위해 황급히 돌아가기로 결정했다. 프랑스군이 이동을 개시할 무렵 야간에 방향을 동쪽으로 바꾼 말버러는 자신이 구축한 새로운 전선 앞에 모습을 드러냈다. 이러한 교란 기동에 의해 전선은 비록 행군 부대의 측방만큼 취약하지는 않았지만, 상당히 흐트러진 상태였다. 그는 자신의 이점을 활용하기 위해 서둘러 도착했으나 즉각적인 공격을 주저했던 네덜란드 장군들은 적군이 어느 정도의 혼란에 빠져 있든 이세 강 후방의 방어 진지는 블렌하임의 진지보다 강력하다는 이유를 들어 공격을 반대했다.

다음해의 전역에서 말버러는 더욱 광범위한 간접 접근 수행안을 내놓았다. 이는 알프스 산맥을 넘어 외젠과 합류하는 것이었다. 그는 자신의 지상 접근과 툴롱 상륙 작전을 피터버러Peterborough 백작에 의한 스페인에서의 작전을 결합함으로써 이탈리아에서 프랑스군을 축출하고 프랑스로의 통로를 확보할 수 있을 것이라 생각했다. 언제나 신중하게 판단하는 네덜란드 인들이 이번에는 그의 모험적인 계획을 승인했다. 그러나 이 계획은 빌라르가 바덴에서 후작을 격파하고 빌레루아가 플랑드르로 전진함으로써 무산되었다. 프랑스군의 이러한 모험적인 이동은 루이 14세의 신념에 따른 것인데, 그는 '어느 곳에서든' 공격을 실시하면 프랑스군의 힘을 적에게 인식시켜 그가 필요로 하고 갈망하던 유리한 강화 조건을 확보할 수 있는 최선의 기회를 얻을 수 있을 것이라고 믿었다. 그러나 말버러가 입지를 굳히고 있는 지역에 대한 공격은 평화가 아닌 패배로 인한 목표 상실로 나아가는 지름길이었다. 말버러는 지체없이 기회를 잡았다. 그의 판단으로는 프랑스가 게임의 주도권을 쥐고 있을 때에는 방어선 안에만 머물러 있지 않을 것이라는 예상이 적중한 두 번째 사례였다. 그는 프랑스군이 만곡 지형에 진지를 구축하고 있던 라미예에서 이들과 대치했다. 그는 전술적 간접 접근을 위해 만곡부의 외곽 지형을 이용했다. 프랑스군의 예비 병력을 좌익에 투입하도록 유인 공격을 실시한 그는 병력을 교묘히 전투에서 이탈시켜 덴마크군 기병이 돌파구를 뚫음으로써 자신의 좌익에서 발생한 이점을 활용하기 위해 부대를 이동시켰다. 이러한 후방에서의 위협은 전방에서의 압박으로 프랑스군이 붕괴함으로써 그 효과가 배가되었다. 말버러는 이 승리를 효과적인 추격전으로 마무리하여 플랑드르와 브라방 전 지역을 수중에 넣었다.

그 해 이탈리아에서 벌어진 전쟁은 또 하나의 전략적 간접 접근의 사례를 통해 사실상 종결되었다. 전쟁 초기 외젠은 가르다 호수 너머 산악 지역까지 격퇴당했고, 그의 동맹군인 사보이 공 역시 토리노에서 포위당한 상태였다. 외젠은 정면 돌파를 시도하는 대신 우세한 기동력으로 적을 따돌리고 기지로부터 멀리 떨어진 롬바르디아를 지나 피에몬테 방향으로 압박을 가했다. 그리고 토리노에서 수적으로는 우세했지만 균형을 잃은 적에게 결정적인 패배를 안겨주었다.

이제 전쟁의 물결은 프랑스 국경의 남과 북으로 밀려들었다. 그러나 1707년, 동맹군 내의 전쟁 목적에 대한 불화로 인해 프랑스는 병력을 소집할 시간을 얻게 되었고 이듬해 말버러에 대항해 병력을 집중했다. 플랑드르에 발이 묶여 있었던데다 수적으로도 열세였던 말버러는 다뉴브 기동을 역방향으로 재개하여 이러한 상황을 반전시켰고 외젠은 말버러군과 합류하기 위하여 라인 강 지역에서 부대를 이동시켰다. 그러나 이제 유능한 방돔Vendome의 지휘하에 있는 프랑스군은 외젠이 도착하기 전에 진격을 개시했다. 이러한 직접적인 위협으로 말버러를 루뱅으로 퇴각시킨 방돔은 갑자기 방향을 서쪽으로 전환하는 첫번째 계략으로 아무런 대가도 치르지 않고 겐트, 브루게스와 특히 쉘트 강 서쪽의 플랑드르 전 지역을 탈환했다. 그러나 말버러는 적을 향해 직접적으로 행군하는 대신 과감하게 남서 방향으로 진격, 프랑스 전선과 방돔군 사이로 들어갔다. 오우나르드에서 전략적 교란에 의해 달성된 최초의 이점은 전술적 교란에 의한 것이었다.

만약 말버러가 파리로 즉각 이동하려고 했던 의도를 이행했더라면 전쟁은 아마도 종결될 수 있었을 것이다. 전과 확대를 위한 공격을 실시하지 않았더라도 루이 14세는 그 해 겨울, 동맹군의 목적에 부합하는 조건을 제시하면서 강화를 요구했을 것이다. 그러나 이들은 루이 14세가 완전히 굴복하는 모습을 보기 위해 이를 거부했는데, 이것은 대전략의 관점에서 볼 때는 실패이자 어리석은 판단이었다. 말버러 자신은 이러한 제안의 가치를 모를 만큼 어리석지는 않았으나 평화를 도출해내는 것보다는 전쟁을 수행하는 데 더욱 능력을 발휘했다.

결국 1709년 전쟁은 재발했다. 말버러의 새로운 계획은 정치적 목표에 대한 군사적 간접 접근으로 적 부대를 우회하여 적의 요새 진지들을 기만하고 파리를 지향한다는 것이었다. 그러나 이 계획은 외젠에게조차도 너무나 대담하게 느껴졌다. 따라서 이 계획은 두에와 브뤼을 잇는 참호화된 방어선을 직접 공격하는 대신, 요새화 지대의 동쪽 통로를 따라 프랑스로 전진하기 위한 준비 단계로서 먼저 측방을 방호하기 위해 투르네와 몽 요새를 지향하는 것으로 조정되었다.

다시 한번 말버러는 적을 기만하는 데 성공했다. 방어선에 대한 직접 공격의 위협에 맞서 프랑스는 투르네 수비대 병력의 대부분을 증원병으로 차출했다. 이에 말버러는 부대를 신속히 이동, 투르네로 접근했다. 그러나 이 요새의 방어는 너무도 강력하여 2개월을 지연하게 되었다. 그러나 그는 라 바세 방어선에 새로이 위협을 가함으로써 몽 요새를 공격, 별 저항을 받지 않고 이를 점령했다. 그러나 프랑스군은 신속히 기동하여 그의 진로와 더 이상의 계획 수행을 방해했다. 이러한 방해 때문에 직접 접근으로 전환했고 여기서 그는 상황 추이에 대한 형편없는 예측 능력을 노정했는데, 던바에서의 크롬웰보다 그리 나을 것이 없었다. 단단히 구축된 방어 진지에서 말플라케 '입구'를 방어하고 있던 준비된 적을 공격, 승리를 거두긴 했으나 터무니없는 대가를 치러야 했기 때문에 방어 부대 지휘관인 빌라르는 루이 왕에게 이렇게 보고할 정도였다. "만약 신께서 우리에게 다시 한번 이러한 패배를 주신다면 폐하의 적은 파괴될 것입니다." 그의 판단은 너무도 정확해서 결국 이 '전투'에서의 승리를 위해 동맹군은 전쟁에서의 승리에 대한 희망을 대가로 치러야 했다.

1710년, 전쟁은 교착 상태에 빠져 있었다. 말버러는 프랑스가 발렌시엔에서 해안까지 구축해놓은 느 플뤼 울트라('넘을 수 없는'이라는 의미의 프랑스어 —옮긴이주) 방어선에 가로막혀 있었고 그 동안 정치적 적들은 이것을 그의 입지를 흔드는 지렛대로 이용했다. 지금껏 자신이 베풀어준 호의를 무시한 이들로부터 등을 돌리게 되었다. 1711년, 외젠의 군대마저 정치적인 상황에 의해 소환되어 말버러는 전투력이 월등한 적과 대적하기 위해 남게 되었다. 결정적인 작전을 시도하고 성공하기에는 너무도 전투력이 약했으나, 적어도 그는 자신의 방어선을 '느 플뤼 울트라'라고 명명한 프랑스의 오만을 깨뜨릴 수는 있었다. 그의 접근 중 가장 교묘한 것으로 기만, 교란, 부대 전환을 연속적으로 실시하여 결국 그는 총 한 방 쏘지 않고 적의 방어선을 통과할 수 있었다. 그러나 2개월 후, 그는 본국으로 소환되어 불명예스럽게 지위를 박탈당했고 1712년에 전쟁에서 지친 잉글랜드는 동맹국들만이 전쟁을 수행하도록 방관했다.

이제 오스트리아군과 네덜란드군은 외젠의 지휘하에 자신의 위치를 고수하고는 있었지만 양측 모두 소진되어가고 있었다. 그러나 1712년에 빌라르가 기만, 은밀성, 신속성에서 말버러에 필적하는 뛰어난 기동을 실시한 결과, 드냉에서 동맹군에 대하여 큰 대가를 치르지 않고 결정적인 승리를 획득했다. 이로써 동맹국은 완전히 분열되었고, 루이 14세는 말플라케에서 얻은 것과는 전혀 다른 평화를 얻게 되었다. 이렇듯 하나의 직접적인 접근은 그 무모한 희생에 의해 간접적 접근이 이룩한 이점을 상실시켰다. 그리고 전쟁의 결과가 역으로 프랑스가 실시한 간접 접근에 의해 결정되었다는 점을 간과해서는 안 된다.

루이 14세가 프랑스와 스페인 간의 실제적 국가 연맹을 맺지 못하도록 하려는 동맹국의 애초 목표는 실패했지만 영국은 영토적 이익을 확보한 상태에서 전쟁에서 이탈했다. 이는 말버러의 시야가 자신이 치르고 있는 전쟁 이상으로 넓었다는 데 기인하는 것이었다. 그는 군사적 견제와 정치적 도구로서 지중해에서의 장거리 작전과 플랑드르에서의 자신의 작전을 결합했다. 1702년과 1703년 원정의 결과, 포르투갈과 사보이를 적으로부터 이탈시킬 수 있었고 적국 연합에서 가장 강력한 스페인에 대항할 수 있는 길을 열었다. 1704년에는 지브롤터를 획득했다. 그 후 피터버러는 스페인에서 견제의 역할을 충분히 수행했으며 1708년에 있었던 또 다른 원정에서는 미노르카까지 정복했다. 비록 스페인에서의 이 원정이 잘못 수행되고 결과 또한 좋지 못했지만 영국은 북대서양의 관문인 노바 스코샤와 뉴펀들랜드를 확보했을 뿐 아니라 지중해를 지배할 수 있는 두 개의 관문인 지브롤터와 미노르카를 확보했다.

프리드리히 대왕의 전쟁

1740~48년의 오스트리아 계승전쟁의 결정적이지 못한 결과는, 이 전쟁에서 가장 큰 군사적 성공을 거둔 프랑스 사람들조차 전쟁의 결과에 대해 자신이 싫어하는 사람에게 '너는 평화의 여신만큼 어리석다'고 말하는 것으로 가장 잘 설명될 수 있을 것이다. 프리드리히 대왕만이 이득을 본 통치자였다. 그는 일찍이 실레지아를 획득했고 당시는 경쟁에서 물러나 있었다. 비록 그는 다시 경쟁에 뛰어들었지만 자신의 군기에 몇몇 승리의 문장을 새겨 넣는 것 외에는 별다른 수익 없이 위험을 감수했다. 그러나 이 전쟁은 강대국으로서 프러시아의 위상을 확립했다.

1742년, 브레슬라우에서의 조기 강화에 따라 실레지아가 프러시아로 할양이 결정되었다는 것은 주목할 만한 가치가 있다. 그 해 초, 이러한 희망은 사라지는 듯했다. 프랑스와 프러시아는 공동으로 오스트리아군 주력에 대한 공격을 준비했다. 그러나 프랑스군은 곧 저지되었고, 프리드리히는 동맹군과의 합류를 위해서 서쪽으로 전진을 계속하는 대신 빈을 향하여 갑자기 남쪽으로 방향을 전환했다. 그의 선발대가 적 수도 전방에 도착했지만 그는 신속히 철수했다. 그 이유는 적 부대가 그의 배후를 차단하기 위해 행군 중이었기 때문이다. 프리드리히의 이러한 전진은 단순하고 무모한 양동 작전이라고 비난받아왔으나 이 작전의 경과를 보면 이러한 비난은 지나친 것이라고 할 수 있다. 왜냐하면 명백한 패주로 보일 만큼 신속한 철수를 통해 오스트리아군을 실레지아까지 추격해 나오도록 유인한 후 코투지츠 만에서 방향을 바꾸어 갑자기 역습을 취한 후 맹렬한 추격을 실시했던 것이다. 3주 만에 오스트리아는 프리드리히와 단독 강화를 체결하여 실레지아를 할양했다. 이 사건에서 확실한 결론을 도출한다는 것은 어리석은 일일 것이다. 그러나 비록 이 전역이 단순히 빈에 나타나 작은 전술적 승리를 달성한 후 패배의 위기에서 벗어나려 했던 것으로 프리드리히의 다른 전역에 비해 초라한 것이기는 하지만, 단 한 번의 간접 접근에 의해 그토록 신속한 강화 체결이 달성되었다는 점을 간과해서는 안 된다.

비록 오스트리아 계승전쟁의 결과는 대체로 결정적이지 못했지만 유럽의 정치적 기준으로 볼 때 이후 18세기의 다른 주요 전쟁 역시 마찬가지였다. 유럽 역사에 결정적인 영향을 미친 전과를 달성한 나라는 영국뿐이었다. 그리고 영국은 7년전쟁(1756~63)에 간접적으로 참가, 전쟁에 기여하여 간접 이익을 취했다. 유럽의 모든 국가가 직접적인 행동을 취하면서 국력과 군의 전력을 소모하고 있었던 반면 영국의 소규모 원정군은 자신의 약점을 강점으로 전환시켜 대영제국을 건설했다. 더욱이 국력을 거의 소모했던 프러시아가 굴욕을 당하는 대신 미완의 평화를 획득할 수 있었던 것은 러시아가 여왕의 사망 때문에 프러시아에 대한 최후의 일격을 포기한 것과 식민지에서의 재난 때문에 공격 부대가 간접적으로 와해된 것에서 그 원인을 찾을 수 있다. 행운은 프리드리히 대왕의 편이었다. 1762년까지 전투에서 눈부신 승리를 거둔 그는 당시 자원이 고갈되어 더 이상 저항할 수 없는 상태였던 것이다.

오랜 기간 동안 유럽 군대 간에 벌어진 일련의 전쟁 가운데 단 하나의 전역만이 군사적, 정치적 결과라는 측면에서 진정으로 결정적인 것이었다고 할 수 있다. 이 전역은 영국의 퀘벡 점령으로 종결되었다. 이것은 신속할 뿐 아니라 주전구가 아닌 곳에서 실시된 것이었다. 해양력을 포함하는 대전략상의 간접 접근에 의해 퀘벡 점령과 프랑스 지배력 약화가 가능해지자 전역 수행 동안의 실제적 군사 행동도 전략적 간접 접근에 의해 결정되었다. 그 결과, 너무나도 무모한 이 기동이 막대한 인명 손실과 사기의 저하를 가져온 몽모랑시 방어선에 대한 직접 기동의 실패 후에 실시된 것이라는 점에서 시사하는 바가 컸다. 울프에 대한 정확한 평가를 내린다면 그는 퀘벡에 대한 포격, 포앵 레비와 몽모랑시 폭포 일대에서 고립된 부대의 노출 등 다양하게 사용한 미끼가 프랑스군을 강력한 방어 진지로부터 유인해내지 못하자 직접 접근을 주저하고 있었을 뿐이었다. 그러나 이러한 실패는 퀘벡에서 프랑스군 후방에 대한 위험천만한 상륙이 성공한 것과 비교할 때 교훈적인 요소가 있다. '적을 유인하는 것만으로는 충분하지 못하며 적을 반드시 끌어내야 한다.' 따라서 울프가 직접 접근을 실시하기 위해 준비했던 양공의 실패에서도 교훈을 찾을 수 있다. '적을 기만하는 것만으로는 충분하지 않고 적을 견제시켜야 한다.' 여기서 견제라는 단어의 의미는 적의 심리를 지향하는 기만과 적이 대응을 위해 필요한 기동의 자유를 박탈, 적의 병력을 분산시키는 것을 포함한다.

울프의 마지막 기동은 마치 도박사가 던지는 최후의 주사위와도 같았는데 그 이유는 실제로 도박과도 같은 것이었고 결과 또한 성공적이었기 때문이다. 그렇다고 해도 순수 군사적 차원에서 전사를 연구하는 사람들이 보기에는 프랑스군에게 실시된 교란이 프랑스군 붕괴의 직접적인 수단은 아니었다. 프랑스군이 취했어야 할 대책과 그 당시 상황에 적절히 대응할 수 있었던 방법에 대한 많은 글이 있으나 퀘벡의 경우 결정적인 결과는 적 병력에 대한 물리적인 와해보다 적 지휘관에 대한 심리적, 정신적 교란에 의해 도출된다는 진리를 말해주는 빛나는 예이다. 그리고 이러한 효과는 대부분 전사 교과서의 90퍼센트를 차지하고 있는 지형적 · 통계적 판단을 뛰어넘는 것이다.

역사에서 볼 수 있는 것처럼 7년전쟁에서 수많은 전술적 승리를 거두었음에도 만약 유럽에서 전쟁이 종결될 수 없었다면 그 원인을 조사해볼 필요가 있을 것이다. 그 원인으로 프리드리히의 적이 보유하고 있던 병력 수가 일반적으로 언급되고 있지만, 전반적인 이점이 그 역방향으로 강력하게 작용했기 때문에 병력수를 원인으로 지목하는 것은 부적절하다. 따라서 우리는 좀더 세밀히 조사할 필요가 있는 것이다.

알렉산드로스나 나폴레옹처럼, 그러나 말버러와는 반대로, 엄밀히 말하면 프리드리히는 한 전략가에게 지워질 수 있는 책임과 제한에 얽매이지 않았다. 그는 전략과 대전략 기능 모두를 자임할 수 있었다. 더구나 그는 왕인 자신과 군대의 영구적인 관계에 의해 자신이 선택한 문제가 종결될 때까지 수단들을 준비하고 발전시킬 수 있었다. 그의 전구 내에 요새가 비교적 적었다는 것도 또 다른 장점이었다.

오스트리아, 프랑스, 러시아, 스웨덴, 작센의 동맹에 맞서 프리드리히는 단지 영국만을 유일한 동맹국으로 하여, 시작부터 2차 전역을 거쳐 전쟁의 중간까지 가용 병력에서 우위를 유지했다. 또한 그는 중앙의 위치에서 어떤 적보다도 우세한 2개의 전술적 수단을 보유했다.

이로써 그는 소위 '내선 전략'을 실시할 수 있었는데 이것은 자신의 주위에 있는 적을 중앙의 지탱점으로부터 밖으로 공격하여 내선의 짧은 거리를 이용, 적이 증원되기 전에 아군 부대를 집중할 수 있었다.

어찌 보면 이렇듯 적 부대가 이격될수록 결정적인 성공을 달성하기가 쉬울 것으로 보인다. 시간, 공간, 숫자의 관점에서 보면 이것은 의심할 수 없는 사실이다. 그러나 정신적인 요소가 여기에 포함된다. 적 부대가 멀리 이격되면 각 부대는 독립적으로 행동하게 되고 압력에 의해 더욱 단결된다. 반면 부대가 인접하여 있으면 이들은 서로 결합하고 동일한 부대로 인식하게 되어 심리, 사기, 물질적인 면에서 서로 의존하게 된다. 지휘관의 심리 또한 서로 영향을 미쳐 정신적 자극이 빠르게 전달되며 심지어 한 부대의 이동이 다른 부대의 기동을 방해하고 와해시킨다. 그로 인해 적이 행동을 취할 공간과 시간이 부족하게 되어 교란에 의한 효과가 더욱 빠르고 쉽게 달성된다. 나아가 부대가 근접해 있을 경우 적이 이들 부대로 접근하다가 중심에서 벗어나 한 부대를 지향하면 이를 예측할 수 없을 뿐 아니라 다른 부대는 진정한 간접 접근의 효과를 누릴 수 있는 것이다. 반대로 부대가 멀리 이격되어 있으면 중앙 진지를 전과 확대하는 부대와 접촉하거나 회피하는 데 더 많은 시간이 소요된다.

말버러가 다뉴브로 향하는 행군에서 활용했던 '내선' 사용은 간접 접근의 한 형태이다. 그러나 적 부대 전체와의 상관 관계에서 볼 때 이것이 간접 접근이라고 하더라도, 적이 알고 있는 상태에서 실시된다면 실제 목표가 되는 부대와의 관계에서는 간접 접근이 아닌 것이다. 그렇지 않으려면 이러한 기동을 완성하기 위해서는 목표 자체를 향한 간접 접근이 필요하다.

프리드리히는 적의 일개 부대에 대한 집중을 달성하기 위해 일관되게 중앙 위치를 이용, 전술적 간접 접근을 적용하여 많은 승리를 거둘 수 있었다. 그러나 그의 전술적 간접 접근은 심리적이기보다는 기하학적인——스키피오가 선호했던 것과 같은 교묘한 형태의 기습에 의해 준비되지 못한——것이었고 실제적인 기술은 풍부했으나 기동의 폭이 매우 좁았다. 적은 심리적, 대형상의 융통성이 결여되어 있어 차후 공격에 대응할 수 없었으나 이 공격은 기습적으로 실시되지 않았다.

전쟁은 1756년 8월 말 프리드리히가 동맹군의 계획을 저지하기 위해 작센을 침공함으로써 시작되었다. 최초의 기습에 힘입어 프리드리히는 드레스덴까지 저항을 받지 않고 전진했다. 오스트리아군이 이 도시를 구하기 위해 뒤늦게 도착했을 때 그는 이들과 대적하기 위해 엘베로 전진했고 라이트메리츠 근방의 로보지츠 전투에서 이들을 격퇴함으로써 작센 점령을 기정사실화했다. 1757년 4월 그는 산악 지방을 통과하여 보헤미아로 들어가 프라하로 전진했다. 그곳에 도착했을 때 그는 강 후방의 고지에 강력한 진지를 편성하고 있는 오스트리아군을 발견했다. 프리드리히는 자신의 이동을 기만하고 적의 도섭을 감시하기 위한 소규모 부대를 잔류시킨 다음, 밤새 강을 거슬러올라가 도하를 실시하고 적의 우익을 향해 전진했다. 그의 기동은 간접적인 방법으로 시작되었지만 종결될 때에는 직접 접근으로 변해 있었다. 왜냐하면 오스트리아군에게 전선을 조정할 시간이 있었으므로 프러시아군 보병은 화력이 집중되는 적 정면을 통과하여 공격해야 했다. 프러시아군은 수천 명씩 쓰러져갔다. 장거리를 우회 기동해 온 치에텐 기병이 도착해서야 프라하 전투의 전세를 뒤바꿔 오스트리아군을 퇴각시킬 수 있었다.

계속되는 프라하의 포위 공격은 이 도시를 위해 도착한 다운Daun

원수 지휘하의 오스트리아군에 의해 저지되었다. 이들이 접근한다는 소식을 듣고 프리드리히는 포위 공격에서 최대한 병력을 절약한 후 모든 병력을 이끌고 다운과 대적하기 위하여 이동했다. 6월 18일, 콜린에서 오스트리아군과 조우했을 때, 그는 강력한 참호를 구축하고 있는 적의 전투력이 거의 자신의 두 배가 된다는 사실을 발견했다. 더욱이 그는 적 우측방을 통과하는 기동을 시도했으나 너무 근거리에서 실시되어 공격 부대가 적 경무장 부대의 화력에 의해 저지되었다. 결국 기동로를 수정하거나 협조받지 못한 공격의 결과, 참담한 패배를 당하고 말았다. 프리드리히는 프라하의 포위를 포기하고 보헤미아를 탈출해야 했다.

이 기간 동안 러시아는 동프러시아를 침공했고 프랑스군은 하노버를 유린했으며 동맹국의 혼성군은 힐드부르크하우젠Hildburghausen 원수의 지휘하에 서쪽으로부터 베를린 진격의 위협을 가하고 있었다. 프리드리히는 프랑스군과 혼성군에 대응, 라이프치히를 통과하여 다급히 본국으로 철수해서 이들의 위협을 저지하는 데 성공했다. 그러나 그는 실레지아의 새로운 위협에 대응하기 위하여 원정했으며 그 동안 오스트리아의 일개 습격 부대가 베를린에 입성하여 이를 점령했다. 이 부대는 힐드부르크하우젠이 전진을 재개, 프리드리히가 이들을 대적하기 위해 복귀할 때까지 베를린을 점령하고 있었다.

곧이어 발생한 로스바흐 전투에서 프리드리히군보다 두 배의 전투력을 보유하고 있던 동맹군은 프리드리히의 독특한 기동을 모방하여 사용했다. 그들의 기동은 근거리에서 실시됨으로써 프리드리히에게 적절한 경고를 제공했으나 프리드리히가 철수한다는 성급한 판단 때문에 동맹군은 그를 추격하기 위해 부대를 '분리'했다. 따라서 프리드리히는 정면에서 대적하기 위해서가 아니라 측방을 공격하기 위해서 역기동을 실시, 동맹군을 와해시켰다. 이러한 상황에서 그는 적의 실수를 통해, 기동성뿐 아니라 기습의 차원에서도 진정한 간접 접근을 달성했다. 로스바흐 전투는 그가 거둔 승리 가운데 가장 경제적인 승리였다. 500명의 병력을 희생하여 적에게는 7,700명의 사상자를 발생시키고 6만 4천 명의 군대를 와해시켰던 것이다.

불행하게도 그는 이전의 전투에서 전투력을 너무나 소모하여 최대한의 전과 확대를 실시할 수 없었다. 그는 프라하와 콜린에서 격파하지 못한 오스트리아군을 대적해야 했다. 그리고 그는 로이텐에서 승리를 획득했음에도 불구하고 그의 유명한 사선 대형에 의해 얻어진 승리──뻔한 간접 접근이었지만 훌륭하게 실시된──는 그가 감수할 수 있는 수준보다 더 큰 손실을 가져다 주었다.

따라서 1758년에는 전망은 어두워지고 전쟁은 계속되었다. 프리드리히는 오스트리아군에 대한 진정한 간접 접근을 통해 이들의 전선을 직접 횡단하여 측방을 통과, 적 영토 내 20마일에 위치한 올뮈츠로 향하는 행군을 재개했다. 그는 중요한 보급품 수송 부대를 잃었을 때조차도 철수하지 않았고 오히려 보헤미아를 경유하여 오스트리아군 후방을 우회, 쾨니히그레츠의 참호화된 근거지를 향한 행군을 계속했다. 그러나 그는 다시 한번 프라하와 콜린에서 기회를 놓친 대가를 치러야 했다. 러시아가 증기를 가득 채운 롤러처럼 베를린을 향하는 도로인 포젠으로 진격했기 때문이었다. 프리드리히는 보헤미아 전역을 포기하고 러시아를 저지하기 위해 북쪽으로 행군하기로 결정했다. 그는 성공했다. 그러나 조른도르프 전투는 제2의 프라하였다. 프리드리히는 다시 러시아군을 후방에서 공격하기 위해 이들의 동측방을 우회하는 행군을 실시해서 강력한 러시아군 방어 진지에 의해 형성된 장애물을 피했다. 그러나 다시 방어 부대는 전선을 조정, 프리드리히의 간접 접근을 정면 공격으로 바꾸어버렸다. 이러한 러시아군의 조치는 프리드리히의 위대한 기병 지휘관인 자이들리츠Seydlitz가 통과 불능으로 여겨졌던 지역을 통과하여——이 때문에 그의 기동은 예측할 수가 없어 진정한 간접 접근이 되었다——적의 새로운 측방을 포위 공격할 때까지 프리드리히에게 상당한 어려움을 안겨주었다. 그러나 프리드리히의 손실은 러시아군의 손실과 비교한다면 경미할지 모르나 그가 가진 자원에 비추어볼 때 심각한 것이었다.

인적 자원이 감소했으므로 그는 할 수 없이 러시아군이 전투력을 복원하도록 방치한 채, 오스트리아와 대항하기 위해 복귀해야 했다. 이로 인해 회흐키르흐에서는 고전을 면치 못해 다운이 선제 공격을 하지 않으리라는 잘못된 자신감 때문에 추가적인 손실을 입고 결국 패배했다. 따라서 프리드리히는 두 배의 기습을 당하여 야간까지 포위당했던 그는 치에텐의 기병 부대가 확보한 퇴로를 따라 철수해서 간신히 파멸을 면할 수 있었다. 결국 전쟁은 1759년까지 지속되었고 프리드리히의 힘은 쇠퇴해갔다. 그는 쿠너스도르프에서는 러시아군에 의해, 또 막센에서는 다운에 의해 그의 생애에서 가장 참담한 패배를 당했는데 패인은 역시 잘못된 자신감 때문이었다. 이로써 그는 단지 적에 대한 수동적 방어만을 수행할 수 있었다.

그러나 프러시아의 행운이 석양으로 사라질 때 태양은 캐나다에 떠오르고 있었다. 캐나다에서 실시된 울프의 전투 경과는 영국을 고무시켜 독일에 군대를 파견하도록 했고, 민덴에서 프랑스에게서 얻은 승리를 통해 프리드리히의 재앙을 보상했다.

그럼에도 불구하고 그의 약점은 1760년에 어느 때보다 분명히 드러났다. 그는 "오스트리아군은 완전히 패배했으므로 이제는 러시아군을 쳐부셔야 할 때다. 우리가 합의한 대로 행동하라"는 서한을 지참한 전령을 러시아군에게 붙잡히게 하는 계략으로 동부의 압력을 일시적으로 완화할 수 있었다. 러시아군은 이러한 정중한 암시에 즉각 반응하여 철수했지만 토르가우에서 오스트리아군의 '사후' 패배는 프리드리히에게 결과적으로 막대한 손실을 통해 얻은 승리였다. 6만 명의 병력만이 남게 되어 절망에 빠진 그는 더 이상 전투를 실시하지 못하고 프러시아로부터 차단당한 채 실레지아에 묶여 있었다. 다행스럽게도 오스트리아군의 전략은 전례 없이 무모했으며 러시아군의 후방 지원 체계는 와해된 상태였다. 그리고 이러한 소강 상태에 러시아 여왕(예카테리나 2세를 지칭한다. 그녀는 34년 간 러시아를 통치했다. 그녀의 계승자인 파블 1세(1796~1801)는 모친을 혐오하여 모든 것을 부정하고 프러시아군을 모방하여 러시아군을 프러시아 식으로 개편했다 — 옮긴이주)이 사망했다. 그녀의 계승자는 강화를 실시했을 뿐 아니라 프리드리히를 지원하려고 했다. 몇 개월 동안 프랑스와 오스트리아는 간헐적인 전쟁을 계속했으나 프랑스의 국력은 식민지에서의 재난 때문에 쇠퇴했고 오스트리아는 이제 무능력해졌을 뿐 아니라 전쟁에 지쳐 평화가 조기에 정착되었다. 전쟁에 참가했던 모든 국가는 피폐해졌으며 영국을 제외한 모든 나라는 피로 얼룩진 7년전쟁의 대가를 치러야 했다.

프리드리히의 전역으로부터 도출할 수 있는 많은 교훈 가운데 가장 중요한 것은 '그의 간접 접근은 너무도 직접적이었다' 라고 할 수 있을 것이다. 이것을 다르게 표현하자면 다음과 같다. 그는 기동에 기동성과 기습을 결합하지 않은 채, 간접 접근을 기동성에 의해 달성되는 순수한 기동의 문제로 인식했다. 그리하여 그의 뛰어난 재능에도 불구하고 병혁 절약은 달성되지 못했던 것이다.

제8장 프랑스혁명과 나폴레옹 보나파르트

30년이 지나고 새로운 '대전'이 등장하여 대전쟁의 천재인 나폴레옹 보나파르트가 빛을 발휘했다. 1세기 전 상황과 마찬가지로 프랑스는 유럽의 다른 나라들에게 위협적인 존재였으므로 동맹이 체결되었다. 그러나 이번에는 대응 방법이 달랐다. 혁명 중인 프랑스에 대해 동정을 느끼는 사람이 많이 있었으나 이들은 정부의 구성원도 아니었고 군대를 통제할 수도 없었다. 전염병에 감염된 것처럼 강제 격리되었던 전쟁 초기와는 달리 프랑스는 자신의 숨통을 조이는 위협을 격퇴했을 뿐 아니라, 본성이 변화하여 점차 군사력을 팽창시켜서 다른 유럽 국가들을 위협했고, 결국 유럽의 군사 지배국이 되었다. 프랑스가 이 정도의 힘을 보유하게 된 원인은 유리한 조건과 불리한 요소의 결합에서 찾을 수 있다.

프랑스의 시민군을 자극한 혁명 정신은 유럽의 기타 국가에도 유사한 여건을 조성, 충격을 가했다. 이러한 혁명 정신은 정교한 훈련을 불가능하게 했던 반면, 개개인의 전술적 감각과 적극성을 발전시키는 계기가 되었다. 이러한 군사적 신조류는 이들에게 단순하지만 강력한 중심점의 역할을 수행하여, 적들이 분당 70보의 전통적인 속도로 행군할 때 프랑스군은 분당 120보의 속도로 행군, 전투를 수행했던 것이다. 기계공학의 발전으로 인간의 발보다 빨리 이동할 수 있는 수단이 출현하기 전까지는 이러한 기본적인 차이만으로도 신속히 이동, 공격 부대를 집중시킬 수 있었다. 나폴레옹의 표현대로 이를 통해 프랑스군은, 전략·전술적으로 '속도에 의한 집중'이 가능했던 것이다.

또 다른 유리한 조건은 사단 편제로 된 프랑스군의 편성이었다. 이를 통해 독립적으로 움직이는 완전 편성된 각 부대가 공동의 목표를 향해 협조된 작전을 수행할 수 있었다. 이러한 편성상의 변화는 부르세Bourcet의 이론에서 출발, 1740년대까지는 부분적으로 적용되다가 1759년 드브로글리De Broglie 원수가 총사령관직을 맡게 되면서 공식적으로 채택되었다. 이 편제는 다시 새로운 사상가인 기베르Guibert에 의해 완성되어 혁명 직전인 1887년 실시된 군 개혁에 적용되었다.

세 번째 조건 역시 이와 관련된 것으로 혼란한 보급 체계와 혁명군의 훈련 부족으로 '현지 조달'이라는 옛 관행으로 복귀할 수밖에 없었다는 사실이다. 군을 사단으로 분할한다는 것은 예전보다 육군의 효율성을 덜 손상시킬 수 있다는 것을 의미했다(즉 과거에는 부대를 분할 운용하면 보급 문제 때문에 모체 부대의 작전 효율성이 감소했다). 이전에는 각 부대가 작전을 개시하기 위해 집결했어야 했지만 이제는 사단이 자체 보급품을 조달하면서 군사 목적을 수행할 수 있었던 것이다(나폴레옹 전략의 핵심은 열세한 병력이라도 결정적 지점과 시간에 상대적으로 우세한 병력을 투입하는 것인데, 이를 뒷받침하는 것이 식량의 현지 조달과 사단 편성, 그리고 계획적 분산 및 집중의 원칙 적용이었다. 전에는 진격할 기동로를 따라 보급 물자 창고를 사전에 준비했으나 나폴레옹은 이를 폐지하여 기동의 혁신을 초래했다 — 옮긴이주).

더욱이 '경량화 기동'이 주는 효과 덕분에 기동성 증대하에 산악 지역과 숲 속을 자유롭게 기동할 수 있었다. 또한 프랑스군은 지방 보급 창고와 치중대로부터 식량과 물자 보급을 받지 못했기 때문에, 굶주리고 헐벗은 군대로 하여금 이러한 직접 보급 체계를 가진 적군의 후방 지역을 습격하도록 만드는 효과를 낳았다.

이러한 조건들을 능가하는 결정적인 인간적 요인이 있었는데 그것은 지휘관인 나폴레옹 보나파르트이다. 그의 군사적 능력은 18세기에서 가장 뛰어나고 전형적인 군사 저술가인 부르세와 기베르의 이론에서 얻은 사상적 영감에 힘입은 바 크다.

부르세에게서 그는 아군을 신속히 집중하기 위한 예비 단계로서 아군을 의도적으로 소산시켜 적의 소산을 유도하는 원리를 터득했으며 '분진합격'이 지닌 가치와 대용 목표를 위협하는 방향으로 작전을 실시하는 법을 배웠다. 더욱이 나폴레옹이 자신의 첫번째 전역에서 구사한 작전은 부르세가 반 세기 전에 고안한 작전에 기초한 것이었다.

기베르로부터 나폴레옹은 기동성과 융통성이 지닌 위대한 가치와 독립 작전이 가능한 새로운 사단 위주 편성이 지닌 잠재적인 가치를 인식하게 되었다. 기베르는 한 세대 전에 나폴레옹식 방법을 다음과 같이 정의했다. "진정한 가치는 적에게 노출되지 않은 상태에서 병력을 전개하고 아군을 분산시키지 않은 상태로 적을 공격하고, 자신의 측방을 노출시키지 않은 상태에서 적의 측방으로 기동, 공격하는 것이다." 그리고 적의 균형을 깨뜨리기 위한 방법으로서의 후방 공격이라는 가르침을 나폴레옹은 실전에 응용했다. 적의 중요 지점을 분쇄하거나 돌파하기 위해 기동성 있는 포병을 집중하는 방법 역시 기베르에게 배운 것이었다. 또한 나폴레옹이 사용했던 수단들은 혁명 직전, 기베르에 의해 실시된 프랑스군의 실질적 개혁 이후 발전된 것이었다. 무엇보다도 젊은 나폴레옹의 상상력과 야망에 불을 지핀 것은 혁명 국가에서 등장한 인물에 의해 수행된 '전쟁의 혁명'에 대한 기베르의 비전이었다.

나폴레옹은 이러한 생각들을 그대로 받아들였을 뿐 발전시키지는 못했지만, 중요한 것은 이를 실천에 옮겼다는 점이다. 그가 새로운 기동성을 역동적으로 적용시키지 못했다면 이러한 생각들은 한낱 이론으로만 남아 있었을 것이다. 그의 지식과 본능이 서로 맞아떨어졌고 환경에 의해 그 폭이 넓어졌기 때문에 그는 새로운 사단 위주의 편제가 지닌 가능성을 최대한 활용할 수 있었다. 광범위하게 전략을 결합함으로써 나폴레옹은 전략 발전에 가장 큰 기여를 했다.

1792년 최초의 국지적 침공 당시, 동맹군이 발미와 자마프에서 당한 패배에 대한 당혹감 때문에 사람들은 프랑스와 혁명이 지닌 잠재적 위험성을 직시하지 못했다. 왜냐하면 영국, 네덜란드, 오스트리아, 프러시아, 스페인, 사르디니아에 의한 1차 동맹은 루이 16세의 처형 후에야 결성되었고, 이때에 이르러서야 전쟁에 대한 단합된 국민 정서가 형성되어 인적, 물적 자원이 대규모로 전쟁에 투입되었기 때문이다. 비록 침략군에 의해 수행된 전쟁은 목적과 능숙한 지휘가 결여된 것이었지만, 1794년 상황이 행운에 의해 뒤바뀌고 침략군이 물러날 때까지 프랑스는 점점 더 위태로워져갔다. 이로 인해 프랑스는 피침략국에서 침략국으로 바뀌었다. 이러한 조류가 생겨난 이유는 무엇인가? 분명히 전략적으로 결정적인 공격은 없었다. 그 목적은 불분명하고 제한된 것이었지만 그러나 중요한 사실은 전쟁의 결정적인 결과가 명백한 전략적 간접 접근에 의해 이루어졌다는 것이다.

양측의 주력 부대가 릴 부근에서 대치하여 피비린내나는 전투를 하고도 결정적인 결과를 얻지 못하고 있는 동안, 멀리 떨어진 모젤 강 부근에서 주르당Jourdan이 지휘하던 부대는 리에주와 나무르를 향하여 작전하기 위해 아르덴을 통과하여 서쪽으로 전진하던 공격 부대를 그들의 좌익에 집결시키라는 명령을 받았다. 고달픈 행군——행군 중인 부대는 현지에서 보급품을 조달하여 부대를 유지했다——을 마치고 나무르에 도착한 주르당은 전령의 보고와 원거리에서 들리는 포성을 듣고 주력의 우익이 샤를루아 전방에서 고전하고 있다는 사실을 알게 되었다. 이에 그는 나무르에 대한 통상적인 포위를 실시하지 않고 샤를루아를 향해 이동하여 적의 후방을 지향했는데 그가 도착하자 요새를 수비하던 부대는 겁을 먹고 항복을 선언하고 말았다.

겉으로 보기에는 더욱 넓은 목표를 발견할 수 없을 것 같았으나 주르당은 내재된 심리적 동인에 따라 적 후방으로 기동함으로써 그는 나폴레옹과 다른 위대한 장군들이 추구하던 계산된 결과를 얻게 되었다. 적 총사령관인 코부르그Coburg는 가능한 병력을 징집하면서 동쪽으로 황급히 철수했다. 그는 샤를루아를 향해 참호를 구축하고 있던 주르당을 공격하는 데 징집 병력을 투입했다. 플뢰뤼 전투로 유명한 이 싸움은 치열하긴 했지만, 프랑스군의 입장에서는 적을 전략적으로 교란시켜왔으며 적으로 하여금 전투력을 분할하여 공격하도록 유도함으로써 대단히 귀중한 이점을 확보해놓은 상태였다. 이러한 부분적인 패배는 동맹군의 총퇴각으로 이어졌다.

이제 반대로 프랑스가 침략국이 되었을 때 그들은 수적 우세에도 불구하고 라인 강 일대에서 실시된 주요 전역에서 결정적인 결과를 얻는 데 실패했다. 결국 이 전역은 별 소득 없이 끝났으며 적의 간접 접근으로 혹독한 대가를 치렀다. 1796년 7월, 주르당과 모로Moreau가 지휘하던 우세한 두 부대의 새로운 접근에 직면하고 있던 찰스 대공은, 자신의 표현을 빌리자면, '두 부대 — 자신의 부대와 바르텐스레벤 Wartensleben의 부대 — 를 전투를 치르지 않은 상태에서 단계적으로 후퇴시켜, 적의 두 부대 중 한 부대와 비교할 때 우세하거나 적어도 대등한 전투력으로 전투를 실시하기 위해 아군을 집중할 수 있는 첫번째 기회로 삼기로 결심' 했다. 그러나 프랑스군이 과감한 공격을 위해 방향을 전환하기 전까지 이러한 '내선' 전략——적의 압력에 의해 기회를 잡기 위해 영토를 양보한다는 개념을 제외하고는, 목적을 직접적으로 지향하는——을 사용할 기회를 얻지 못했다. 프랑스군이 방향을 전환한 것은 광범위한 정찰을 통해 그들이 바르텐스레벤을 향해 집중, 그의 군대를 파괴하기 위해 찰스 대공의 정면에서 분진하고 있다는 사실을 알고 있었던 나우엔도르프Nauendorff의 기병 여단이 주도권을 갖고 있었기 때문이었다. 그는 찰스 대공에게 다음과 같은 의미심장한 전갈을 보냈다. "만약 대공께서 만 2천 명의 병력을 주르당의 후방으로 이동시킬 수 있다면, 그는 패배할 것입니다." 비록 대공은 그의 부하들이 가지고 있던 개념만큼 기동을 대담하게 실시하지는 못했지만 프랑스군의 공격을 와해시키기에 충분한 것이었다. 격파된 주르당군이 라인 강을 도하하기 위해 무질서하게 철수했기 때문에 모로 역시 바바리아에서의 성공적인 전쟁을 끝내고 복귀할 수밖에 없었다.

그러나 라인 강에서 프랑스 주력 부대가 펼친 두 번에 걸친 노력은 잇달아 실패했지만, 두 번째 전구인 이탈리아에서 결정적인 전과를 획득했다. 이탈리아에서 보나파르트는 위태로운 방어에서 승리를 위한 결정적인 간접 접근으로 전환하는 데 성공했다. 이 계획은 이미 2년 전 그가 이곳에서 참모 장교 임무를 수행 중이던 때부터 구상했던 것으로 이후, 그는 파리에서 이 계획을 완성했다. 계획 자체가 1745년 계획의 복사판이었던 만큼 당시 전역에서 도출된 교훈에 의해 발전되었다. 따라서 보나파르트의 주요 개념은 그가 가장 감수성이 예민하던 시절, 군사학 연구에 지침을 제공해준 위대한 장군들에 의해 그 틀이 짜여졌다. 이 시기 그의 연구는 간단했다. 그는 24세 되던 해, 대위로서 툴롱 포위 공격시 포병 부대를 지휘했고 겨우 26세에 '이탈리아 원정군' 사령관이 되었다. 그는 몇 년 간 다량의 독서와 사색을 했지만 그 이후 이를 되새겨볼 여유가 없었다. 깊이 생각하기보다는 역동적이었던 그는 전쟁의 철학을 발전시키지는 않았다. 그리고 그가 일을 처리하는 방법은 자신의 기록에도 나와 있듯이 끼워 맞추기식이었으므로 그의 말에 집착하는 후세 군인에게는 오해의 소지가 있다.

청년 시기의 경험에서 자연스럽게 받게 된 영향과 위에서 언급한 경향은 가장 중요하고도 자주 인용되는 다음과 같은 그의 말로도 잘 설명된다. "전쟁의 원칙은 포위 공격의 원칙과 동일하다. 화력은 한 점에 집중되어야 하고, 돌파구가 형성되면 균형은 깨어지고 나머지는 무용지물이 된다." 이후의 군사 이론은 두 번째가 아닌 첫번째 문장, 특히 '균형' 이라는 단어보다 '한 점' 에 더 큰 무게가 실려 있다. 전자는 물리적인 은유인 반면, 후자는 '나머지를 무용지물로 만드는' 심리적인 실제 결과인 것이다. 그가 어느 부분에 더 큰 무게를 두었는가는 그가 실시한 전역의 전략적 진행 과정에 의해 밝혀질 것이다.

'점' 이라는 단어는 또한 혼동과 논쟁의 요소를 포함하고 있다. 어떤 학파는 나폴레옹이 의미한 바는 집중된 공격이 결정적인 결과를 보장하는 지상의 지점, 혹은 이 지점에 대한 공격만이 결정적인 결과를 가져오는 적의 가장 강력한 지점을 지향해야 한다는 것이라 주장했다. 만약 적의 주저항이 붕괴되면 이러한 붕괴는 그보다 약한 저항을 유발할 것이기 때문이다. 이러한 주장은 비용의 효과를 무시한 것이며, 승리를 얻는 데 힘을 소진하여 승리를 전과 확대할 수 없으므로 약한 부대가 최초의 부대보다 상대적으로 강한 저항력을 가질 수 있다는 사실을 무시한 것이다. 병혁 절약이라는 개념에 더욱 심취했지만, 최초의 투입 노력에 사용된 비용만을 제한적으로 받아들인 다른 학파는 공격은 반드시 적의 가장 약한 지점을 지향해야 한다고 주장했다. 그러나 한 점이 확연하게 약하다는 것은 통상 이 지점이 적의 심장부와 신경 조직에서 멀리 떨어져 있거나 상대의 공격을 함정으로 유인하기 위해 철저하게 약점으로 남겨졌기 때문일 것이다.

여기서 진정한 가치는 나폴레옹이 이 금언을 실행에 옮긴 실제 전역에서 찾을 수 있다. 여기서 그가 실제로 의미했던 것은 '점Point'이 아니라 '접합부Joint'이며, 그의 경력 중에서 이 시기가 병력 절약이라는 개념에 너무도 심취한 나머지 자신의 제한된 전투력을 적의 강점에 대한 타격에 낭비할 수 없었던 시기라는 것을 명백히 알 수 있다. 그러나 접합부는 가장 치명적이고 취약한 곳이다.

나폴레옹은 또 이 시기에, 나중에는 무모하게도 적의 주력 부대에 대해 노력을 집중시킨 사실을 합리화하는 데 인용된 바 있는 유명한 말을 남겼다. "오스트리아군은 우리의 가장 확실한 적이다. …… 오스트리아가 전복되면, 스페인과 이탈리아 역시 스스로 전복될 것이다. 우리는 공격을 분산하지 말고 집중해야 한다." 그러나 이 문장이 담긴 회고록의 원문에서 그는 오스트리아에 대한 직접 공격 대신 피에몬테 전방에 있는 병력을 오스트리아에 대한 간접 접근에 사용할 것을 주장했다. 그의 개념에서 이탈리아는 오스트리아로 향하는 통로였다. 그리고 이러한 보조 전구에서 그는 부르세의 지침에 따라 약한 적인 피에몬테를 격파하고 강력한 적을 상대했던 것이다. 실제적으로 그의 접근은 좀더 간접적이고 교묘한 형태를 갖추었다. 왜냐하면 최초의 성공후, '1개월 내에 나는 티롤 산맥까지 진격하기를 바란다. 그곳에서 나는 라인 강에 배치되어 있는 부대와 연결하여 이들과 바바리아 전쟁을 수행할 것'이라고 본국에 보고한 그의 꿈이 현실과 직면해서 무산되어 버렸기 때문이다. 그의 실제적인 기회가 발전된 원인은 이 계획이 좌절된 데 있다. 그는 이탈리아에서 연속적인 공세로 오스트리아군을 유인, 격파했고 2개월 후 오스트리아로 향하는 개방된 통로를 확보했다.

보나파르트가 '이탈리아 원정군'의 지휘를 맡게 된 1796년 3월, 그의 부대는 제노바령 리비에라 해안을 따라 분산되어 있었고 오스트리아와 피에몬테의 동맹군은 평야로 향하는 산악 통로를 장악하고 있었다. 보나파르트의 계획은 두 개의 부대로 산을 넘어 체바 요새에 협동 공격을 실시하여 피에몬테로 향하는 관문을 확보한 후, 토리노를 위협하여 피에몬테 정부로 하여금 강화를 체결하도록 강요한다는 것이었다. 그는 오스트리아군이 동계 주둔지에 남아 있기를 바랐고, 이들이 동맹군과 합류하기 위해 이동하는 경우 아퀴 방향으로 양공을 실시하여 이들을 북동쪽으로 분산시킬 계획을 갖고 있었다.

　그러나 실제로 보나파르트가 적 동맹군을 분리시키는 최초의 이점을 획득한 것은 계획에 의한 것이라기보다는 행운에 의한 것이었다. 기회는 오스트리아군에 대한 공세에 의해 만들어졌는데 이때 오스트리아군은 보나파르트의 우측방을 위협하고 프랑스군을 제노바에서 저지하기 위해 신속하게 전진했다. 보나파르트는 오스트리아군의 약점(접합부)에 대해 단거리 공격을 가해 위협에 대응했다. 이후 공격 지점의 인접 지역에 두 차례 더 공격을 실시하고 나서야 오스트리아군은 격퇴되어 아퀴로 철수했다.

　오스트리아군이 철수하는 동안 프랑스군 대부대는 체바로 전진했다. 4월 16일 실시된 직접 공격에 의해 진지를 탈취하려는 보나파르트의 대담한 시도는 실패했다. 그 후 그는 18일에 포위를 위한 기동을 실시, 오스트리아군이 방해할 수 없는 지역으로 병참선을 이동했다. 그러나 피에몬테군은 새로운 공격이 준비되기 전에 요새에서 철수했다. 보나파르트는 이들을 추격하는 과정에서 또 한 번 피에몬테가 점령하고 있는 진지에 대해 직접 공격을 시도하여 값비싼 대가를 치르고 격퇴당했다. 그러나 보나파르트의 다음 기동에 의해 측방이 유린되자 이들은 평야로 급히 철수했다.

피에몬테 정부의 시각에서 보면 토리노를 향해 전진 중인 프랑스군의 위협은 이를 지원하기 위해 우회로를 이용해 부대를 파견하겠다는 오스트리아의 뒤늦은 약속에 비해 매우 심각한 것이었다. '균형은 깨어졌고' 실제적인 패배 없이 심리적 효과에 의해 피에몬테는 휴전을 요청했다. 이로써 피에몬테는 전쟁터에서 퇴장하게 되었다.

어떠한 지휘관의 최초 전역보다도 이 전역은 시간 요소의 절대적 중요성을 일깨워주기에 적합했다. 왜냐하면 피에몬테군이 며칠만 더 버텼어도 보나파르트는 보급품 부족 때문에 리비에라 해안으로 철수할 수밖에 없었을 것이다. 그가 이와 같이 보고하여 철수 승인을 받았다는 것이 사실이건 아니건 간에, 이 사건이 그에게 준 인상은 시간에 대한 그의 언급에서 찾아볼 수 있다. "앞으로 나는 전투에서 패배할 수도 있다. 그러나 1분도 낭비하지는 않을 것이다."

이제 그는 오스트리아군(2만 5천 명~3만 5천 명)에 비해 우위를 점하게 되었으나 그는 여전히 직접 접근만큼은 자제했다. 피에몬테와의 휴전이 성립된 다음날, 그는 밀라노를 목표로 정했다. 그러나 토르토나와 피아첸차를 잇는 통로는 밀라노 또는 후방으로 이르는 간접 접근로였다. 그는 오스트리아군으로 하여금 자신의 예상 진로인 북서 방향을 방어하기 위해 발렌차로 집중하도록 기만한 후, 자신은 포 강의 남측 제방을 따라 동쪽으로 이동하여 피아첸차에 도착한 후 오스트리아군의 예상되는 저항선을 모두 돌파했다.

그는 이러한 이점을 획득하기 위해 피아첸차가 위치해 있는 파르마 공국의 중립성을 침범하는 데 주저하지 않았다. 그는 피아첸차에서 선박과 도선장을 찾아내 자신의 부족한 교량 공병을 보완할 계산을 했던 것이다. 그러나 이러한 중립권에 대한 침범은 예상과 달리 역효과를 불러일으켰다. 보나파르트가 오스트리아군의 후방을 향해 북쪽으로 우회하고 있을 때, 오스트리아군은 시간을 허비하지 않고 전쟁법을 위반한 보나파르트의 전례를 따라 베네치아 영토의 좁은 지역을 횡단, 철수하여 위기에서 벗어날 결심을 한 것이다. 보나파르트가 아다 강을 철수로를 가로막는 장애물로 활용하기 전에 오스트리아군은 그의 손아귀에서 벗어나 만토바 요새와 그 유명한 장방형 요새들을 점령했다.

이러한 어려운 현실에 직면, '1개월 내 오스트리아 침공'이라는 보나파르트의 전망은 어두워지게 되었다. 그리고 작전의 위험성과 부족한 자원에 대한 염려가 더욱 커진 정부가 레그혼으로 철수하고, 철수 도중 4개의 중립 도시를 '소개疎開'하라는 명령을 하달했기 때문에 이러한 전망은 더욱 어두워졌다. 당시 표현법으로 '소개'라는 말은 그 도시의 자원을 약탈하라는 뜻이었다. 이 과정에서 이탈리아는 번영하던 과거의 상태로 복귀할 수 없을 정도로 황폐화되었다.

그러나 군사적인 관점에서 볼 때, 보나파르트의 행동의 자유에 제한을 가한 것은 옛말대로 표현하자면 '축복 같지 않은 축복'이었다. 왜냐하면 그로 하여금 자신의 꿈을 좇지 못하게 함으로써, 적의 도움에 힘입어 자신의 수단에 맞게 목적을 조정할 수 있게 되었고 결국은 전투력의 균형이 무너져 그의 원래 목표가 충분히 실현 가능해졌기 때문이다. 위대한 이탈리아의 역사가 페레로Ferrero의 평가를 인용하면 다음과 같다.

"한 세기 동안 이탈리아의 최초 전역은 공세적 기동의 위대한 서사시로 묘사——'찬양'이라 해도 좋을 것이다——되어왔다. 이 서사시에서 보나파르트는 너무도 쉽게 이탈리아를 정복했는데, 그 이유는 운이 좋았던 만큼 그가 대담하게 연속된 공격을 실시했기 때문이라고 설명되고 있다. 그러나 객관적인 입장에서 이 전역사를 연구해보면 이들 두 상대는 번갈아가면서 공격을 하거나 공격을 당했는데 대부분의 사례에서 분명한 사실은 공자가 실패했다는 점이다."

보나파르트의 계획보다는 상황이 이끄는 힘에 의해서, 만토바는 오스트리아군으로 하여금 계속해서 자신의 기지로부터 원거리까지 함정 속으로 공격 부대를 출병하게 만든 미끼 역할을 했다. 그러나 그가 전형적인 장군들의 관례대로 진지를 구축하지 않고 어느 방향이든 집중할 수 있도록 소산하여 자신의 부대를 기동 상태로 유지했다는 점은 매우 중요하다.

오스트리아군에 의한 최초의 구원 시도에 대하여 보나파르트가 마련해놓은 방책은 만토바를 포기하지 못함으로써 위험에 처하게 되었고 만토바를 포기한 후에야 자신의 기동을 활용, 오스트리아군을 카스틸리오네에서 붕괴시킬 수 있었다.

이제 그는 정부로부터 티롤을 경유하여 전진해서 라인 강 일대에 주둔하고 있던 부대에 협조하라는 명령을 하달받았다. 이러한 직접 접근에 맞닥뜨린 오스트리아군은 대부대를 이끌고 발 슈가나를 거쳐 베네치아 평야를 향해 동쪽으로 퇴각한 후, 다시 만토바를 구출하기 위해 서쪽으로 이동할 수 있는 이점을 얻게 되었다. 그러나 보나파르트는 북쪽으로 행군을 계속하거나 후퇴하여 만토바를 방어하는 대신 산악으로 오스트리아군의 뒤를 바짝 쫓아 적의 간접 접근에 대해 간접 접근으로 응수, 더욱 결정적인 결과를 얻어냈다. 바사노에서 그는 적 후위의 절반을 포획, 섬멸했다. 그리고 나머지 절반의 적군을 추격하여 베네치아 평야로 들어섰을 때, 그는 추격 부대로 하여금 만토바로 향하는 길을 차단하지 말고 트리에스테와 오스트리아로 향하는 철수로에서 고립시키도록 지시했다. 그리하여 이들도 '만토바 안전 금고의 새로운 예금'이 되었다.

너무나 많은 군사 자금이 묶이게 된 오스트리아는 새로운 지출을 할 수밖에 없었다. 바로 이때, 보나파르트가 감행한 직접 전술로 인해 지금까지의 성공적인 간접 전략이 위기에 빠지게 되었다. 알빈치Alvintzi 와 다비도비치Davidovich의 군대가 만토바 방어의 중심인 베로나 근방으로 모여들고 있을 때 그는 더 강력한 알빈치군과 충돌, 칼디에로에서 격퇴당했다. 그러나 그는 철수하는 대신 알빈치군의 남측방을 우회, 이들의 후방을 지향하는 대담한 장거리 우회 기동을 채택했다. 그가 얼마나 절망적으로 생각했는지는 그가 정부에 보낸 경보 서한을 통해 알 수 있다. "아군의 약점과 전투력 소진 때문에 나는 최악의 상황을 맞고 있다. 아마 내일 우리는 이탈리아를 상실할지도 모른다." 습지와 질퍽거리는 도로 때문에 그의 이동이 지연되어 위험은 더욱 커졌다. 그러나 이 때문에 베로나 근방의 함정 속에 프랑스군을 몰아넣으려는 적의 계획은 실패로 돌아갔다. 알빈치가 그를 대적하기 위해 전진하는 동안, 다비도비치는 정지해 있었다. 보나파르트는 알빈치의 수적 우위를 극복하기가 어렵다는 것을 알았으나 아르콜라에서 전투의 양상이 균형을 이루고 있을 때, 좀처럼 사용하지 않던 전술적인 계략을 생각해냈다. 그것은 몇 명의 트럼펫 병을 오스트리아군 후방으로 보내 돌격을 개시하는 것처럼 가장하는 것이었다. 몇 분 후 오스트리아군은 모두 도주했다.

2개월 후인 1797년 1월, 오스트리아군은 네 번째이자 마지막으로 만토바를 구하려고 시도했으나 거의 완벽한 효과를 발휘한 보나파르트의 산개 대형에 의해 리볼리에서 분쇄되었다. 모서리에 돌을 달아 펼쳐놓은 그물처럼 적의 한 개 종대가 충격을 가하면 그물이 압력이 가해지는 지점을 중심으로 덮여 돌에 의해 침략자가 분쇄되는 것이었다.

충격이 가해지면 집중된 공격 대형으로 변하는 자체 방어 대형은 새로운 사단 위주 편제로 보나파르트가 개발한 것이었다. 이러한 체계에 의해, 기존에는 단일체로 구성되어 일시적으로 파견 부대를 운용하던 군은 독립 작전이 가능한 영구 편제된 하부 제대로 구성되기에 이르렀다. 보나파르트가 이탈리아 전역에서 사용했던 집단 대형은, 그 후 여러 전쟁에서 사단을 군단으로 대체한, 더욱 발전된 형태의 방형 대대로 변화했다.

비록 리볼리에서는 이러한 공격 준비 대형이 오스트리아군의 기동 측익을 분쇄하는 수단이었지만, 중요한 것은 오스트리아군의 주저항이 붕괴된 이유가 보나파르트가 과감하게 2천 명 규모의 1개 연대로 하여금 배를 이용하여 가르다 호수 건너 적의 전체 부대가 사용할 철수로에 배치한 데 있다는 사실이다. 결국 만토바는 항복했고 본국으로 통하는 퇴로 확보 과정에서 부대를 상실한 오스트리아는 보나파르트가 방어되지 않는 내부 통로로 신속히 접근하는 것을 바라만 볼 수밖에 없었다. 프랑스군 주력 부대는 아직도 라인 강 몇 마일 후방에 정지해 있었음에도 이러한 위협만으로 보나파르트는 오스트리아로부터 강화를 이끌어낼 수 있었다.

1798년 가을, 강화 조약의 속박에서 벗어나기 위해 러시아, 오스트리아, 영국, 터키, 포르투갈, 나폴리, 교황령은 2차 동맹을 결성했다. 당시 보나파르트는 이집트 원정 중이었고, 그가 돌아왔을 때 프랑스의 운명은 침몰하고 있었다. 야전군은 매우 약화되어 있었고 국고는 바닥나 있었으며 엄격한 조세 제도는 무너졌다.

정부를 전복시키고 제1통령이 된 보나파르트는 디종에 동원 가능한 모든 부대들로 이루어진 예비군을 창설하도록 명령했다. 그러나 그는 예비 부대를 주전구나 라인 지역의 부대를 증원하는 데 활용하지 않았다. 대신 그는 매우 대담한 간접 접근을 계획했는데 이는 이탈리아에 주둔해 있던 오스트리아군 후방으로 대규모의 우회 공격을 실시한다는 것이었다. 오스트리아는 작은 규모의 '이탈리아 원정군'을 프랑스 국경까지 밀어붙여 이탈리아의 북서쪽 구석에 고착시켜놓았다. 보나파르트는 스위스를 통과하여 루체른 또는 취리히로 향하고 이후 동쪽으로 생 고다르 통로나 티롤까지 이탈리아를 공격할 의도를 가지고 있었다. 그러나 이탈리아 원정군이 강력한 압박을 받고 있다는 소식에 그는 더 짧은 생 베르나르 통로를 따라 이동하게 되었다. 따라서 1800년 5월 마지막 주, 알프스 산맥의 이브레아에 출현했을 때 그는 여전히 오스트리아군의 우측 정면에 위치해 있었다. 보나파르트는 제노바에 고립되어 있던 마세나를 구원하기 위해 남동 방향으로 압박하는 대신 체라스코까지 남쪽으로 선발대를 파견, 견제한 다음, 자신은 주력을 이끌고 밀라노까지 동으로 이탈했다.

자신의 표현대로 '천연 진지'에 있던 적과 조우하기 위해 전진하는 대신, 그는 알렉산드리아의 서측으로 지향하여 오스트리아군의 후방을 가로막는 '천연 진지'를 차지하게 되었다. 이때 그는 적 후방에 대한 치명적인 기동의 최초 목표였던 전략적 기초 및 장애물 구축에 성공했다. 자연 장애물을 제공하는 이러한 진지는 철수로 또는 보급로가 차단당했을 때, 이 차단물을 향해 소규모 부대 단위로 밀려드는 적에게 치명적인 애로가 되는 확고한 지탱점 역할을 했다. 이러한 전략적 장애물이라는 개념이야말로 간접 접근 전략에서 보나파르트가 가장 크게 기여한 점이다.

밀라노에서 그는 오스트리아군의 두 가지 철수로 가운데 하나를 봉쇄했고, 그 후 장벽을 포 강의 남쪽인 스트라델라 통로까지 확대함으로써 나머지 통로까지 봉쇄하는 데 성공했다. 그러나 여기서 그의 개념은 다소 그가 지닌 수단을 초과했다. 왜냐하면 그는 3만 4천 명을 보유했는데, 모로의 저항에 의해 라인 강 주둔군에게 생 고다르 산악 통로로 파견하도록 명령했던 만 5천 명의 군단이 뒤늦게 도착했기 때문이다. 종심이 얕은 장벽에 대한 우려는 더욱 커져갔다. 이러한 상황에서 제노바는 항복했고 그의 '고정 첩자'는 사라지게 되었다.

오스트리아군이 선택할 통로의 불확실성, 오스트리아군이 제노바로 철수할지도 모른다는 두려움, 영국 해군이 재보급하게 될 지점 등 여러 가지 요인에 의해 그는 획득해놓은 여러 가지 이점을 상실했다. 왜냐하면 적이 예전보다 더 많은 주도권을 점하고 있다고 생각한 그는 스트라델라의 '천연 진지'를 포기하고 적을 정찰하기 위해 서진했고 드세Desaix에게 1개 사단을 주어 알렉산드리아에서 제노바에 이르는 도로를 차단하도록 명령했기 때문이다. 따라서 오스트리아군이 갑자기 알렉산드리아에서 출현, 마렝고 평원에서 그를 대적하기 위해 전진할 때(1800년 6월 14일) 일부 병력만을 보유하고 있었던 그는 불리한 상황에 놓이게 되었다. 전투는 오랫동안 계속되었고 드세의 분견대가 복귀했을 때 이미 오스트리아군은 격퇴당하고 있었다. 그러나 당시 보나파르트의 전략적 위치는 사기가 저하된 오스트리아군 지휘관으로 하여금 롬바르디아를 이탈하여 민치오 강 너머로 철수한다는 협정을 맺게 만드는 지렛대가 되었다.

전쟁은 민치오 강 너머에서 산발적으로 발생하고 있었지만 6개월 후 제2차 동맹전쟁을 결말짓는 휴전에서 이러한 정신적 충격은 더욱 확대되었다.

불안정한 몇 년 간의 평화가 지난 후 프랑스혁명전쟁의 제2막인 나폴레옹 전쟁이 시작되었다. 1805년 20만 병력의 나폴레옹군은 불로뉴에 집결, 영국 해안으로 공격할 것처럼 위협하더니 갑자기 라인 강을 향한 강행군으로 전환했다. 나폴레옹이 영국에 대한 직접 침공을 의도했는지, 아니면 그의 위협이 오스트리아로의 간접 접근을 위한 첫번째 포석이었는지는 아직도 분명하지 않다. 아마도 그는 부르세의 '우발계획을 포함하는 계획'의 가르침을 따르고 있었던 것 같다. 동부 작전을 결심했을 때 그는 오스트리아군이 상식적으로 군대를 바바리아로 파병, 흑림으로 통하는 입구를 봉쇄할 것이라고 판단했다. 이러한 근거에서 그는 오스트리아군의 북측익을 광범위하게 우회하여 다뉴브 강 건너 오스트리아군의 후방을 관통하는 예상된 전략적 장벽인 레호를 향해 전진한다는 계획을 수립했다. 이것은 스트라델라 기동을 더욱 광범위하게 재현한 것으로 나폴레옹 또한 자신의 부대에게 그것의 유사성을 강조한 바 있다. 더욱이 수적으로 우세한 그는 일단 장벽이 설치되면 그것을 이동 장벽으로 전환할 수 있었다. 오스트리아군의 후방을 차단한 이 장벽에 의해 나폴레옹은 울름에서 피를 흘리지 않고 항복을 받아냈다.

동맹군의 약한 상대를 유린한 나폴레옹은 쿠투조프Kutusov 휘하의 러시아군을 대적해야 했다. 러시아군은 오스트리아를 횡단하면서 오스트리아군의 소규모 부대들을 규합하여 인 강에 막 도착했다. 작기는 하지만 즉각적인 위협은 이탈리아와 티롤에서 다른 오스트리아군이 귀환하는 것이었다. 이 전역부터 나폴레옹은 부대의 규모가 너무 커서 지휘에 불편을 느낄 정도가 되었다. 이러한 대부대에게 다뉴브 강과 남서부 산악은 국지적인 간접 접근을 수행하기에 너무 비좁았고 울름 기동의 범위만한 기동을 할 시간도 없었다. 그러나 러시아군이 인 강 유역에 주둔하여 있는 동안 이들은 '천연 진지' 내에 위치하게 되었다. 이 '천연 진지'는 오스트리아 영토에 대한 보호막이었을 뿐 아니라 다른 오스트리아군이 남쪽에서 카린티아를 통과하여 접근할 수 있고, 나폴레옹이 나타났을 때에는 강력한 저항선으로 활용하여 러시아 군과 합류할 수 있는 보호막이었다.

이러한 문제에 직면한 나폴레옹은 극도로 정교한, 일련의 변형된 간접 접근을 사용했다. 그의 첫번째 목적은 러시아군을 최대한 동쪽으로 몰아내어 이탈리아로부터 복귀하고 있던 오스트리아군과 격리시키는 것이었다. 따라서 동쪽으로 쿠투조프와 빈을 향해 직접 전진하는 동안 그는 다뉴브 강 북측 제방을 따라 모르티에Mortier 군단을 파견했다. 쿠투조프와 러시아 사이의 병참을 위협함으로써 그는 북동 방향으로 비스듬히 다뉴브 강 유역의 크렘스로 철수할 수 있었다. 여기서 나폴레옹은 빈을 목표로 뮈라를 파견하여 쿠투조프의 새로운 전선을 가로질러 과감한 전진을 시도했다. 빈에서부터 뮈라는 홀라브룬을 향해 북으로 방향을 전환했다. 이로써 그가 러시아군의 우측을 위협하자 나폴레옹은 이들의 좌측 후방을 위협했다.

일시적인 교전에 대한 지시를 잘못 이해한 뮈라 때문에 이 기동으로 러시아를 고립시키는 데 실패했으나, 최소한 러시아군을 올뮈츠까지 북동쪽으로 황급히 철수시키는 데는 성공했다. 러시아군은 오스트리아 증원군으로부터 분리되어 있었지만 러시아와 한층 가깝게 위치하게 되어 올뮈츠에서 대규모 보급을 받았다. 이들을 더욱 압박하는 것은 이들의 전투력을 강화시켜줄 뿐이었다. 게다가 나폴레옹은 시간적으로 압박을 받았고 프러시아의 전쟁 개입 또한 임박했다.

따라서 나폴레옹은 러시아군에게 자신의 명백한 약점을 교묘하게 노출시켜 공세를 유인하려는 심리적 간접 접근에 의지했다. 8만의 적에 대해 그는 단지 5만 명만을 브륀에 집결시켰고 이곳에서 올뮈츠로 독립 분견대를 파견했다. 그는 러시아 황제와 오스트리아 황제에 대한 평화 분위기를 조성함으로써 약점에 대한 흔적을 보강했다. 적이 미끼를 덥석 물자 나폴레옹은 함정으로 사용하기에 자연 조건이 적합한 아우스터리츠의 진지로 신속히 이동했다. 이후 이어진 전투에서 그는 자신의 수적 열세를 상쇄하기 위해 좀처럼 사용한 예가 없는 전술적 간접 접근을 사용했다. 적으로 하여금 자신의 퇴로를 공격하기 위해 좌익을 연장하도록 유도한 후 그는 자신의 중심을 돌아 적의 약화된 '접합부'를 타격, 결정적인 승리를 얻었고 오스트리아 황제는 24시간도 못 되어 강화를 요구해왔다.

몇 개월 후 프러시아와 대적했을 때 그는 사용 가능한 병력에서 거의 2대 1의 우세를 점하고 있었다. 한 군대는 질적 · 양적인 측면에서 '대군'이었고 이를 상대하는 군대는 훈련이 덜 되어 있고 외형상 시대에 뒤처져 보였다. 나폴레옹의 전략에서 이토록 확실한 우세가 주는 효과는 현저하여 이후 전역 수행에 점점 더 큰 영향을 미쳤다. 1806년 그는 여전히 최초 기습의 이점을 얻기 위해 노력했고, 결국 이를 획득했다. 이를 위해 그는 자신의 부대를 다뉴브 강 유역에 숙영하도록 한 후, 튀링겐 숲에 의해 자연적으로 형성된 차장막 북측 너머로 부대를 신속히 집중했다. 그런 다음, 삼림 지대로부터 그 후방의 개방된 지역으로 갑자기 나타난 그의 방형 대대는 적국의 심장부를 향해 곧바로 전진해갔다. 그리하여 나폴레옹은 의도된 결과는 아니었지만 프러시아군의 후방에 위치하게 되었고, 적을 예나에서 공격하기 위해 우회 기동하는 동안 그는 주로 병력 수에 의존하는 것처럼 보였다. 그의 위치가 주는 정신적 효과는 중요하기는 했지만 우연한 것이었다.

따라서 폴란드와 프러시아에서 뒤이어 발발한 러시아와의 전역에서도 나폴레옹은 오로지 전투로의 유인이라는 한 가지 목적만을 생각하는 것 같았다. 전투만 벌어지면 적을 압도할 자신이 있었기 때문이다. 그는 계속 적 후방을 향한 기동을 실시했으나, 이는 적을 좀더 용이하게 격파하기 위해 적의 사기를 저하시키는 수단이라기보다는 적을 견고하게 붙드는 수단이었고 따라서 적을 아군의 함정 속으로 끌어들일 수 있었다. 여기서 간접 접근은 교란을 통한 정신적 와해의 수단이라기보다는 견제를 통한 물리적 '유인'의 수단이었던 것이다.

따라서 풀투스크 기동에서 러시아군을 서쪽으로 유인하여 폴란드로부터 북쪽으로 전진했을 때, 그는 러시아군을 본토로부터 격리시키려는 목적을 가지고 있었다. 러시아군은 그의 함정을 빠져나갔다. 1807년 1월, 러시아군은 단치히에 위치하고 있던 프러시아 동맹군의 잔류 병력을 향해 서진했고 나폴레옹은 러시아군의 프러시아로 연결되는 병참선을 차단할 기회를 신속히 포착했다. 그러나 그의 지령이 코자크군의 손에 들어감으로써 러시아군은 시기적절하게 철수할 수 있었다. 여기서 나폴레옹은 러시아군을 직접 추격하다 아일라우에서 전투 준비가 완료된 적의 정면 진지를 발견하고는 적의 후방을 지향하는 순수 전술적 기동만을 구사했다. 이러한 시도는 눈보라의 방해를 받아 러시아군에게 손실을 입혔을 뿐 완전히 섬멸시키지는 못했다.

4개월 후, 양측은 전력을 회복했고 러시아군은 갑자기 하일스부르크를 향해 남쪽으로 기동했다. 이에 따라 나폴레옹은 임시 근거지인 쾨니히스베르크로부터 적을 고립시키기 위해 자신의 방형 대대를 동쪽으로 이동시켰다. 그러나 그는 전투의 망상에 사로잡힌 나머지 통로의 측방을 수색하던 기병 부대가 프리틀란트에서 강력한 진지에 배치되어 있는 러시아군을 발견했다는 보고를 하자 목표를 향해 곧바로 부대를 공격시켰다. 이 전투에서 그는 기습과 기동성이 아닌 순수한 공격력으로 전술적 승리를 거두었다. 이 전투에서 나폴레옹은 선정된 지점에 대해 포병을 집중 운용하는 새로운 포병 전술을 선보였다. 이것은 시간이 지나면서 나폴레옹 전술의 축이 되어갔다. 프리틀란트 후의 전투에서 이러한 전술은 승리를 가져다주기는 했지만 전투력을 보존해주지는 못했다.

인력은행에서 백지수표를 사용할 수 있었다는 점(병력을 무한정 동원할 수 있다는 의미다 — 옮긴이주)이 1807~14년과 1914~18년 사례에 유사한 영향을 미쳤는지는 의문이다. 또한 이들 두 가지 사례 모두가 집중적인 포병의 운용과 연관이 있었는지도 의심스럽다. 아마도 이는 다음과 같이 설명될 수 있을 것이다. 낭비성 지출은 방탕을 낳게 되고 기습과 기동성을 수단으로 하는 병력 절약과 상반되는 정신 자세를 낳는다는 것이다. 이 가설은 나폴레옹의 정책에서 발견되는 유사한 효과에 의해 뒷받침된다.

나폴레옹은 프리틀란트에서의 승리를 활용, 4차 동맹에서 프랑스편에 서도록 러시아 황제를 유혹할 수 있었다. 그러나 이것을 이용하는 정도가 지나쳐서 이점을 상실했고 종국에 가서는 프랑스 제국 전체를 위기에 빠뜨렸다. 프러시아에 대한 가혹한 강화 조건 때문에 평화 보장은 약화되었고 영국에 대한 정책은 영국의 파멸만을 노리는 것이었으며 스페인과 포르투갈을 침략함으로써 이들을 새로운 적으로 만들었다. 이것은 대전략상 중대한 실책이었다.

이에 대한 존 무어 경의 방책은 간접 접근이라고 부르기에 손색이 없었다. 그는 부르고스와 스페인에 있는 프랑스군의 병참선에 대해 '치고 빠지기' 식의 단시간 작전을 실시하여 스페인에서의 나폴레옹의 계획을 무산시켰고 국민적 궐기와 병력 징집을 위한 시간과 공간을 마련했으며 이베리아 반도를 나폴레옹의 골칫거리로 만들었다. 무엇보다 무적 나폴레옹군의 전진을 처음으로 저지했다는 것으로 결정적인 의미를 갖는다.

나폴레옹은 이를 만회할 기회를 갖지 못했는데, 그 이유는 프러시아의 반란 음모와 오스트리아의 새로운 개입으로 소환되었기 때문이다. 오스트리아의 위협은 무르익었고 1809년 전역에서 나폴레옹은 다시 란츠후트와 빈에서 적 후방으로 기동하려 애를 썼다. 그러나 기동을 실시하는 데 차질이 발생하자 그는 참지 못하고 직접 접근에 뒤이어 전투를 실시하는 도박을 감행했고, 결과적으로 아스퍼른- 에슬링에서 최초의 완패를 당했다. 비록 그는 6주 후 바그람에서 승리하여 패배를 설욕했지만 승리의 대가는 컸고 그렇게 해서 얻은 평화는 불안정했다.

반도전쟁

나폴레옹은 '스페인 전쟁에서의 궤양'을 수술하고 치료하기 위해 2년 간의 유예 기간을 가졌다. 무어의 개입이 초기의 염증을 점검하기 위한 나폴레옹의 시도를 좌절시켰던 것처럼, 이후에는 웰링턴이 모든 치료 수단을 방해하여 상처를 곪게 함으로써 나폴레옹의 온몸에 독이 퍼지게 되었다. 프랑스군은 스페인 정규군에 연속적인 승리를 거두었다. 그러나 스페인군의 패배가 크면 클수록 패자의 이익이 오히려 더욱 커졌다. 왜냐하면 이로 인해 스페인의 모든 정규군을 유격전으로 전환시켰기 때문이다. 취약한 군사 목표는 손에 잡히지 않는 유격대 기지망으로 대체되었고, 고루하고 편협한 스페인 장군들 대신 진취적이고 전통에 얽매이지 않는 유격대 지휘자가 작전을 담당했다.

이로 인해 스페인과 영국에 발생한 가장 큰 불행은 새로운 정규군을 구성하려는 시도가 일시적으로 성공한 것이었다. 그러나 운 좋게도 새로운 정규군은 곧 격파되었고, 동시에 프랑스군은 이들을 분산시킴으로써 자신의 행운마저 흩어버렸다. 독은 머리로 가는 대신 다시 온몸으로 퍼졌던 것이다.

이 이상한 전역에서 영국이 미친 가장 큰 영향은 문제를 악화시켜 그 원인을 부각시켰다는 점이다. 영국이 그토록 적은 군사적 노력으로 이처럼 큰 견제를 적에게 유발한 사례는 거의 없었다. 영국이 스페인에서 얻은 효과는, 이 전쟁 동안 대륙 동맹국과의 직접적인 협력에 대한 노력으로 얻은 효과나 지리적으로나 심리적으로 적에게 영향을 미치기 위해 바다 건너 원거리까지 실시한 원정으로 얻은 사소하고 불행한 결과와는 대조적으로 대단히 의미 있는 것이었다. 그러나 국가 정책이라는 기준이나 관점에서 본다면 이러한 2급 원정으로 남아프리카 식민지, 모리셔스, 실론, 영국령 가나, 여러 개의 서인도양의 섬들을 대영제국에 포함시켰다는 데 그 의미가 있다.

그러나 영국이 스페인에서 실시한 대전략적 간접 접근의 진정한 효과는 전투에 집착하는 역사가들의 일반적 경향 때문에 아직 규명되진 못했다. 결국 반도전쟁을 웰링턴이 수행한 전투의 연대기 정도로 무의미하게 만들어버렸던 것이다. '영국 육군사' 가운데 지방사에 주된 관심을 가지고 있었던 존 포테스큐Fortescue 경은 이러한 경향과 오류를 바로잡는 데도 기여했다. 그의 연구는 이 전쟁에서 스페인 유격대의 막대한 영향을 크게 강조했다는 데 의미가 있다.

근본적으로 영국 원정군 출현의 배경에는 이러한 영향이 존재하지만 웰링턴의 전투는 실제로 영국군의 작전에서 최소한의 영향만을 미쳤다. 그는 전투를 통해 프랑스가 스페인에서 철수할 때까지 5년 간, 단지 4만 5천 명(전사자, 부상자, 포로 포함)의 프랑스군을 살상했는데, 마르보Marbot는 이 기간 동안의 프랑스군 사망자를 1일 평균 100명으로 계산했다. 따라서 프랑스군의 전투력과 사기를 저하시킨 절대적인 병력 손실은 웰링턴의 작전과 더불어 프랑스군을 괴롭히고 그들이 주둔하고 있는 지역을 황폐화시켜 굶주리도록 한 유격전에서 기인한 것이라고 명백히 결론지을 수 있다.

그토록 긴 전역 수행 기간 동안 웰링턴이 적은 수의 전투만을 수행했다는 것은 상당한 의미를 갖는다. 이것은 전기작가들이 그의 성격과 관점의 핵심이라고 말한, 본질적으로 실제에 기초한 '상식' 때문일까? 최근 어느 전기작가는 다음과 같이 말한 바 있다. "웰링턴의 성격에서 직접적이고 편협한 현실주의가 가장 중요한 부분이다. 이것은 그의 한계와 약점의 원인이었으나, 그의 공직 경력 대부분의 기간 동안 천재적인 수준에 도달했다." 이러한 진단은 반도에서의 웰링턴 전략에 바탕을 둔 것이다.

그토록 중요한 결과를 낳은 원정 그 자체는 주력 부대와 실패로 돌아간 쉘트 강 작전에서 병력을 차출하여, 프랑스의 '스페인 궤양'을 악화시킬 수 있는 대전략적 잠재력에 대한 면밀한 평가보다는 포르투갈을 구하고자 하는 희망에 기초하여 실시된 것이었다. 그러나 캐슬레이Castlereagh의 주장은 아서 웰즐리Wellesley(후의 웰링턴 공)의 공표된 의견으로 뒷받침되었는데, 이 주장은 만약 포르투갈군과 민병대가 2만 영국군 부대의 지원을 받는다면, 프랑스군은 포르투갈을 점령하기 위해 10만 명의 병력이 필요할 텐데, 스페인이 계속 저항하는 한 이 정도 병력 동원은 불가능하다는 것이다. 이를 달리 표현하면 약 10만여 명의 프랑스군을 견제시키는 데 2만 명의 영국군으로 충분하고, 프랑스로서는 이들 10만 병력은 경우에 따라 주전장인 오스트리아에서라도 전용해야 한다는 것이었다.

오스트리아를 지원하는 데 원정은 유용하지 못했고 포르투갈 방어 또한 포르투갈의 관점에서 보면 만족스러운 수준이 아니었다. 그러나 나폴레옹에게 긴장을 안기고 영국에게 이익을 주는 측면에서 보자면

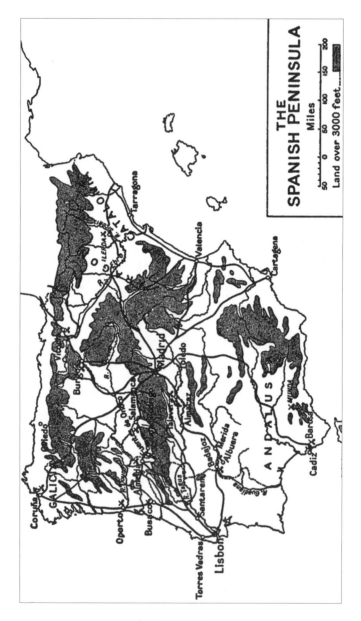

스페인 반도

이것은 10배의 효과를 가지고 있었다.

웰즐리는 2만 6천 명의 병력을 지원받아 1809년 4월, 리스본에 도착했다. 부분적으로는 스페인 반란 때문에, 다른 측면에서는 무어의 부르고스 공격에 따른 코루나로의 철군으로 인해 프랑스군은 반도 전체로 분산되었다. 당시 네Ney는 아무런 소득 없이 최서북단에서 갈리시아를 정복하기 위해 애쓰고 있었다. 그로부터 남쪽, 포르투갈 이북에서는 술트Soult가 자신의 부대를 소부대로 나누어 오포르토에 분산시켜놓은 상태였고 빅토르는 메리다 근방에서 포르투갈의 남측 통로를 담당하고 있었다.

내선 위치와 예기치 않은 출현, 적의 분산 등으로 이점을 확보한 웰즐리는 술트를 향해 북으로 이동했다. 비록 그는 자신이 계획한 대로 제일 남쪽에 배치되어 있던 술트의 부대를 포획하지는 못했지만, 부대를 집결하기 전에 기습을 단행, 도우로 강 상류를 도하함으로써 술트군의 배치를 무너뜨리고 자연적인 퇴로를 차단함으로써 교란 작전의 초기 단계를 발전시켰다. 1675년의 튀렌처럼 웰즐리는 저항 세력이 규합할 기회를 주지 않고 이들을 소탕했다. 험준한 산악을 통과하여 갈리시아를 향해 북진하던 술트의 압박으로 철수하던 그의 부대는 그 마지막 단계에서 병력 손실과 피로로 인해 전투를 실시할 수 없을 지경에 이르렀다.

그러나 웰즐리의 두 번째 작전은 유리한 것도, 목적과 수단의 선정에 있어서 제대로 계획된 것도 아니었다. 수동적으로 메리다에 있던 빅토르는 술트가 사라지자 마드리드에 대한 직접 접근을 방어하기 위해 탈라베라로 소환되었다. 1개월 후 웰즐리는 이 도로를 통해 스페인의 심장부, 다시 말해 사자의 입 안을 향해 진격하기로 결심했다. 이로써 그는 스페인의 전 프랑스군이 가장 용이한 통로를 따라 집중할 수 있는 목표를 제공한 셈이었다. 더구나 중앙 지탱점에 집결함으로써 이들은 프랑스군 부대들 사이에 병참선을 구축할 기회를 갖게 되었다. 부대가 산개되었을 때는 이들의 가장 큰 약점은 병참선이었다.

웰즐리는 단 2만 3천 명의 병력을 인솔하여 나약한 쿠에스타Cuesta의 지휘를 받는 비슷한 숫자의 스페인 부대의 지원을 받으며 전진했다. 반면 철수 중인 빅토르는 마드리드 부근, 지원이 가능한 근거리에 두 개의 프랑스군 부대를 이동시켜놓았다. 적의 집중된 병력은 약 10만 명을 넘었는데 그 이유는 네, 술트, 모르티에가 마드리드를 향해 북쪽으로부터 포테스큐의 표현에 따르면 '계획적이라기보다는 우연히' 집결했기 때문이었다. 쿠에스타의 우유부단함과 보급상의 문제로 어려움을 겪던 웰즐리는 빅토르가 마드리드로부터 온 조셉 보나파르트의 지원을 받고 나서야 교전할 수 있었다. 이제 철수하게 된 웰즐리는 탈라베라 방어 전투에서 행운을 얻었으나 쿠에스타의 반대로 전진할 수 없었다. 이는 웰즐리에게는 일종의 행운이었는데, 술트가 그의 후방을 공격하려 했기 때문이다. 자신이 전진해온 길로부터 차단당한 웰즐리는 타구스 남쪽을 통해 몰래 빠져나갔으나 사기 저하와 피로라는 큰 대가를 치르고 다시 포르투갈 전선으로 피신해야 했다. 식량 부족이 프랑스군의 추격을 방해함으로써 1809년의 전역은 종결되었고, 웰즐리는 스페인 정규군이 쓸모없다는 무어의 교훈을 되씹게 되었다. 노력의 대가로 웰즐리는 웰링턴 자작으로 임명되었고, 다음해에 이에 버금가는 기여를 했다.

1810년 오스트리아와 강화를 체결함으로써 한결 자유로워진 나폴레옹은 스페인과 포르투갈에 관심을 집중시킬 수 있었고 이러한 상황은 1812년까지 계속되었다. 그 두 해 동안은 반도전쟁에서 매우 중요한 기간이었다. 이 시기에 프랑스가 자신의 목적을 달성할 능력이 없었다는 사실은 역사적으로 1812~13년의 프랑스군 패배나 웰링턴의 승리보다 더 큰 의미가 있다. 영국이 성공할 수 있었던 기반으로는 군사 경제적 요인——프랑스의 생존 수단을 제한하는——에 대한 웰링턴의 치밀한 계산과 토레스 베드라스 방어선의 구축이 있었다. 그의 전략은 근본적으로 군사·경제적 목적과 목표에 대한 간접 접근이었던 것이다.

주전역이 개시되기 전 그는 전통적인 방법으로 스페인 정규군의 지원을 받았다. 그들은 동계 전역을 개시했는데 이 전역에서 이들은 너무도 철저하게 분쇄되고 분산되었기 때문에 공격 목표를 상실한 프랑스군은 스페인까지 작전 범위를 확장해야 했다. 이때 프랑스군은 남부의 부유한 지방인 안달루시아를 침략했다.

다시 나폴레옹은 원거리에서 스페인을 통제하고 있었고 1810년 2월 말에는 거의 30만 명의 병력을 스페인에 집중, 계속 증원시켰다. 이 중 6만 5천 명은 영국군을 포르투갈로부터 축출하기 위해 마세나에 배치되었다. 병력 규모는 컸지만 그 비율이 적었다는 것은 스페인 유격전에서 느끼는 긴장이 더욱 커져가고 있음을 보여주는 명백한 증거이다. 웰링턴은 영국군에 의해 훈련된 포르투갈군을 아우름으로써 전체 병력을 5만 명으로 증가시켰다.

마세나 침공은 시우다드 로드리고를 지나 북에서 시작되었고 이에 웰링턴은 자신의 전략이 최대의 효과를 발휘할 수 있는 시간과 공간을 확보했다. 프랑스군이 식량 공급 지역을 약탈할 것이라는 그의 경고가 마세나의 전진에 '엔진 브레이크' 역할을 했다면 그가 중간 지점인 부사코에서 방어를 실시한 것은 '풋 브레이크' 역할을 했다. 게다가 부사코에서의 방어는 불필요한 직접 공격에 병력을 투입한 마세나의 실수에 의해 더욱 효과가 증대되었다. 그 후 웰링턴은 타구스 강과 바다로 형성된 산악 반도를 가로질러, 리스본 방어를 위해 자신이 구축한 토레스 베드라스 방어선으로 철수했다. 10월 14일, 4개월에 거쳐 거의 200마일을 행군한 마세나는 방어선의 가시거리 내에 들어섰다. 이때 마세나는 방어선을 보고 충격을 받았다. 적을 축출할 수 없었던 그는 기아로 인해 30마일 후방인 타구스 강 유역의 산타렘으로 철수할 때까지 한 달을 허비했다. 웰링턴은 치밀하게도 마세나의 철수를 압박하거나 전투를 실시하지 않고 마세나를 될 수 있는 대로 최대한 좁은 지역에 몰아넣음으로써 식량 조달의 어려움을 가중시켰다. 이후 프랑스군은 "보급이라고? 나에게 보급을 이야기하지 말라. 2만 명의 병사들도 사막에서 생존할 수 있다"며 신중한 전략가들을 비난했던 나폴레옹에 의해 부풀려진 낙관적 환상의 대가를 톡톡히 치러야 했다.

웰링턴은 본국의 정책 변화에 따른 간접적인 위험과 남쪽으로부터 바다호즈를 거쳐 진격해 들어오던 술트에 의한 직접적인 위험에도 불구하고 자신의 전략을 확고히 지속시켰다. 술트의 전진은 마세나의 고립을 구원하기 위한 교란책으로 실시된 것이었다. 웰링턴은 자신을 공격으로 유도하려는 마세나의 모든 시도를 극복했다. 결국 그는 자신이 옳았음을 입증했고 그 대가를 받았다. 3월에 마세나는 철수할 수밖에 없었는데, 그 굶주림에 지친 패잔병이 전선을 다시 넘었을 때 파악된 2만 5천 명의 병력 가운데 겨우 2천 명만이 전투에 따른 손실이었다.

그 동안 스페인의 유격대는 더욱 적극적으로 변모했고 그 수 또한 증가했다. 아라공과 카탈로니아에서만 포르투갈의 마세나를 지원해야 할 프랑스의 2개 군단(거의 6만 명 규모)이 사실상 7개월 간 수천 명의 유격대 및 유격 전술을 구사하는 부대에 의해서 마비되었다. 프랑스군이 카디즈를 포위하고 있던 남부에서도 동맹군의 바로사 전투 승리의 전과 확대와 포위 해제 실패로 오히려 포위 부대가 무모한 임무에 발이 묶임으로써 뜻하지 않은 이익을 누리게 되었다. 그간 수년 동안 또 다른 교란 작용을 한 것은 해양력에 힘입어 긴 해안을 따라 빈번히 실시하여 지속적인 위협으로 작용한 영국군의 상륙 작전이었다.

이후 웰링턴은 공격이 아닌 위협에 의해 가장 큰 영향을 미쳤다. 왜냐하면 웰링턴이 한 지점을 위협하면 프랑스군은 병력을 그곳으로 철수시켜야 했고, 이로써 유격대는 나머지 지역으로 활동 범위를 넓힐 수 있었기 때문이다.

그러나 웰링턴은 적에게 위협을 가하는 것에 만족하지 않았다. 살라망카에서 철수하는 마세나를 추격하는 도중에 그는 자신의 부대를 활용, 북쪽에 있던 알메이다 국경 요새를 봉쇄했고 베레스포드Beresford에게 남쪽의 바다호즈를 포위하도록 명령했다. 이로써 그는 자신의 기동력을 제한하면서 부대를 거의 균등하게 양분했다. 행운은 그의 편이었다. 자신의 부대를 집결하고 약간의 증원을 받은 마세나는 알메이다를 구출하기 위해 다시 돌아왔는데, 푸엔테스 드 오노로에서 웰링턴은 불리한 위치에서 적에게 포착되었다. 그는 사후에 "나폴레옹이 여기에 있었다면 우리는 패배했을 것이다"라고 말했지만 적의 공격을 막아낼 수 있었다. 바다호즈 근방에서도 역시 베레스포드가 술트의 구원 부대와 교전하기 위해 진격하고 있었으나, 전투를 잘못 지휘, 알부에라에서 패배한 후 예하 부대의 선전에 의해 위험에서 벗어날 수 있었지만 매우 값비싼 대가를 치렀다.

이제 웰링턴은 바다호즈 포위에 모든 노력을 기울였으나 포위 공격 전담 부대를 보유하지 못했다. 결국 그는 마세나로부터 지휘권을 인계받은 후, 술트와 연결하기 위해 남으로 방해받지 않고 기동하던 마르몽Marmont에 의해 포위를 풀 수밖에 없었다. 이제 이 두 부대는 웰링턴을 향한 협조된 기동 계획을 수립했다. 그러나 웰링턴으로서는 운

좋게도 두 부대의 결합에 마찰이 발생했다. 안달루시아로부터 새로운 유격전 소식을 들은 술트는 마르몽에게 통제를 위임하고 자신은 일부 부대를 이끌고 그곳으로 이동했다. 결국 마르몽의 극단적인 소심함 때문에 1811년 전역은 조용히 마감되었다.

이 전투에서 웰링턴은 큰 위험에 처한 바 있고 이전의 전략에서 이미 확보한 것보다 더 큰 이점을 얻었다고 말하기는 힘들 것이다. 그의 소규모 전투력을 놓고 볼 때, 이러한 전투는 유리한 투자가 아니었다. 왜냐하면 그가 입은 손실은 프랑스군보다 적지만 비율상으로는 훨씬 컸기 때문이다. 그러나 그는 가장 위험한 고비를 넘겼고, 이때 러시아 침공을 준비하고 있었던 나폴레옹이 자신의 이점을 확보하기 위해 예하 부대를 지원하고자 무심코 나타났다. 이후 그의 주요한 관심은 러시아에 있었다. 이러한 상황 전개와 골치 아픈 유격전에 의해 스페인 계획이 수정되었는데, 이는 포르투갈에 전투력을 집중하기 전에 프랑스군의 대부분을 발렌시아와 안달루시아를 철저히 정복하는 쪽으로 전환시키는 것이었다.

1810년에 비해 프랑스군은 7만 명이 감소되었고, 보유 병력 중 9만 명 이상이 지중해 해안의 타라고나에서 대서양 해안의 오비에도에 이르는 지역에 유격대에 대항하고 프랑스군의 병참선을 방호하기 위해 배치되어 있었다.

따라서 자유로운 상황과 약화된 저항을 맞은 웰링턴은 시우다드 로드리고로 급작스럽게 전진, 공격했고 이때 힐 휘하의 파견대는 그 전략적 측방과 후방을 방호하고 있었다. 마르몽은 이를 저지할 수 없었다. 게다가 포위 공격 전담 부대가 시우다드 로드리고에서 포획되는 바람에 요새를 재탈환할 수가 없었으며, 식량이 모두 약탈된 지역을 횡단하여 웰링턴을 추격할 수도 없었다.

웰링턴은 이렇듯 식량이 거의 없는 지역을 이용해서 남으로 우회하여 이번에는 바다호즈를 공격했다. 여기서 그는 큰 손실을 입었지만 약간의 시간을 벌었다. 바다호즈에서 부교 가설 부대를 포획한 그는 타구스 강의 알마라즈를 횡단하는 프랑스군의 부교를 파괴하고 자신의 이점을 즉각 확대하여 마르몽과 술트의 두 부대를 전략적으로 완전히 격리시킬 수 있었다. 이들 두 부대의 병참선은 톨레도의 교량을 통과하는 것으로 타구스 강 입구까지 무려 300마일이나 되었다.

이와는 별개로 술트가 보급품의 부족과 창궐하는 유격대 때문에 안달루시아에 묶여 있었으므로 웰링턴은 방해받을 걱정 없이 병력의 3분의 2를 살라망카의 마르몽을 향해 전진하는 데 집중시켜 마음껏 작전을 펼 수 있었다. 그러나 그의 직접 접근은 마르몽을 증원 병력이 있는 지역으로 철수시켰다.

결국 병력 비율이 회복되어 모든 문제가 해결된 마르몽은 더욱 유리해진 상황을 이용하여 웰링턴의 병참선을 향해 기동했다. 여러 경우에서 그랬듯이 이들 두 부대는 겨우 수백 야드의 거리를 두고 공격에 유리한 기회를 엿보며 나란히 기동했다. 영국군을 기동에서 앞지를 능력을 가지고 있던 프랑스군은 실제로 이를 시도했으나 7월 22일, 자신감에 가득 찬 마르몽은 자신의 균형을 잠시 와해시키는 실수를 범했다. 그는 자신의 좌익을 우익에 비해 너무 전방으로 추진시켰고 웰링턴은 노출된 측익에 대한 신속한 공격으로 기회를 이용했다. 이로 인해 프랑스군은 추가적인 증원 병력이 도착하기 전에 패배하고 말았다.

그러나 웰링턴은 살라망카 전투에서 적을 완전히 와해시키지는 못했고 아직도 프랑스군에 비해 전반적으로 병력이 매우 열세했다. 그는 클로즐 휘하의 프랑스군을 패배시켰을 때 이를 추격하지 않았다는 비난을 받아왔다. 그러나 프랑스군을 분산시킬 수 있는 즉각적인 기회를 상실했기 때문에 프랑스군이 부르고스의 요새에 도달하지 않는 한 다시 기회를 찾기는 어려울 것이고, 추격을 실시한다면 조셉 왕이 마드리드로부터 언제라도 그의 후방과 병참선에 대한 공격을 실시할 수 있는 위험에 노출될 것으로 생각했다.

대신 그는 정신적·정치적 효과를 노려 마드리드로 이동하기로 결심했다. 수도로의 입성은 상징적인 것으로 스페인에게는 충격이었고 조셉 왕은 몰래 수도를 빠져나갔다. 그러나 이 공격의 약점은 프랑스군이 병력을 집결시키면 수도 점령은 단기간에 종결될 것이고, 그렇게 되면 결국 마드리드는 상실한 채 주변에 있던 프랑스군을 중심으로 결집시키는 결과만을 불러올 뿐이라는 점이었다. 웰링턴은 단기간 체류한 후 부르고스를 향해 행군했다. 그러나 프랑스군의 '현지조달 체계' 때문에 프랑스군 병참선을 공격하여도 아무런 효과를 낼 수 없었다. 더욱이 이러한 제한적인 효과도 웰링턴의 포위 공격 방법과 수단의 비효율성 때문에 상실되었고 귀중한 시간만 흘러갔다. 살라망카 전투 후의 성공으로 프랑스는 모든 지역의 부대를 웰링턴에게 집중하기 위해 스페인에서의 임무와 영토를 포기하기에 이른다. 프랑스군과 비교할 때, 웰링턴은 무어군의 전방에서 위태로운 위치에 놓여 있었지만, 시의적절하게 철수할 수 있었다. 힐이 합류했을 때 그는 다시 한번 살라망카에서 통합된 프랑스군과 전투를 실시할 수 있을 정도로 안전하다는 느낌을 받았다. 프랑스군의 수적 우세는 이전과 비교해볼 때 9만 명 대 6만 8천 명으로 약간 우세할 뿐이었고, 웰링턴이 선정한 전장에서 도전을 받아들이려고 하지도 않았다. 따라서 웰링턴은 시우다드 로드리고로 철수를 계속했다. 그가 도착했을 때, 1812년 전역은 막을 내리게 되었다.

그가 다시 포르투갈 전선에 복귀함으로써 피상적으로는 더 이상 전진할 의사가 없어 보였지만, 사실상 반도전쟁은 결정이 나 있었다. 그에게 집중하기 위해 스페인의 대부분 지역을 포기함으로써 프랑스군은 스페인을 유격대에게 넘겨주어 이들의 영향력을 약화시킬 기회를 상실했기 때문이다. 이러한 재앙의 절정에서 나폴레옹이 모스크바로부터 철수한다는 소식이 전해졌고 이로써 프랑스군은 스페인에서 물러날 수밖에 없었다. 따라서 다음 전역이 개시되었을 때 상황은 완전히 바뀌었다.

이제 10만으로 증원된——이 중 영국군은 절반도 안 되었다——웰링턴은 공자로 변했고 전투력도 우세했으며 군사 작전에서의 패배보다 유격전의 끊임없는 긴장으로 인해 사기가 저하된 프랑스군은 단번에 에브로 강 후방으로 축출당하여 스페인의 북부 변방 지역을 확보하기 위한 임무로 국한되었다. 심지어 이 지역에서도 전세는 후방 지역인 비스케이와 피레네로부터 유격대의 압박이 강해지면서 불리하게 바뀌었다. 이 때문에 프랑스군은 후방의 위협에 대처하기 위해 부족한 병력에서 4개 사단을 차출해야 했다. 웰링턴의 피레네 산맥과 프랑스에 대한 계속된 접근——비록 무모한 모험에 의해 좌절되기는 했지만 성공적으로 재개된——은 반도전쟁의 전략적 결말임에 틀림없었다.

반도에 웰링턴이 존재함으로써 유발된 정신적·물리적 지원이 없었다면, 그리고 프랑스의 주의를 부분적으로 전환시킴으로써 유격전의 확산을 도왔던 그의 조치가 없었다면 이렇듯 다행스런 결말은 불가능했을 것이다.

그러나 하나의 의문점이자 흥미로운 견해는 프랑스군을 교란함으로써 프랑스에 손실을 가져왔음은 물론 책임 지역을 축소시켜 1812년 승리가 웰링턴의 전망을 호전시키지 못하고 1813년의 전역을 더욱 어렵게 했다는 것이다. 프랑스군이 더 넓고 긴 지역에 분산될수록 그들의 궁극적인 붕괴는 더욱 확실하고 완전한 것이기 때문이다. 반도전쟁은 의도에 의한 것이라기보다는 본능적인 상식에 의해 달성된 완벽한 역사적 사례이다. 이러한 종류의 전략은 1세기 후 로렌스에 의해 합리적인 이론으로 발전되어 실제에 적용되었으나 완벽하지는 못했다.

'스페인 궤양'에 대한 고찰에서 이제 나폴레옹의 마음 깊숙이 영향을 미쳤던 또 다른 전략적 발전 형태를 살펴보고자 한다.

빌나에서 워털루까지의 나폴레옹

1812년 러시아 전역은 이미 이전의 전역에서 알 수 있듯이 일정한 경향을 가지고 발전하던 나폴레옹 전략의 전성기였다. 이 전략은 기동성보다는 병력 수, 기습보다는 전략적 대형에 의존했다. 지형적 조건은 이 전략의 약점을 더욱 확대시킬 뿐이었다.

45만 명이라는 큰 병력 규모 때문에 그는 선형 배치만을 할 수 있었고, 또한 당연한 예상선에 따른 직접 접근으로 이어졌다. 그가 1914년의 독일군처럼 자신의 좌익을 강화하고 광범위한 지역을 우회하여 빌나에서 러시아를 공격하려 한 것은 사실이다. 그러나 적 고착의 임무를 맡은 그의 동생 제롬Jerome의 무능함을 차치하더라도 적이 엄청난 바보가 아닌 이상 그의 기동은 너무나 힘든 것이었고 또 견제와 교란의 효과적인 수단으로서는 너무도 직접적인 것이었다. 결국 이 기동의 한계는 러시아군에 의해 철저히 활용된 회피 전략에 의해 노출되었다.

최초의 공격이 '헛손질'로 끝난 후 나폴레옹은 러시아를 압박하면서 전선을 통상적인 방형 대대로 축소시켰고 전술적으로 적의 배후를 공격하기 위해 노력했다. 그러나 '전투' 방침을 변경한 러시아가 멍청하게도 자신의 머리를 이 함정에 들이밀었는데도 스몰렌스크에서는 그 입구가 너무도 눈에 보일 만큼 어설프게 폐쇄되어 러시아군은 빠져 나갔고, 보로디노에서는 자충수에 빠지기도 했다. 어떠한 예도 진정한 간접 접근에 비해 분진 합격이 지닌 약점을 이보다 잘 나타내주지는 못한다. 이후 모스크바로부터의 철수에서 빚어진 참담한 결과의 원인은 혹독한 날씨 때문이 아니라——사실 서리는 예년보다 늦었다——프랑스군의 사기 저하 때문이었다. 이것은 러시아의 회피 전략에 대해 직접적인 전투 추구 전략을 적용하다가 좌절한 데서 기인한 것이다. 여기서 사용된 회피 전략은 간접 접근의 전쟁 정책 또는 대전략으로 분류되는 방책을 위한 수단으로 이용되었다.

더구나 러시아에서의 패배가 나폴레옹의 행운에 미친 해악은 스페인에서의 패배로 더욱 커졌다. 이 전역에서 영국이 취한 행동의 치명적 효과를 판단하는 데 있어서 의미 있는 사실은 영국이 전통적인 전쟁 정책인 '발본색원 정책'을 따랐다는 점이다.

1813년 나폴레옹이 더욱 큰 규모이지만 예전보다 기동성이 떨어진 새로운 부대로 프러시아의 반란과 러시아의 침략군을 대적하고 있을 때, 그는 자신의 방형 대대를 분진 합격시키는 전형적인 방법으로 적을 분쇄하고자 했다. 그러나 뤼첸 전투와 바우첸 전투 모두 결정적이지 못했고 이후 동맹군은 철수를 연장함으로써 동맹군을 전투로 끌어내려는 나폴레옹의 시도를 좌절시켰다. 이들이 회피하자 나폴레옹은 '6주 간 적대 행위 중지'를 요청했고 이 기간이 지나자 오스트리아 역시 적들의 편에 서 있었다.

계속되는 가을 전역은 나폴레옹의 변화된 성격에 이상한 빛을 비추었다. 그는 적과 비슷한 40만 명의 병력을 보유하고 있었다. 그는 10만 병력을 이용하여 베를린을 향해 분진 합격했으나 이 지역의 베르나도트Bernadotte 부대의 저항을 강화시키는 역할만을 하여 군은 격퇴당하고 말았다. 그 동안 나폴레옹은 주력 부대를 이끌고 작센의 드레스덴을 확보하고 중앙 위치를 점령하고 있었다. 그러나 그는 자제력을 잃고 갑자기 블뤼허Blücher의 9만 5천 대군을 향해 동쪽으로 직접 전진했다. 슈바르첸베르크Schuwarzenberg가 18만 5천 명을 이끌고 보헤미아에서 엘베 강을 따라 북진, 보헤미아의 산악 지역을 통과하여 작센——드레스덴에 위치한 나폴레옹의 후방——을 향하여 전진하는 동안 블뤼허는 나폴레옹을 실레지아로 유인하기 위해 철수했다.

나폴레옹은 소규모 부대를 후방에 잔류시키고 적의 간접 접근에 더욱 강력한 접근으로 대응하기 위해 황급히 철수했다. 그의 계획은 남서쪽으로 이동하여 보헤미아 산악 지역을 통과, 슈바르첸베르크의 퇴로를 차단하는 위치에 자신의 부대를 배치하는 것이었다. 그가 마음속으로 선정한 진지는 이상적인 전략적 장벽이었다. 그러나 적이 가까이 접근하고 있다는 소식이 그를 긴장시켰고 마지막 순간, 그는 드레스덴과 슈바르첸베르크를 향한 직접 접근을 결심했다. 이 결과는 또 하나의 승리였다. 그러나 이것은 단지 전술적 수준의 결정적 승리로서 슈바르첸베르크는 산악을 통과하여 안전하게 남으로 철수했다.

1개월 후 3개국 동맹군은 연이은 전투로 약화되어 드레스덴에서 라이프치히 근방의 뒤벤으로 철수한 나폴레옹에게 접근을 개시했다. 슈바르첸베르크는 남쪽을 향해 배치되었고 블뤼허는 북쪽을 향해 배치되었으며, 나폴레옹이 알지 못하던 베르나도트는 그의 북측 측후방 일대에 위치해 있었다. 나폴레옹은 간접 접근에 뒤이은 직접 접근을 실시하기로 결심했는데 이는 우선 블뤼허를 격파하고 슈바르첸베르크의 보헤미아와의 병참선을 차단하기 위해서였다. 앞장에서 언급된 역사적 경험에서 보면 이 과정은 잘못된 것이었다. 나폴레옹은 블뤼허를 향해 직접 접근했지만 그를 전투로 이끌어낼 수는 없었다. 그러나 이것은 한 가지 이상한 결과를 초래했으며 그것을 예측할 수 없었다는 점이 더욱 중요했다. 블뤼허를 향한 직접 기동은 실제로는 좀처럼 일어날 수 없는 일이었는데 베르나도트의 입장에서 보자면 그의 후방을 지향하는 간접 기동이었다. 이러한 기동에 놀란 베르나도트는 북쪽으로 황급히 철수하여 나폴레옹의 퇴로에서 벗어나게 되었다. 따라서 이 블뤼허를 향한 '허공에 대한 공격'은 며칠 후의 재앙으로부터 나폴레옹을 구했다. 왜냐하면 블뤼허와 슈바르첸베르크가 라이프치히에서 나폴레옹을 공격했을 때 그는 도전을 받아들였다가 패배했으나, 극적인 상황에서 피신할 통로를 발견하여 프랑스로 무사히 귀환할 수 있었기 때문이다.

1814년, 이제 압도적으로 수적 우세를 점한 동맹군은 프랑스에 대해 분진 합격을 실시했다. 나폴레옹은 수적 우세에 대한 절대적 믿음 때문에 희생시킨 병력의 부족으로 다시 예전의 무기인 기습과 기동성을 활용할 수밖에 없었다. 그럼에도 불구하고 전투를 지휘하는 능력은 탁월했던 반면 인내력이 부족하고 전투에 너무도 집착한 그는 한니발, 스키피오, 크롬웰, 말버러만큼 심오한 경지에서 자신의 능력을 발휘할 수 없었다.

그러나 그는 기습과 기동력을 사용하여 자신의 운명을 연장시켰으며 자신의 목적과 수단을 명확히 조정했다. 그는 자신의 수단이 너무도 축소되어 군사적인 방법으로는 목적을 달성할 수 없다는 것을 알고 있었기 때문에 동맹군의 협조 체제를 와해시키려고 했다. 그리고 이러한 목적을 달성하기 위해 어느 때보다도 놀라울 정도로 기동력을 잘 활용했다. 적의 전진을 저지하는 데는 상당한 성공을 거두었지만 만약 전술적 성공을 통해 전략적 성공을 달성하려는 그의 내재된 경향에 의해 전략을 지속시키는 능력이 소실되지만 않았더라도 그의 성공은 더욱 효과적으로 오래 지속되었을 것이다. 적의 소규모 부대에 대한 반복되는 집중——이들 중 다섯 번은 후방에 있는 목표를 기동에 의해서 타격한 것이었다——을 통해서 그는 적에게 연속적인 패배를 안겨주었다. 결국 그는 너무도 대담해져서 직접 접근을 구사했고 라옹에서 블뤼허를 공격했다가 돌이킬 수 없는 패배를 당했다.

겨우 3만 명의 병력만이 남은 상황에서 그는 마지막 선택으로 생 디지에를 향해 동진, 발견하는 대로 수비대를 규합하여 침략자에 대항한 농촌 지역 봉기를 일으킬 결심을 했다. 이 기동을 통해 그는 슈바르첸베르크의 병참선을 차단할 수 있었다. 그러나 그는 적의 후방에 머물러야 했을 뿐 아니라 교전하기 전에 병력도 증강해야 했다. 문제는 시간과 병력의 부족 외에도 병력을 징집해감으로써 방어를 할 수 없게 된 본거지에서 품게 되는 특별한 정신적 민감성에 의해 더욱 복잡해졌다. 왜냐하면 파리는 일반 보급 기지와는 달랐기 때문이다. 더욱 심각한 불행으로 그의 명령서가 적의 수중에 들어가게 되어 기습 효과와 시간을 상실했다. 그런 상황에서도 나폴레옹의 기동이 갖는 전략적 '인력'이 너무도 강하여 동맹군은 격론 끝에 나폴레옹의 기동에 직접 대응하는 대신 파리로 진격하기로 결심했다. 그들의 기동은 나폴레옹의 명분에 의해 정신적인 '넉 아웃'을 당했다. 동맹군의 결정에 가장 큰 영향을 미친 것은 스페인 전선에서부터 전진해온 웰링턴이 가장 먼저 파리에 도착하리라는 두려움이라는 것이 일반적인 견해다. 만약 이것이 사실이라면, 이는 전략적 간접 접근과 간접 접근의 결정적인 '인력'이 역설적인 최종 승리를 거둔 셈이다.

1815년에 엘바에서 돌아온 후, 나폴레옹군대의 규모는 그의 머리를 다시 한번 빛나게 했던 것 같다. 그럼에도 그는 자신의 방식대로 기습과 기동력을 사용하여 결과적으로 결정적인 결과에 도달할 수 있는 거리까지 접근했다. 블뤼허군과 웰링턴군에 대한 그의 접근은 지형적으로는 직접적이었지만, 시기는 기습적이었고 방향은 적의 '접합부'를 와해시키는 것이었다. 그러나 리그니에서 네는 자신에게 할당된 기동 과업——전술적 간접 접근——을 수행하는 데 실패했고 프러시아군은 결정적인 패배를 면했다. 그리고 나폴레옹이 워털루에서 웰링턴과 대적했을 때, 그의 기동은 완전히 직접적이며 시간과 병력의 손실을 유발하는 것이었다. 이 때문에 그루시Grouchy가 블뤼허 군을 '교란'시켜 전장으로부터 분리시키는 데 실패함으로써 발생한 문제가 더욱 확대되었다. 이에 단순히 나폴레옹의 측방에 도달한 블뤼허의 출현은 예측되지 못한 것이라는 점에서 심리적 간접 접근이 되었고 결국 결정적인 것이 되었다.

제9장 1854년~1914년까지의 전쟁

1851년의 '평화' 대박람회가 새로운 전쟁의 시대로 접어들었음을 알렸을 때, 일련의 전쟁 가운데 최초의 사례는 정치적 목적이 결정적이지 못했던 것처럼 군사적 진행 과정도 결정적이지 못했다. 그러나 크림 전쟁의 비참함과 어리석음에서 최소한 부정적인 교훈을 도출할 수는 있다. 그중 가장 중요한 것은 직접 접근의 무용성이다. 지휘관들의 시야가 가려져 있는 상태에서 부관이 경여단을 러시아군의 포대를 향하여 돌진시키는 것은 당연했다. 영국 육군의 모든 행동에 스며든 직접성은 극도로 정교하고 정례화되어 있어서 프랑스군 지휘관인 캉로베르Canrobert를 당황하게 만들었다. 그는 몇 년 후 무도회에 참가하여 그 이유를 알게 되었는데, 그 자리에서 갑자기 이렇게 외쳤다. "영국군은 빅토리아 시대의 춤을 추듯이 전투한다." 그러나 러시아군 역시 마찬가지로 본능적인 직접성에 물들어 있었기 때문에 충동적인 기동이 시도될 때도 새벽녘에 출발하여 하루종일 행군했던 연대가 무의식중에 세바스토폴로 되돌아오고 나서야 그 사실을 깨달을 정도였다.

크림 전쟁의 실망스러운 증거들을 연구하면서 우리는 워털루 전투 후 40년 간 유럽군이 더욱 엄격한 직업군이 되었다는 사실을 과장해서도 안 될 것이며, 간과해서도 안 된다. 이러한 사실의 중요성은 직업군에 대한 비난이 아니라 전문화된 환경 속에 내재된 위험에 대한 고찰에 있는 것이다. 이러한 위험은 외부 세계의 사건과 사고로부터 차단될 수밖에 없는, 복무 연한이 긴 고급 장교들에게서 두드러지게 나타났다. 반면 미국 남북전쟁의 초기 단계에서는 비직업군의 단점을 볼 수 있다. 훈련은 장군이 지휘하게 될 효율적인 부대를 만드는 데 필수적이다. 장기간의 전쟁과 단기간의 평화가 이러한 도구를 만드는 최적의 조건이다. 그러나 도구가 예술가보다 우월한 체계에는 결함이 있게 마련이다.

다른 관점에서와 마찬가지로 이러한 관점에서 볼 때 1861~65년의 남북전쟁은 현격한 대조를 이룬다. 지휘관 특히 남군의 지휘관은 주로 군을 전문직업으로 삼았던 사람들 중에서 선발되었다. 그러나 전문화의 달성 정도는 민간인으로서 가졌던 직업과 개인적 공부를 위해 보낸 시간에 따라 상이했다. 전략적 사고는 연병장에서 생겨나는 것도 아니고 그것이 그 한계도 아니다. 그럼에도 국지 전략이라고 불리는 영역에서 새로운 관점의 폭과 수단의 다양함이 달성된다고 해도 우선 전통적인 목적이 주요 작전을 지배한다.

이러한 경향은 철도의 발달에 의해 더욱 증대되었다. 철도는 전략에 새로운 이동 속도를 제공했지만 이에 상응하는 융통성——이는 진정한 기동성의 또 다른 요소다——은 가져다주지 못했다. 남북전쟁은 철도 수송이 중요한 역할을 담당한 최초의 전쟁이었고, 그 고정된 형태 때문에 전략은 철도를 따라 수행되게 되었다.

더구나 남북전쟁과 이후의 전쟁에서 군대는 부지불식간에 철도에 의존하게 되었다. 보급이 쉬워지자 지휘관들은 자신의 작전에 어떠한 영향을 미칠지 생각해보지도 않은 채, 철도의 종착점에 병력을 증가시켰다. 모순되게도 새로운 이동 수단이 가져다준 결과는 기동성의 증가가 아니라 감소였다. 철도는 군대의 확장을 촉진했다. 그러나 철도는 효과적인 전투를 지원하는 것이 아니라 더 많은 병력을 이동시키고 보급품을 수송하는 수단이었다. 철도는 군대의 식량 및 병력 부족 현상을 촉진했고, 군대는 철도 종착점에 묶이게 되었다. 동시에 그들의 생명은 '실 끝──매우 취약한 철로의 연장선──에 매달리게' 되었다.

이러한 현상은 남북전쟁 초기에 나타나 1864년 최고조에 달했다. 풍부한 식량 보급에 익숙한 북군은 그들의 적에 비해 더 쉽게 마비 현상에 빠졌다. 특히 서부 전역에서 철도에 보급을 의존하던 부대는 포레스트Forest나 모건Morgan과 같은 남군의 뛰어난 기병 지휘관의 습격에 노출되었다(이것은 대부대의 병참선이 항공기나 전차 부대에 의해 도달 가능하게 될 미래를 예시하는 것이었다). 결국 북군은 어느 시대 어느 누구보다도 문제의 원인을 알고 있었던 셔먼Sherman이라는 전략가를 배출했다. 그는 제1차 세계대전 후 기계화 기동전의 선구가 되는 새로운 사상을 가진 학파가 나타날 때까지 이 문제에 관한 한 최고의 전문가였다. 적은 셔먼의 철도를 이용하여 그의 부대를 공격했다. 셔먼은 적의 공격으로부터 피해를 예방하면서 적의 철도를 이용하여 적을 공격할 수 있었다. 그는 적절한 전략적 기동 능력을 보유하고 기습 공격을 당할 위험 없이 운용하기 위해서는 고정된 보급선에서 자유로워져야 한다는 사실을 깨달았다. 이것은 자체 능력으로 이동해야 함을 의미했고 또한 '필요조건'을 최저 수준으로 줄여야 한다는 것을 의미했다. 바꾸어 말하면 자신의 꼬리가 잡히는 것을 피하는 방법은 장거리 기동을 하는 동안 자신의 꼬리를 말아서 겨드랑이 밑에 넣고 운반해야 한다는 것이다. 그는 물동량을 최소한으로 줄였기 때문에 철도에 의존하는 병참선에서 해방되었고, '남군의 뒷문'을 통해 그 주력 부대의 생명선을 절단하고 보급 체계의 근거지를 파괴하기 위해 이동했다. '극적으로' 이 효과는 결정적이었다.

남북전쟁

전역 초기에는 양군 쌍방이 직접 접근을 추구했다. 그 결과는 버지니아에서와 마찬가지로 미주리에서도 결정적이지 못했다. 이에 북군의 총사령관으로 임명된 맥클렐런McClellan은 1862년에 해양력을 이용하여 적의 전략적 측방에 부대를 수송하는 계획을 고안했다. 이 계획은 지상의 직접 접근보다 여러 가지로 좋은 면이 있지만, 진정한 의미에서의 간접 접근이라기보다는 적의 수도인 리치몬드에 더욱 단거리의 직접 접근을 수행하기 위해 고안된 것으로 보인다. 이 계획은 링컨 대통령이 계산된 위험을 감수하기를 거부함으로써 무산되었다. 대신, 그는 맥도웰McDowell 군단을 워싱턴의 직접 방어를 위한 예비 전력으로 확보했다. 이 조치는 맥클렐런의 전투력을 감소시켰을 뿐 아니라 그의 계획을 성공시키는 데 필수적인 견제의 요소를 박탈하는 것이었다.

따라서 상륙을 완료했을 때, 맥클렐런은 요크타운 전방에서 1개월을 허비했고 계획은 맥도웰과의 분진 합격 또는 준직접 접근으로 조정되어야 했다. 맥도웰에게는 워싱턴에서 리치몬드로 육로를 통한 직접 접근만이 허용되었다. '스톤월'잭슨Stonewall Jackson에 의해 수행된 셰넌도어 계곡에서의 간접 접근은 당시 워싱턴 정부에 심리적 영향을 주어 맥도웰이 주기동에서 제외되는 계기가 되었다. 이 와중에도 맥클렐런은 리치몬드 4마일 전방까지 전진했고, 리 장군이 전투력을 회복, 이를 저지하기 전에 마지막 돌격 준비를 완료했다. 그리고 7일 전투에서 전술적으로 패배한 후에도 맥클렐런은 전략적 이점을 보유하고 있었는데 이것은 아마도 전 단계의 이점보다도 더 컸을 것이다. 왜냐하면 측방 기동이 실패하자 그는 기지를 남쪽의 제임스 강으로 이동시킴으로써 병참선을 확보했을 뿐 아니라 리치몬드에서 남으로 뻗어 있는 적의 병참선과 위험할 정도로 가까운 위치를 점할 수 있었기 때문이다.

그는 이러한 이점을 전략의 변경으로 상실했다. 정치적 동기에 의해서 맥클렐런의 상급자가 된 핼럭Halleck은 그에게 다시 해로를 통해 북으로 철수하여 육로를 통해 직접 기동을 하던 포프Pope 장군의 부대와 합류하라는 명령을 하달했다. 역사를 통해서 볼 때 종종 전투력의 직접적인 배가가 효과를 배가하기는커녕 적의 '예상선'을 단순화시켜 오히려 반감시키는 경우가 있다. 핼럭의 전략은 집중의 원칙을 피상적으로 이해한 것이었기 때문에 군사적 목적을 달성하는 데 있어서 재래식 방법의 근저에 깔려 있던 약점을 드러내고 말았다. 1862년 후반기의 전역을 지배하고 있던 직접 접근 전략의 비효율성은 12월 13일 프레더릭스버그 전투에서의 피비린내 나는 패배에 때맞춰 종식되고 말았다. 그리고 1863년도에도 이러한 전략을 계속 고집하여 리치몬드에 접근하기는커녕 공격이 붕괴된 후, 남군의 침략을 허용하게 되었다.

애초 이번 침공은 물리적·심리적인 전략적 간접성을 포함하고 있었으나, 리 장군이 게티즈버그의 미드Meade 장군 진지에 대한 직접 공격에 몰두함으로써 점차 이러한 효과는 반감되었다. 리 장군은 병력의 거의 절반을 상실할 때까지 이 공격을 3일 간 실시했다. 연말에는 양측이 최초 진지로 철수한 후 너무도 큰 손실을 입어 라피단 강과 라파하녹 강을 사이에 두고 위협만 주고 받을 뿐이었다.

중요한 것은 양측이 직접 접근을 실시한 이 전역에서 서로가 서로의 전진에 대응하는 것으로 만족하는 방자의 입장이 되었을 때 이점을 갖게 되었다는 사실이다. 이러한 전략적 상황에서는 단순히 무모한 노력을 회피하는 것만으로도 두 직접 전략 가운데서는 덜 직접적일 수 있

THE UNITED STATES
IN 1861

Showing Principal Railways

Miles

1861년의 미국

기 때문이다.

리 장군의 공격이 게티즈버그에서 격퇴당한 사건은 전쟁의 전환점으로서 일반의 찬사를 받아왔다. 그러나 이러한 주장은 극적인 관점에서 볼 때에만 타당한 것으로, 역사적 관점에서 냉정히 평가해본다면 결정적인 효과는 서부에서 비롯되었다고 주장할 수 있다.

최초의 효과는 1862년 4월, 패러것Farragut 제독의 대대가 미시시피 강의 입구를 방어하는 요새를 지나 뉴올리언스를 무혈 정복했을 때부터 비롯된다. 이는 남군을 중요한 경계선인 미시시피 강으로 격리시키는 전략적 쐐기의 예리한 날끝이었다.

두 번째 결정적인 효과는 미시시피 강 상류에서 같은 날(7월 4일), 리 장군이 게티즈버그의 전장에서부터 철수를 개시하면서 달성되었다. 그랜트Grant가 빅스버그를 점령함으로써 북군은 중요한 동맥을 완전히 통제할 수 있게 되었고 남군은 미시시피 강이 통과하는 주를 경유한 증원과 보급을 영구히 박탈당했다. 그러나 적의 약점에 대한 집중의 대전략적 효과가 이를 달성하는 수단에 악영향을 미치지는 않는다. 1862년 12월, 빅스버그를 향한 최초의 전진은 철로를 이용한 육로를 통해, 그리고 미시시피를 통한 셔먼의 수상 기동과의 협조하에 이루어졌다. 그랜트의 전진이 병참선에 대한 남군의 기병 습격대에 의해 지연됨으로써 남군은 근본적으로 직접 접근이었던 셔먼의 기동에 집중할 수 있었고 결국 셔먼이 빅스버그 근처에서 상륙을 시도했을 때 간단히 격퇴할 수 있었다.

1863년 2월과 3월, 단거리 우회 기동을 통해 이 목적을 달성하려는 시도가 4차례나 실행되었으나 모두 실패했다. 이에 4월, 그랜트는 대담하면서 울프의 마지막 퀘벡 공격과도 유사한 진정한 간접 접근을 실시했다. 북군의 함대 및 수송 선단은 야음을 이용하여 빅스버그의 포대를 피해 요새로부터 30마일 떨어진 남쪽의 한 지점으로 이동했다. 대규모의 부대가 미시시피 강 서쪽 제방을 따라 육로로 이동하여, 셔먼이 빅스버그의 북동쪽으로 견제 기동을 실시하는 동안 적의 약한 저항을 받으며 동쪽 제방으로 수송되었다. 이에 셔먼이 다시 합류했을 때, 그랜트는 자신의 임시 기지로부터 이탈한 후 빅스버그의 후방으로 이동하여, 동부 여러 주와 남군 간의 병참선을 차단하기 위해 적 지역 내부로 북서측을 향하여 이동하는 계산된 모험을 감행했다. 이 기동에서 그는 자신의 출발점에서 완벽한 원을 그리며 기동했다. 따라서 그는 적 함정 입구의 윗부분과 아랫부분 중간 지점에서 나타났다. 이들 두 부대는 각각 빅스버그와 여기서부터 동쪽으로 40마일 떨어진 잭슨에 집중하고 있었다(잭슨은 철도의 남북 노선과 동서 노선의 교차점이었다). 그러나 그는 이러한 함정을 사실상 와해시켰다.

여기서 눈여겨볼 만한 사실은 그가 이 철로에 도착하자마자 우선, 전 부대를 동쪽으로 이동시켜 적으로 하여금 잭슨에서 철수하도록 강요하는 것이 유리하다는 사실을 발견했다는 점이다. 이것은 철도의 발달에 의해 전략적 조건이 변화했음을 보여준다. 나폴레옹은 하천 또는 고지군群을 전략적인 장애물로 사용했으나 그랜트의 전략적 장애물은 한 점 —— 철도 교차점 —— 을 확보함으로써 구성될 수 있었던 것이다. 그는 이 교차점을 확보한 후 방향을 바꾸어 빅스버그로 향했다. 당시 빅스버그는 너무나 오랫동안 고립되어 있었기 때문에 7주 후에는 항복하고 말았다. 이후의 전략적 조치는 남부의 곡창지대인 조지아로 향하는 입구인 채터누가를 개방한 후에 동부에 위치한 주 전체로 진입하는 것이었다.

이제 남군은 패배를 면할 수 없게 되었으나 북군은 이미 확실시되던 승리를 거의 상실할 뻔했다. 1864년에는 북부 여러 주가 지나친 긴장으로 피로가 증대되어 정신적 요소의 영향을 강하게 받는 상태였다. 전쟁에 지친 대중들 가운데 평화 지지자가 날로 증가하는 상황에서 대통령 선거가 11월로 다가왔고 링컨이 강화에 의한 평화를 추구하는 새로운 대통령으로 대체되지 않는 한 조기 승리가 확실하게 보장되어야 했다. 이러한 목적에서 그랜트는 총사령관에 임명되기 위해 서부로부터 소환되었다. 그는 어떻게 조기 승리를 강구했던가? 그 해답은 전통적인 군인이라면 언제나 적용하는 전략——자신의 압도적인 전투력 우세를 이용하여 적을 분쇄하거나 적어도 '연속 타격'을 통해 소모시키는——으로의 전환이었다. 우리는 빅스버그 전역에서 그가 직접 접근의 연속적인 실패 후에야 진정한 간접 접근을 채택하는 것을 목격한 바 있다. 그때 그는 탁월한 기교로 이를 수행했지만, 여기에 숨어 있는 교훈이 그의 마음에 충분한 인상으로 남은 것은 아니었다.

이제 그는 총사령관으로서 자신의 본성에 따라 행동할 수 있었다. 그는 라파하녹에서 남쪽으로 리치몬드를 향한 직접적인 구식 육로 접근을 결정했다. 그러나 목적은 과거와 분명히 다른 곳이어서 실제 목표는 적의 수도가 아닌 적의 부대였다. 그는 부하인 미드 장군에게 '리가 가는 곳이면 어디든 따라가라'고 지시했다. 공정하게 평가하자면 그의 접근이 넓은 의미에서 볼 때, 직접적인 것이지만 단순한 정면 압박이 아니었다는 점 또한 주목해야 할 것이다. 결국 그는 기동 반경은 짧았지만 계속적인 기동을 통해 적의 측방을 지향했다. 더구나 그는 자신의 부대를 집중시키고 사방에서 위협을 받더라도 목표는 변경하지 말라는 군사적 교훈을 모두 이행하고 있었다. 제1차 세계대전 당시의 포슈 원수 같은 인물도 그의 '승리에 대한 의지'를 능가할 수는 없었을 것이다. 그리고 1914~18년에 그와 비슷한 방법을 사용했던 사람은 아마도 정치 지도자로부터 그가 받았던 풍족한 지원, 변함없는 신뢰를 부러워할 것이다. 최선의 조건을 가지고 수행된 전통적인 직접 접근 전략 가운데서도 이보다 더 이상적인 조건을 찾기는 어려울 것이다.

그러나 1864년 여름이 끝날 무렵, 잘 익은 승리의 과일은 그의 손아귀에서 시들어버렸다. 북군은 인내력의 한계에 도달했고 링컨은 재선될 것 같지 않았다. 이는 곧 총사령관에게 보장되었던 백지 수표가 회수되고 위로금이 지급된다는 의미였다. 윌더니스Wilderness와 콜드 하버Cold Harbor의 치열한 전투 후, 무섭게 축소되기는 했지만 그 후에도 우세를 유지했던 전투력을 행사하는 데 지침이 되었던 그랜트의 의지는 적군을 분쇄하는 데 실패하였던 반면, 정작 중요한 성과——리치몬드 후방 근교 일대에서 큰 역할을 수행하여 얻은 지형적 이점——는 그의 전진 간에 수행되었던 무혈 기동에 의해 달성되었다는 사실은 아이러니컬한 일이다. 따라서 그는 막대한 손실을 입은 후 맥클렐런이 1862년에 점령한 진지로 철수하는 데 만족했다.

그러나 어두운 하늘에서 갑자기 빛이 내리비쳤다. 11월 선거에서 링컨이 재선되었던 것이다. 어떤 요소가 이들을 구하고, 평화를 열망하는 민주당 출마자인 맥클렐런의 당선 가능성을 뒤집었을까? 그것은 7월과 12월 사이 실질적인 진전을 보이지 못했고 결국에는 10월 중순 두 배의 대가를 지불한 채 실패로 끝난 그랜트의 전역이 아니었다. 역사가들의 증언에 의하면 9월 셔먼에 의한 애틀랜타 점령이 구원의 도구가 되었다고 한다.

그랜트가 총사령관직 임명을 위해 소환될 무렵 그의 빅스버그 성공에 적지 않은 역할을 한 셔먼은 그랜트의 뒤를 이어 서부 지역 사령관에 임명되었다. 이들 두 사람은 상반되는 견해를 가지고 있었다. 그랜트가 적 부대를 가장 중요한 목표로 여겼던 반면, 셔먼은 전략적 지점을 위협하는 방법을 사용, 적으로 하여금 이 지점을 방어하기 위해 자신을 노출시키도록 한다든지 균형을 유지하기 위해 전략적 지점을 포기하도록 만들었다. 따라서 그는 결과적으로 2차적 성과물이기는 했지만 언제나 대용 목표를 가지고 있었고 이는 광범위한 효과를 가져왔다. 적군의 기지였던 애틀랜타는 4개 주요 철도의 교차점이면서 중요한 보급기지였다. 셔먼이 지적한 대로 정신적인 상징일 뿐 아니라 주물 공장, 무기고, 기계 작업장이었던 것이다. 그는 "애틀랜타의 점령은 남부의 조종甲鐘이 될 것이다"라고 주장했다.

그랜트와 셔먼이 선정한 각각의 목표들이 갖는 장점에 대해서 어떠한 의견 차이가 존재한다 해도, 셔먼이 선정한 목표가 민주주의의 심리에 더욱 잘 부합한다는 것은 명백한 사실이다. 아마도 안장에 굳건히 걸터앉은 절대 독재자만이 '군대' 목표의 군사적 이상을 흔들림 없이 유지하기를 바랄 것이고, 그 역시 현실적인 상황에 맞게 목표를 수정하고 그 목표를 달성하는 데 주력하는 것이 현명한 일일 것이다. 그러나 민주 정부에서의 전략가는 더 적은 재량권을 갖고 있다. 고용주의 지원과 신뢰에 의존하기 때문에, 그는 '절대적인' 전략가보다 적은 시간과 비용을 사용해야 하고 조기에 성과를 내라는 압력을 더욱 크게 받는다. 궁극적인 전망이 무엇이든 그는 지나치게 오랫동안 배당금을 지연시키지 않아야 한다. 따라서 그는 반드시 자신의 목표에서 순간적으로 이탈하거나 적어도 작전선을 변경하여 새로운 모습을 보여야 한다. 이러한 피할 수 없는 불리점을 가지고 있기 때문에, 군사적 노력이 대중적 기반에 그 뿌리를 두고 있는 불편한 현실과 군사적 이상의 관계에 군사 이론이 타협할 준비가 되어 있어야 하는 것이 아닌가 하는 의문을 갖는 것은 당연한 일이다. 여기서 불편한 현실이란 병력 및 탄약 그리고 심지어는 전투를 계속할 기회까지도 '보통 사람들'의 동의에 의존해야 한다는 것이다. 연주가에게 비용을 지불하는 사람이 곡을 선정하는 것처럼 전략가 역시 자신의 전략을 가능한 한 대중적 기호에 맞게 조정해야 더욱 많은 보수를 받을 수 있다.

기동에 의한 셔먼식 병혁 절약은 더욱 주목할 가치가 있는데, 그 이유는 다음과 같다. 버지니아에서의 그랜트와 달리 그는 실질적으로 보급을 한 가지 철도 노선에 의존하고 있었다. 그러나 그는 병력을 직접 기동에 투입하는 대신, 일시적으로 자신의 부대를 보급선에서 이탈시켰다. 몇 주 동안 실시된 이 기동에서 그는 단 한 번 케네소 산에서 정면 공격을 시도했는데, 여기서 결국 격퇴당했다는 사실만큼 중요한 것은 이러한 정면 공격이 비로 진창이 된 도로를 따라 실시된 측방 기동의 어려움에서 벗어나기 위한 것이었다는 점이다. 그는 공격이 저지당하자 즉시 이를 중지시킴으로써 패배로 인한 피해를 줄일 수 있었다. 이것은 결국 산악 지역과 강을 접하고 있는 지역을 통과하여 실시한 130마일 거리의 행군에서 그가 자신의 부대를 공격 전투에 투입한 단한 번의 사례였다. 그의 교묘한 기동 때문에 시간이 지날수록 남군은 불필요한 공격을 남발하여 신속한 참호 및 흉벽 구축 기술에 의해 격퇴되었다. 적이 자신의 기동 방어막을 돌파하는 데 실패하자 그는 자신이 새로 획득한 유리한 지점에서 전략적 이점을 이끌어냈다. 전략적 방어를 실시하는 적을 이처럼 값비싼 대가를 동반하는 전술적 공세로 끌어들인 것은 역사에서 좀처럼 찾아볼 수 없는 전략의 극치이다. 또한 이것은 셔먼이 단일 병참선에 묶여 있었다는 점에서 더욱 괄목할 만한 것이었다. 이 승리가 지닌 엄청난 정신적·경제적 가치를 제외한, 최소한의 군사적 기준에서도 이것은 위대한 업적이다. 왜냐하면 가장 분명한 사례로서 버지니아 전투에서의 그랜트와 비교하더라도 셔먼은 단순히 비율상으로 뿐만 아니라 실제 수치에서도 자신의 피해보다 더 큰 사상자를 적에게 발생시켰다.

애틀랜타를 확보한 후, 셔먼은 전보다 더 큰 모험을 감행했고 이 때 문에 그는 군사 평론가들로부터 커다란 비난을 받아왔다. 그는 '남부의 곡창지대'인 조지아의 철도망을 따라 행군, 이를 파괴한 후 남부의 심장인 캐롤라이나를 통과할 수 있다면, 이러한 공격으로 유발된 심리적 효과와 리치몬드와 리의 부대로 들어가는 보급 중단으로 남부의 저항은 붕괴될 것이라고 확신했다.

따라서 그는 애틀랜타에서 철수하도록 강요해온 후드군을 무시하고 철도를 파괴하는 동안에는 현지 조달을 감수해가면서 조지아를 통해 그 유명한 '바다를 향한 행군'을 개시했다. 1864년 11월 15일, 그는 애틀랜타를 출발했고 12월 10일에는 사바나 교외 지역에 도착했다. 거기서 그는 병참선을 다시 설치했는데, 이번에는 바다를 통한 것이었다. 남부의 장군이자 역사가인 알렉산더Alexander의 증언에 의하면, "대규모로 실시된 이 행군이 주는 정신적 효과가 가장 결정적인 승리보다 훨씬 컸다"는 사실은 의심할 여지가 없었다. 이후 셔먼은 캐롤라이나를 통과하여 리의 후방을 향해 북으로 이동했고, 이 과정에서 그는 남군이 통제하고 있었던 항구를 확보했다.

셔먼의 작전 수단은 자세히 연구할 가치가 있다. 조지아를 통과하는 행군을 위해, 셔먼은 자신의 병참선에서 이탈했을 뿐 아니라 물동량을 엄청나게 감소시킴으로써 그의 부대는 경부대로 구성된 6만 명의 거대한 '날아다니는 종대'로 변신했다. 각각의 4개 군단은 독립 작전이 가능했고 습격대는 행군 종대의 전방과 측방에 대한 광범위한 차장 역할을 했다.

더구나 행군 과정에서 셔먼은 새로운 전략적 실행 방법을 개발했다. 그는 애틀랜타 전역에서 인식했듯이 단일 지형 목표를 지향했기 때문에 이러한 위협을 회피하려는 적의 과업이 단순해진다는 약점을 갖고 있었다. 셔먼은 적을 끊임없이 궁지로 몰아넣어——그는 자신의 목적을 이런 식으로 표현했다——이러한 제약을 극복할 뛰어난 계획을 세웠다. 우선 그는 자신의 목표가 메이콘인지 오거스타인지, 또는 오거스타인지 사바나인지 알 수 없도록 하는 선을 선정했다. 그리고 셔먼은 자신에게 유리한 목표를 지향하면서, 목표를 변경해야 할 상황에 대비해서 대용 목표를 공격할 태세를 갖추고 있었다. 그러나 기만적인 방향에 의한 불확실성 때문에 그런 상황은 발생하지 않았다.

조지아 행군에서 군대가 얼마나 가볍게 기동할 수 있는지를 보여준 셔먼은 이제 더욱 경량화해도 행군할 수 있다는 사실을 다시 한번 증명했다. 캐롤라이나를 통과하여 북으로 출발하기 전에 그는 자신의 부대를 '즉각 출동할 의지와 능력이 있고, 최소한의 식량으로도 생존할 수 있는 이동 기구'로 변신시켰다. 겨울이었는데도 장교조차 막대기나 가지 위에 걸친 모포 밑에서 두 명씩 짝을 이루어 숙영하게 했고 모든 천막과 가구는 버렸다.

다시 한번 셔먼은 대용 목표 사이의 기만적인 경로를 택함으로써, 오거스타와 찰스턴 중 어느 곳을 방어해야 할지 몰랐던 그의 적은 병력을 분리해야 했다. 이에 셔먼은 사우스캐롤라이나의 수도이자 리 부대의 가장 중요한 보급원이었던 컬럼비아를 확보하기 위해 두 지점 사이를 통과한 후에도 자신이 샬럿과 페이엣빌 간에 어느 곳을 목표로 할지 남군이 모르도록 하였다. 그리고 그가 페이엣빌에서 전진하였을 때에는 롤리와 골즈버러 중 어느 곳이 차후 목표 또는 최종 목표인지 분간할 수 없었다. 그 자신조차 목표가 골즈버러인지 윌밍턴인지 확실하지 않았다.

장애물——강, 하천, 늪지——이 산재한 지역에서 효과적인 저항을 하기에 충분한 전투력을 보유한 적에 의해 저지당하지 않고 425마일이나 기동할 수 있었던 이유에 대한 유일한 설명은 기만적인 방향에서 유발된 심리적·정신적 효과에서 찾을 수 있다. 이러한 불가항력적인 전진에는 기동의 다양한 방향만큼이나 셔먼의 융통성도 한몫을 했다. 그는 각각 습격대에 의해 방호를 받는 4~6개 종대를 구성하여 한 개의 종대가 저지당하면 다른 종대가 전진하는 방법으로 광범위하고 불규칙한 전선을 따라 이동했다. 사실상 방법 면에서 보면 이들은 1940년 프랑스를 유린했던 독일군 기갑 부대의 선구였다. 적군은 이러한 정신적 압박에 몹시 당황하여 계속적으로 길을 내주었고 심각한 물리적 압박을 받기 전에 철수했다. 그들은 셔먼의 기동력이 주는 인상에 너무 몰두한 나머지, 방어 진지를 점령할 때부터 철수로를 걱정할 지경이어서 심지어는 "우리는 빌 셔먼의 습격대다. 너희들은 알아두는 것이 좋을 거다"라고 소리치는 것만으로 다음 상황을 예견할 수 있었다는 기록이 남아 있을 정도였다. 자신감이 전투의 절반이라면 적의 자신감을 무너뜨리는 것은 절반 이상을 무너뜨리는 것이다. 싸우지 않고 목적을 달성할 수 있기 때문이다. 셔먼은 나폴레옹이 오스트리아에서 그랬던 것처럼 "나는 단지 행군을 통해 적을 파괴했다"고 주장했을지 모른다.

3월 22일 셔먼은 골즈버러에 도착하여 보급을 받고는 스코필드 Schofield의 부대와 합류했다. 그리고 리치몬드를 확보하고 있던 리를 공격하기 위한 준비를 마무리했다.

4월이 되어서야 그랜트는 전진을 재개할 수 있었다. 이 전진은 극적인 성공을 거두어 리치몬드가 함락된 뒤 1주일 만에 리의 부대는 항복했다. 겉으로 보기에 이것은 그랜트의 직접 전략과 '전투' 목표의 성과였으나 엄밀히 따져보면 가장 중요한 것은 시간 요소였다. 남군의 저항이 붕괴된 것은 사기에 영향을 미친 굶주림과 '고향으로부터의 소식' 때문이었다. 셔먼이 골즈버러에 도착하기도 전에 그랜트는 '리의 부대는 사기가 저하되고 매우 빠른 속도로 와해되고 있다'라는 내용의 서신을 발송할 수 있었다.

인간은 국가와 가족이라는 두 가지 대상에 대해 충성한다. 그리고 대부분의 사람은 개인적인 측면, 즉 가족에 대한 충성심이 강하다. 자신의 가족이 안전할 때만 자신의 희생으로써 가족을 지킨다는 믿음으로 국가도 지킬 수 있는 것이다. 그러나 가족의 안전이 위협을 받으면 애국심, 군기, 전우애의 결속력은 약해진다. 셔먼의 후방 공격은 적 군대뿐 아니라 후방의 민간인에 대해 가장 치명적인 효과를 가져왔기 때문에 두 가지 충성심이 대립, 군인들의 의지에 엄청난 긴장을 가져다주었다.

적의 경제적·정신적 후방을 지향하는 간접 접근은 그것이 단계적으로 실시됨으로써 결정적인 결과를 준비했던 서부에서와 마찬가지로 전쟁의 최종 단계에서도 결정적인 역할을 수행했음이 입증되었다. 조심스럽고 사려 깊게 전쟁을 연구한 사람이라면 누구나 다음과 같은 진리를 발견할 수 있다. 이 진리는 당시보다 30년 후 제1차 세계대전의 영국 공식 역사가인 에드먼즈Edmonds 장군에 의해 더 높이 평가되었는데, 그는 미국 남북전쟁사를 연구하면서 다음과 같은 결론에 도달했다.

"군사적 천재이자 남군의 위대한 지휘관인 리와 잭슨, 북버지니아군의 최강의 전투 능력, 적 수도의 근접성 등은 남북전쟁의 동부 전구에서 과도한 주목을 받아왔다. 오히려 결정적인 타격이 가해진 곳은 서부였다. 1863년의 빅스버그와 포트 허드슨의 탈취가 전쟁의 진정한 전환점이었다면, 아포마톡스 법정(동부에서 리가 항복한 곳)에서 남군의 붕괴를 가져온 것은 서부의 셔먼 부대가 실시한 작전이었다."

이 일에 과도하게 주목하는 이유 중 하나는 전투의 매력이 전사학도를 매료시킨 때문이고 다른 하나는 헨더슨Henderson이 저술한 스톤월 잭슨의 서사적 전기(역사라기보다는 서사시에 가깝다)에 투영된 매력 때문이다. 특이한 기준에 의해 평가된 이 책의 명백한 가치는 감소되지 않고 오히려 더욱 증대되었는데, 그것은 잭슨의 실제 전쟁수행 과정보다는 헨더슨의 전쟁관 때문이었다. 그러나 이것이 창출한 미국 남북전쟁의 흥미 때문에 영국 군사학도는 결정적인 사건이 일어난 서부 전구를 무시하고 버지니아 전역에만 관심을 기울이게 되었다. 이 '과도한 관심'이 1914년 이전의 영국 군사사상과 1914~18년의 영국 군사전략에 일방적일 뿐 아니라 잘못된 영향을 미쳤다는 점을 분석해낸다면 현대의 역사가는 미래의 세대를 위해 이를 알려야 할 것이다.

몰트케의 전역

어떤 분석가가 미국 남북전쟁에서 바로 뒤이어 발생한 유럽 전쟁으로 연구과제를 진행해간다면 그는 아마도 두 전쟁의 극명한 차이에서 강한 인상을 받게 될 것이다.

첫번째 차이점은 1866년과 1870년에 서로 싸웠던 쌍방이 적어도 명목상으로는 최소한의 전쟁 준비를 했다는 점이고, 두 번째는 양측의 군대가 전문직업군으로 구성되어 있었다는 점이며, 세 번째는 남북전쟁 때보다 최고 사령부가 분명한 실수와 판단 착오를 했다는 것이다. 네 번째는 두 전쟁에서 독일군에 의해 채택된 전략은 전술적 치밀함이 결여되었다는 점이며, 다섯 번째는 이러한 결함에도 불구하고 전쟁의 결말이 빨리 결정되었다는 것이다.

계획 면에서 몰트케의 전략은 계략을 거의 추구하지 않고 우세한 병력의 집중에 의한 순수 공격력에 의존하는 직접 접근이었다. 그렇다면 우리는 이 두 전쟁이 일반적 원리를 입증하는 예외적인 증거라고 결론 지을 수 있을까? 이 두 전쟁은 분명히 예외적이었으나 이미 조사된 수많은 사례들로부터 도출된 원리에 있어서는 예외라고 볼 수 없다. 왜냐하면 그때까지 어떠한 경우도 그토록 병력의 열세와 우둔한 정신이 패자측에 결합하여 전쟁 초기부터 일을 그르치지는 않았기 때문이다.

1866년 오스트리아군의 전투력 열세는 무기의 열세에 주원인이 있었다. 즉, 프러시아군의 약실장전 소총은 오스트리아군의 총구장전 소총에 비해 대단한 이점이 있었던 것이다. 이러한 사실은 전장에서 확실히 증명되었는데 다음 세대의 군사사상 연구가들은 이를 간과하였다. 1870년, 프랑스군의 전투력 열세는 부분적으로는 병력 수의 열세와 1866년 당시의 오스트리아군과 마찬가지로 훈련 수준의 열세에서 비롯되었다.

이러한 조건들은 1866년 오스트리아군의 패배와 1870년 프랑스군의 패배를 확실히 설명할 수 있는 원인이다. 전쟁을 준비하는 데 있어서 어떠한 전략가도, 적이 1866년의 오스트리아군이나 1870년의 프랑스군과 같이 정신과 육체가 나약하다는 조건 위에서 자신있게 계획을 수립할 수는 없을 것이다.

이와 동시에 두 전쟁에서 독일군의 전략이 개념에 비해 그 실행 과정은 덜 직접적이었다는 사실은 중요하다. 더구나 독일군은 전쟁 수행 시 뛰어난 융통성을 보여주었다.

1866년 사용 가능한 모든 철도를 이용, 시간을 절약해야 했던 몰트케는 250마일에 걸친 광범위한 전선에 프러시아군을 하차시켜 배치했

중부 유럽

다. 그의 의도는 신속한 전진으로 산맥으로 이루어진 전선을 통과하여 적국의 내부로 집중되는 이동을 실시, 보헤미아의 북부 지역에 병력을 집결시키려는 것이었다. 그러나 프러시아 국왕이 침략자로 보이기를 주저했기 때문에 시간을 허비하는 바람에 이러한 의도는 좌절되었고 이로써 몰트케의 전략은 의도하지 않았던 간접 효과를 거두게 되었다. 왜냐하면 오스트리아군은 이 허비된 시간을 이용하여 군대를 집결시킨 다음 전진시켜 몰트케의 계획대로 병력을 집중시킬 공간을 제거했기 때문이다. 그리고 돌출된 실레지아 지방이 위협을 당하고 있다고 생각한 프러시아 황태자가 몰트케로 하여금 실레지아를 구하기 위해 자신의 부대를 남동 방향으로 이동해도 좋다는 승인을 내리도록 강요했다. 이에 황태자는 다른 부대로부터 자신의 부대를 분리시켰고 오스트리아군의 측후방을 위협할 수 있는 진지를 점령했던 것이다. 군사 연구가들은 몰트케가 이러한 병력 분산을 승인했다는 사실을 비난하는 데 많은 노력을 기울였지만, 이것은 사실상 의도적인 것은 아니었다 해도 결정적인 승리의 씨앗을 뿌려놓은 것이었다.

이러한 배치는 오스트리아 지휘부의 정신적 균형을 와해시켰기 때문에, 프러시아는 연속되는 실수에도 불구하고 양측의 산악을 통과하여 쾨니히그라츠에서 결실을 거둘 수 있었다. 이 지역에서는 많은 실수가 빚어짐으로써 작전을 간접적인 것으로 변화시키고 결과적으로 이 접근을 결정적인 것으로 만들었다. 결국 오스트리아 지휘관은 전투가 개시되기 전에 패배하여 국왕에게 즉각 강화를 요청하도록 타전했다.

원거리에서 병력을 집결시키는 몰트케의 계획이 40마일의 전선에 병력을 집중시켰던 오스트리아군의 그것보다 훨씬 융통성이 있다는 사실이 증명된 것은 주목할 가치가 있다. 오스트리아군의 집중은 '내선'에서 작전할 수 있는 명백한 이점을 발생시켰다. 비록 몰트케의 의도가 적과 조우하기 전에 병력을 집중시키는 것이었지만, 직접 공격을 위한 것은 아니었다는 사실 역시 언급되어야 한다. 그의 최초 계획은 두 개의 차후 계획을 포함하고 있었다. 첫번째는 정찰에 의해서 엘베 강 너머 요세프슈타트의 오스트리아군 예상 진지가 확보되어 있지 않은 것으로 판단되면, 2개 군이 정면에서 적을 고착하는 동안 황태자의 야전군은 동으로 이동하여 오스트리아군의 측방을 공격한다는 것이었고, 두 번째 계획은 공격이 불가능할 것으로 판단될 경우 3개 군이 서로 우회하여 파두비츠에서 엘베 강을 도하한 다음, 다시 동쪽으로 우회하여 적의 남측 병참선을 위협한다는 것이었다. 그러나 실시간에 오스트리아군이 몰트케가 예상한 것보다 전방에 집중한 상태로 엘베 강 건너에서 관측되었기 때문에 황태자의 전진 방향은 자동적으로 이들의 측방으로 전환되었고 결국 이들을 포위할 수 있었다.

1870년, 몰트케는 자르에서 결정적인 전투를 실시할 의도를 갖고 있었다. 그는 이곳에 3개 군을 집결시켜 프랑스군을 분쇄하려고 했다. 이 계획은 프랑스군의 조치에 의해서가 아니라 자군의 마비에 의해 좌절되었다. 이러한 마비는 좌단에 위치한 독일 제3군이 동쪽에서 전선을 통과하여 바이센부르크에서 프랑스군 분견대에 대한 소규모 전술적 승리를 얻었다는 소식 때문에 발생했다. 제3군은 계속 전진하면서 프랑스군 주력이 도착하기 전에 프랑스군 우익의 측방 군단을 포위하고 보에르트에서 이들과 혼전, 이들을 격파했다. 이러한 부분적인 소규모 교전의 간접적인 효과는 결과적으로 사전에 계획했던 대규모 전투의 예상 효과보다 더욱 결정적이었다. 제3군이 주력을 증원하기 위해 전투에 투입되는 대신 전투 지대 밖에서 개방된 통로를 따라 적 주력 부대를 추격할 수 있었기 때문이다. 따라서 제3군은 비옹빌과 그라블로트의 잘못된 전투에 참가하지 않았다. 이 전투에서 프랑스군은 제3군이 근거리에 있었다 하더라도 효과적인 역할을 할 수 없는 위치에 있었다. 따라서 제3군은 이후의 단계를 결정짓는 가장 중요한 요인이 되었다.

그라블로트 전투의 결과로 침체되기는커녕 오히려 고무된 프랑스군이 측방인 메츠로 철수했을 때, 이들은 피로에 지친 독일군 제1군과 제2군으로부터 쉽게 빠져나갈 수 있었다. 그러나 제3군이 개입할지도 모른다는 가능성에 의해 바자인Bazaine 원수는 메츠에서 확고하게 대기했다. 따라서 독일군은 다시 응집력을 회복할 수 있는 시간을 확보했으나 프랑스군은 정지해 있었기 때문에 이를 상실했고 이후 개활지를 포기했다. 결과적으로 맥마흔Macmahon 원수는 잘못된 판단으로 결국 형편없이 수행된 메츠를 구원하기 위한 기동을 실시하도록 '현혹' 당했다. 아니 그보다는 정치적으로 압력을 받았다고 표현하는 편이 맞을 것이다.

따라서 여전히 파리를 향해 자유롭게 행군하고 있었던 독일 제3군에게 맥마흔의 부대에 간접 접근할 수 있는, 계획되지도 예측되지도 않은 기회가 조성되었다. 서에서 북으로 완벽한 방향 전환을 한 후 제3군은 맥마흔의 측방과 후방을 우회, 이동했다. 이러한 이동의 결과, 맥마흔군은 함정에 빠지고 세당에서 항복하지 않을 수 없었다.

이러한 결정적인 단계에는 피상적으로 바라보는 것보다 더 큰 간접성이 포함되어 있다. 그러나 1870년 후의 군사 이론에 영향을 미친 것은 잠재되어 있는 연역적 결론이 아니라 이 피상적인 사건 자체였다. 이것은 다음의 대규모 전쟁(1904~05년의 러일전쟁)에 큰 영향을 미쳤다.

러일전쟁

독일에서 배운 일본의 전략은 근본적으로 직접적인 것이었다. 러시아의 전쟁 노력이 전적으로 단일 철도(시베리아 횡단 철도)에 의존하고 있다는 단 하나의 유리한 조건을 활용할 어떠한 시도도 없었다. 역사상 군대가 이처럼 길고 좁은 기관氣管을 통해 숨을 쉬는 사례는 없었다. 게다가 군대의 규모는 호흡을 더욱 어렵게 했다. 그러나 모든 일본 전략가가 구상한 것은 러시아군의 이빨을 향한, 그리고 그 입 안을 향한 직접 공격이었다. 그리고 그들은 1870년의 몰트케보다 더욱 밀집된 상태로 군대를 유지했다. 그들이 랴오양遼陽 전투 전에 분진 합격을 실시했고 이후에 적과 접촉을 시도하면서 계속적으로 적의 측방을 지향한 것은 사실이다. 그러나 적의 측방을 지향한 이러한 기동이 도상으로는 비교적 광범위한 것처럼 보이기는 해도 병력 규모에 비해서는 매우 좁은 지역을 우회한 것이다. 일본군은 몰트케가 행운에 의해 보유했던 '자유롭게 기동 가능한' 부대를 갖고 있지 않았고 메츠처럼 뜻밖의 미끼를 맥마흔처럼 집어삼킨 적도 없었음에도(그들은 뤼순을 점령함으로써 자신의 미끼를 집어삼킨 격이 되었다) 세당에서와 같은 결과를 얻게 되기를 희망했다. 그러나 그들에게는 그 대신 결정적이지 못한 다량의 유혈이 있었다. 결과적으로 그들은 결정적이지 못한 마지막 평톈 전투 후 너무도 소진하여, 저항할 의지가 없고 사용할 수 있는 병력의 10분의 1을 채 전투에 투입하지 않은 적과 기꺼이 강화를 체결하기에 이르는데, 그들의 입장에서 보자면 이는 하나의 행운이었다.

역사에 대한 이러한 조사와 분석은 추측이 아닌 사실, 다시 말해 당위가 아닌 실제 행위와 그 결과에 관심을 두고 있다. 따라서 이로부터 발전된 간접 접근 이론은 직접 접근이 결정적이지 못하다는 실제 경험상의 구체적인 증거에 근거해야 한다. 간접 접근 이론은 특정 사례에서 간접 접근을 수행하는 데 따르는 어려움에 대한 찬반 논쟁에 의해 영향을 받지 않는다. 기본 가설이라는 관점에서 볼 때 어떤 지휘관이 다른 방책을 채택했어야 했다거나 그렇게 함으로써 더욱 좋은 결과를 가져올 수 있었을 것이라 따지는 것은 적절치 못하다.

그러나 군사 지식이 지닌 일반적인 역할에 비추어본다면 추측은 언제나 흥미있고 종종 가치 있는 것이다. 따라서 이 연구의 직접적인 경로에서 벗어나 추측을 해보자면 뤼순과 만토바 간의 잠재적인 유사성을 찾아낼 수도 있을 것이다. 또한 조선과 만주의 빈약한 병참선과 험란한 지형에 의해 일본군이 겪어야 했던 어려움을 고려할 수도 있다. 어떤 면에서 조건이 더 어려워졌다면 다른 면에서 더욱 유리해졌을 것이고 부대 운용이 더욱 용이했을 것이다. 따라서 이 전쟁 과정을 돌이켜보면 다음과 같은 의문을 갖게 된다. 그것은 전쟁의 초기 단계에서 이점을 가지고 있던 일본이 보나파르트가 만토바를 이용했던 것과 같은 방법으로 뤼순을 미끼로 이용했다면 이익을 얻을 수 있지 않았을까 하는 것이다. 그리고 전쟁의 후반부에 하얼빈과 평톈 간의 가느다란 러시아의 공기관에 대해 최소한의 일본군을 사용할 생각이 과연 없었던가 하는 것이다.

제10장 2500년 역사에서 도출한 결론

본 연구는 고대 유럽사에 결정적인 영향을 미친 12개 전쟁과 1914
년까지 현대사에서 발생한 18개 전쟁을 다루고 있다. 그 중 한 지역에
서 발생하여 일시적으로 사라졌다가 곧바로 다른 지역에서 다시 발생
한 반反나폴레옹 전쟁은 하나의 전역으로 간주했다. 이 30개의 전쟁은
280여 개의 전역을 포함하고 있다. 이 중 이수스, 가우가멜라, 프리틀
란트, 바그람, 사도바, 세당 6개 전역에서만 적 주력 부대에 대한 전략
적인 직접 접근 계획으로 결정적인 결과를 얻어냈다.

특히 처음의 두 전역에서 알렉산드로스의 전진은 간접 접근 대전략
에 의해 준비되었고, 이 전략은 페르시아 제국과 지지 세력의 신뢰를
흔들어놓았다. 더구나 전장에서 그의 성공은 근본적으로 전술적 간접
접근 기술에 따라 적용된 월등한 수준의 전술적 수단에 의해 달성되었
다.

다음의 두 전역에서 나폴레옹은 인내력 부족과 자군의 우월성에 대
한 자신감 때문에 직접 접근을 사용했지만 매번 간접 접근을 시도했
다. 이러한 우세는 중요 지점에 대한 포병의 집중 운용에서 비롯된 것
이었다. 그리고 프리틀란트와 바그람에서 결정적인 결과는 주로 이 새
로운 전술적 방법에 의한 것이었다. 그러나 그는 이러한 승리에 대한
대가를 지불해야 했고 이것이 나폴레옹의 운명에 미친 궁극적인 영향
을 본다면, 전술적 우세를 보유한다 하더라도 나폴레옹이 사용했던 것

과 같은 직접적인 방법에 의지해서는 안 된다는 것을 알 수 있다.

1866년과 1870년 전역 모두에서 우리는 직접 접근으로 계획되었지만, 의도하지 않았던 간접 접근이 달성되는 것을 보았다. 이러한 간접 접근은 두 전역 모두에서 독일군의 전술적 우세에 의해 강화되었다. 1866년에는 약실장전식 소총에 의해서, 1870년에는 우세한 포병에 의해 전술적 우세가 달성되었던 것이다.

이러한 6개의 전역을 분석해보면 전략에서 직접적인 방법을 적용하는 것이 타당하다는 증거를 거의 찾아볼 수 없다. 그러나 역사를 통해 볼 때, 직접 접근이 통상적이고 목적에 부합한 간접 접근은 예외적이다. 지휘관들이 얼마나 자주 간접 접근을 최초의 전략이 아닌 최후의 수단으로 적용했는가 역시 중요한 문제다. 그러나 간접 접근은 직접 접근이 실패를 남긴 곳에 결정적인 성과를 가져다주었다. 즉, 간접 접근이 시도된 조건은 언제나 좋지 않았던 것이다. 따라서 이처럼 악화된 상황에서 얻은 결정적인 성공은 더욱 큰 의미를 지닌다 할 것이다.

본 연구는 간접 접근이 결정적 성격만큼이나 명백하게 드러난 수많은 전역을 제시했다. 이러한 예는 다음과 같다. 기원전 405년 에게 해에서의 리산데르 전역, 기원전 362년 펠로폰네소스에서의 에파미논다스 전역, 기원전 338년 보에오티아에서의 필리포스 전역, 기원전 302년 히다스페스에서의 알렉산드로스 전역과 근동에서의 카산데르 전역과 리시마쿠스 전역, 에트루리아에서의 한니발의 트라시메네 전역, 스키피오의 아프리카 우티카 전역과 자마 전역, 스페인에서 카이사르의 일레르다 전역, 현대사에서는 크롬웰의 프레스턴, 던바, 우스터 전역, 1674~75년 튀렌의 알자스 전역, 1701년 외젠의 이탈리아 전역, 1708년 말버러의 플랑드르 전역, 1712년 빌라르의 전역, 울프의 퀘벡 전역, 1794년 주르당의 모젤 - 뫼즈 강 전역, 1796년 찰스 대공의 라인 - 다뉴브 강 전역, 1796, 1797, 1800년의 보나파르트의 이탈리아 전역과 1805년 울름 및 아우스터리츠 전역, 그랜트의 빅스버그와 셔먼의 애틀랜타 전역 등이다. 그 외에 본 연구는 직접 접근과 간접 접근의 경계선 상에서 구분하기 곤란한 수많은 사례를 제시했는데, 이들 사례에서는 간접 접근과 그 효과가 덜 분명하게 나타나 있다.

역사상 직접 접근에 의해 결정적인 성과를 획득한 사례가 적은 반면, 간접 접근에 의한 동일한 사례의 비율이 높다는 사실은 간접 접근이 가장 희망적이고 경제적인 형태의 전략이라는 결론을 강력하게 뒷받침하고 있다.

그렇다면 우리는 역사로부터 더욱 구체적인 결론을 도출할 수 있을까? 그렇다. 알렉산드로스를 제외하자면, 자연적·인공적으로 구축된 강력한 진지를 점령한 적을 상대로 언제나 성공적인 결과를 도출한 지휘관은 절대로 적을 직접 공격하지 않았다. 그리고 상황이 주는 압박에 의해 적을 직접 공격하는 위험을 감수했을 때 그들의 이력은 실패로 얼룩지게 되었다.

나아가 역사는, 위대한 지휘관들은 언제나 직접 접근을 채택하는 대신 가장 위험한 간접 접근을 택한다는 것을 보여준다. 산악, 사막 또는 습지를 통과하고, 소규모 병력만을 보유하며 자신의 병참선과 이격되는 경우에도 간접 접근을 택했다. 그들은 직접 접근에 내재된 실패의 위험을 감수하는 대신, 아무리 불리한 조건이라도 이를 감수했던 것이다.

그러나 아무리 험난하다 하더라도 자연적인 위험은 위험을 안고 전투하는 것보다 덜 위험하고 덜 불확실하다. 인간의 저항에 비해서 모든 조건은 예측이 가능하고 모든 장애물은 정복이 가능하다. 합리적인 계산과 준비만 따른다면 거의 시간표에 맞게 극복할 수 있다. 나폴레옹은 1800년 알프스 산맥을 '계획대로' 넘을 수 있었던 반면, 작은 요새인 바르드는 그의 기동을 너무도 심각하게 방해하여 계획 전체를 위험에 빠뜨렸다.

우리들이 실시한 연구의 순서를 바꾸어 역사의 결정적인 전투를 조사해보면 대부분의 승자는 적을 분쇄하기 전에 먼저 적을 심리적으로 불리한 상황에 빠뜨렸다. 이러한 예로는 마라톤, 살라미스, 아에고스포타모이, 만티네아, 카에로네아, 가우가멜라(대전략을 통한 사례), 히다스페스, 입수스, 트라시메네, 칸나이, 메타우루스, 자마, 트리카메론, 타기나에, 헤이스팅스, 프레스턴, 던바, 우스터, 블렌하임, 오데나르드, 드냉, 퀘벡, 플뢰뤼, 리볼리, 아우스터리츠, 예나, 빅스버그, 쾨니히그레츠, 세당 전투이다.

전략적인 검토와 전술적인 검토를 결합해보면 우리는 모든 사례가 하나 또는 두 가지 범주로 나뉘어진다는 것을 알 수 있다. 이들 사례는 전술적인 공격을 혼합한 탄력적 방어 전략(계산된 철수) 또는 적에게 치명적인 위치에 자신을 배치하기 위한 전술적 방어와 혼합된 공세 전략(꼬리에 침을 감추고 있는)으로 나뉠 수 있다. 이들 두 가지 요소는 모두 간접 접근을 구성하는 것으로, 위의 두 가지 경우에서 심리적인 바탕은 '유인'과 '함정'으로 표현될 수 있다.

결국, 클라우제비츠Clausewitz가 언급한 것보다 더 깊고 넓은 의미에서 방어는 더 경제적일 뿐 아니라 강력한 형태의 전략이라고 말할 수 있다. 공세 전략은 겉으로 보기에 그리고 논리적으로는 공세적이지만 적을 '균형을 잃은' 전진으로 유인하려는 내재된 동기를 포함하고 있기 때문이다. 가장 효과적인 간접 전략은 적이 잘못된 기동을 하도록 유인 또는 경악케 하여, 유도에서처럼 자신의 노력이 자신을 전복시키는 지렛대가 되도록 만드는 것이다.

공세 전략에서 간접 접근은 통상 경제적인 목표——적국 또는 적 군대의 보급원——를 지향하는 군수 관련 군사 행동으로 구성되어 있다. 그러나 때때로 이러한 행동은 벨리사리우스의 일부 작전에서와 같이 순수하게 '심리를 목표로 하는' 것이었다. 그 형태가 어떠하든 지향되어야 할 효과는 적 심리의 와해와 적의 분리다. 이들 효과는 간접 접근의 진정한 척도다.

우리의 연구에서 얻을 수 있는 더 발전된 추론——긍정적이지는 않지만 적어도 타당한——은 한 개의 국가 또는 군대와 대적하는 전역에서는 가장 약한 적의 패배가 자동적으로 다른 적의 붕괴로 발전할 것이라는 믿음, 다시 말해 강한 적보다 약한 적에게 먼저 집중하는 것이 더 좋은 결과를 가져온다는 것이다.

고대 세계에서 가장 두드러진 두 전쟁에서 알렉산드로스에 의한 페르시아 정복과 스키피오에 의한 카르타고 정복은 모두 뿌리부터 공격한다는 원칙을 따른 것이다. 이러한 간접 접근 대전략은 마케도니아와 로마제국뿐 아니라 이들의 가장 위대한 후계자인 대영제국을 탄생시켰다. 나폴레옹 보나파르트의 운명과 제국의 힘 역시 간접 전략의 기초 위에 놓여 있었다. 이후에도 이러한 기초 위에서 미국이라는 위대하고 강건한 체제가 발전했다.

간접 접근이라는 기예는 오로지 모든 전사에 대한 연구와 고찰에 의해서 숙달되고 완전히 평가될 수 있다. 그러나 우리는 아래와 같은 두 가지 공리로 이러한 교훈을 축약할 수 있다. 하나는 부정적인 것이고 다른 하나는 긍정적인 것인데, 첫번째는 절대적인 역사의 증거 앞에서 어떠한 장수도 강력하게 진지를 편성하고 있는 적에 대한 직접 공격을 합리화시킬 수 없다는 것이고, 두 번째는 공격에 의해서 적의 균형을 무너뜨리려 하는 대신 실제 공격 전 또는 공격이 성공적으로 실시되기 전에 적의 균형을 무너뜨려야 한다는 것이다.

레닌이 "전쟁의 가장 심오한 전략은 적의 정신적 균열에 의해 치명적인 공격이 가능하고 손쉬워질 때까지 작전을 연기하는 것이다"라고 말한 것을 볼 때, 그는 이러한 기본적인 진리를 알고 있었다. 이것이 항상 적용할 수 있는 것도, 선전 방법이 항상 좋은 결과를 가져다주는 것도 아니다. 그러나 '어떠한 전역에서든지 적의 정신적 교란으로 결정적인 공격이 가능할 때까지 전투와 공격을 연기하는 것이 가장 심오한 전략과 전술이다'라고 바꾸어 말할 수는 있을 것이다.

제2부
제1차 세계대전의 전략

제11장 1914년 서부 전장에서의 계획과 문제

제1차 세계대전의 서부 전역에 관한 연구는 전전戰前 계획에서 출발해야 한다. 프랑스와 독일의 국경은 좁고, 길이가 150마일밖에 되지 않아서 징병제에 의해 생겨나고 발전된 대규모 군대가 기동하기에는 공간이 너무 협소했다. 전선의 남동쪽 끝은 스위스와 인접해 있고 벨포르 근방의 평야지대로 약간 튀어나왔다가 보주 산맥을 따라 70마일 길이로 뻗어 있었다. 따라서 전선은 거의 에피날, 툴, 베르됭을 근거로 하는 요새들을 잇는 연속선과 일치했다. 그리고 베르됭 너머에는 룩셈부르크와 벨기에의 국경이 있었다. 1870년 재난 후의 재건 및 부흥기의 프랑스의 계획은 전선의 요새를 근거로 최초 방어를 실시하다가 결정적인 역습을 수행하는 것이었다. 이 목적을 달성하기 위해 알자스-로렌 전선을 따라 엄청난 규모의 요새 체계가 구축되었고, 에피날과 툴 사이에 있는 트루에 드 샤름 강과 같은 빈틈은 예상되는 독일군의 침공을 유인, 역습이 더욱 확실하고 효율적으로 실시되도록 방치했다.

이 계획은 중립국의 영토를 침범하지 않고 제한된 전선에서 수행 가능한 일종의 간접 접근이라는 데 그 특징이 있었다.

그러나 1914년 이전 10년 동안 드그랑메종De Grandmaison 대령이 주창한 새로운 사상이 등장, 이 계획에 대해 프랑스의 정신과 상반될 뿐 아니라 '공격 정신이 거의 완벽하게 위축된 것'이라는 비난을 가했다. 전면공세 지지자들은 1912년 참모총장으로 임명된 조프르를 자신들 주장의 지렛대로 이용했다. 그리하여 그들은 프랑스군에 대한 통제력을 확보, 예전 계획을 폐기하고 악명 높던 계획 17호를 공식화했다. 이 계획은 '모든 병력을 집중하여' 독일군의 중앙을 곧바로 공격하는 형태의 순수한 직접 접근이었다. 그러나 이러한 전선 전반에 걸친 정면 공격을 위해서 요새화된 전선 지대에 의해 뒷받침되고 있던 적 부대와 거의 대등한 전투력을 보유한다는 가정하에 이러한 계획은 수립되었으나, 프랑스군은 전방으로 돌진함으로써 자신들의 이점을 없애버렸다. 이 계획에서 역사적 경험과 상식이 의미하고 있는 유일한 사항은 메츠 요새만큼은 직접 공격하지 않고 기만되어야 한다는 것이었다. 공격은 요새를 남 또는 북으로 통과하여 로렌을 향하는 것이었다. 프랑스군의 좌익은 독일이 중립국을 침범할 경우 공세를 벨기에령 룩셈부르크까지 연장할 계획이었다. 프랑스군이 독일인인 클라우제비츠로부터 계획의 영감을 얻은 반면, 독일군의 계획은 한니발식에 가까웠지만 그 기원은 나폴레옹식이었다는 것은 역사의 모순이라 할 수 있다.

프랑스군의 계획에 있어서 우발 상황에서 영국이 담당할 역할은 치밀한 계산보다는 지난 10년 간 영국군 편성과 사상의 '유럽화'에 의해 결정된 것이었다. 이러한 대륙의 영향으로 영국은 프랑스군 좌익의 보조 역할을 무분별하게 받아들였고 해양력에 의한 기동력 활용이라는 역사적 전통에서 멀어졌다. 전쟁 발발 당시 개최된 전쟁위원회에서 영국 원정군 사령관이었던 프렌치John French 경은 '기존의 계획'에 대한 의문을 제기하고 그 대안으로서 병력을 앤트워프로 파견할 것을 제안했다. 이러한 조치를 통해 벨기에의 저항을 강화시킨다면 이러한 상황만으로도 독일군이 벨기에를 통하여 프랑스로 전진할 때, 이들의 후방을 위협할 수 있다는 내용이었다. 그러나 윌슨Henry Wilson 소장이 작전부장으로 있을 무렵 일반 참모부는 사실상 프랑스와 직접적인 협조하에 행동할 것을 서약하고 말았다. 1905년과 1914년 사이에 열린 비공식 참모회의에서 영국은 수세기 동안 이어오던 전쟁 정책과는 상반된 길을 열어놓았다.

이것이 기정사실로 굳어지면서 프렌치 경의 전략 개념뿐 아니라, 상황이 분명해지고 군대가 확대될 때까지 기다리자는 헤이그의 요구와 키치너Kitchener의 전선에 너무 근접하여 원정군을 집결시키는 데 대한 구체적인 반대까지도 묵살되었다.

이러한 프랑스군의 최종 계획은 결과적으로 1905년에 슐리펜 Schlieffen에 의해 기안된 독일군 계획 원안을 진정한 간접 접근으로 완성시키는 역할을 했다. 프랑스군의 요새화된 전선으로 만들어진 보이지 않는 벽에 대응하기 위한 논리적인 군사적 방책은 벨기에를 통하여 우회하는 것이었다. 슐리펜은 이 방책을 채택, 가능한 한 멀리 우회하려고 했다. 이상하게도 벨기에에 대한 침공이 개시되었을 때 프랑스군 사령부는 독일군이 뫼즈 강의 동쪽을 통과하는 제한된 전선으로만 전진할 것이라고 가정했다.

슐리펜 계획은 막대한 독일군 병력을 이렇듯 거대한 축의 우익에 집중시키는 것이었다. 우익은 벨기에와 북부 프랑스를 유린하면서 통과한 후 거대한 호를 그리며 점차 좌측, 즉 동쪽으로 회전하도록 되어 있었다. 독일군의 우단이 파리의 남측을 통과하고 루앙 근방에서 센 강을 도하하면 프랑스군은 모젤 강으로 철수할 수밖에 없을 것이고 그렇게 되면 로렌 요새지대와 스위스 국경에 의해 형성된 모루 위에서 그들의 후방을 강타할 수 있을 것이라는 예상이었다.

이 계획의 진정한 심오함과 간접성은 지형적 우회가 아니라 병력의 배분과 이를 가능하도록 한 개념에 있었다. 대규모 공세가 개시되었을 때, 동원 군단을 상비 군단과 함께 작전하도록 함으로써 최초의 기습을 달성하고자 했다. 72개 사용 가능한 사단 가운데 53개 사단이 우회 기동 집단에 할당되었고, 10개 사단은 베르됭을 마주하고 있는 축을 구성했으며, 단지 9개 사단만이 프랑스 전선을 따라 좌익을 형성하도록 되어 있었다. 가능한 한 최소 규모로 좌익을 축소한 것은 이러한 약점을 이용하여 우회 기동 집단의 효과를 증대시키려는 치밀한 계산에 의한 것이었다. 만약 프랑스군이 로렌을 공격하여 좌익을 라인 강까지 밀어붙인다면 벨기에를 통한 독일군의 공격을 피하기 어려울 것이고, 더 나아가 매우 어려운 상황에 직면하게 될 것이기 때문이다. 마치 회전문처럼 프랑스군이 강력하게 한 쪽을 압박하면 다른 쪽은 돌아서 그들의 뒤를 공격할 것이고, 강하게 압박하면 할수록 공격은 더욱 강력해질 것이라는 계산이었다.

지형적으로 벨기에를 통과하는 슐리펜 계획은 공간과 병력 밀도의 관계에서 보면 매우 제한적인 전략적 간접 접근이었다. 좌익에 대한 심리적 의도와 병력 배분은 이 계획을 분명한 간접 접근으로 만들었다. 그리고 프랑스의 계획은 이를 더욱 완벽하게 했다. 만약 유령이 웃을 수 있다면 죽은 슐리펜은 프랑스군이 함정에 빠질 하등의 이유가 없었음에도 이에 걸려드는 것을 보고 웃었을 것이다. 그러나 그의 웃음은 곧 한탄으로 바뀌었다. 왜냐하면 그의 후임자인 몰트케——가계 내 연배로는 어리지만 신중함에서는 더 노회한——가 이 계획을 사전 준비 단계에서 수정·훼손한 후 실행 단계에서 다시 폐지해버렸기 때문이다.

1905년과 1914년 간에 몰트케는 더 많은 병력이 사용 가능함에 따라 우익에 비하여 불균형적으로 좌익에 병력을 증강시켰다. 그는 좌

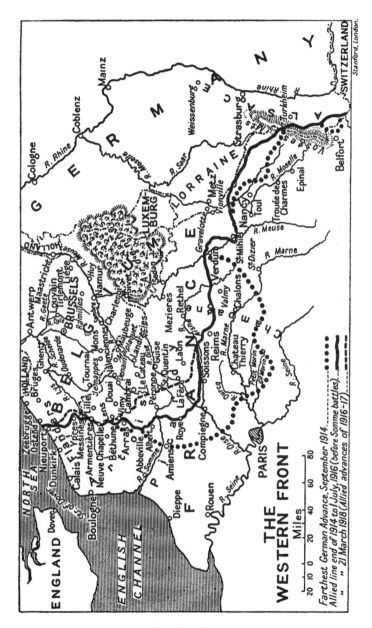

서부 전선, 1914

익을 안전하게 함으로써 계획 자체를 불안하게 만들었고 더욱이 슐리펜 계획의 기초를 약화시켜 결국 이것을 붕괴시키게 되었다.

1914년 프랑스의 공세가 더욱 발전했을 때 몰트케는 그 도전에 직접적인 방법으로 대응하여 우익의 우회를 연기하고 로렌에서 결정적인 성과를 달성하려는 유혹에 더욱 빠져들었다. 그 충동은 일시적인 것이었으나 얼마 후에는 새로 편성된 6개 알자스 사단이 로렌에 투입되었는데 이 부대들은 우익에 투입될 병력이었다. 로렌에 대한 공격의 충동에 더하여 이 6개 사단을 증강받음으로써 로렌에 있던 독일군 지휘관들은 자기 억제를 해야 되는 임무를 갈수록 혐오하게 되었다. 바바리아의 루프레히트Rupprecht 공은 계속 철수하여 프랑스군을 유인하는 작전을 실시하지 않고 대신에 전투를 실시하기 위하여 자신의 부대를 정지시켰다. 루프레히트 공은 프랑스군의 공격 속도가 느린 것을 알고 인접 부대와 협조하여 독일군측에서 공격을 실시하여 프랑스군의 공격을 저지하려고 준비했다.

프랑스군 19개 사단에 비해 루프레히트의 부대와 인접 부대는 도합 25개 사단이었으나 아직 독일군의 반격을 결정적인 것으로 만들기 위해서는 전략적 위치나 전투력의 우세가 미비했다. 전투 결과는 국경 요새 지역까지 철수시키는 데 그쳤고 이로써 프랑스군은 저항 능력을 회복하고 증강시켰을 뿐 아니라 마른 강 전선에 부대를 파견할 수 있게 되었다.

로렌에서 독일군의 행동은 우익의 병력 및 임무의 축차적인 삭감만큼 명백히 실행된 것은 아니라 하더라도 앞서의 그러한 조치보다 더욱 근본적으로 슐리펜 계획을 흔들어놓고 말았다. 그리하여 여러 가지 이유로 우익은 대단히 약화되었고, 결국 붕괴 현상이 빚어지고 말았다.

우익을 증강해야 할 6개 사단이 로렌에 전용된 외에 앤트워프, 지베, 모보주에 대한 포위 및 감시를 위해 다시 7개 사단이 우익에서 차출되었다. 그 후 몰트케는 동프러시아 전선을 증강하기 위해 다시 우익에서 4개 사단을 차출했다. 가장 우익에 위치한 클루크군이 인접 부대의 요구에 응하여 몰트케의 승인하에 너무 일찍 우회를 시작함으로써 파리 예비대에 클루크군을 포착할 기회를 제공했다. 당시 이토록 결정적인 측에 영불 연합군은 27개 사단을 보유하고 있었으나 독일군이 배치한 사단수는 13개에 불과했다. 이 사실은 슐리펜이 구상하고 있던 '결정적인 측익'이 이때까지 직·간접적으로 얼마나 약화되었는지를 잘 보여준다. 이러한 독일군의 열세는 우익에서 병력을 차출함으로써 비롯된 것임에 반해 프랑스군의 우세는 잘못된 지시를 받은 독일군 좌익의 행동에서 비롯된 것이었다.

만일 프랑스군의 좌익이 로렌으로 깊숙이 전진할 수 있었다면 좌익에서 우익으로 사단을 이동시키는 것은 불가능했을 것이다. 그러나 병력 전용과 축소를 고려하지 않는다고 하더라도 독일군 우익의 전투력으로 전선을 유지할 수 있었을지는 의심스럽다. 왜냐하면 뫼즈 강에 건설되어 있던 여러 교량을 벨기에측이 파괴하여 독일군은 8월 24일 전에는 리에주를 통과하는 철도를 운행할 수 없었고 8월 24일 후에도 조잡한 우회용 철로밖에 이용하지 못했기 때문이다. 이러한 수송로의 차단으로 독일군은 처음 계획대로 우익을 증강할 수 없었다. 그뿐 아니라 독일군 우익 전체를 구성하는 3개 군의 보급은 절반쯤 마비되어 있던 하나의 동맥을 통과해야 했다. 프랑스와 영국군이 철수하면서 실시한 초토화 전술 또한 독일군의 보급 유지를 곤란하게 했다. 마른 강 선에 이르렀을 때, 독일군은 굶주린 채로 강행군을 실시하여 나치 패잔병과 같은 몰골이었다. 만일 몰트케가 수없이 비난받았던 우익에서의 병력 차출을 피하고, 멀리 전진한 우익에 대규모 병력을 투입했다면 독일군의 상태는 더욱 악화되었을 것이다. 오랫동안 간과되어왔던 미국 남북전쟁의 교훈이 이곳에서 반복된 것이다. 즉 철도의 발전과 더불어 군대가 철도라는 고정되고 취약한 병참선에 의존하게 된 결과, 장거리 작전에서 붕괴될 위험 없이 유지할 수 있는 정도를 초과하여 병력을 전개시킬 수 있었던 것이다.

우리는 마른 강 전투에서 전술과 전략 사이의 불분명한 경계선을 넘나들어야 했으나, 전세의 방향을 바꾼 이 전투는 '접근'이라는 문제에 많은 빛을 비추고 있으며 검토할 만한 가치가 있다. 이러한 빛을 검토하는 데는 사건의 배경을 아는 것이 필수적이다.

조프르의 프랑스군 우익이 로렌에서 격퇴당한 후 중앙은 아르덴에서 곧바로 반격을 실시했고, 전개가 지연된 좌익은 상브르 강과 뫼즈 강 사이에서 참담한 포위를 당하기 직전에 간신히 탈출할 수 있었다. 조프르는 계획 17호가 독일군에게 분쇄당하자 패전한 가운데서도 새로운 계획을 수립했다. 그는 베르됭을 축으로 좌익과 중앙을 우회시키는 한편, 이제는 강력하게 버티고 있던 우익에서 부대를 차출, 새로이 6개 군을 좌익에 편성할 결심을 했다.

전선의 전투 지휘관들이 제출한 매우 화려한 최초 보고에 의해 독일군 총사령부는 결정적인 승리를 얻고 있다는 인상을 갖게 되었다. 이때, 상대적으로 적은 포로 수에 대해 의구심을 갖게 된 몰트케는 정확하게 상황을 판단했다. 몰트케의 새로운 비관론은 군 사령관들이 막 갖게 된 낙관론과 결합하여 재앙의 씨앗을 포함하고 있는 새로운 계획이 등장하기에 이른다.

8월 26일, 영국군의 좌익이 큰 손실을 입고 르 카토에서 남쪽으로 철수했을 때 클루크 지휘하의 독일 제1군은 다시 남서쪽으로 방향을 전환했다. 이러한 방향 전환은 영국군이 채택할 철수로를 잘못 예측한 데 부분적인 원인이 있다고 하더라도 대규모 우회 기동을 한 것은 클루크의 고유 임무였다. 새로이 편성된 프랑스 제6군의 선발대가 로렌 지역에서 전용되어 열차에서 하차 중이었던 아미앵-페론 지역으로 그가 이동하자 프랑스 제6군은 서둘러 철수할 수밖에 없었고, 이는 조기에 공세로 전환한다는 조프르의 계획을 교란시키는 효과를 낳았다.

그러나 클루크는 남서쪽으로 우회하여 나오자마자 다시 안으로 우회하여 들어올 수밖에 없었다. 영국군에 대한 압력을 줄이기 위해 조프르는 인접 군(랑르작)에게 정지하여 추격 중인 독일 2군(뷜로)을 향해 반격을 실시하도록 지시했고, 이러한 조치에 위협을 느낀 독일 제2군은 클루크에게 지원을 요청하게 되었다. 8월 29일, 랑르작의 공격은 이러한 지원이 요청되기 전에 저지되었다. 그러나 이러한 상황에서도 뷜로는 랑르작의 퇴로를 차단하기 위해 클루크에게 안으로 우회하여 들어오도록 요청했다. 그는 이러한 지원 요청에 답하기 전에 먼저 몰트케에게 보고했다. 당시는 몰트케가 전반적으로 프랑스군이 접촉을 단절하고 이탈하는 데 대해서, 특히 2군과 제3군 사이에 발생한 간격 때문에 동요하던 시기였다. 따라서 몰트케는 클루크의 방향 전환을 허용했고 이는 애초 계획했던 파리 반대편을 우회하는 광범위한 기동을 포기한다는 것을 의미했다. 이제 우회 기동을 실시하는 독일군의 측방은 파리의 인접 측면을 지나 파리 방어의 정면을 통과하고 있었다. 이처럼 정면을 축소하고 완전하게 직접 접근을 실시함으로써, 몰트케는 안전을 이유로 슐리펜 계획상의 장거리 우회 기동에 내재되어 있던 폭넓은 전망을 희생시키게 되었다. 이미 입증되었듯이 그는 위험을 감소시키는 대신 치명적인 역습을 허용하고 말았다.

최초 계획을 포기하는 것은 9월 4일에 분명히 결정되었고 몰트케는 슐리펜 계획 대신 프랑스군의 중앙과 우익에 대한 좁은 포위를 채택했다. 몰트케의 좌익(제6군, 제7군)이 요새화된 장벽을 돌파하기 위해 남서쪽으로 툴과 에피날의 사이를 공격하는 동안, 중앙(제4군, 제5군)은 남동 방향으로 압박을 가해 베르됭의 양측에서 '자루'를 안으로 폐쇄하고자 했다. 그 동안 우익(제1군, 제2군)은 밖으로 우회하여 서측을 향하고 프랑스군이 파리 부근에서 시도할 대응책을 저지하도록 되어 있었다. 그러나 프랑스군의 이러한 대응책은 새로운 계획이 효과를 발휘하기 전에 이미 시작되었다.

기회를 더 빨리 포착한 것은 계속 철수할 것을 명령한 조프르가 아닌 파리 수비사령관 갈리에니Galliéni였다. 9월 3일, 갈리에니는 안으로 방향을 전환한 클루크의 기동이 의미하는 바를 인식하고 제6군의 모누리Maunoury에게 노출된 독일군 우측방에 대한 공격 준비를 지시했다. 다음날 온종일 조프르의 사령부에서는 격론이 벌어졌는데 '즉각적인 반격'이 조프르의 군사 보좌관인 가믈렝Gamelin 소령에 의해 지지되었던 반면, 일반 참모부 내에서 가장 입김이 강한 베르텔로Berthelot는 이에 강력하게 반대했다. 이 사안은 그날 저녁, 갈리에니가 전화 통화를 하고 나서야 이견이 조정되었고 조프르의 승인을 얻었다. 일단 확신을 갖게 되자 조프르는 과감하게 행동했다. 좌익의 전 부대는 방향을 전환하여 9월 6일 개시되는 총공세에 가담할 것을 지시받았다.

모누리는 5일 일찍 공격을 개시했고, 이 때문에 독일군의 민감한 측방에 가해지는 압력이 강해지자 클루크는 먼저 일부 부대를 철수시키고 이후 잔여 부대를 철수시켜 위협받는 측위를 지원할 수밖에 없었다. 이에 제1군과 제2군 사이에는 30마일의 간격이 발생했고 이 간격에서는 기병이 차장만을 실시하고 있었다. 클루크는 이 간격을 담당하고 있던 영국군이 신속하게 철수했음에도 모험을 감행할 만큼 대담해졌다. 5일에도 영국군은 방향을 전환하지 않고 하루 더 남쪽을 향해 행군했다. 그러나 이러한 '퇴장'에는 간접적이고 의도되지 않았던 승리의 원인이 내재되어 있었다. 영국군이 되돌아올 무렵, 이들의 행군 종대가 앞서 말한 '간격'을 향해 전진하고 있다고 9월 9일 보고되었기 때문에 뷜로는 자신의 제2군에게 철수하도록 명령했다. 자신의 행동에 의해 이미 고립된 제1군은 모누리에 대해 가졌던 일시적인 이점이 상실되자 같은 날 철수했다.

철수는 각 부대의 자체 계획 또는 몰트케의 지시에 의해서 전체 독일군에 걸쳐 11일까지 계속되었다. 베르됭을 축으로 하는 부분적인 포위는 이미 실패했다. 제6군과 제7군에 의해서 형성된 자루는 프랑스군이 동부 전선에서 실시한 방어에 의해 입구가 파괴되었다. 전쟁 전, 독일군 지휘부가 그 달성 가능성이 희박하다는 냉정한 결론을 내리고, 실행 가능한 유일한 대응책으로 벨기에를 통한── 그 나라의 중립성을 침범하면서── 전진이라는 중대 결심을 할 수밖에 없었음에도 어떠한 논리로 이러한 임시 방편의 정면 공격을 확신하고 집착하게 되었는지는 이해하기 어렵다.

요컨대 마른 전투는 한 번의 충격과 한 번의 균열로 결정되었다. 모누리가 독일군의 우측방에 가한 충격은 독일군 전선의 약한 부분에 균열을 발생시켰고, 이러한 물리적 균열은 다시 독일군 지휘부의 정신적 균열을 초래했다.

이러한 상황을 배경으로 클루크의 간접 기동, 즉 르 카토 배후의 외곽을 지향한 우회는 조기에 공세로 전환하려는 조프르의 두 번째 계획을 무산시켰다. 이러한 그의 우회 기동은 프랑스와 영국의 위태로운 철수를 가속화할 정도로 가치 있는 것이었고, 그가 뒤이어 실시한 적의 내부를 직접 지향하는 우회는 독일군 계획에 치명적이었다. 또한 몰트케의 전략적 접근이 점점 더 직접적인 것으로 변화되었으며, 독일군 좌익의 정면 공격이 값비싼 대가를 치른 실패였을 뿐 아니라 이러한 대가에 상응하는 어떠한 전략적 이점도 가져다주지 못했다는 것도 주목할 만하다.

조프르의 철수를 간접 접근으로 구분하는 것은 아마도 억지일 것이다. 마른에서 그의 기회는 조성된 것도 추구된 것도 아니라 우연히 나타난 것이었다. 갈리에니의 공격은 독일 제1군과 제2군이 새로 측위를 배치하기 직전에 실시되었다. 그러나 이것은 결정적인 결과를 창출하기에는 너무나 직접적이었고, 조프르가 최초에 지시한 대로 마른 남쪽에서 실시했더라면 더욱 직접적인 것이 되었을 것이다. 결국 실제로 전투를 결정지은, 다시 말해 독일군을 철수로 이끈 기동은 의도되지 않은 간접 접근에 의해 실시된 것으로 일종의 역사의 희극이라고 할 수 있다. 이러한 의도되지 않은 간접 접근은 영국 원정군이 철수했다가 운 좋게도 뒤늦게 긴장되고 약화된 독일군 우익의 연결부에 다시 등장한 데 따른 것이었다. 프랑스 비평가들은 이러한 지연이 약간 다른 관점에서 토끼와 거북의 우화에 새로운 의미를 부여했다는 점을 인식하지 못한 채 영국 원정군을 비난해왔다. 만약 영국 원정군이 빨리 복귀했다면 이 연결부는 매우 약화되지 않았을 것이다. 모누리의 공격은 결정적인 상황을 조성하지 못했다. 왜냐하면 독일군 2개 군단이 연결부에서 이탈, 이동 중이어서 상황에 아무런 기여를 하지 못하고 있을 때, 그는 이미 돈좌頓挫되었기 때문이다.

그러나 우리는 독일군이 철수한 원인을 분석하는 데 습관적으로 간과되는 요소를 반드시 고려해야 한다. 그것은 독일군의 후방과 병참선을 위협할 수 있는 벨기에 해안의 연합군 상륙 보고에 대해 독일군 총사령부가 민감하게 반응했다는 사실이다. 그들이 마른 전투가 개시되기도 전에 철수했던 것은 바로 그 때문이었다. 9월 3일, 총사령부대표인 헨치Hentsch 중령은 제1군에 도착하여 뒤늦은 준비 명령을 하달하고 다음과 같은 내용을 알려주었다. "좋지 않은 소식이다. 제7군과 제6군은 낭시 - 에피날 전방에서 저지되었고, 제4군과 제5군은 강력한 저항을 받고 있다. 프랑스군은 자신의 우익에서 프랑스로 병력을 집결시키고 있고, 영국군은 벨기에 해안에 병력을 하선시키고 있다. 이곳에 러시아 원정군이 발견된다는 첩보가 있다. 철수가 불가피하다."

독일군 총사령부의 민감한 반응 때문에 오스탕에 상륙한 해병 3개 대대가 48시간 후에는 병력 4만의 군단으로 과장되어 있었다. 러시아군은 흥분한 영국인 기관사의 상상에 의해 생겨난 것이었다(화이트 홀에는 이 '무명의 기관사를 위한' 동상이 건립되어야 할 것이다). 역사가들은 오스탕에 일시적으로 방문한 이 선발대가 러시아 인에 대한 신화와 함께 마른 승리의 주역이었다는 결론을 쉽게 내릴 수 있을 것이다.

보이지 않는 유령 부대의 심리적 효과가 벨기에군의 앤트워프로부터의 공격——실제로는 9월 9일에 개시된——에 대한 공포로 인해 독일군이 벨기에에 물리적으로 구속되는 상황과 함께 가중되었을 때, 판단의 균형은 존 프렌치 경이 전쟁 초기에 제안한 전략의 방향으로 많이 기우는 것으로 비춰졌다. 이로 인하여 영국 원정군은——소극적인 영향뿐 아니라——적극적인 영향을 전쟁에 미칠 수 있었다.

독일군 후방에 대한 벨기에 해안의 잠재적인 위협은 몰트케의 후임자인 팔켄하인Falkenhayn에 의해 철저히 평가되었다. 그의 최초 조치는 앤트워프에서 병력을 차출하는 것이었는데, 이에 의하여 간접 접근이 가미된 기동의 씨앗이 자라게 되었다. 이 조치의 실행은 최초 구상에 미치지 못하여 그보다 훨씬 직접적이었으나 연합군을 재앙의 경계선으로 이끌기에 충분한 것이었다.

9월 17일, 독일군의 측방을 앞지르려는 모누리의 시도가 비효율적임을 안 조프르가 드가스텔노de Castelnau의 지휘하에 측방 우회 기동을 위한 새로운 군을 창설하기로 결심하기 전에 연합군의 정면 추격은 엔 강에서 확실히 저지되었다. 이 무렵 독일군은 결속력을 회복했고 이제 독일군 지휘부는 당연한 예상선을 따라 실시되는 이러한 제한적인 기동에 대응할 준비가 되어 있었다.

다음달은 서로의 서측방을 앞지르려는, 명백하지만 소득 없는 일련의 시도로 흘러가게 되었는데, 정확한 표현은 아니지만 많은 사람들은 이것을 '바다로의 경주'라고 부른다. 이 경주에서 조프르보다 훨씬 먼저 지친 팔켄하인은 10월 14일, 이후 예상되는 연합군의 시도를 위한 전략적 함정을 계획했다. 앤트워프가 함락됨으로써 자유로워진 부대와 새로이 창설된 4개 군단이 벨기에 해안을 따라 남으로 유린해 나가면서 공격 중인 연합군의 측후방을 분쇄하는 동안, 마지막으로 편성된 측방군은 적의 시도를 회피한다는 것이었다. 그는 연합군 사령부가 조기에 사태의 심각성을 파악하지 못하도록, 앤트워프에서 벨기에 야전군을 추격하는 부대를 일시 정지시키기까지 했다.

연합군에게는 다행스런 일로서, 신중함 때문인지 현실주의 때문인지 알베르Albert 왕은 서로의 측방을 따라잡는 경주에 참가하게 해달라는 포슈Foch의 요청을 거절, 해안 지역을 포기하지 않았다. 이에 벨기에군은 북으로부터의 독일군의 공격을 저지하고 궁극적으로 해안 저지대를 침수시킴으로써 이를 좌절시킬 수 있는 입장에 서게 되었다. 이로써 팔켄하인은 연합군의 측방으로 좀더 직접적인 접근을 시도할 수밖에 없었다. 이 측방은 엔 강에 헤이그의 군단이 도착함으로써 이프르 강까지 연장되었다.

먼저 도착한 영국군 우익과 중앙 군단이 시도한 전진은 이미 돈좌되었지만, 존 프렌치 경은 헤이그 휘하의 좌익에게 적 측방을 따라잡는 조프르의 꿈을 실현하도록 지시했다. 다시 한번 다행스럽게도 이러한 시도는 너무 일찍 개시된 독일군의 공격과 동시에 실시되어 무산되고 말았다. 이때 포슈의 영향을 받은 프랑스군은 하루 이틀 사이에 영국군의 '공격'이 진척 중이라고 믿었으나, 실제로 영국군은 격퇴당하지 않으려고 힘든 전투를 실시하고 있었다. 프랑스군과 영국군 사령부가 지닌 현실 인식상의 환상은 이프르 전투가 잉케르만에서와 마찬가지로 근본적으로 '병사들의 전투'였다는 사실에 부분적인 책임이 있다. 팔켄하인 역시 해안을 따라 남으로 전진하는 꿈이 사라지자 한 달 동안 직접 접근으로 결정적인 성과를 창출하려고 시도했다. 여느 때와 마찬가지로 병력의 열세에도 불구하고 직접 방어는 직접 공격에 승리했고 참호선이 스위스 전선에서부터 바다까지 구축되어 교착 상태가 계속되었다.

1915~17년의 서부 전장

이후 4년에 걸친 영불 연합군에 대한 군사 기록은 강제로 방어선을 돌파하거나 곤란을 무릅쓰고 교착 상태를 돌파하려는 시도로 점철되어 있다.

서부 전선에서는 끝없는 참호의 평행선에 의해 전술은 절름발이가 되었고 전략은 전술의 시녀가 되었다. 1915~17년의 전략적 측면은 그리 많은 연구를 필요로 하지 않는다. 연합군측의 전략은 순수한 직접 접근 전략이었으며 교착 상태를 타개하는 데 비효율적이었다. 소모 전략의 장점과 전체 기간이 하나의 연속된 전투로 간주되어야 한다는 주장에 상관없이, 결정적인 성과를 창출하는 데 4년이 걸리는 방법은 본받아야 할 모델로는 적절하지 않을 것이다.

1915년 뇌브 샤펠 공세에서 단행된 최초의 시도는 직접 접근이었으나 적어도 전술적 기습만큼은 추구하여 이루었다. 이후 장기간 실시된 '경고' 사격으로 모든 시도는 무모한 정면 공격의 형태를 띠었다. 이러한 성격을 가진 사례로는 1915년 5월 아라스 근방에서 실시된 프랑스군의 공세가 있다. 1915년 9월 캉브레와 아라스 북방에서 있었던 영불 연합군의 공세, 1916년 7~11월 영불 연합군의 솜 전투, 1917년 영불 연합군의 엔 강·아라스 공세가 이러한 성격의 공세였고, 마지막으로 1917년 7~10월 영국군의 이프르 공세는 찰스 2세의 죽음과 더불어 파셴다엘 습지에서 소멸할 때까지 오랜 시간이 걸렸다. 1917년 11월 20일 캉브레에서 장기간의 공격 준비 사격 대신 갑자기 쏟아져나온 전차의 집중적인 운용으로 전술적 기습이 부활했다. 그러나 개시 때에는 무척 행복했지만 마지막은 무척 불행했고 전략적으로 소규모인 이 공격을 간접 접근으로 보기는 어렵다.

독일군측의 전략은 1916년 중반에 실시된 베르됭 공세를 제외하고는 엄격히 수세적인 것이었다. 역시 이 전략도 근본적으로 직접적인 것이었다. 그러나 마치 거머리처럼 제한된 공격을 무제한적으로 적용함으로써 적을 과다 출혈로 죽음에 이르게 하겠다는 정신은 간접적인 것이라고 볼 수 있다. 그러나 이러한 공격을 과도하게 실시하여 스스로 파산하고 말았다.

1917년 봄, 루덴도르프가 정교하게 구상하고 준비한, 독일군 일부 병력을 철수시켜 힌덴부르크 선에 배치한다는 내용의 계획은 간접 접근의 속성에 좀더 가깝지만 목적에서는 순수 방어적인 것이었다. 새로운 영불 연합군의 솜 공세를 예상하여 엄청난 인력과 자원을 랑—노용—랭스를 연결하는 호弧를 따라 새 참호선이 구축되었고, 독일군은 호 내의 전 지역을 초토화시킨 후 새롭고 좀더 짧은 방어선으로 조직적인 철수를 실시했다. 지역을 양보하는 정신적 용기가 돋보이는 이 기동은 연합군의 춘계 공세 계획 전체를 와해시켰다. 따라서 이 기동에 의해 독일군은 중대한 위험과 연합군의 공세로부터 1년 간 유예기간을 얻는 성과를 거두었고 이 동안 러시아는 완전히 붕괴되었으며 루덴도르프는 1918년 최고사령관이 되어 병력의 우세를 이용, 승리에 도전할 수 있었다.

제12장 북동부 전장

　동부 전선에서의 전역 계획은 서부 전선과 마찬가지로 만화경과 같은 운명의 변화를 보여주기는 했지만 좀더 유동적이고 정교하지 못한 것이었다. 지형적 조건이 계산 가능한 것이었다면 계산이 불가능한 것은 러시아의 집결 속도였다.

　러시아령 폴란드는 러시아로부터 돌출된 거대한 혀와 같은 지역으로 독일과 오스트리아의 영토로 삼면이 둘러싸여 있었다. 북쪽으로는 동프러시아, 그 뒤로는 발트 해가 위치해 있었고, 남쪽으로는 오스트리아의 갈리치아 지방이, 그 뒤로는 카르파티아 산맥이 헝가리 평원으로 들어가는 길을 막고 서 있었으며, 서쪽에는 실레지아가 있었다.

　독일의 접경 지역에는 전략적 철도망이 발달되어 있었으나, 반대편 폴란드에는 러시아와 마찬가지로 빈약한 병참선만이 있었다. 따라서 독일측 동맹은 러시아의 전진에 대응하여 치명적인 타격을 가할 수 있는 이점을 확보하고 있었다. 그러나 동맹군측이 폴란드와 러시아 본토로 진격해 들어갈수록 이러한 이점을 상실하게 되었다. 따라서 역사적 경험을 통해 보자면 자신이 직접 공격을 실시하는 대신, 러시아로 하여금 공격하도록 유인하여 반격을 실시하는 것이 가장 유리한 전략이라는 것을 알 수 있다. 하나의 결점은 이러한 포에니 전쟁식의 전략이 러시아로 하여금 힘을 집중하고 그들의 엉성하고 녹슨 군대를 가동시킬 시간을 준다는 점이었다.

여기서부터 처음으로 독일측과 오스트리아측의 의견 대립이 나타났다. 양측이 동의했던 바는 독일이 프랑스를 분쇄할 때까지 6주 동안——희망 사항이지만——러시아를 견제한 다음, 프랑스 정복 후 동부로 병력을 전환, 오스트리아와 합류하여 러시아에 대한 결정적인 공격을 가한다는 것이었다. 의견의 차이를 보인 것은 그 수행 방법이었다. 독일은 프랑스에 대한 결정적인 성과를 달성하기 위해 동부에 최소한의 병력만을 남겨두기를 희망했다. 이들이 동프러시아에서 모든 병력을 차출하여 비스툴라 강 방어선에 배치하지 않은 유일한 이유는 국토를 침략자에게 노출시키기를 꺼리는 정치적 반대 때문이었다. 그러나 참모총장인 콘라드 폰 회첸도르프Conrad Von Hötzendorf의 영향을 받은 오스트리아는 러시아군을 분쇄하기 위한 즉각적인 공세를 원했다. 오스트리아측의 전략에 의해, 프랑스 전역이 결판나는 동안 러시아를 완전히 견제시킬 수 있다는 확신이 서자 마침내 몰트케는 이 전략에 동의했다. 콘라드의 계획은 2개 군으로 폴란드를 향해 북동방향으로 공세를 실시하고, 그 우측으로 2개 군을 투입한다는 것이었다.

연합군측에서도 한 나라의 희망 때문에 다른 나라의 전략이 치명적인 영향을 받았다. 러시아군 사령부는 군사적·인종적인 동기에서 우선 자신들이 완전하게 지원을 받을 수 있을 때까지 오스트리아에 집중하고, 러시아군이 완전히 동원될 때까지는 독일을 내버려두기를 원했다. 그러나 독일군의 압력을 감소시키기를 원했던 프랑스는 러시아가 동시에 독일에 대한 공격을 실시해야 한다고 주장했다. 결과적으로 러시아는 병력 수나 조직 면에서 준비가 되지 않은 상태에서 추가적인 공세를 실시하는 데 동의했다. 남서부 전선에서는 각각 2개 군씩 4개 군이 갈리치아에서 오스트리아군에 대한 협격을 실시하기로 되어 있었고, 북서부 전선에서는 2개 군이 동프러시아에서 독일군에 대한 협격을 실시하도록 되어 있었다. 행동이 느리고 조잡한 편성으로 유명한 러시아는 신중한 전략을 택하지 않을 수 없었으나 파격적으로 2개 방향의 직접 접근을 실시할 계획이었다.

전쟁이 개시될 무렵, 러시아 총사령관인 니콜라이Nicholas 대공은 연합국 프랑스에 대한 압력을 줄이기 위해 동프러시아 침공을 가속화했다. 8월 17일 레넨캄프Rennenkampf의 야전군은 동프러시아의 동부 국경을 넘었고, 8월 19일과 20일 굼빈넨에서 프리트비츠Prittwitz가 이끄는 독일 제8군과 조우하여 격퇴시켰다. 8월 21일 프리트비츠는 삼소노프Samsonov의 야전군이 자신의 후방인 동프러시아의 남부 국경을 돌파했다는 보고를 접했는데, 3개 사단이 후방 수비 임무를 수행 중이던 이곳을 러시아군 10개 사단이 공격했던 것이다. 당황한 프리트비츠가 즉시 비스툴라 강 너머로 철수해야 한다고 말하자, 몰트케는 그를 해임했고 예비역 장군인 힌덴부르크를 그 후임으로, 루덴도르프를 참모장으로 임명했다.

이미 제8군 작전참모 호프만 대령이 기안했던, 필수 부대 이동을 포함한 계획을 더욱 발전시킨 루덴도르프는 삼소노프의 좌익에 6개 사단을 집중시켰다. 러시아군에 비해 전투력이 열세한 이 부대들로는 결정적인 전과를 이끌어낼 수는 없었지만, 레넨캄프가 아직 굼빈넨 근처에 있다는 것을 알아낸 루덴도르프는 차장 임무를 수행할 1개 기병 사단을 제외한 전 독일군을 전선으로부터 철수시켜 삼소노프의 우익에 신속히 집중시키는 계산된 모험을 감행했다. 이렇듯 과감한 기동이 가능했던 것은 두 야전군 지휘관 사이에 유선이 가설되지 않았다는 점, 그리고 무선이 독일군에 의해 쉽게 감청된다는 점 때문이었다. 집중 공격에 의해서 삼소노프의 측방이 분쇄되고 중앙이 포위됨으로써 사실상 야전군은 격파되었다. 만약 기회가 만들어진 것이 아니라 주어진 것이었다면 이토록 짧은 탄넨베르크 전역은 '내선'의 형태를 갖춘 간접 접근의 거의 완벽한 사례가 되었을 것이다.

이때 프랑스 전선에서 새로이 2개 군단을 증원받은 독일군 사령관은 굼빈넨에서의 손실과 정보 부족으로 전투력을 소진한 레넨캄프를 향해 천천히 전진을 개시하여 이들을 동프러시아에서 축출했다. 이 전투 결과, 러시아군은 25만에 달하는 병력 손실을 당했으나 이보다 더 큰 손실은 많은 물자를 잃어버렸다는 사실이었다. 그러나 적어도 러시아의 동프러시아 침공은 독일군 2개 군단을 서부로부터 전환시킴으로써, 마른에서 프랑스군이 소생하는 데 기여한 것만은 사실이었다.

그러나 탄넨베르크의 효과는 멀리 갈리치아 전선에서 전쟁 양상이 중앙 제국(독일, 오스트리아 동맹)에 불리하게 기우는 것으로 상쇄되고 말았다. 오스트리아 제1군 및 제4군의 폴란드 침공은 초기에는 진전이 있었으나, 러시아 제3군과 제8군이 오스트리아군의 우익을 방호하고 있던 취약한 제2군과 제3군에 맹공격을 실시하자 이내 저지되었다. 이들 2개 야전군은 참패를 당하고(8월 26~30일) 렘베르크를 통해 철수했다. 이로 인해 러시아군 좌익의 전진은 승리를 거두고 있던 오스트리아군 좌익의 후방에 대한 위협이 되었다. 콘라드는 러시아군 측방으로 좌익의 일부를 우회시키려 했으나 이러한 시도는 곧 좌절되었다. 그리고 이때 러시아군 우익이 새로 전진하여 자신의 부대가 와해되자 그는 9월 11일 총퇴각을 실시하여 전투력을 보전할 수밖에 없었는데, 크라코바 근처에 이르는 이 철수는 9월 말까지 계속되었다.

오스트리아군이 패주하자 독일군은 원군을 파견할 수밖에 없었다. 동프러시아의 대부대는 제9야전군으로 신규 편성되었고 폴란드 남서단 지역으로 재배치되어 새로이 개시된 오스트리아군의 공세와 보조를 맞추어 바르샤바로 진격했다. 그러나 러시아군은 동원을 거의 완료, 최대의 전투력을 건설하고 있었고, 재편성한 부대로 역습을 실시하여 동맹군의 전진을 격퇴시킨 후 실레지아에 대한 강력한 침공을 실시하며 이들을 추격했다.

니콜라이 대공은 7개 군을 이용하여 거대 집단을 편성했다. 3개 군은 선두에 배치되고 2개 군이 각각 양측익에 배치되었다. 이보다 전방에 배치된 제10군은 동프리시아의 동쪽 끝단 지역을 침공하여 약체인 독일군과 대치 중이었다.

이러한 위기 속에서 독일군 동부 전선은 힌덴부르크 — 루덴도르프 — 호프만으로 구성된 확고한 계선의 지휘하에 있었고 이들은 독일 전선 내부의 동서 횡단 철도망에 근거하여 또 다른 절묘한 공격 계획을 수립했다. 러시아군이 진격하기 전에 철수한 제9군은 빈약한 폴란드 병참선망을 조직적으로 파괴하여 러시아군의 전진 속도를 둔화시켰다. 제9군은 적의 압박을 받지 않고 실레지아로 철수한 후, 북쪽의 포젠-토른 지역으로 배치되었고, 11월 11일에는 러시아군의 우익을 방호하고 있던 2개 야전군의 연결 지점을 목표로 비스툴라 강의 서안까지 남동 방향으로 전진했다. 마치 나무망치로 쐐기를 때려 박듯 이들은 적의 양개 군을 분리, 제1군은 모스크바로 철수시켰고 제2군에게는 제2의 탄넨베르크 전투라고 불러도 좋을 만한 참패를 안겼다. 제2군은 로즈 근방에서 포위되다시피 했고 이때 러시아군 선두에 배치되어 있었던 제5군이 이를 구출하기 위해 방향을 되돌려 파견되었다. 결과적으로 독일군은 러시아군을 위해 준비해둔 운명에 자신들이 빠지게 되었으나 주력 부대가 있는 곳으로 탈출할 수는 있었다. 독일군이 전술적 승리를 달성하는 데 실패했다고는 하지만, 이 기동은 상대적으로 소규모인 부대가 기동력을 이용하여 치명적인 지점에 대한 간접 접근을 실시함으로써 전투력이 몇 배 우세한 적의 전진을 마비시킨 고전적인 사례로 지적되어왔다. 러시아의 '증기 롤러'는 완전히 망가져 다시는 독일에 위협을 가하지 못했다.

한 주가 지나기 전에 새로운 독일군 4개 군단이 서부 전선에서 도착했는데 이곳에서는 이미 이프르 전투가 실패로 끝난 바 있다. 놓쳐버린 기회를 다시 붙들기에는 이들이 너무 늦게 도착했지만, 루덴도르프는 이들을 이용, 러시아군으로 하여금 바르샤바 전방의 브즈라-라브카 선으로 철수하도록 압박할 수 있었다. 이로써 서부와 마찬가지로 동부 전선에서도 참호로 대치된 교착 상태가 형성되었다. 그러나 서부 전선처럼 교착 상태가 견고하지는 못했고 러시아군은 산업화가 제대로 되지 않은 본국으로서는 감당할 수 없을 만큼 군수품을 소모했다.

1915년 동부 전선에서 있었던 진정으로 중요한 사건은 최소한 지형적으로는 간접 접근에 속하는 전략을 통해서 결정적인 성과를 달성하려는 루덴도르프와 직접 접근을 통해서 자신의 병력 소모를 막고 러시아의 공세를 저지할 수 있다고 생각한 팔켄하인Falkenhayn 사이의 의지의 대결이었다. 지위가 높았던 팔켄하인은 자신의 의지를 관철시킬 수 있었으나 그의 전략은 두 가지 목적을 달성하는 데 실패했다.

루덴도르프는 실레지아와 크라코바를 향한 러시아군의 추계 공세로 인해 그 주력이 폴란드 돌출부에 깊숙이 들어가 있음을 인지했다. 남서단에서 러시아군은 오스트리아 영토까지 올가미 속으로 머리를 들이밀고 있었는데 이때 실시된 루덴도르프의 로즈 공격이 러시아군 전체를 마비시켰다. 러시아군이 힘을 되찾을 때까지 올가미는 다시 보강되었다. 1월부터 4월까지 러시아군은 그물에서 카르파티아 산맥 쪽으로 빠져나가기 위해 격렬하게 발버둥쳤으나 효과를 얻지는 못했다. 이러한 저항으로 이들 어설픈 집단은 점점 더 그물에 얽힐 뿐이었다.

루덴도르프는 발트 해 근방 러시아군의 북측익을 우회하여 빌나Vilna를 경유, 후방을 지향하고 폴란드 돌출부에 이르는 빈약한 철도망을 차단하는 광범위한 간접 접근을 실시할 기회를 찾았다. 그러나 팔켄하인은 이 복안의 대담성과 예비대에 대한 요구를 격하하고 자신의 계획에서 이보다 더 과감한 방법으로 예비대를 소모할 작정이었다. 마지못해 서부 전선의 참호 장애물을 공격하려는 새로운 시도를 포기하고 오스트리아 동맹군을 증강시키기 위해 예비대를 차출할 수밖에 없었던 그는, 러시아를 절름발이로 만든 다음 서부에서 방해받지 않고 새로운 공세를 재개하기 위해 전술적으로는 제한이 없었지만 전략적으로는 제한된 방법으로 예비대를 운용하기로 결심했다.

콘라드에 의해 제안되고 팔켄하인에 의해 승인된 동부 전선에서의 계획은 카르파티아 산맥과 비스툴라 강 사이의 두나예츠 지역에서 러시아군의 중앙을 돌파한다는 것이었다. 5월 22일에 공격이 개시되었다. 완벽한 기습과 신속한 전과 확대가 달성되면서 제14군에 의해 카르파티아 산맥을 연한 러시아군 전 전선은 산San 강까지 80마일이 유린당했다.

여기서 우리는 간접 접근과 통상 기습이라고 불리는 것과의 차이를 보여주는 명백한 사례를 발견할 수 있다. 시간, 장소, 병력에 대한 기습은 성공했으나 러시아군은 마치 눈덩이가 불어나듯 원상을 회복했다. 비록 큰 손실을 입기는 했지만 이들은 예비대, 병참선, 철도가 있는 방향으로 복귀했다. 따라서 독일군은 눈덩이가 하나로 뭉치듯 러시아로 하여금 와해되었던 군을 정비할 수 있도록 허용한 셈이다. 더구나 이러한 직접 접근의 압력은 러시아군 사령부에 위기감을 유발시키기는 했지만 이들을 와해시킬 정도의 충격은 아니었다.

이제 팔켄하인은 갈리치아로의 철수가 불가능할 만큼 멀리 투입되

어 있음을 깨달았다. 그는 부분적인 공세를 실시했으나 안전한 전개
지역을 확보하지 못했고, 더 많은 병력을 프랑스로부터 전환시켜야만
간신히 부대를 다시 프랑스로 철수시킬 수 있는 상황에 처했다. 그러
나 그는 다시 한번 거의 직접 접근에 가까운 선택을 했다. 그는 공세
의 방향을 서쪽에서 북서쪽으로 변경했고, 중요 시기에는 언제나 마
음을 졸이면서 안절부절못하던 동프러시아의 루덴도르프에게 남서 방
향으로 공격하도록 명령했다. 루덴도르프는 이 계획이 협격이기는 하
지만 너무도 뻔한 정면 공격이고 양익이 러시아군을 양 방향에서 압박
한다 해도 그 이상의 효과는 발휘할 수 없다고 주장했다. 그는 다시
빌나 기동을 주장했고 팔켄하인은 이를 거부했다.

　결과는 루덴도르프가 옳았다는 것이었다. 팔켄하인은 가위를 오므
렸으나, 러시아군을 가위 사이의 좁은 공간으로 몰아붙인 이상의 결
과를 얻지는 못했다. 9월 말까지 러시아군은 발트 해 연안의 리가에서
루마니아 국경의 체르노비츠로 곧고 길게 뻗은 경로를 따라 철수를 완
료했다. 러시아군은 비록 독일군을 직접 위협하지는 않았으나 독일군
대부대를 견제하고 오스트리아군에게 정신적 · 심리적 고통을 주어 치
유될 수 없는 긴장을 안겨주었다.

　대규모 작전을 중지한 팔켄하인은 마지못해 루덴도르프가 주장한
빌나 기동을 승인했는데, 단 루덴도르프의 빈약한 자원만으로 수행하
라는 제한을 가했다. 이에 대항하는 러시아군이 자유롭게 예비대를 집
중할 수 있었음에도, 그는 미약하고 고립된 공격으로 빌나 - 드빈스크
철도를 차단하고 러시아군 병참선의 중심선인 거의 민스크 철도까지
이르렀다. 이러한 결과는 이 기동이 좀더 일찍 러시아군이 폴란드 포
위망에 완전히 걸려들었을 때 강력한 병력을 가지고 시도되었다면 더
욱 큰 성과를 얻을 가능성이 있었다는 것을 보여주는 것이다.

동부에서 동맹군의 공세가 종결되고 서부에서의 방어가 안정되자 이들은 가을을 이용해서 세르비아 전역을 수행하고자 했다. 이 전역은 전반적인 전쟁의 관점에서 보면 제한된 목적을 가졌으나, 그 자체로는 결정적인 목적을 가진 간접 접근이었다. 만약 이 전역이 지리적, 정치적 상황의 지원을 받았다면 이 수행 과정은 간접 접근 방법의 효과를 더욱 증대시켰을 것이다. 이 계획은 불가리아가 동맹국측에 가담한다는 것에 근거를 두고 있었다. 불가리아군이 세르비아 내부로 서진했을 때 오스트리아와 독일 동맹군의 직접 침공은 이미 저지된 상태였다. 이때에도 산악 지형의 이점을 살린 세르비아군의 저항은 강력한 상태로, 불가리아군의 좌익이 세르비아군을 우회하여 살로니카에서 북으로 이동 중이었던 영불 연합군의 증원군을 분리시키면서 세르비아군의 후방을 지나 남부 세르비아로 전진하고 나서야 비로소 약화되었다. 이때부터 세르비아의 붕괴는 가속화되어 흩어진 패잔 부대만이 알바니아를 통과, 서쪽으로 아드리아 해안까지 실시된 한겨울의 철수에서 살아남을 수 있었다. 약한 적에 대한 신속한 집중으로 독일군은 중부 유럽을 통한 자유로운 병참선을 확보하고 이 지역에 대한 통제력을 장악했으며, 이 지역으로부터 오스트리아가 받았던 위협이 제거되었다.

1916년과 1917년 러시아 전선에서 실시된 작전에 대해서는 별로 언급할 것이 없다. 오스트리아와 독일측은 근본적으로 수세적인 입장이었고 러시아측은 본질적으로 직접적인 방법으로 이에 대응했기 때문이다. 러시아군의 작전이 갖는 중요성은 이들 작전이 직접 접근의 적용에만 의존하는 전략의 부재와 그것의 '부메랑' 효과를 분명히 드러내고 있다는 점이다. 1917년 혁명에 의해 러시아군의 군사적 노력이 완전히 붕괴될 것이라는 예측이 나올 무렵 러시아군은 실제 과거 어느 때보다 잘 무장되고 정비된 군대였다. 그러나 막대하고도 확연한 실패로 끝난 손실로 인해 유럽에서 가장 참을성 있고 자기 희생적인 군대의 전투 의지는 약화되고 말았다. 1917년 춘계 공세 후, 프랑스의 항명 사건에서도 이와 유사한 효과가 발견된다. 대부분의 항명 사건은 상륙에 지친 부대가 다시 참호로 돌아가라는 명령을 받으면서 발생했다.

러시아군의 한 가지 작전이 간접 접근의 성격을 띠고 있었는데, 그것은 1916년 6월 루크 근방에서 실시된 브루실로프Brusilov 공세이다. 이것이 간접적이었던 이유는 공세가 진지한 의도를 가지고 있지 않았기 때문이다. 이 공세는 단지 견제를 위하여 고안되었는데 이탈리아군의 요청에 의해 여건이 조성되기 전에 실시되었다. 어떠한 준비나 병력 집중도 실시되지 않았고 가장 일상적인 전진조차 예측할 수 없었다는 점이, 잠자는 듯 방심하고 있던 오스트리아군의 방어 태세를 붕괴시켜 3일 만에 20만의 포로가 발생했다.

한 번의 기습이 준 충격이 이처럼 여러 측면의 전략적 결과를 초래한 예는 드물다. 이 작전은 이탈리아에서의 오스트리아군의 공격을 중지시켰다. 이 작전으로 인해 팔켄하인은 서부 전선에서 철수할 수밖에 없었고 베르됭 근처에서의 소모전 또한 포기해야 했다. 이 작전은 루마니아로 하여금 독일과 오스트리아 동맹의 반대측에 서도록 자극하고, 힌덴부르크와 루덴도르프(같은 계선이었던 호프만은 동부 전선에 남아 있었다)가 경질된 팔켄하인의 뒤를 잇는 계기가 되었다. 비록 루마니아의 참전이 팔켄하인이 해임된 이유였지만, 실제 이유는 목적과 방향이라는 두 가지 측면에서 편협하기 이를 데 없었던 1915년의 직접 전략으로 인해 가능해진 러시아의 부활이 1916년 독일과 오스트리아의 전략이 파멸에 이르게 되는 결정적인 원인이 되었기 때문이었다.

그러나 브루실로프의 공세가 지닌 간접성과 훌륭한 효과는 오래가

지 못했다. 러시아군 지휘부는 이 방향으로 병력을 투입했으나 시기
상 너무 늦었고, 전쟁의 일반적인 원칙대로 강력한 저항이 가능한 방
어선에 대한 장기적인 공격으로 상응하는 효과 없이 예비대를 고갈시
키고 말았다. 브루실로프의 100만 사상자는 끔찍한 것이기는 하지만
보충할 수는 있었다. 그러나 이 작전에서의 생존자에게 지휘부의 심
리적 파산 상태가 폭로됨으로써 러시아군의 정신적 파산을 유발했다.

러시아군이 정신없이 덤비고 있었기에 힌덴부르크와 루덴도르프로
는 1915년 세르비아에서와는 정반대 방향으로 급격히 변화하는 간접
접근을 실시하게 되었다. 이는 부분적으로는 여건의 힘에 이끌려 만들
어진 진정한 전략적 간접 접근으로 루마니아군이 그 목표였다. 애초
에 루마니아는 적 7개 사단에 대적하여 형편없이 무장된 23개 사단을
보유하고 있었으므로, 브루실로프와 영국군 그리고 살로니카에 위치
하고 있었던 연합군이 적 7개 사단이 증원되지 못하도록 숨을 압박해
주기를 희망하고 있었다. 그러나 이러한 압박은 모두 직접적인 것으
로 루마니아를 분쇄하기에 충분한 병력이 증원되는 것을 막지 못했다.

트란실바니아와 불가리아 사이에 끼어 있는 루마니아의 영토는 카
르파티아 산맥과 다뉴브 강의 양측에 강력한 천연 요새를 가지고 있었
다. 그러나 이러한 상황 때문에 간접 접근의 적용 대상이 되었고, 더
구나 루마니아의 '뒷마당'인 흑해 부근의 도브루자 지역은 교묘한 적
이 낚시에 끼울 수 있는 미끼 역할을 했다.

트란실바니아를 향해 서쪽으로 공세를 실시하려는 욕구와 이에 대
한 결정은 적의 대응 조치를 그들이 의도했던 것보다 훨씬 교묘하게
만들었다.

루마니아의 전진은 1916년 8월 27일에 개시되었다. 각각 4개 사단
으로 구성된 3개 종대가 카르파티아 산맥의 통로를 따라 헝가리 평원

을 향해 북서쪽으로 직접 접근 방식으로 전진했다. 3개 사단은 다뉴브 강을 방호하기 위해 잔류했고 다른 3개 사단은 러시아군이 증원군을 보내주기로 약속한 도브루자에 잔류했다. 그러나 트란실바니아를 향한 루마니아군 종대의 느리고 조심스러운 전진은 적의 저항이 아닌 교량의 파괴에 의해 저지되어, 독일군 5개 사단과 오스트리아군 2개 사단의 지원을 기다리며 전선을 방어하고 있던 허약한 오스트리아군 5개 사단을 심각하게 위협하지는 못했다. 팔켄하인이 해임되기 전 채택한 계획의 나머지 절반을 수행하기 위해, 독일군 1개 사단과 오스트리아군 교량 공병 부대로 증원된 막켄젠Mackensen 휘하의 불가리아군 4개 사단이 도브루자 침공에 배치되었다.

루마니아군 종대가 서쪽으로 트란실바니아를 향하여 느린 전진을 하고 있을 때 막켄젠은 9월 5일 투르투카이아Turtucaia의 교두보를 급습, 다뉴브 전선을 방어하고 있던 루마니아군 3개 사단을 격멸했다. 이로써 다뉴브 측방이 확보되자 그는 도브루자를 향해 서쪽으로 깊숙이 이동했다. 이 진로는 당연한 예상선인 부쿠레슈티에서 벗어난 것으로 치밀한 정신적 공격이었다. 왜냐하면 이러한 공격에 자동적으로 수반되는 전략적 효과로 인해 트란실바니아 공세를 지원하기 위한 루마니아군 예비대가 전용됨으로써 그때까지 공격의 기세가 꺾였기 때문이다.

실병實兵 지휘권을 갖게 된 팔켄하인은 반격을 개시했는데 아마도 이것은 의욕이 지나쳐 너무나 직접적으로 수행된 것 같다. 왜냐하면 다른 적을 견제하기 위해 최소는 아니지만 소규모의 병력을 이용하면서 (사실 이들 적은 견제가 필요 없었다) 차례로 남쪽의 종대와 중앙 종대에 기술적으로 병력을 집중했지만, 결과는 루마니아군을 철수시켰을 뿐 산악 지역으로부터 격리시키지는 못했기 때문이다. 이렇듯 불행한 작전으로 인해 전 독일군이 위험에 빠지고 말았는데 그 이유는 적이 아직 자신의 통제하에 있는 통로를 이용하여 그들의 뒤를 바짝 압박하려는 독일군의 시도를 완강하게 격퇴시켰기 때문이다. 서측으로 돌파해 들어가려던 팔켄하인의 첫번째 시도는 실패했으나 새로운 돌파 시도는 첫눈이 오기 전에 성공했다. 그러나 그는 서측으로 우회하면서 정면으로 루마니아에 들어갔고 계속적인 직접 접근을 실시하기 위해서는 몇 개의 강을 계속 건너야 했다. 그에게는 다행스럽게도 알트 강선에서 저지당했을 때 막켄젠이 개입했다.

막켄젠은 대규모 병력을 도브루자로부터 투르투카이아를 거쳐 시스토보로 이동시켜 11월 23일에는 시스토보에서 다뉴브 강 도하를 강행했다. 이때 루마니아군의 후방을 목표로 부쿠레슈티를 향해 주력 부대의 협격을 실시할 수 있는 잠재적인 위치를 포기한 것이 과연 가장 유리한 전략이었는가는 논란의 여지가 있다. 이 전략에 의해 팔켄하인은 알트 강을 도하할 수 있었지만, 루마니아군 역시 막켄젠의 측방에 대한 위험한 역습을 실시하는 데 그들의 '근접한' 내선 위치를 이용할 수 있었다. 이것은 거의 포위에 가까웠다. 그러나 일단 위험을 피하자 팔켄하인과 막켄젠의 협조된 압력은 루마니아군을 부쿠레슈티로 밀어붙였고 여기서 루마니아군은 세레트 강에서 흑해 선까지 철수했다.

독일군은 루마니아 영토 대부분과 밀 및 석유를 얻었으나, 동맹군 공격에 대한 저항의 마지막 단계에서 정신력이 강화된 루마니아군을 차단, 섬멸하는 데는 실패했다. 이듬해 여름 루마니아군의 완강한 저항은 이들을 프루트 강 너머로 밀어내고 루마니아를 완전히 정복하려는 독일군의 기도를 좌절시켰다. 1917년 12월, 볼셰비키 러시아가 독일과 휴전 협정을 체결함으로써 고립된 루마니아는 휴전 협정에 조인할 수밖에 없었다.

제13장 남동(지중해) 전역

이탈리아 전구

1917년 이탈리아는 독일군 지휘부의 추계 공연 무대이자 목적이었다. 또한 여기서 국경의 전반적인 형태는 연합군에게는 불가능하나 독일로서는 가능한 지리적·물리적 간접 접근의 전망을 독일에게 부여했다. 그러나 독일은 심리상의 간접 접근을 시도하려는 어떠한 경향도 나타내지 않았다.

이탈리아 국경에 있는 베네치아 주는 오스트리아를 향한 돌출부를 형성하고 있고 그 북쪽은 오스트리아의 티롤 및 트렌티노와 접경하며 그 남쪽은 아드리아 해에 맞닿아 있다. 아드리아 해의 연안부는 이손조 강의 정면에 있는 비교적 낮은 지대이다. 그러나 그곳으로부터 국경은 커다란 원을 그리며 줄리안 및 카르닉 알프스를 연하여 서북방으로 뻗었다가 서남방으로 내려와 가르다 호에 이른다. 이탈리아 북부에는 거대한 알프스 산이 있을 뿐, 사활에 관계된 목표가 없었기 때문에, 이탈리아로서는 알프스 산맥 방향을 향하여 공세를 취할 이유가 거의 없었다. 이 때문에 이탈리아는 오스트리아가 트렌티노로부터 배후를 공격하여 내려올 것이라는 잠재적이고 항구적인 위협을 겪어야 했으나 이탈리아가 택할 수 있는 여지는 극히 제한되어 있었기 때문에 앞서 말한 바와 같은 방침을 채택했다.

이탈리아는 2년 반 동안 꾸준히 직접 접근을 시도했다. 이때까지 11

차례에 걸친 이손조 전투는 무위로 끝났고 이탈리아군은 출발점에서 거의 전진하지 못했으며 인적 손실은 약 110만 명을 상회하는 데 반해 오스트리아군의 손실은 약 65만 명 정도였다. 이 2년 반 사이에 오스트리아군은 단 한 번의 공세만을 취했다. 그것은 1916년 콘라드가 이손조 강 정면에서 교전 중인 이탈리아군의 배후를 트렌티노로부터 남쪽으로 공격하여 섬멸하려는 팔켄하인의 기도를 지원하기 위한 것이었다. 그런데 팔켄하인은 그러한 콘라드의 계획과 결정적인 공격을 신뢰하지 않았을 뿐 아니라 베르됭의 소모전을 계속할 의도였으므로, 동부 전선에서 오스트리아군을 구원하기 위해 독일군 최소 9개 사단을 지원해달라는 콘라드의 요구마저 묵살해버렸다. 지원을 얻지 못한 콘라드는 동부 전선에서 가장 우수한 몇 개 사단을 차출, 자력으로 자신의 의도를 수행할 결심을 했고, 이로 인해 그 후 브루실로프가 전진했을 때 동부 전선이 노출됨으로써 이탈리아 작전에 필요한 충분한 병력을 확보하지 못했다.

그럼에도 불구하고 그 공격은 거의 성공했다. 공격시 당연한 예상선을 회피했다고 말할 수는 없다 하더라도 적어도 예기치 못한 수단을 사용했다. 그 이유는 이탈리아군 지휘부는 콘라드가 대규모의 공격을 위한 병력과 시설을 갖고 있으리라고는 믿지 않았기 때문이다. 그것은 확실히 대규모 공격이었으나 충분한 규모는 아니었다. 그 공격은 작전 개시 직후 며칠 만에 신속히 성공을 거두었다. 카도르나Cadorna는 이손조 강 정면에서 즉시 예비 병력을 퇴각시킬 수 있었고 그렇게 하려고 했으며 나아가 이 지역에서 —— 마치 경주를 하듯 —— 예비 물자와 중포병을 소개시킬 준비를 하고 있었다. 오스트리아군의 공격은 평야 지역을 거의 완전히 돌파했으나, 예비 병력 부족으로 공격 기세를 상실하고 있을 때 동부 정면에서 브루실로프의 전진이 개시됨으로써 중단되고 말았다. 그로부터 17개월 후 루덴도르프가 오스트리아의 심각한 상황을 고려, 이탈리아에 대한 협조된 공격을 실시하고자 계획했을 때 상황은 그리 유리하지 않았다. 그는 빈약한 6개 일반 예비 사단을 보유하고 있었고 동맹국인 오스트리아는 전력 소모로 인한 정신적·물질적 괴로움을 겪고 있었다. 그 계획은 사용할 수 있는 수단의 부족으로 소규모 직접 접근으로 제한되었다. 즉 이손조 지역의 동북단에서의 공격으로, 그곳에서 알프스 산맥 쪽으로 만곡된 진로를 취한다는 것이었다. 그러나 실제 공격 지역을 선택하는 데는 이 전선에서의 새로운 원칙 —— 최소의 전술 저항선을 추구하는 것 —— 을 따랐다.

원래 이 계획은 단지 이손조 전선을 석권한 후에 계속해서 카포레토에서 돌파를 실시한다는 것이었다. 그 후 이 계획은 수단을 증강시키지 않은 채 야심찬 계획으로 확대되었다. 루덴도르프는 카포레토에서, 같은 해 가을 캉브레에서 영국군이 범한 것과 똑같은 중대한 전략적 과오 —— 가지고 있는 원단 넓이에 맞추어 옷을 재단하지 않았던 —— 를 범했다. 그는 팔켄하인과는 정반대의 극단으로 치달았다. 팔켄하인은 의복의 크기를 너무 작게 보고 옷감을 조금만 주문했다가 의복을 크게 만들기 위해 다시 옷감을 주문해야 했다. 그 결과, 보기 딱한 누더기 옷을 만들어냈던 것이다.

이들은 교묘히 공격 준비를 실시하고 공격 기도를 은폐한 후 10월 24일 마침내 공격을 개시하여 이탈리아군의 중간 깊숙이 쐐기를 박았고 그로부터 1주일 후 쐐기는 타글리아멘토까지 닿았다. 그러나 일단 이탈리아군이 분리된 병력의 상당수를 상실하면서까지도 전선에서 이탈하자 독일군의 계속된 전진은 이탈리아군을 서쪽에 있는 피아베 강 너머로 밀어 넣는 단순한 직접 접근으로 변했다. 피아베 강은 그 너머로 피신해 있던 적들을 보호하는 견고한 장애물이었다. 루덴도르프는 뒤늦게 예비 병력을 트렌티노로 우회시키려고 했으나 불충분한 철도 병참선 때문에 실패하고 말았다. 루덴도르프의 트렌티노군은 자신의 부족한 자원만으로 전진하는 비효율적인 시도를 감행했으나 이러한 늦은 공격은 이미 배후 공격의 효과를 상실하고 있었다. 이탈리아군의 전 전선과 예비대는 최대한 멀리 철수했기 때문이다.

최초 기습 시기를 놓친 독일, 오스트리아군의 이후 공격은 순수한 협공으로 이탈리아군을 예비 병력, 보급 물자, 본국, 연합군의 증원이 있는 방향으로 밀어내는 것이었다. 그것은 당연히 부정적인 결과를 도출했다. 그렇지만 그토록 보잘것없는 자원을 사용하여 이 정도의 효과를 얻을 수 있었다는 사실은 아이러니컬하게도, 팔켄하인이 매우 유망했던 콘라드 계획을 거절했던 1916년의 사건을 상기시킨다.

발칸 전구

여기서 우리는 1918년 루덴도르프의 계획에 눈을 돌리기 전에, 그보다 앞선 3년 간 프랑스 전선과 러시아군 전선 외의 지역에서 연합군 측이 어떠한 행동을 취했으며 어떤 의도를 가졌는지에 대해 검토해볼 필요가 있다.

프랑스에 위치해 있던 영불 연합군 사령부는 참호 장애물 선을 돌파하는 것뿐 아니라 결정적인 목적을 달성하는 데 있어서 직접 접근이 갖는 힘에 대해 떨쳐버리기 힘들 만큼 신뢰를 갖고 있었던 반면, (1914년 10월 이후에는) 폐쇄된 참호선과 가까이 있든 멀리 있든 직접 접근의 성공에 대해 강한 의구심을 갖고 있었다. 원거리에 있었기에 이러한 견해를 가질 수 있었던 사람들은 정치 지도자만이 아니었다. 그 가운데는 프랑스의 갈리에니Galliéni도 있었고 영국의 키치너Kitchener도 있었다. 프렌치 경에게 보내는 1915년 1월 7일자 편지에서 키치너는 다음과 같이 썼다. "프랑스에 있는 독일군 전선은 강습으로 탈취할 수 없으며 완전히 포위할 수도 없는 하나의 요새로 볼 수 있으므로 아군이 취할 수 있는 방책의 하나로서 포위 부대로 이를 견제하는 한편 다른 방향에서 작전을 실시할 수 있을 것이다."

당시 해군 장관이었던 윈스턴 처칠 경은 다음과 같은 유명한 주장을 했다. "연합하고 있는 적국들을 하나의 집단으로 보아야 할 때가 왔다. 어떤 전장에서 적에 가한 타격이 '고전적인 방식'에 따라 한 적군의 전략적 측익에 대한 공격에 버금간다고 생각할 수 있을 만큼, 오늘날의 여러 가지 발전은 거리 및 기동력에 관한 생각을 변화시키게 되었다"(그는 의미상 서부 전선에서 끝까지 싸워나가겠다는 의견을 지지하기 위해, 나폴레옹이 끝까지 버틴 예를 자주 인용했는데 그보다는 예비 계획에 대한 나폴레옹의 강조를 인용하는 편이 나았을지도 모른다). 또한 이와 같은 작전은 영국의 전통적인 상륙 전략에 따라 실시해야 하며 그렇게 함으로써 이제까지 방치해온 해양력이라는 군사적 이점을 이용할 수 있다는 점도 모든 사람이 시인하는 바였다. 1915년 1월 키치너 경은 알렉산드리아 만에 상륙하여 동쪽으로 향한 터키의 주요 병참선을 차단해야 한다고 주장했다. 힌덴부르크와 엔베르 파샤Enver Pasha가 전후에 밝힌 바에 따르면 그 작전이 실시되었을 경우 터키를 얼마나 마비시켰을지는 누구도 모른다. 그러나 설령 그 작전이 실시되었다 해도 동맹국 전체에 그다지 큰 영향을 줄 수 없었을 뿐 아니라 동맹국에 대한 간접 접근도 아니었을 것이다.

로이드 조지는 적의 '뒷문'으로 통하는 길인 발칸 반도로 영국군 주력을 전환해야 한다고 주장했다. 그러나 프랑스 전선에서 조기 결전을 자신하는 프랑스와 영국군 지휘부는 그 외의 어떠한 대체 전략도 강력히 반대했다. 그들은 보급 및 수송의 어려움과 함께 그들이 보기에는 독일군이 이러한 위협에 대처하기 위하여 쉽게 병력을 전환할 수 있다는 점을 강조했다. 그 논쟁에 중요한 내용이 있다면 그들의 열렬한 열정이 주장을 과대포장했다는 것뿐이었다. 갈리에니의 발칸 작전 계획에 대한 그들의 반대 역시 적절한 것이라고 말할 수는 없었다. 갈리에니의 주장은 그리스와 불가리아가 자진해서 아군측에 가담할 만큼 강력한 1개 군을 살로니카에 상륙시켜 그 지점을 출발점으로 콘스탄티노플로 전진한다는 것이었다. 콘스탄티노플을 점령한 후에는 다뉴브 강을 거슬러올라가 루마니아군과 협조, 오스트리아와 헝가리를 침공하도록 되어 있었다. 이 계획은 전쟁의 마지막 달에 실제로 실시된 공격 진로와 기본적으로 같은 진로를 포함하고 있었다. 1918년 9월, 독일군의 의견은 그러한 우발 상황이 결정적인 결과를 가져올 것으로 간주하는 경향이 있었다. 그리고 그 위협은 아직 직접적이지 않았음에도 11월 첫째 주에 독일의 항복을 촉진시킨 중요 요인이 되었다.

그러나 1915년 1월에 이르자 군부의 의견은 서부 전선에 노력을 집중하는 계획이 이에 반대하는 모든 계획을 압도하고 있었다. 그러나 우려의 목소리가 있었고, 약화된 형태이기는 하지만 이때 근동 계획이 새롭게 되살아날 수 있는 상황이 조성되었다.

1915년 1월 2일 키치너는 니콜라이 대공으로부터 코카서스에 있는 러시아군에 대한 터키군의 압박을 견제해서 약화시켜달라는 요청을 받았다. 키치너는 견제에 사용할 병력이 없다는 것을 깨닫고 그 대신 다르다넬스 해협에 대한 해군의 양동 작전을 제안했다. 당시 해군장관이었던 처칠은 더 폭넓은 전략적 가능성을 상상하고 있었기 때문에, 군사적 지원이 불가능하다면 다르다넬스 해협에 대한 양동 작전을 강제 통과로 대체할 것을 제안했다. 해군 자문위원들은 그의 제안에 열성을 보이지도 반대하지도 않았다. 그리하여 현지의 해군사령관인 카든Carden은 처칠의 제안에 기초를 둔 계획을 입안했다. 주로 구식 함선으로 구성된 해군 부대가 프랑스 해군으로부터 지원받은 함선과 합세하여 준비 사격을 실시한 후 다르다넬스 해협에 들어간 것은 3월 18일이었다. 예기치 않았던 기뢰 때문에 이들 중 수척의 함선이 침몰했고 이 때문에 그 시도는 폐기되었다.

터키군의 탄약이 거의 소모된 상태였기 때문에 기뢰선을 돌파할 수 있었을지 모른다는 점에서 영국과 프랑스군이 전진을 즉각 재개했더라면 성공할 수 있었지 않았을까 하는 것이 지금까지 논란의 대상이다. 그러나 카든 대신 현지 사령관이 된 드로벡De Robeck 제독은 군사 지원이 도착하기 전에는 전진을 재개하지 않기로 결심하고 있었다. 이미 그보다 1개월 전에 전쟁위원회에서는 합동 작전에 의한 공격을 결정, 해밀턴Hamilton 경이 지휘하는 부대를 파견하기 시작했다. 그러나 당국은 새로운 시도를 승인하는 과정에서와 마찬가지로 그 작전을 수행하는 데 필요한 병력을 할당하는 것도 주저했다. 병력이 부족한 상태로 부대가 파견된 후에도 알렉산드리아에서 몇 주일을 허비하는 사태가 일어났는데, 그것은 전술 행동에 적합하게 부대의 승선 장소를 분류하는 데 시간이 걸렸기 때문이었다. 무엇보다 좋지 않았던 점은 이렇듯 불확실한 방침으로 인해 기습의 기회가 상실되었다는 점이다. 2월 초 준비 사격이 실시되었을 때 다르다넬스에 있던 터키 병력은 2개 사단에 불과했으나, 영국과 프랑스 해군의 공격이 시작된 3월 18일에는 4개 사단, 마지막으로 해밀턴이 상륙을 시도한 때에는 6개 사단으로 늘어났다. 일반적으로 방자는 공자에 대해 전투력에서 이점을 갖는 데, 여기서는 현지의 험준한 지형이 방자의 이점을 배가시켜주는 상황에서 사실상 적에 비해 열세한 영국군 1개 사단과 프랑스군 1개 사단 병력만으로 해밀턴은 상륙 작전에 임했던 것이다. 그는 열세한 병력으로 함대의 해협 통과를 지원하는 제한된 임무 때문에 유럽 쪽 해안과 아시아 쪽 해안 중 어느 한쪽에 상륙해야 하는 양자 택일의 상황에서 갈리폴리 반도를 상륙 지점으로 선정하지 않을 수 없었다.

4월 25일 그는 갈리폴리 반도 남단의 헬레스 갑 부근과 에게 해 연안에서 해협 내로 약 15마일 올라간 가바 테페 부근에서 상륙을 감행했다. 프랑스군 4개 사단은 아시아 연안의 쿰 칼레에 일시적으로 상륙을 감행했다. 그러나 귀중한 전술적 기습의 기회가 지나가고 터키군이 예비대를 출동시켰기 때문에 상륙부대는 위태로운 두 개의 발판을 확대시킬 수 없게 되었다.

7월에 들어와 영국 정부는 마침내 당시 갈리폴리에 있던 7개 사단을 증원하기 위해 5개 사단을 증파하기로 결정했다. 증원 부대가 현지에 도착했을 때, 그 지역에 있던 터키군도 15개 사단으로 증가되어 있었다. 해밀턴은 갈리폴리 반도의 중앙부에서 횡단하여 해협의 좁아진 부분을 감제할 수 있는 고지를 확보하기 위해 두 개의 공격 —— 가바 테페에서의 조공과 그로부터 2~3마일 북쪽에 있는 수브라 만에서의 새로운 상륙 —— 을 실시하기로 결정했다. 이 공격은 블레어 또는 아시아 연안에서의 상륙과 비교할 때, 좀더 직접적인 것처럼 보이지만 적 사령부가 예기하지 않았던 선을 따라 상륙했다는 점만큼은 타당한 것이었다. 적은 예비대를 다른 지점에 집결시켜놓았다. 그 예비대가 전장에 도착할 때까지 36시간 동안 터키군 단 1개 대대만이 상륙군을 저지했으나 상륙 부대의 경험 부족과 현지 지휘관의 타성으로 귀중한 시간과 호기를 상실했다. 교착 상태, 실망, 그리고 지금까지 이 계획을 혐오해온 사람들의 반대 때문에 영국군은 얼마 후 갈리폴리 반도에서 철수하게 되었다.

그러나 이 다르다넬스 계획에 대해 팔켄하인이 내린 평가는 다음과 같았다. "만약 지중해 — 흑해 간의 해협에 의해 연합국의 해상로가 영구 봉쇄되지 않았다면 전쟁의 성공적인 진행에 대한 희망은 사라지고, 러시아는 고립이라는 중대한 사태로부터 해방되었을 것이다. 이 고립이야말로 조만간 거대한 러시아의 힘을 자동적으로 절름발이 상태로 빠뜨릴 것에 틀림없고, 군사적인 성공보다도 더욱 안전한 보증을 우리에게 선사하게 될 것이다."

문제는 개념이 아닌 실행에 있었다. 영국은 이 방면에서 소규모 병력을 단계적으로 투입했는데, 만일 전체 병력의 상당한 부분을 처음부터 사용했다면 아마도 의도한 바를 달성했을 것이다. 이 점은 이후 적측 지휘관의 증언을 들어보면 더욱 명백해진다. 다르다넬스 작전은 터키 본토에 대해서는 간접 접근이었으나 코카서스에서 작전 중이던 터키 육군의 주력에 대해서는 직접 접근이었다. 그리고 좀더 넓은 관점에서 이 작전을 바라보면 이 작전은 중앙 제국(독일 — 오스트리아 동맹)에 대한 간접 접근이었다. 공간에 비해 밀집된 병력 비율이라는 측면에서 결정적인 돌파의 전망이 없었던 서부 전선의 음울한 배경과는 반대로 다르다넬스 작전을 탄생시킨 개념은 '수단에 목적을 일치시킨다'는 원칙을 건전하게 이행한 것으로 보이나, 작전의 실제 수행 과정에서는 이를 어기고 말았다.

팔레스타인 · 메소포타미아 전장

중동 지역의 원정은 이 연구의 대상에 포함되지 않는다. 중동 원정은 결정적인 효과를 발휘하기에는 전략적으로 너무 원거리에서 수행되고 있었다. 전략적 견제의 수단으로 생각해보면 중동 원정의 각 작전은 견제 대상의 병력보다도 훨씬 많은 영국군 병력을 흡수하고 있었다.

그러나 정책 분야에서는 특기할 만한 하나의 사건이 있었다. 영국은 과거 이따금씩 적의 해역을 점령하여 유럽 대륙에서 연합국이 상실한 영토를 되찾아오는 일이 있었다. 주요 전투에서 불리하거나 결정적이지 않은 분쟁이 일어났을 경우, 이와 같은 대응으로 강화 체결을 위한 자산을 얻을 수 있었다. 이는 전쟁 기간 내내 강장제 역할을 했다.[5]

팔레스타인 원정에서의 국지 전략은 연구할 가치가 있다. 초기에 그것은 직접 접근과 간접 접근의 불리점을 결합한 것이었다. 그것은 적이 당연히 예상한 진로를 선택한 것이면서 터키 제국에게 치명적인 모든 지점으로부터 가장 멀고 어려운 길로 우회하는 것이었다. 이집트에서 팔레스타인으로 통하는 직접적인 해안 접근로를 직접 수비하기로 되어 있었던 가자 지구에서 처음 2회에 걸친 실패(1917년 3월과 4월)를 맛본 후 그 해 가을이 되어서야 봄보다도 우세한 부대를 사용, 직접성이 약한 기도를 시도했다.

그 계획은 체트워드Chetwode 장군에 의해 기안된 것으로 머레이Murray 대신 현지 지휘관이 된 알렌비에 의해 채택되었다. 그것은 바다와 사막 사이의 좁은 공간과 급수원이 허용하는 범위에서 실행된 작

---

5) 이후 독일의 몰수된 식민지 일부를 반환하는 것에 대하여 위난의 근원이 된다고 반대했던 사람들은 그 반환이 영국에게 간접적 가치를 준다는 점을 생각하지 못했던 것 같다. 만약 그랬다면 전쟁이 발생했을 경우, 유럽 전구에서의 적의 성공에 대한 효과를 상기하고 잃었던 위신을 회복하는 데 도움이 되었을 것이다.

특히 해양력에 의한 대항 수단이 지닌 심리적인 중요성을 간과해서는 안 된다. 더구나, 본국과 단절되기 쉬운 해외 영토를 유럽의 한 대륙 국가의 통제하에 둔다는 것은 그 나라의 침략적 성향을 억제하기가 쉬워진다는 의미도 된다. 분명한 사실은 1939년까지 이탈리아가 동맹 주축국의 승리가 확실해질 때까지 주저했다는 것이다. 가지가 분산되고 뒤섞여 있으면, 그것이 설사 전쟁의 예방책은 되지 않는다 해도 그것을 제한하는 토대는 될 것이다.

전이면서 지리적인 간접 접근이기도 했다. 터키군의 방어선은 가자 지구에서 내륙을 향해 20마일 가량 연장되어 있었고, 그로부터 다시 10마일 들어간 지점인 베르셰바에는 접근 가능 지역의 동쪽 끝부분을 방호하는 전초 진지가 구축되어 있었다. 우선 은밀함과 계략을 병용함으로써 터키군의 주의를 가자 지구로 돌려놓은 다음, 베르셰바의 방어되지 않은 측방을 크게 우회하는 방법으로 신속히 공격하여 베르셰바와 그 지역에 있는 식수원을 탈취했다. 계획의 다음 단계는 가자 지구에 대한 견제 공격을 실시하고 터키군 주진지 측방에 대한 공격을 실시하는 한편, 베르셰바에서 출발한 기병 부대가 이를 우회하여 터키군의 배후를 유린하기로 되어 있었다. 그러나 급수 곤란과 베르셰바 북방에서의 터키군 역습에 의해 이 기동은 저지되었다. 터키군의 전선이 돌파되기는 했지만 결정적인 성과는 이루지 못했다. 터키군은 결국 예루살렘 너머까지 철수했으나 의도했던 것처럼 이들을 섬멸하거나 차단할 수는 없었다.

결정과 이를 이루기 위한 시도는 1년 후인 1918년 9월까지 연기되었다. 그 동안 북쪽과 남쪽의 사막에서는 기묘한 전역이 실시되었는데, 이 전역에 의해 터키군의 전력이 약화되었을 뿐 아니라 전략——특히 간접 접근적인 측면——에 새로운 빛이 던져졌다. 이 전역은 로렌스의 두뇌에 의해 지휘된 '아랍의 반란'이었다. 이 전략은 게릴라의 범주에 속하는 것이었으나 극히 자연스러운 간접성을 구비하고 있었고 극히 과학적으로 계산된 기초 위에 입안되어 정규전에 대해서도 간과할 수 없는 효과를 낳았다. 그것은 간접 접근의 극단적인 예로서 수단이 제한되어 있는 경우 경제적인 방법이었다. 아랍군은 정규군에 비해 기동성이 컸으나 인적 손실을 감당하지는 못했다. 터키군은 인적 손실에 대해서는 거의 자극을 받지 않았으나 물적 손실을 감당할 수 없었다. 터키군은 호 안에 꼼짝않고 앉아서 곧바로 접근해 오는 표적을 쏘는 데는 우수했으나 유동적인 작전에 대해서는 적응성이 결여되었고 그 긴장을 견디지 못했다. 터키군은 자신의 광대한 영토를 많은 병력으로 유지하려고 했으나 아무리 많은 병력을 사용하더라도 지역 전체에 걸쳐 경계 병력을 배치할 수는 없는 노릇이었다. 더구나 그들은 길고 취약한 병참선에 의존하고 있었다.

　이처럼 여러 가지 조건에서 도출되고 전개된 전략은 정통 군사 교리에 반하는 것이었다. 정규군이라면 접촉을 유지하는 데 힘쓰겠지만 아랍군은 이를 회피했다. 정규 부대는 적 부대를 격멸하는 데 주안을 두고 작전하는 것에 비하여, 아랍군은 이와 반대로 물자를 파괴하는 데 주력했고 심지어 적 부대가 존재하지 않는 지역에서도 동일한 작전을 수행했다. 그런데 로렌스의 전략은 그 이상이었다. 보급을 차단하여 적을 구축하는 대신 약간의 보급물자를 남겨놓아 적 부대를 그대로 잔류하게 해서 잔류 기간이 연장될수록 약화되고 사기가 저하되는 효과를 노렸다. 로렌스의 공격이 누적되자 적은 보급, 경계상의 문제를 간소화하기 위해 점차 점령 지역을 축소하게 되었다. 소규모 공격에 의해 적은 계속 분산되어갔다. 그러나 전략 자체의 비정규전적인 성격 때문에 이 전략은 최소저항선에 연하여 행동한다는 논리적 결론만을 도출할 뿐이었다. 그 장본인인 로렌스는 다음과 같이 기술하고 있다. "아랍군은 수중에 넣은 유리한 지위를 유지하거나 개선하려고 노력하지 않고 그 위치에서 이동하면서 다른 지점을 공격했다. 아랍군은 지난 번보다 훨씬 떨어진 지점에 가급적 신속히 도달하여 최소한의 병력을 사용했다. 적이 아랍군에 대항하기 위하여 그들의 배치를 변경할 때까지 전투를 계속하는 것은 적에게 목표가 될 수 있는 것을 주지 않는다는 아랍군의 기본 원칙에 위배되는 셈이다."

이 전략이 1918년 서부 전선에서 발전한 전략이 아니고 또 무엇이겠는가? 그것은 기본적으로 같은 것이었으나, 기여한 정도는 그보다 높았다.

문제는 정규전에 적용될 경우 시간, 공간, 병력 조건에 의해 제약을 받는다는 점이다. 로렌스가 실시한 전략은 신속하고 적극적인 봉쇄의 한 형태이기는 하나, 그것은 본래 성격으로 인해서 '교란 전략'보다도 효과가 늦게 발생한다. 그렇기 때문에 국가적 상황에서 신속한 분쟁 해결이 필요한 때에는 교란 전략이 바람직하다. 그러나 간접 접근으로 목적을 추구하지 않는 한 '손쉬운 방법'은 로렌스의 전략보다도 효과 발생이 더디고 더 많은 경비가 필요하며 위험도도 높을 것으로 생각된다. 부족한 시간과 과밀한 병력의 문제가 어느 정도 극복된다고 하더라도 약점이라는 점에서는 변화가 없다. 이 문제에 대해서 논리적인 결론을 내린다면 다음과 같다. 정규전에서 성공의 전망이 충분히 있는 상태라면, 적을 '함정'에 빠뜨렸을 때 조기 해결을 도모하는 간접 접근 방식을 선택하는 것이 좋다. 이것이 가능하지 않거나 실패했다면, 적의 전력과 투지를 서서히 약화시킴으로써 종국적인 해결을 목적으로 하는 간접 접근 방식을 선택해야 한다. 어떤 방식을 취하거나 직접 접근보다는 바람직하다.

아랍의 반란 전략만으로 중동 지역의 전투가 완전히 종결된 것은 아니었다. 왜냐하면 1918년 9월 아랍군 부대가 헤자즈 철도선을 경비하고 있던 터키군 부대를 절망적인 마비 상태로 몰아넣었을 때, 팔레스타인에 있던 터키군 주력이 단 한 차례의 전투에 의해 섬멸되어버렸기 때문이다. 게다가 알렌비가 감행한 공격에서도 아랍군 부대는 중요한 역할을 맡고 있었다.

팔레스타인에서 실시된 이들 최종 작전을 전역의 범주에 넣어야 할지 아니면 추격에 의해서 완성된 작전 차원의 전투로 보아야 할지 판단하기는 어려운 일이다. 그 이유는 이들 여러 작전이 피아 부대의 접촉에 의해 개시되었고 그 접촉이 단절되기 전에 승리를 획득했다는 점에서 전투의 범주에 들어가는 것처럼 보이기 때문이다. 그러나 승리는 주로 전략적 수단에 의해 이룩되었고 실전이 담당한 부분은 미약했다.

이 때문에 그 전과는 과소평가되었으며 '유혈이야말로 승리의 가치를 구성하는 것이다' 라는 클라우제비츠의 독단론이 지배하는 가치관을 가진 사람들에게는 더욱 그러했다. 알렌비는 병력 수에서 3대 1 이상의 우위를 점하고 있었지만, 처음 영국군이 팔레스타인으로 진격할 때는 전세가 그리 유리하지 않았으며, 결국 그 전진은 실패로 끝났다. 또한 제1차 세계대전이나 그 전의 알렌비와 같이 우세한 병력으로 실시된 많은 공세들이 실패로 돌아간 것 또한 사실이다.

터키군의 사기를 저하시킨 효과 역시 대단히 '과소 평가' 되었다. 그러나 1918년 9월의 유리한 상황에 대해서 충분히 조사하고 연구한다면 이들 작전이 그 시야와 수행의 폭으로 보아 역사상 걸작의 대열에 들 수 있는 가치가 있음을 알 수 있을 것이다. 선택한 주제는 그리 어려운 것이 아니나 실시간에 완벽하게 수행된 완벽한 개념처럼 그 선이 단단하다는 점에서 유일한 사례인 것이다.

그 계획은 전략을 '병참선의 연구' 라고 말한 윌리슨Willisen의 정의나 "전쟁술의 모든 비결은 자기 자신이 병참선에 정통하는 것이다" 라고 한 나폴레옹의 명언과도 부합하는 것이었다. 왜냐하면 이 계획은 영국군으로 하여금 터키의 모든 병참선과 그 형태에 정통하도록 만드는 것을 목적으로 하고 있었기 때문이다. 한 군대의 병참선을 차단한다는 것은 곧 물리적으로 마비시키는 것이며, 그 철수로를 폐쇄하는 것은 그들의 정신적인 조직을 마비시키는 것이다. 그리고 그 내부 통신선 —— 명령과 보고를 위한 경로 —— 을 파괴하는 것은 그들의 감각 조직을 마비시키는 것이다. 세 번째로 기술한 '적의 내부 통신선의 파괴' 효과는 이들 작전의 경우에는 항공 부대에 의해 추구되고 수행되었다. 아군의 항공 부대에 의해 적기는 공중에서 구축되고 적의 사령부는 장님이 되었다. 그 후 아풀레에 있었던 적군의 전신·전화국이 폭격당함으로써 적 사령부는 벙어리가 되었다. 이러한 군사 행동의 다음 단계는 아랍군이 교묘히 데라에서 철도 간선을 차단한 후에 속행되었다. 철도 간선의 차단은 터키군 보급의 흐름을 일시적으로(일시적이라는 것이 여기서 가장 큰 문제이다) 폐쇄하는 물리적 효과와 터키군 최고사령부가 보유하고 있던 부족한 예비대를 통제력을 상실하기 직전에 그곳에 파견하도록 만드는 정신적 효과를 가져왔다.

터키의 3개 군은 다마스쿠스로부터 뻗어나온 한 갈래의 철도에 의존하고 있었다. 이 철도는 데라에서 갈라져 나와 한 선은 서쪽으로 방향을 전환하여 요르단 강 건너 아풀레에 달했고, 그 지역의 가장 짧은 지선은 하이파를 향해 바다 쪽으로 달렸으며, 두 번째로 짧은 지선은 남으로 뻗어 나가다가 다시 갈라져 터키 제7군 및 제8군의 철도 종착점에 각각 달하고 있었다. 요르단 강 동쪽에 있던 제4군은 앞에서 언급한 헤자즈 지선에 의존하고 있었다. 아풀레와 요르단 강 철교를 장악한다면 터키 제7군과 제8군의 병참선을 차단하고 요르단 강 동쪽의 황폐한 지역으로 나가는 험준한 길을 제외한 터키군의 모든 퇴로를 차단하는 셈이었다. 데라를 통제하면 3개 군의 병참선과 제4군의 가장 양호한 퇴로를 차단하게 되는 것이었다.

데라는 영국군 전선에서 전쟁의 귀추에 즉각 영향을 미칠 수 있는 짧은 시간 안에 도달하기에는 너무나 멀었다. 다행스럽게도 아랍군은 사막에서 유령처럼 등장, 앞서 말한 세 가닥의 짧은 지선들을 차단하는 데 운용할 수 있었다. 아랍군의 전술과 지세는 그들이 지니고 있는 성격 때문에 터키군의 배후에 있는 전략적 장애물을 구성하는 데는 별 도움이 되지 않았다. 알렌비는 전투를 신속하게 결정짓기 위해 적과 가까운 새로운 지점 —— 요르단 강과 그 서쪽에 있는 산맥에는 적의 퇴로를 차단할 수 있는 지점이 있었다 —— 을 찾아야 했다. 아풀레의 철도 교차점과 베이잔 근처 요르단 강 철교는 알렌비의 전선에서 반경 60마일 내에, 그리고 장갑차 부대와 기병에 의해 도달할 수 있는 전략적 한계 내에 있었으므로 매우 중요한 이 두 지점에 아무런 저항을 받지 않고 도달할 수 있었다. 문제는 터키군이 아군의 행동을 적시에 방해하기 어렵고 아군의 자유로운 전진을 보장할 수 있는 접근로를 과연 찾아낼 수 있느냐에 있었다.

이 문제는 어떻게 해결할 수 있었는가? 샤론의 평탄한 해안 평야에는 에스드라엘론 평야와 예즈릴 계곡 —— 이곳에는 아풀레와 베이잔이 있다 —— 으로 통하는 회랑이 있었다. 이 회랑은 오직 한 개의 관문에 의해 차단되어 있었는데 그 관문은 샤론의 연해 평야와 에스드라엘론의 내륙 평야로 이격되어 있는 폭 좁은 산악지대로, 후방으로 한참 들어가 있어서 방어 부대가 배치되어 있지 않았다. 그러나 회랑 입구는 터키군의 참호선으로 차단되어 있었다.

알렌비는 포탄 대신 위장 실시된 장기간의 심리적 예비 작전으로 적의 주의를 해안에서 요르단 강 측익 방면으로 돌렸다. 그 해 봄, 요르단 강 동쪽에서 시도된 영국군의 2회에 걸친 공격이 모두 실패로 돌아간 것이 오히려 이 견제를 성공시키는 데 도움이 되었다.

터키군의 주의가 여전히 동쪽으로 쏠려 있던 9월에 알렌비의 부대는 극비리에 서진하여 해안선에 이르렀으나, 이곳에서의 터키군과 영국군의 병력비는 2대 1에서 5대 1의 우세로 벌어져 있었다. 9월 19일

15분 간 격렬한 공격 준비 사격을 실시한 후, 보병이 전진하여 얇은 2선을 이루면서 터키군 참호지대를 통과하고 내륙 방향으로 선회했는데 그 모양이 마치 문이 경첩을 중심으로 회전하는 것 같았다. 보병이 입구를 개방한 후, 기병이 전진하고 있던 장갑차 부대를 선두로 회랑 내를 유린·에스드라엘론 평야로 통하는 산악 통로를 탈취했다. 이 공격의 성공은 항공 부대가 적의 사령부에 가한 삼중고로 많은 도움을 받았다.

이튿날 터키군의 배후에는 견고한 전략적 장애물이 설치되어 있었다. 터키군에게 남아 있던 유일한 퇴로는 동쪽에 있는 요르단 강을 건너는 것이었다. 영국군 보병 부대의 직접적인 전진은 터키군 후위 부대의 완강한 저항에 직면하여 지지부진했다는 점에서 영국군의 항공 부대가 존재하지 않았다면 어쩌면 터키군은 요르단 강 도하 지점까지 도달했을지도 모른다. 9월 21일 이른 아침, 영국 항공기는 규모가 큰 하나의 종대가 나블루스에서 요르단 강의 협곡을 따라 구불구불 전진하고 있는 것을 발견했다. 이는 터키 제7군과 제8군의 사용 가능한 모든 부대였다. 4시간에 걸친 항공 부대의 공격에 의해 이 대규모 종대는 오합지졸로 변했고, 이 순간을 이용하여 제7군과 제8군을 섬멸했다고 해도 과언이 아니었다. 작전의 나머지 단계는 소떼를 끌어 모으는 것과도 같았다.

전략적 장애물을 설치할 수 없는 요르단 강 동쪽에 있었던 터키 제4군의 운명은 단칼에 처단되기보다는 오히려 지루하게 계속된 공격에 의해 급격한 소모에 빠져들었고, 결국 다마스쿠스가 함락되었다. 이 승리 후 알레포로 전진하는 전과 확대가 수행되었다. 알레포는 다마스쿠스보다 200마일이나 멀리 떨어져 있었고 영국군이 38일 전 출발한 전선에서는 350마일이나 떨어져 있었다. 이 전진 동안 영국군은 7만 5

천 명의 포로를 획득했는데 이 과정에서 입은 손실은 5천 명 이하였다.

영국군이 알레포에 도착한 것은 10월 31일로, 바로 터키가 항복한 날이었다. 터키는 루마니아가 붕괴되고 살로니카를 출발한 밀른Milne 의 군대가 콘스탄티노플 및 터키 배후에 육박하는 절박한 위협을 맞아 항복하고 말았던 것이다.

팔레스타인에서의 결정적 승리를 분석하는 데 특기할 만한 사실은 터키군 배후에 설치한 영국군의 전략적 장애물의 존재가 분명해져서 불가피하고도 제거할 수 없는 정신적 효과를 발휘할 때까지, 터키군 이 영국군 보병 부대를 저지할 수 있었다는 점이다. 또 한 가지 주목 할 만한 사실은 참호전이 시작되는 상황이었으므로 그 폐쇄 상태를 파 괴하기 위해 보병이 필요했다는 점이다. 그러나 일단 전쟁의 일반적 인 조건이 회복되자 일부 병력만으로 구성된 기동 부대에 의해 승리를 획득하게 되었다.

이와 같은 간접 접근의 특수한 전례에서 교묘한 수단이 발휘된 것은 작전의 준비 단계였다. 그것의 수행은 적의 교란 및 사기 저하를 노린 기동력 발휘에 전적으로 의존하고 있었다. 여기서 기동력의 발휘는 그 극치에 이르면 지속적인 기습 효과를 갖게 된다.

남동 전선의 살로니카에 대해 또 언급할 것이 있다. 1915년 가을, 세르비아군을 구출하기 위한 연합군의 살로니카 파견은 뒤늦고 비효 율적인 시도로 실행되었다. 그러나 그로부터 3년 후, 살로니카는 사활 이 걸린 공세의 출발 기지로 되살아났다. 그 기간 동안 발칸 반도에서 발판(살로니카)을 보유하는 것이 정치적 이유에서나 잠재적인 전략적 이유에서 필요했다고 하더라도, 과연 최종적으로 50만 명을 헤아리는 대병력 —— 독일군은 그것을 '최대의 억류자 캠프'라고 비웃었다 —— 을 묶어둔 것이 현명하고 필요한 조치였는지는 지금도 의문이다.

제14장 1918년의 전략

제1차 세계대전의 마지막 해인 1918년에 있었던 군사적 추이에 대해서는 그것을 어떠한 방식으로 연구하든, 앞서 일어났던 해군의 상황을 이해함으로써 깊은 영향을 받게 되며 그것과 분리하여 생각할 수도 없다. 왜냐하면 제1차 세계대전에서는 군사적 결판이 일찍 나지 않았기 때문에, 점차 해군력에 의한 봉쇄에 의해 군사적 상황이 통제되었기 때문이다.

역사가에게 제1차 세계대전에서 가장 중요한 일이 일어난 날이 언제인지를 물어본다면 주저없이 1914년 8월 2일을 말할 것이다. 영국군은 아직 참전하지 않았음에도 그날 오후 1시 25분, 당시의 해군장관 윈스턴 처칠이 영국 해군의 동원령을 하달한 것이다. 영국 해군의 임무는 트라팔가르 해전과 같은 해상 결전이 아니라 무엇보다 연합군의 승리를 지향하는 것이었다. 왜냐하면 영국 해군은 해상 봉쇄를 위한 도구로, 전후 수년이 지나 밝은 빛이 전쟁의 안개를 거둔 결과 이들이 수행한 해상 봉쇄의 역할이 컸다는 사실이 점차 알려지게 되었고, 제1차 세계대전의 전세에 결정적인 작용을 했다는 것 또한 분명해졌다. 미국 형무소에서 흉악범에게 착용시키는 수의와 마찬가지로, 차츰 해상 공세의 고삐를 조여들어감으로써 먼저 죄인의 행동을 구속하고 이어서 호흡을 곤란하게 했다. 한편 해상 봉쇄가 강화되고 그 기간이 길어질수록 죄인의 저항은 약화되고 긴박감으로 사기가 저하된다.

절망은 또 다른 절망을 부르고, 역사는 생명의 상실이 아닌 희망의 상실을 통해 전쟁의 결말을 결정한다는 것을 스스로 증명한다. 독일 국민의 반#기아 상태가 독일 후방 전선의 최종적 붕괴를 일으킨 직접적인 원인이었다는 사실을 과소 평가할 역사가는 한 사람도 없을 것이다. 그러나 혁명과 군사적 패배와의 상호 작용에 대한 문제는 접어두더라도, 해상 봉쇄라는 감지하기는 어렵지만 상당한 영향을 미치는 요인은 군사 정세에 관한 고찰 과정에서 반드시 다루어져야 한다.

왜냐하면 독일이 1915년 2월 최초의 잠수함 전역을 시도한 것이 해상 봉쇄의 결과는 아니었다 하더라도, 해상 봉쇄라는 사실과 그것이 지닌 잠재적 위협 때문이었다. 독일이 잠수함 전역을 시작한 것은 영국의 런던 선언 완화와 해상 봉쇄 강화의 지렛대 역할을 했다. 해상 봉쇄는 독일로 화물을 수송하고 있다고 의심할 만한 모든 선박을 정지시키고 수색할 권리를 주장함으로써 시작되었다. 그뿐 아니라 상선 루시타니아 호에 대한 독일의 어뢰 공격은 뒤늦기는 했지만 전쟁 참가를 위한 가장 중대한 추진력을 미국에 제공하고, 강화된 해상 봉쇄로 말미암은 영국과 미국 간의 마찰을 완화시키는 역할을 했다.

2년 후 해상 봉쇄로 야기된 경제적 긴장으로 독일의 군사 지도자들은 무제한 잠수함 전역을 격렬하게 전개했다. 국민의 생존과 군대 유지라는 문제를 해상 보급에 의존하고 있었다는 점은 영국 방위의 약점이었고, 잠수함에 의한 해상 봉쇄의 신속한 효과는 이러한 대전략 형식의 간접 접근이 적에게 치명적인 타격을 준다는 주장에 힘을 실어주었다. 이러한 예측이 오류라는 것이 입증되기는 했지만, 영국의 경우에서는 거의 옳은 쪽으로 판명될 뻔했다. 2월 손실을 입은 선박은 총 50만 톤이었으나, 4월에는 87만 5천 톤으로 늘어났다. 자원이 부족하여 독일측의 잠수함 활동이 차츰 저하되는 것에 발맞추어 영국이 대응책을 강구할 무렵, 영국이 자국 국민을 위해 비축하고 있던 식량은 6주 분량밖에 되지 않았다.

경제 문제 때문에 전쟁을 끝내려고 했던 독일군 지도자들의 희망은 오히려 독일 경제 붕괴에 대한 두려움의 원인이 되었고 이 때문에 그들은 미국의 대독 참전 가능성을 무릅쓰고 잠수함 전역을 시작하게 되었다. 그러한 위험성은 1917년 4월 6일에 현실로 나타났다. 그러나 미 군사력이 전개되는 데는 장기간이 소요될 것이라는 독일의 판단에도 불구하고, 미국이 일단 참전하여 영국과 함께 행하는 강화된 해상 봉쇄는 즉각적인 효과를 가져왔다. 참전한 미국은 과거 수년 간에 걸쳐 중립국의 권리에 관한 논쟁에서 영국이 펼친 대담한 주장을 훨씬 능가하여, 여러 중립국에 개의치 않고 확고한 결의하에 경제적 무기인 해상 봉쇄를 감행했다. 그 후 해상 봉쇄에 대한 여러 중립국의 방해는 없었다. 그 대신 미국이 해상 봉쇄에 협력하자, 그 실체는 독일을 차차 약화시키기 위해 목을 죄는 공격으로 변해갔다. 너무나 자주 간과되어 온 진리이기도 하지만 군사력은 경제적 지구력에 기초하기 때문이다.

해상 봉쇄는 효과적인 저항 수단이 없는 간접 접근 대전략으로, 또한 효과의 발휘에 시간이 걸린다는 것 외에는 별 위험을 가져오지 않는 형태의 대전략으로 분류될 수 있다. 그 효과는 운동량의 법칙처럼 가속도가 붙어, 1917년 말에 이르자 중앙 제국은 해상 봉쇄를 가혹한 것으로 인식하고 있었다. 1918년 독일의 군사 공세 —— 일단 실패하면 자살 행위가 되는 —— 를 이끌어내고 그들을 궁지로 몰아넣었던 것은, 다름 아닌 경제적 압박이었다. 독일측은 적시에 평화를 위한 조치를 취하는 데 실패함으로써 되든 안 되든 운에 맡기는 공세와 종국에는 몰락으로 끝나는 쇠약한 결말 외에는 선택의 여지가 없었다.

만일 1914년 마른 전투 직후나 그 후에 독일이 서부에서는 수세를,

동부에서는 공세를 취하는 전쟁 정책을 채택했다면 전쟁의 향배가 달라졌을지도 모른다. 그 이유로는 독일이 중부 유럽의 지배적인 지위를 뜻하는 미텔 오이로파Mittel Europa의 꿈을 완전히 실현하고자 하는 데는 의심의 여지가 없었고 다른 한편으로는 우연히도 해상 봉쇄가 완만해져 있어서 미국이 전쟁 외곽에 머물고 있는 한 봉쇄가 효과적으로 강화될 수 없었기 때문이다. 당시 독일은 중부 유럽을 자신의 지배하에 두고 전쟁에 지쳐 물러난 러시아를 경제적으로 종속시킬 수 있는 유리한 상황에 있었기에, 당시 영국, 프랑스, 이탈리아의 노력이라고 해봐야 독일로부터 동방에서 획득한 영토가 독일령이 확실하다는 인증을 받기는커녕 벨기에 및 북부 프랑스라는 거래상의 저당물을 반환하라고 독일을 설득하는 것이 고작이었다고 믿을 수 있는 확실한 근거가 있었다. 잠재적인 국력과 자원이라는 측면에서 강대해진 독일은 서구 연합국에 대한 군사적 승리를 포기할 수 있는 충분한 여유가 있었던 것이다. 사실 수지가 맞지 않는 목적을 버리는가 아닌가는 대전략가와 바보의 차이점이다.

그러나 1918년에 기회는 이미 지나가버렸다. 독일의 경제적 내구성은 극히 저하되어 있었고, 점령했던 루마니아와 우크라이나에서의 철수 속도를 늦추면서까지 독일은 경제적 자원을 거두어왔으나, 봉쇄를 강화하는 데 소요되는 독일의 경제적 내구성의 저하 속도는 이를 훨씬 웃돌고 있었다.

독일의 최종 공세가 시행될 때의 상황은 이와 같았는데 이 상황에서 빠져나오는 데 필요한 군사적으로 결정적인 성과를 위한 명령이 하달되었다. 러시아 전선에서 병력을 차출함으로써 연합군에 대한 병력비는 우세했으나, 이 기간에 사용할 수 있는 병력 수는 연합군보다 상당히 밑돌고 있었다. 1917년 3월에는 프랑스, 영국, 벨기에의 총 178개 사단에 대하여 독일군은 129개 사단을 운용했다. 1918년 6월에는 독일군 병력의 총계 192개 사단이 연합군의 173개 사단에 대항하여 사용되었으나, 이들 연합군 사단 중에는 병력의 구성비에서 보통 사단보다 두 배의 전투력을 보유한 미국의 4개 사단 반——그때까지 도착한 수——이 포함되어 있었다. 독일군은 새로이 2, 3개 사단을 동부전선에서 전환 가능한 상황이었는데, 처음에는 소수에 그쳤던 미군 병력이 정세가 위기에 처함에 따라 급류와 같이 흘러들어 오게 되었다. 독일군은 잘 알려진 75개 충격 사단을 예비 병력으로 보유하고 있었는데 비해 연합군은 62개 사단이 예비 병력이었다. 그러나 이들은 중앙 통제가 결여되어 있었다. 베르사유 군사집행위원회 밑에서 연합군의 예비대로서 30개 사단을 보유할 계획은 헤이그Haig가 전환하기로 한 7개 사단을 전환할 수 없다고 단언함으로써 파산되고 말았다. 막상 시련이 다가오자 프랑스, 영국 간의 상호지원 협정이 무산되고 말았다. 재앙의 도래가 늦어진 시책을 회복할 수 없게 만들어버리자 헤이그의 주창에 따라 포슈가 최초 연합군의 전반적인 조정자로, 이어서 연합군 총사령관에 임명되었다.

독일측의 계획은 그 전의 어떠한 작전 계획보다도 훨씬 전술적 기습을 철저히 추구하는 데 그 특징이 있었다. 독일군의 지휘관 및 참모들의 명예를 위해 기술해두려고 하는 바, 그들은 설사 우세한 병력을 사용한다고 하더라도 불리한 공격을 상쇄한다는 것은 극히 어렵다는 것을 너무도 잘 인식하고 있었다. 또한 그들은 효과적인 기습이, 많은 기만적 요소를 교묘히 조립시킨 위에 성립된다는 것 역시 잘 알고 있었다. 그리고 장기간 제기되어 있는 전선에 진로를 개척하는 데는 그와 같은 기습 외에 방법이 없다는 것도 잘 알고 있었다.

가스탄을 사용하는 치열한 단기 포격이 주요소였으나 루덴도르프는 전차의 중요성을 파악하지 못했기 때문에 시기적절하게 전차를 개발할 수 없었다. 그러나 이와는 별도로 보병은 새로운 침투 전술 훈련을 받아왔는데 그 지침은 다음과 같다. "전선 부대는 적의 방어상의 약점을 탐지하여 돌파한다. 한편 예비 병력은 성공을 지원하기 위해서만 사용하고 실패를 만회하기 위해서는 사용하지 않는다. 공격하는 사단은 야간 행군에 의해 행동한다. 포병 부대는 기도를 감추면서 전선으로 가까이 전진시키고 기준포의 사전 기록 사격을 실시하지 않고 사격을 개시한다. 또한 그 후의 주공 방향의 준비를 완비하는 한편 주공 방향 외의 여러 지점에서 연속적인 공격을 준비하여 적의 판단을 흐리게 하는 데 노력한다."

이것이 전부는 아니었다. 루덴도르프는 무효로 돌아간 연합군의 모든 공세 경험에서 다음의 결론을 도출했다. "전술적 성공이 가능하지 않는 한 순수한 전략 목적을 추구하는 것은 무익하며 순수한 전략적 목적을 고려하기에 앞서 전술을 고려하지 않으면 안 된다." 전략상의 간접 접근이 없을 때 이것은 의심할 것도 없이 진리이다. 그러므로 독일의 이 공세 계획에는 새로운 전술이 새로운 전략을 수반하고 있었다. 전술과 전략은 서로 인과 관계에 있으며 쌍방이 모두 '최소 저항선을 지향'하는 새로운 원칙 또는 부활된 원칙을 기초로 하고 있었다. 1918년 프랑스의 상황으로는 '최소 예상선'을 택하게 될 수 있는 가능성이 전혀 없고 루덴도르프도 최소 예상선을 다룰 계획을 가지고 있지 않았다. 그러나 적군이 길다란 참호선에 걸쳐 분산해가면서 아군과 접촉하고 있는 상황에서는 최소 저항선을 따라 신속하게 돌파한 다음 신속한 전과 확대를 실시한다면 목표 도달 —— 그것은 이제까지 적의 최소 예상선에 따른 행동에 의해 도달하는 것이 원칙이었다 —— 범위 내에 들어갈 수 있었을지도 몰랐다.

돌파는 신속하게, 전과 확대는 급속하게 실행되었다. 그러나 계획은 실패로 돌아갔다. 결함은 어디에 있었는가? 이 공세와 대전 그 자체에 대해 사후에 있었던 전반적 비판은 다음과 같다. 루덴도르프는 그가 품고 있던 전술적 편견으로 전략적 목표를 희생해가면서 전술적 성공에 노력을 기울이기 위해 공세 방향을 변화시켰고 자군의 전력을 낭비하기에 이른 것이다. 원칙 그 자체가 잘못된 듯 보였고 또한 그렇다는 것이다. 그러나 이때 이후, 입수된 독일군의 관계 서류와 루덴도르프의 명령과 지시를 자세히 검토해보면 문제는 다른 모습으로 비춰지게 된다. 루덴도르프 그 자신이 이론적으로 다룬 이 새로운 원칙을 실행에 옮기지 못했거니와 그것이 실질적인 결함을 구성하는 것 같다. 즉 그는 이 새로운 전략 이론이 함축하는 뜻을 완전히 이해하지 못했고 또한 이해하지 않으려고 뒷걸음질쳤다. 왜냐하면 사실 그는 전술적 실패를 만회하려고 자기 수중에 있는 예비 병력 중 수많은 병력을 낭비하고 자신의 전술적 성공으로 전과를 확대하려는 결심을 너무나 오래 주저하고 있었던 것이다.

　문제는 그가 공격점을 선정했을 때 이미 나타났다. 그 공세는 아라스와 라페르 사이의 60마일에 걸친 정면에서 제17군과 제2군 그리고 제18군에 의해 행해지도록 되어 있었다. 그 밖에 두 개의 예비 계획이 고려되고 있었다. 그 중 하나인 베르됭 요새 돌출부의 양측면에 대한 공격 계획은 지형이 적당하지 않다는 이유로 기각되었다. 가령 돌파가 성공해도 결정적인 효과는 거의 기대할 수 없고, 거의 1년 동안 방해도 받지 않고 휴양 기간을 취한 이곳의 프랑스군은 너무나도 훌륭하게 전력을 회복하고 있는 듯이 보였다. 또 다른 이프르와 랑스 사이에 대한 공격 계획은 루덴도르프의 전략 자문인 베첼Wetzell이 호의를 보였고, 또한 생캉탱과 북해 간의 전선을 지휘한 루프레히트Rupprecht 공

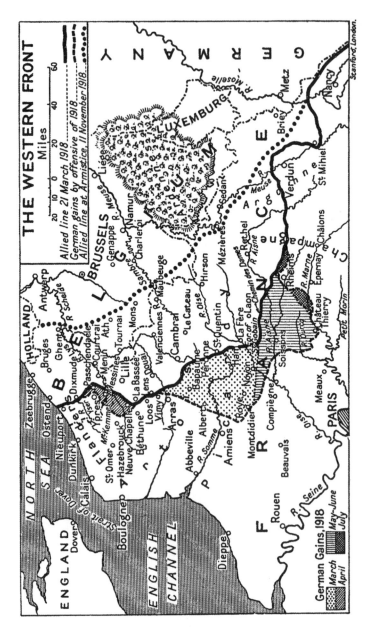

서부 전선, 1918

이 지지했으나, 그 공격은 영국군 주력과 충돌할 뿐 아니라 해수면보다 낮은 지역이어서 건조되는 데 장기간이 소요된다는 이유로 기각되었다.

결국 선정된 것은 아라스와 라페르 간의 지역에 대한 공격이었는데 이곳을 선정한 이유는 이 지역에 있는 방자는 약세일 뿐 아니라 예비대도 적었으므로 방어 편성이 가장 취약했다는 것이다. 또 이 지역은 영국군과 프랑스군의 연결부에 근접되어 있었다. 루덴도르프는 영불 양국을 분리시킨 후 다시 영국군을 분쇄하려고 했다. 그의 판단으로 영국군은 이프르에서 장기간 고전했으므로 몹시 약화되어 있다고 생각했다. 그런데 이 지역이 취약하다는 것은 보편적인 진리로 통했으나 세부적으로 보면 그의 판단은 크게 잘못된 것이었다. 이 지역의 북부에는 영국 제3군의 14개 사단(그 중 4개 사단이 예비)에 의하여 강력히 방어되어 있었고, 한편 영국군과 예비 병력의 주력이 이 지역의 북익에 있어서 제3군은 북쪽에 있는 영국군으로부터 신속한 지원을 받을 수 있었고 실제로 그렇게 했다. 독일군의 공격이 쇄도한 이 지역의 3분의 2는 영국 제5군이 방어를 담당하고 있었다. 독일 제2군의 공격에 직면한 이 지역의 중앙부는 5개 사단으로 방어되고 있었다. 독일 제18군의 공격에 직면한 이 지역의 남부 —— 다른 곳보다 정면이 넓다 —— 는 7개 사단(그 중 1개 사단이 예비)으로 방어되고 있었다.

루덴도르프는 아라스에서 공격에 임한 제17군에게 최초 공격을 위해서 19개 사단을 할당했는데 군은 좌익만 해도 14마일의 정면을 담당하고 있었다. 캉브레를 향해 돌출된 영국군 진지에 대해서는 직접적인 공격은 실시되지 않았으나 5마일에 이르는 이 영국군 진지는 독일 제2군의 2개 사단으로 적절히 견제되었다. 독일 제2군의 5개 사단으로 구성된 영국 제5군의 좌익 정면 14마일에 대하여 18개 사단을 집중하여 공격했다. 남단 부근에서는 생캉탱 양익을 독일 제18군이 공격했다. 루덴도르프는 27마일이나 되는 이 정면을 담당한 독일 제18군에게 24개 사단을 할당했을 뿐이었다. 그는 새로운 원칙이 있었음에도 불구하고 적의 병력에 따라 자기의 병력을 배분했을 뿐, 적 저항의 취약점에 대한 병력 집중을 실행하지 않았다.

그가 하달한 명령에 표시된 공격 방향을 보면 이러한 경향이 강하게 나타나 있다. 주공은 솜 강 북방에서 지향하도록 되어 있었다. 제17군 및 제2군은 돌파 완료 후 북서 방향으로 전환하여 영국군을 해안으로 압박함과 동시에 그들의 측방은 하천과 제18군에 의해 방호받도록 되어 있었다. 제18군은 측위 임무만 수행하는 것이었다. 실행 단계로 옮겨지면서 이 계획은 근본적으로 변경되어 최소 저항선을 따라 공격하는 모양을 나타냈다. 왜냐하면 루덴도르프는 자신이 원하지 않았던 지점에서 급속히 성공을 거두었으나 가장 기대했던 지점에서는 성공하지 못했기 때문이다.

공세는 3월 21일에 개시되었는데, 아침 안개가 기습에 도움이 되었다. 공방 모두 병력을 가장 적게 배치한 솜 강 남쪽에서 돌파가 달성된 반면, 아라스 부근에서는 하천 북쪽에서 실시된 모든 공격이 저항을 받아 저지되었다. 그와 같은 결과는 이미 그 전부터 확실히 예측할 수 있었을 것이다. 그러나 루덴도르프는 자신의 새로운 원칙에 대해서는 의연히 등을 돌리고 견고히 방어되고 있는 아라스 요새를 다시 공격하려고 며칠을 허비했으며, 여전히 이 방향에 주공을 두었다. 그 사이 그는 적으로부터 이렇다 할 저항도 받지 않고 전진을 계속하고 있는 제18군에 대한 구속의 고삐를 부여잡고 있었다. 3월 26일 늦게 그는 비로소 제18군의 아브르 강 도하를 금지하여 전진 속도를 인접한 제2군의 전진 속도와 일치시키라는 명령을 하달했다. 그 제2군의 전진 속도는 또 아라스 부근에서 전황이 부진한 제17군의 전진 속도로 인해 구속당하고 있었다. 이러한 일로 현실에 있어서 루덴도르프는 영국군이 가장 강력히 방어하고 있는 지역을 직접 공격으로 파괴함으로써 영국군을 분쇄하려고 했던 것이 분명하다. 그는 그곳에 매달려 있었으므로 솜 강 남쪽의 최소 저항선에 연하여 자신이 보유하고 있던 예비 주력을 투입시킬 수 없었고 그것을 깨달았을 때는 이미 늦었다.

만일 아라스 요새의 측방을 통과할 때, 최초에 기도한 북서 방향으로의 선회를 요새의 배후로 지향하도록 실시했다면 성공할 수 있었을 것이다. 솜 강 북방에서 실시된 3월 26일의 공격(제17군의 좌익과 제2군의 우익에 의한 것)은 눈에 띄게 약화되어 있었다. 애써 거두어들인 승리의 대가가 이것이었다. 제2군의 좌익은 솜 강 남방에 진출해 있었는데 제18군의 솜 전장이었던 황폐한 지역에서 기동 및 어려워진 보급 문제로 고통받고 있었다. 제18군만은 이완되지 않은 기세로 계속 전진하고 있었다.

이러한 상황에서 루덴도르프는 새로운 계획을 채택하지 않을 수 없게 되었는데도 예전의 계획을 버리지 않았다. 그는 3월 28일 아라스 부근의 고지를 새로 직접적으로 공격하라고 명령했다. 이 공격에 참가한 부대는 제17군의 우익으로 여기에 이어서 이곳에서 북으로 얼마 안 되는 비미와 라바세 간을 제6군이 공격하기로 되어 있었다. 그러나 솜 강 남쪽의 정세가 유리했으므로 그는 아미앵을 제2군의 주목표로 부여했다. 그 후에도 그는 제18군의 과감한 전진을 이탈리아에서 저항하고 있는 적의 측방에 대한 공격으로 전환되지 못하도록 제한하면서 새로운 명령을 하달하지 않았다. 제2군의 주목표로 부여된 아미앵은 험난한 지형을 답파해야 하는 직접 접근으로 탈취하도록 되어 있었다.

아라스에 대한 3월 28일의 공격은 안개나 기습 등으로 보호받지 못한 채 실시되었는데, 빙Byng 원수가 지휘하는 철저하게 준비된 영국 제3군의 저항을 받아 실패로 끝났다. 이로써 루덴도르프는 처음부터 그가 가지고 있었던 구상을 버리고 아미앵으로 주공의 노력을 지향하면서 남아 있는 예비대의 일부까지 투입하도록 했다. 그 사이 그는 제18군에게 이틀 동안 공격 중지 명령을 내렸다. 3월 30일, 공격이 재개되었을 때 공격군의 병력은 적었던 반면, 방어 준비 시간을 번 적의 저항에 직면하여 공격은 진척되지 않았다. 적의 저항을 강화시키고 있는 것은, 붕괴하는 방어라는 '벽'에 쏟아져 들어오고 있는 프랑스 예비 병력이라는 '시멘트' 때문이었다. 보병보다 뒤늦게 도착한 프랑스 포병이 전투에 참가한 것은 3월 30일이었다. 4월 4일에는 15개 사단(이 중 4개 사단만이 새로 도착한 부대)을 투입한 독일군의 공격이 계속되었으나 여전히 승리하지 못했다.

출혈이 소요되는 전투에 빠져들어서는 안 된다고 생각한 루덴도르프는 아미앵으로 지향된 공격을 중지했다. 그는 시간을 놓치지 않고 영국군과 프랑스군의 간격을 따라 상당한 병력을 투입했다. 그러나 3월 24일 페탱Petain이 헤이그에게 "만일 독일군이 영국군과 프랑스군 간에 벌어진 간격을 연하여 공격을 계속한다면 나는 파리를 보호하기 위하여 예비대를 남서쪽으로 철수시켜야 했을 것이다"라고 알렸다. 독일군의 압박이 조금만 더 계속되었다면 그 간격을 넓게 만들었을 것이라는 뜻일 게다.

이 전례에 대한 지식을 통하여 다음과 같은 두 가지 역사적 교훈을 확인할 수 있다. 즉 두 부대 사이의 연결부는 공격에서 가장 민감할 뿐 아니라 유리한 지점이고, 또한 2개 부대 간의 중간을 돌파하는 것은 이 2개 부대가 인접하여 집결되어 있다면, 간격이 넓지만 유기적으로 분리되어 있는 경우보다 더욱 위험하다는 것이다.

루덴도르프는 예비 병력의 대부분으로 아라스 남쪽의 적의 거대한 돌출부를 지탱하는 한편, 그렇게 큰 신뢰도 갖지 않았으면서 다시 북에서 공격을 실시했다. 3월 25일 그는 돌파구의 폭을 확장하기 위한 제1단계로 라바세 — 아르망티에르 사이에서 소규모의 공격 준비를 명령했다. 3월 25일 아라스에 대한 공격이 실패로 돌아간 후, 그는 이 계획을 확대했다. 아르망티에르에서 공격을 개시한 지 24시간 후 아르망티에르 북쪽에서 공격을 감행하여 이 도시를 협공하기로 되어 있었다.

사전 조정이 늦어진 이 공격은 4월 9일 전까지 그 준비가 되지 않았고, 4월 9일이 되어서도 단순한 견제 수단에 불과한 공격으로 이해되었다. 그러나 적의 약화된 지역을 아침의 안개를 이용하여 공격한 것은 처음 예상했던 것보다 더욱 큰 성공을 거두었으므로, 루덴도르프는 이 공격을 조심스럽게 주공으로 전환시키고 있었다. 아르망티에르 남쪽 11마일 정면에 실시된 독일군 공격의 제1파인 9개 사단은 제2파인 5개 사단을 후방에 배비하면서 포르투갈 군 1개 사단 및 영국군 2개 사단 —— 그 후방에는 다시 근접 예비 사단이 2개 배비되어 있었다 —— 을 목표로 전진했다. 다음날 독일군 4개 사단이 제2선에, 다시 2개 사단을 배비하고 아르망티에르 북쪽 7마일 정면을 연하여 공격을 실시했는데, 이 공격에서도 짙은 안개를 이용할 수 있었다. 적군의 저항이 강화됨에 따라 새로운 사단들이 소규모로 축차 투입되었는데 이러한 상황은 5월 첫째 주말까지 계속되었다. 그때까지 투입된 사단 수는 40개 이상이나 되었다. 이렇게 루덴도르프는 소모전에 말려들었던 것이다.

영국군은 자군의 기지 및 바다에 위험할 만큼 가까이 후퇴했으나 노도와 같은 독일군의 공격에 10마일에 걸친 침입을 허용한 후 하제브룩에 있는 중요 철도 분기점 바로 앞에서 독일군을 저지할 수 있었다.

그 후 4월 17일, 루덴도르프는 이프르 양측을 향해 협공을 기도했으나 그 기도는 이전 48시간에 걸친 이프르 전선을 다시 전진시키고 있는 헤이그의 간접적 조치에 의해 선제되어 거의 무효로 돌아갔다. 이 계획이 실패했으므로 루덴도르프는 이프르 남쪽에서 순수한 직접 공격으로 복귀했다. 그곳에는 전선의 일부를 인수하기 위해 프랑스군 예비대가 도착해 있었다. 4월 25일에 실시된 이 공격은 연결부를 습격, 케멜 구릉에서 그 간격을 돌파하고 개방했다. 그러나 역습을 두려워한 루덴도르프는 전과 확대를 중지했다. 그간 그는 예비 병력을 차례로 투입하는 데 몰두해 있어서 참다운 승리를 획득하기 위해 사용하기에는 시기를 상실했고, 매번 병력이 부족했다. 이 첫번째 공격 실패 후 제2의 공세에서 성공한다는 자신감이 결여되었고 29일의 최종 공세를 실시하고 나서 그는 공격을 중지했다. 그러나 그는 프랑스군의 예비 병력을 본래의 전선으로 끌어들이는 동안 일시적으로 공격을 중지했다가 프랑스 내의 영국군에 대해 마지막으로 결정적인 타격을 가하려는 의도였다.

그때 이미 그는 수아송과 랭스 간의 슈망 데 담 지역에 대한 공격을 준비하도록 명령하고 있었다. 이 공격은 4월 17일 개시할 의도였으나 5월 17일까지 준비되지 못했다. 그 주된 이유는 플랑드르 공격을 실시한다면 그 결과로 보유한 예비 병력이 고갈될 것을 예측한 루덴도르프가 플랑드르 공격을 지연시키고 있었기 때문이다.

미군 총사령부의 정보처는 루덴도르프의 공격 지점 및 대략적인 공세 개시일을 예측하고 있었다. 그러나 정보처의 경고 내용이 독일군 포로의 보고에 의해 뒷받침되면서 주의를 끌기 시작한 것은 5월 26일이 되어서였다. 부대에게 경고 태세를 갖추게 하는 것 외에는 방어 준비에 시기가 늦었으나 이 경고에 의해 가까스로 예비대는 이동을 할 수 있었다. 다음날 아침 영국, 프랑스군의 5개 사단(그 후방에 4개 사단의 예비가 있었다)이 방어하고 있던 24마일의 정면에 대하여 독일군 15개 사단이 그들의 후방 가까이에 7개 사단을 배치하면서 공격했다. 그 공격은 시작부터 안개와 연무의 은폐를 이용하면서 방어 부대를 슈망 데 담 지역에서 구축하고 이어서 엔 강을 도하했다. 그리고 5월 30일에는 마른 강에 이르렀다. 그런데 루덴도르프는 다시 준비하거나 바라지도 않았던 승리할 수 있는 수단을 얻었다. 기습한 자가 기습을 당한 것이다. 그는 공격을 개시하는 데 성공했지만 보유 중인 예비대 중에서 너무나 많은 병력을 투입했을 뿐 아니라 그 효과를 무산시키고 말았다. 그 이유는 연합군 예비대를 투입할 수 없었기 때문이다.

이 공격 개시 때의 성공 정도는 그 자체가 분석 대상이 된다. 시작 시에 성공한 원인은 아마도 하나는 연합군의 주의 및 예비대를 다른 지점으로 견제한 데 있고 또 다른 하나는 프랑스군의 현지 사령관이 우매한 데 있었다고 생각된다. 그 사령관은 전방 진지에 많은 병력을 집결해야 한다고 주장했는데, 그곳에 밀집된 보병은 독일군 포병의 표적이 되었던 것이다. 방자의 포병, 국지 예비 병력 및 사령부 등은 보병과 마찬가지로 전선에 근접해 있던 결과로, 독일군의 돌파에 뒤이은 방자의 붕괴는 더욱 빨라졌고 규모가 커져갔다. 그 때문에 공세 개시 전날 부분적으로 상실하고 있었던 전술적 기습 효과를 되찾을 수 있었다. 모든 기습 목적은 적을 교란시키는 데 있으므로 자기의 기만 행동으로 잠자고 있는 적을 포착하든 아니면 눈뜨고 있는 적을 함정에 빠뜨리든 그 효과는 동일하기 때문이다.

이제야 루덴도르프는 연합군 정면에 두 개의 커다란 돌파구와 하나의 작은 돌파구를 만들었다. 그의 다음 기도는 솜 강과 마른 강 돌출부 사이에 있는 적의 콩피에뉴 지탱점을 협공하는 것이었다. 그러나 이번에는 기습이 이루어지지 않았고 6월 9일에 실시된 콩피에뉴 지탱점 서쪽에 대한 공격은 그 동쪽에 대한 견제보다도 너무 늦어 시기를 놓치고 말았다.

그 후 1개월의 휴식 기간이 계속되었다. 루덴도르프는 오랫동안 갈망해온 벨기에에 있는 영국군을 공격할 방책을 수립하기 위해 노심초사했다. 그러나 그는 벨기에에 있는 영국군 예비 병력이 여전히 강력한 것을 고려하여 다시 견제하기로 결심했다. 그 작전 목적은 남부에서 영국군에게 대규모 공격을 가하여 그곳으로 예비대를 끌어들이려는 것이었다. 그는 마른 강 돌파구 서측에 있는 적의 콩피에뉴 지탱점을 협공하는 데 실패하고 있었다. 이제 그는 랭스 양측을 공격함으로써 콩피에뉴 공격과 같은 작전을 동부에서 실시하려고 했다. 그러나 그에게는 병력을 휴식시키고 작전 준비를 위하여 휴식 기간이 필요했는데 이러한 지체는 치명적이었다. 왜냐하면 결국 그 기간에 영국군과 프랑스군의 전투력 회복을 허용하고 미군의 병력 증강 시간을 허용하는 것이었기 때문이다.

그때까지 루덴도르프 자신이 실시한 공격의 전술적 성공은 항상 그가 실패하는 원인이 되었다. 그 이유는 그가 성공한 공격의 영향을 받아 매번 지나치게 오랜 기간에 걸쳐 너무도 멀리, 깊게 추격하면서 예비대를 사용하여 다른 공격을 실시하기 전에 불필요한 긴 휴식 기간을 가져야 했기 때문이다. 그는 최소 저항선을 따라 행동을 취했을 뿐 아니라 또한 적의 저항이 강화된 선을 따라 행동했다. 당초의 돌파 성공 후에는 모든 공격이 전략상 연기된 직접 접근이 되었다. 그는 그때까지 세 개의 대규모 쐐기를 박아놓고 있었는데 그 중 어느 하나도 적의 동맥을 절단할 만큼 깊숙이 관통한 것은 없었다. 그리고 그 전략적 실패로 인하여 독일군 전선에 돌파구가 형성되었고 그 돌파구 양측으로 적의 역습을 허용하게 되었다.

루덴도르프는 7월 15일 새로운 공격을 개시했는데, 그 개시는 너무도 뻔했다. 그 공격은 랭스 동쪽에서는 적이 실시한 유연한 방어로 인하여 좌절되었고 서쪽에서의 마른 강을 도하하는 독일군의 돌파는 갈수록 자군을 심연으로 몰아넣을 뿐이었다. 그것은 포슈가 7월 18일 독일군의 마른 강 돌파구 반대쪽 양측에 대하여 그때까지 오랜 기간 준비해온 공격을 개시했기 때문이다. 이 작전을 지시한 페탱 장군은 이때 루덴도르프가 갖고 있지 않은 유력한 비방을 내놓았다. 즉 캉브레의 예를 따라 경전차 집단을 기습 공격의 선두에 운용하는 것이었다. 독일군은 안전하게 철수할 수 있는 사용 가능한 시간 동안 마른 강 돌파구에 이르는 모든 입구를 개방해놓고 가까스로 그 전선을 직선화하는 데 성공했다. 그러나 그의 예비대는 바닥이 났다. 루덴도르프는 우선 플랑드르에서의 공격을 연기하지 않을 수 없었고 그 후에 이를 포기해야 했다. 이 때문에 주도권은 최종적으로 연합군에게 완전히 넘어가게 되었다.

연합군이 실시한 마른 강 반격에 대해서는 검토해볼 필요가 있다. 페탱 장군은 앞으로 독일군의 새로운 공격 측방에 대한 제1의 반격과 이에 이어진 제2의 반격을 꿰뚫어보고 보베 및 에페르네에 각기 하나씩 모두 2개의 예비대를 집결하도록 포슈에게 요청했다. 망쟁Mangin이 지휘하는 제1집단은 6월 9일 독일군의 공격을 격파하기 위해 사용되었고 그 후 독일군의 마른 강 돌파구의 서측에 접한 진지에 전환되었다. 포슈는 그 제1집단을 수아송에 있는 철도 중추를 공격하는 직접적 목적에 사용하려고 계획했다. 그 계획이 준비되고 있는 사이에 정보처는 '잠시 후 독일군이 랭스 부근에서 공격한다'는 확실한 정보를 입수했다. 거기서 포슈는 적의 공격을 기다리다가 반격하는 것이 아니라 7월 12일에 공격을 개시하여 적의 공격을 선제하려고 결심했다. 그런데도 페탱 장군은 독일군으로 하여금 공격하게 하여 그들을 곤란에 빠뜨리게 한 후 그 측방을 타격한다는, 포슈와는 반대되는 생각을 하고 있었다. 그리고 조금 이상한 일이지만 프랑스군의 공격 준비는 12일까지 완료되지 않았다. 이리하여 전투는 포슈의 구상보다는 오히려 페탱 장군의 구상에 따라 실시되었다. 전적으로 페탱 장군의 구상에 따른 것이 아니라 약간 더 그렇다는 뜻이다. 그 이유는 페탱 장군은 자신의 계획이 "아군의 전진 진지를 가볍게 점령하여 우선 그 진지를 적에게 넘겨준 다음, 전투 준비가 완료된 후방 진지에서 적을 대적하게 하여 저지시킨다. 그 후 적이 랭스 양측을 공격함으로써 예측되는 새로운 포켓 지대에 그들의 예비 병력을 사용하도록 적을 유인할 목적으로 국지 공격을 실시한다. 최후로 마른 강 주요 돌출부의 기선을 따라 동쪽으로 향하는 실제 반격에 망쟁 군을 사용한다. 이에 따라 페탱 장군은 엔 강 남쪽에 있는 독일군을 몰아넣은 거대한 자루의 입을 조일 수 있을 것"이라고 말했기 때문이다.

그 후에 일어난 사태와 포슈의 생각이 결부됨으로써 이러한 페탱 장군의 구상은 수정되었다. 랭스 동쪽에서 독일군의 공격은 적의 탄성 방어 —— 그것은 일종의 전술적 간접 접근이었다 —— 에 의해 무산되었다. 그러나 랭스 서쪽에서 연합군 지휘관들은 낡고 경직된 방어 방식을 고집했으므로 그 전선은 돌파되었다. 독일군은 마른 강을 건너 돌파했다. 페탱은 이 위험을 회피하기 위해 계획의 단계에서 사용하려고 했던 예비 병력의 대부분을 투입해야 했다. 그 예비대를 보충하기 위해 페탱은 망쟁군으로부터 병력을 차출하여 망쟁군의 역습 —— 이미 포슈가 7월 18일에 실시하도록 명령했던 —— 을 연기할 결심을 했다. 포슈는 이러한 명령을 받자 즉석에서 페탱의 명령에 대한 취소 명령을 하달했다. 여기서 페탱의 계획인 제2단계는 파기되었고, 이로 인해 독일군은 예비대를 망쟁군을 저지하기 위해 사용하고 나아가 자루의 입을 개방하는 데 사용할 수 있었다. 망쟁군의 역습은 1915년 폴란드에서의 팔켄하인의 역습과 같이 자루 전체에 대한 협공을 실시하고, 나아가 독일군을 그 자루에서 내쫓고 마는 완전한 직접적 압박에 빠지고 말았다.

그 후 포슈의 지배적인 사고방식은 주도권을 유지하고 자신의 예비병력을 증대시키는 한편 적에게 휴식을 허용하지 않는다는 것이었다. 그가 착수한 조치의 제1단계는 일련의 국지적 공격에 의해 아군측의 횡방향에 있는 철도 선을 해방하는 것이었다. 교묘히 신중하게 기만을 실시함으로써 로린손의 제4군 병력은 배로 증가되었다. 전차 450대를 선두로 한 로린손의 공격은 공격 개시에 있어서 아마도 제1차 세계대전의 가장 완벽한 기습이었다. 그 공격은 얼마 후 정지했으나──직접적으로 압박한 것이 그 원인이었다──이 최초 기습의 충격은 독일군 최고사령부의 심리를 교란하는 데 충분했고 이때 루덴도르프는 독일군의 정신적 붕괴를 알았기 때문에 마침내 스스로 '교섭에 의한 평화의 길을 모색하지 않으면 안 된다'고 선언하기에 이르렀다. 그 사이에 그는 "우리의 전략 목적은 전략적 방어에 있고, 적의 전의를 점차 마비시키는 것이어야 한다"고 말했다.

그런데 이 무렵 연합군측에서도 참신한 전략적 방식을 전개했다. 포슈는 각 지역에 연속적 공격을 명함으로써 그 새로운 전략 방식의 전개에 최초의 기세를 부여했다. 헤이그는 제4군에게 계속 정면 공격할 것을 지시한 포슈의 지침에 동의하지 않음으로써 새로운 전략 방식의 전개를 완성시켰다. 제4군의 전진이 재개된 것은 제3군 및 제1군이 차례로 공격을 받은 후였다. 이 때문에 연합군의 공세는 헤이그와 페탱의 지휘하의 병력 범위에 그쳤지만 각각의 상이한 지점에서 신속한 일련의 타격이 되었다. 더욱이 이들 일련의 타격은 최초의 기세가 쇠퇴하자마자 중지되었고 타격을 받은 다음 타격을 위한 길을 열어놓을 목적을 구비했고, 타격은 상호 호응할 수 있도록 시간적 · 공간적으로 모두 적절히 근접하여 실시되었다. 이와 같이 연합군의 타격을 선제하기 위해 예비 병력의 전환을 기도하는 루덴도르프의 힘을 저해하고 그가 수중에 보유한 예비 병력에 대해——연합군의 자원에 대해 경제적인 비용으로 사용하여 —— 누진세를 부과했다. 이 새로운 전략 방식은 참다운 간접 접근이 아니라 하더라도 적어도 근처까지는 접근한 것이었다. 그것은 적이 더욱 예상하지 않은 진로를 취하는 것이 아니었지만 적이 당연히 예상하는 진로를 회피하는 것이었다. 그것은 최소 저항선을 취하는 것이 아니더라도 적이 저항을 강화하는 진로를 결코 계속하는 것은 아니었다. 사실 그것은 소극적인 형태의 간접 접근이었다. 독일의 정신적 쇠퇴와 그들의 병력 수 감소로 보아, 이 새로운 방식은 연합군의 계속된 전진과 독일군 저항의 점진적 약화를 보장하는 것으로서는 당분간은 충분한 것이었다. 독일군의 사기 및 병력 수의 저하가 입증된 결과, 헤이그는 가장 강력한 독일군 예비 병력을 배치하고 있는 힌덴부르크 선을 돌파할 수 있다는 확신을 갖고 있었다. 그 보고를 받은 포슈는 9월 전군이 동시에 공격하자는 의견에 동의하고 위에서 언급한 새로운 전략 방식을 포기해버렸다.

그 공세 계획은 프랑스 국내에 독일군이 구성하고 있는 전선의 거대한 돌파구에 협공을 통한 직접적 압박을 가하려는 것이었다. 연합군의 두 날개 —— 각기 영국군과 미군으로 구성 —— 가 전진함에 따라 상호 접근할 때마다 독일군의 대부분을 돌파구 내에 봉쇄한 채, 그 배후를 차단하는 것이 바람직했다. 그 희망의 기초는 독일군 돌파구 후방에 있는 아르덴 삼림이 그 좌우 양쪽에 협소한 퇴로를 끼고 있을 뿐, 그 자체만으로도 독일군의 후방에 통과 불가능한 벽을 구성하고 있다는 사고방식에 입각해 있다. 여기에 한 가지 덧붙여 기술한다면, 이 사고방식은 아르덴 지방에 관한 지식이 부족했던 것에서 발생한 것이 틀림없는 일이다. 왜냐하면 아르덴 지방은 도로망이 잘 발달되어 있고 그 지역의 대부분은 산악 지역이라기보다는 오히려 완만한 기복 지형이었다.[6]

퍼싱의 제안으로 기안된 공격 계획은 상당한 수준의 간접 접근을 포함하고 있었다. 그의 제안은 먼저 브리에로 향하는 전진에 의해 적의 생 미엘 돌파구를 제거하는, 국지적으로 성공한 전과를 확대하고 이어서 메츠 요새의 측방을 우회한 후, 로렌에 있는 적의 병참선을 차단하고 라인 강으로 향하는 적의 서측 퇴로를 위협할 목적으로 다시 전진해야 한다는 것이었다. 그러나 헤이그는 이러한 행동은 그 외의 연합군이 실시한 협공이 될 수 없을 뿐 아니라 방향이 이탈된다는 이유로 반대했다. 거기서 포슈는 헤이그의 의견을 따라 계획을 변경하고 퍼싱의 안을 버렸다. 그 결과 미군은 그들의 노력을 서쪽으로 전환하여 불과 1주일의 준비로 뫼즈-아르곤 지역에서 공격을 개시했다. 여기서 이들 미군의 공격은 적의 저항을 강화시키는 진로를 따라 장기간에 걸친 압박 행동으로 변화했으므로 그 결과는 무익한 희생만 컸을 뿐 아니라 자군에게 혼란을 야기하기에 이르렀다. 그뿐 아니라 이 공격은 헤이그의 힌덴부르크 선에 대한 돌파, 전진을 지원하는 데 전혀 이

---

6) 이와 같은 오판으로 1940년 5월 연합군 사령부는 독일군 기계화 부대가 아르덴 삼림 지대로 침공로를 택할 것이라는 가능성을 무시하게 만들었다.

익이 되지 않았음을 입증했다.

이곳에서의 경향은 다음의 상황을 잘 보여주고 있었다. 즉 압도적으로 우세한 화력으로 사기를 상실해가고 있는 적에 대하여 직접 접근을 실시했을 경우, 적 진지를 돌파하고 침투할 수는 있으나 적을 분쇄할 수는 없다는 것이다. 휴전일이 된 11월 11일까지 독일군은 그들의 후위 부대의 희생으로 프랑스 내의 거대한 돌파구에서 안전하게 탈출하여, 짧고 직선으로 정리된 전선에서 후퇴할 수 있었다. 연합군의 전진은 사실상 정지되었다. 이것은 독일군의 저항에 의한 것이라기보다는 황폐한 지역을 횡단하며 실시해야 했던 정비와 보급 때문이었다. 이와 같은 상황에서 연합군이 실시한 직접 접근은 연합군이 추격하는 것보다 독일군이 빨리 도망가도록 도와주는 결과를 초래했다. 다행이 이 작전의 마지막 단계에서 특별한 문제는 일어나지 않았다. 8월 8일에 실시한 최초의 기습으로 독일군 사령부에 미친 정신적인 타격은 유럽 전장에서 멀리 떨어져 있는 하나의 간접 접근에 의해 마무리지어졌다. 그것은 바로 살로니카 정면에 대한 연합군의 공세였다. 그 공세는 지세가 지극히 험난했기 때문에 적 배치가 엷은 지역을 겨냥하여 신속히 그곳을 돌파했다. 연합군이 돌파에 성공하자 최소 저항선을 따르는 연합군의 전진을 저지하려고 적이 예비 병력을 횡으로 이동시키는데 험준한 지형의 방해를 받게 되었다. 전쟁에 지친 불가리아군은 그 병력이 양분되자 마침내 휴전을 요청하기에 이르렀다. 이 성공은 중앙 국가들의 가장 큰 지주를 붕괴시켰을 뿐 아니라 오스트리아 배후로 전진할 수 있는 길을 열었다.

정신적으로는 동요되고 물질적으로는 소모가 극에 달한 오스트리아 전선을 이탈리아군이 돌파했을 때, 위기는 절박했다. 그 이유는 오스트리아가 즉각 항복했을 경우 연합군은 오스트리아의 영토와 철도선을 독일의 뒷문을 향한 출발점으로 이용할 수 있기 때문이다. 9월 중순에 갈비츠von Gallwitz 장군은 독일 수상에게 "만일 그러한 사건이 일어날 때에는 그것은 전쟁의 결판을 가져올 것"이라고 말했다.

기아에 허덕이고 절망에 빠진 독일 국민에게 가해진 이 위협은 해상 봉쇄의 정신적 효과를 증대시킴 —— 또 하나의 대전략적 간접 접근 —— 과 동시에 독일 정부에 대하여 최후 며칠 간 항복을 강요하는 데 박차를 가하게 되었다. 이 박차는 뛰는 말에 가해진 것 같았다. 애초부터 말을 달리게 한 것은 '프랑스에서의 연합군의 정면 공격 재개에 관한 최초의 소식이 도착하면서 한층 더 비참해진 불가리아 붕괴 소식'이라는 예리한 채찍이었다.

독일군 최고사령부는 불과 며칠 간이기는 했으나 실신 상태에 빠져 있었다. 연합군으로서는 그것으로 충분했다. 독일측이 제대로 정신을 차렸을 때는 이미 늦은 상태였다. 9월 29일, 힌덴부르크와 루덴도르프는 갑자기 휴전을 호소하기로 결심하고 "불가리아 전선의 붕괴로 모든 독일군의 배치는 무너졌다. 서부 전선으로 향한 병력을 불가리아로 전환하지 않으면 안 된다"고 했다. 그것은 그때까지 서부 전선에 대한 연합군의 여러 공격을 뿌리치고 있기는 했으나 그러한 공격이 앞으로도 계속되는 데 대해서는 총체적으로 계산해야 했기 때문이다.

이것은 포슈가 감행한 총 공세에 관련되어 있다. 뫼즈-아르곤 지역에 대한 미군의 공격은 9월 26일에 개시되었는데 28일에는 사실상 정지되었다. 플랑드르에서의 프랑스, 벨기에, 영국군의 공격은 9월 28일에 개시되었다. 불쾌한 말인지는 몰라도 그 공격은 위협을 줄 만한 것이 못 되었다. 그러나 9월 29일 헤이그가 실시한 연합군 주공은 힌덴부르크 선까지 육박해 있었고, 이에 대해 독일군이 최초로 받은 보고는 대단히 불안한 것이었다.

이 비상 사태에서 바덴의 맥스Max 공은 평화 교섭을 실시할 수상으로 임명되었다. 그는 신뢰받는 인물로서 특히 겸허할 뿐 아니라 그의 영예로운 작위가 국제적으로 명성을 떨친 점에 힘입어 선출된 것이다. 맥스 공은 효과적으로 협상하기 위해 패배를 인정하지 않고 전쟁을 종결하려면 강화를 제시하기 전에 10일이나 8일, 이것이 안 되면 적어도 숨을 쉴 수 있는 4일 정도의 여유가 필요하다고 생각했고, 또 그것을 원했다. 그러나 힌덴부르크는 이 요구에 대해 단지 "군사적 상황으로는 지연시키는 것이 불가능하다"고 말했고 "적에 대한 평화회담이 즉각 실시되어야 한다"고 주장했다.

여기서 10월 3일, 즉각 휴전에 대한 요청이 윌슨 대통령 앞으로 도착했다. 그것은 전 세계에 공개된 패배의 고백이었다. 그 전 10월 1일에도 독일군 총사령부는 모든 정부지도자들이 모인 회의석상에서 같은 인상을 줌으로써 자국의 후방 전선을 위태롭게 만들었다.

오랫동안 칠흑 같은 어둠 속에 방치되어 있던 사람들은 갑자기 햇볕을 보게 되자 눈이 부셨다. 지금까지 감추어져 있던 수많은 불평과 결함이 한꺼번에 넘쳐나게 되었다.

그 후 며칠 내에 독일군 총사령부는 다시 힘을 찾게 되었다. 힌덴부르크 선 돌파에 성공한 영국군은 그 후 전투 정면을 형성하는 진정한 돌파를 완성할 수 없다는 것을 알았기 때문이다. 연합군의 공격력은 약화되어 있었고 특히 호기를 포착하여 전과를 확대할 때, 이 이완된 정도가 두드러지게 나타났다는 보고가 독일군 총사령부의 용기를 북돋았다. 루덴도르프는 의연히 휴전을 바라고 있었으나 그것은 차후 저항을 위한 준비로, 예하 부대에게 휴식을 주고 국경상의 단축된 방어선으로 안전하게 철수하기 위함이었다. 10월 17일이 되자 그는 예하 부대에게 휴식을 주지 않는다 하더라도 그 일을 수행할 수 있을 것이라고 믿고 있었다. 정세가 변화되었기 때문이라고 하기보다는 그의 인상이 그처럼 수정되어 있었던 것이다. 그때의 정세는 9월 29일 예상했던 만큼 악화되어 있지는 않았다. 그러나 그의 가장 나쁜 첫번째 인상은 연못에 떨어진 돌이 파장을 일으키듯 독일의 정계와 민간 전체로 퍼져나갔다. 그 후 후방 전선이 붕괴하기 시작했는데, 이 속도는 전선보다 빨랐다.

10월 23일, 윌슨 대통령은 독일의 간청에 대해 사실상 무조건 항복을 요구하는 각서로 답했다. 루덴도르프는 독일 국경 방어에 성공한다면 연합군의 결의를 약화시킬 수 있을 것이라는 희망에서 전쟁 수행을 바랐다. 그러나 정세는 그의 지배력이 미치지 못하는 곳까지 발전되고 있었고 독일 국민의 의지력은 붕괴되어갔으므로 그의 조언은 신뢰받지 못했다. 10월 26일, 그는 마침내 사직해야 할 궁지에 몰렸다.

그 무렵, 수상은 수면제를 과도하게 복용하여 36시간이나 혼수 상태에 빠져 있었다. 11월 3일 저녁에 혼수 상태에서 깨어난 그가 사무실로 돌아와보니, 터키는 말할 것도 없고 오스트리아마저 항복하고만 상황이었다. 독일의 뒷문은 개방되어 있었다. 다음날, 독일에 혁명이 일어났고 이것은 순식간에 전국으로 확대되어 평화 교섭이 지연되었으며 카이저가 퇴위를 주저함으로써 그 불길은 더욱 세차게 타올랐다. 혁명파와의 타협이 남아 있는 상태에서 11월 9일 정권은 맥스 공의 손에서 사회당의 에베르트Ebert에게 넘어갔다. 독일의 휴전 특명 전권 위원들은 이미 포슈와 동석하고 있었다. 11월 11일 오전 5시, 그들은 휴전 협정에 조인했다. 이날 오전 11시 전쟁은 끝났다.

최종적으로 전쟁의 승패가 결정된 것은 9월 29일로 그것은 독일군 최고사령부의 마음속에서 결정되었던 것이다. 루덴도르프와 그의 동료는 그때에 파열되었고 그 파열음은 배후에 있는 독일의 전국을 흔들어놓을 만한 반향을 일으켰다. 어떠한 힘도 그 반향을 억제하거나 그치게 할 수 없었다. 최고사령부는 실신 상태에서 바로 깨어나거나 군사적 지위를 개선할 수 있었는지는 모르지만 정신적 영향은 —— 항상 전쟁에서 그렇듯이 —— 결정적인 것이었다.

독일이 항복한 여러 가지 원인 중에서도 해상 봉쇄가 가장 기본적인 것으로 생각된다. 만일 혁명이 일어나지 않았다면 독일군이 확고하게 국경을 방위할 수 있지 않았겠느냐 하는 질문에 해상 봉쇄가 가장 확실한 답을 해준다. 설사 독일 국민이 자신들의 국토 방위라는 명료한 목적하에 최대의 노력을 바치려고 일어섰다고 한다면 연합군이 가까이 오지 못하도록 한 것은 가능했겠지만 그것은 단지 패전을 지연시키는 데 불과했을 것이다. 왜냐하면 독일 국민은 영국이 전통적으로 이름을 떨쳐온 무기인 해양력의 장악하에 있었기 때문이다.

그러나 항복을 촉진하고 1919년까지 전쟁의 연기를 방지한 원인에는 연합군의 군사 작전이 가장 높은 순위에 있다. 그러나 이러한 결론을 맺는 것도 작전이 실시되는 시점에서 독일군의 군사력이 붕괴했거나 독일군이 결정적으로 격파당해 있었거나 혹은 연합군으로서 휴전이 잘못된 양보였다든가를 의미하는 것은 아니다. 아무튼 대전이 막바지에 접어든 마지막 '백일 간의 기록'을 보면 '전쟁의 진실한 목적은 적 지도자의 심리를 지향해야 하며, 군대라는 실체를 지향해서는 안 된다'는 점을 말해준다. 승리와 패배 간의 균형은 심리적 결과에 따르는 것이며 물리적 타격에 대해서는 그것이 간접적인 경우에 한해서 그 쪽으로 기울어진다는 불멸의 교훈을 입증한다. 포로, 무기 및 영토의 손해 이상으로 루덴도르프의 신경을 동요시킨 것은 기습받았다는 충격이고 자신에게는 적군의 잠재적인 전략적 조치에 대처할 힘이 없다고 느낀 그 생각 자체였다.

제3부
제2차 세계대전의 전략

제15장 히틀러의 전략

1939년 전쟁을 전후로 히틀러가 실행했던 모든 전역戰役이 취했던 과정을 고찰해보면, 초기에는 이 책의 전반에서 관찰해온 방식대로 눈부신 하나의 실례를 제공하면서, 히틀러는 논리적으로나 심리적으로, 또한 야전에서나 강당에서 간접 접근 전략에 대해 새로운 차원을 부여했다. 그 후 그는 오히려 연합군으로 하여금 자신에 대해 간접 접근 방식을 적용할 수 있는 수많은 기회를 주었다.

전쟁에 있어서 무엇보다도 적을 과소 평가하지 않는 것이 현명하며 적의 방식과 적의 심리가 어떻게 작용하는가를 이해하는 것 또한 중요하다. 이러한 이해는 적의 행동을 미리 알고 적의 기세를 차단하려는 아군의 노력을 성공시키는 데 필요한 기초가 된다. 평화를 사랑하는 열강들은 히틀러의 다음 기도를 예측하는 데 실패하여 그 기회를 상실함으로써 큰 대가를 치렀다. 한 나라 정부의 자문기관 안에 전쟁의 모든 분야를 관장하면서 적의 시각에서 전쟁에 관한 여러 문제를 연구하는 적에 관한 담당 부서가 포함되어 있는 경우에는, 이러한 객관적인 입장에서 적의 다음 기도를 예측할 수 있기 때문에 크게 보탬이 될 것이다.

여러 민주주의 국가가 히틀러가 다음에 추구할 방책을 간파하는 데 실패했던 방식만큼 후세의 역사가들이 이상하게 생각하는 점은 없을 것이다. 그처럼 거대한 야심을 가진 인물이 자신의 목적 달성을 위해 사용할 전반적 절차와 구체적 방식에 관해 사전에 그 정도로 명료하게 노출시킨 자는 히틀러 외에는 없었기 때문이다. 그가 행한 모든 연설이나 발언과 함께 그의 저서 《나의 투쟁Mein Kampf》은 적에게 자신이 취할 행동 방향과 순서를 예측하게 하는 데 이미 풍부한 실마리를 제공했던 것이다. 만약 히틀러의 심리적 작용에 관한 놀랄 만한 정도의 명백한 자기 노출이 그가 이룩한 성과들에 대하여 우연이나 단순한 기회주의에 의한 것이 아니라는 사실을 보여주는 최상의 증거라면, 그것은 또 다른 한편으로는 '인간이란 얼마나 어리석은 것인가'라는 속담을 명백히 증명하는 셈이 될 것이다. 나폴레옹조차도 자신의 의도가 노출될까 하는 우려 때문에 히틀러처럼 적에 대한 멸시를 나타낸 일은 없었다. 이러한 점에서 히틀러의 부주의는 다음과 같은 몇 가지 사실을 드러낸다. 그것은 인간은 자기 눈으로 보면서도 무엇이 옳은가를 묵과하기 쉽다는 점, 은폐는 때때로 명백한 데서 발견된다는 점, 경우에 따라서 가장 직접적인 접근 방식은 가장 예기치 않은 것이 된다는 점 등이다. 이는 다시 말하면 어떤 일의 존재조차 의심되지 않을 정도로 개방되어 있는 조그만 일에 비밀의 예술이 존재하고 있다는 사실을 의미한다.

아라비아의 로렌스는 레닌Lenin을 지칭하여 "혁명을 생각해냈고 혁명을 수행했으며, 혁명의 조건을 만든 유일한 인물"이라고 말했다. 이 관찰은 혁명에 대한 것을 모두 기록한 인물로 히틀러를 추가하여 그에게도 똑같이 적용할 수 있다. 히틀러가 볼셰비키 혁명의 여러 방식을 연구함으로써 권력의 획득뿐 아니라 권리의 확대에 있어서도 많은 도움을 받은 것 또한 분명하다. "적이 정신적으로 붕괴함으로써 아군이 치명적인 타격을 가하는 것이 쉽고, 그것이 가능할 때까지는 작전을 연기해두는 것이 전쟁에서의 가장 견실한 전략"이라는 히틀러의 표현은 유사점이 있다. 이 문제에 대한 토의에서 라우쉬닝Rauschning은 그의 저서 《히틀러는 말한다Hitler Speaks》를 인용하면서 "전쟁 개시 전에 어떻게 적의 정신적 붕괴를 가져오느냐 하는 문제가 나의 흥미를 돋운다. 전선에 나가 전쟁을 경험한 자는 누구든 피할 수 있다면 유혈은 모두 피하려 한다고 단언하고 있다"고 설명한다.

이 문제에 집중하면서 히틀러는 과거 한 세기 동안 전투에 관심을 집중했던 독일의 정통 군사 사상 경향에서 벗어났다. 독일의 정통 군사 사상은 다른 많은 나라 역시 좁은 군사 이론의 길을 걷게 했던 것이다. 독일을 비롯하여 이들 많은 국가는 프러시아의 전쟁 철학자 클라우제비츠의 잘 소화되지 않은 역설을 맹목적으로 수용하고 있었다. 그 역설로 이를테면 다음과 같은 것을 열거할 수 있다. "유혈에 의한 위기의 해결, 즉 적 군대의 파괴를 위한 노력은 전쟁의 장자이다." "위대하고 전면적인 전투만이 위대한 결과를 가져올 수 있다." "유혈이야 말로 승리의 대가이다." "유혈 없이 정복한 장수들의 말을 듣지 말라." 클라우제비츠는 큰 유혈 없이 적을 무장 해제하고 정복하는 교묘한 방법이 있으며, 그 방법의 실행이 전쟁술의 적절한 경향이라는 생각을 거부했다. 그와 같은 생각은 박애주의자들의 공상에서 생긴 관념에 지나지 않는다고 그는 뿌리쳤다. 유혈 없이 적을 정복한다는 것이 단순한 투쟁적 결의뿐만 아니라, 정확하게 알고 있는 자기 이익이나 국가에 유리한 것을 바라는 동기에서 결정될 수 있다는 것을 클라우제비츠는 생각하지 못했다. 심사숙고하지 않는 제자들에 의해 적용된 그의 가르침은 장군들로 하여금 유리한 기회를 조성하기보다는 기회만 있으면 전투를 하도록 고무시킨 것에 다름 아니었다. 그 결과, 1914~18년의 전쟁 동안 전쟁술은 상호 대량 살육의 과정으로 전락하고 말았다.

히틀러의 지식의 한도가 어디 있든, 그는 이 재래식 한계를 초월했다. 라우쉬닝은 다음과 같이 인용했다. "사람들은 다른 방법으로는 목적을 이룰 수 없을 때 살인을 하는 것이다. …… 지적인 무기로서 더욱 확장된 전략이 있다. 만약 다른 방식으로 좀더 효과적으로 그리고 더 저렴한 대가로 적의 사기를 붕괴시킬 수 있다면 왜 군사적 수단에 호소하겠는가? 우리의 전략은 적을 그 내부로부터 붕괴시키고 적 자신을 통해서 적을 정복하는 데 있다."

히틀러가 어느 정도까지 독일의 전쟁 교리에 대해 새로운 방향과 넓은 의미를 부여했는가 하는 것은 히틀러의 이론과 루덴도르프 장군의 이론을 비교하면 분명해진다. 루덴도르프는 제1차 세계대전에서 독일 전쟁 수행의 지도자였고, 히틀러가 정권을 탈취하려다가 실패한 1923년 '베를린을 향한 행진'에서 히틀러의 동료였다.

루덴도르프는 히틀러에 의해 전체주의 국가가 확립된 후 제1차 세계대전의 교훈에 대해 거의 20년에 걸쳐 숙고한 다음, 미래의 '총력전쟁'에 관한 자신의 결론을 발표했다. 그 발표에서 그는 먼저, 1914년의 독일 군사교리의 기초를 이루고 있던 클라우제비츠의 이론에 대해 공격하기 시작했다. 루덴도르프의 관점에서 본다면, 클라우제비츠의 모든 이론의 결함은 비용을 무시하고 무제한의 폭력으로 과도하게 돌진해 들어갔다는 점이 아니라, 그 돌진이 아직도 불충분했다는 점에 있었다. 루덴도르프는 클라우제비츠가 '정책'에 너무 많은 중요성을 부여했다고 비판했다. 클라우제비츠의 전형적인 표현을 인용하면서 그는 다음과 같이 결론맺었다. "즉 정치 목표가 목적이고, 전쟁은 그 목적에 도달하기 위한 하나의 수단이다. 이 수단은 일정한 목적 없이는 결코 생각할 수 없다." 루덴도르프의 관점에서 본다면 이는 시대에 뒤떨어진 것이었다. "전체주의의 원칙은 국가는 전시에 모든 것을 마음대로 사용해야 하며, 평시에는 다음 전쟁을 위해 모든 것을 사용해야 한다는 것을 요구했다. 또한 전쟁은 국가의 '생존 의지'의 최고 표현이며, 따라서 정치는 전쟁 수행에 복종해야 한다."

루덴도르프의 저서를 통해 발견할 수 있는 클라우제비츠의 이론과의 차이는, 국가를 군대화하는 것을 목적 그 자체로 생각하지 않는 한 전쟁을 목적이 없는 하나의 수단으로 간주했다는 점이다. 이것은 새로운 생각은 아니었다. 스파르타도 그것을 실행했으며, 마침내 스스로 초래한 마비 상태로 인해 붕괴되었던 것이다. 전쟁을 위해 국가를 발전시키고, 초 스파르타와 같은 나라를 창조해내는 것을 목적으로 한 루덴도르프의 첫째 관심사는 '국민의 물리적 단결'을 보장하는 것이었다. 이를 위해 루덴도르프는 다음과 같은 국가주의 종교를 개발하여 시도했다. 즉, 모든 부인들은 총력전쟁의 무거운 짐을 견뎌낼 수 있는 아들을 낳는 것을 자신의 가장 고귀한 역할로 알고, 모든 남자는 이 목적을 위해 자신의 힘을 개발시키는 것이다. 한마디로 말해 오로지 살육을 위해 아들을 낳고 양육하는 것이다. '국민의 물리적 단결'을 지향하여 루덴도르프가 제기한 또 하나의 적극적인 제안은 최고사령부의 견해에 반대되는 견해를 발표하거나 또는 그것을 즐기는 그 어떤 사람도 탄압한다고 하는, 예전부터 있었던 처방과 똑같은 것이었다.

루덴도르프가 주장한 또 하나의 조건은 총력전쟁의 요구에 적합한 자급 자족의 국가적 경제 조직의 필요성이었다. 이 점으로 보아 그는 군사력이 경제적 기반 위에 선다는 것을 인식하고 있었던 것처럼 보인다. 그러나 이상하게도 지난 전쟁 중에 연합군측의 봉쇄에 의해 야기된 이루 말할 수 없는 곤경에 대해 생각할 때, 그 점이 '전쟁의 결말은 군대 간의 전투에 의해서 이루어진다'고 한 자신의 신념에 어떠한 영향을 주는가를 그는 간과하고 있었다. 여기서 그는 독일의 옛 거장——클라우제비츠——을 훌륭하다고 생각했던 것이다. 클라우제비츠는 전투에서 적의 군대를 섬멸시키는 것만을 생각했다. 클라우제비츠의 전투적 시각에서 볼 때 이것은 '불변의 원칙'으로 남아 있었으며, 이에 반하여 히틀러의 독창적인 견해에 의하면, 전쟁 지도자의 참다운 목적은 전투를 하지 않고서도 적의 군대를 항복시키는 것이어야 했다.

루덴도르프가 그린 앞으로의 전쟁 양상은 그 자신이 1918년에 수행했던 공세를 더욱 강화시킨 형태로 재현한 것이었다. 1918년의 공세는 초기에는 눈부신 것이었으나 결국 헛되이 끝나고 말았다. 그에게 공세라는 것은 여전히 보병이 포병과 기관총, 박격포 및 전차의 지원 아래 전진하여 '백병전으로 적을 압도하기까지의 전투 과정'을 의미하고 있었다. 모든 이동은 전투로 연결되어야 했다. 기계화는 다만 전투로의 돌진을 가속하는 것이었다.

그러나 이것이, 더욱 넓고 다양한 전쟁 형태에 대해 루덴도르프가 도덕적이거나 심지어 군인다운(시야가 좁은) 저항감을 갖고 있었다는 것을 의미하지는 않는다. 그는 "총력전쟁의 요구는 무제한 U-보트 전쟁을 폐지하자는 천박한 이론적 동기를 영구히 무시하는 한편, 미래 전에서 항공기는 잠수함과 협력하여 적의 항만에 도달하려고 하는 모든 선박에 대해, 설사 그 선박들이 중립국 기를 게양했다고 하더라도 격침하려고 나설 것이다"라고 말했다. 적의 민간인에 대해 직접 공격을 가하는 문제에 대해서 그는 "적의 민간인에 대해서는 동정심이나 인정 사정 없이 폭격기 중대를 내보내지 않으면 안 될 시대가 올 것이다"라고 강조한다. 그러나 그에게 있어 최상의 가치를 가지고 있던 군사적 견지에서, 공군은 무엇보다 적 군대의 격멸을 지원하는 데 활용되어야 했다. 적 군대의 격멸이 완전히 이루어진 다음, 비로소 공군을 적국 내부에 투입해야 하는 것이다.

그는 모든 신무기, 장비의 출현을 환영하면서도 그것들을 어떠한 대전략의 형태로 적용시키기보다는 오히려 고스란히 자신의 무기고에 저장해두었다. 그는 전쟁에서 각종 이질 요소의 상호 관계에 대해서는 그 어떠한 명석한 구상도 발표하지 않았고, 또한 갖고 있지도 않았던 것 같다. 간결하게 말해서 그의 의견은 모든 종류의 힘을 될 수 있는 한 배가해간다면 어떤 지점에 이를 수 있다는 것인데, 그러나 그것이 어떤 점이냐에 대해서는 그 자신 또한 의심하지도, 걱정하지도 않았다. 그가 단연 분명히 했던 한 가지는 '군대의 총사령관은 정치 지도자들에 대해 지침을 하달해야 하며, 정치 지도자들은 전쟁을 수행하기 위해 그 지침을 따르고, 수행하지 않으면 안 된다' 라는 점이었다. 다시 말하면, 국정의 책임자들은 군대의 총사령관에 대해 국가의 현재 자원과 장래 번영이 그려져 있는 백지 수표를 주지 않으면 안 된다는 점이었다.

루덴도르프와 히틀러는 민족, 국가, 독일 민족의 지배 권리 등에 대해 많은 공통점을 가지고 있었음에도 불구하고, 특히 방법론에 관한 한 생각의 차이는 컸다.

루덴도르프가 '전략은 정책을 지배해야 한다' 고 하는 부조리不條理를 요구 —— 그것은 도구 그 자체가 하는 일을 결정해야 한다는 것과 비슷한 논리다 —— 한 것에 반해, 히틀러는 전략과 정책이라는 두 개의 기능을 한몸에 겸비함으로써 이 문제를 해결했다. 이렇듯 히틀러는 고대 알렉산드로스와 카이사르, 또한 후대에 프리드리히 대왕과 나폴레옹과 같은 지위를 향유했다. 이에 따라 히틀러는 순수한 전략가로서는 얻을 수 없는, 자신이 품은 목적에 대해 스스로 수단을 준비하고 개발하는 무제한의 기회를 갖게 된 것이다. 또한 군인이 직업상 간과하기 쉬운 점, 즉 군사 무기는 다만 전쟁의 목적에 봉사하는 하나의 수단에 불과하다는 점과 대전략이 곧 뜻대로 사용할 수 있는 여러 가지 도구 가운데 하나라는 점을 그는 일찍부터 인식하고 있었다.

한 국가가 전쟁에 돌입하는 원인은 많이 있으나, 전쟁의 기본적인 목적은 적국이 자국에 반대되는 정책을 추구하려는 결의를 굳히고 있는 사태에 직면하여, 자국의 정책이 지속될 수 있도록 보장하는 데 있다고 요약할 수 있다. 분쟁의 근원과 동기는 인간의 의지에서 유래한다. 한 국가가 전쟁 목적을 달성하기 위해서는 적국의 적대 의지를 자국의 정책에 순응하는 것으로 변화시키지 않으면 안 된다. 일단 이것이 실현되었을 경우, '전장에서 적의 주력을 격멸'하는 군사적 원칙(클라우제비츠의 제자들이 지상 최고의 명제로 끌어올린 것)은 경제적 압력, 선전 및 외교 등과 같이 더 불투명한 군사 행동이 포함된 대전략의 다른 도구와 함께 적절한 장소에 위치하게 되는 것이다. 상황에 따라서는 비효과적인 하나의 수단만을 과도하게 강조하는 덫을 피하는 대신, 가장 적당하고 가장 적은 노력으로도 가능한 모든 수단을 결합하는 것이 현명하다. 이들 수단으로 말미암아 전쟁 비용이 상승하는 것을 억제하고 전후의 부흥을 고려하여 피해를 최소한으로 국한시키면서 적국의 의지를 굴복시키는 것이다. 가장 결정적인 승리라 하더라도 그것을 획득하기 위해 감당할 수 없는 커다란 희생을 치러야 한다면 그 승리는 그만큼 가치가 없어지기 때문이다.

상대국 정부의 전쟁 수행 능력의 약점을 발견하고 그것을 타격하는 것이 대전략의 목적이 되어야 한다. 그 다음으로, 전략은 적 군대의 조직 내부에 있는 연결부를 무력화하도록 노력해야 한다. 적의 강점에 대해 아군의 힘을 적용하는 것은 얻을 수 있는 효과에 비해 쓸데없이 아군의 전력을 약화시키는 꼴이 된다. 강한 효과를 얻기 위해서는 적의 약점을 공격해야 한다. 그러므로 격렬한 전투에 의해 적을 격멸하는 것보다도 적의 무장을 해제시키는 편이 훨씬 유효하고, 한층 더 경제적이기도 하다. 적을 격멸하려는 '파괴적 방법'은 피로에 지쳐 위험한 대가를 치러야 할 뿐 아니라 또한 우발적 상황이 전쟁의 귀추를 결정해버릴지도 모르기 때문이다. 전략가는 적을 살육하기보다는 마비시키려는 생각을 해야 한다. 전쟁의 낮은 차원에서 생각해보아도 알 수 있듯이 한 사람을 죽이는 것은 다만 병력 한 명의 감소에 머물고 말지만, 마비된 한 사람은 공포와 공황을 전파시키는 하나의 전염원이 되기 때문이다. 전쟁의 높은 차원에서 생각해보면, 적 사령관의 마음에 미치는 인상이 그가 이끄는 군대 전체의 전투 능력을 무효화할 수도 있다. 더욱 높은 차원에서 전쟁을 생각해본다면, 한 나라 정부에 가해진 심리적 압박은 마비된 손에서 칼이 떨어지는 것처럼 그 정부가 지배하는 자원 전체를 무효화시킬 수도 있다.

여기에서 제1장의 논점을 반복해보자. 전쟁을 분석해보면 한 국가의 명목적인 국력은 숫자와 자원에 의해서 나타나지만, 강력한 발전은 이 나라의 내부 기관 및 신경 계통의 상태(통제력, 사기 및 보급의 안정성)에 의해 좌우된다. 직접적인 압박은 언제나 적의 저항을 강하게 하는 경향이 있고, 그것은 마치 눈덩이를 단단하게 뭉치면 뭉칠수록 더욱 단단해져서 오히려 잘 녹지 않는 것과 같다. 정책이나 전략, 혹은 외교 및 군사 분야의 전략에서 적의 심리적·물리적 균형을 흔들고 결국 적으로 하여금 붕괴하도록 하는 데 가장 효과적인 방법은 간접 접근 방식이다.

전략의 참된 목적은 적의 저항 가능성을 감소시키는 데 있다. 이 점에서 다음과 같은 또 하나의 금언이 인용된다. "하나의 목적을 달성하기 위해서는 다른 대용 목표를 가져야 한다." 한 점에 대한 집중적인 공격은 다른 점을 위협해야 하고, 다른 점으로 전환될 수 있어야 한다. 목표에 대한 이러한 유연성에 의해서만 전쟁의 불확실성에 대해 전략이 잘 조정될 수 있다.

본능에 의해서인지 아니면 심사숙고의 결과인지는 알 수 없지만, 히틀러는 거의 모든 군인들이 인식하지 못했던 이 전략상의 진실을 예리하게 파악하고 있었다. 그는 정권을 탈취하기 위해 행했던 정치적 투쟁에 있어서 심리 전략을 응용했다. 즉 바이마르 공화국의 약점과 인간의 약점을 이용하여 자본주의자와 사회주의자의 이해를 서로 충돌시킨 다음, 한 방향으로 지향하고 있는 듯이 보이면서도 다른 방향으로 전환하는 등 연속적인 간접 접근 방식을 통해 자기 목표에 접근해 나갔다.

1933년에 히틀러가 독일을 지배하게 되자, 이와 똑같은 복합 과정의 적용 범위가 한층 더 확대되었다. 그는 자기 나라의 동부 국경을 안전하게 지키기 위해 폴란드와 10년간의 평화협정을 체결한 후, 1935년에는 베르사유 조약이 부과했던 군비 제한을 무시하고, 1936년에는 라인란트를 군사적으로 점령하는 모험을 감행했다. 같은 해, 그는 이탈리아와 협력하여 프랑코 장군을 지원하여 스페인 공화국 정부를 타도하기 위한 교묘한 '위장 전쟁'을 개시했다. 이는 프랑스와 영국의 전략적 배후에 대한 간접 접근 방식이었고, 대전략적 분산을 강요하는 효과를 가져왔다. 이와 같이 서쪽에서 영국과 프랑스의 지위를 약화시키고 라인란트를 다시 요새화함으로써, 자국의 서쪽을 안전하게 하면서 서구 열강의 전략적 기반에 대해 한층 더 진보된 간접 접근 방식을 취하기 위해 동쪽으로 방향을 돌릴 수 있었다.

1938년 3월, 그는 오스트리아에 진격함으로써 체코슬로바키아의 측면을 노출시키는 한편, 제1차 세계대전 종전 후 프랑스가 독일 주위에 쌓았던 장벽을 무너뜨렸다. 1938년 9월, 그는 뮌헨 협정에 의해 주데텐란트의 환수뿐 아니라, 체코슬로바키아의 전략적 마비도 달성할 수 있었다. 1939년 3월, 그는 자신이 이미 마비시켜놓은 체코슬로바키아를 점령함으로써 폴란드의 측면을 포위했다.

그럴듯한 선전의 연막 아래 '평화적 진주'에 의해 수행된 일련의 무혈 책동으로 인해 그는 그때까지 중유럽에서 프랑스의 지배권과 독일에 대한 전략적 포위를 파괴했을 뿐 아니라, 중유럽의 지배권을 자기에게 유리한 상태로 만들었다. 이 과정은 전투를 시작하기 전에 먼저 유리한 위치를 점령한다는 전형적인 기동술을 더욱 넓은 규모와 높은 차원에서 근대적으로 실행한 것이었다. 이 과정을 통해서 직접적으로는 자기 나라의 군사력을 크게 증강시키고 간접적으로는 잠재 적국의 힘을 위축시킴으로써, 독일의 힘은 증대해졌다.

그리하여 1939년 봄까지 히틀러에게는 공공연한 교전을 두려워할 이유가 줄어들었다. 그리고 이 위급한 시점에서 영국측의 잘못된 책동으로 말미암아 오히려 원조를 받는 결과가 나오기에 이르렀다. 즉, 영국이 당시 폴란드와 루마니아에게 실질적인 도움을 줄 수 있었던 유일한 국가인 러시아로부터 확답을 먼저 받지 않고 그때까지 전략적으로 고립되어 있던 폴란드와 루마니아의 안전 보장을 제의하고 나선 것이다. 이와 같은 조치는 그때까지 고안되었던 유화와 후퇴 정책의 정반대 노선이었다. 이러한 조치는 당시 상황에서 독일에 대한 도발 행위로 인식될 수밖에 없었다. 영국과 프랑스군이 접근할 수 없는 곳에 위치한 독일에게는 참을 수 없는 유혹이었다. 이처럼 서구측은 열세한 입장에서 자신들이 사용할 수 있는 유일한 전략 기초를 스스로 붕괴시켰다. 왜냐하면 서구측은 어떠한 공격에 대해서도 대처할 수 있는 견고한 전선을 서유럽에 구축하여 히틀러의 전선을 뚫는 용이한 기회를 쟁취할 수 있도록 했기 때문이다.

라우쉬닝에 의하면, 히틀러는 항상 주공은 적에게 지향하는 한편, 기습 공격은 고립해 있는 약소국들에 지향하는 방안을 계획하고 있었다. 독일은 연합군의 어떠한 군인이나 정치가들보다 방어가 갖는 힘을 존중하고 있었던 것이다. 히틀러는 그와 같은 행동을 수행할 수 있는 더욱 쉬운 기회를 부여받은 것이다. 이와 같은 상황에서는 히틀러의 전략 원칙은 러시아의 중립을 확보하기 위해 러시아와 협정을 맺는 기도로 지향되었다. 일단 러시아의 중립이 확보되자, 히틀러는 더욱 '편리한 위치'를 차지하게 된 것이다. 만일 연합국측이 조약의 의무 수행을 위해 선전포고를 할 경우 방어 이익을 자동적으로 잃게 되고 필요한 자원도 없이, 또한 가장 불리한 상황에서 부득이 공세 전략에 매달리게 될 것이다. 만일 연합국측이 부질없이 지그프리드 선에서 멈춘다면 스스로의 무기력을 드러내면서 위신만 손상시킬 뿐이었다.

연합국측이 공격을 강행하는 경우 부질없이 손해만 누적되어, 히틀러가 서쪽으로 방향을 바꾸었을 때 충분히 저항할 수 있는 기회를 약화시킬 것이었다.

히틀러가 제멋대로 하도록 놓아두지 않고, 연합국측이 곤란한 상황에서 벗어나는 유일한 길은 히틀러에게 침략당한 희생자들에게 무기를 공급하는 동시에, 경제적 또는 외교적 '제재' 정책을 취하는 것뿐이었다. 이러한 정책은 폴란드에서 가장 유용했을 것이고, 이와 같은 어려운 상황에서 대독 선전포고를 하는 것보다 연합국측 자체의 위신과 승리의 전망에 미치는 손상도 적었을 것이다.

여하튼 프랑스군이 시도한 지그프리드 선에 대한 정밀 공격도 아무런 영향을 끼치지 못했으며, 이 실패는 연합국측의 위신을 더욱 실추시키는 격이 되었다. 폴란드에서의 독일군의 신속한 승리에 힘입어 인근 여러 중립국 사이에 대독 공포감을 증대시키는 한편 다른 어떠한 형태의 타협이 가져올 수 있는 것보다도 연합국 여러 나라 사이의 실질적인 신뢰를 와해시켰던 것이다.

히틀러는 이제 자신이 구축한 서부 지역에서의 방어 태세하에 군사 수단을 통해 얻은 이득을 공고히 하고, 정치적 이점을 활용할 수 있게 되었다. 이제 폴란드를 구원해야 할 나라들은 이를 강행할 수 없다는 것이 명백해졌다. 그는 이러한 터무니없는 사태가 점점 뚜렷하게 진전됨에 따라 프랑스와 영국 국민이 전쟁에서 지칠 때까지, 이 안전한 수세를 계속해 나아갈 수도 있었다. 그러나 모든 연합국 정치가들은 '공세'라는 수단을 실제 행동으로 옮길 수 있기 전부터 이미 구도로의 '공세'를 취하도록 유도되었다. 그 결과, 그들이 성공할 수 있는 모든 것을 달성할 수 있는 준비도 되지 않았던 사태만 도발시킨 격이 되었다. 왜냐하면 그들의 논리는 오히려 히틀러에 대한 연합국측의 행위를 봉쇄할 훌륭한 기회와 동기가 되었기 때문이다. 영국과 프랑스의 많은 사람들은 독일에 인접한 약소 중립국들이 어떻게 독일의 측방으로 들어가는 접근로를 방어해줄 것인가를 꿈꾸고 있는 동안에, 히틀러는 침략자의 특질인 대담성으로 이들 중립국들 중 5개국이나 침략함으로써 오히려 연합국 측방을 압박해나갔던 것이다

개전 초기 몇 달 동안, 히틀러는 자국의 측방을 엄호하고 대서양에 연한 노르웨이 항구 나르빅을 통해 스웨덴 철광석을 안전하게 수입하는 통로를 확보할 목적으로 노르웨이의 중립적 위치가 지속되기를 선호하고 있었다. 히틀러로 하여금 노르웨이를 선제 점령하도록 만든 것은 연합국측이 히틀러에게 불리한 방향으로 노르웨이의 연안과 항만의 지배권을 확보하려는 행동을 계획하고 있다는 징후가 점점 확산

되고 명백해졌기 때문이었다

　그러나 히틀러에게 그것은 조금도 새로운 구상이 아니었다. 일찍이 1934년에 히틀러는 라우쉬닝과 다른 사람들에게 어떠한 방식으로 스칸디나비아 반도의 주요한 항만을 기습 탈취할 것인가를 설명한 적이 있었다. 그 기습은 공군의 엄호 아래 함정에 탑재된 소규모 원정대에 의해 동시에 실행되는 것이었다. 그 방법은 현지에 있는 히틀러 추종자들에 의해 준비될 것이고, 실제 기동은 다른 나라의 침략으로부터 스칸디나비아 반도 제국을 지킨다는 구실 아래 실행될 것이었다. "그것은 세계 역사상 아직 시도된 일이 없는 용감하고 더욱 흥미있는 시도가 될 것"이라고 히틀러는 말했다. 이 독특한 구상은 1940년 4월 9일, 계획대로 수행되었고 예상보다 큰 성공을 거두었다. 히틀러는 전략적 거점 확보에는 대부분 성공을 거두었으나 몇 지점에서는 실패할 것을 예상하고 있었다. 그는 대담하게도 훨씬 북쪽인 나르빅까지 손을 뻗치고 있었음에도 불구하고 아무런 견제도 받지 않고 모든 곳을 점령했다. 연합국측이 노르웨이 탈환을 위해 실시한 반격 기도가 실패함으로써 좌절한 것과 대조적으로 그가 놀라운 성공을 쉽게 이룬 것은 어쩌면 당연한 일이지만, 그가 이미 계획했던 더욱 대규모의 차기 공격 개시에 열성을 기울이게 하는 결과가 되었다. 수년 전 그는 자신의 전쟁 구상과 관련된 정세를 토의했을 때, 다음과 같은 의도를 이야기한 바 있다. 그것은 서유럽에서는 방어 태세를 유지하여 적으로 하여금 먼저 공세를 취하게 하되, 스칸디나비아와 베네룩스 3국을 습격하여 자신의 전략적 입지를 향상시킨 후, 서구 제국에게 평화회담을 제의한다는 것이었다. "만일 서구측이 그것을 좋아하지 않는다면, 서구측은 나(히틀러)를 몰아내려고 할 수는 있다. 어느 경우에도 서구측은 주공의 무거운 짐을 짊어지지 않으면 안 될 것이다." 그러나 정세는 이제

일변했다. 그는 폴란드 정복 후에 서구측에 강화를 제안했으나 서구측은 일축했다. 화평 제안이 냉정하게 거절된 후, 히틀러는 프랑스에 대한 전력 강화를 결심하고 그 해 가을, 프랑스를 침공하기 위해 전 부대를 서부로 전환시켰다. 그렇지만 영국과 프랑스 양국 군을 축출하기에 전력이 충분하지 않다고 믿고 있던 히틀러 휘하의 장군들의 의구심과 날씨가 그의 의도를 연기시켰다. 그러나 휘하 장군들의 조심스런 견해를 물리치고 감행하여 노르웨이에서 승리한데다가 잠깐의 휴식 기간 중 히틀러의 성급함은 더욱 강해져서 장군들도 그의 의도를 더 이상 억제할 수가 없게 되었다.

오래 전 그와 같은 공세를 논의했을 때 "나는 한 명의 아군 병사도 잃지 않고, 마지노 선을 우회하여 프랑스로 기동하겠다"고 히틀러는 자신 있게 말했다. 다소 과장되었음을 감안하더라도 1940년 5월 실행된 프랑스에 대한 독일의 공세에서 그는 전과에 비해 미미한 손실만 입게 되었던 것이다.

최초의 계획으로는 주공은 우익에 있던 보크Bock 군 집단이 담당하기로 되어 있었다. 그러나 1940년 그 계획은 근본적으로 변경되었고, 아르덴 고원을 경유하는 공세가 적이 전혀 예상치 못한 최소 예상선으로서 성공 가능성이 훨씬 많다고 하는 만슈타인(룬트슈테트 집단군의 참모장) 장군의 주장이 받아들여져 작전이 변경된 것이다.

이 서유럽 작전의 가장 중대한 특질은 우세한 현대적 공격 수단이 있었음에도 불구하고 독일군 최고사령부가 직접적 공격을 회피하고, 간접 접근 방식의 지속적 사용에 주의를 기울였던 점이다. 독일군 최고 사령부는 마지노 선의 돌파를 기도하지 않았다. 그 대신 네덜란드와 벨기에라는 중립 소국에 대한 '유인 공세'를 실시하여, 벨기에 국경에 인접한 방어선에 있던 연합군을 유인해내는 데 성공했다. 그 후 연합군이 벨기에 깊숙이 전진해왔을 때, 독일 공군은 의도적으로 그 전진을 방해하지 않았으며 이어 독일 공군은 연합군의 배후를 공격하는 동시에 프랑스군 진격 방향의 노출된 모서리에 대한 공세를 개시했다.

이 공세는 독일군의 일부에 지나지 않지만, 기갑 사단으로 편성된 타격 부대가 실행했다. 독일군 최고사령부가 신속하게 성공 기회를 잡기 위해서는 집단 병력보다 오히려 기계화 부대에 의거해야 한다고 꿰뚫어보고 있었던 점은 과연 예리했다. 그렇다 하더라도, 이 기갑 선봉 부대는 적은 병력이었기 때문에, 사실상 독일 장군들은 타격이 성공할 것이라는 확신을 가지고 있지는 않았다. 벨기에 전투에서 수행할 대규모 전진을 위해 프랑스군의 좌익에 있던 거의 전 병력을 집중시키는 대신, 아르덴으로 향하는 중심 지역의 수비를 위해서는 겨우 2등급 사단밖에 남겨놓지 않은 프랑스군 사령부의 지극히 무모하고 위험하기 짝이 없는 구태의연함이 독일군 기계화 부대의 주요 성공 원인이었다. 프랑스군 사령부는 숲이 많은 구릉으로 이루어진 아르덴 고원은 기계화 사단이 통과하기 어렵다고 보았다. 이와 대조적으로 독일군은 기습 가능성을 활용하면서, "천연의 장애는 굳건한 방어 진지에 있는 인간의 저항보다 본래 조금 덜 두려운 것"이라는 자주 되풀이되는 교훈을 잘 평가하고 있었다는 사실을 시사한다.

세당 너머 독일군의 신속한 돌파는 독일군이 계속해서 다른 목표들을 위협한 사실과 독일군의 실제 목표 방향을 프랑스군이 확신하지 못하도록 만듦으로써 많은 도움을 받았다. 처음에 프랑스군은 독일군이 파리를 향하는지, 벨기에에 있는 프랑스군의 배후를 차단하려는 것인지 결정을 내리지 못했으며, 그 후 독일군 기갑 사단이 서쪽으로 선회했을 때, 그들이 아미앵으로 향하는 것인지 또는 릴로 향하는 것인지를 제대로 판단하지 못했다. 독일군은 동쪽에서 불쑥 나타났다가 서쪽에서 타격하는 형태로 질풍처럼 영국해협 연안에 도달했다.

독일군의 전술은 그 전략에 적합한 것이었다. 즉 정면 강습을 피하고 언제나 적의 최소 저항선을 따라 침투할 수 있는 '취약한 지점'을 발견하려고 노력했다. 현대전의 본질을 근본적으로 오해하고 있던 연합국 정치가들은 연합군에게 '가차없는 강습으로 독일군의 침략에 대항하라'고 요구했지만 노도 같은 독일군 전차 부대는 연합군측이 사용하는 데 시간이 걸렸던 보병 부대를 우회함으로써 그들을 후방에 고립시켰다(만약 연합군 부대가 장벽선을 이용하여 방어하는 생각을 던져버리도록 명령을 받지 않았더라면, 아마 독일군을 제지할 수 있었을 것이다. 반격을 시도하는 것만큼 비효과적인 것은 없었기 때문이다). 연합군의 지휘관들은 전투라는 차원에서 생각하고 있는 데 반하여, 새로운 생각을 가진 독일군의 지휘관들은 적을 전략적으로 마비시킴으로써 전투를 근절하기 위해 노력했다. 이를 위해 적 내부의 혼란을 확대하고, 적의 병참선을 교란하기 위해 전차는 물론 급강하 폭격기 및 낙하산 부대가 운용되었던 것이다. 전투의 결과는 "독일군의 장성들은 제1차 세계대전시 기껏해야 대위에 지나지 않았다는 사실이 그들에게는 불리한 조건이 될 것"이라던, 지난날 아이언사이드Ironside 원수의 안이한 생각을 역설적으로 돌이켜보게 만들었다. 이보다 8년 전, 히틀러는 새로운 것과 두드러진 현상에 대해서 어둡고, 상상력이 전혀 없으며 자신들이 알고 있는 지식에 포로가 되어 있다고 자국의 장군들을 비난했다. 그러나 이들 중 젊은 엘리트 몇 명은 참신한 생각을 평가하는 능력이 예외적으로 뛰어났음을 보여주었다.

그러나 신무기와 더불어 전술과 전략의 이용만이 독일의 지속적 성공의 요인이 된 것은 아니었다. 왜냐하면 히틀러가 실시한 전투에서는 간접 접근 방식이 더 넓고 심도 있게 적용되었기 때문이다. 영국군이 고안한 기계화 전쟁의 기술을 독일군이 응용함으로써 크게 도움을 받았듯이, 히틀러는 볼셰비키 혁명 기술을 연구함으로써 많은 혜택을 보았다. 히틀러는 알고 있었는지 모르지만, 이 두 분야의 근본적 방식을 분석해보면 칭기즈칸의 몽골식 전법에 이른다. 히틀러는 자기의 공세를 준비하기 위해서 영향력 있는 동조자를 다른 나라에서 발견하고자 했다. 이 동조자들의 역할은 그 나라의 저항력을 무너뜨리고 히틀러의 목적에 순응하는 새 정부를 수립할 준비를 하는 것이었다. 뇌물 수단은 필요하지 않았다. 인간이 갖는 자기 현시의 야망, 권위주의적 경향, 당파성 같은 것에 의존하여 지배 계급에 속하는 사람들 중에 열성적이거나 비열성적인 동조자를 만들어나갔다. 이러한 정지 작업이 끝난 다음, 선택된 시간에 공세를 시작했다. 히틀러는 일상이 지속되는 동안에 돌격 부대를 여행객 또는 상인으로 변장시키거나 지시에 따라 적군의 제복을 입고 적국에 침투하도록 했다. 이들 돌격 부대의 역할은 병참선을 파괴하고 유언비어를 퍼뜨리며, 가능하면 그 나라의 지도자들을 납치하는 것이었다. 이 위장한 선봉대는 공정 부대의 지원을 받았다.

전쟁에서 히틀러는 정면으로 밀고 가는 전진을 위협 또는 기만의 수단으로 사용하기로 생각했다. 항상 주요한 역할을 하는 것은 어떠한 형태든 배후 공격이었다. 그는 군인의 전통적 기본인 돌격과 백병전을 경멸하고 있었다. 그의 전쟁 방법은 2D —— 사기 저하demoralization 및 조직 와해disorganization —— 로 시작되었다. 특히 전쟁은 서로 말싸움을 주고받음으로써 시작되었다. 무기 대신 언쟁이, 탄환 대신에 선전이 사용되었다. 제1차 세계대전에서는 보병의 전진에 앞서 적의 방어 태세를 분쇄하기 위해 포격이 실시되었듯이, 장래에는 심리적 포격이 먼저 행해질 것이다. 모든 종류의 포탄이 사용되겠지만 특히 혁명적 선전이 많이 사용될 것이다. "장군들은 수많은 전쟁의 교훈이 있음에도 불구하고 그것에서는 등을 돌리고 용감한 기사처럼 행동하고 싶어한다. 그들은 전쟁이 중세의 결투처럼 수행되어야 한다고 생각한다. 나는 기사가 필요 없다. 다만 혁명이 필요하다"라고 히틀러는 말했다.

전쟁의 목적은 적을 항복시키는 데 있었다. 만일 적의 저항 의지를 마비시킬 수 있다면 살육은 필요 없었다. 살육은 목적 달성의 방법으로는 어렵고 값비싼 것이다. 적국 국민의 저항 의지를 병들게 하기 위해서는 차라리 그 몸 안에 세균을 주사하는 방법이 훨씬 더 효과적일 수 있다.

이것이 심리적 무기를 사용하는 히틀러의 전쟁 이론이었다. 누구든지 히틀러의 의도를 저지하려면 이 심리적 무기를 이해해야 했다. 군사 분야에 대한 심리적 무기의 적용은 그 가치가 입증되었다. 적의 군사적 신경 계통을 마비시키는 것은 육체를 타격하는 것보다도 훨씬 경제적인 작전 형태이다. 정치 분야에 대한 그 적용은 유효하다는 것이 입증되었으나, 만족할 만한 수준은 아니다. 저항 의지의 붕괴에 성공했는지는 아직 의문의 여지가 있으나, 새로운 부대에 의한 새로운 공격 방법이 거둔 마비 효과는 의심의 여지가 없다. 프랑스의 경우, 국민들의 저항 의지 붕괴 또는 교란은 차치하고 독일측의 군사기술 면에서의 우월성만으로도 프랑스의 붕괴 원인이 설명될 수 있다.

실력이나 기량 면에서 충분한 우월한 무력은 항상 다른 무력을 분쇄할 수 있다. 그러나 사상을 분쇄할 수는 없다. 사상은 눈으로 볼 수 있는 것이 아니기 때문에 심리적 침투를 제외하면 취약성이 없으며, 사상이 갖는 탄력성은 지금까지 수없는 '무력의 신봉자들'을 괴롭혔던 것이다. 이들 무력의 신봉자 가운데 히틀러만큼 사상의 힘에 관하여 잘 알고 있는 사람은 없었다. 그러나 히틀러가 그의 힘이 신장됨에 따라 점점 더 무력의 도움에 의존하지 않으면 안 되었던 사실은 그가 자기 목적을 위해 사상을 변조시키는 정치적 수법의 가치를 과신하고 있었다는 사실을 증명한다. 진실한 경험에서 우러나지 않은 사상은 비교적 짧은 충격밖에 줄 수 없으며 곧 시들어버리고 말기 때문이다.

히틀러는 공세 전략의 술책에서 새로운 발전을 가져다주었다. 그는 또한 그 어떤 상대보다도 훌륭히 대전략의 첫 단계를 마무리하고 있었다. 대전략의 첫 단계란 '모든 형태의 전쟁과 유사한 활동, 적의 의지를 반대하는 데 사용할 수 있는 가능한 모든 수단'을 개발하고 조정하는 것이다. 그러나 히틀러는 나폴레옹처럼 대전략의 상위 분야에 대해서는 충분한 개념을 갖고 있지는 않았다. 대전략의 상위 분야란 전후에 다시 찾아올 평화 상태까지도 고려한 장기적 통찰력으로, 전쟁 수행자는 단순한 전략가이기만 해서는 안 된다. 그는 지도자와 철학자를 결합시킨 인물이어야 한다. 전략은 도덕에 대립하는 것이기 때문에 그 주체가 기만술과 관련되나, 대전략은 도덕과 일치하는 경향이 있다. 즉 대전략은 그 지향하는 노력의 최종 목표를 끊임없이 생각하지 않으면 안 된다.

독일군은 공격시 자신들이 무적임을 증명하려다 오히려 자군의 방어 태세를 여러 측면, 즉 전략, 경제, 특히 심리 면에서 약화시켰다. 독일군이 전 유럽에 산재하면서 평화는 확립하지 않은 채 만행을 저지르면서, 자신들의 이념에 대한 저항을 가져오는 분노의 세균을 스스로 심어놓게 되었다. 독일군 자체도 피점령국 국민과의 접촉에 따라, 이 세균에 점점 오염되어 피점령 국민의 높아가는 분노에 대해서 민감해졌다. 이로 인해 히틀러가 그토록 열심히 길러온 상무정신尚武精神도 무너지기 시작했고, 군인들 사이에는 점점 향수의 감정이 짙어졌다. 친구도 하나 없다는 기분은 정신적 침체 효과를 더욱 강하게 만들었고, 히틀러에 대한 반대 사상 및 언쟁의 피로가 엄습해오도록 만들었다.

히틀러의 공세가 확대됨에 따라, 영국은 히틀러로부터 이점을 엿볼 수 있는 기회를 갖게 되었다. 영국의 입장에서 보면, 좀더 완벽한 대전략에 의해 이러한 상황은 조금 더 빨리 전개되었을 것이다. 가령, 이런 일이 없었다 해도 영국이 정복되지 않고 남아 있는 한 그 기회는 증대할 수밖에 없었던 것 같다. 자기가 바라는 평화를 상대편에게 강요하기 위해서는 완전한 승리를 필요로 했다. 완전한 승리는 영국을 정복하기 전에는 달성할 수 없었다. 한편, 히틀러는 멀리 전진하면 전진할수록 점령지 주민들의 억압이라는 측면의 문제를 더욱 크게 짊어져야 했다. 일보 전진하면 그만큼 더 빠져 들어갈 위험이 커졌다. 영국이라는 골칫거리는 히틀러에게 단순하면서도 풀기 어려운 문제였다. 나폴레옹이 그랬듯이, 히틀러가 돌이킬 수 없는 실패를 저지를 때까지 영국은 견뎌내야 했다. 영국으로서 다행스러웠던 점은, 히틀러가 영국에 부과한 손실이 영국을 절름발이 상태로 몰아놓기 전에 이미 히틀러 자신이 깊숙이 빠져버렸다는 것이다. 그리고 그의 공세 전략적인 날카로운 안목과 식견은 방어 전략적 감각과 부합하지 못했기 때문에 이 실패는 되돌릴 수 없는 것이 되었다. 나폴레옹과 마찬가지로 초기 그의 성공은 너무나도 찬란했기 때문에 그로 하여금 '공세가 모든 문제의 해결책을 제공한다'고 믿게 만들었던 것이다.

제16장 승리를 구가하는 히틀러

　1939년 독일의 폴란드 정복과 그 뒤를 이은 1940년 서유럽의 유린은 고속 기계화 전투 이론의 결정적인 사례로서 군사사상의 획기적인 사건이다. 이 이론은 처음에 영국에서 개념화되었으나 독일 판처 부대panzer forces(장갑 기계화 부대)의 창시자 구데리안 장군의 노력에 힘입어 독일에서 적용되었다. 당초 독일의 고위 장군들은 이 새로운 기술을 다소 의혹의 눈으로 바라보았고, 새로운 기술의 주창자들이 기대했던 것보다 훨씬 실망스러운 수준의 자원을 이론의 개발에 할당해주었다. 그럼에도 불구하고 이 새로운 기술은 놀라울 만큼 신속하게 승리를 달성케 했다. 이 새 기술은 전쟁을 혁명화했을 뿐 아니라 세계사의 과정을 변화시켰다. 왜냐하면 히틀러가 이룩했던 수많은 승리가 서구의 입장과 시각에 미쳤던 파괴적 효과는 그의 궁극적 패배로도 지워버릴 수 없었기 때문이다. 그것뿐만 아니라 히틀러에 대한 전세 역전을 위해 미국이 막대한 노력을 치르면서 개입하게 되었던 것은, 서반구로 세계 제국을 다시 지향하는 결과를 초래했다. 유라시아 대륙에서의 러시아의 등장은 또 하나의 골칫거리면서 획기적인 결과였다.

　전쟁의 양상과 세계의 힘의 균형이라는 양면에서 혁명을 가져오게 한 이들 전역은 또한 간접 접근 전략의 매우 의의 깊은 실례들이었다. 두 번째로 특히 서구에 있었던 모든 작전을 분석해볼 때, 신형 기계화

318　전략론

부대도 전략 면에서 이러한 성과가 없었다면 성공을 기대할 수는 없었을 것이라는 점이 명백하다. 그러나 그 영향은 상호적이었다. 기계화 부대가 갖는 기동성과 유연성은 간접 접근 방식에 더욱 큰 잠재력을 제공해주었던 것이다.

폴란드에게는 불행한 일이었으나, 이 나라는 간접 접근 전략과 기계화 부대의 조합을 위한 이상적인 무대가 되었다. 폴란드와 독일 사이의 국경선은 1,250마일이었으나, 그 후 독일이 체코슬로바키아를 복속했기 때문에 다시 500마일이나 연장되어 있었다. 이로 인하여 이때까지 폴란드의 북방이 동프러시아에 접하고 있었던 것과 같이, 폴란드의 남쪽 또한 독일의 침략에 노출되는 결과가 되었다. 이리하여 폴란드의 서부는 독일의 위아래 턱 사이에 물려진 거대한 돌출부를 형성하고 있었다.

그 위험성은 폴란드군의 전개 방법에 따라 더욱 깊어졌다. 왜냐하면 그 주력이 돌출부의 훨씬 전방에 배치되어 있었기 때문이었다. 비스툴라 강 서쪽에 있는 폴란드의 주요 공업 지역을 엄호하려는 국가적 희망이 국가의 자존심과 군부의 과도한 자신감으로 지지되고 있는 위험한 상태에 놓여 있었다.

폴란드 육군의 평시 병력은 프랑스의 병력과 같고, 독일의 병력보다 그다지 적다고 말할 수 없었다. 폴란드 육군은 보병 30개 사단과 기병 12개 여단으로 편성되어 있었다. 그러나 폴란드의 산업 자원은 그 인력을 완전히 활용하기에는 충분치 않았으며 또한 자국의 현역 부대에 충분한 장비를 갖추게 할 수도 없는 실정이었다. 동원했을 경우, 이 나라의 사단 수는 겨우 3분의1 정도 증가할 수 있었는 데 반하여, 독일은 기갑 사단과 차량화 사단을 제외하고서도 폴란드 사단 수의 두 배 이상을 동원할 수 있었다. 그러나 독일측이 받고 있는 이러한 제약도 폴란드가 현대식 부대를 전혀 갖추고 있지 않았기 때문에 상쇄되었다.

폴란드에 현대식 부대가 전혀 없었던 사실은 폴란드 평원이 침략군에게 평탄하고 기동하기 쉬운 전장을 제공한다는 이유 때문에 한층 그 심각성을 더했다. 그래도 그것은 프랑스만큼 쉽지는 않았는데, 이는 폴란드에는 좋은 길이 적었고, 도로 밖 곳곳에 깊은 모래땅이 있었고 일부 지역에는 호수와 늪, 그리고 산림이 많았기 때문이었다. 그러나 독일은 이 결점들을 최소한으로 줄이기 위해 폴란드 침입의 시기를 선정했다.

폴란드의 포위된 형세는 독일이 물리적인 형태로 간접 접근 전략을 쉽게 추구할 수 있도록 만들었다. 그러나 그 효과는 독일측이 추구한 방법에 의하여 크게 고양되었다.

북부 침공은 보크 집단군에 의해 수행되었다. 이 집단군은 제3군(퀴흘러가 지휘)과 제4군(클루게가 지휘)으로 편성되어 있었다. 제3군은 동프러시아의 측방 진지에서 남쪽으로 진격했고, 제4군은 폴란드의 우익을 포위하면서, 제3군과 합류하기 위해 폴란드 회랑지대를 넘어 동쪽으로 밀고 나갔다.

남부에 있는 룬트슈테트 집단군에게는 더욱 큰 임무가 부여되었다. 이 집단군은 보크 집단군에 비해 보병 전력에서 거의 두 배, 기갑 전력에서는 그것을 상회하는 전력을 보유했다. 룬트슈테트 집단군은 제8군(블라스코비치가 지휘), 제10군(라이헤나우가 지휘) 및 제14군(리스트가 지휘)으로 편성되어 있었다. 좌익에 있던 블라스코비치는 로즈의 대공업 중심지를 향해 전진했고, 포즈난 돌출부에 있는 폴란드군의 고립화를 지원하는 동시에 라이헤나우의 측면 엄호를 맡게 되었다. 우익에 선 리스트는 크라코프를 향해 나가면서 산악 통로 돌파를 위해 기갑 군단을 사용, 폴란드군의 카르파티아 산맥의 측면을 압박하게 되어 있었다. 그러나 결정적인 타격을 가하는 임무는 중앙의 라이헤나우에게 맡겨져 있었고, 이 목적을 위해 그에게는 기갑 부대의 주력이 할당되었다.

침공은 1939년 9월 1일에 시작되었고 (폴란드에 대한 보증으로 요구되어 영 · 불 양국이 참전한 3일까지) 클루게는 폴란드 회랑을 차단하면서 비스툴라 강 하류까지 이르렀다. 한편 동프러시아의 퀴흘러Küchler는 나레브 강을 향해 점차적으로 압박을 가하고 있었다. 더욱 중요한 것은 라이헤나우의 기갑 부대가 바르타 강까지 돌파하여, 이 강의 도하 지점을 압박하고 있었다는 사실이었다. 그 동안 리스트군은 양측익에서 크라코프를 향한 협공을 실시하고 있었다. 9월 4일까지 라이헤나우의 선봉 부대는 국경에서 안쪽으로 50마일 들어간 필리카 강을 건너 이틀 후에 그의 좌익은 토마조프를 넘어 전방까지 깊숙이 전진하는 한편, 그 우익은 키엘체에 진입하고 있었다.

독일 육군 총사령관 브라우히치Brauchitsch는 동쪽으로 똑바로 비스툴라 강까지 계속 전진하라는 명령을 내렸다. 그러나 룬트슈테트 집단군 사령관과 만슈타인 참모장은 여전히 비스툴라 강 서쪽에 있는 폴란드군 주력을 포획할 수 있다는 사실을 정확히 판단하고 계획의 변경을 주도했다. 일개 기갑 군단을 선봉으로 하는 라이헤나우의 좌익은 로즈 부근에 있던 폴란드군 대병력의 집중지 배후를 지향하며 북쪽으로 선회, 로즈와 바르샤바 사이에 있는 브주라 강 연안에 저항 거점을 확보하라는 지시를 받았다. 북쪽으로 향한 이러한 선회 행동은 적이 전혀 예상하지 못했기 때문에 거의 저항을 받지 않았고 그 결과, 폴란드군의 대병력은 퇴로가 차단되어 비스툴라 강을 건너 후퇴할 수가 없게 되어 꼼짝없이 갇히는 상황이 되었다.

적이 전혀 예상하지 않은 곳과 최소 저항선을 따라 이루어진 전략적 종심 돌파에 의해 독일군이 얻었던 이점은 이제 전술적 방어가 가져온 이익 때문에 더욱 강화되었다. 독일군이 승리를 완결짓기 위해서는 오직 그들이 점령한 거점을 확보하기만 하면 되었다. 폴란드군은 당황하여 뒷걸음치면서 공격해왔다. 그러나 기지에서 차단되어 보급 물자는 부족했고 그 측면과 배후 방면은 동진해오는 블라스코비치의 제8군과 클루게의 제4군에 의해 양쪽에서 압박을 받고 있었다. 폴란드군은 독일군까지도 감동받을 만큼 용맹스럽게 싸웠지만, 최종적으로 전선을 돌파하여 바르샤바 수비군과 합류할 수 있었던 것은 겨우 소수에 지나지 않았다.

9월 10일 폴란드 육군 총사령관 스미글리 - 리즈Smigly-Rydz는 장기적인 저항을 위해, 비교적 좁은 전선의 방어선을 편성하려고, 남아 있는 부대에게 폴란드 동남부로 총퇴각하라고 명령했다. 그러나 이 희망도 좌절되었다. 그것은 독일군이 비스툴라 강 서쪽의 포위망을 압축하는 한편, 이미 비스툴라 강 동쪽 지구에 깊숙이 침입하고 있었고, 산 강과 부그 강 근방에 잠재적 폴란드군의 방어선을 우회하는 대규모의 협공 기동을 수행하고 있었기 때문이다.

부그 강 후방은 탁월한 간접 접근 방식에 의해 전복되었다. 폴란드 침공을 개시할 때 클루게 제4군의 선봉이었던 구데리안의 기갑 군단에게 폴란드 회랑지대를 돌파하여 고립되어 있던 독일령 동프러시아에 도달하라는 임무가 주어졌다. 구데리안의 기갑 군단은 동프러시아를 질주한 다음, 남쪽으로 향하고 있는 퀴홀러의 제3군 동쪽 측방까지 진출했던 것이다. 9월 9일 구데리안은 나레브 강의 방어선을 넘어 더욱 남쪽으로 돌진했고, 14일에는 부그 강을 따라 브레스트 - 리토프스크까지 도달했는데, 이것은 폴란드 돌출부 기저선을 따라 100마일이나 돌진하는 것이었다. 구데리안의 선봉 부대는 그 후 남쪽에서 밀려오는 클라이스트Kleist의 기갑 군단과 합류하기 위해, 다시 40마일이나 더 떨어진 블로다바를 향해 돌진했다. 9월 17일까지는 폴란드 육군의 붕괴가 확실시되어 있었고 그날 러시아군이 폴란드의 동부 국경을 넘게 된다.

그로부터 9개월 후에 서유럽 전역에서 있었던 독일의 승리는 물리적인 형태에서는 그렇게 분명한 간접 접근 방식은 아니었으나, 심리적으로는 아주 대단한 간접 접근 방식이었다. 이 전역에서는 복합적인 방법으로, 적의 균형 감각을 흔들어놓겠다는 구상이 반영되어 있었다. 그 복합적인 방법이란 첫째, 가능한 한 충분한 견제를 실시하고, 이어서 공세를 취하는데 적이 예상치 못한 방향, 시기 및 방법으로 실시하며 그 다음은 가능한 한 깊은 지점까지 최소 저항선을 따라 가장 신속하게 전과 확대를 실시한다는 것이었다. 그뿐 아니라 이 전역의 성공은 특히 미끼가 되는 책략과 유술柔術 효과에 힘입은 바가 컸다.

1939년 10월 초, 폴란드의 침공을 끝마친 다음, 히틀러는 서유럽 공세를 위한 최초의 지령을 내렸다. 그 지령은 다음과 같다. "만일 영·불 양국이 전쟁 종결에 동의하지 않을 것이 명백해지면 조기에 행동을 개시한다. 대기 기간이 길어지면 적은 점점 더 군사력을 강화할 것이고, 동시에 중립국들이 연합국측에 합류하는 결과가 나오기 쉽기 때문이다." 그의 견해에 따르면, 시간이라는 요소는 모든 점에서 독일에게 불리했다. 히틀러는 '만약 군사 보좌관들이 바라는 것과 같이 마냥 기다린다면, 연합군측의 군비 확장은 독일을 앞서게 될 것이고, 장기전에 빠지게 되면서 독일이 가지고 있는 제한된 자원은 바닥이 드러나게 될 것이다. 또한 그렇게 되면 독일의 배후에서 러시아로부터 치명적인 공격에 노출될 것이며, 스탈린 사이에 체결된 협정에 의해 러시아가 중립을 유지하는 것은 스탈린이 자신의 목적에 부합하는 순간까지가 될 것'이라고 두려움을 느끼고 있었기 때문이었다. 그가 품고 있던 이러한 두려움은 조기 공세로 프랑스에 강화를 강요하게끔 유도했다. 히틀러는 일단 프랑스가 강화로 전쟁을 중지하면, 영국도 강화 협상에 응할 것이라고 믿었던 것이다.

히틀러는 독일이 당시 가장 중요한 신무기 분야에서 우세하다는 이유에서, 당장은 프랑스를 격파할 수 있는 힘과 장비를 가지고 있다고 생각했다. 그는 다음과 같이 말했다. "전차 전력과 공군은 현재 공격 무기로서 뿐만 아니라 방어 무기로서도 기술상 최고의 수준에 도달해, 타국에서 추종할 수 없을 정도다. 다른 어떠한 나라보다 우수한 조직과 경험을 갖춘 지휘부는 작전을 위한 전략적 잠재력을 확보하고 있다." 그는 프랑스가 구식 병기, 특히 중포重砲에서 우세하다는 것을 인정하면서도, 이들 구식 병기는 기동전에서는 어떠한 결정적인 의미도 갖지 않는다고 주장했다. 그는 신무기 분야에서의 기술적 우세로 프랑스의 우세한 동원 가능 병력 수마저 평가 절하할 수 있었다.

독일군 수뇌부는 히틀러가 품고 있는 장기전에 관한 우려에 대해서는 동의했으나, 단기전에 관해 지니고 있던 그의 희망에 대해서는 동의하지 않았다. 그들은 독일군에게는 프랑스를 격파할 만한 충분한 힘이 있다고 생각하지 않았기 때문에 영국과 프랑스가 화평을 원하는지, 아니면 이들이 격멸 내지는 반격의 도화선이 될 수 있는 전진을 선택할 것인지를 확인하기 위해 수세를 유지하는 것이 더욱 현명하다고 생각하고 있었다.

그러나 히틀러는 이와 같은 독일군 수뇌부의 반대를 묵살했다. 결국 공세는 11월 둘째 주로 결정되었으나, 고르지 못한 일기와 철도수송 상황으로 인해 3일 간 연기되었다. 이러한 짧은 연기는 열한 번에 걸처 1월 중순까지 계속되었는데, 그 후 5월까지 긴 휴식 기간을 보낸 직후 다음 준비명령이 내려졌고 이번에는 실제로 수행되었다. 그러나 그 동안 계획은 대폭적으로 변경되었다.

할더Halder가 지휘하는 일반 참모본부가 수립한 원래 계획은 1914년과 똑같은 주공을 중부 벨기에로 상정하고 있었다. 주공은 보크가 지휘하는 'B 집단군'에 의해 수행되었고, 한편 룬트슈테트가 지휘하는 'A 집단군'이 그 좌익에서 아르덴 삼림 지대를 거쳐 조공 임무를 수행하도록 되어 있었다. 일반 참모본부는 아르덴이 전차가 통과하기 어려운 지역으로 보고 있었으므로 조공 지역에는 큰 기대를 하고 있지 않았으며, 모든 기갑 사단을 보크의 'B 집단군'에 할당했다.

그러나 룬트슈테트의 참모장이었던 만슈타인은 이 계획이 너무나 분명하게 노출되어 있고, 또 1914년의 계획과 지나치게 흡사하여 연합군측이 예측할 수 있으므로 저항이 클 것이라고 생각했다. 이 계획의 두 번째 결점은 프랑스군보다 강한 상대인 영국군을 공격하게 된다는 점이라고 만슈타인은 주장했다. 그의 견해에 따르면 이 계획의 세 번째 결점은 계획이 성공한다 하더라도, 그 결과는 다만 연합군을 후퇴시켜 플랑드르 연안을 획득할 뿐이라는 점이었다. 연합군의 병참선을 차단하고 벨기에에 있는 연합군의 퇴로를 차단하는 간접 접근 방식에 의해 얻을 수 있는 결정적 성과와 같은 것은 이 계획으로는 도저히 이룰 수 없다는 것이었다.

만슈타인은 중심을 우익에서 중앙으로 옮겨야 하며 주공은 최소 예상선인 아르덴을 경유하는 방향이 되어야 한다고 제안했다. 그는 아르덴 지형상 분명한 어려움에도 불구하고 기갑 부대를 이곳에서 유효하게 사용할 수 있을 것이라고 생각했으며, 그의 견해는 전문가인 구데리안의 판단에 의해 뒷받침되었다.

이 대담하고 참신한 구상은 히틀러에게 통했다. 그러나 초기 계획의 변경은 우연한 사건의 발생에 의해 결정되었다. 그 사건이란 1월 10일, 초기 계획에 관한 서류를 휴대한 한 참모 장교가 뮌스터에서 본을 향해 비행하던 중 눈보라를 만나 비행 진로를 잘못 선택함에 따라 벨기에 영토에 착륙한 일이었다. 독일군 최고사령부는 당연히 그 참모가 서류를 파기하지 못했을 수도 있다고 우려했다(사실 그는 서류를 소각하려 했으나 미처 끝내지 못한 상태였다). 그러한 사건이 일어난 다음에도 총사령관과 참모총장은 만슈타인이 제안한 것처럼 초기의 계획을 완전히 변경하는 것을 주저했다. 그들의 저항이 겨우 가라앉은 것은 만슈타인이 상관의 눈을 피해 히틀러와 개인적으로 만나, 자신의 뛰어난 착상에 의한 계획에 대한 히틀러의 결정적 지지를 얻은 후였다.

그 동안 독일군이 공세를 개시한다는 허위 경고가 유포되면서 연합군측이 벨기에 영내 깊숙이 전력을 전진 배치하려 한다는 의도가 노출되었다. 이렇게 연합군측의 의도가 노출되었던 것 또한 만슈타인이 제안한 대로 독일군의 초기 계획을 변경시키는 데 기여했다.

사태의 전개 과정을 검토해보면, 초기의 계획은 프랑스의 붕괴와 같은 결정적 성과를 가져오지 못했을 것이 분명했다. 왜냐하면 독일군의 직접 전진은 가장 강하고, 또한 가장 우수한 장비로 무장된 영국과 프랑스군의 저항에 부딪힐 것이었고 또한 하천, 운하 및 대도시라는 장애물로 가득한 지대를 지나 전진하지 않으면 안 되었을 것이기 때문이다. 아르덴 고원은 전진하기에는 더욱 곤란해 보였으나, 프랑스군 최고 통수부가 위험을 깨닫기 전에 독일군이 남벨기에의 삼림지대(아르덴)를 질주할 수 있다면 이 지역은 전차가 작전하기에는 이상적인 곳이었다.

만슈타인은 또한 연합군이 벨기에 내로 전진할 가능성이 크다는 것을 생각하고, 연합군측의 그러한 행동은 오히려 독일의 이익을 증대할 것이라고 예측하고 있었다. 그의 계산은 치밀했다. 프랑스군 총사령관 가믈랭 장군의 계획에 따라 독일군이 침입하면, 증편된 연합군 좌익이 벨기에로 쇄도하여 그 후 딜 강 줄기나, 가능시 그 너머 동쪽까지 진격하기로 되어 있었다. 'D' 계획으로 불리는 이 계획은 1914년 프랑스군의 제17호 계획과 똑같이 치명적인 것으로 밝혀졌다. 'D' 계획은 독일군이 취할 공세에 연합군이 측면에 대한 반격의 형태 및 효과를 주는 것으로서, 독일군이 파놓은 함정에 뛰어 들어가는 격이었다. 연합군이 벨기에 영내로 깊이 들어가면 갈수록, 독일군이 아르덴을 통과하여 연합군의 배후를 압박하고 그 좌익을 차단하는 것이 더 용이하게 되었다.

가믈랭은 벨기에 내로 돌진할 때 기동 부대의 주력을 운용하는 한편, 자군의 결절부 방어에서는 통과하는 것이 불가능하다고 여겨지는 아르덴으로부터 적이 이탈하는 것에 대비해서 전투력이 빈약한 사단의 방어선만 남겨놓았을 뿐이었다. 이로 인해 'D' 계획은 치명적인 결과를 가져올 것임이 더욱 확실해졌다. 선회축이 돌파되었을 경우에 가믈랭은 자군의 균형이 흔들리게 될 뿐 아니라, 다시 회복할 기회도 거의 잃어버리게 된다. 왜냐하면 적이 만드는 그와 같은 돌파구를 차단하는 데 전용할 수 있는 최적의 부대는 벨기에 영내에 돌진하는 데 투입되었기 때문이다. 이 기동 부대를 전방 깊숙이 돌진시킴으로써 그는 자기의 전략적 유연성의 대부분을 날려버린 것이다.

이 결절부에 대한 위험은 독일군의 베네룩스 3국에 대한 서전緖戰 공격으로 인해 그 당시 그렇게 확실하게 보이지는 않았다. 이 서전의 공격은 연합군측을 너무 놀라게 하여 그들의 집중력을 혼란시키는 역할을 했다. 네덜란드 육군은 배후에서 독일군 공정 부대의 강습을 받는 동시에 측면에서 맹렬한 습격을 받고 일거에 혼란에 빠졌으며, 독일군이 공격을 개시한 지 닷새 만에 항복했다. 벨기에 육군은 이틀 만에 그 전방 진지가 돌파되었고, 그 후 사전에 정해진 대로 앤트워프 – 나무르 선으로 후퇴했으며, 거기서 영국 – 프랑스군과 합류했다.

네덜란드에서는 5월 10일 이른 아침, 독일군 공정 부대가 수도인 헤이그와 교통 중심지 로테르담에서 각각 동쪽 100마일에 있는 국경 방어선에 대해, 지상군에 의한 강습을 실시했다. 전선과 배후에서 받은 이 이중 공격 때문에 일어난 혼란과 공포는, 독일 공군이 광범위하게 가한 위협으로 인해 더욱 강력하게 되었다. 3일에는 독일군의 한 기갑사단이 이 혼란을 틈타, 네덜란드 남쪽 측면에 개방된 간격을 통과하여 로테르담에 있는 독일군 공정 부대와 합류했다. 네덜란드군은 원래 전략적으로 방어 태세에 있었음에도 불구하고 전술적인 의미에서 공자가 되도록 강요받았고, 이렇다 할 장비도 갖추지 않은 채 강습을 실시함으로써 오히려 역습을 받게 되었다. 네덜란드의 주요 전선은 아직 붕괴되지 않았으나 5일째에 네덜란드는 항복하고 말았다.

벨기에에 대한 독일군의 물리적 직접 침공은 독일군을 위해 침공로를 개척해준 놀라운 서전의 일격 속에 심리적으로 간접 접근 방식의 요소를 포함하고 있었다. 지상 공격을 수행한 것은 라이헤나우가 지휘하는 강력한 제6군이었다. 제6군은 효과적으로 공격하기 전에 무서운 장애물을 극복하지 않으면 안 되었다. 이 공격을 지원하기로 되어 있던 것은 겨우 500명의 공정대원들이었다. 이 공정대는 알베르 운하에 두 개의 다리와 에벤 에마엘Eben Emael(측면에 위치한 벨기에의 최신식 보루)을 장악하기 위해 사용되었다. 그러나 이 작은 공정대는 전투의 향방에 큰 영향을 주었다. 이 방면에서 벨기에 국경으로 향하는 이 접근로는 '마스트리히트 복속 지역'이라 불리는 네덜란드 영토 남쪽에 있는 돌출부를 통과했으며 일단 독일군이 네덜란드 국경을 통과할 경우, 독일군이 15마일 폭의 네덜란드령을 다 통과할 때까지 알베르 운하를 수비하고 있는 벨기에 국경 경비대는 운하에 걸린 교량을 폭파하기 위한 충분한 경보를 받을 수 있게 되어 있었다.

밤하늘에서 소리도 없이 내린 공정대는 새로운 전법이었고 다리를 온전하게 점령하기 위한 유일한 방법이었다. 에벤 에마엘 보루의 수비대원 1,200명은 그 위에 내린 80명의 독일 공정대원들에 의해 독일군 지상 부대가 이 보루를 점령하기 위해 탈취한 교량을 건너 그 너머에 있는 평원으로 돌진해갈 때까지 24시간 동안 갇힌 상태가 되었다. 이 위협 속에서 벨기에군 부대는 영국 – 프랑스군이 막 도착하고 있는 딜 강 줄기로 철수했다.

벨기에와 네덜란드에서 있었던 이들 공정 습격은 히틀러의 구상에 의한 것이었고, 그 찬란한 성공은 대담한 슈투덴트Student 장군의 지휘에 의한 것이었다.

그 동안 룬트슈테트 집단군의 기갑 부대는 프랑스 국경을 향해, 룩셈부르크와 벨기에령 룩셈부르크를 향해 질주하고 있었다. 두 주력(5개 기갑 사단과 4개 차량화 사단)은 클라이스트 장군의 지휘하에 편성된 한편, 그 주선봉에 서 있던 것은 3개 기갑 사단으로 형성된 구데리안 군단이었다. 이 룬트슈테트의 기갑 부대는 70마일 폭의 아르덴을 통과하고 도중에 약한 저항을 제거하면서, 프랑스 국경을 넘어 공세 개시 4일째 이른 아침에는 뫼즈 강까지 이르렀다.

오랫동안 흔히 전통적인 전략가들에게 전차 작전은 물론, 어떠한 대규모적인 공세에서도 '통과하기 불가능'하다고 여겨졌던 험한 지형을 경유하여 전차와 자동차 집단을 투입하는 것은 대담하기 짝이 없는 큰 모험이었다. 그러나 그것 자체가 기습의 기회를 증대시켰고 또한 밀림은 전진을 은폐하고 공격군을 은폐하는 데 도움이 되었다.

그러나 이 기갑 돌진에 의한 기습 효과가 있었음에도 불구하고 룬트 슈테트의 기갑 부대는 아직 뫼즈 강이라는 장애물을 돌파하지 않으면 안 되었다. 도강 소요 시간에 따라 많은 것이 결정되었다. 프랑스 육군 참모총장 두망Doumenc 장군은 후에 다음과 같이 비통하게 말했다. "적도 우리 쪽과 똑같은 절차를 밟아 진행하리라 믿었기 때문에 우리들은 적이 충분한 포병을 동원하지 않는 한, 뫼즈 강 도강을 기도하지 않을 것이라고 생각했다. 그러기 위해서는 5~6일이 필요하고, 그만한 시일이 있으면 우리 쪽의 대비를 강화할 시간은 충분하다고 생각하고 있었다."

실제로 매우 흡사했다는 점은 특히 주목할 만하다. 프랑스군 수뇌부는 독일군이 공세를 개시한 지 9일 전에는, 뫼즈 강 지류에서의 독일군 공격은 없을 것이라는 가정하에 그들의 계획을 수립하고 있었다. 그것은 독일군 수뇌부가 최초에 생각하고 있었던 것과 같은 타이밍이었다. 2개월에 걸쳐 실시되었던 독일측의 전쟁 연습에서 구데리안은, 기갑 부대는 보병과 포병 집단이 도착하기를 기다리지 말고 될 수 있는 한 빨리 뫼즈 강의 공격을 실시해야 한다고 제안했으나 그 제안은 할더의 신랄한 비판을 받았다. 할더는 뫼즈 강 공격의 가능한 시기는 아무리 빨라도 공세 개시 9일째 아니면 10일째라고 생각하고 있었다. 3월에 열렸던 회의석상에서 히틀러는 구데리안에게 뫼즈 강에서 하나의 교두보를 탈취한 후, 어떠한 방향을 취하도록 제안할 것인지 질문했다. 구데리안은 그때 아미앵과 영국해협에 있는 항구들을 목표로 삼고 서쪽으로 돌진함으로써 즉시 전과를 확대해야 한다고 대답했다. 그 답변에 대해 몇 사람이 무모한 짓이라며 머리를 가로저었다. 그러나 히틀러는 구데리안에게 윙크를 하고 머리를 끄덕였다.

5월 13일 구데리안의 기갑 군단이 세당 근처 뫼즈 강가에 도착했다. 이 군단의 뫼즈 강 줄기에 대한 공격은 그날 오후에 시작되었고, 저녁 때까지는 도하점을 확보했다. 이 군단보다도 소규모 선봉 부대의 하나인 로멜의 제7기갑 사단도 똑같이 13일, 40마일 서쪽에 있는 디낭에서 한 도하 지점을 확보함으로써 프랑스군 지휘부에게 새로운 골칫거리를 제공하는 동시에, 치명적으로 돌파당할 가능성을 엮어냈다.

5월 14일 오후 구데리안 휘하의 3개 기갑 사단 모두 뫼즈 강의 도강을 마치고 뒤늦은 프랑스군의 반격을 격퇴한 다음, 구데리안은 돌연 서쪽으로 방향을 바꿨다. 이튿날인 15일 저녁 때까지 그는 뫼즈 강 건너편에 있던 프랑스군의 최후 방어선을 돌파했다. 이리하여 서쪽 160마일의 영국해협 연안으로 통하는 도로들은 기갑 부대 앞에 무방비 상태로 뻗어 있게 된 것이다.

15일 밤, 구데리안은 신중한 클라이스트로부터 '전진을 중지하고, 보병이 도착하여 인계를 받을 때까지 교두보를 확보하라'는 명령을 받았다. 뜨거운 논쟁 끝에 그 명령은 약간 수정되어 구데리안은 교두보를 확대할 것을 승인받았다. 그는 이 허가를 최대한 활용하여, 다음 날 50마일 서쪽의 우아즈 강까지 전진했다. 구데리안 예하 군단 외의 기갑 부대는 모두 합류하여 서쪽을 향해 질주하며 돌파구 폭을 60마일로 확대하고, 벨기에에 있는 연합군의 후방과 만나는 도로들에 쏟아져 들어가는 전차들의 쇄도를 더욱 가속화시켰다.

프랑스군 지휘부는 이 전차가 쇄도하는 곳이 어느 방향이 될 것인지 종잡을 수 없었기 때문에 이 전차들은 노도와 같이 용이하게 전진했다. 세당에서 있었던 돌파가 특히 유리했던 점은 그것이 중앙 축선의 위치를 점하고 있었으므로 어떤 방향으로도 선회가 가능했던 동시에, 다른 목표를 수시로 위협할 수 있었다는 점이다. 대체 독일군은 영·

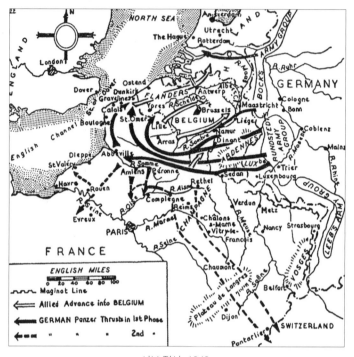

서부 전선, 1940

국해협 연안을 노리고 있는가? 아니면 파리를 노리고 있는가? 독일
군의 전진이 서쪽으로 뻗어 있는 듯하면서도 또 처음에는 그것이 남쪽
으로 방향 전환하여 파리로 향하는 것처럼 보였다. 프랑스측의 상상
은 그와 같은 가능성에까지 이르렀던 것이다. 독일측 계획이 보유한
전략적 유연성은 사용하는 무기의 기동성에 의해 증대했고 이 전략적
유연성과 기동성의 결합은 적을 딜레마로 몰아넣었던 것이다.

　작전이 진전됨에 따라 전투의 향배는 더욱 시간적 요인에 달리게 됐
다. 프랑스군의 대응 기동은 너무 속도가 느려 변화하는 상황에 좀처
럼 적응하지 못했기 때문에 되풀이해서 좌절당했다. 이것은 독일군 선

봉 부대의 행동이 프랑스측 또는 독일군 최고사령부가 예측했던 것보다 더 신속하게 기동했기 때문이었다. 프랑스군은 제1차 세계대전의 느린 행동 방식으로 훈련되어 있었기 때문에 새로운 템포에 심리적으로 대응할 수가 없었고, 이 때문에 치명적 약점은 장비의 양적·질적 측면이 아니라, 이론의 측면에 있었다. 프랑스측의 구상은 제1차 세계대전의 방식을 훨씬 앞서고 있던 독일측만큼 진보되어 있지 않았다. 역사상 흔히 볼 수 있는 현상이지만 승리는 자기 만족과 보수 지향적 성향을 길러, 다음 전쟁에서 패배를 가져오게 되는 것이다.

독일측에서도 고급 지휘관들은 소수의 기갑 사단에 의한 전략적 종심 돌파가 가지고 있는 위험성에 대해 계속 우려하고 있었다. 히틀러 자신도 그것에 대해서는 두려움을 보였고, 이 공세에서는 남쪽 측면을 걱정한 나머지 제12군이 전진하여 엔 강 줄기를 따라 엄호망을 구축하기 위해 배치되기까지 이틀에 걸쳐, 기갑 부대의 서쪽으로의 쇄도에 제동을 걸었던 것이다.

이 이틀의 지체는 독일군의 성공 전망을 어둡게 했으며, 만일 프랑스군이 이때까지 마비 상태에 빠져 있지 않았다면 성공 가능성은 완전히 없어졌을 것이다. 히틀러의 우유부단함은 그 다음주에는 더욱 커다란 손실을 예고하고 있었다. 그러나 그 전의 단계에서 많은 시간을 벌었고, 적측에 매우 큰 혼란이 일어나고 있었으므로 결과적으로 우아즈 강 전선에서의 시간 지체는 독일군의 성공 가능성에 그다지 심각한 영향을 미치지는 않았다. 그렇다 하더라도 이는 독일측이 시간을 인식하는 데 커다란 의견 차이를 가지고 있었다는 점을 노출했다. 이 점에서 신·구파 사이의 인식의 차는 독일과 프랑스 사이의 그것보다 더욱 컸다.

구데리안은 5월 17일의 정지 명령에 항의하여 스스로 군단장직에서 사임시켜줄 것을 자원했다. 그러나 이 날 늦게 다시, 그는 그 직책에 머무르며 강력한 정찰을 계속하도록 허락받았다. 이 명령에 대한 그의 해석은 자신의 예하 전 병력으로 이전과 같이 강하고 빠르게 전진하는 것이었다. 제동이 풀리자 그는 한층 더 속력을 내 5월 20일에는 아미앵에 들어갔고 벨기에에 있는 연합군의 병참선을 차단하면서 아브빌을 넘어 해안에 이르렀다.

상부에서 하달된 또 하루의 정지에 초조감을 느낀 그는 22일 북쪽 영국해협에 있는 여러 항구와 영국군의 배후를 향해 돌진했다. 당시 영국군은 여전히 벨기에에서 보크 보병 부대가 밀고 오는 정면에서 대항하고 있었다. 이 구데리안 군단의 전진에 의해 북쪽으로 돌진할 때, 우측에 있었던 것은 동일한 클라이스트 그룹의 일부였던 라인하르트 Reinhardt의 기갑 군단이었다. 22일, 구데리안에 의해 불로뉴가 고립되었고 이튿날에는 칼레가 고립되었다. 이 돌진에 의해 그는 됭케르크에서 불과 10마일 떨어진 그라블린 강에 도착했다. 라인하르트 군단의 전차 부대도 또한 에르 — 생오메르 — 그라블린을 연결하는 운하 지대에 도착하여, 그 근방에 있던 교두보를 확보했다. 그러나 영국군에게 남겨진 최후의 탈출 항만인 됭케르크를 향한 돌진은 이튿날(24일) 히틀러의 명령으로 중지되었다. 이 명령은 좌익에 있던 벨기에군과 프랑스 3개 군의 주력이 겪은 불운을 함께하는 것 외에 별다른 방도가 없었던 영국군을 구원했다. 2일 후에 그 명령은 철회되었고 전진이 재개되었다. 그러나 그 동안 연합군측의 방어 태세는 강화되었고 배후에 대한 엄호망 구축에 의하여, 영국군 22만 4천 명과 주로 프랑스군인 연합군 11만 4천 명이 바다로 탈출할 수 있도록 독일군은 제지되었다. 어쨌든 독일측은 대규모 간접 접근 방식의 결과로 불과 사상자 6만 명의 희생으로 백만 명의 포로를 획득했다.

치명적이었던 히틀러의 정지 명령의 원인은 결코 완전히 해명되지는 않을 것이다. 그가 언급한 하나의 동기는 독일군 기갑 부대가 늪지대에서 움직이지 못하게 될 것을 두려워했다는 점이다. 즉 제1차 세계대전 때, 플랑드르 지방에 하사로 종군했던 자신의 체험에 의해 이곳 늪지대의 악조건에 강력한 인상을 받고 있었던 것이다. 제2의 동기는 프랑스에 대한 다음의 최후 일격을 위해 자군의 기갑군을 온전하게 유지하고 싶다는 그의 간절한 희망 때문이었을 것이다. 제3의 동기로는 괴링Goering이 히틀러에게 독일 공군은 포위된 영국군이 됭케르크로부터 바다를 통해 대규모로 탈출하는 것을 저지하기에 충분하다는 신념을 불어 넣었다는 것이다. 그러나 이제까지의 조사에 의해 분명해진 것은 5월 21일 해안에 돌진하는 독일군의 측면에 대해, 아라스에서 영국군 2개 전차 대대가 가한 소규모의 반격이 준 심리적 효과가 가장 직접적인 원인이었다는 점이다. 그 심리적 효과는 대담한 전략적 종심 돌파 작전에서 히틀러와 몇몇 독일군 고위 지휘관들에게 두려움을 불러일으켰고, 위험한 순간에 그들의 신경조직을 자극했던 것이다. 클라이스트는 다시 구데리안의 돌진에 제동을 걸었다. 클라이스트의 직속 상관인 군사령관 클루게는 아라스에서의 상황이 분명하게 해결될 때까지 그 이상의 어떠한 전진도 중지시킬 의향이었다. 룬트슈테트는 당연한 일이지만 그들이 갖고 있던 우려로 인해 영향을 받았다. 그리하여 24일 오전, 히틀러가 룬트슈테트의 사령부를 방문했을 때, 히틀러는 자신의 신경 과민에 의한 우려가 더욱 강해지자 회의를 마친 후 곧 정지 명령을 내렸다. 이 회의에서 브라우히치와 할더는 기갑 부대의 계속 돌진에 동의했으나 히틀러는 그들 외에 많은 사람들의 의견이 자신의 신중한 방안을 지지하고 있음을 알았다.

전역의 최종 단계는 독일군이 됭케르크에 진입한 다음날인 6월 5일에 개시되었다. 이 새로운 독일군의 공세의 서막은 놀라운 것이었다. 그때까지 서북방을 향해 맹공을 가해왔던 독일군 기갑 부대가 새로운 타격을 가하기 위해 남쪽으로 매우 신속하게 방향을 전환했다. 이러한 다른 방향으로의 신속한 재집중은 기계화에 의한 기동성이 얼마나 전략을 혁명화시키는지를 생생하게 실증하는 것이었다.

새로운 공세는 솜 강과 엔 강 근처에 아직 남아 있던 프랑스군이 구축한 새로운 전선에 대해 가해졌다. 새로운 전선은 원래의 전선보다 길었으나 진지 방어에 사용할 수 있었던 병력은 전보다 적었다. 왜냐하면, 프랑스군은 이미 30개 사단을 잃었고 또한 2개 사단의 영국군을 제외하고는 연합군의 지원도 상실했기 때문이다. 가믈랭과 교체한 웨이강Weygand은 총 60개 사단을 재편하고 있었지만, 그 중 17개 사단은 굳건히 요새화된 마지노 선의 수비에 고착되어 있었다. 임시로 설정한 솜 — 엔 방어선은 이 마지노 선에 연결되어 있었다.

계획상으로는 임무가 부여되지 않았음에도 불구하고 두 번째의 공세에서 룬트슈테트 집단군이 또 다시 결정적인 역할을 했다. 당초 10개였던 독일군의 기갑 사단 중, 6개가 보크 집단군에 편성되어 있었다. 그러나 이 계획은 유연성이 뛰어나고 전투는 진전되면서 다른 형태를 취했기 때문에 보크가 가한 공격은 일종의 견제 역할이 되었고, 룬트슈테트의 공격이 결정적인 작전이 되도록 기여했다. 이러한 임무 변화는 기갑 부대에 의해 제공된 대용 목표를 선택할 수 있는 능력에 대한 또 하나의 실증이었다.

보크의 부대는 6월 5일에 공격을 개시했고, 측면 재전개에 더욱 장시간을 필요로 했던 룬트슈테트 부대는 보크보다 4일 늦게 공격을 시작했다. 보크의 공격에서 주공은 우익에 있던 로멜의 사단처럼 신속하고도 종심 깊은 성공을 거두지는 못했다. 로멜의 기갑 사단은 공세를 시작한 지 사흘째 되는 아침 프랑스군 방어선을 완전히 돌파했던 것이다.

이 신속한 돌파는 보수적인 상대가 전혀 예측하지 못할 만큼 로멜의 대담성에 그 주요 요인이 있었다. 로멜이 기도하고 달성했던 것은 어떤 참모대학의 교육에서도 실행 가능성이 있다고 생각되지는 않았을 것이다. 로멜의 책임 지역 내에서 프랑스군은 솜 강변의 모든 다리를 폭파해버렸으나, 장래의 반격을 위해 한 쌍의 철교만은 그냥 남겨두었다. 철교 위 두 개의 선로는 강가의 습지화된 목장을 지나는, 길이 1마일도 채 못 미치는 두 개의 좁은 둑에 부설되어 있었기 때문에 이들 철교의 유지는 별 문제가 없다고 생각했던 것 같다. 설사 보병 부대가 이 철교를 건넌다 해도, 양쪽에서 채찍질을 받으면서 줄타기를 하는 것과 같은 위험이 있었다. 그러나 로멜은 미명에 철교를 탈취하여 강 건너 평지에 거점을 확보한 다음, 레일과 침목을 들어내고 적의 포화가 쏟아지는 가운데, 자군의 전차와 수송 차량을 줄타기식으로 전진시켰다. 적의 저항은 겨우 한 차례 30분밖에 계속되지 않았고 철교에 접근 중이던 전차 한 대만이 기동 불능 상태가 되었을 뿐이다.

이날 저녁 때까지, 로멜은 8마일이나 돌파했고 제2일에는 20마일, 그리고 3일째에는 다시 30마일을 질주했다. 그 동안 외곽을 횡단, 방어되고 있는 적의 철도 분기점은 우회하여 통과함으로써 신속한 전진을 할 수 있었다. 이 종심 기동 때문에, 프랑스측의 제10군은 절단되어버렸다. 그 밖의 독일군 사단들이 확장되고 있는 돌파구로부터 눈사태처럼 몰려들었다. 4일째 되는 8일 밤 로멜은 루앙과 센 강으로 향하는 도로에 걸쳐 프랑스군이 급조한 방어선을 교란하여 혼란에 빠뜨리면서 40마일의 선회 기동을 한 다음, 루앙 남쪽 센 강가에 도달했다. 로멜은 넓은 센 강 장벽을 연하여 프랑스군이 병력을 집결시켜 방어선을 확립하기 전에 도강을 완료했다. 10일, 로멜 사단은 해안을 향하여 50마일 돌진하여 그날 저녁, 해안에 도착하면서 프랑스 제10군(영국의 제51산악 사단을 포함하는 5개 사단)의 퇴로를 차단했다. 이들 포위된 부대는 12일, 생 발레리에서 어쩔 수 없이 항복했다.

그 동안 솜 강에서 주공의 우익 공격은 그다지 원활하게 진행되지 않았다. 그 공격은 이미 확보되어 있던 솜 강 너머 아미앵과 페론 양 교두보에 클라이스트 휘하의 2개의 기갑 군단에 의한 협공이었다. 아미앵에서의 오른쪽 공격은 8일 프랑스군의 방어선을 돌파하고 그 후, 우아즈 강의 하류 지역을 향해 남쪽으로 선회했으나, 왼쪽 공격은 콩피에뉴 북쪽에서 프랑스군의 완강한 저항을 받고 소강 상태에 빠졌다.

9일 엔 강 방어선을 공격한 룬트슈테트 집단군이 신속하게 프랑스군의 방어선을 돌파했으므로 독일군 최고 사령부는 클라이스트 휘하의 두 기갑 군단을 철수하고, 동쪽으로 방향을 전환하여 엔 강가의 넓은 돌파구를 통과하도록 하여 샹파뉴에서 프랑스군 붕괴 작전을 지원하는 데 투입하기로 결정했다. 이 신속한 전용 역시 기동성 있는 기갑부대의 유연성을 보이는 하나의 새로운 사례였다.

구데리안은 또다시 결정적인 돌진을 했고 그것은 간접 접근 방식과 전략적 종심 돌파가 결합되어 과시한 또 다른 사례였다. 그는 이제 룬트슈테트 집단군의 기갑 집단 지휘관으로 승진했다. 그의 지휘하에 있는 2개 군단은 칼레 해협로부터 200마일이나 되는 선회 기동을 마치고 르텔 부근 엔 강가에 집결했다. 독일 제12군의 보병 부대가 샤토포르시앙 부근 강 언덕에 세 개의 작은 교두보를 확보하자, 구데리안은 그날 밤중 예하의 선봉 기갑 사단을 이들 교두보로 진출시켰다. 이 사단들은 이튿날인 10일 아침, 적을 돌파하고 차츰 속도를 올리면서 프랑스군이 점령한 촌락과 삼림을 우회하여 전진했다. 그때 프랑스군의 기갑 부대도 대응하여 일련의 전차전이 벌어졌는데, 구데리안은 전투 개시 2일 만에 20마일 가깝게 돌파했다. 제3일에는 구데리안의 우익은 샬롱 쉬르 마른에 도착했고 제4일에는 출발점에서 60마일 가까이 되는 비트리 르 프랑수아까지 진출했다. 그의 좌익도 측면에 대한 적의 반격을 격퇴한 다음, 우익과 같은 수준까지 진출했다. 거기서 구데리안은 속도를 증가하면서 마지노 선의 훨씬 후방에 있는 랑그르 고원을 향하여 전진했으며, 그 후 동남쪽으로 선회하여 스위스 국경으로 향했다. 제5일째인 6월 14일에는 50마일을 단숨에 달려 쇼몽에 도착했다. 이렇게 하여 15일에는 사온 강에 도착했고 17일 이른 아침 선두에 있던 사단은 사온 강 너머 60마일에 위치한 스위스 국경 폰타를리에로 들어갔다. 이 조치는 여전히 마지노 선에 고착되어 있던 대규모 프랑스군의 병참선을 차단했다. 구데리안 휘하의 다른 여러 사단은 마지노 선의 프랑스군 퇴로를 차단하기 위하여 모젤 강을 향해 이미 북쪽으로 선회 중이었다. 그 몇 시간 전에 프랑스 정부는 자국 군대의 궤멸 때문에 마침내 항복하기로 결의하고 휴전을 제의했다.

그러나 유럽 대륙에서의 이와 같은 결정적인 전략적 승리도 그 후 히틀러가 영국을 정복하지 못했기 때문에 더 고차원의 전략 수준에서는 비결정적인 것으로 변했다. 여기에서 그는 됭케르크에서 있었던 정지 명령의 대가를 치르게 되었다. 만일 그가 이 하나밖에 남지 않은 퇴로에서 영국군의 퇴각을 막을 수 있었다면, 비록 불충분하게 준비된 상태에서 침략했다 하더라도 그는 영국을 정복할 수 있으리라고 생각할 만큼 영국은 무방비 상태에 빠져 있었다. 그러나 영국군을 됭케르크에서 포위하는 데 실패함으로써 대규모 병력으로 잘 조직된 침공을 하는 것 외에는 영국을 굴복시킬 희망은 가질 수 없었다. 그가 조치를 취했을 때는 이미 너무 늦었고, 그가 제안한 평화 제안은 너무 미약했다. 영국으로의 해상통로 상공에 대한 제공권을 장악하려는 기도가 '영국 전투Battle of Britain'에서 패했을 때, 영국 침공 계획은 실패할 것으로 예견되었다.

영국이라는 방해물은 영국해협이 제공한 대규모 대전차호의 엄호 아래 히틀러에게 계속 도전했고, 그의 유럽 지배 계획에 차츰 그 위협이 증대, 발전해갔다. 이 좌절은 히틀러에게 치명적인 결과를 가져왔다.

히틀러의 연속적 승리는 다음해에도 계속되었다. 그것은 러시아 국내로 깊이 들어가서 저지될 때까지 먼저 발칸 제국의 희생으로, 다음에는 러시아의 희생으로 나타났다. 그러나 히틀러 또한 자신이 목표하던 결과를 확보하기에 충분한 자원을 가지고 있지 않았다. 왜냐하면 1941년의 찬란한 성공에도 불구하고 그의 몰락은 '영국 전투'에서의 패배에서부터 시작되며, 반대로 이 사실은 됭케르크 점령을 눈앞에 두고 망설이면서 내린 그의 정지 명령으로까지 거슬러올라갈 수 있기 때문이다.

제17장 히틀러의 쇠퇴

1940년 6월 말까지 독일은 마치 거대한 제국처럼 유럽 대륙을 석권하고 있었다. 독일은 유럽 서쪽에 있는 조그마한 섬나라 영국을 제외하고는 서유럽, 중유럽 및 동남유럽 전체를 지배하고 있었다. 바다에 있는 이 방해물을 제외하면, 독일의 패권에서 유일한 제한 사항은 동북방 측면에 커다란 암운을 던지고 있던 소비에트 러시아라는 존재였다. 히틀러는 전 세계라고까지는 할 수 없겠으나 유럽의 완전한 지배를 약속한 듯 보이는 연속적 승리의 쾌감을 맛보고 있었다. 그로부터 5년 후 이러한 한여름밤의 꿈은 악몽으로 변하고 말았다.

그가 쇠퇴하기 시작한 것은 '대전략'의 차원에서였다. 거기에 그의 치명적인 결함이 존재하고 있었다. 만일 그가 자신의 점령이 만들어 내는 공포를 누그러뜨리고, 인접 국민들로 하여금, 그가 주장하는 '새 질서'가 그들에게도 유익하다는 것을 확신시킬 수 있었다면, 그는 나폴레옹이 실패했던 점에서 성공을 거두고 독일 지도하에 외부의 힘으로는 파괴할 수 없을 만큼 강력한 유럽 연합을 구축할 수 있었을지도 모른다. 그러나 목적은 수단에 의해 좌절되고 말았다. 그의 정교한 정치적 접근 방식은 여러 나라의 내부에 알력을 일으키기에는 충분했으나, 적대 행위를 무력화하기에는 충분치 않았다. 그가 주창한 '국가사회주의'라는 복음에서 국가주의에 대한 강조가 너무 지나쳐서 다른 나라의 국민들에게 호소력을 가질 수도 있었던 사회주의의 매력적 효과를 상쇄시켜버리고 말았다. 닳아빠진 얇은 천으로 철권鐵券을 감춘 격이었다. 또한 정복 후, 그가 제시한 화해 조치는 무딘 것이었고 오래가지 못했다. 그 후 그의 정복 행위가 실패함에 따라 이러한 잘못은 더욱 큰 빚으로 축적되었다.

서유럽의 다른 나라들이 붕괴된 후, 영국을 굴복시키거나 그와 강화를 맺지 못한 것은 계속 장애로 작용했다. 영국이 대륙 밖에 존속하는 한, 히틀러의 서유럽 지배는 결코 확고부동한 것이 될 수 없었고, 그의 입지는 끊임없이 침해될 수 있었다. 한편, 영국의 힘만으로는 히틀러가 소기의 결실을 거두는 것만을 저지할 수 있을 뿐이었다. 영국이 저항과 방해를 병행했더라면, 히틀러의 의지를 꺾고 양보와 강화를 유도할 수 있었을지도 모른다. 그렇다 해도 그것은 결코 그의 힘을 분쇄하고 정복에 의해 획득한 것을 강제로 포기하도록 하기에는 충분하지 못했을 것이다. 잇따른 좌절로 초조해진 히틀러가 동쪽으로 방향을 바꾸어 소비에트 러시아를 공격하기로 결심한 1941년 6월의 시점이야말로 그와 같은 가능성이 있었던 유일한 시기였다.

히틀러의 운명을 비극으로 전환시킨 러시아 침공 결심은 대전략의 면에서 그가 간접 접근 방식을 포기했다는 것을 의미한다. 그로부터 얼마 되지 않아 그는 성급함과 승리에 대한 초조감에서 전략 차원에서의 간접 접근 방식도 포기하게 되었다. 과거 그리스에서 받았던 것과 같은 소규모의 장애에 대처할 때조차 그가 보여주었던 조심성에 비추어보아 이와 같은 변화는 더욱 의미심장했다.

독일의 발칸 정복

소규모의 영국군 증원 부대가 살로니카에 상륙한 직후인 1941년 4

월, 독일군이 그리스에 침공했을 때, 그리스군은 독일군이 집결해 있던 불가리아에서 산을 넘어 자국으로 통하는 여러 도로를 방어하기 위해 배치되어 있었다. 그러나 스트루마 계곡을 따라 예상된 진격은 비교적 덜 직접적인 다른 행동을 은폐하기 위한 것이었다. 독일군 기계화 부대는 그 후 스트루마 계곡에서 서쪽으로 진로를 바꾸어 국경선에 평행한 스트루미차 계곡을 거슬러올라, 산악지대를 넘어 바르다르 계곡 말단의 유고슬라비아로 침입했다. 독일군 기계화 부대는 그리스군과 유고슬라비아군의 연결 부분을 돌파하고 바르다르 강 하류 살로니카 방향으로 돌진하여, 그 돌파구를 더욱 확대했다. 이러한 기동은 트라케에 근거지를 둔 대다수 그리스군 배후를 차단했다.

이어, 독일군은 살로니카에서 남진, 영국군 진지가 있던 올림포스 산으로부터 직접 진격하는 방법 대신, 좀더 서쪽에 있는 모나스티르 지협을 따라 또 다시 우회적인 돌진을 감행했다. 그리스 서안을 향하는 이러한 진격이 초래한 전과 확대의 결과로 먼저 알바니아에 있던 그리스 수개 사단의 퇴로가 차단되었고, 그 다음 영국군의 측면이 압박당했으며, 연합군 잔존 병력의 퇴로에 대해 위협적인 역선회가 이루어짐으로써 그리스에 있는 모든 저항이 급속하게 붕괴되었다.

독일의 러시아 침공

러시아 침공 초기에 독일군은 지리적인 조건에 힘입어 간접 접근 방식을 활용하여 빛나는 성공을 거두었다. 전선의 폭이 1,800마일이나 될 뿐 아니라, 천연 장애물이 거의 없었기 때문에 공격군은 침공과 기동을 위해 광대한 공간을 이용할 수 있었다. 적군은 규모는 컸지만 병력 대 공간의 비율이 매우 낮았기 때문에, 독일군 기계화 부대는 적의 배후를 향한 간접적 전진을 위한 틈새를 손쉽게 발견할 수 있었다. 동시에 도시들은 넓게 분산되어 있는 데다 도시마다 도로나 철도가 집중해 있었으므로, 공격군은 마음대로 대용 목표를 선정하여 적군이 침공군의 진로를 판단하거나 침공군의 돌진에 대처하는 데에 있어서 일대 혼란을 야기시켰다. 그러나 이러한 방법으로 서전에서 대성공을 얻은 독일군은 이후 어떤 방향으로 전진해야 할 것인가를 결정하지 못해 그때까지 획득한 유리한 이점을 무용지물로 만들어버렸다. 히틀러와 육군 최고사령부 사이에는 계획 작성 당초부터 의견 차이가 있었고, 적절한 타협이 이루어지지 않았다.

히틀러는 레닌그라드를 주목표로 탈취하여 발트 해 쪽의 독일 측면을 안전하게 하는 동시에 핀란드와 연결하려 했던 반면, 모스크바의 중요성은 낮게 평가하는 경향이 있었다. 그러나 그는 경제적 요소에 대한 날카로운 시각에서 우크라이나의 농업 자원과 드네프르 하류의 공업 지역을 탈취하기를 희망했다. 이 두 개의 목표는 서로 상당히 떨어져 있어서 완전히 분리된 두 개의 작전선이 필요했다. 이것은 '대용 목표를 위협하는 단일의 주작전선에 따라 작전하는 방법'에 내재된 유연성과는 본질적으로 다른 것이었다.

브라우히치와 할더는 모스크바로 향한 진격에 노력을 집중하기를 원했다. 이 노선은 모스크바의 점령이 아니라, '모스크바로 가는 도중 발견할 것으로 예상되는' 러시아군 주력의 격멸을 위한 최대의 기회를 제공할 것이라고 그들은 예감하고 있었다. 히틀러의 시각으로는 모스크바 노선을 취하면, 러시아군으로 하여금 독일군의 손이 닿지 않는 동쪽으로 퇴각하도록 유도할 위험성을 가지고 있었다. 브라우히치와 할더는 이러한 위험은 피하는 게 바람직하며 조기 포위 작전을 통해 적군 주력을 격멸하는 것이 중요하다는 히틀러의 의견에 동의했고 세

러시아 전역 1941~42

사람은 침입의 첫 단계가 완결할 때까지 그 후의 목표 결정은 보류하기로 했다. 히틀러를 상대할 때 어려운 문제를 회피하는 경향이 있었던 브라우히치는 결국 더욱 나쁜 문제에 부딪히게 되었던 것이다.

그러나 전역 초기 단계에는, 프리페트 소택지 북쪽 민스크에서 모스크바를 향하는 도로상에 주둔하고 있던 보크 집단군에 공격의 중심을 둔다는 점에 대해서 합의가 이루어졌다. 이곳에 기갑 부대의 주력이 운용되었다. 작전 초기에, 동프러시아의 좌익측 전방 진지로부터 발트 제국을 통과한 레브Leeb 집단군의 전진은 인접한 보크 집단군이 실시할 더욱 맹렬한 돌진을 은폐하는 데 기여했다. 뿐만 아니라 프리페트 소택지의 남쪽 다른 측면에 위치한 룬트슈테트 집단군의 진격은 러시아측으로 하여금 침공 독일군의 주공 방향에 대해 혼란을 야기하게 만들었다.

보크가 담당한 지구의 작전 계획은 이중의 포위 기동을 통해 대규모적 병력을 함정에 빠뜨리는 것이었다. 즉 작전 지구의 양쪽에서 출발한 구데리안과 호트Hoth 집단군이 민스크 지역을 유린하게 되어 있었고, 한편 제4군과 제9군의 보병 군단은 비알리스토크의 주변과 배후에서, 내부의 협공 작전을 수행하기로 되어 있었다.

독일군의 침공은 나폴레옹이 침공했던 날의 하루 전인 6월 22일에 시작되었다. 구데리안과 호트의 기갑 집단에 의한 협공 작전은 신속하게 두 개의 종심 돌파를 실시하고, 6일째에는 국경에서 200마일이나 내륙에 위치한 민스크에서 합류했다. 그들의 배후에서 행한 보병의 협공 작전은 슬로님에서 포위망을 형성하여 비알리스토크의 포켓지대에서 퇴각하는 러시아 대병력을 포위하려고 시도했으나 시간이 맞지 않았다. 민스크 부근에서 러시아 대병력을 포위하려는 제2의 기도가 오히려 성공하여 30만에 가까운 러시아군 병력을 포위하는 데는 성공했으나, 포위망이 완성되기 전에 이미 러시아군의 상당한 병력이 탈출하고 말았다. 획득한 포로 수의 증대는 러시아 침입에 대한 히틀러의 결정을 우려하고 있던 장군들 사이에서조차 낙관주의의 물결이 일어나도록 만들었다. 7월 3일 할더는 이렇게 말했다. "러시아에 대한 전역이 14일 만에 승리를 쟁취했다고 주장하더라도 그것은 과장된 것은 아닐 것이다."

그러나 독일군이 취하는 여러 작전은 이미 불길한 장애에 부딪히고 있었다. 본래의 계획은 기갑 부대가 지체 없이 민스크 이후 지점까지 진출하고, 단지 최소한의 기갑 부대만이 남아서 여러 보병 부대의 포위망을 완성하는 데 지원하도록 되어 있었다. 왜냐하면 당시 기갑 부대는 포위 작전의 완료시까지 정지하고 있으라는 명령을 받고 있었기 때문이다.

그러나 도보 행군을 하는 독일 제4군 주력의 도착을 기다리지 않고 러시아군의 증원 병력을 투입하기 전에 구데리안이 대담하게도 넓은 드네프르 강의 도강을 기도함으로써 다시 시간을 앞당길 수 있었던 것이다. 그의 판단은 결과적으로 옳았음이 증명되었다. 그는 넓게 펼쳐진 경계선 후방에서 야음을 이용하여 휘하 병력을 집결하고 7월 10일 무방비 상태에 있던 세 지점에서 도강에 성공했다. 그 후 그는 스몰렌스크를 향해 질주하여 16일에 도착했다. 독일군은 이제 러시아 영내에 400마일 이상이나 침입하여, 모스크바까지는 불과 200마일밖에 남아 있지 않았다. 그러한 종심 돌파가 이루어지기 위해서는 독일군의 전진 속도는 매우 신속해야 했다.

호트의 기갑 집단이 스콜렌스크 북쪽에 도착함과 동시에 기갑 부대가 우회했던 드네프르 강과 데스나 강 사이에 있는 대규모의 러시아군 배후를 차단하기 위한 새로운 포위 작전이 시도되었다. 이 포위망은 거의 완성되었으나 험난한 지형과 수렁으로 인해 부대 기동이 제한되었고, 러시아군의 주력은 위기에서 탈출하는 데 성공했다. 그렇다 해도 도합 18만의 러시아군 병력이 스몰렌스크 지역에서 포로가 되었다.

구데리안은 러시아군을 계속 추격하여 병력을 재집결시킬 시간적 여유를 주지 말아야 한다는 중요성을 강조했다. 그는 시간을 낭비하지만 않는다면 그 목적을 달성할 수 있다는 점과, 스탈린의 신경 중추를 향해 돌진한다면 러시아의 저항을 마비시킬 수 있다는 점을 확신했다. 또한 호트도 구데리안의 의견에 동의했고 보크는 이 두 사람을 지지했다.

그러나 히틀러는 레닌그라드와 우크라이나를 주목표로 삼고 있는 자신의 최초 구상을 실행에 옮길 때가 왔다고 생각했다. 그가 레닌그라드와 우크라이나를 모스크바보다 중요하게 본 배경에는 장군들 중 그에 대한 대부분의 비판자들이 생각했던 것처럼 레닌그라드와 우크라이나의 경제적 효과와 정치적 효과만이 있었던 것은 아니었다. 그는 거대한 칸나이와 같은 작전을 계획하면서 모스크바에 대해 이미 가해지고 있는 위협이 모스크바 전선 구역으로 러시아군의 예비 병력을 흡수하도록 만듦으로써, 독일군의 양익 부대가 레닌그라드와 우크라이나를 탈취하기에 용이할 것이라고 마음속으로 그렸던 것이다. 그렇게만 된다면 독일군 양익 부대가 각각 레닌그라드와 우크라이나를 탈취한 후 모스크바를 향해 양방향에서 공격할 수 있게 되며, 그 결과 모스크바는 잘 익은 매실처럼 독일의 수중에 떨어질 것이었다. 그것은 광대하면서도 미묘한 구상이었다. 그러나 그 구상은 시간적 요소의 제약 때문에 현실화되지 않았다. 왜냐하면 러시아측의 저항은 생각보다 완강했고 일기가 예상했던 것보다 악화되었기 때문이다. 장군들 사이에는 의견 충돌이 많았으므로 전황은 좀처럼 좋아지지 않았다. 지극히 당연한 일이지만, 장군들은 자신의 전구만을 생각하고 각자 자기 전구가 우선시되기를 주장하기에 급급했다. 이러한 경향은 히틀러의 제2단계 전쟁 구상에 내포된 매우 넓은 전략적 이견이 안고 있는 위험도만 다시 강조하는 격이었다.

7월 19일, 히틀러는 제2단계 작전 개시 명령을 내렸다. 제2단계는 드네프르 강과 데스나 강의 중간 지역에서 실시되던 소탕 작전의 종료 즉시 개시하기로 되어 있었다. 보크 기동 부대의 일부는 러시아군과 대치하고 있던 룬트슈테트를 지원하기 위해 남으로 선회하고, 남은 부대는 레닌그라드와 모스크바 사이에 있는 적의 병참선을 차단함으로써 레닌그라드를 공격 중이던 레브 집단군을 지원하기 위해 북으로 선회하기로 되어 있었다. 또한 보크 휘하에는 도보 행군 부대만이 남아, 최선을 다해 모스크바 정면을 향하여 전진을 계속할 계획이었다.

브라우히치는 즉시 다른 계획을 추진하는 대신, 또다시 미봉책을 썼다. 그는 새로운 작전을 행하기 전에 부품을 교환하고 정비를 하기 위해 휴식을 주지 않으면 안 된다고 주장했다. 히틀러도 그 필요성에 동의했다. 그 사이 향후 방침에 대한 최고 회의가 진행되었고 기갑 부대가 다시 전진할 수 있게 된 후에도 회의는 계속되었다. 8월 21일, 히틀러는 모스크바 방향으로 진격하겠다는 브라우히치와 할더의 주장을 거절하고 새로운 지령을 내렸다. 이 지령은 이미 한 달 전에 그가 내린 지령의 요지를 되풀이하고 있었는데, 기존의 것과 다른 점은 레닌그라드 방면에 대한 강조가 약해졌고, 대신 룬트슈테트 정면의 키예프 지역에 있는 적군에 대한 포위 격멸을 더욱 강조한 점이었다. 그 포위 작전이 완료된 후 보크는 모스크바를 향한 전진을 재개하고, 룬트슈테트는 코카서스로부터 러시아군에 대한 석유 보급을 차단하기 위해 계속해서 남부 방향으로 러시아군을 압박하기로 되어 있었다.

이렇게 긴 토론 기간 중 일어났던 각종 정세 변화는 히틀러의 결의를 한층 더 공고하게 만들었다. 룬트슈테트 집단군의 좌익에 있던 라이헤나우의 제6군은 키예프의 전면에서 저지당했고, 프리페트 소택지 동쪽 말단 후방에 대피해 있던 강력한 러시아군 부대가 보크의 우측방은 물론, 라이헤나우의 좌측방까지도 위협하고 있었다. 한편, 클라이스트 기갑 집단은 사선 대형으로 진격하여 눈부신 성공을 거두었다. 클라이스트의 기갑 집단은 7월 말 키예프 남쪽 벨라야 체르코프에서 국지적 돌파에 이어 부그 강과 드네프르 강의 중간에 있는 하천 회랑을 따라 남쪽으로 선회했다. 이 간접적 돌진은 우크라이나로 침입할 수 있는 길을 열어놓았을 뿐 아니라, 흑해 부근에서 루마니아군과 대치하고 있던 러시아 부대들의 배후를 위협했다. 8월 중순경, 클라이스트는 부그 강과 드네프르 강 하구에 있는 니콜라에프 항과 헤르손 항에 도착했다. 비록 위험에 처했던 러시아군의 일부가 포위망이 완성되기 전에 탈출한 상태였지만 클라이스트가 이룩했던 이 커다란 종심 돌파는 남부에 있는 러시아군의 저항을 광범위하게 교란시켰다.

이와 같은 일련의 사건과 앞으로 있을 사태 발전의 예상들을 종합하여 검토해보면, 다음과 같은 가능성이 강하게 나타나고 있다. 만일 클라이스트가 북쪽으로 선회하여 전진하고 보크 전선에서 선발한 강력한 부대를 남쪽으로 진격시켰다면 키예프 주변 및 북쪽에 있는 러시아군의 완강한 저항을 완화시킬 뿐 아니라 또한 그들을 포위할 수 있는 양면에서의 협공이 가능하므로, 드네프르 남쪽의 러시아군 반격에 의해 독일군의 모스크바 진격이 좌절되는 위험을 배제할 수 있는 가능성이 있었던 것이다. 예상되는 이 모든 이익은 히틀러로 하여금 모스크바 진격의 준비 행동으로서, 키예프 작전을 완료하는 데 결정적인 작용을 했을 것이다.

히틀러 혼자 이것을 바라고 있었던 것은 아니었다. 당연히 룬트슈테트도 자신이 직면해 있던 난제를 해결하는 데 도움이 되는 북방에서의 증원을 환영했을 것이며, 또한 그가 모든 군인의 꿈인 위대한 포위 작전의 승리 가능성을 높이 평가했을 것이라는 점도 당연하다.

전략적으로도 모스크바 진격을 앞두고 남방에서의 반격 위협을 배제하여 독일군의 남쪽 측방을 자유롭게 하는 것은 상당히 의미 있었을 것이다. 또한 러시아군 집단은 비교적 기동성이 낮았기 때문에 독일군 기동 부대의 집중력을 이 구역 저 구역에 연속적으로 전환시킴으로써 전역에서 결정적 효과를 달성할 수 있었다. 그러나 특히 독일군이 동계 전역에 대한 준비를 소홀하게 했기 때문에, 그런 전법을 위한 시간은 부족했다. 어쨌거나 키예프의 포위 전투 그 자체는 대단한 성공을 거두었다. 그때까지 독일군이 얻었던 승리 중 최대의 성공이었다. 라이헤나우와 바이크스Weichs의 보병 부대는 각각 정면에 있던 러시아군과 교전했고, 구데리안은 이들 러시아군의 배후를 차단하기 위해 남쪽으로, 클라이스트는 드네프르 강의 만곡부에서 북쪽을 향해 돌진했다. 구데리안과 클라이스트 기갑 집단은 러시아군 후방에서 포위망을 좁히면서 키예프 동방 150마일에서 합류했다. 이번에는 탈출할 수 있는 러시아군은 거의 없었고, 총 포로는 60만 명 이상이나 되었다. 그러나 불량한 도로와 일기는 포위 기동의 속도를 저하시킴으로써 9월 하순에 이르러서야 전투가 가까스로 끝날 수 있었다.

한편, 우크라이나에서 승리를 달성하는 데에 노력을 집중한다는 결심은 비록 이 두 개의 목표가 동시에 추구되었지만, 히틀러의 '주목표'였던 레닌그라드를 '보조 목표'의 지위로 격하시키는 결과를 초래했다. 레닌그라드에 대한 포위를 달성하기 위해 충분한 전력과 노력이 분산된 방향으로 할당되었다. 그러나 그때는 이미 레닌그라드 전역에 있는 독일군의 전력도 약화되어 있었다. 히틀러가 모스크바로의 조기 진격을 계속하려는 브라우히치와 보크의 희망을 거절할 때, 키예프 포위 작전이 종료되는 대로 모스크바 전진축에 또다시 중심을 두어야 한다는 데에 동의하는 정도로만 타협하고 있었기 때문이다.

키예프 전투의 승리는 히틀러뿐 아니라 최고위 장군들에 이르기까지 너나 할 것 없이 최고의 기분이었고 그들은 모두 낙관적인 기분에 휩싸였으며, 독일군으로 하여금 새로운 전력 분산을 도모하도록 유도했다. 모스크바를 향해서 가을에 작전을 하기로 한 히틀러의 결심은 사태를 더욱 혼란시켰고 전력 집중을 저해시킬 요소가 추가되고 있었다. 왜냐하면 그는 모스크바를 점령할 목적을 추구함과 동시에, 남부에서 거둔 승리의 전과 확대라는 유혹을 이겨낼 수 없었기 때문이었다. 그는 룬트슈테트에게 흑해 연안을 소탕하고 도네츠 강 공업지대를 탈취하여 코카서스에 도착한다는 극히 야심적이고 새로운 임무를 부여했다.

뒤늦게 시작된 모스크바 침공 기도는 3개 보병군과 3개 기갑 집단에 의해 실행되었다. 이들 기갑 집단 중에는 구데리안 집단이 기갑군으로 편성되어 포함되었다. 이 공세는 다시 한번 협공 작전 계획의 형태로 마침내 10월 2일에 개시되었다. 이번에도 포위망이 완성되어 비야즈마 부근에서 60만의 러시아군이 포위되었다. 그러나 이들 러시아군이 포로로 잡히기 전에 겨울이 왔고, 때늦은 전과 확대는 모스크바로 가는 도중에 수렁 속에 빠진 격이 되었다.

전선 지휘관들은 겨울철에 대비하여 일단 정지하고, 적절한 진출 한계선을 결정하는 데 열중했다. 그들은 나폴레옹 군대에 일어났던 사태를 잘 알고 있었으며, 많은 지휘관이 콜랭쿠르Caulaincourt가 쓴 1812년의 비참한 이야기를 다시 읽기 시작했다. 그러나 전투 지대와 수렁에서 멀리 떨어져 있던 고급 사령관들의 수준에서는 전선과는 다른 견해가 주도하고 있었다. 모스크바는 자석과 같은 매력을 가지고 있어서, 현실적으로 이곳을 점령하는 것이 가능하다는 지나친 낙관주의가 팽배하고 있었다. 일반적으로 생각하는 것과는 달리, 히틀러 자신은 모스크바 점령에 대한 계속적 노력을 강요하는 주인공은 아니었다. 처음부터 그는 모스크바를 다른 여러 목표보다 중요성이 적은 것이라고 보고 있었으며, 모스크바를 향한 때늦은 10월 공세를 승인하기는 했지만 여기에 대해 새로운 의문을 다시 갖고 있었다. 그러나 보크의 두 눈은 모스크바로 집중되었고, 그의 마음은 이 유명한 도시를 탈취하려는 야욕으로 가득 차 있었다. 그는 양측이 피로에 지쳐 있을 경우, 우세한 의지력만이 승패를 결정할 것이라고 주장하면서 공세를 계속할 것을 고집했다. 브라우히치와 할더는 사전에 이 목표에 준하여 노력을 집중하도록 강요당한 일이 있었기 때문에 보크의 의견을 지지하는 쪽으로 기울어져 있었다. 브라우히치와 할더는 히틀러에게 모스크바 진격을 설득했던 탓에 다시 히틀러에게 모스크바 진격이 성공하지 못할 것이라고 설득할 마음이 나지 않았던 것이다. 비록 룬트슈테트와 레브는 모스크바 공세를 중단할 것을 주장했고, 심지어 룬트슈테트는 최초에 출발했던 폴란드 국경까지 철수해야 한다고 주장하고 있었지만, 그들의 견해는 모스크바 공세에 직접 관련되어 있지 않았기 때문에 당면 문제에 대해서는 그다지 영향력이 없었다.

결국 독일군은 11월, 또다시 공세를 개시했다. 그러나 독일군의 목적은 너무 단순 명료했고 그 모든 돌진 방향이 모스크바를 향하고 있었으므로, 러시아군은 위험한 사태 발전에 대비하기 위해 예비 병력을 어느 곳에 집중 운용해야 하는가 하는 문제를 간단하게 해결할 수 있었다. 12월 초에 들어서 독일군의 공세가 약해지기 시작했고, 그 이후로 러시아군의 반격 압박을 받은 독일군은 철수할 수밖에 없게 되었다. 여기서 히틀러는 브라우히치를 파면하고 자신이 독일 육군을 직접 지휘했다. 히틀러는 이러한 조치로 개인적인 차원에서 두 가지 대용 목표를 달성할 수 있었다. 하나는 브라우히치를 과거 모든 실패를 책임져야 할 속죄양으로 만든 점이고 또 하나는, 그 후 더욱 큰 권력을 장악할 수 있게 된 점이었다.

남부에서의 독일군의 침공 기세는 돈 강 하류에서 코카서스 방향의 입구였던 로스토프 시에 침공한 11월 23일, 최고조에 이르렀다. 그러나 그 후 독일군은 수렁길에서 연료가 소진되고 로스토프 시로 진출한 부대는 그들의 병참선에 대한 러시아군의 측면 종심 반격을 받고 일주일도 되지 않아 그곳에서 철수하지 않으면 안 되었다.

독일군이 행한 1941년 전역의 실패를 분석해보면, 그것은 '당연한 원인에서 나온 패배'라고 보는 것이 적당할 것이다. 독일군의 전력은 여러 방향으로 분산되었다. 그 이유로 최고 지도층의 의견 분열을 들 수 있었지만, 우습게도 또한 최초에 거둔 모든 방향에서의 눈부신 성과도 또 하나의 원인으로 작용했던 것이다. 그 때문에 독일군은 '여러 대용 목표에 위협을 가하는 단일 작전선을 유지'하는 대신, 오히려 너무나도 노골적으로 단일 목표를 지향하는 몇몇의 작전선을 추구했으며 그 결과, 방자측의 방어를 용이하게 만든 것이다. 더구나 어떤 경우에나 공격 방향은 그 목적이 쉽게 노출되었으며 동시에 자군의 병참선은 위험할 정도로 지나치게 팽창되었던 것이다.

1942년 대 러시아 전역

1942년, 독일측은 더 이상 지난 해와 같은 규모로 공세를 수행할 만큼의 적당한 자원을 가지고 있지 않았다. 그러나 히틀러는 예하 장군들이 조언하는 것처럼 방어를 유지하면서 점령한 지역을 공고화하든가, 아니면 룬트슈테트와 레브의 주장대로 폴란드로 철수하는 방안을 실천할 의사가 없었다. 즉 그러한 방안이 아무리 전략적으로 현명한 방책이라고 해도 히틀러가 감당할 수 있는 수준 이상의 것을 장악하고 있다는 점만 분명히 확인하는 격이었다. 채워질 수 없는 탐욕과 위신의 실추라는 망령 속에서 히틀러는 문제 해결을 위한 유일한 방법은 공격뿐이라고 본능적으로 느끼고 있었기 때문에, 제한된 수단으로도 상당한 결과를 얻을 수 있는 공세적 해결책을 모색하고 있었다.

그는 모든 전선에 걸친 공세 재개를 위한 충분한 전력이 없었기 때문에 남부 전역에 자신의 노력을 집중하기로 결심했다. 이는 코카서스의 석유를 확보하는 동시에, 러시아측의 원유 보급을 차단한다는 더 중요한 목적을 갖는 것이었다. 이것이 어쩔 수 없이 적군 주력을 격멸하려던 계속적 기도를 포기하는 것을 뜻하는 것이라고 생각된다 하더라도, 히틀러는 러시아군이 코카서스의 원유 보급원에 의존하고 있다는 점에서 그것을 차단함으로써 러시아측의 저항력을 간접적으로 저해시킬 수 있을 것이라고 희망했던 것이다. 그것은 예리하고 빈틈없는 계산이었다. 결과는 비참한 실패로 끝났으나 이제까지 일반에게 인식되어왔던 것보다도 훨씬 목적 달성에 근접했었던 것이 사실이다.

이 기도는 초기에 훌륭하게 수행되어 '대용 목표를 계속 위협하는 하나의 작전선'을 따라 러시아군을 교란함으로써 커다란 전과를 올렸다. 그러나 나중에 이 작전은 다른 두 목표를 동시에 달성하려고 그 노력을 분산시켰기 때문에 큰 타격을 입었다. 이 치명적인 분할은 주로 독일 최고사령부 내의 분열된 견해 때문이었다. 할더 참모총장은 볼가 강을 따라 스탈린그라드 부근에 있는 한 교두보를 확보하여, 그곳에서 러시아군 주력과 그 원유 보급원을 차단하는 전략적 방책을 구축하는 것을 주목적으로 작전을 계획하고 있었다. 히틀러는 자신의 의견을 할더에게 노출하지 않으면서 될 수 있는 한 빠른 시일 내에 코카서스로 직진하는 것이 주요 의도였으며, 그것을 주공으로 간주하도록 이 진격에 참가하는 지휘관들을 독려했다. 스탈린그라드의 전략적 위치를 확보하려는 노력은 결과적으로 타격을 입었다. 스탈린의 이름을 딴 곳에서 맛본 굴욕감은 히틀러의 사고를 편향시켰기 때문에 그 후 히틀러는 이 미점령 도시 스탈린그라드를 향해 너무 직선적인 목적 아래, 너무 직접적인 노력을 집중하여 남아 있던 모든 것을 희생시켜 버렸던 것이다.

1942년 개시된 독일군의 공세는 러시아군이 실시했던 하르코프에 대한 춘계 공세로 인해 오히려 러시아군이 독일군의 책략에 말려들어 오게 됨으로써 독일에게 유리하게 전개되었다. 러시아군의 춘계 공세는 또한 그 의도가 너무 명백하여 스스로 전진이 제어될 만큼 직접적인 공세였고, 러시아군이 자군의 예비 병력을 소진해버렸을 만큼 장기화되었다. 한편 이 공세로 인해 발생한 러시아군 돌출부는 독일군 최고사령부로 하여금 러시아군의 약점을 이용, 그들을 포착할 수 있는 기회를 부여했다. 그리하여 그 후 6월 하순에 실시되었던 독일군의 공세는 너무 깊이 전진해서 불리한 위치에 처해 있던 적에 대해 역공세를 실시하는 효과를 가져왔다.

독일군의 최초 전진축은 러시아군의 그것과는 반대 방향으로 평행했다. 독일군의 공세는 하르코프 북쪽의 쿠르스크 전역에서 시작되어 러시아군이 만든 돌출부 측면을 지나 돈 강 상류의 보로네즈 부근까지

120마일이나 통과했다. 보로네즈는 모스크바에서 코카서스로 향하는 주 간선도로의 중요한 분기점이다. 러시아군은 보로네즈 부근의 통로를 봉쇄하기 위해 병력을 집중했고, 그것은 오히려 독일군 주력이 동남쪽으로 선회하여 돈 강과 도네츠 강 사이의 회랑을 쉽게 돌파하도록 만들었다. 이 기동은 러시아군의 하르코프 돌출부 남쪽에 독일군이 미리 만들어놓은 쐐기에서 간접적으로 개발한 수단에 의해 지원받았다.

이 협공 작전의 압력하에 러시아군의 저항은 붕괴되었고 독일군 기계화 부대는 저항 없이 돈 강과 도네츠 강 사이의 회랑을 질주할 수 있었다. 전진하는 독일군의 양 측면은 두 개의 강에 의하여 엄호되어 있었다. 한 달도 안 되어 이 기계화 부대는 회랑 끝부분에 도착했고 로스토프 북쪽 돈 강 하류를 건넜다. 이 기동으로 말미암아 코카서스 유전지대로 가는 길이 열렸고 전쟁은 위기 상태로 돌입했다. 러시아측은 원유 보급원으로부터 차단되어 마치 마비될 것처럼 보였고, 한편 독일군의 기동성은 더욱 보장된 듯이 보였다. 독일군 기계화 부대가 전진하는 동안 여러 목표를 여기저기 타격했던 방법은 눈부신 성공을 거두었다.

그러나 독일군 기계화 부대가 돈 강을 건넌 후, 그때까지 누리고 있던 전략적 이익은 사라져버렸다. 이제까지 독일군은 신축성 있는 부대 편성과 전략적인 전력 집중 아래 행동하고 있었다. 또한 대용 목표를 위협할 수 있는 축선을 따라 행동하고 있었으므로 적을 딜레마 속에 몰아넣을 수 있었고, 상대방 전선의 어느 지점에라도 약점이 생기면 곧바로 그곳으로 공격의 중점을 전환할 수가 있었다. 그러나 돈 강을 도강한 후, 독일군은 각각 다른 방향으로 전력을 분산하게 되었다. 즉, 그 병력의 절반은 코카서스를 경유하여 남쪽으로 향했고, 다른 절반은 스탈린그라드를 향해 동진했던 것이다.

만일 스탈린그라드를 향해 전진 중이던 제4기갑군이 코카서스로 향하던 제1기갑군의 돈 강 하류 도강을 지원하기 위해 남쪽으로 방향 전환을 하는 일이 없었더라면, 스탈린그라드와 볼가 강 지배권은 독일군이 쉽게 장악했으리라고 생각될 만큼 돈 강과 도네츠 강 사이 회랑에 있던 러시아군의 붕괴는 광범위하게 진행되고 있었다. 그 지원은 불필요했다. 제4기갑군이 다시 북쪽으로 방향 전환했을 때에는 스탈린그라드 전역의 러시아군이 이미 집결하고 있었다. 러시아군으로서는 이 전역에 대한 증원이 코카서스에 대한 증원보다도 용이했다. 왜냐하면 이 전역 쪽이 중앙 전선과 가깝고 철도와 도로에 의한 예비 병력의 이동 또한 편리했기 때문이다. 독일군이 스탈린그라드에서 연속적으로 러시아군의 제어를 받았던 것은 그 이름 때문에 이미 중요시되던 스탈린그라드를 정신적으로 더욱 중요시하게 만들었다. 그것은 실제 전략적 가치 이상으로 중요시된 것이었다. 독일측의 주목과 노력은 차츰 스탈린그라드 탈취에 집중되어갔고, 코카서스에 있던 제1기갑군 전력이 스탈린그라드를 공격하기 위해 점점 더 많이 차출되면서 마침내 코카서스 유전지대의 탈취를 완수할 기회를 상실해버린 셈이었다. 더구나 이 병력 차출은 아무런 대가도 얻지 못했다.

스탈린그라드에 대한 최초의 진격이 성공 직전에 실패로 돌아간 후, 이 방면에 대한 독일군의 전력 증강은 매우 직접적인 접근 방식을 취했기 때문에 러시아측의 병력 증강에 의해 상쇄되었다. 이처럼 독일군 자체의 공세적 전력 집중은 비율 면에서 그다지 강한 것이라고는 볼 수 없었다. 그것은 전부터 가지고 있던 견제 능력을 스스로 무력화시켜버린 결과로 독일군이 치러야 할 전략적 대가였다. 그리고 독일군이 스탈린그라드에 집중하여 접근하면 할수록 러시아군의 저항을 완화하기 위한 수단으로서 전술적 기동의 여지는 적어졌다.

이와는 대조적으로 방자측에서는 정면이 협소해짐에 따라 방어선상 적의 위협을 받고 있는 어떠한 지점으로라도 자군의 예비 병력을 용이하게 전용할 수 있게 되었다. 스탈린그라드 근처에서 독일군은 몇 번이나 적 방어선 돌파에 성공했지만 그때마다 돌파구는 다시 봉쇄되었다. 이 경험은 '정면의 협소화는 언제나 방어를 유리하게 한다' 는 격언을 시사하고 있다.

당연히 공자의 기동 여지가 적어지면서 공격을 하는 독일군의 손실은 더욱 축적되어갔다. 일보 전진하면 그만큼 손실은 컸고 이득은 줄어들었다. 이 소모전 과정은 독일군이 1941년에 누리고 있던 것보다도 훨씬 여유가 없는 지원 속에서 행동을 취하고 있다는 확실한 증거가 되었다. 먼저 궁핍 상태가 나타난 분야는 독일군 기갑 전력 측면에서였다. 공격이 있을 때마다 독일군이 투입할 수 있는 전차 대수가 횟수를 거듭함에 따라 더욱 줄어들었다. 다음에는 독일군 공군의 우세가 상실되기 시작했다. 전차와 비행기라고 하는 주력 무기 면에서 독일군의 전력 하강은 보병의 어깨에 차츰 큰 부담을 주게 되었다. 당연히 집중된 보병의 강습으로 얻어졌던 국지적 승리는 그 대가가 너무나 엄청났고 또한 소모적인 것이 되었다.

침공 독일군은 전략적으로 과도하게 확장된 상태에 있었기 때문에 이 전술적 무리의 영향은 한층 더 위험한 것이 되었다. 더구나 할더 참모총장이 독일군의 손실을 줄이면서 양호한 동계 방어선을 구축하기 위해 적시에 정지하자는 현명한 방책을 내놓았지만 히틀러는 그 조언을 일축하는 동시에 할더를 해임하고 더 젊고 열성적인 자이츨러 Zeitzler를 할더의 후임으로 임명했다. 히틀러에게 지난 해 가을 모스크바에 대한 유혹이 너무 강력했던 것처럼, 이번에는 스탈린그라드에 대한 유혹이 너무나 강했다. 그는 또다시 자신의 희망을 고무시켜줄 군인들을 찾아냈다. 그렇지만 이번의 결과는 더욱 나빴다. 스탈린그라드를 공격하는 부대는 적의 포위망에 스스로 빠질 만큼 너무 멀리, 게다가 너무 좁은 전선으로 지나치게 전진해 들어갔던 것이다.

독일군의 이러한 위험은 11월 러시아군이 반격을 개시했을 때 무르익고 있었다. 침공군에게는 정신적인 면에서 또 전략적인 의미에서 패배의 기운이 역력했다. 러시아군의 반격 그 자체는 물리적인 접근에 있어 교묘하게 간접적인 성격을 띠고 있었지만, 반격 형태의 행동이 빚어내는 '용수철' 효과로 무서운 힘을 얻었다. 또한 히틀러가 지나치게 팽창한 독일군의 측면을 엄호하기 위해 사용한 루마니아군과 이탈리아군이 점령 작전 지역을 향해 돌진했기 때문에 러시아군은 많은 전과를 올렸다. 그 결과, 러시아군은 침공 군의 상당 부분을 차단하고 처음으로 대규모의 포로를 획득했다.

러시아군은 부분적이기는 하지만 자군의 진로가 개방되었으므로 코카서스에 있던 독일군의 배후와 병참선을 위협하는 일련의 남진을 통해 자군의 전과를 확장했다. 독일군에 가해졌던 위험의 정도는 다음 사실을 보면 확실히 이해할 수 있다. 로스토프는 코카서스에 있던 독일군의 병참선이 지나고 있는 병목 지역이었는데 1943년 1월, 러시아군은 로스토프에서 불과 40마일 지점에서 돈 강을 따라 남진하고 있었는데 반해, 당시 독일군은 로스토프에서 400마일이나 떨어져 있었던 것이다. 비록 독일군은 퇴로가 차단되는 것을 가까스로 모면하여 러시아군에게 포위되기 직전에 단계적인 철수를 완료할 수 있었지만, 코카서스를 포기하지 않을 수 없었고 그 결과 러시아군의 압박을 받고 도네츠 강 유역의 공업지대에서 퇴각해야 했던 것이다.

2월에 들어서자 독일군의 퇴각은 더욱 가속화되었고, 그 뒤를 압박하는 러시아군은 지난 번 독일군이 하계 공세를 개시했던 선을 이미 넘었다. 그들은 하르코프를 재탈환하고 드네프르 강까지 접근했다. 그러나 2월 하순 독일군은 반격을 가하여 러시아군의 수중에 있던 하르코프를 빼앗아 한때 러시아군의 균형을 잃게 했다. 러시아군은 지난 여름에 독일군이 그랬듯이 추격하면서 보급을 실시할 수 없는 곳까지 지나치게 전진했고, 한편 독일군은 자군의 기지와 증원 병력이 있는 방향으로 후퇴함으로써 눈뭉치가 커지듯 다시 전력을 회복했다.

독일군의 하르코프 반격은 미끼를 써서 적을 큰 함정 속에 끌어들이는 전략적 수세 공세 형태의 간접 접근 방식 가운데 가장 눈부신 사례였다. 그것을 계획하고 수행한 것은 만슈타인 육군 원수였다. 그는 개전 초겨울, 룬트슈테트 집단군 사령부의 참모장으로서 아르덴 계획을 수립하여 1940년 5월에 프랑스를 붕괴시킨 인물이다. 동료 대부분으로부터 그는 매우 유능한 전략가로 인정받고 있었으나, 히틀러는 그를 달갑게 보지 않았다. 그러나 1942년 11월 파울루스군이 스탈린그라드에서 포위되었을 때, 히틀러는 참패를 모면하려고 만슈타인을 파견하여 돈 집단군을 지휘하도록 했다. 비록 상황을 정리하기에는 때가 너무 늦었지만 만슈타인은 코카서스에서 철수하는 아군을 엄호하기 위한 목적으로 충분한 시간 동안 로스토프 병목 지역을 차단하려고 시도하는 러시아군을 교착시키는 데 성공했다. 아울러 아조프 해와 도네츠 강 사이의 미우스 강을 따라 방어 진지를 다시 확립했다.

그러나 그때 러시아군은 도네츠 강 북쪽에서 이탈리아군과 헝가리군이 차지하고 있던 정면을 도네츠 강과 보로네즈 사이에서 200마일 폭으로 돌파했고 그 후 만슈타인의 측면을 우회, 서쪽으로 신속하게 전진했다. 러시아군은 훨씬 후방에서 도네츠 강을 건넜고 하르코프를 탈취했을 뿐 아니라, 만슈타인이 자군의 보급 근거지로 삼고 있던 드네프르 강의 큰 만곡부를 향해 서남쪽으로 돌진했다. 2월 21일, 만슈타인이 자신의 사령부를 막 옮겼을 때, 만곡부에 있는 자포로제에서 가시거리 내에 러시아군의 한 선견 부대가 나타났다. 이 위험한 순간, 만슈타인은 비범하면서도 냉정한 판단과 확고한 담력을 보였다. 그는 히틀러가 요구하고 있던 하르코프의 탈환이라는 직접적인 노력에 자기의 부족한 예비 병력을 투입하는 것을 이미 거부했으며, 이번에는 드네프르 강 방어선의 직접적인 방어에 그것을 사용하는 유혹도 이겨 냈던 것이다. 만슈타인은 러시아군의 서남 방향 전선에서 적의 교란을 위한 간접 타격을 실행할 좋은 기회를 발견하고는 자기 기지에 대한 위험을 무릅쓰고 더욱 깊숙이 적에게 압박을 가하려고 했던 것이다.

그 동안 그는 자군을 개편하고 있었고, 전선을 반대로 서북방을 향해 형성하도록 하기 위해 미우스 강 방면의 소진 상태에 있던 3개 기갑 군단을 투입했다. 26일 그는 타격 준비를 완료하고 러시아군의 측면과 배후를 향해 전진했다. 그의 전진은 1940년 세당에서처럼 적이 전진하는 결절부에 대한 돌진이 되었다. 그로부터 일주일도 안 되어 서남진하고 있던 러시아군은 혼란을 일으켜, 도네츠 강 너머로 후퇴했고 600대 이상의 전차와 대포 1,000문을 잃었다. 그 후 만슈타인은 하르코프와 비엘고르트에서 서진하고 있던 러시아 부대의 측면과 배후를 향하여 진로를 북으로 바꾸어 돌진했다. 러시아군은 교란되어 후퇴하지 않을 수 없게 되었고, 앞의 두 도시를 포기했다. 이 연속적인 간접 접근 방식에 의한 큰 전과는 사단 수의 측면에서 8대 1의 열세에 있던 독일군이 달성한 믿을 수 없는 업적이었다. 만약 병력 비율에 극심한 차가 없었다면 세당의 경우와 같은 결정적인 성과를 얻었을 것이다. 이 병력 차이는 운명적인 것이었다.

독일군의 예비 병력은 러시아군의 그것에 비해 매우 제한되어 있었고, 2년에 걸친 공세로 인하여 극히 피로한 상태에 있었다. 이와 반대로 러시아측은 새로 편성된 사단을 대량으로 사용할 수 있게 되었다. 비록 독일군이 실시한 하르코프 반격은 일시적으로 러시아군을 마비 상태로 빠뜨릴 수 있었지만, 이제 전세는 독일군에 불리한 방향으로 전개되고 있었다.

태평양 전쟁

1931년 이래 일본은 국내 분쟁으로 약화되어 있던 중국을 희생시키고 또 중국에 대한 미국과 영국의 이익을 침해하면서 아시아 본토에서 자국의 거점을 확대해가고 있었다. 1931년에 일본은 만주를 침략하여 일본의 위성국으로 만들었다. 1932년, 일본은 중국 본토를 침략했으나 광대한 중국에 대한 지배를 확립하려고 시도하는 동안 게릴라전이라는 적의 그물에 말려들었는데, 중국에 대한 외부 보급을 차단할 목적으로 남방으로의 팽창주의 책략을 통해 문제 해결을 꾀했다. 일본은 히틀러의 프랑스 점령 직후에 고립되어 있던 프랑스령 인도차이나를 무력으로 위협하여 보호 점령했다.

이에 대하여 루즈벨트 대통령은 1941년 7월 24일, 인도차이나에서 철수하도록 일본군에 요구했고, 이 요구를 집행하기 위해 26일, 미국에 있는 모든 일본 재산을 접수함과 동시에 일본에 대한 석유 금수 조치를 시달했다. 처칠 영국 수상도 유사한 조치를 취했고 이틀 후, 런던으로 망명한 네덜란드 정부도 이를 따랐다. 처칠 수상이 말했듯이 '일격에 일본은 사활적인 석유 보급이 단절되는 상태가 된 것이었다.'

이와 같이 일거에 마비 상태에 빠질 수밖에 없는 상태에서 일본은 자국의 붕괴 또는 국책의 포기를 회피하기 위한 유일한 대책으로 싸울 수밖에 없게 되었다는 점은 앞에서의 연구에서 항상 인식되어왔던 것이다. 일본이 자국에 내려진 석유 금수 조치를 해제시키려는 공격을 연기했던 것은 주목할 만한 사실이다. 미국 정부는 일본이 인도차이나뿐 아니라 중국에서도 철수하지 않는 한, 석유 금수 조치를 철회하기를 거절했다. 어떠한 정부도 그와 같은 굴욕적인 조건을 수용함으로써 체면을 손상하는 일은 있을 수 없겠지만, 일본은 더욱 그러했다. 그러므로 7월의 마지막 주 후, 태평양 방면에서는 언제 전쟁이 돌발할지 모르는 상태가 되었다. 이러한 정세하에서 일본의 공격 전에 미·영 양국에 4개월의 유예 기간이 허용됐다는 것은 행운이었다. 그러나 이 4개월의 휴식 기간에 수세적 조치로 취해진 것은 거의 없었다.

1941년 12월 7일 새벽, 항공모함 6척으로 구성된 일본 해군은 하와이 진주만의 미 해군 기지에 대해 기습 공격을 감행했다. 이 공격은 러시아에 대한 일본의 공격이었던 뤼순의 선례를 따라 선전포고에 앞서 행해졌다.

1941년 초까지 대미對美 전쟁에 대한 일본의 계획은 필리핀에 있는 미군 수비대를 구원하기 위한 목적으로 태평양을 횡단하여 전진해오는 미 해군을 요격하기 위해 자국의 주력 함대를 남태평양에 배치하는 것이었다. 이것은 미국이 이미 예측했던 것이며, 이 예측은 그 당시 인도차이나에 대한 일본군의 행동으로 더욱 신빙성이 강화되었다. 그러나 그 동안에 야마모토 제독은 진주만 기습 공격이라는 새로운 계획을 수립하고 있었다. 일본의 공격 부대는 쿠릴 열도를 출발, 탐지되지 않은 채 우회하여 북쪽에서 하와이 제도로 접근했고 진주만으로부터 거의 300마일이나 떨어진 위치에서 360대의 항공기로 해가 떠오르기 전에 공격을 개시했다. 정박 중이던 여덟 척의 미 전투함 중 네 척이 격침되었고, 나머지는 심한 피해를 입었다. 약 한 시간에 걸친 전투 후 일본측은 태평양의 해상 통제권을 장악했다.

이 진주만 공격으로 말레이 군도에 대한 무저항 해상 침공의 길이 열렸다. 일본 해군 공격 부대가 하와이를 향해 동북 방향으로 힘차게 항해하고 있는 동안, 다른 해군 부대는 태평양의 서남부를 향한 수송단을 엄호했다. 진주만에 대한 공중 공격과 동시에 필리핀 및 말레이 반도에 대한 상륙이 시작되었다. 후자는 싱가포르에 있는 영국의 해군 기지를 노리고 있었으나, 바다 쪽에서의 공격 시도는 전혀 취해지지 않았다. 싱가포르의 방어는 주로 바다 쪽에서의 공격에 대비하도록 계획되어 있었다. 그 접근 방식은 매우 간접적이었다. 비행장의 탈취와 적의 주의 분산을 목적으로 말레이 반도의 두 지점에 상륙하는 한편, 주력은 싱가포르 북쪽 약 500마일의 말레이 반도에 돌출한 태국령에 상륙했다. 말레이 반도 동북단의 상륙 지점에서 출발한 일본군 부대는 영국군이 일본군을 저지하려고 구축한 방어선을 차례차례 우회하여, 이 반도의 서안으로 폭포처럼 밀고 내려갔다. 이처럼 일본군은 적이 미처 생각지 못한 어려운 진로를 선택했을 뿐 아니라, 밀집된 정글 속에서 예상치 못한 침투 전법을 채택함으로써 커다란 전과를 거둘 수 있었다. 영국군은 6주 간에 걸친 끊임없는 후퇴 속에 1월 말 마침내 반도에서 싱가포르로 철수하지 않을 수 없었다. 2월 8일 밤, 일본군은 1마일 폭의 해협을 앞에 두고 공격을 개시했고, 싱가포르 섬의 여러 지점에서 상륙에 성공하여 광정면에 걸쳐 새로운 침공을 개시했다.

방어하는 영국군은 침공한 일본군 병력의 두 배 이상 되었으나 침공군은 정글이나 밀폐된 지역에서의 기동에 익숙한 정예 부대였던 반면, 방어군은 그 대부분이 훈련이 불충분한 신병으로 잡다한 병사들의 집합체였으므로 적시 적절한 역기동의 능력이 거의 없었고, 또한 이 전역의 경과는 그들을 측면 위협에 매우 취약하게 만들었다. 그들에게 무겁게 짓누르는 이러한 어려움은 일본 공군의 끊임없는 위협에 대한 공중 엄호가 없었기 때문에 더욱 가중되었다. 방자는 이윽고 균형을 잃었고, 균형을 회복할 시도조차 배후의 혼란으로 방해받았다. 방자는 안정된 거점을 갖고 있기는커녕 식량과 물의 공급이 단절될 위협하에 다양한 인종이 살고 있는 도시를 배후에 두고 있었고, 그 뒤에는 적이 지배하는 바다가 있었다. 타오르는 석유 탱크에서 먹구름 같은 연기가 올라와 그들의 배경은 더욱 비참해 보였다. 이것은 영국 본국에서 내린 초토화 명령으로 일어난 사태의 서막이었고, 본국 정부의 매우 미심쩍은 전략적 심리를 드러낸 것이었다. 두 번째로 계속되는 암담한 일요일이었던 2월 15일 방자는 항복했다.

필리핀의 본토 루손에서는, 마닐라 북쪽에서 있었던 일본군의 최초 상륙에 이어 마닐라의 배후에서도 하나의 상륙이 행해졌다. 이 이탈 강요 지렛대의 작용 및 집중적인 위협하에서 미군은 루손 섬의 대부분을 포기하고, 12월 말 전에 협소한 바탄 반도로 퇴각, 그곳에 자리를 잡고 있었다. 그곳에서 이전과는 대조적으로 미군은 좁은 정면에서의 강습에만 노출될 수 있게 하여 결국 항복하게 되는 4월까지 이 상태를 유지하는 데 성공했다.

바탄 항복보다 훨씬 전, 그리고 싱가포르 함락 전에 이미 일본군은 성난 파도처럼 말레이 군도를 석권하고 있었다. 1월 24일, 또 다른 일본군 배가 보르네오, 셀레베스 그리고 뉴기니에 상륙했다. 그로부터 3주일 후, 일본군은 네덜란드령 동인도의 핵심인 자바 섬을 측면 기동으로 고립시킨 다음, 이 섬에 대한 공격을 개시했다. 다시 3주일도 채 안 되어 자바 섬 전체가 무르익은 살구 열매처럼 일본군의 수중에 떨어졌던 것이다.

그러나 외견상 임박했던 오스트레일리아에 대한 일본군의 위협은 없었다. 이제 일본군의 주공은 종전과 완전히 반대 방향인 서쪽의 미

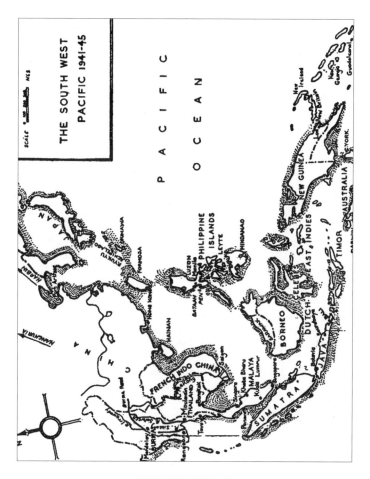

태평양 전역 1941~45

얀마 정복으로 기울어졌다. 태국에서 미얀마를 향한 일본군의 직접적이면서 넓은 정면에 걸친 전진은 중국의 저항력을 마비시키기 위한 간접 접근 방식이었다. 왜냐하면, 양군은 미얀마 도로를 경유하여 영국과 미국으로부터 보급 장비품이 중국에 유입되는 항구였기 때문이다. 동시에 이 기동은 서쪽에서 태평양으로 들어가는 입구를 완전히 제압함과 동시에, 장차 영국과 미국이 육상으로부터 공세를 기도할 수 있는 주요한 도로를 제압하는 견고한 장애물을 구축하려고 계획되었던 것이다. 3월 8일, 양군은 함락되었고, 다시 두 달도 못 되어 영국군은 미얀마에서 축출되어 산을 넘어 인도로 퇴각했다. 그리하여 일본군은 미얀마 탈환을 목적으로 하는 어떠한 기도도 매우 곤란하고 더디게 진전될 수밖에 없을 만큼, 원천적으로 강력한 엄호 진지를 확보하게 되었다.

연합군측이 일본의 점령지를 동쪽에서부터 탈환하기 위해 충분한 전력을 건설하기까지에는 긴 시간이 걸렸다. 이 점에서 연합군측은 오스트레일리아로부터 크게 도움을 받았는데, 오스트레일리아는 일본군 외곽 기지에 근접한 연합군측의 대규모 거점이 될 수 있었기 때문이다.

1942년 8월, 맥아더 장군의 최초의 조치는 솔로몬 군도의 최남단에 있고 연합군측에 가장 가까이 위치한 과달콰날 섬에 대해 개시되었다. 과달콰날의 탈환에는 6개월이 걸렸다. 솔로몬 군도 중에서도 상당히 큰 섬인 뉴조지아에 대한 공격은 1943년 6월 하순이 되어 겨우 개시되었고, 그 탈환에는 3개월 이상 소요되었다.

그 동안 오스트레일리아군은 뉴기니 섬 동남단에 확보하고 있던 거점에서 공세를 시작하고 있었다. 그러나 이 공세는 놀라울 만큼 어려운 조건 아래 완강한 적의 저항을 받으면서 서서히 전개되었다. 1943년 9월, 라에의 점령으로부터 시작하여 뉴기니 동남부를 탈환하기까지에는 거의 1년이 소요되었다.

필리핀을 탈환할 때까지, 그리고 필리핀에 도착했다 해도 거기서 일본 본토에 도달하기까지는 끝없는 긴 여행이 계속되는 것처럼 생각되었다. 그러나 1943년 가을, 간접 접근 방식의 한 변형인 '우회 전법'을 채택한 다음부터 전진 속도가 빨라졌다. 미군의 해상 전진은 일련의 일본군 외곽 기지가 있던 수많은 섬들을 계속 뛰어넘어가는 것이었는데, 이 섬들의 일본군 수비대는 보급이 단절되고 전략적 억류 상태가 되었다.

1944년 10월, 이제까지보다도 훨씬 빠른 반격을 통해 미군은 필리핀으로 돌아왔다. 이는 필리핀 군도의 남·북단의 큰 섬 루손과 민다나오에 있는 항만과 비행장에 대한 강력한 공중 공격 후에 실행되었다. 이 공중 공격은 일본측으로 하여금 당연히 루손과 민다나오 중 어느 쪽에 미군이 상륙할 것이라는 점을 예측하도록 만들기는 했지만, 어느 쪽이 진정한 목표인가에 대해서는 여전히 불확실하게 만들었다. 그런데 맥아더 장군의 함대는 두 개의 큰 섬 중간에 있는 레이테 섬 앞바다에 그 모습을 나타냈고, 거기서 부대를 상륙시켰다. 이 레이테 섬의 공격은 필리핀 중앙부에 쐐기를 박아놓았을 뿐 아니라, 일본의 태평양 지역 점령지인 네덜란드령 동인도제도와 일본 본토 사이에는 더욱 굵은 쐐기를 박은 격이 되었다.

미군이 공세를 확대하면서 필리핀의 정복을 완성하기 위한 충분한 전력을 갖추기까지에는 또 한 차례의 휴지 기간이 아무래도 필요했다. 그러나 미군은 '쐐기를 박는 전법Log-splitting'과 '고립된 적의 섬들을 정복하는 한편 그 섬들을 해·공군력으로 포위하는 전법'을 병용함으로써 최종적인 승리를 보장했다. 더욱이 이제 미군은 일본 본토에 대한 강력하고도 지속적인 공중 공세를 실시할 수 있는 가까운 진지를 획득했던 것이다. 다음에는 대만을 우회하는 대도약 작전으로 대만과 일본 본토 사이에 있는 류쿠 열도의 오키나와에 상륙했다.

미군이 실행한 이 후기 작전을 통해 본 큰 특징으로 매번의 우회 기동에서 기동이 지향하는 목표에 대해 적을 혼란에 빠뜨릴 수 있었고,

이로 인해 적의 배치에 생기는 약점을 이용할 수 있었던 방법을 들 수 있다. 이처럼 모든 우회 기동에서 전략적 간접성은 그 효과가 몇 배로 늘어났던 것이다.

노도와 같은 일본군의 정복은 기능상 너무 과도하게 확장된 것이었다. 그 결과, 일본군은 위험할 정도로 넓고 또한 얇게 분산되었고, 해상력과 항공력의 균형이 변화되었다. 미군이 이에 의한 유리한 지위를 이용하여 해상 기동을 자유로이 실시할 수 있게 되자, 일본군은 쉽게 고립되는 위험에 놓이게 되었다. 침략은 거꾸로 침공자에게 지향되었다. 이것은 '공격은 최상의 방어'라는 군사적 믿음을 반박하는 것이었다. 서전에서의 빛나는 성공으로 인해 일본은 그 후, 방위력을 안전한 수준 이상으로 과도하게 확장시켜버린 것이다. 노도와 같던 독일 공세 후에 일어난 치명적 결과가 일본에게도 찾아오게 되었던 것이다.

지중해 전쟁

지중해에 있었던 초기 전역은 이집트 및 수에즈 운하의 지배권을 획득하려는 이탈리아와 독일의 기도가 중심이 되었다. 이들 전역의 진행은 경도나 위도 면에서 볼 때, 전략적으로 과도한 팽창이 가져온 영향을 가장 극명하게 보여주는 사례들이었다. 그것은 또한 간접 접근 방식의 가치에 대해 많은 교훈을 가져다주었다.

리비아에서 이집트를 향한 그라치아니Graziani 원수의 침공은 1940년 9월에 시작되었다. 어떠한 수적 계산으로도 그라치아니의 성공은 확실했다. 왜냐하면, 그의 침공군 규모는 이집트 방위에 사용할 수 있었던 영국군 병력에 비하여 매우 컸기 때문이다. 그러나 그라치아니군의 기동성은 낮았고, 기습을 위한 기동과 관련된 기계화를 제한한 불리한 조건은 행정적 비능률 때문에 더욱 악화되고 있었다. 이탈리아군은 서부 사막을 70마일 전진한 후, 시디 바라니에서 정지했는데 그곳에서 2개월 이상이나 교착 상태에 빠져 있었다.

영국의 중동 총사령관 웨이벌Wavell 장군은 오코너O' Connor 장군이 지휘하는 서부 사막부대(제8군의 전신)를 활용, 이탈리아군을 궤멸시킬 정도의 타격을 시도할 결심을 했다. 그것은 공세라기보다는 강력한 습격의 형태로 실행되었다. 즉 타격 후에 전진하는 것이 아니라 타격한 다음 물러나는 형태였다. 이에 사용할 수 있는 부대로는 제7기갑 사단과 제4인도 사단 등 2개 사단뿐이었다. 후자는 이 타격에 사용된 후, 나일 강 방어선으로 후퇴하고 이어 에리트레아와 아비시니아에 있는 이탈리아군으로부터의 위협에 대처하는 것을 지원하기 위해 수단Sudan으로 파견될 예정이었다.

그러나 이 습격은 사막을 통해 적의 배후에 가해진 오코너 장군의 기습 때문에 일어난 마비와 교란으로 인하여 결정적인 승리가 되었다. 이 기습은 물리적·심리적인 측면에 있어서 간접 접근 방식이었다. 급습은 12월 9일에 가해졌다. 그라치아니군 배후의 절반 이상이 차단되었고 3만 5천 명의 포로가 잡혔으며, 나머지 이탈리아군도 공황 속에서 퇴각함으로써 간신히 자기 나라 국경에 이르러 피난처를 얻게 된 무질서한 오합지졸로 변했다. 요새화되어 있던 국경선은 추격하던 제7기갑 사단에 의해 유린되었고, 바르디아로 퇴각해 살아 남은 이탈리아군도 그 후 이 사단이 행한 포위 소탕으로 말미암아 한때 차단되기도 했다.

만일 영국군 최고사령부가 당초 계획에 따라 제4인도 사단의 철수를 고집하지 않았다면, 이 시점에서 전역은 이미 종결되어 있었을 것이다. 당연히 제7기갑 사단은 지원 병력이 없는 상태에서 적의 바르디아 방어 지대를 돌파하지 못하게 되었고, 새로 편성된 제6오스트레일리아 사단이 상황 타개의 역할을 하기 위해 팔레스타인에서 도착할 때까지 몇 주간의 시간이 흘러가버렸다. 그 후 1월 3일 바르디아가 탈취, 함락되었고 다시 2만 5천 명의 포로가 생겼다.

그라치아니군의 잔존 부대는 벵가지를 지나 트리폴리를 향해 후퇴했으나, 추격 중인 영국군의 간접 접근 방식으로 인해 차단당했다. 이 요격은 전쟁 중 가장 찬란하고, 또한 과감한 공격 행동 중의 하나였다. 2월 5일 제7기갑 사단은 벵가지 남쪽 해안에 도착하기 위해 내륙 사막을 직진했다. 그 선봉 부대는 삭막한 미지의 땅에서 36시간 만에 170마일이나 답파했다. 콤Combe 대령이 지휘하는 일부 부대는 베드 폼에서 적의 퇴로상에 저지선을 구축했으며, 카운터Caunter 준장이 지휘하는 제4기갑 여단의 일부는 적 부대의 정면을 타격하여 마침내 항복시켰다. 이들의 병력은 합하여 3천 명에 불과했으나, 수적으로 우세한 적의 진로를 차단하기 위한 돌격 정신으로 2만여 명의 포로를 획득했던 것이다.

이 놀라운 시레나이카 정복을 달성한 영국군은 적은 병력에 지나지 않았으나, 다시 트리폴리를 향해 돌진하는 데 장애물은 거의 존재하지 않았다. 잔존해 있던 이탈리아군은 전차의 돌진에 대항할 수 있는 적당한 장비를 갖추고 있지 못했고, 주력의 패배로 인해 크게 동요되고 있었다. 오코너는 베드 폼에서 달성한 빛나는 승리의 전과를 확대하기를 고대하면서, 보급에 필요한 약간의 지연만으로 새로운 약진을 수행할 수 있음을 확신하고 있었다. 그러나 영국 정부는 운수 사나운 원정 부대를 그리스에 파견하는 데 필요한 수단을 제공하기 위해, 오코너에게 정지하도록 명령했다. 웨이벌은 시레나이카에 최소한의 병력만을 남겨두도록 명령받았다. 오코너 또한 이집트로 돌아가도록 명령받아, 시레나이카 소재의 영국군 부대에 대한 지휘권은 능력이 떨어지는 사람들의 손에 넘어갔다. 또한 이때, 로멜이 이끄는 독일의 아프리카 군단의 선봉 부대가 트리폴리에 도착했다. 독일의 이 원조는 이탈리아군을 참패에서 구하기에는 너무 늦었으나, 적시에 도착하여 북아프리카 전역을 2년 이상이나 지연시켰다. 2년 동안 이집트에 있던 영국군의 위치는 절박한 위험에 빠져 들어갔던 것이다.

로멜은 겨우 1개 사단에 상응하는 병력을 가지고 3월 하순에 반격을 개시했다. 그는 야간에 적의 측면을 우회하고, 그 배후를 공격하는 기동으로 적의 전방 배비를 붕괴시켰다. 그 후 포위하는 압박 기동에 의해 메킬리에서 적의 주력을 항복시키는 데 성공했다. 그는 적이 예측하지 못하도록 전진함으로써 단계마다 실제 접근 방식의 간접성을 한층 더 놀라운 것으로 만들었다. 그는 2주도 채 안 되어 토브루크로 철수한 일부 고립된 적 병력을 제외하고 영국군을 시레나이카 전역에서 소탕했다. 그러나 토브루크로 후퇴한 영국군의 일부는 그 후에도 옆구리에 찔린 가시처럼 계속해서 로멜을 괴롭혔다. 그러나 국경에 도착한 후, 로멜은 자군의 병참선을 지나치게 확장함으로써 정지할 수밖에 없게 되었다.

그 해 6월에 영국군은 증원 병력을 받은 다음, 리비아 국경을 향해 도끼전투Battle axe라고 구식 명칭을 붙인 새로운 공세를 시도했다. 이 공세는 주로 정면에서 밀어붙이는 것이었다. 로멜은 그 공세를 교란시켰고 적의 사막 측면을 넓게 우회하며 적절한 기갑 반격을 가함으로써 전세를 역전시켰다.

11월, 영국군은 한층 더 대규모 공세를 개시했다. 이때, 웨이벌 총사령관의 뒤를 이어 오친레크Auchinleck 장군이 취임했고, 리비아 국경에 있던 영국군 부대는 커닝엄Cunningham 장군이 지휘하는 제8군

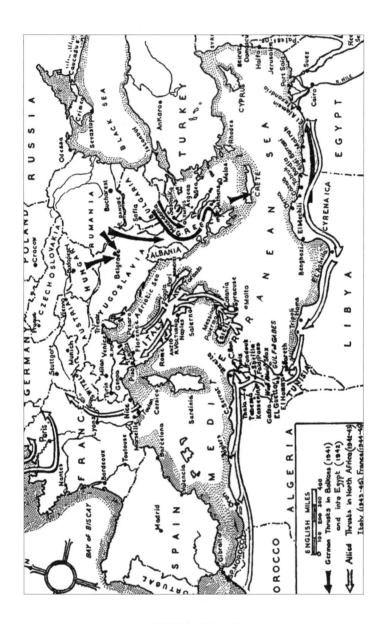

지중해 전역 1941~45

으로 재편성되었다. 18일, 영국군은 공세를 개시했고 사막의 측면을 전진하면서 로멜의 배후에 접근했다. 그러나 영국군은 적과 교전할 때마다 적 기갑 부대에 대한 정면 공격으로 적을 분쇄하려는, 지나치게 직접적인 전술을 고집했기 때문에 자군이 간접 접근 방식에 의해서 얻었던 전략적 이익을 스스로 무력화시켜버렸다. 이리하여 영국군은 로멜의 계략에 빠졌던 것이다.

영국군 기계화 부대가 보유한 우세한 병력과 기동성에 대항하여 독일군은 교묘하게 전술 면의 간접 접근 방식을 적용했다. 그것은 자군의 전차와 무서운 위력을 갖는 88밀리 포를 은폐하여 구축한 함정 속에 영국군의 전차를 유인하는 것이었다. 이리하여 로멜은 돌진을 개시하기에 앞서 자군의 방패로 적이 가진 칼날을 무디게 하면서, 이미 도끼 전투 작전에서 선보였듯이 현대 기계화전에서 수세 · 공세 겸용 방식과 미끼 전술 방식을 멋지게 과시했다. 그 결과, 영국군은 전략적 이익뿐 아니라 전차에서의 자군의 수적 우세도 상실했던 것이다. 제8군은 물리적으로나 심리적으로나 균형을 상실했으며, 23일에 커닝엄은 공세를 중단하고 부대 재편을 위해 국경을 넘어 철수할 의향을 보였다.

이튿날, 로멜은 더욱 대담한 행동을 취할 기회가 마련되었다고 판단하고 기동성을 갖춘 부대를 사용하여, 제8군의 사막 측익에서 대담하게 습격, 국경을 넘어 제8군의 병참선에 대한 공격을 감행했다. 로멜의 기동 부대가 영국군의 후방 지역에 돌입하자, 혼란과 공포가 엄습했다. 버틸 것인가 또는 후퇴할 것인가에 대한 결정권이 커닝엄에게 있었다면, 로멜이 준 이 효과는 전투의 승패를 결정했을 것이다. 그러나 이 위급한 순간에 비행기로 현지에 날아온 중동군 총사령관 오친레크는 전투의 강행을 주장했고, 이틀 후 카이로에 돌아가자마자 커닝엄을 해임하고 리치Ritchie를 제8군 사령관으로 임명했다. 오친레크의 개입은 패배 속에서 승리를 끌어냈다. 그러나 그 패배도 로멜의 전략적 습격보다는 오히려 근본적으로 도박에 졌기 때문에 일어났던 것이다. 왜냐하면 제8군의 생존 여부는 전방에 배치되어 있던 거점을 유지하는 데 달려 있었기 때문이었다. 로멜이 국경을 향해 돌진했을 때 영국군 전체의 작전 지속을 담당하고 있던 거대한 정비용 덤프 차량 두 대를 보지 못했고, 그것들을 포획할 기회를 상실했던 것은 영국군에게 더할 나위없는 행운이었다. 이것이 발견되지 않은 것은 영국군이 확보하고 있던 제공권 덕택이었다.

로멜의 종심 돌파는 성공 직전에서 그 목적을 달성하지 못했는데 실패의 타격은 컸다. 왜냐하면, 그는 휘하 3개 기갑 사단(독일 2개 사단, 이탈리아 1개 사단)을 이끌고 나머지 예하 부대로부터 멀리 떠나 국경을 넘어 작전을 실시하게 되었는데, 그가 이 잔류 부대를 구원하기 위해 달려오기 전에 미처 소탕하지 못해 후방에 남아 있던 영국군 부대가 균형을 회복, 토브루크의 수비대와 합류하여 남겨진 로멜의 비非기동 부대에 대한 공세적 압박을 재개했기 때문이다. 이 사실은 전략적 습격형의 작전을 할 경우, 그 축이 장기간 저항하기에 충분한 전력을 갖지 못한 군대가 경험하게 될 위험을 예증하는 것이었다. 며칠 간에 걸친 격전과 근접 기동 끝에 로멜은 일시적으로 우월한 위치를 되찾았지만, 그것은 쓸모없는 성공에 지나지 않았다. 그는 전투 초기 단계에서 이미 많은 손해를 입었고, 제한된 전차 전력에서 감당할 수 있는 범위를 훨씬 벗어나는 손실을 당했던 것이다. 이에 비해 영국군은 오히려 지금부터 많은 증원을 기대할 수 있는 상태에 들어갔던 것이다. 12월 6일, 로멜은 토브루크 근방에서 전투를 중단하지 않을 수 없게 되었고, 먼저 가잘라로 후퇴하고 다음, 트리폴리타니아 국경으로 철수했다.

　여기서 그는 또다시 수세 공세 방식을 취하여 눈부신 성공을 거두었다. 12월 27일에 영국군이 공격을 개시했을 때, 그는 영국군 기갑 부대를 저지했고, 그 측면을 우회하여 적으로 하여금 역정면의 전투를 하지 않을 수 없게 만든 다음 마침내 적을 포위했다. 이 전투에서 영국군 전차 전력이 고갈되었고 그 다음 주에 도착한 독일측 수송 선단에 의해 로멜은 11월 중순 이래 처음으로 상당한 증원을 받을 수 있게 되었던 것이다. 그는 곧 영국군의 전진이 지나치게 확장되고 있었던 점을 이용할 계획을 세웠다. 로멜은 영국군이 아직 피로한 상태에 있을 것이라고 생각하여 기습적인 반격을 가했고, 그 후 적의 벤가지 기지에 대해 사막 측면에서 간접적인 돌진을 실시함으로써, 적의 혼란을 가중시켜 전과를 확대했고 적을 가잘라로 내쫓은 것이다. 이리하여 적에게 점령되었던 영토의 절반 이상을 재탈환했다.

　가잘라에 근접해 있던 영국군의 정면은 그 후 3개월 정도에 걸쳐 안정을 지키고 있었는데, 여기서 제8군이 취하고 있던 일선 배치는 균형 잡힌 방어 상태라고 하기보다는 오히려 새로운 공세를 위한 교두보 같았다. 5월, 로멜이 먼저 행동을 개시해서 26일 밤에 예하 기갑 병력을 지휘하여 대규모 측면 우회 기동을 실시함으로써 제8군의 균형을 빼앗았다. 그러나 로멜은 해안에 도착하여 가잘라 선을 확보하고 있던 영국군을 차단하기 전에 제지당했다. 거기서 그는 영국군이 설치한 지뢰 지대를 뒤에 두고 방어 태세를 취했다. 영국군은 로멜이 꼼짝 못할 정도로 쫓겨 항복하지 않을 수 없게 될 것이라고 생각했다. 그러나 영국군이 행한 반격은 너무나도 직접적이었고, 때문에 영국군은 로멜이 예전에 제지를 받았을 때, 급히 만들어두었던 방어 함정에 빠졌던 것이다. 제8군은 그 예비 병력이 곤란한 상태에 빠져 소모되었고, 로멜이 실시한 측면 우회 기동에 대처할 수 없게 됨으로써 점점 궤멸되었다. 일부 부대는 국경을 향해 후퇴했고 다른 일부는 토브루크로 철수했다. 로멜의 기갑 부대는 국경을 향하는 것처럼 토브루크를 통과하는가 하면, 갑자기 되돌아와 토브루크에 있던 적 부대가 재편할 수 있는 시간도 주지 않고 배후에서 공격했다. 이것은 물리적으로나 심리적으로나 간접 접근 방식의 걸작이라 할 만한 것이었다.

독일군 방어의 약점을 돌파하고 토브루크 수비대를 유린했으며, 풍부한 보급 물자와 수송 차량과 함께 적의 거의 전 병력을 사로잡았다. 물자와 차량은 독일군이 장기간에 걸친 진격을 지탱할 수 있을 정도로 풍부한 양이었다.

그 후 로멜은 후퇴하는 영국 제8군의 잔존 부대를 추격하면서 서부 사막을 통과했고, 이집트의 동맥인 나일 강 계곡에 도착했다. 만약 로멜이 나일 강 유역을 확보하고 수에즈 운하까지 수중에 장악했다면 중동에서의 영국의 모든 진지는 파괴되어버렸을 것이다. 이러한 위기에서 오친레크는 혼비백산하여 엉망진창 상태에 있던 제8군의 지휘를 자신이 맡는 형식으로 개입, 나일 강으로 통과하는 사막의 병목 지대인 엘 알라메인에 진지를 구축하기 위해 제8군의 잔존 부대를 집결시켰다. 수적으로 열세이고 더구나 기나긴 추격으로 피로해 있던 로멜의 부대는 새로운 방어선으로 구축된 예기치 않은 강력한 저항에 부딪혀 저지되었다. 로멜이 다른 지점들에 대한 돌진으로 돌파를 시도하자, 오친레크는 간접적인 반격으로 응수했다. 이 반격은 로멜의 부대를 완전히 타도하지는 못했으나, 그의 목적을 손상시킬 정도의 타격을 주었다.

곧이어 영국에서 증원 병력이 도착했다. 처칠 수상은 영국군이 지체 없이 공세를 취할 것을 희망했으나, 오친레크는 현명하게도 새로 온 부대가 사막의 여러 조건에 대해 전술적으로 익숙해질 때까지 기다려야 한다고 주장했다. 결국 오친레크는 경질되어 알렉산더Alexander가 중동군 총사령관, 몽고메리Montgomery가 제8군 사령관이 되었다.

8월 말 로멜은 선제 타격하여 공격을 실시했으나 영국군의 새로운 방어 전법에 의해 또다시 실패하고 말았다. 그의 기갑 부대는 영국군 정면 남부를 덮고 있던 지뢰 지대를 돌파하도록 되어 있었다. 영국군 정면의 북부에는 강력한 보병의 주력이 견고한 진지에 배치되어 있었다. 거기서 로멜은 영국군 기갑 부대가 선택한 배후 지역에서 영국군 기갑 부대의 주력을 공격하도록 영국군에 의해 유인되었다. 그는 실패로 끝난 이 강습에서 많은 전차를 잃었다. 영국군의 측면 진지와 지뢰 지대 사이에서 로멜이 기동 불능 상태에 빠지자 영국군 제7기갑 사단이 그의 남쪽 측면을 포위했다. 그의 후퇴를 저지할 수 있는 포위망이 적시에 확고하게 구축되지는 않았으나, 주도권은 완전히 바뀌어버렸다.

몽고메리의 병력과 자원이 증강됨에 따라, 주도권이 영국군의 수중으로 넘어간 사실이 명확해졌다. 오친레크는 완벽한 준비를 위해 생각했던 것보다 더 긴 휴식 기간을 소모한 후, 10월 마지막 주에 제8군의 공세를 개시했다. 이제야 비로소 공세는 우세한 항공력, 포병, 전차에 의해 지원되고 있었다. 그런데도 전투는 꼬박 일주일 간이나 격렬하게 계속되었다. 전선이 한정되어 있어 전투의 승패를 결정할 수 있는 대규모 기동의 여지가 없었기 때문이었다. 그러나 로멜의 부대는 지나치게 전선을 확장했고 독일 유조선의 대부분이 지중해에서 연합군 잠수함에 의해 격침되었기 때문에 치명적인 상태에 빠져 있었다. 그 결과로 인한 기동 불능 상태는 전투의 결과를 결정했고 일단 최전방이 붕괴되자, 로멜의 부대는 자기들의 병참선을 축소시킬 수밖에 없게 될 때까지 또다시 과감한 전투 태세를 구축하는 것은 불가능했다.

로멜은 병을 치료하기 위해서 빈에 머물고 있었으나 이 전투가 시작되자 곧 돌아왔다. 상황 판단 결과, 그는 자군을 엘 알라메인 서쪽 60마일에 있는 푸카의 진지로 철수시킬 계획을 세웠다. 만일 이것이 실현되었다면, 몽고메리의 전투 수단인 제8군은 폐물이 되어버렸을 것이다. 그러나 로멜의 의도는 한 치의 땅도 양보해서는 안 된다는 히틀러 주장으로 제지되었다. 그 때문에 패배를 당한 다음에야 비로소 후퇴가 실행에 옮겨졌다. 후퇴에 있어서 로멜은 그의 특성상 신속하고 냉정한 판단으로 일을 처리했다. 즉 자신의 정예 부대를 자동차로 수송하기 위해, 이탈리아군 대부분을 포함한 기동성이 떨어지고 전문성이 결여된 부대를 포기했던 것이다.

로멜에 대한 추격은 충분한 간접성을 가진 것도 아니었고, 선회 기동의 규모도 크지 않았기 때문에 그의 배후를 차단할 기회는 상실되었다. 처음에는 해안도로로 후퇴하는 로멜의 주력을 포착하려고 너무 빨리 우회한 것이 실책이었다. 다음은 그보다도 대규모 우회로 메사마트루(엘 알라메인의 서쪽 120마일) 부근의 '체어링 크로스'에서 독일군의 배후를 차단하려던 행동이, 호우로 인한 연료 부족 때문에 실패했다. 이 경우에 내륙 깊숙이 사막을 지나 좀더 대규모의 우회 기동을 했다면, 호우 지대를 피할 수도 있었을 것이다. 그러나 이 기회를 놓친 주된 요인은 제8군의 3개 기갑 사단 대부분이 수송 차량에 전투용 탄약을 가득 실으면서 추격에 필요한 충분한 연료를 적재하지 못했기 때문이다.

일단 적 기갑 부대의 추격을 따돌리자 로멜은 시레나이카 말단에 있는 엘 아게일라 부근의 적절한 최종 방어 진지에 도착할 때까지 행군을 계속했다. 엘 알라메인에서 그곳까지는 700마일이었다. 2주 간의 신속한 후퇴로 그는 적의 추격을 따돌렸고 포로나 보급품도 거의 남기지 않고 빠져나왔다. 로멜 부대가 벤가지 강의 굴곡부를 후퇴할 때 공중 공격으로 격파될 기회가 있었을지도 모르지만, 그것은 영국군의 전진에 의한 엄호가 있기 전에는 전방 비행장을 사용해야 가능한 것이었다. 그런데 항공 부대 지휘관들은 그 위험마저 무릅쓸 결의가 있었으나, 제8군 사령부는 그렇지 않았다. 전에 로멜이 가했던 가공할 반격이 제8군 사령부에 강한 인상을 주었기 때문이다. 그러나 이번에는 로멜의 병력이 매우 열세하여 이전과 같은 반격을 취할 여유가 없었으며 엘 아게일라 진지에서조차 오래 버틸 저항력이 남아 있지 않았던 것이다.

제8군이 엘 아게일라 진지에 도착하여 공세를 취할 때까지는 3주 간의 휴식 기간이 있었다. 그 공세가 진전되자마자 로멜은 이탈하기 시작했다. 제8군의 측방 우회 기동이 로멜의 배후 차단에 성공했지만, 그는 그 돌파에 성공하여 적의 '전략적 저지망'이 적절하게 굳어지기 전에 탈출했다. 로멜은 또다시 200마일 후방 부에라트에서 정지했다. 거기서 그는 3주 간 머물렀으나, 1월 중순 제8군이 후퇴했다. 그는 이번에는 350마일에 걸쳐 거의 끊임없이 후퇴하여 트리폴리를 통과했고, 튀니지 국경 내부의 마레트 선에 도착했다. 그의 이 퇴각 결정은 자군 병력의 열세와 자기편 보급 선박의 대부분이 침몰된 결과이며 또한 11월 영 · 미군의 모나코와 알제리에 대한 침공으로 빚어진 새로운 정세 변화에도 그 원인이 있었던 것이다.

영 · 미군의 이 조치는 엘 알라메인 공세 직후 거기서 약 2,500마일이나 떨어져 있는 북아프리카 끝에서 행해졌던 것이다. 이 행동은 로멜의 리비아 거점과 나일 삼각주 부근에 있는 그의 위협적인 거점에 대한 장거리 간접 접근 전략이었다. 그 자체가 갖는 전략적 효력 측면에서 이 행동의 성공은 그 간접성에 비례했다. 최초의 구상에서 연합군의 상륙은 모로코의 대서양 해안에서만 실행하기로 되어 있었다. 이것은 아프리카에 있는 프랑스군에게 효과적인 저항을 할 수 있는 최대의 기회를 주는, 순수하게 정면에서 밀어붙이는 전진을 의미했다. 그러한 전진은 북아프리카 전장 전체의 핵심인 비제르타에서 1,200마일이나 떨어진 지점에서 출발하는 것이며 그 결과, 독일군은 연합군의 침공에 대한 프랑스군의 저항을 강화시킬 시간과 기회를 갖게 되었을 것이다. 연합군에게 행운이었던 것은 그 후 오랑과 알제리 근방 지중해 연안에 대한 상륙 계획이 추가된 것이었다. 미국의 외교 당국은 당시 고위직에 있던 다수 프랑스 인들의 묵인 또는 침묵 속에서 이 상륙 작전을 위한 준비를 원활하게 할 수 있었다. 일단 이 거점에 상륙하여 교두보를 확보함에 따라 그것은 최초에는 가장 완강한 저항을 보일 것으로 예상되었던 북아프리카 서안의 프랑스군 배후에 대한 결정적인 지렛대로 작용하게 되었다.

알제리 부근의 상륙은 비제르타에 이르는 거리를 불과 400마일로 단축했다. 당시 소규모의 자동차 부대만 사용해도 산간도로를 지나지 않는다면, 저항 없이 비제르타와 튀니스까지 답파할 수 있었을 것이다. 또한 비제르타와 튀니스 부근에 대한 바다로부터의 상륙 혹은 공정 상륙을 실시했다고 해도 거의 아무런 저항도 받지 않았을 것이다. 그러나 영국 해군은 공중 엄호가 없는 전방에서는 소규모의 상륙 기도라도 쉽게 승인하지 않았을 뿐 아니라, 육상에서의 전진에 대해서도 지나치게 신중했다. 비록 상륙이 독일군을 기습했지만 독일군의 반응도 신속했다. 상륙 작전이 개시된 3일째부터 독일군은 소형 연안 주정을 비롯하여 쓸 수 있는 병력 수송기를 모두 사용, 부대를 튀니스에 집중 투입하기 시작했다. 이 독일군의 병력은 소수였으나 그래도 최초의 상륙 개시로부터 2주 반 만에 연합군 제1군의 선봉 부대가 튀니스로 향하는 직접적인 접근로에 도착했을 때, 이들을 저지하기에 충분했다.

이 독일군의 저지 결과, 연합군은 비제르타와 튀니스에 이르는 산악 지대에서 5개월 간에 걸친 교착 상태에 빠지게 되었다. 그러나 이 실패가 장기적으로는 연합군에게 유리하게 작용했다. 왜냐하면 연합군의 실패는 독일측으로 하여금 해로로 계속 튀니지에 증원 병력을 투입하도록 고무시켰으며, 거기서 연합군측은 우세한 해양력으로 질식 작전을 수행, 독일군의 보급로와 퇴로를 차단할 수 있었기 때문이다. 공교롭게도 히틀러는 튀니지를 유지하기 위해 이전에 이집트를 탈취할 때보다 대규모 병력을 투입할 마음이 생긴 것이다. 독일군과 이탈리아군의 많은 예비 병력이 지중해 너머로 흡수되었고, 도착지에서 독 안의 쥐가 되었기 때문에 연합군측으로서는 그 후 유럽 침공을 위한 용이한 길이 열렸다. 나폴레옹과 히틀러가 각각 러시아를 침공했던 것을 연관시켜볼 때, 스페인이 나폴레옹에게 그랬듯이 북아프리카는 히틀러에게 치명적인 전략적 미끼가 되었다. 히틀러는 아프리카와 러시아 사이에 너무나 과도하게 전력을 분산한 결과, 아프리카가 함정으로 변하게 되었고 이러한 부담은 나폴레옹과 마찬가지로 히틀러의 붕괴를 촉진했던 것이다.

그러나 1943년 튀니지 전역은 독일군의 반격으로 인해 연합군이 심각한 피해를 입으면서 시작되었다. 연합군측의 2개 군, 즉 서쪽에서 제1군과 동쪽에서 제8군의 위·아래 턱이 되어 추축군을 곧 섬멸시킬 것처럼 보였을 때, 독일군의 반격이 실시되었다. 추축국 지휘부는 연합군의 양 턱을 교란시킴으로써 이 위험을 배제한다는 목표를 세웠고,

또한 당시 상황은 그러한 목표를 위해서 표면상으로 보인 것보다 훨씬 유리했었다. 그제서야 튀니스로 투입된 독일군의 증원 부대는, 아르님Arnim 장군이 이끄는 하나의 군으로 증대된 한편, 동시에 서쪽 방향으로 퇴각하던 로멜의 잔여 병력이 보급 항구로 접근함에 따라 새로운 병력과 장비로 증강되고 있었다. 이 일시적인 정세 호전에 힘입어 로멜은 나폴레옹식 내선 작전을 이용하려고 계획했다. 즉 양쪽에서 진격해 오는 연합군의 '중앙 위치'를 이용, 적을 연속적으로 공격하고 각개 격파한다는 것이었다. 만일 그가 배후에서 위협해 오고 있던 영·미 연합 제1군을 분쇄하는 데 성공했더라면, 보급선이 과도하게 확장되어 전략적으로 약화된 상태에 있던 영국 제8군과 자유로이 맞붙을 수 있었을 것이다.

그 계획은 놀라울 만큼 성공 가능성이 있었으나 실시에 있어서는 로멜의 지휘하에 있지 않는 부대에 전적으로 의뢰했다는 점에 커다란 맹점이 있었다. 까닭은 작전이 개시되었을 때, 아르님의 군은 독립되어 있었고 주공의 역할을 하기로 되어 있던 정예 제21기갑 사단마저 로멜의 퇴로와 보급선의 확보를 지원하도록 명령받아 후퇴하고 있었을 때, 아르님 휘하로 지휘권이 이양되었기 때문이다.

미 제2군단(프랑스 1개 사단을 포함)이 그 반격의 직접 목표였다. 이 군단이 담당한 정면은 90마일이나 되었는데 산악을 지나 해안에 이르는 3개 도로에 중점이 놓여져, 가프사, 파이드 및 폰두크 부근에 이 군단의 교두보가 구축되어 있었다. 통로는 매우 좁았기 때문에 그 점령 부대는 안심하고 있었다.

그러나 1월 하순, 독일군 제2기갑 사단은 갑자기 파이드 통로를 기습하고 미 지원군이 도착하기 전에 프랑스군 수비대를 압도함으로써 출격로를 확보했다. 일격을 받은 연합군 지휘관들은 계속 큰 규모의 추가 공격이 있을 것이라고 예상하면서도 그 공격 지점은 어딘가 다른 장소일 것이라고 생각했다. 그들은 파이드 습격을 일종의 양동 작전이라고 보고, 다음 공격 지점은 폰두크라고 믿고 있었다. 브래들리 Bradley 장군은 후에 회고록에서 "이러한 생각은 거의 치명적인 가정이 되었다"라고 말했다.

2월 14일 실제 공격이 시작되었는데, 그것은 파이드 통로에서 전진하여 새로운 공격을 실시하는 것이었다. 아르님의 부사령관인 지글러 Ziegler가 여기의 지휘를 맡았다. 제21기갑 사단은 미군 기갑 부대가 대항하기 위해 전진해 오는 것을 보면서 정면에서 저지하고 그 좌측을 공격함과 동시에, 적을 배후에서 포착하려고 우측을 우회했다. 백 대 이상이나 되는 미군 전차가 이 함정에 걸려 파괴되었다. 그날 밤 로멜은 지글러에게 진격하여 이 승리를 최대한 전과 확대하라고 권했으나, 지글러는 아르님이 승인할 때까지 48시간을 기다린 다음, 미군이 집결해 있던 스베이틀라까지 25마일을 진격했다. 그곳의 전투는 전보다 격렬했지만 그래도 지글러는 다시 미군 부대를 격퇴할 수 있었고 미군 부대는 다시 카세린 통로에 집결했다. 그 동안 로멜은 가프사 통로를 경유, 더욱 남쪽으로 돌진하기 위해 마레트 선에서 기갑의 한 제대梯隊를 차출했다. 이 지대는 17일까지 55마일이나 답파했고, 카세린에서 훨씬 서쪽에 있는 텔렙트의 미군 비행장을 탈취했다.

미 · 영 연합군을 지휘할 위치에 오른 지 얼마 되지 않은 알렉산더는 현장에 도착한 후, 도착 보고에서 다음과 같이 말했다. "나는 정세가 예상보다도 훨씬 심각한 상태에 빠져 있다는 것을 알았다. 그리고 카세린 지역을 시찰한 결과, 퇴각 때문에 일어났던 혼란 와중에서 미 · 불 · 영국군은 몹시 혼합되어 있었고 공조된 방어 계획이라는 것도 없이, 지휘 계통의 불확실성도 명확했다." 알렉산더는 계속해서 말하고 있다. "만일 로멜이 웨스턴 도세일 산맥에 있는 아군의 빈약한 경계망을 돌파할 수 있다면, 그 후 북방을 향한 그의 전진에는 자연적인 장애물은 거의 없게 된다. 그렇게 되면 튀니지의 아군 정면은 분쇄될 것이고 참패로 끝나지 않는다 하더라도 철수하지 않을 수 없게 될 것이다."

한편, 로멜은 적의 혼란과 공황 상태를 이용, 가능한 모든 기계화 부대를 동원하여 테베사(웨스턴 도세일 산맥 넘어 40마일 지점)를 통과하여 연합군측의 알제리 기지 부대를 포함한 주요 병참선을 향해 돌진하려고 했다. 독일군의 공중 정찰 보고에 의하면, 테베사의 연합군측 보급창은 이미 불길 속에 파묻혀 있었다. 그러나 로멜은 아르님이 그와 같은 모험에 착수할 의지가 없는 것을 알았으므로, 절망 속에서 무솔리니에게 호소했다. 시간은 시시각각 지나고 있었다. 로멜의 건의를 승인하는 신호가 로마로부터 도착한 것은 19일 이른 아침이었다. 그러나 그것은 로멜이 제안했듯이 테베사를 향해 서북방으로 돌진하는 것이 아니고, 탈라를 향해 서쪽으로 돌진하라는 명령이었다. 로멜의 견해에 의하면 이 변경은 '믿을 수 없을 정도로 근시안적인 것' 이었다. 왜냐하면 새로 지시된 진격 방향은 너무도 전선에 접근해 있어 적의 강력한 예비 병력의 저항에 부딪힐 수밖에 없었기 때문이었다.

결과는 로멜이 예상한 그대로였다. 왜냐하면 그 진격 방향은 알렉산더가 예측하고 이에 대처할 만전의 준비를 기한 선이었기 때문이다. 그는 군사령관에 대해 휘하의 기갑 부대를 탈라 방어를 위해 집중하도록 명령했고, 영국군의 예비 병력도 북쪽에서 탈라 전역으로 계속 투입되고 있었다. 만일 로멜에게 자신이 원하는 방향으로 진격하는 것이 허용되었다면, 연합군은 또다시 균형을 잃게 되었으리라는 것이 명백했다.

미군도 전력을 탈라로 향하는 접근로로 집결시키고, 카세린 통로를 완고하게 방어했으므로 독일군은 20일 밤이 될 때까지 그곳을 돌파할 수 없었다. 이튿날, 독일군은 탈라에 침입했으나 피로에 지쳐 있었기 때문에, 방금 그곳에 도착한 영국군 예비 병력에 의해 쫓겨나게 되었다. 거기서 22일 로멜은 이미 기회가 지나쳐버린 것을 깨닫고 공격을 중지하면서 차츰 철수하기 시작했다. 하루 뒤, 아프리카에 있는 모든 추축군을 로멜의 지휘하에 넣는 취지의 새로운 명령이 로마에서 와 있었으나 이미 때는 늦었다.

분석해보면, 이 반격은 간접 접근 방식의 연구에서 매우 중요한 교훈이었다. 왜냐하면 실시할 간접 접근 방식이 물리적일 경우에는 그것이 예측 불가능한 것이 되도록 하기에 충분한 크기의 기동을 행하는 것의 중요성과 시기를 상실함으로써 이점을 잃게 된다는 것을 이 교훈이 명확히 보여 주고 있기 때문이다.

추축군을 로멜의 지휘하에 통합하는 것이 늦어짐으로 인하여 치러야 할 대가가 있었다. 즉 아르님이 북부에서 튀니스를 향하고 있던 연합군의 진지에 대해서 개시하고 있던 공격을 로멜이 취소하기에는 너무 때가 늦어버린 것이다. 이 과도한 직접 접근 방식은 그 자체가 값비싼 실패였을 뿐만 아니라, 로멜이 몽고메리에 대해 기도한 제2의 공격에 필요한 사단들을 차출하는 것을 지연시켰다.

이것은 전투에서의 승리의 전망을 치명적으로 바꿔버렸다. 2월 26일 전까지 몽고메리는 마레트 선을 향하는 전선에 불과 1개 사단만을 가지고 있었다. 그가 이를 우려하는 것을 본 참모들은 적의 공격이 개시되기 전에 균형을 회복하려고 열심히 움직였다. 로멜이 공격을 시작한 3월 6일까지 몽고메리는 자군의 병력을 이전의 4배로 증강시키고 있었다. 즉, 그의 휘하에는 이제 400대의 전차 외에 500문 이상의 대 전차포가 진지에 배치되어 있었다. 앞에서 이야기한 지연 기간 동안 로멜이 우세한 병력으로 공격할 기회는 사라져버린 것이다. 공격은 오후에 소강 상태에 빠졌고 독일군은 50대의 전차를 잃었으므로, 다음 전역에 심각한 열세를 자초했다. 또한 독일군은 로멜마저 잃게 되었다. 병에 걸린 로멜이 실망하여 유럽으로 돌아가버린 것이다.

3월 17일 이제 패튼Patton 장군이 지휘하는 미 제2군단의 공격으로 연합군의 공세가 시작되었다. 이 공격은 추축군의 아프리카 군단이 튀니스로 가는 퇴로를 목표로 했고, 그 정면에서 예비 병력을 견제하려 한 것이다. 그러나 처음 그 전진은 너무 신중하게 이루어져 지지부진했으며, 그 후에는 해안의 좁은 평지로 통하는 산악 통로에서 저지되었다. 이와 같은 성공적 방어로 인해 용기를 얻은 독일군은 다시 공세적 타격을 시도하지만 미군 진지의 돌파에는 실패했다. 이 와중에 독일군이 약 40대의 전차를 상실한 것은 공격력을 무디게 했을 뿐 아니라 기갑 전력의 측면에서 독일군이 갖는 결점을 더욱 두드러지게 하는 한편 몽고메리의 진지에 대항하는 능력 자체를 약하게 하고 있었다.

연합군이 이 전투에서 최종 승리를 거둔 원인은 연합군 자체의 강습에서 나온 효과라기보다는 오히려 적이 오판으로 공세 노력을 강행했기 때문이었다. 독일군이 공세에서 과도하게 확장된 뒤에야 비로소 연합군측이 전세를 반전시킬 수 있는 기회가 찾아왔던 것이다. 독일군이 쓸데없는 반격에 여력을 탕진해버리지 않았더라면, 그 후에도 독일군은 전세의 결정적 시기를 더 오래 끌고 갈 수 있었을 것이다.

마레트 선에 대한 제8군의 공격은 3월 20일 야간에 개시되었다. 주공은 정면 공격이었고 해안에 가까운 독일군의 방어선을 돌파함으로써 후속 제대인 기갑 사단을 투입, 적을 소탕하려는 의도였다. 그와 동시에 뉴질랜드 군단은 엘 함마에 배치되어 있던 독일군 예비 병력을 고착시킬 목적으로, 적 후방인 엘 함마를 향해 대규모 측면 우회 기동을 감행했다. 그러나 정면 공격 쪽은 충분한 돌파구를 형성하지 못했다. 3일 간의 노력 끝에 몽고메리는 자신의 계획을 변경, 옆으로 빗겨나 내륙으로 진격하기로 했으며 제1기갑 사단을 파견하여 적의 배후에 가하고 있는 뉴질랜드 부대의 위협을 더욱 증강하기로 했다. 몽고메리가 자군의 '기병(제1기갑 사단)'을 갑자기 우익에서 좌익으로 전용한 것은 전술적 유연성의 역사적 걸작이었던 라미예에서의 말버러 기동을 더욱 대규모로 재현시킨 격이었다. 그러나 기갑 부대의 돌진은 적의 대전차포 대열이 양쪽에서 겨누고 있는 계곡을 통과한 것으로서 만일 그때, 거친 모래 폭풍이 일어나지 않았더라면 무서운 함정에 빠졌을지도 모른다. 한편, 영국군의 공격은 엘 함마에서 독일군의 최종 방어진지에 의해 저지되었다. 이와 같이 적의 배후를 차단하려고 위협한 결과, 적으로 하여금 마레트 선은 포기하도록 했으나 퇴로에 대한 출구는 열려 있었고 이렇다 할 손실 없이 몽고메리는 철수했다.

독일군은 엘 함마에서 불과 10마일 떨어진 곳에서 다시 정지하고 가베스 곶에 걸쳐 있는 와디 아카리트 강을 따라 진지를 구축했다. 그곳은 바다와 구릉지 사이의 정면이 아주 좁은 진지였다. 남쪽으로 선회하여 엘 구에타르를 통과한 미군은 이 진지의 적이 제8군과 맞붙어 있는 사이에 적을 선제하여 그 배후를 습격하려고 기도했고 이 새로운 돌파에서 성공했으나, 해가 뜨는 바람에 전과 확대는 독일군에 의해 저지되었다. 그러나 전력이 점차 소모되고 있던 독일군의 3개 기갑 사단 중 2개 사단은 이제 미군의 공격을 저지하느라 소진 상태에 빠져버린 상태였으므로 독일군에게는 더 이상 저항력을 유지하기에 충분한 자원이 없게 된 것이다. 독일군은 이튿날 밤중에 갑자기 전장을 벗어나, 튀니스를 향해 해안선을 따라 신속하게 퇴각했다.

연합군측 제9군단은 4월 8일, 폰두크 통로를 돌파한 다음, 이 독일 군의 퇴로 차단을 위해 새로이 시도했고 적의 배후에 있는 해안에 도착했다. 전차 부대의 진로를 개척하려는 보병의 공격이 실패한 후, 전차 부대는 다음날 많은 손실을 입고 지뢰 지대를 통과하는 데 성공했다. 그러나 그 돌파 시기가 너무 늦었기 때문에 해안을 향해 북으로 퇴각하는 적을 차단하지는 못했다. 그 후 2, 3일 지나 적 2개 군이 합류, 튀니스를 엄호하는 부채 모양의 산악을 따라 연합 방어 태세를 구축했는데, 마치 적이 그곳에서 장기 저항 태세를 유지하려는 듯 보였다. 그렇지 않으면 독일군은 자군을 시칠리아 섬으로 후송하기 위해, 그때까지 신속한 철수로 인하여 얻을 수 있었던 잠깐의 여유를 이용하는 듯했다.

엘 알라메인에서 튀니스까지 2천 마일에 걸친 로멜의 아프리카 기갑군 퇴각은 군사 사상 탁월한 것의 하나였는데, 특히 그 최초와 최후 단계가 더욱 그러했다. 마레트 선에서 튀니스까지의 퇴각은 적 부대가 양쪽에 줄줄이 포진하고 있는 긴 회랑을 지나 감행되었고, 그 때문에 치명적인 기습을 받을지도 모르는 절박한 위협을 무릅쓰고 있었다. 크세노폰(그리스 시대의 역사가)과 같은 멋진 솜씨와 견줄 만한 행동은 근대에서는 볼 수 없었던 것이며, 그 해 겨울에는 정도의 차이는 있었으나 위험도에서는 거의 대등하되 한층 더 악조건에서 수행된 퇴각이었다. 그것은 클라이스트 집단군이 돈 강 방면에서 압박을 가하는 러시아군의 끊임없는 측면 위협을 받으면서, 코카서스의 벽지에서 로스토프의 애로를 지나 감행한 퇴각이었다.

이와 같은 두 개의 전례는 현대적 방어가 교묘하게 운용될 경우, 거기에 필연적으로 내재하는 큰 저항력을 매우 인상적으로 증명하고 있다. 또한 이것은 적의 배후에 대한 공격에도 한계가 있음을 뜻하고, 공세를 성공시키기 위해서는 지리적인 면에서의 간접 접근 방식만으로는 부족하며 무엇인가가 더 필요하다는 과거의 경험에서 얻을 수 있는 교훈을 강조했다. 각각의 전례에서 공격측의 상당한 병력이 처음부터 퇴각군의 배후를 위협하는 행동으로 나왔지만, 포위망을 완성하지는 못했다. 방자측에 대해 위협이 항상 너무 명확하여 방자는 자기쪽의 수세상 이점을 효과적으로 이용, 충분한 안전 조치를 강구할 수 있었던 것이다. 적의 균형을 와해시키고 또한 전세를 결정적인 상황으로 만들기 위해서 심리상의 간접 접근 방식이 없어서는 안 된다.

와디 아카리트 강에서의 퇴각이 재빨리 이루어졌고 또한 연합군측의 차단 기도에서 벗어날 수 있었으므로, 만일 독일군 최고사령부가 독일군을 시칠리아 섬으로 철수시킬 결심을 했다면 성공했을 수도 있었다. 튀니스 남쪽의 안피다빌에서 비제르타 서쪽의 세라트까지 독일군이 새로 구축한 부채형 방어선에 대하여 연합군이 강력한 공세를 개시하기 위해서는, 적어도 2주 간의 휴식 기간이 필요했다. 이 기간 중에는 안개가 짙은 날씨가 계속되었으므로, 만일 독일군이 해상 및 공중 철수를 기도했다면 부대의 탑재와 수송 과정이 엄폐되어 튀니스에 있는 독일군 부대의 상당 부분을 철수시킬 수 있었을 것이다.

그러나 독일군 최고사령부는 아프리카에서 유럽 방위의 거점을 유럽 남안에 배치하기보다는 오히려 아프리카에서 전역을 장기간 계속할 것을 결정하기에 이르렀다. 독일군 최고사령부는 이 튀니지에서도 튀니스와 비제르타를 함께 확보하기 위해 그곳 독일군의 수중에 있는 자원에 비해 너무 넓은 정면 —— 반경 100마일 권 —— 을 확보하려고 기도했다. 튀니스와 비제르타라는 두 딜레마의 각 사이에 독일군은 과도하게 팽창되어 있었으므로, 연합군에게는 대용 목표를 취하여 이용할 수 있는 이상적인 기회가 찾아왔던 것이다.

알렉산더는 카드 게임을 벌이기에 앞서 패를 다시 섞듯이 사태를 전환시켰다. 그는 미 제2군단을 남부에서 북부 해안지대로 이동시켰다. 즉 우익에서 좌익으로 옮겨 비제르타의 정면에 배치했다. 또한 그는 제9군단을 북방으로 이동시켜 제5군단과 프랑스 제19군단의 중간에 포진, 연합군측의 우익인 제8군과 인접하게 되었다.

4월 20일, 연합군의 공세는 적의 좌측에 대한 제8군의 공격으로 개시되었다. 그러나 해안의 회랑 지대는 엔피다빌 앞에서 매우 좁혀져 있었으므로 전진은 곧 지체되었고, 23일에는 정지되었다. 4월 21일에 제5군단이 튀니스로 통하는 구릉 지대를 거쳐 좌익 중앙부를 공격했다. 이튿날 제9군단은 기갑 전력에 의한 돌파를 달성하기 위해 구벨라트 부근의 우익 중앙부를 타격했다. 그러나 타격은 적을 심한 피로에 빠지게 하고 독일군의 잔존 전차 전력을 더욱 약화시켰지만 끝내 독일군의 방어망을 돌파하는 것은 실패로 돌아갔다. 그 후 거의 2주 동안에 걸쳐 전선 대부분에서는 휴식 상태가 계속되었으나, 전선 북부에서는 미군 부대와 프랑스의 아프리카 군단이 단계적인 돌파 노력을 계속하여 마침내 비제르타에서 20마일 이내까지 진출했다.

그 동안 알렉산더는 또다시 패를 바꿨다. 그는 구벨라트 부근 우측 중앙부에는 소수의 견제 병력만을 남겨놓고, 제9군단 주력을 좌측 중앙부로 옮겨 제5군단 후방에 집결시켰으며 거기에 다시 제8군단에서 뽑아낸 우수한 2개 사단 즉 제7기갑 사단과 제4인도 사단을 추가, 대폭 증강시켰다. 동시에 연합군 부대의 이동을 은폐하고 다음 공격이 남부에서 일어날 것처럼 적 사령부를 유도하기 위해 정밀한 기만 계획을 시행했다. 이 기만 계획의 효과는 제8군과 몽고메리의 명성에 의해 배가되었으므로, 아르님 장군은 남부에 과도할 정도의 대병력을 유지하기에 이르렀다. 연합군측이 제공권을 확보하고 있었으므로 아르님은 연합군측의 기만을 인지해낼 수도 없었고, 또한 연합군이 공격을 시작한 후에는 자군 병력을 재배치할 수도 없었다. 연합군측은 이 엄청난 항공 우세를 활용하여 적의 나머지 항공기를 공중에서 구축, 그후 도로상에서 적의 병력과 보급 물자의 모든 움직임을 마비시켰다.

바야흐로 호록스Horrocks 장군이 지휘하는 제9군단의 고도로 집중화된 강습은 5월 6일 이른 아침, 달이 없는 별빛 아래 개시되었다. 이강습에 앞서 튀니스로 통하는 메제르다 계곡에 있는 폭 2마일도 못 되는 독일군 지역에 600문 이상의 포의 격렬한 엄호 사격이 실시되었다. 해가 뜬 후, 연합군의 항공 부대는 엄청난 폭격을 실시했다. 이 관문을 지키고 있던 독일 방어 부대는 정신을 차리지 못한 채 제4인도 사단과 제4영국 사단의 보병에게 유린되었다. 이들의 지나치게 연장된 방어 태세는 빈약했을 뿐 아니라 종심도 거의 없었다. 그 후 제6, 제7기갑 사단 전차들이 돌파구를 통과했다. 그러나 이 전차 부대는 독일측의 소규모 저항에 대처하는 데 시간을 소비했다. 어둠이 찾아올 때까지 이들 전차 부대는 돌파구에서 겨우 2, 3마일 전진했고, 튀니스까지의 거리는 아직도 약 15마일이나 되었다.

그러나 이튿날 아침, 독일군은 공중 타격에 의한 충격과 전략적 충격에 의해 어떠한 전술적 대항 수단도 발전시킬 수 없을 만큼 이미 깊은 마비 상태에 빠져 있다는 점이 판명되었다. 오후까지 영국군 기갑사단 선두 부대가 튀니스에 진입해 있었다. 그 후 제6기갑 사단은 남쪽으로 향했고 한편 제7기갑 사단은 북쪽으로 전진함으로써 독일군을 더욱 교란시켰다. 그와 동시에 미군과 프랑스군은 비제르타로 쇄도해 들어갔다. 전선의 북반구에서 적의 저항은 극적으로 붕괴되어갔다.

남쪽에 있던 적은 본 반도로 철수하여 거기에서 장기 저항을 계속할 수 있었다. 그러나 제6기갑 사단이 신속하게 적의 배후로 진출, 본 반도의 목 부분을 차단했기 때문에 이 가능성도 좌절되어버렸다. 붕괴 상태는 전체적인 것이었고 25만 명 이상이 포로가 되었다.

적 지휘부는 균형을 잃고 이어서 그 군사력은 상공에서의 항공 부대의 압박과 배후에서의 전차 공격을 동시에 받고 기능을 발휘할 수 없는 상태가 되어버렸다. 지휘 통제의 교란이 붕괴의 주원인이 된 반면, 병참선의 붕괴는 예비 병력과 보급 물자의 결여에서 오는 사기 저하를 가속시켰다.

또 하나의 요인은 적 기지가 붕괴된 전선에 근접했다는 점에 있었다. 이 기지들의 신속한 무력화는 적의 행정 조직뿐 아니라 적의 사기 또한 교란했다. 사기가 침체되기 쉬운 전투 부대보다 기지 요원들 사이에 곧 정신적인 공황이 일어났을 뿐 아니라 공황의 파문은 급속도로 퍼져나갔다. 독일군의 기지 상실은 연합군측의 해양력과 항공력이 지배하고 있는 바다를 등지고 싸우는 장병들의 비통한 기분을 한층 더 어둡게 했다.

의도한 바는 아니지만 알렉산더의 작전 계획이 1914년 마른 강의 전투에서 볼 수 있었던 나폴레옹식 고전적 전투 양식과 상당히 닮아 있다는 점은 큰 의미가 있다. 나폴레옹 양식의 특징은 적을 정면에서 고착시켜 압박을 가한 후, 양 측면 중 한쪽에 대하여 기동을 감행하는 것이었다. 이 기동 자체가 결정적인 것은 아니나, 결정적 타격을 위한 기회를 만들었다. 왜냐하면 포위당할 위협에 처하자 적은 이에 대처하기 위해 정면을 확장함으로써 적 정면에는 취약한 부분이 생겼고, 그곳을 노려 연합군측은 결정적인 타격을 가할 수 있었기 때문이었다.

알렉산더는 비록 노출된 측면이 없다는 불리한 조건 속에서도 나폴레옹 양식에 대하여 유연성과 교묘함이 가미된 한층 더 위대한 발전을 덧붙임으로써 승리를 달성했다. 우리가 이제까지 보아온 것처럼 그는 적의 관심과 자원을 좌익으로 유도한 후, 적의 우익과 우익 중앙부에 강력한 압박을 가하고 이어 적의 좌익 중앙부에 아군 주공을 투입했던 것이다. 적이 좌익 중앙부에 대해 그가 시도한 돌파를 저지하는 데 겨우 성공하자, 그는 아군의 주공을 한층 더 적 좌익으로 돌리고 있는 듯이 보이게 해놓고, 실제로는 자신의 주공을 적 중앙부의 오른쪽 부분──종전의 압박에 대항할 수 있었던 적이, 충분히 강하다는 자신을 가지고 있는 부분──으로 전환함으로써 최종적으로 우월한 위치에 설 수 있었던 것이다. 여러 차례에 걸친 견제 과정에서 그의 최종적인 전력 집중은 가장 집중적인 효과를 발휘하도록 만들었고, 한편 상황이 허용하는 대로 대용 목표의 선정을 적절하게 이용했던 것이다.

아프리카 전역의 후반부에 대해서는 그 전반부보다 한층 더 상세하게 검토할 가치가 있다고 생각된다. 왜냐하면 그것이 전략의 군수 면과 심리 면에서 많은 점을 제기하기 때문이다. 특히 그것은 간접 접근 방식의 다양함에 대해 객관적인 교훈을 제공하고 있다.

제18장 히틀러의 몰락

스탈린그라드에서의 참패와 코카서스에서의 퇴각 후, 독일에는 러시아에서의 결정적인 승리를 위한 실질적인 희망은 아무것도 남아 있지 않았다. 1941년과 1942년의 경험에 의하면 무한한 공간에서 제한된 힘에 의한 공세 전략의 추구에는 한계가 있다는 점이 확실해졌다. 1943년이 되자 독일의 힘은 더욱 빈약해진 반면, 러시아의 힘은 계속 증대해갔다. 그러나 적과의 전력비가 열세했기 때문에 공세 전략을 계속하는 것은 희망 없는 것이었음은 물론, 독일의 정면 대 병력 비율을 감안할 때 정적인 방어를 취하는 것도 매우 위험한 일이었다. 만일 독일이 그러한 정세하에서 방어로 나왔다면 적의 공세가 갖는 위력을 상쇄할 목적 아래 일련의 후퇴 기동을 해야 하기 때문에, 이제까지 탄력적 방어를 수행하기 위해 독일측이 획득하고 있던 많은 점령지를 포기해야 할 상황이었다. 독일군이 반격할 기회를 만들 목적으로 수세 · 공세 전략을 취한다 해도 역시 점령지의 포기가 필요하게 될 것이었다.

1943년만 해도 기동전 형식의 방어로 대체함으로써 유리한 전망을 기대할 수 있다는 충분한 근거가 있었다. 경험에 따르면 방어를 취할 경우, 독일군은 공격하는 러시아군에 대해 자군이 입는 손실과는 비교도 안 될 만큼 큰 손실을 입힘으로써 버틸 수 있었다. 비록 러시아군 지휘관들은 점점 절묘한 기동을 할 수 있게 되었고, 광대한 공간은 그들에게 기회를 부여했지만 그 밖의 것은 그들로 하여금 희생이 큰 행동을 유도하기 쉬운 경향에 있었다. 러시아측은 침략군을 몰아내고 싶은 본능적 충동에 몰려 있었고, 스탈린에게는 자신들의 결의를 인정받고 싶은 욕구를 가지고 있었으므로, 러시아군 지휘관들은 공격 쪽으로 눈을 돌리기 쉬웠다. 당시 독일 전략가들 사이에서 의견 일치를 보았던 점은 독일군이 잘 구상된 탄력적 방어를 수행함으로써 러시아의 전략과 전쟁 강행 의지를 소진시킬 수 있다는 점이었다. 심지어는 근본적으로 전세를 역전시킬 수 있는 반격의 기회도 잡을 수 있을지 모르는 상황이었다.

그러나 히틀러는 이런 조언에 대해 적절한 관심을 보이지 않을 만큼 공격적 의욕에 휩싸여 있었다. 그는 열병에 걸린 듯 공격이 최선의 방어이고, 강력한 저항이 차선이라고 믿고 있었다. 이러한 강박 관념 아래 그는 더욱더 격화되어가는 연합군측의 공중 폭격에 대처, 독일을 방어하기 위한 전투기 수를 확대해야 한다는 호소까지도 모두 물리쳤으며, 1944년의 6월까지 이러한 결심을 바꾸지 않았다. 이와 같이 그의 조언자들이 독일군 예비 병력의 부족에 대하여 건의하고, 러시아에서 동계 전투가 끝날 당시의 취약한 전선 그대로 독일군을 주둔시키는 데에 기인하는 위험성을 지적하면서 드네프르 강 방어선으로 철수해야 한다고 주장했지만, 히틀러는 그 문제는 1943년 여름에 다시 공세를 취함으로써 해결할 수 있고 또 그렇게 해야 한다고 응수했다. 그의 조언자들은 몇 번이나 조언을 되풀이했지만 똑같은 대답밖에 얻을 수 없었다.

여기서 다음 사항은 주지할 만하다. 스탈린그라드 탈취 후 전진을 계획하고 있던 러시아군을 만슈타인이 상당히 간접 접근인 하르코프에서의 반격으로 격파한 후인 3월, 그는 미끼를 사용하는 계산된 책략에 의해 자군을 철수시키는 계획을 히틀러에게 제안했다. 도네츠 강과 아조프 해 사이에 있는 독일군의 미우스 강 지역은 이제 독일군 정면에서 종심이 매우 깊은 돌출부가 되었다. 그 때문에 러시아군 춘계 공세의 목표로서 미우스 강 지역이 선택될 확률은 지극히 높았다. 그러므로 만슈타인은 다음과 같은 의견을 내놓았다. 그것은 미우스 강 지역의 방어 병력을 감축하고 러시아군이 공격해 오면, 독일군의 반격에 앞서 이들을 유인하면서 후퇴하고, 그 후 독일군은 가용한 전력을 집중하여 남부에 있는 러시아군의 모든 전선을 석권, 러시아군을 포위하여 격멸한다는 목적 아래 키예프 지구에서 러시아군 북쪽을 반격하자는 의견이었다.

그러나 히틀러에게 이 의견은 너무나도 대담하여 받아들일 수 없었을 뿐 아니라, 그는 공업이 발달하고 광물 자원이 풍부한 도네츠 강유역을 포기할 생각이 없었다. 그리하여 대안으로서 벨고로드와 오렐사이에 독일군 정면을 향해 돌출해 있는 쿠르스크 부근에서 러시아군의 거대한 돌출부를 공격함으로써 러시아군이 춘계 공세로 나오기 전에, 그것을 견제·교란한다는 계획이 채택되었다. 만슈타인의 남부(이전에는 돈) 집단의 제4기갑군이 그 공격 작전의 오른쪽 날개가 되었고, 클루게 중앙 집단군의 제9군이 왼쪽 날개가 되기로 했다. 만슈타인은 그와 같은 계획이라면, 공격 개시 시기는 봄의 진흙탕이 건조된 직후이면서 러시아군이 미처 부대를 재편성하기 전인 5월 초가 되어야 한다고 주장했다. 그러나 제9군 사령관 모델Model은 더 많은 전차가 증원될 때까지 공세 개시를 연기해야 한다고 주장했는데, 히틀러는 모델의 의견을 채택, 공세 개시는 6월 이후 그리고 결국 7월 5일까지 연기하게 되었다. 이 사실은 시간과 병력이라는 요소가 어떻게 상호 모순되는 요인이 되기 쉬운가를 나타내는 매우 의미 있는 사례였고 그 결과 증원된 병력에 의한 공격 위력은 증원 전의 병력으로 적시에 더욱 큰 기습 효과로 수행된 공격의 위력보다도 못하다는 교훈을 남겼다.

시일 경과와 더불어 히틀러 자신도 전세 전망에 자신을 잃었으나, 대안으로서 전략적 후퇴가 필요하다고 생각할 수 없었으며, 그 결과 자이츨러(할더의 후임자)의 공격론에 반신반의하면서 끌려가고 있었다. 자이츨러는 러시아측의 공격을 선제하기 위해서는 먼저 공격할 수밖에 없다는 생각을 갖고 있었다.

러시아군 지휘부는 이번에는 예리한 판단 아래, 독일군이 행동을 개시할 때까지 자군의 공세를 보류시켰고 그리하여 전술 분야에서 대개의 경우 주효했던 미끼 전법의 차원을 더욱 확대했다. 러시아군은 독일군의 준비 상태를 탐지했으며 그 의도를 판단하여 위협받고 있던 쿠르스크 부근 돌출부에 종심 깊은 지뢰 지대를 설치, 자군의 주력을 그 후방에 이동시켜 배치했다. 그 결과, 독일군의 공세는 러시아군을 포위망 속에 몰아넣는 데 실패했을 뿐만 아니라 독일군 자체가 진퇴양난에 빠지고 말았다. 독일측 공격 작전에서 오른쪽 날개는 적의 최초 두 거점을 돌파했고, 그 지역에 있던 적 기갑 부대의 상당 부분을 분쇄하여 어느 정도 전황의 진전을 보였으나, 모델이 담당한 왼쪽 날개는 처음부터 저지되었다. 이 공격의 좌절로 독일군 부대는 방위 태세가 붕괴되어 전보다도 훨씬 불리한 위치에 빠졌으며, 그 후 러시아군이 가해온 강력한 반격에 대해 매우 취약하게 되었다. 이 사태로 오렐 이북의 독일군 정면이 교란되어 한때 위기에 빠졌다. 만슈타인은 공격을 중지하라는 명령을 받았고, 클루게의 집단군을 지원하기 위해 자기 휘하의 여러 기갑 사단을 파견했다. 그 결과, 러시아군은 만슈타인이 담당하던 정면의 약점을 돌파하는 데 성공했다. 러시아군이 수행한 이 작전의 전 과정은 제1차 세계대전의 전세를 결정적으로 역전시킨 마른의 제2차 전투에서 패탱이 실행한 탄력적 방어와 반격을 방불케 했다.

독일측은 러시아군의 후속 공격을 저지하려고 1918년 마른 강 건너편에서 실시한 것처럼 적시에 병력을 집결했지만 러시아군은 기동의 폭을 확대, 독일군의 전력 집중 효과를 상쇄시켰다. 러시아군의 작전형태와 리듬은 차츰 연합군이 서유럽에서 실행한 1918년의 반격과 흡사해져갔다. 즉 상호 교대로 여러 지점에 일련의 공격을 가하되, 완강한 적의 저항과 부딪쳐 그 공격 기세가 약해졌을 때에는 공격을 일시중지했다. 또 각각의 공격은 다음 공격을 원활하게 한다는 목적을 가지고 실시하며, 모든 공격은 상호 작용을 미칠 수 있도록 시간적·공간적으로 밀접하게 실시한다는 방식을 취하고 있었던 것이다. 그 결과, 독일군 지휘부는 1918년 당시와 마찬가지로 당황하여 공격받은 여러 지점에 자군의 부족한 예비 병력을 투입시킬 정도의 힘을 잃게 되었다. 이에 따라 독일군의 행동의 자유는 마비되었고 예비 병력상의 균형이 점점 열세에 빠지게 되었다. 그것은 전략적 형태를 취한 서서히 변하는 '진행성 마비'였다.

이것은 1918년 서유럽에서 연합군과 1943년의 소련의 적군처럼 전반적인 전력상의 우세를 차지한 육군이 당연히 취하게 되는 방식이었다. 이 방식은 공격군이 전투에서 승리한 후, 전과 확대를 위해 매우 신속하게 한 전역에서 다른 전역으로 예비 병력을 이동시킬 수 있는 수평적 병참선을 충분히 확보하지 않은 곳이나 장소에서 특히 적당한 것이라고 할 수 있다. 왜냐하면 그런 경우는 매번 새로운 적 정면에 돌진하는 것을 의미하며 따라서 횡적 방식을 취하기 위해 지불하는 대가는 종적 방식보다도 비싸고 그 효과 또한 덜 결정적이기 쉽기 때문이다. 그러나 이러한 방식을 운용하는 측이 작전 과정을 계속 수행할 수 있는 충분한 전력상 균형을 확보하고 있다면 그 효과는 점증적인 것이 된다.

1943년 가을, 러시아군의 전진은 마치 폭 천 마일의 노도가 해변에 밀려오는 것 같았다. 9월 그 전진은 드네프르 강의 큰 굴절부와 키예프 사이에 있는 긴 강줄기 근방 여러 곳에 이르렀다. 독일군은 코카서스의 서쪽 끝자락인 쿠반 지역에 지탱하고 있던 교두보를 철수시키고 드네프르 강 굴절부와 바다 사이에 있던 주정면 남부 전역을 강화하기 위해 이들을 크림을 경유하여 투입했으나 이미 때는 늦었다. 이에 반해 러시아군은 독일군 증원 부대가 도착하기 전에 독일군의 주정면을 돌파했고, 그로 인한 혼란을 이용하여 드네프르 강 하구에 도착하여 크림을 고립시켰다. 또한 10월에는 러시아군이 드네프르 강 굴절부 바로 북쪽에서 도강에 성공하면서 돌출부에 있는 독일군 진지에 쐐기를 박았다. 연합군의 언론은 이곳의 함락을 먼저 보도했지만, 독일군은 궤멸을 모면할 수 있었고 독일군의 진지는 전체적으로 심각하게 약화되었다.

히틀러가 드네프르 강 돌출부 남부를 끝까지 고수하려고 한 이유는, 독일의 방위 산업에 중요한 망간 자원이 있는 니코폴 지역을 확보하기 위해서였다. 여기서 경제상의 필요성이 전략과 모순되면서 더욱 전쟁에 끌려 들어가도록 하고 있었다. 독일군은 히틀러가 목표로 한 망간 광산을 확보하기 위해 큰 희생을 치렀다. 왜냐하면 모든 곳의 방어가 지속적인 긴장 속에 과도하게 확장되어 있던 당시 상황에서 특정 부분에 국지적인 노력을 기울이는 것은 광범위한 분열로 연결될 위험성이 있었기 때문이다.

독일군 부대는 히틀러의 명령에 따라 매번 고정된 지점의 방어에 묶였으며, 최후 붕괴라는 값비싼 희생을 치렀다. 방자는 약하면 약할수록 기동 방어의 채택이 그만큼 불가결하게 된다. 왜냐하면 그렇지 않으면 강한 측은 공간을 유리하게 활용하여 측면 우회 기동을 통해 결정적으로 우세한 위치를 확보할 수 있기 때문이다.

10월 초, 러시아군은 드네프르 강 넘어 다른 두 곳의 교두보를 확보했는데, 그들은 각각 키예프의 남과 북에 있었다. 북쪽의 교두보는 차츰 확장되어, 한 달 후에 시작될 공격을 위해 정면이 넓은 출발 진지가 되었다. 이 공격으로 키예프가 탈취되고, 그 후 서쪽을 향해 신속한 전과 확대가 이루어졌다. 바투틴Vatutin 장군의 전진은 불과 1주일 만에 드네프르 강에서 약 80마일 떨어져 있는 지토미르와 코로스텐의 교차점까지 도착했다.

그러나 만슈타인은 예비 병력을 가지고 있지 않았는데도 간신히 위험한 상황에서 탈출할 수 있었다. 그는 신속하게 후퇴하면서 러시아군을 유인, 적의 측면에 대해 반격할 기회를 만들었다. 그의 휘하의 가장 활력 있는 젊은 장군 중에 한 사람인 만토이펠Manteuffel은 이 반격을 수행하기 위해 사용할 수 있는 아군의 모든 잔존 기갑 부대를 집결시켰다. 비록 미약한 강도의 반격이었지만 러시아군의 과도한 확장과 반격 그 자체가 갖는 간접성에 의해 큰 효과를 거두었다. 그 결과, 러시아군은 그들이 장악했던 이 중요한 두 지점에서 퇴각했다.

만슈타인은 서쪽에서 증원 부대가 도착했을 때, 한층 더 대규모의 반격 태세를 구축, 그 기회를 발전시키려고 생각했다. 그러나 시간적인 요인이 이 반격 전망을 어둡게 했다. 왜냐하면 그때 정도면 바투틴의 부대가 이미 균형을 회복했을 것이기 때문이다. 만슈타인이 러시아군의 측면에 대해 가한 위협적인 압박은 러시아군을 후퇴하게 했고, 그들이 드네프르 강 서쪽에 획득하고 있던 지역의 넓은 부분을 포기하도록 했으나, 이 반격은 표면상으로 드러났던 것만큼 결코 위험하지는 않았고 12월 초 수렁 속에서 사라져버렸다. 더구나 만슈타인은 보내준 증원 병력을 전부 사용해버렸기 때문에 다음에 있을 러시아군의 행동에 대처할 수단을 잃고 말았다. 히틀러가 만슈타인의 장거리 철수 건의를 또다시 거절했기 때문이다.

크리스마스 이브에 바투틴은 독일군에 의해 압축되어 있었으나 여전히 규모가 컸던 키예프 돌출부를 돌파했다. 바투틴은 이른 아침의 안개를 이용하여 새로운 공격을 개시했고, 일주일 만에 지토미르와 코로스텐을 탈환했으며 1월 4일에 전쟁 발발 당시의 폴란드 국경선을 넘었다. 바투틴의 좌익 방면의 돌진은 비니차 부근에서 부그 강 선에 도착함으로써 오데사와 바르샤바 간에 뻗어 있는 수평 방향의 주요 철도들을 위협하게 되었다. 여기서 만슈타인은 또 한 번의 반격을 시도했으나 바투틴은 그것을 격퇴할 충분한 전력을 가지고 있었다. 더욱이 당시 러시아측은 히틀러가 키예프 밑의 드네프르 강 유역을 굳게 집착하고 있었던 까닭에 오히려 이익을 얻고 있었다. 바투틴은 반대편 측면에서 전진하고 있는 코니에프Koniev와의 협조하에 공격 작전을 감행, 곧 독일측의 코르순 돌출부를 차단했고 적의 10개 사단을 포위했다. 포위된 독일군의 일부는 히틀러의 고수 명령에도 불구하고 겨우 탈출에 성공했다.

이 타격에 의하여 독일군의 전선에는 틈새가 벌어지고 러시아군의 새로운 전진을 위한 길이 뚫렸다. 우크라이나에 있던 또 다른 러시아군들은 이제 여기저기 타격하면서 전진 방향을 적절히 조절할 수 있는 리듬을 탈 수 있게 되었다. 북쪽의 독일군은 이제 루크와 로브노를 포기하지 않으면 안 되었고, 남쪽에서는 망간 광산과 함께 니코폴 돌출부를 포기하지 않을 수 없었다.

3월 4일, 바투틴의 신병身病으로 인해 지휘권을 인수한 주코프

Zhukov 원수는 새로운 연합 기동을 개시했다. 주코프는 세페토프카에서 공격을 개시한 지 24시간 만에 30마일을 돌파했으며, 이틀 후에는 오데사 - 바르샤바 간의 철도를 탈취했다. 이와 같은 행동은 독일측 부그 강 방어선 측면을 우회하는 것이었다. 흑해 부근에서는 말리노프스키Malinovsky가 전진하여 니콜라예프에 도착했다. 돌출된 두개의 뿔 중간에서 코니에프는 우만에서 공격을 개시했고 3월 12일 부그 강, 8일 드네스트르 강에 도착한 후, 다음날 이 강을 건넜다. 이처럼 넓고 큰 강의 도강이 매우 신속하게 실행된 것은 전사에 뛰어난 새로운 사례였다. 그 후 주코프는 타르노폴에서 또 다시 전방으로 돌진하여 카르파티아 산맥의 산록 구릉지에 진입했다.

직접적인 위협에 대한 즉각 반응으로 독일군은 헝가리를 점령했다. 이 조치는 카르파티아 산맥의 능선을 확보하기 위해 취해진 것이 분명했다. 독일측은 러시아군의 중유럽 평원에 대한 침입을 저지하기 위해서 뿐만 아니라 발칸 반도의 계속적인 방위를 위한 축으로도 카르파티아 산맥이라는 장애물을 유지할 필요가 있었다.

남쪽으로 트란실바니아 알프스까지 뻗어 있는 카르파티아 산맥은 대단한 천연의 힘을 이용할 수 있는 방어선을 제공하고 있었다. 전략적 견지에서 볼 때, 이 산맥은 통로의 수가 적어 방어해야 할 장소 또한 비교적 적었으므로 병력 절약을 달성하기가 훨씬 용이했다. 흑해와 포크사니 부근에 있는 이 산맥의 일각 사이에는 120마일에 걸쳐 평탄한 지대가 있었으며, 그 동반부에는 다뉴브 강 삼각주와 많은 호수가 있었기 때문에 '위험 지대'는 길이 60마일의 항구 도시인 갈라츠 간격뿐이었다.

4월 초, 독일군은 곧 이 후방선까지 후퇴할 것처럼 보였고 코니에프 군은 프루트 강을 건너 루마니아에 침입했으며 더 남쪽에서 있던 독일군을 오데사에서 몰아냈다. 크림도 러시아군 2개 부대의 신속한 협공에 의해 탈환되었고, 그곳에 남아 있던 독일군 부대는 유린되었다. 그러나 독일군은 프루트 강을 넘어 러시아군의 전진을 겨우 저지하여 더이상 루마니아로 깊이 진출하는 것을 저지함으로써 잠시나마 유전 지대를 보호했다. 이 성공이야말로 그로부터 5개월 후에 있게 될 독일 파멸의 직접적인 원인이 되었다. 왜냐하면 이 성공이 히틀러로 하여금 자군을 카르파티아 산맥과 갈라츠 간격의 훨씬 동쪽에 노출된 진지로 계속 배치하도록 만들었기 때문이다.

한편, 북쪽에서도 독일군은 타르노폴 서남쪽에서 카르파티아 산맥의 통로로 쇄도하는 주코프의 전진을 막는 데 성공했다. 그러나 독일군의 반격은 얼마 후 주코프에 의해 무력화되고 말았다.

다시 북쪽의 발트 해 부근에서는 6월 중순 러시아군이 공세를 취하여 독일군 포위하에 있던 레닌그라드를 해방하고, 그 후 서쪽으로 더욱 전과를 확대했다. 그러나 독일군은 나르바에서 프스코프를 지나는 짧고 직선적인 방어선까지 질서정연하게 철수했다. 그 방어선의 정면은 약 120마일에 불과했으며 더구나 그 중 90마일은 두 개의 호수가 차지하고 있었다. 프스코프와 프리페트 소택지 간의 독일군 정면에는 또한 비테브스크와 오르샤 두 개의 시가 겸 보루가 있었다. 9월 말, 러시아군은 이 진지를 공격했으나 독일군은 직접적 공격과 측면 기동을 버텨냈다. 이 진지는 9개월 후인 1944년 7월까지 효과적인 저항을 계속했다.

이렇듯 러시아군의 전선은 4월 말까지는 당분간 안정되었다. 적군은 특히 남부에서 큰 지역을 획득했으나 독일군도 러시아군이 협공 기동으로 파놓은 함정을 그때그때마다 간신히 탈출하는 데 성공, 번번이 임박한 듯이 보이던 참패를 모면할 수 있었다. 러시아군이 이룩한 큰 전진에 비교하여 독일군으로부터 포획한 포로 총수는 그다지 많지 않았으나, 독일군은 그보다 한층 더 심각한 피해가 수반되는 누적된 소모로 고민하고 있었다. 더구나 히틀러는 "이제 세련된 기동보다도 적에게 한 치의 땅도 양보하지 않으려는 저항이 더욱 필요하다"고 말하면서 만슈타인을 지휘관의 직위에서 해임, 그 스스로 현실적 감각이 줄어들고 있음을 드러냈다.

영·미군이 유럽 남부에 상륙하여 9개월이 경과되는 동안 독일의 어려움은 더욱 증대되고 있었다. 유럽 남부에서는 1942년 9월 초, 이탈리아가 항복했고 곧이어 시칠리아 섬이 정복되었다. 독일의 동맹국 이탈리아의 붕괴는 독일의 '유럽 요새' 남쪽 벽에 구멍을 뚫어놓은 격이 되었다. 이탈리아가 반도 모양이었기 때문에 어느 정도의 제한은 있었지만 그렇다고 하더라도 그 구멍은 상당한 병력이 아니면 막을 수 없을 만큼 큰 것이었다. 그 밖에도 독일은 발칸 반도의 안전도 보장하지 않으면 안 되게 되었다.

이탈리아의 붕괴는 독일이 확장된 연합군측의 폭격에 노출되는 악영향까지 가져왔다. 더구나 연합군측 폭격 부대는 이제 미군의 참전으로 급속히 팽창하고 있었다.

독일 산업자원에 대해 감행된 항공 공세는 대전략의 차원에서 하나의 간접 접근 방식이라고 정의할 수 있을 것이다. 왜냐하면 이 공세는 독일의 전체 전쟁 수행 능력의 균형을 무너뜨리는 것이었기 때문이다. 만일 연합군측의 폭격 전략이 더욱 잘 계획되고 인구 집중 지역의 황폐화보다는 오히려 병참선의 교란을 목표로 실시되었다면, 독일의 저항을 더욱 빨리 마비시킬 수도 있었을 것이다. 그러나 그러한 노력 대부분은 잘못된 지휘하에 수행되었음에도 불구하고 독일은 점진적으로 마비되고 있었다. 더구나 군사적 차원에서 병참선에 대한 교란은 연합군의 전진에 저항해야 할 독일군 전력을 무력화시키는 주요인이 되었다.

시칠리아 섬에 대한 침공이 성공한 것은 연합군이 튀니지에서 적을 완전히 포위하여 수많은 포로를 획득한 사실에 힘입은 바가 컸다. 이로 말미암아 추축국측은 시칠리아 섬의 방어 태세를 보강하기 위해 즉시 투입할 수 있었던 병력을 대부분 상실하고 말았던 것이다. 이는 시칠리아에 있는 이탈리아군의 사기를 저하시키고 무솔리니 정권의 기초까지 흔들 만큼 정신적 타격을 주었다. 이탈리아가 곧 붕괴하거나 항복할 것이라는 사실과 그렇게 됨으로써 독일이 남쪽으로 보내는 병력이 헛되게 소모될 것을 염려하여, 독일은 시칠리아의 방어 태세를 강화하기 위해 충분한 병력을 파견하는 것을 포기했다. 만일 이러한 요인이 없었다면, 연합군은 추축국이 시칠리아 반대쪽 튀니지에 있는 거점을 강화하기 위한 관심과 노력을 기울이고 있는 동안, 시칠리아에 대한 공세를 개시하지 않았던 점을 후회했을지도 모른다. 왜냐하면 그처럼 유리한 조건이 많았음에도 시칠리아 정복은 용이하지 않은 점이 증명되었기 때문이다. 시칠리아 섬의 독일군은 그 전력 자체는 약소했으나 새로운 해·공 협동 작전 방식을 취하는 연합군의 해양력에 의해 고립된 외지에서 더 이상 싸움을 하려 하지 않았던 것이다.

그러나 연합군은 명백한 전략 정세하에서 상륙 작전 능력을 갖춤으로써 자연스럽게 갖추게 되는 견제 능력을 아직도 자유롭게 이용했다. 명백한 전략 정세는 피레네 산맥에서 마케도니아에 이르는 남유럽에 독일군의 방어선이 과도하게 확장되어 있었다는 점이다. 연합군의 전략상 최대 장점은 대용 목표를 자유로이 선정할 수 있다는 데 있다. 프랑스령 북아프리카에서의 연합군 전력 집중은 시칠리아와 사르디니아에 상당한 위협을 주고 있었다. 만일 연합군의 주공이 이탈리아 서부로 지향된다면, 그 행동은 북이탈리아의 공업 지대나 남프랑스의 독일군 근거지에 대한 위협이 되고, 그로 말미암아 상호 모두에 대한 위협으로 발전할 수도 있을 것이었다. 만일 주공이 에게 해 연안을 지향된다면, 그리스와 유고슬라비아에 있는 독일군의 근거나 불가리아와 루마니아에 있는 근거지 중 하나 또는 쌍방 모두를 위협할 수 있게 될 것이었다.

훗날 판명된 정보에 의해 다음과 같은 사항이 확인되었다. 이러한 공격 축선에 관한 연합군측의 전략적 이점은 기만 계획과 더불어 추축군 사령부의 사고를 분열시키는 효과를 가져왔다. 독일군 사령부는 연합군측이 시칠리아에 대한 대용 목표로 사르디니아나 그리스를 침공할 것을 예측했고, 나아가 이탈리아 본토나 프랑스 남부로 연합군이 침공해 올지도 모른다는 생각을 하게 되었다. 추축군 지휘부의 우려는 지중해 연안에 많은 연합군 함선이 출몰했다는 항공 정찰 보고로 더욱 증대되었다.

7월 10일 연합군은 시칠리아 섬 연안 70마일에 걸친 넓은 정면에 상륙함으로써 커다란 전과를 거두었다. 넓은 정면으로 전개하여 실시되었던 1915년의 갈리폴리 반도에 대한 상륙 작전처럼 이번 연합군의 상륙 작전은 그렇게 넓은 정면은 아니었으나 주위협 방향에 대해 적을 계속 혼란시켰으며, 가장 중요한 순간에 적의 균형을 동요시키는 데 도움이 되었다. 적은 연합군의 주요 상륙지점이 시칠리아 섬 서단이 될 것이라는 잘못된 판단을 기초로 배치되어 있었으므로, 전복 효과가 더욱 컸다. 왜냐하면 시칠리아 섬 서단은 북아프리카의 연합군 기지에서 가장 가깝고, 또한 다수의 항구가 있었기 때문이다. 연합군의 주 상륙 지점이 시칠리아 동남단이었다는 사실은 전략적으로 간접 접근 방식의 효과를 가져왔다. 주상륙군인 몽고메리의 제8군은 카타니아 부근에서 적의 저지를 받기까지 4일 만에 동쪽 해안을 따라 40마일을 북상했으며, 이것은 사활적 중요성을 갖는 메시나 해협까지의 거의 절반의 거리였다.

패튼 장군의 미 제7군이 몽고메리의 좌측에 거점을 확보한 다음, 그 진격 방향을 돌연 서쪽으로 바꾸고 후에 북쪽으로 진로를 돌려 팔레르모로 향했을 때에도 제8군의 경우와 똑같은 효과가 재현되었다. 이것은 축구에서 가짜 공을 여기저기 돌리는 것과 같았다. 연합군의 행동은 팔레르모와 메시나라는 대용 목표를 동시에 위협했으므로 추축군의 전반적 교란 상태는 더욱 가중되었다.

이탈리아군의 저항은 초기에 붕괴되었다. 그 결과, 이탈리아의 무솔리니 정권도 붕괴되었다.

붕괴로 말미암아 시칠리아 방위라는 무거운 짐 전체가 독일군 주력 부대에 던져졌다. 이들은 신병들로 구성된 독일군 2개 사단이었고, 그 뒤 다시 1개 사단이 추가되었다. 이 독일군 3개 사단은 연합군 7개 사단 이상이 나란히 쳐들어오는 침공에 대처해야 했다. 연합군은 곧 12개 사단 이상으로 증가했다. 그러나 이 작은 독일의 저항 부대가 항공 지원을 받지 않는 상태에서 연합군측의 시칠리아 정복을 한 달 이상이나 지연시키는 데 성공했고, 그 후 독일군 고사포의 엄호 아래 메시나 해협을 건너 이탈리아 본토로 탈출했던 것이다. 독일군의 우수한 전투 기량은 차치하더라도 연합군의 시칠리아 정복이 한 달 이상 지연된 이유는 분명히 연합군의 전진이 점점 더 직접적인 성격을 띠었다는 점과 함께 이탈리아의 지세 때문이었다.

패튼 군은 팔레르모를 탈취하고 시칠리아 서부를 소탕한 뒤, 동쪽으로 방향을 전환하여 몽고메리군과 공동으로 메시나에 대한 협공을 감행했다. 시칠리아 섬의 동북단은 산악으로 이루어진 삼각지대이다. 거기서 독일군은 지형이 방어에 유리했다는 점뿐만 아니라 삼각의 정점을 향해 철수해감에 따라 정면을 축소할 수 있다는 점을 활용할 수 있었다. 결국 적은 단계적으로 철수할 때마다 방어 병력의 밀도를 높일 수 있는 한편, 연합군은 차츰 병력상의 우세를 충분히 발휘할 수 없는 협소한 지역에 갇히는 격이 되었다. 이것은 전략적 접근 방식에서 중요한 부정적 교훈이었다. 다음 단계에서는 또 몇 가지의 교훈이 얻어진다.

이탈리아에 대한 침공

연합군측은 시칠리아 섬을 점령함으로써 유럽에서의 교두보를 확보할 수 있게 되었고, 이를 계속되는 침공의 출발 진지로 용이하게 전용할 수 있게 되었다. 시칠리아 섬의 확보는 연합군측으로 하여금 유럽 본토에 대해 한층 더 근접된 위협을 주는 동시에, 자군의 병력 집중을 강화시켰고 적의 다양한 거점에 위협을 가할 수 있게 되었다. 또한 연합군은 다수의 진로를 자유롭게 선정할 수 있게 되었다. 즉 이탈리아 반도의 발꿈치 부분에 해당하는 지역에도 마찬가지로 짧은 도약을 할 수 있게 되었다. 마지막으로 선정될 진로는 연합군 항공 부대의 공중 엄호가 제공될 수 있는 범위 외곽 지역이었다. 다름 아닌 이와 같은 이유로 인해 이 진로는 최소 예상선이 될 것이라고 주장하는 사람도 있다. 그 까닭은 이제까지 연합군의 행동은 모두 신중하게 공중엄호 범위 내에 한해 수행되었으므로, 그 규칙에서 벗어나는 행동은 적에게는 일종의 기습이 될 수 있기 때문이었다. 일단 이탈리아 반도의 발꿈치 부분에서 상륙이 성공한다면, 이곳은 기계화 부대의 신속한 전진을 위한 가장 유리한 진로를 제공할 것이었다. 뿐만 아니라 발칸 반도의 여러 나라와 중부 이탈리아를 위협할 수 있는 위치에 서게 되며, 또한 그로 인하여 독일군 최고사령부는 심각한 딜레마에 빠지게 될 것이었다. 전략적으로 볼 때, 이탈리아의 발꿈치 부분은 무서운 효과를 발휘할 독일측의 아킬레스 건으로 변화될 가능성이 있었다. 그러나 연합군 사령부는 주 지상작전을 전투기의 엄호 아래 실시할 것을 결정하면서 최후의 순간에는 반도의 발꿈치 부분에도 보조적 상륙을 시급히 실시하기로 했다. 주 상륙은 반도의 끝단에서 영국의 제8군이 실시했고, 마크 클라크Mark Clark 장군의 지휘하에 상륙 작전을 위해 새로 편성된 미·영 혼성 제5군이 나폴리 바로 남쪽 살레르노에서 더욱 대규모의 상륙을 감행했다.

이 상륙 작전의 전망이 그리 밝지 않았던 것은 전략적 접근 방식의 직접성 때문만은 아니었고, 연합국의 정치가들이 이탈리아의 무조건 항복을 완강하게 고집했기 때문이었다. 대부분의 이탈리아 지도자들은 어떻게든 강화를 달성하려 했으나, 무조건 항복이라는 굴욕을 참고 안전에 대한 보증도 확보하지 못한 상태에서 강화의 책임을 지게 되는 것을 주저하고 있었다. 그들은 시칠리아가 정복되고 이탈리아 본토가 직접적인 위험에 빠지게 되자 비로소 무솔리니 정권을 넘어뜨리고 강화 교섭을 하게 되었는데, 강화 교섭 타결에는 시간이 걸렸다. 강화 교섭을 둘러싼 시간 지연은 독일군에게 긴급 사태에 대한 반격 행동을 준비할 수 있는 여유를 한 달 이상이나 주었다.

메시나 해협을 건넌 것은 9월 3일이었으며, 반도 끝부분에 상륙하기에 앞서 가공할 만한 포격이 실시되었으나 그것은 소용 없는 짓이었다. 부근에 있던 1개 사단의 독일군이 수일 전에 이미 북쪽으로 이동해버렸기 때문이다. 상륙군은 더욱 깊이 침입하면서도 거의 저항을 받지 않았다. 그러나 지형이 협소해지면서 또한 과도하게 신중한 행동으로 인하여 상륙군의 전진 속도는 차츰 떨어졌다. 그리하여 반도 끝부분에 상륙한 제8군의 행동은 살레르노에서의 주상륙 작전이 원활하게 수행되도록 하는 데 거의 도움이 되지 못했다. 살레르노에 대한 주상륙은 9월 9일 감행되었고 이탈리아의 항복 협상이 타결되었다는 사실은 그 전날 오후에 발표하도록 계획되었다. 그러나 그 발표로 당시 그곳에 배치되어 있던 독일군 부대를 동요시킬 수는 없었고, 독일군은 반격으로 나와서 상륙 후 6일째 되는 날까지 위험한 상황이 조성되었다.

이 문제의 본질은 마크 클라크 장군의 다음과 같은 설명에 들어 있었다. "독일군은 상황의 본질상 분명히 또 다른 상륙이 있을 것이라는 점을 꿰뚫어보고 있었다. 독일군은 또한 그 상륙이 공중 엄호 내에서 <u>실시될 것이라고 판단하고 있었다.</u> 당시 시칠리아 섬에서 작전할 경우, 그곳으로부터 공중 엄호의 한계선은 최대한으로 대략 나폴리까지였다. <u>그러므로 적은 살레르노 - 나폴리 지구에 병력을 집중했고 우리는 최대 전력으로 적과 부딪쳤던 것이다.</u>"

여기서 밑줄 친 말들은 깊은 의미를 내포하고 있다. 그 까닭은 '연합군의 계획은 어느 정도 인정된 한계를 넘지는 않을 것이라는 확률'을 적이 이용한 사실이 분명하기 때문이다. '최대 예상선'을 선택한 경우, 성과는 제한된다는 점을 그 결과가 증명한 것이다. 적이 예측한 지점에 상륙한 연합군은 인명과 시간에서 값비싼 대가를 치르면서 저지되었고 오히려 참패당할 뻔했으나 겨우 그것만은 면했다. 살레르노 전투는 또한 다음과 같이 중요한 또 하나의 교훈을 제공했다. 즉 적이 이쪽의 공격을 예측하고 그것에 대처하기 위해 병력을 집중한 지점에 대해서 공격하는 것만큼 이쪽 군을 위험 속에 빠뜨리는 행동은 없다는 것이다. 당시 독일군 사령관 케셀링Kesselring 원수는 이탈리아 반도의 남·중부의 방위를 위해 불과 7개 사단밖에 보유하지 않았고, 더구나 그는 당시 옛 동맹국 이탈리아군을 진압하고 무장 해제하지 않으면 안 되는 상황에 있었다.

살레르노에서 실시된 주상륙 작전과는 대조적으로, 반도의 발꿈치 부분에 대한 보조 상륙 작전은 거의 적의 저항을 받지 않고 수행되어, 연합군은 타란토와 브린디시라는 두 개의 항구를 신속하게 확보했다. 이 작전은 중요한 비행장들을 목표로, 동쪽 해안을 따라 북상할 수 있는 양호한 접근로를 제공하는 효과를 가져왔다. 당시 타란토에서 포기아에 이르는 전 지역에 있던 적 부대는 병력이 감축된 독일군 낙하산 부대 1개 사단뿐이었다.

그러나 상륙군의 병력도 이번의 상륙 임무를 위해 급조된 영국군 제1공정 사단뿐이었다. 이 사단은 튀니지의 휴양소에서 급히 소집·집결된 소수의 선박으로 지중해를 건너왔던 것이다. 이 사단에는 전차도 없었고, 박격포 1문 외에는 이렇다 할 포병도 없었으며 수송 차량도 거의 없었다. 요컨대 이 사단은 포착한 기회를 이용, 전과를 확대하는 데 필요한 모든 것을 갖추고 있지 않았던 것이다.

그로부터 거의 2주일이 지났고, 한 기갑 여단이 포함된 또 하나의 소부대가 타란토 위쪽 바리에 상륙했다. 이 소부대는 적의 저항을 받지 않고 북상하여 포기아를 점령했다. 산악 지대에서 제5군과 대치하고 있던 독일군은 나폴리로 가는 직접 접근로를 장악하고 있었는데, 이 연합군 소부대가 '발꿈치 부분에서' 간접 접근 방식을 취하면서 그들의 배후에 잠재적 위협을 가하기에 충분할 정도로 진출하자마자 독일군은 철수를 개시했다. 10월 1일, 연합군은 상륙한 지 3주일 만에 나폴리로 진입했다. 그러나 이 동안 독일군은 연합군이 예측한 것보다도 훨씬 신속한 반응을 보였고, 이탈리아의 잔여 부분을 확실하게 장악하고 이탈리아군을 분산시켰으며 이탈리아 항복이 몰고 온 부정적인 영향을 대부분 상쇄시켰다.

그 후 연합군은 이탈리아 반도를 북쪽으로 향해 밀고 가기만 했다. 이것은 마치 '실린더' 속에서 '피스톤' 축이 점점 강한 압력을 받으면서 위로 움직이는 것과 같았다. 왜냐하면 처음 독일군은 연합군의 로마 진격을 며칠간 지연시키는 것만 바라면서 이탈리아 북부에서 연합군을 요격할 의도를 품고 있었기 때문이다. 그러나 독일군은 연합군이 협소한 정면과 곤란한 지형으로 인해 상당히 어려운 상태에 빠져 있다는 점과 연합군이 이러한 제한된 상황 속에서 신축적인 해륙 양용 전력의 운용 능력을 상실하고 있다는 점을 알게 되면서, 다시 한번 대담하게도 케셀링을 지원하기 위해 남쪽으로 증원 병력을 투입하게 되었던 것이다.

제5군의 전진은 나폴리 외곽 20마일에 있는 볼투르노 강 방어선에서 한때 저지되었고, 그 후 카시노 앞의 가리글리아노 강 방어선에서 한층 더 결정적으로 저지되었다. 11월과 12월에 잇따라 실시한 강습으로도 이 방어선을 돌파할 수는 없었다. 그 동안 동쪽 해안을 따라 실시된 제8군의 전진은 상그로 강 방어선에서 저지되었고, 그 후 이 강을 건너자마자 다시 저지되었다. 이 해의 마지막 4개월 간 연합군은 살레르노에서 겨우 70마일밖에 전진하지 못하고 있었다. 점령지의 대부분은 9월 중에 획득했고, 이후의 전진 상태는 몇 인치로 표현할 수 있을 만큼 연합군의 전진은 지지부진하고 상당히 지체되었다.

오랜 경험을 통해 볼 때, 이와 같은 전술은 때로는 성공하기도 하지만 대체로 실패로 끝난다. 이 전역도 예외는 아니었다. 좁은 정면에서의 직접적 공격은 흔히 부정적인 결과로 끝난다는 점이 되풀이되었다. 상대적으로 더 넓은 정면을 필요로 하는 기동 공간이 없는 한, 전력상의 우세만으로는 불충분하다. 반도의 대부분은 산맥의 등성이와 그 지맥으로 구성되어 있다. 독일군 최고사령부가 일단 반도 남부에 있는 자군 병력을 배가할 결심을 하면서 충분히 밀도 있는 방어망을 구축하자, 이탈리아 반도에서의 연합군 전진은 전략적으로 구속받지 않을 수 없게 된 것이다.

1944년 초, 연합군은 적의 배후에 있는 긴 해안선에 대한 새로운 해상 기동을 기도했다. 1월 22일 하나의 측면 기동 부대가 로마로부터 25마일 남쪽에 있는 안치오 부근에 상륙했다. 이 지역의 독일군은 2개 대대에 불과했고, 그 측면 우회 부대가 신속하게 내륙을 향해 돌진한다면 로마를 향한 직접 접근로인 알반 구릉지는 물론 로마마저 탈취했을지도 모른다. 그러나 연합군의 계획은 적이 이 상륙에 대해 곧 반격할 것이라는 판단을 기초로 하고 있었으므로 상륙 부대는 주로 거점 확보에 신경 쓰는 한편, 남부에 있는 적의 저항이 약화될 것을 예측하면서 그곳에 있는 연합군 주력을 이용해야 한다고 생각했었다. 그러나 적은 연합군이 예측했던 방식으로 행동하지 않았다.

안치오 부근에서 적의 저항이 없다는 것이 판명되자 알렉산더는 앞서 이야기한 측면 기동 부대를 내륙으로 신속하게 행동시키려 했으나, 현지 지휘관이 움직이지 않았다. 지휘관의 신중한 행동으로 일주일 이상이나 전진이 시도되지 않았다. 이리하여 케셀링은 현장으로 예비 병력을 투입할 시간적 여유를 얻었고, 카시노 전역에 있는 연합군 주력의 전진까지도 저지할 수 있었다. 상륙 후 13일째인 2월 3일, 독일군은 안치오 교두보에 대해 강력한 반격을 실시했다. 반격은 저지되었으나, 연합군의 안치오 교두보는 정면이나 종심이 현저하게 축소되고 말았다. 그것은 마치 제1차 세계대전 당시 독일측이 연합군의 살로니카 교두보를 가리켜 부르던 대형 '수용소' 같았다. 그러나 1918년 살로니카로부터 돌파가 개시되어, 독일의 붕괴가 시작되면서 이 농담을 기억하고 있던 사람들은 '마지막에 웃는 사람이 최후의 승리자다'라는 속담에서 위안을 찾을 수 있게 되었다.

이탈리아에서 연합군의 공세는 5월에 대규모로 재개되었다. 이번에도 공세는 더욱 큰 계획의 일부가 되어 있었다. 왜냐하면 이 공세는 독일에 대한 결정적 공세인 연합군의 '대구상Grand Design'의 최초 공세였기 때문이다. 그로부터 한 달도 지나지 않아 영국 남부에 집결해 있던 연합군이 영국해협을 건너 프랑스를 침공했다. 이탈리아와 프랑스 양쪽에서의 타격에 앞서 적의 병참선을 질식시키기 위한 연합군의 격렬한 항공 공세가 개시되었고, 이것은 그 후에도 두 방향에서의 공세와 함께 지속되었다.

알렉산더 장군의 첫 단계 계획은 이제까지 모든 공세가 저지되었던 지점인 카시노 양쪽에 대한 새로운 공격이었다. 리즈Leese 장군이 지휘하는 제8군은 그 효과를 제고시키기 위해 정면을 확장, 구스타프 선 서부 전역에 대해 클라크 장군의 제5군과 협공을 하기 위해 그때까지 아드리아 해 전역으로 지향하고 있던 중점을 이곳으로 변경시켰다. 공격이 개시된 것은 5월 11일 오후 11시, 달이 뜨기 직전이었고 공격의 목적은 특히 리리 계곡으로 가는 좁은 출구에 설치된 적의 요새화된 장애물을 지원하는 산악 지대의 초소를 탈취하는 것이었다.

동쪽의 몬테카이로 초소에 대한 공격은 며칠 동안의 격렬한 전투에도 불구하고 거의 진전되지 않았으나, 카시노와 바다 사이 구스타프 선의 몇몇 지점에 쐐기가 박혔다. 가장 중요한 돌파를 감행한 것은 주

엥Juin 장군의 프랑스 식민지 군단이었다. 이 군단은 산악전에 대한 전문적 기량을 발휘하여 아우런시 산맥을 넘는 어려운 구간을 답파함으로써 뜻하지 않은 전과를 달성했다. 이 군단은 몬테마조를 지나 리리 골짜기를 내려다볼 수 있는 고지까지 사흘 동안 6마일을 진격함으로써 적의 구스타프 선 거점을 약화시키는 지렛대 역할을 했다. 이 위협은 제8군에 속하는 영국군 부대가 리리 골짜기를 북상, 카시노를 측면 우회하는 것을 용이하게 했다. 카시노는 부활절인 18일에 함락되었다. 그 위협은 또한 미군 부대가 해안을 따라 북쪽으로 전진하는 것까지도 쉽게 만들었다.

그 후 23일 안치오의 연합군 부대도 교두보에서 공격을 개시함으로써 다른 부대에 호응했다. 이곳의 독일군 투입 병력은 남부에 대한 증원 병력의 파견 때문에 크게 삭감되어 있었다. 안치오에 있는 연합군의 공격은 독일군 병력이 약화되는 시기를 적절하게 이용, 개시되었다. 공격이 개시된 지 3일 만에 독일군의 방어는 압박을 견디지 못하고 붕괴되어버렸다. 일단 교두보에서의 연합군 돌파가 성공하자, 이 부대가 알반 구릉지와 남쪽 연합군 주력의 병참선을 향해 실시할 전과확대에 대처해야 할 독일군은 예비 병력이 부족하여 심각한 타격을 받았다.

안치오 교두보에서의 돌파와 때를 같이하여 제8군은 리리 골짜기에 있는 독일군의 최종 방어선에 대한 강습을 개시했다. 캐나다군단은 독일군 진지를 공격 첫날에 돌파했다. 이튿날에는 독일군 부대가 도처에서 후퇴를 하고 있다는 것이 판명되었다. 안치오로부터 위협이 증대함에 따라 독일군의 퇴각은 가속되었다. 그로부터 2, 3일 내에 6번 고속도로를 따라 로마로 북상하는 직접 퇴로는 폐쇄되었고, 독일군 부대는 산악 지대의 험난한 길 때문에 동북쪽으로 분산되어 후퇴할 수밖에 없었다. 이 험난한 길을 철수하는 독일군 부대는 연합군 항공 부대가 감행하는 공격에 완전히 노출된 표적이 되었다.

위기에 빠진 독일군의 상당한 병력은 이 분산 행동으로 간신히 포위 망에서 탈출할 수 있었지만, 그 때문에 독일군은 로마를 방어할 기회 는 잃게 되고 말았다. 알렉산더 장군은 다른 독일군에 대항하기 위해 자신의 좌익에 모든 전력을 투입, 일주일에 걸친 전투 끝에 알반 구릉 지에 대한 적의 통제를 약화시켰다. 일단 독일측의 전략적 방파제가 무너지자, 연합군은 로마 주변의 평원으로 쇄도해 들어갔다. 로마는 6 월 5일 새벽에 탈취되었다. 연합군은 9개월 전 이탈리아 정부가 항복 함으로써 거의 손에 넣게 되었던 이 목표물을 이제야 수중에 넣게 된 것이다.

프랑스에 대한 침공

제2차 세계대전에서 가장 극적이고 또한 가장 결정적인 사건이었던 노르망디 상륙작전은 로마를 점령한 다음날 감행되었다. 영국에 근거 지를 둔 영미 원정군의 이 도해 작전은 그때까지 악천후로 몇 번이나 연기되었다. 여전히 강풍이 몰아쳐서 도해 작전이 위험에 빠져 힘들 것이라 생각되기 쉬운 날, 작전은 감행되었다. 위험을 무릅쓴 아이젠 하워 장군의 결심은 작전 결과의 타당성을 증명했을 뿐 아니라, 상륙 작전의 기습 효과를 제고시키는 데에도 기여했다.

연합군의 상륙작전은 캉과 셰르부르 사이 센 강이 흘러 들어가는 만 내에서 6월 6일 오전 중에 감행되었는데, 직전에 상륙지의 양 측면에 강력한 연합군 공정 부대가 밝은 달빛을 이용하여 낙하되었다.

프랑스 침공은 전례 없이 격렬한 항공 공세 속에서 준비되었으며,

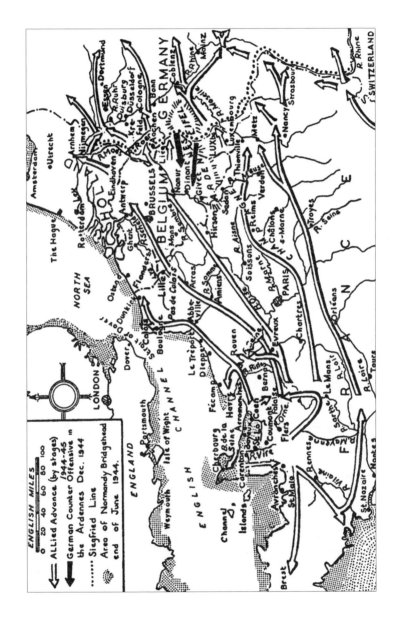

서부 전역 1944~45

이 항공 공세는 전세가 위급한 지역에 예비 병력을 이동시키는 독일군 측의 능력을 마비시킬 목적으로 특히 독일군 병참선을 목표로 했다.

이 지역이 상륙 지점이 될 것이라고 지적할 만한 많은 요소가 있었음에도 불구하고 독일군은 예비 병력의 대부분을 센 강 동쪽 해안에 배치하고 있었기 때문에, 연합군의 상륙과 동시에 전력상 균형을 상실하게 되었다. 그 이유는 첫째, 독일군에 대한 기만 계획이 교묘했기 때문이고, 둘째 '연합군이 해협을 바로 넘어 최단 루트를 취할 것이다'라고 생각했던 독일측의 고집스러운 선입관 때문이었다. 최대한의 공중 엄호를 받으려는 연합군의 신중한 욕구는 이탈리아 전역에서 연합군의 목적과 전진을 방해했으나, 이번에는 적으로 하여금 '연합군은 항상 이 신중한 방식을 취할 것'이라고 판단하도록 유도함으로써 의외의 이익을 얻게 되었다.

독일측의 그릇된 판단 결과, 연합군 항공부대가 센 강 교량들을 파괴해버림으로써 독일군에게는 치명적인 것이 되고 말았다. 3월, 히틀러는 상륙 작전에 앞서 영국에서의 영미 연합군 배치 상황에서 도출한 결론에서 참모진들의 견해와는 반대로, '연합군이 노르망디에 상륙하는 것이 아닌가' 하는 의구심을 품기 시작했다. 북부 연안에 배치되어 있는 부대를 지휘하던 로멜 역시 히틀러와 같은 견해를 가지게 되었다. 그러나 서부 유럽군 총사령관 룬트슈테트는 연합군이 해협의 협소부인 디에프와 칼레 사이에 상륙할 것이라고 판단했다. 그 판단 근거는 연합군이 지금까지 최대한의 항공 엄호를 선호해온 점, 연합군측의 당시 기만 계획의 효과에 있었을 뿐만 아니라 또한 이와 같은 공격 노선이 그들의 목표에 이르기 위한 최단 노선이기 때문에 이론적으로 타당하다는 자신의 논리에 의한 바가 오히려 컸다. 이는 전략적 정통파의 전형적인 판단이었다. 이 판단은 연합군 사령부가 예측 불가성을 좋아한다고 믿지 않았을 뿐 아니라 가장 강력하게 방어되고 있는 근접로를 회피하려는 경향이 있다는 것조차 믿지 않았음을 의미하는 것이다.

침공군의 실제 계획은 적의 최대 방어 지대를 회피하는 것만으로 멈추지 않았다. 연합군 사령부는 노르망디 상륙 지점을 선정함에 있어 아브르 및 셰르부르의 중요한 두 항구를 교대로 위협할 수 있는 노선을 따라 행동했으며, 최후의 순간까지 어디가 진정한 목표인가에 대해 혼란시킴으로써 독일측을 계속 딜레마에 몰아넣었다. 셰르부르가 주목표라고 독일군이 깨달았을 때, 센 강은 독일군을 분리하는 격실이 되었고 독일군은 위급한 지점에 자군의 예비 병력을 투입하기 위해서는 크게 우회해야 했다. 이동은 연합군 항공 부대의 연속적 방해를 받고 더욱 지체되었다. 더구나 독일군의 증원 부대가 전투 지역에 도착했을 때, 그곳은 셰르부르 반도에서 가장 멀리 떨어진 캉 지역이었다. 이곳에 있던 영국군의 거점은 그 자체가 독일군에게는 위협이기도 했지만 서쪽에서 벌어지고 있던 미군 작전을 위한 방패 역할도 하고 있었다. 영국군 거점이 발휘한 미군 엄호 효과와 적측에 가한 위협은 프랑스 침공 전체의 성공을 위해 하나의 사활적인 영향을 미쳤다.

거대한 연합군 함대는 아무런 방해도 받지 않고 해상 교통로를 확립했고, 또한 미군 좌익이 상륙한 비르 강 유역의 동쪽 해변을 제외하고는 상륙 목표 해안을 예상한 것보다 훨씬 용이하게 탈취할 수 있었다. 그 성공은 뛰어난 계획과 장비에 있었다. 그 가운데는 많은 신장비가 포함되어 있었다. 한편 교두보의 종심 확보를 위한 싸움이 성공이었느냐, 실패였느냐는 표면상 나타났던 것만큼 확실하지 않았다. 침공군은 캉과 셰르부르를 탈취하기 위한 요충지 확보에 성공하지 못했기 때문이다. 다행히 공격 정면이 넓었던 것이 기회를 다시 찾는 가장 중요한 요인이 되었다. 독일군은 양측에 있던 이들 두 개 지역을 향하는 요충지를 확보하기 위해 자연스럽게 병력을 집중시켰는데, 그 때문에 두 지점 사이의 지역이 약화되었던 것이다. 영국군 부대는 아로망슈 부근에 대한 직접 상륙 후에 신속한 전과 확대를 위해 바이유에 진입했고, 주말까지는 돌파의 전과가 확대되어 오른 강과 비르 강 사이에 폭 40마일, 종심 5~12마일의 연합 교두보가 형성되었다. 연합군은 또한 셰르부르 반도의 동쪽에 앞의 것보다 소형이지만 또 하나의 교두보를 확보했다. 12일 미군은 카렌탄에 있던 중간 요충지를 협공으로 탈취함으로써 폭 60마일 이상의 교두보를 구축했다.

아이젠하워 아래에서 침공군 전체의 실질적 지휘를 담당한 몽고메리 장군은 이제서야 그의 공세 행동을 더욱 충분하게 진전시킬 수 있게 되었다.

2주째에는 서쪽 교두보가 눈부시게 확장되었다. 이곳에서는 미 제1군이 셰르부르 반도의 핵심부를 횡단하며 돌진했고, 한편 그 동쪽에 있던 영국 제3군은 캉 주변에 압박을 가함으로써 독일군 증원 병력의 대부분, 특히 기갑 사단을 계속 유인했다. 전략적 차원에서 동쪽에서 영국군의 돌파 위협은 교두보 서쪽에서 돌파를 기도하고 있던 몽고메리의 계획을 지원하는 간접 접근 방식이었다.

3주째에 미군은 셰르부르를 차단한 후, 그곳을 선회하여 북상, 배후에 있는 셰르부르 항에 진입했다. 셰르부르는 6월 27일 점령되었는데 이 항구는 이미 일시적으로 사용 불능 상태에 빠진 뒤였다. 캉 주변에서의 영국군 돌파 작전은 신축적인 방어에 유리한 지형에서 독일군의 숙달된 방어 전술로 실패로 돌아갔으나, 영국군이 가한 위협은 독일군 사령부가 예비 병력을 자유롭게 운용할 수 있는 자유를 구속하는 견제 역할을 했다.

적에게 가한 압박으로 침공군의 전력 증강은 눈부시게 빠른 속도로 진행됐다. 전력 증강에는 인공 항만 시설의 개발이 크게 도움이 되었다. 인공 항만 시설은 날씨의 방해를 완화하고, 적의 판단을 뒤엎음으로써 기습을 달성하는 데 기여했던 것이다.

러시아군의 폴란드 대진격

러시아군의 하계 전역은 핀란드 정면에서의 예비 공세 후, 6월 23일 개시되었다. 이 날은 히틀러가 러시아를 침공한 지 3년이 되는 기념일의 이튿날이었다. 공세는 프리페트 소택지 북쪽에 있는 백러시아에서 개시되었다. 이 지역은 1943년에는 독일군의 모든 전역 중에서 가장 견고했으므로, 독일측은 러시아군의 하계 전역이 재개될 것으로 예측되던 프리페트 소택지와 카르파티아 산맥 사이의 넓게 트인 정면에 증원 병력을 투입하는 대신, 소수의 증원 전력만을 할당해도 괜찮을 것으로 생각했다. 그리하여 이 전역의 방어군은 또다시 균형을 상실하게 되었다. 현지의 독일군 사령관들은 현 전선에서 90마일 후방에 있던 베레지나 강 방어선으로 철수할 것을 주장했지만, 히틀러가 거부했기 때문에 독일군의 전세는 더욱 악화되었다. 이 철수가 적시에 실행되었더라면 러시아군의 공세는 완전히 좌절되었을 것이다.

일단 독일군의 견고한 방어진을 돌파한 후, 러시아군은 놀랄 만큼 신속하게 전진했다. 바그라미얀Bagramyan 집단군과 체르냐코프스키Chernyakovsky 집단군의 협공적 돌파가 개시된 지 4일 만에 비테브스크가 함락되었고, 그로 인해 제3기갑군 앞에는 구멍이 뚫렸다. 이것은 모스크바 – 민스크 간의 남부고속도로로 연결되어 독일 제4군(티페르스키르흐 지휘)의 배후를 압박하기 위한 길을 열어준 격이 되었다. 독일 제4군은 자군自軍 정면에 대한 러시아군의 공세를 부분적으로 완화하기 위해 드네프르 강 방어선으로 약간 후퇴하고 있었다. 이 동안에 로코소프스키Rokossovsky 집단군은 독일군 대돌출부 반대 측면에 대해 역습을 가하고 있었다. 이 집단군은 프리페트 소택지의 바로 북쪽을 돌파했고, 하루 20마일의 속도로 전진하여 민스크 후방에 있던 독일군 병참선을 차단하고, 그 지방 중심도시 민스크를 고립시켰다. 민스크는 7월 3일 함락되었다.

이들 다수의 간접 돌진은 독일군 방어 태세의 전반적인 붕괴를 유발시켰고, 그 후 러시아군이 획득한 포로 수는 그때까지 러시아군이 실시했던 돌파 행동으로 얻어졌던 것 중 최대였다. 최초의 2, 3주일이 지나자 획득 포로 수는 점차 줄었으나 러시아군의 전진 속도는 늦춰지지 않았다. 이 두 사실의 결합은 의미가 있었다. 하나는 히틀러가 마침내 사태의 실상에 밀려 대규모의 후퇴를 승인하게 된 후, 독일군 지휘관들이 예하 부대를 위기에서 탈출시킨 숙련도를 증명하는 것이었다. 다른 하나는 독일군의 퇴각 속도와 범위, 그리고 전투 없이 포기된 많은 요충지는 러시아군 지휘관들이 간접 접근 방식을 이용하여 적의 저항을 차단하는 숙련도가 향상되었다는 점을 나타내는 것이었다.

작전 과정을 검토해보면, 러시아군은 전진할 때 잇따라 두 곳의 중심 목표에 대해 교대로 위협하는 듯한 모습을 보이면서도 그 중 어느 곳도 공격하지 않고 대신, 수비가 엷어진 그 중간 지점을 돌파함으로써 중심 목표의 배후 깊숙이 진출하여 마침내 두 중심 목표를 모두 돌파한다는 전술을 자주 사용했다는 점을 분명히 알 수 있다. 또한 두 개의 주공 방향이 바르샤바와 인스테르부르크에서 합쳐졌을 때, 비로소 독일군의 삼엄한 제지를 받았던 것은 중요한 일이었다. 왜냐하면 두 주공 방향 모두 차츰 직접 접근 방식으로 변해갔기 때문이다.

2주일도 안 되어 러시아군은 적을 백러시아에서 소탕했다. 7월 중순까지 러시아군은 폴란드 동북부의 반 이상을 유린, 브레스트-리토프스크 및 비알리스토크에 들어가 빌나를 포위했고, 니멘 강을 건너 동프러시아 국경에 육박하고 있었다. 여기서 러시아군의 전진 물결은 나르바 및 프스코프 사이의 정면을 방어하고, 여전히 발틱 국가들을 엄호하고 있던 독일 린데만Lindemann 집단군의 측면을 200마일 이상이나 뛰어넘는 것이었다. 이리하여 린데만 집단군은 앞뒤가 적으로 둘러싸인 최악의 상황에 놓이게 되었다.

7월 14일 러시아군은 프리페트 습지 남쪽의 코벨-타르노폴 간의 전선에서 대망의 공세를 개시했다. 이 전선의 독일군은 이미 철수하고 있었다. 10일 만에 러시아군은 바르샤바 동남쪽 100마일에 있는 르포브와 루블린에 도착했다. 요새 도시인 프르제미실, 브레스트-리토프스크 및 비알리스토크도 그 주에 함락되었다. 북쪽에서 러시아군의 돌진은 드빈스크를 거쳐 리가 뒤쪽 발트 해 연안에 도착함으로써 당시 지지부진하게 철수하고 있던 린데만 집단군의 퇴로를 차단하려는 위협을 가했다. 7월 말까지는 러시아군은 리가 만에 도착해 있었고, 그 중앙부는 바르샤바 근교까지 돌파하고 있었다.

바야흐로 전황은 변화되어 독일군은 충격에서 벗어나고 있었고, 직접적인 위협을 받지 않는 지점에까지 후퇴했으므로 사태 수습의 능력을 되찾고 있었다. 즉 독일군은 연합군측의 보급선이 너무 길게 확장된 곳까지 퇴각하여, 이제 어느 정도 방어책이 효과를 나타내게 된 것이다. 한편 추격하는 연합군측에게는 전략상의 과도한 확장이 가져오는 법칙이 작용하기 시작했다. 독일군은 아직 러시아군의 전진을 저지할 수 있는 능력을 가지고 있다는 사실과 러시아군은 이제까지 유린해왔던 광대한 지역에 대해 시간을 들여 병참선을 정비·보수하지 않으면 기세를 갖춘 공세를 재개할 수가 없다는 점이 명백해진 것이다.

8월 초, 북부 철수 선에서의 독일군의 반격은 러시아군을 바르샤바에서 다시 밀어냈다. 한편, 이곳에 있던 독일군은 종전 러시아군이 이곳에 쳐들어왔을 때 생긴 폴란드인의 봉기에 대처할 수 있을 만큼 충분한 전력을 갖추고 있었다. 바르샤바 남쪽에서는 러시아군이 비스툴라 강 넘어 교두보를 구축하는 데 성공했지만 그 후 곧 저지되었다. 8월에는 정세에 이렇다 할 큰 변화가 없었다.

일시적인 교착 상태는 공세 방향 변경에 따라 깨지게 되었다. 즉 남부 루마니아 전선에서 러시아군이 새로운 공세를 개시했던 것이다. 이 행동 개시와 거의 때를 같이하여 8월 23일 루마니아는 강화 협상 준비가 되어 있음을 발표했다. 이 발표는 그 후 러시아군이 신속하게 전진하여 야시를 지나 프루트 강과 세레트 강 사이의 회랑을 내려와 갈라츠 골짜기까지의 도착을 용이하게 만들었다. 이 발표는 또한 러시아군이 프루트 강 동쪽 해안에서 독일측 돌출부에 남아 있던 독일군을 포위하도록 했다. 배후에서 러시아군이 신속한 전진을 계속하여 27일에는 갈라츠와 포크사니를 탈취했고, 30일 플로에스티 유전 지대를 점령했으며, 이튿날 루마니아의 수도 부쿠레슈티에 진입했다. 12일 동안 전차 부대는 250마일을 돌파했던 것이다.

그 후 러시아군은 북쪽, 서쪽 및 남쪽으로 전선을 확대하면서 전진했다. 그들 부대는 헝가리를 목표로 트란실바니아 알프스로 진격했고, 그리스에 주둔한 독일군 사단의 배후를 차단하기 위해 유고슬라비아 국경에 도착한 후, 남쪽으로 돌진해 다뉴브 강을 건넜으며 이제 소련 정부가 선전포고한 불가리아로 침입했다.

이탈리아에서의 교착 상태

로마의 함락에 이어 예측되었던 독일군 저항력의 급속한 붕괴는 일어나지 않았다. 케셀링은 복잡하게 엉킨 어려운 상황에서 자군을 구출했고 절묘한 기량으로 퇴각, 동시에 연합군의 북진에 대해 일련의 저지망을 새로 구축하는 데 성공했다. 연합군들이 로마 북쪽 160마일에 있는 아르노 강과 피사와 피렌체 근교에 도착한 것은 7주가 지난 후였다. 그 후 케셀링이 피렌체를 포기하고 후퇴하여 배후의 산 속에 있는 자군의 주방어 진지 —— 고딕 선 —— 에 들어간 것은 다시 3주일 후였다.

알렉산더 장군은 이 방어선의 가공할 만한 특성을 인식하고 새로운 '횡적 기동'을 계획했다. 그는 제8군의 주력을 아드리아 해 방향 측방으로 또다시 이동시켜 8월 하순에 적의 고딕 선이 있는 동해안 전역을 페사로 부근에서 공격하여 리미니 방향으로 돌파했다.

그러나 케셀링은 그 위협을 격퇴하고 돌파구를 폐쇄하는 데 성공했으므로, 알렉산더는 공격 지렛대를 사용하여 돌파구를 여는 방법으로 되돌아가지 않으면 안 되었다. 연합군은 끊임없는 노력으로 포 강 계곡 동단에 침투로를 개척해나갔지만 그곳은 포도밭이 많은 평지였고 지면은 점토질로서, 비가 내리면 진흙탕이 되기 때문에 급속한 전과 확대에는 바람직하지 않은 곳이었다. 독일군이 붕괴 직전에 있을 때, 마침 가을비가 내려 지칠 대로 지친 독일군 부대를 구원했고 또 새로운 소강 상태가 봄까지 계속되었다.

알렉산더의 병력 일부는 8월에 남프랑스를 침공하기 위해 차출되었다. 실제로 이 견제 행동은 북프랑스에서의 주 전투에 거의 영향을 미치지 않았다. 왜냐하면 남프랑스에 대한 상륙 작전이 실시되기 2주일 전에 북프랑스에서의 전세는 이미 결과가 결정되어 있었기 때문이다. 이탈리아 전투에서 필히 승리를 가져올 수 있으리라고 생각되는 전력 상의 여유를 알렉산더의 추계 공세가 국지적으로 결정적 압력을 가하는 능력이 결여된 이상, 오히려 남프랑스 침공은 독일군도 효과적인 태세를 구축할 정도로 강력할 때 그리고 기후 조건이 퇴각에 유리할 때, 알프스 기슭의 언덕으로 퇴각하는 것을 방해받았기 때문이다.

1945년 초, 케셀링 휘하의 병력 중 4개 사단이 서유럽 방위를 강화하기 위해 차출되는 한편, 히틀러는 알프스 산맥으로 향하는 그 어떠한 즉각적인 퇴각도 금지했다. 그 동안 독일측의 물자 결핍은 매우 심각했다. 1945년 봄까지 독일군은 알프스 산맥이라는 피신처로 신속히 후퇴하기 위해 필요한 자산 중 특히 항공기, 전차, 수송차와 연료가 매우 부족했다. 연합군은 4월에 공세를 재개하여 빈약한 독일군 방어선을 돌파하여 적 배후로 신속한 돌진을 했고, 독일군이 혼란 속에서 허둥대고 도보로 퇴각하는 동안 그곳에서 전선을 확장, 독일군의 모든 퇴로를 폐쇄할 수 있었다.

이 장기적인 노력의 대가로 이탈리아에서는 연합군에게 최후의 승리가 주어졌다. 그것은 지금까지 맛본 모든 좌절감을 깨끗이 씻어버리는 것이었다. 이탈리아에 있는 적의 붕괴가 북프랑스 주전장에 있는 적의 궤멸에 앞서 실현된 사실은 전쟁에서 마케도니아에 전략적으로 '억류되어' 있던 연합군의 일부가 제1차 세계대전을 종결시킨 실마리 역할을 했다는 사실과 놀랍게도 일치했다. 그러나 주 전장에서 연합군에 의한 작전이 전반적인 적의 붕괴를 촉진시킨 것이다. 가장 결정적인 국면은 노르망디에서의 돌파 후인 1944년 8월에 일어났다.

노르망디로부터의 돌진

7월에 노르망디에서는 격렬한 전투가 계속되었는데, 연합군측에서는 사상자 수만 늘어날 뿐 성과는 오르지 않았다. 그러나 독일군은 연합군처럼 출혈을 무릅쓰고 싸울 여유가 없었다. 한편, 거의 고정되어 있던 전선의 후방에서 연합군측의 자원은 계속 증대하고 있었다.

미 제1군은 7월 3일에 셰르부르를 탈취한 후, 부대 재편성을 마치고 미리 계획했던 셰르부르 반도 끝부분을 향하여 남쪽으로 돌진을 개시했다. 그러나 이 공격군에게는 여전히 기동의 여지가 없어 전황의 진전은 지지부진했다. 8일에는 뎀지Dempsey 장군이 지휘하는 영국 제2군이 캉에 침투했으나 오른 강의 도강점에서 저지되어버렸다. 계속해서 감행한 측면 우회 돌진 또한 격퇴되었다. 18일에는 좀더 야심적인 '굿우드 공세 작전'이 계획되었다. 이를 위해 3개 기갑 사단이 앞뒤의 밀집 대형으로 캉의 동북쪽에 있는 교두보에서 발진하여 강력한 공중 폭격으로 열린 정면 3마일의 좁은 간격을 통과하고 적의 캉 방어선 배후를 횡단하여 돌진했다. 한때 돌파가 성공한 듯이 보였으나 전진 속도가 너무나 늦었고, 또한 예하 부대의 지휘관들이 적이 방어하는 촌락들을 우회하는 것을 주저한 데 반해, 독일군은 연합군의 진로상에 전차와 대전차포 경계망을 신속하게 배치했던 것이다. 이 기회를 놓친 후, 영국군과 캐나다군은 새로운 공격을 실시했으나 이것 또한 큰 진전을 보지 못했다. 그러나 이들 공격은 적의 관심과 적의 최정예 부대를 캉에 고정시켜두는 데 유효했다. 적의 9개 기갑 사단 중 7개 사단이 캉 전역에 투입되었던 것이다.

7월의 처음 3주일 동안 노르망디 교두보의 서단에서는 브래들리 장군이 지휘하는 미군이 정면을 5내지 8마일 정도 전진시켰다. 그 동안 패튼 장군이 이끄는 미 제3군은 한층 더 대규모의 돌파작전을 실시하기 위해 영국에서 노르망디로 수송되어 도착해 있었다.

대규모의 돌파작전인 '코브라 작전'은 6개 사단으로 최초 4마일의 정면에 걸쳐 7월 25일 개시되었는데, 그에 앞서 '굿우드 작전'보다 한 층 더 맹렬한 공중 폭격이 실시되었다. 폭격 때문에 지면에 생긴 수많은 폭파공은 그 후 미군의 돌진을 방해했고, 병력이 각처에 분산되어 어리둥절하고 있던 방자측에 도움이 되었다. 미군은 2일 동안 겨우 5마일밖에 전진하지 못했으나 이후에 돌파구가 확대되어 셰르부르 반도의 서남단을 향해 신속하게 전진했다. 결정적인 돌파가 실시된 것은 7월 31일이었다. 그 전날 코몽 부근에서 공격하기 위해 영국 제2군의 주력을 오른 강 동쪽에서 바이유 남쪽의 중앙 전역으로 급히 이동 배치한 것은 결정적 돌파를 실행하는 데 크게 도움이 되었다. 적은 캉에서 차출할 수 있는 병력으로 위험한 코몽을 증원했고, 미군은 셰르부르 반도의 서해안 아브랑슈에서 적의 방어선을 돌파했다.

패튼 휘하의 전차 부대는 그 틈을 뚫고 들어가 브리타니 지방의 대부분을 노도처럼 뒤덮었다. 그 후 이 전차 부대는 동쪽으로 방향을 전환, 루아르 강의 북쪽 지역을 질주하며 르망과 샤르트르를 향해 전진했다. 제한된 노르망디 교두보의 70마일 정면은 즉각 잠재적인 400마일의 전선으로 변화되었다. 공간이 너무 방대해졌기 때문에, 적은 보유하고 있던 병력으로는 연합군의 전진을 효과적으로 저지할 수가 없었다. 적이 고수하려고 시도했던 도로 중심지는 모두 연합군에 의해 계속적으로 우회되었다.

확대되던 연합군의 노도와 같은 진격에는 하나의 위험이 내재되었는데, 그것은 연합군이 병참선이 통과해야 했던 아브랑슈의 병목 지대를 적이 차단하기 위해 반격을 실시하지나 않을까 하는 것이었다.

히틀러의 주장에 따라 독일군은 8월 6일 밤중에 이 목적을 위해 4개 기갑 사단을 서쪽으로 이동시키면서 반격을 실시했다. 멀리 떨어진 동쪽 사령부에서 히틀러가 도상에서 선정한 이 반격로는 너무나도 직접적이었고, 측면 엄호를 맡고 있던 미군에 정면으로 부딪쳤다. 브래들리 장군은 다음과 같이 말하고 있다. "만일 적의 기갑 사단이 수천 야드만 남쪽으로 벗어나 공격해왔다면 적은 바로 그날 중으로 아브랑슈까지 돌파할 수 있었을지도 모른다." 독일군의 반격은 일단 저지당하게 되자 전투에 참가한 연합군측 항공 부대에 의해 신속하게 격파되고 말았다. 독일군의 돌진이 실패한 이유는 독일측에 치명적인 결과를 가져왔다. 독일측 주력이 서쪽으로 이동하고 있는 것과는 반대로 기갑 부대는 독일군 배후를 돌아서 동쪽으로 질주하고 있었기 때문이다. 미군 좌익 부대는 아르장탕을 향해 북으로 선회하고 크레라Crerar 장군이 지휘하는 캐나다 제1군과 협공 작전을 하기 위해 캉에서 팔레즈를 향해 전진하고 있었다. 협공 작전의 양쪽 날개는 그 포위하에 있던 독일군 2개 군의 배후를 완전히 차단하기에는 연결하는 시간이 늦었으나, 5만 명의 포로를 획득했고 전장에는 만 구의 시체가 발견되었을 뿐 아니라, 탈출한 독일군 사단들도 극심한 피해를 입었던 것이다. 독일군의 차량은 점점 협소한 지역으로 몰려 들어가면서 연속적인 폭격을 받았기 때문에 인명 손실보다 더 심각한 피해를 당했다. 팔레즈 돌파구 지대에서 극심한 피해를 입은 독일군은 연합군이 동쪽으로 질주해서 센 강과 그 너머로 전진했을 때, 대처해야 할 병력이나 기동력이 남아 있지 않았다.

하나의 함정에서 몸부림쳐 나올 때마다 적은 자신이 더욱 큰 함정에 빠져 있다는 것을 깨닫게 되었다. 연합군의 우익에 있던 패튼 기갑 부대의 돌진은 항상 적의 내륙 측면을 동요시키고 적의 배후를 강하게 위협했다. 그 진로상에 있는 적의 저항을 번번히 우회하면서 패튼 기갑 부대는 독일군의 주력에 대한 연속적인 전략적 우회 효과를 가져왔다.[7]

연합군이 서유럽으로의 관문을 열기 위해 사용한 두 개의 열쇠는 공간과 속도였다. 강습이 때때로 실패한 경우에도 기동으로 승리를 얻을 수 있었다. 일단 기동을 위해 무제한의 넓은 공간이 확보되면, 기계화 기동력에 의해 연합군측의 전력상의 우위를 발휘할 수 있었다.

이 대규모의 측면 우회 기동이 신속하게 실행됨으로써 프랑스에 있는 독일군 진지의 전반적 붕괴가 급속하게 일어나면서 패치Patch 장군이 지휘하는 미 제7군(그 일부는 프랑스군도 포함)이 8월 15일 남프랑스에 상륙하여 다시 공세를 가할 필요는 없어지고 말았다. 미 제7군의 상륙은 일종의 무혈상륙이었다. 왜냐하면 독일군은 리비에라 해안의 방어 병력을 대거 철수하지 않을 수 없었고, 그곳에 남아 있는 부대는 질이 떨어진 4개 사단에 불과했기 때문이다. 그 후 미 제7군은 내륙을 향해 론 계곡을 거슬러 전진했는데, 이 전진은 전술상의 문제보다 오히려 병참상의 문제였다. 23일에는 마르세유가 점령되었고 한편, 산악 지대를 지나 돌진한 부대도 같은 날 그레노블에 도착했다.

19일 내륙에 있던 독일 지배하의 프랑스군이 파리에서 봉기했다. 무장 봉기를 일으킨 프랑스군에게 수일 동안 상황은 심각했으나 25일 연합군 기갑 부대가 파리에 도착하자 전세는 호전되었다. 그 동안 패튼 군은 파리 동북방의 마른 강을 향해 질주하고 있었다.

---

7) 패튼의 기갑 부대가 센 강을 넘어 파리 북방으로 진격하고 있을 때, 그 선봉 부대인 제4기갑 사단장 우드 장군은 나에게 그가 아브랑슈를 돌파한 후 취하고 있던 방침의 윤곽을 다음과 같이 서신으로 알려왔다. "대담한 행동과 간접 접근 방식이라는 원칙에 의하여 어떠한 성과가 달성될 수 있는가를 이는 보여주었다."

그 다음 일어난 중요한 정세 변화는 센 강을 루앙 동쪽에서 도강한 영국 제2군이 독일 제7군의 잔존 부대를 포획할 목적의 전과 확대를 위해 돌진한 것이었다. 독일군 부대는 루앙 서쪽에 있던 캐나다 제1군에게 여전히 저항하고 있었다. 독일군 부대의 대부분은 적시에 센 강을 건너 탈출에 성공했으나, 영국군 기갑 부대는 그보다도 빨리 이 독일군 부대의 퇴로를 차단할 수 있도록 더욱 넓고 깊은 우회 기동을 하고 있었다. 템지 휘하의 선봉 부대는 센 강을 건너 70마일을 2박 3일 만에 주파, 31일 새벽 아미앵에 도착했다. 그들은 솜 강을 도강한 후 아라스 및 릴을 신속하게 통과하여 벨기에 국경에 도착함으로써 칼레 해협 연안에 있던 독일 제15군의 배후로 진출했던 것이다. 그 동쪽에서는 하지스Hodges의 미 제1군도 약진을 거듭하여 히르손 부근 벨기에 국경에 진출해 있었다.

　더욱 동쪽에서는 패튼의 부대가 샹파뉴를 향해 더욱 눈부신 돌진을 하며 베르됭을 통과했고, 독일 국경에 매우 가까운 메츠와 티옹빌 사이 모젤 강까지 진출했다. 그러나 연료 보급을 유지하기 어려웠기 때문에 형세는 약화되기 시작하고 있었다. 비록 전략적인 전망은 날이 거듭될수록 호전되고 있었지만 연합군의 선봉 기갑 부대는 연료가 떨어져서 정지하기에 이르렀다. 즉 이 기갑 부대들은 라인 강에서 80마일이 채 안 되는 지점까지 도달해 있었던 것이다. 그들이 전진하기에 충분한 연료를 공급받자 이번에는 독일군의 반격이 강력해졌다. 패튼이 감행한 돌진은 '프랑스 전투Battle of France'에서는 승리를 가져왔으나 병참 상황이 앞으로 있을 '독일 전투Battle for Germany'에서의 승리를 방해했다. '전략적 과도 확장'에 관한 법칙이 또다시 대두하며 지연을 불러온 것이다. 패튼 전역에서의 지연은 장기간 계속되었다. 왜냐하면 패튼의 메츠 전투는 직접 접근 방식으로 유인되어 이 요새

도시의 쟁탈을 위한 계속된 근접 전투는 그때까지의 우회 기동의 성과를 헛된 것으로 만들어버렸기 때문이다.

9월 초 연합군 좌익 방면에서는 전세가 가장 빨리 진척되어가고 있었고 조기 승리의 전망은 이제 이 방면으로 옮겨졌다. 영국 기갑 부대는 3일, 브뤼셀에 진입했고 4일에는 앤트워프로 들어갔으며, 그 후 네덜란드로 진입했다. 몽고메리는 이 대규모 기동에 의해 서유럽에 있던 독일군 주력으로서 노르망디와 칼레 해협에 있던 독일군 잔존 부대의 배후를 차단했다. 미 제1군은 나무르를 점령한 후, 디낭과 지베 두 지점에서 뫼즈 강을 건넜다.

이러한 위기 속에서 독일군은 서유럽 소재 독일군 부대의 지휘권을 모델 장군에게 이양했다. 그는 러시아 전선에서 필요할 때면 어디에서나 예비 병력을 차출하는 능력으로 명성을 떨치던 인물이었다. 이번 프랑스 내 돌진으로 인하여 50만 이상의 포로를 낸 독일이 자국의 경계선을 지키기 위해 스위스에서 북해까지 500마일의 방어선을 유효하게 수비할 만한 예비 병력을 집결하는 것은 보통 계산으로는 도저히 불가능하게 보였다. 그러나 놀랍게도 독일측은 예비 병력을 집결시키는 데 성공했고, 때문에 전쟁은 8개월이나 더 지연되었다.

독일측이 병력을 집결하는 문제에서 연합군의 병참 문제가 오히려 큰 도움이 되었다. 연합군은 보급 곤란에 의해 독일측이 임시 방편으로 구축한 방어 태세만으로도 저지할 수 있을 만큼 가벼운 공격밖에 할 수 없게 되었으며, 그 후 강력한 공격을 실시하기 위한 연합군 전력 증강까지도 삭감되기에 이르렀다. 보급 곤란의 원인 중 하나는 연합군 자체의 전진 거리 확장 때문이었다. 또 하나의 원인은 독일군이 퇴각할 때 프랑스 항만에 수비 부대를 남기는 전략을 취한 것이었다. 그 결과, 연합군측은 브리타니 반도의 대형 항만과 됭케르크, 칼레,

불로뉴 및 르 아브르 등 여러 항구를 사용할 수 없게 되었고, 이것은 연합군의 공세에 간접적 제동을 건 격이 되었다. 연합군은 이들 항구보다 더 규모가 큰 앤트위프 항을 양호한 상태로 점령하고 있었으나, 적이 여전히 셀트 강 유역을 집요하게 확보하고 있었으므로 연합군은 그 항만을 사용할 수 없었다.

노르망디 교두보를 돌파하기 전, 연합군은 타격 부대의 보급을 위해 기지에서 20마일 이하의 거리를 수송하는 것만으로 충분했다. 그러나 이제 연합군은 거의 300마일에 걸쳐 보급 물자를 수송하지 않으면 안 되게 되었다. 프랑스의 철도망은 공중 공격으로 이미 파괴되어 있었으므로, 이 보급 수송의 무거운 짐은 완전히 연합군의 자동차가 떠맡아야 할 형편이었다. 연합군의 상륙 침공에 대한 독일군의 반격을 마비시키는 데 매우 효과가 있었던 폭격도, 막상 연합군이 돌파하여 전진 속도를 유지할 필요가 있는 단계가 되자 오히려 역효과가 나기 시작했다.

9월 중순, 영국 제2군이 북상하여 라인 강 하류로 새로이 돌진하기 위한 길을 개척하고, 네덜란드에 있는 적 우측면 배후에 3개의 공정 사단을 투하, 강화 중인 적의 저항을 이완시키려는 대담한 작전이 기도되었다. 독일군 전선 배후 폭 60마일 이상 되는 지역에 대해 단계적으로 투하된 이 공정 부대는 영국 제2군이 라인 강 하류에 도착하기 위해 중간 지역을 통과할 때, 디딤돌 역할을 하는 4개의 거점을 점령했다. 즉 디딤돌 역할을 하는 4개의 거점이란 에인트호벤에 있는 빌헬르미나 운하, 그라브에 있는 마스 강 도강점, 라인 강의 두 개의 지류로서 네이메헨과 아른헴에 있는 왈 강과 레크 강 도강점이었다. 이 디딤돌 중의 3개는 탈취되어 영국 제2군이 통과했다. 그러나 세 번째 받침돌을 탈취했을 때 일어난 차질로 인해 독일측의 신속한 반격에 부딪치게 되어 네 번째 받침돌은 탈취하지 못하고 말았다.

　독일군이 행한 이 저지로 영국 제2군의 내륙 돌진은 좌절되었고, 아른헴에서는 제1공정 사단이 희생되었다. 그러나 적 라인 강 방어선을 측면 우회할 수 있게 되었다는 사실은 전선의 훨씬 후방에 공수 부대를 투하하는 전례 없이 대담한 행동이 타당했다는 점을 증명하는 전략적 성과였던 것이다. 길어야 이틀밖에 지탱될 수 없을 것이라고 예측되었던 아른헴에 있던 제1공정 사단의 고립된 진지는 10일 간이나 버티었다. 그러나 영국 제2군의 돌진 방향을 너무나 뚜렷하게 드러내듯이 일직선으로 연속된 네 지점에 공정 부대를 투하시킨 방식은 그 기회를 오히려 감소시켰다.

　연합군측의 목적이 드러났기 때문에 적은 해결해야 할 문제를 다음과 같이 단순화시킬 수 있었다. 즉 적은 연합군의 네 번째 받침돌에 해당하는 지점을 확보하고, 영국 제2군의 선두 부대가 구원을 목적으로 도착하기 전에 영국 공정 부대를 격멸하기 위해 자기편 예비 병력을 그곳으로 집중시킬 수 있었다. 운하망이 펼쳐져 있는 네덜란드의 지형도 방어하는 독일군이 연합군의 진격을 저지하는 데 도움이 되었고, 연합군은 접근 방식의 직접성을 은폐하고, 방자측을 기만하기 위해 더욱 광범위한 기동을 하지 않았던 것이다.

라인 강 쟁탈전

　아른헴의 전투가 실패로 돌아가자 연합군의 조기 승리 전망은 사라졌다. 연합군은 주도면밀한 준비하에 대규모 공격을 하기 위해 독일 국경선을 따라 인적·물적인 전력을 축적하지 않으면 안 되었다. 이 전력 축적에는 많은 시간이 필요했다. 연합군 사령부는 새로운 보급 노선을 개척하기 위해 셸트 강 하구 해안에 있던 적을 소탕하기보다는 먼저 아헨 관문에서 독일로 강제 진입하려고 병력을 집중시켰기 때문에 오히려 자기 쪽의 어려움을 더욱 가중시켰다. 아헨에 대한 미군의 전진은 지나치게 직접 접근 방식으로 치우쳤기 때문에 그 전진은 계속적인 적의 저지를 받았다.

연합군은 그 밖의 서유럽 전선에서 9월과 10월 중 적 점령지를 부분적으로 공격하는 것 이상의 행동은 거의 할 수가 없었다. 이 목적을 위해 독일군은 프랑스에서 겨우 탈출해온 부대 외에 사용 가능한 모든 예비 병력을 집결하는 동시에, 새로 모집·편성한 부대까지 배치했다. 전선에 접해 있는 독일군의 전력 증강은 심대한 물적 자원의 열세에도 불구하고 연합군측의 전력 증강을 상회하고 있었다. 셸트 강 하구의 적은 11월 초에 이르러서도 소탕되지 않았다.

11월 중순, 서유럽 전선의 연합군 6개군이 총공세를 개시했다. 그 결과, 많은 손해를 입었고 그 성과는 실망할 정도에 불과했다. 그 후에도 공세는 계속되었지만 그것은 오히려 공격 부대를 피로로 더욱 지치게 할 뿐이었다.

미군과 영국군 지휘관들 사이에는 이 공세가 취해야 할 기본 형식에 대해서 이견을 보이고 있었다. 영국군 지휘관들은 집중 공격을 주장했고, 미군 지휘관들은 매우 넓은 전선에 걸쳐 독일군의 방어 태세를 시험하는 공격을 주장했다. 공세가 실패로 끝나자 영국군 지휘관들은 당연히 공격 노력을 분산했던 계획을 비난했다. 그러나 이 작전을 좀더 정밀하게 검토해보면, 더욱 기본적인 결함은 이 작전의 성격이 너무 명백했다는 점에 있다는 것을 알 수 있다. 이 공세가 수개 군 사이에 분산 실시되었다는 의미에서 넓은 전선의 공세였다고 할 수 있으나 각 군의 전역 내에서는 협소한 정면에 대해 집중적으로 행해진 공세였다. 독일 침입을 위해서 당연히 선택되리라고 예상된 관문에 대해 이 공격들이 지향되었기 때문이다. 더구나 주공 방향은 겨울철에 침수되기 쉬운 평지였다.

12월 중순, 독일군은 반격을 개시하여 연합군측의 여러 군과 국민들에게 충격을 주었다. 이때에도 독일군은 자기 군의 기동 예비대를 사용하지 않고도 연합군의 공세를 저지, 연합군의 전진을 아주 느린 속도로 만들 수 있었다. 이처럼 미군의 돌파 기회가 위축되었을 때부터 독일군의 강력한 반격 위험은 이미 분명했었는지도 모른다. 독일군이 10월의 전투 휴식 기간을 이용해서 기갑 사단의 대부분을 전선에서 철수시켜서 새로운 전차로 재정비했던 사실을 생각해보면, 이 점은 더욱 명확해진다. 그러나 연합군은 승리를 예견했기 때문에 독일군의 어떠한 반격 가능성에도 신경을 쓰지 않은 경향이 있어 이번 독일측 반격은 예상치 않았던 이익을 얻게 된 것이다.

소규모의 역습처럼 대규모의 반격을 실시하기에 가장 좋은 시기는 대개 공격하는 적이 전력을 다했는데도 그 목적을 달성하지 못하고 있는 시점이다. 이러한 시점에 공격측 부대는 지속적인 노력에 의해 일어나는 반작용으로 괴로워하게 되고, 연합군 사령부도 적의 반격에 즉각 대처할 수 있는 아군 예비대를 거의 보유하지 못하게 되는데, 특히 적의 반격이 다른 방향에서 가해질 때 더욱 그러하다.

또 독일군 사령부는 작전을 위한 적정 장소의 선정이라는 문제를 연합군과는 매우 다른 관점에서 처리함으로써 이점을 얻었다. 독일측은 그 반격 무대로 구릉과 삼림이 많은 아르덴 고원을 선정했다. 아르덴 지방에서 대규모 반격을 실시하는 것은 일반적으로 곤란하다고 간주되었기 때문에, 정통파만 모인 연합군측에서는 그것을 예측하지 않았다. 동시에 이 지방의 삼림은 대부대를 숨기는 데 유리했고, 또한 그곳은 고원이어서 전차의 기동을 유리하게 하는 건조한 토지였다. 독일측은 이렇게 두 가지 이점을 이용하려 했던 것이다.

독일군에게 있어서 최대의 위험은 연합군 항공력의 신속한 전투 개입이었다. 모델은 이 문제를 다음과 같이 요약했다. "가장 우선시되는 적은 연합군 항공 부대이다. 이것은 절대적 우세를 가지고 있기 때문에, 전투기에 의한 공격과 융단 폭격으로 독일의 선봉 공격 부대와 포병을 격파하려 할 것이고, 우리 후방에서의 아군 행동도 불가능하게 만들 것이다." 그리하여 독일측은 기상 예보에 따라 천연적인 은폐가 약속된 시기에 반격을 개시했다. 최초 3일 간, 안개와 비로 인해 연합군측 항공 부대가 움직일 수 없었다. 이같이 독일군은 악천후조차도 유리한 요소로 바꿀 수가 있었던 것이다.

독일측은 가능한 한 모든 유리한 조건을 이용해야 했다. 그들은 아주 적은 밑천으로 큰 장사를 하고 있었던 셈이다. 그들은 이것이 절망적인 도박이자 마지막 카드임을 알고 있었다. 독일측 공격 부대는 제5, 6기갑군으로 형성되었으며, 여기에 집결할 수 있는 대부분의 전차가 투입되었다.

공격이라는 측면에서 아르덴의 결점은 이 지방이 깊은 계곡으로 분단되어 있다는 점이었으며, 또한 이 깊은 계곡에는 도로가 병목 형태로 조성되어 있었다. 이 험한 병목 도로에는 전차의 전진이 저지당하기 쉬웠다. 독일군 사령부는 낙하산 부대를 투입, 전략적 문제를 해결했을지도 모른다. 그러나 이 특수 부대는 이미 대폭 감축된 상태였고, 또한 1941년 5월 크레타 섬을 기습 탈취한 이래 기량도 녹슬어 있는 상태였다. 결국 오직 소수의 병력만이 전투에 투입되었다.

이 반격의 목적은 간접 접근 방식에 의해 앤트워프에 이르는 돌파를 감행, 영국군과 미군 사이를 차단함과 동시에 그 보급원도 차단함으로써 고립된 영국군 집단을 격멸한다는 거창한 것이었다. 만토이펠이 지휘하게 된 제5기갑군은 아르덴에서 미군 정면을 돌파하고 서쪽으로 선회한 후, 뫼즈 강을 도강하여 나무르를 지나 앤트워프까지 북쪽으로 선회하기로 되어 있었다.

또한 이들은 그 전진에 따라 훨씬 남쪽에 있던 미군의 전투 참가를 저지하기 위해 방어적인 측면 장애물을 설치하기로 되어 있었다. SS(나치스 돌격대) 사령관이었던 디트리히Dietrich가 지휘하는 제6기갑군은 사선 대형의 서북 방향으로 돌진, 리에주를 지나 앤트워프로 향함으로써 영국군과 그보다 더욱 북쪽에 있던 미군의 배후를 차단하면서 전략적 장애물을 구축하도록 되어 있었다.

독일측의 반격은 기습이라는 장점에 따라 공세 개시 당일에는 위협적인 진전을 보여, 연합군측을 경악시키고 큰 혼란을 일으켰다. 가장 깊이 돌진한 것은 만토이펠의 제5기갑군이었다. 그러나 연료 부족으로 시간과 기회를 잃게 되고 결과적으로 연합국측 항공 부대의 압박을 받게 되었으며 일부 지점에서는 뫼즈 강까지 접근했지만 전반적인 공세는 도달하지 못했다. 이 공격의 실패 원인으로는 다음 사항이 중요한 요소였다. 즉 독일군에 의해 측면이 우회당하고 있었는데도 미군의 소부대들이 아르덴의 가장 중요한 병목 지대를 용감하게 고수했다는 점과 연합군의 북쪽을 담당하고 있던 몽고메리가 뫼즈 강의 도하점에서 적을 제지하기 위해 자군의 예비 병력을 기민하게 남쪽으로 이동·배치했던 점이다.

다음 국면에서 연합군이 병력을 집중하여 자기 쪽의 정면에 독일측이 박아놓은 쐐기를 차단하려 하자, 독일군은 교묘하게 철수하여 가까스로 함정에서 탈출했다. 이 점만을 판단하면 독일군의 공세는 유리한 작전이었다고 볼 수 있다. 왜냐하면 이 공세는 목적을 완전히 달성하지는 못했지만 연합군측의 모든 준비를 무산시켰고 또한 그 효과에 비해 크지 않은 손해만으로 연합군측에 많은 손실을 입혔기 때문이다. 그러나 이 공세의 최종 단계에서 히틀러가 독일군의 철수를 방해했을 때는 상황이 달랐다.

전반적 정세와 관련해보면, 이 공세는 독일에게 치명적인 작전이었다. 공세 기간 동안, 독일측은 어려운 상황에서도 지나칠 정도로 전력을 낭비했다. 전력 낭비로 인해 다음에 재개되는 연합군의 공세에 대해 더 이상 완강한 저항을 계속할 기회를 상실했다. 그것은 독일군 부대가 전세를 역전시킬 능력을 갖지 못했다는 점을 의미하면서 그로 인해서 독일군이 갖고 있던 모든 희망이 사라졌다. 요컨대 그것은 독일이 스스로의 군사적 파산을 공포한 격이 되었다. 그 후 독일군 및 국민의 눈에서 자기 나라의 자원이 바닥났고, 이제 절망적인 싸움에서 그들이 희생될 뿐이라는 사실을 숨길 수 없게 되었다.

최후의 국면

그 해 8월에서 연말까지 러시아 주전선은 폴란드의 중앙부를 횡단하면서 소강 상태를 유지하는 한편, 러시아군은 자군이 지난 여름에 노도와 같이 전진하여 통과했던 지역의 병참선을 정비했고, 앞으로의 전진을 위해 전력 증강에 힘쓰고 있었다. 러시아군은 가을에 프러시아를 향한 좁은 관문을 강제 돌파하려고 시도했으나 방어망을 격파하지는 못했다.

그 동안 루마니아에서 불가리아에 걸쳐 행동하고 있던 러시아군 좌익 부대들은 대규모의 측면 우회 기동을 실시하여 헝가리를 거쳐 유고슬라비아로 점점 전진하고 있었다. 이것은 하나의 전략적 행동이면서 동시에 장기 목적을 갖는 대전략적 행동이기도 했다. 러시아군의 행동은 통과해가는 모든 나라에 지배권을 확립하기 위한 과중한 부담이었고, 이들 지역에 병참선이 부족했기 때문에 점차 그 속도가 느려졌다. 그러나 이 행동은 선회 기동이 계속 진전됨에 따라 자연스럽게 점차 공동 목표에 대한 전략적 협공으로 발전했다. 한편 이처럼 측면에서 오는 러시아의 위협에 대처하기 위해 독일측은 많은 병력을 투입하지 않으면 안 되었던 만큼, 이는 동·서쪽에 두 개의 전선을 유지해야 할 독일측의 중요한 전력을 분산시킨 격이 되었다.

1월 중순 코니에프 군은 산도미에르츠 부근의 비스툴라 강 너머 교두보에서 출발하여 폴란드 남부에 있던 독일군 정면에 대한 대규모 공세를 개시했다. 코니에프가 이 공세로 인해서 적의 방어선을 돌파, 또한 적의 중앙 전구에 대해 측면 위협을 실시한 후, 주코프 군은 바르샤바 부근 교두보에서 전방으로 약진했다. 이 공세는 겨울이었는데도 불구하고 최초의 일주일 간은 지난 여름 일주일 동안 달성했던 것과 유사한 신속한 전진을 보였다.

폴란드 서부에 있는 독일군 전선 후방은 독일군이 1939년 폴란드 공격 당시 발견했듯이, 대부분의 지형이 방어에 불리한 개활지였다. 이 지형의 특질은 기동력을 갖춘 공격군에게 이익을 주었는데, 특히 공격군이 기동 전력상의 우세를 가지고 광대한 지역이 제공하는 기동 기회를 활용하려 할 때 더욱 유리했다. 이제 독일측은 스스로 수세적 입장에 서서 전력과 기동력 양면에서 부족함을 호소하고 있었다.

공격 개시 후 2주째에도 러시아군의 전진 속도는 그대로 유지되었고 획득한 포로 수는 증대했다. 이 사실은 독일군 사령부가 뒤늦게 하달한 총퇴각 기도를 앞질러 러시아군의 선봉 부대가 선수를 쳤다는 점을 의미했다. 독일측이 자국 국경 안에 있는 대도시의 민간인을 급히 소개시킨 사실은 러시아군의 전진 속도와 힘이 또다시 독일군 사령부 판단을 흐리게 하여, 그들이 확보해야 한다고 판단했던 위치로부터 황급히 철수했음을 알려주고 있다.

코니에프 부대는 크라코프나 로즈 시 사이의 넓은 공간을 통과하여 폴란드 서부 국경을 넘어 실레지아로 신속히 진입했다. 크라코프나 로즈 시는 1월 19일 함락되었으며, 로즈 시의 함락은 주코프가 감행한 측면 우회 기동에 의한 것이었다. 23일에 코니에프는 블레슬라우 상류에서 40마일 정도의 정면에 걸친 오데르 강 방어선에 도달했고, 그 후 이 강의 몇 군데에 도하점을 구축했다. 신속하게 전진하는 동안 코니에프는 상부 실레지아의 중요 공업 지대를 유린함으로써 독일의 전시 생산을 거의 멈추게 만들었다. 그러나 그 후 독일측은 오데르 강 너머에 강력한 부대를 집중시켜, 러시아군 교두보의 확장을 저지하는 데 성공했다.

러시아군의 우익 방면에서는 로코소프스키 부대가 바르샤바 동북방 나레브 강에서 시작하여 동프러시아에 반격을 가했다. 그들은 동프러시아 국경선 서단을 넘어 동진, 유명한 탄넨베르크 전장(1914년 러시아군이 대참패한 현장)을 통과하여 26일 단치히 동쪽 발트 해에 도착했다. 동프러시아에 있는 독일군의 대부분은 퇴로를 차단당하고 나서 쾨니히스베르크에서 포위되었다.

그 동안 러시아군 중앙에서 주코프는 한 쌍의 중추적 교통요충지인 토룬과 포즈난을 목표로 서북방으로 돌진 중에 있었다. 근교 두 도시를 우회하여 독일 국경을 향해 급진격함으로써 이 두 도시는 밀물 속에 남겨진 두 개의 작은 섬처럼 고립되었다. 29일, 독일 국경을 넘은 주코프는 그 후 오데르 강을 목표로 돌진했다. 오데르 강은 실레지아로부터 훨씬 서쪽에서 흐르고 있었다. 그의 목표는 오데르 강 건너편 불과 50마일의 거리에 있는 베를린이 분명했기 때문에, 당연히 적의 강한 저항에 부딪혔다. 그의 전차 부대는 31일 쿠스트린 근교 오데르 강에 도착했으나, 넓은 정면을 잡고 오데르 강 방어선까지 도착하기 까지에는 약간의 시간이 소요되었고, 그 후 연속적으로 도강을 강행 했으나 독일측에 의해 격퇴되었다.

코니에프 부대는 오데르 강 건너편 강줄기를 따라 북진함으로써, 적에 대한 측면 우회 쐐기 기동을 시도했으나 독일측의 방어 전환선인 나이세 강에서 저지당했다. '과도 확장의 법칙'이 또다시 작용하여 유럽 전장에서 싸움의 귀추가 결정될 때까지 러시아군은 동부 전선에서 저지되어 있었던 것이다.

러시아군이 오데르 강 전선에서 싸우고 있는 동안, 아이젠하워 부대는 독일군이 라인 강을 건너 철수하기 전에 라인 강 서쪽에서 그들을 포착하려고 2월 상순에 또다시 대공세를 개시했다. 공격의 포구를 연 것은 좌익에 있던 캐나다 제1군(영국군도 포함)이었다. 이 부대는 콜로뉴 서쪽의 미 제9군 및 제1군과 대치하고 있던 독일군 부대에 대한 측면 우회 쐐기를 박기 위해 라인 강의 서안을 선회하며 올라갔다. 그러나 아르덴에서 적의 반격으로 행동이 지체되었기 때문에, 이 공격은 봄이 되어 땅이 녹을 때까지 실시할 수 없게 되었다. 이 조치는 독일군의 저항을 강화시켰다. 독일측은 로어 강에 있던 댐을 폭파함으로써 위험한 상황을 호전시키고 미군의 공격을 2주 간이나 지연시켰다. 2주일 후에도 미군의 공격은 독일측의 완강한 저항에 부딪혔다. 그 결과, 미군은 3월 5일까지 콜로뉴에 진입할 수가 없었다. 독일군은 감소된 병력과 대부분의 장비를 라인 강 너머로 후송하기 위해 시간을 벌고 있었던 것이다.

그러나 독일측은 연합군 좌익을 저지하기 위한 노력에 자군 병력의 상당 부분을 투입하지 않을 수 없게 되었다. 그 결과, 독일군 자체의 좌익이 약화되었고, 이것은 미 제1군과 제3군에게 기회를 제공했다. 미 제1군 우익부대는 본에서 라인 강을 돌파했고, 그 예하의 한 부대가 레마겐에서 라인 강에 가설된 다리를 기습하여 탈취할 수 있었다. 아이젠하워는 예상하지 않았던 이 통로를 즉각적으로 이용하지는 않았다. 그것은 자신의 예비 병력을 전용하고 앞으로의 결정적 단계를 위해 마련해둔 계획을 대폭 재조정하지 않으면 안 되기 때문이었다. 그러나 레마겐에서 적에게 준 위협은 독일측의 부족한 예비 병력을 더욱 고갈시키는 역할을 했다.

제3군이 아이펠 고원(아르덴 고원이 독일 영토 내로 연속해서 튀어나와 있는 부분)에서 결행한 돌파로 인하여 연합군은 한층 더 큰 이익을 얻었다. 제4기갑 사단이 노르망디 교두보에서 돌파하여 라인 강가의 코블렌츠에 도착했다. 그 후 패튼은 자신의 휘하 부대를 남쪽으로 선회시켜 모젤 강 하류를 건너 팔라티나트에 진입하여 패치의 제7군에 대항하고 있던 적 배후를 횡단할 수 있도록 라인 강 서안을 강행군하며 올라갔다. 이 공격에 의해 그는 적 부대와 라인 강을 차단하여 많은 포로를 획득하는 한편, 또다시 동쪽으로 방향을 바꾸어 적의 저항도 받지 않고 라인 강을 건널 수가 있었다. 이 도강을 통해 22일 밤, 마인츠와 보름스 사이 북부 깊숙이 진입했다. 이 행동은 독일군 전 전선에 극심한 혼란과 동요를 일으키며 적이 남부의 산악 거점으로 총퇴각할 수도 있는 가능성을 사전에 배제했다.

23일 밤, 네덜란드 국경 근처까지 훨씬 내려간 곳에서 라인 강에 대해 이미 수립되었던 강습이 몽고메리 집단군에 의해서 수행되었다. 그날 밤에 집단군은 라인 강을 네 곳에서 도강했고 다음날 아침, 새로 획득한 교두보에서 직접적인 적의 저항을 완화시킬 목적으로 2개의 공정 사단이 라인 강 건너편에 투입되었다. 독일측 저항은 도처에서 무너지기 시작했고 전반적 붕괴로 발전해갔다.

그 후에도 전쟁의 결판은 다시 한 달 이상이나 연장되었다. 그 원인은 독일 남북단 몇 개의 지점을 제외한 곳에서 벌어진 독일군의 산발적인 저항 때문이 아니라, 라인 강 너머까지 전진함으로써 생긴 연합군측의 병참 문제와 연합군 공군 폭격에 의해 기와나 벽돌 조각으로 폐쇄된 도로상의 교통 장해와 여러 가지 정치적 요인에 의한 것이었다.

군사적 측면에서 전쟁의 승패는 최종적으로 연합군이 라인 강을 도강했을 때 결정되었으며, 지나치게 피로에 지친 독일 육군이 너무 늘어난 고무줄과 같이 끊어지는 시기는 정확하게 언제인가 하는 문제만 남아 있었던 것은 그보다 훨씬 전부터였다.

이전에 독일이 확보하고 있었던 광대한 전선은 이제 모든 방향에서 중심을 향하여 압박당하면서 축소되었지만 그 크기는 압박당하는 지역의 크기에 비해 더욱 현저히 줄어들고 있었다. 이것은 히틀러가 비탄력적인 방어 전략을 고집했기 때문에 생긴 과도한 손실의 결과였다. 방어를 취하는 데 있어서 히틀러가 드러낸 경직성은 과거 그가 승리에 도취되기 이전에 취했던 공세 방식에서 예리한 유연성과는 엄청난 대조를 이루고 있었다.

독일군의 병력과 물질적 자원의 위축을 생각할 때, 매우 넓은 범위에 걸쳐 이처럼 오랫동안 저항할 수 있었던 것은 기적이라고 보여진다. 독일군이 가지고 있던 비정상적인 인내력에 대해 연합국측이 '무조건 항복'을 강력하게 요구한 것은 대전략 차원에서 과도하게 직접적인 접근 방식이었다고 할 수 있다. 그러나 독일군이 보여준 이 광대한 범위에 걸친 오랜 저항은 현대적 방어에는 막대한 힘이 내재되어 있다는 점을 증명하는 것이었다. 정통파적인 군사 계산에서 볼 때, 독일군 부대는 연합군의 위력을 단 일주일도 저지할 수가 없었으나, 실제로 독일군은 수개월 동안 이를 저지할 수 있었던 것이다. 독일군은 그 병력에 알맞은 적당한 전선을 지휘할 수 있었던 경우에는 1대 6 이상의 우세한 병력을 보유한 연합군의 공격도 자주 격퇴한 적이 있었으며, 때로는 1대 12 이상의 병력 차가 있는 경우에도 연합군을 격퇴했던 것이다. 연합군을 격퇴한 것은 공간이었다.

만일 연합군측이 이것을 미리 인식하여 방어의 이점을 최대한 활용하는 방식으로 독일측의 침략에 대처할 준비를 갖추고 있었더라면, 세계는 그처럼 큰 혼란과 비극을 경험하지 않아도 되었을 것이다.

오래 전, 유명한 논설가였던 젬 메이스Jem Mace는 자신의 모든 경험을 종합하면서 다음과 같은 금언을 남겼다. "그들을 내게로 오게 하라. 그러면 그들은 스스로 파멸하게 될 것이다." 나중에 키드 매코이Kid McCoy도 똑같은 생각을 다음과 같이 표현했다. "적이 공격을 걸어오도록 하라. 그리하여 적의 두 손을 이쪽 한 손으로 대응하게 하고 또 한 쪽의 손은 자유롭게 되도록 하라."

젬 메이스의 금언에 포함되어 있는 진실은 제2차 세계대전 중의 아프리카, 러시아 및 서유럽의 모든 전장에서 탁월한 전술적 교훈으로 나타났다. 이들 전장에서 모든 유능한 지휘관들은 경험이 쌓여가면서 공세를 취하고 있던 경우조차 방어의 힘을 이용하려고 했던 것이다.

젬 메이스의 금언은 또한 제2차 세계대전 전반에 적용될 수 있는 중요하고도 근본적인 것이기도 했다. 독일은 자기 스스로를 파멸시키는 데까지 갔다. 독일이 그와 같은 방법으로 행동하지 않았더라면, 연합군은 독일을 격파하기가 한층 더 어려웠을 것이다. 승리의 문제에 대하여 독일이 지나치게 직접적인 접근 방식을 취했기 때문에 오히려 연합군측은 이 문제를 간접적으로 해결할 수 있게 되었다. 독일의 좌절감과 팽창은 연합국측이 전쟁 기간을 단축하는 데 크게 도움이 되었던 것이다. 모든 연합국이 재래적 방식으로 전쟁을 준비하는 대신 처음부터 전쟁의 기본적인 모든 조건을 이해했더라면 전쟁 기간도, 전쟁으로 인하여 초래된 파괴의 정도도 훨씬 줄어들었을 것이다.

제4부
전략과 대전략의 근본 문제

제19장 전략 이론

역사의 분석을 통해 결론을 도출할 때는 전략 사고를 위한 새로운 집을 신선한 기초 위에 세우는 것이 유리할 것 같다.

우선 '전략이란 무엇인가'를 명백히 해두자. 클라우제비츠는 그의 명작 《전쟁론On War》에서 "전략이란 전쟁 목적을 달성하기 위한 수단으로서 모든 전투를 운용하는 술術"이라고 정의했다. 다시 말해서 전략은 전쟁 계획을 수립하고, 전쟁을 구성하고 있는 다양한 전역이 취해야 할 사전 방침에 대한 계획을 작성하고, 싸워야 할 모든 전투를 규정하는 것이다.

이 정의에서 하나의 결함은 전쟁 수행의 상위 개념인 정책 분야를 침범하고 있다는 점이다. 원래 정책 분야는 필연적으로 정부의 책임에 속하며, 정부가 실제 작전을 통제하도록 하는 매개로서 운용하는 군 지휘관의 책임 영역이 아니다. 이 정의가 갖는 또 하나의 결함은 '전략'의 의미를 순수한 '전투만이 전략 목적을 위한 유일한 수단'이라는 점을 내포하는 점이다. 그 결과, 클라우제비츠만큼 깊은 사고를 지니고 있지 않은 그의 제자들은 '목적과 수단을 혼동'하며, '전쟁에 있어서 모든 고려 요소는 하나의 결정적 전투를 싸우는 목적에 반드시 종속시켜야 한다'는 결론에 도달하기 쉽게 된다.

정치와의 관계

프리드리히나 나폴레옹처럼 한 사람이 전략과 정책 두 가지 기능을 모두 가지고 있을 때는 전략과 정책을 구별하는 것은 그다지 의미가 없다. 그러나 현대에 와서는 그처럼 전제 군주와 같은 군인을 겸한 정치가는 드물었고, 19세기에 한때 자취를 감추기도 했는데 군인을 겸한 정치가의 효과는 사악하며 유해했다. 전제 군주적인 군인 겸 정치가는 군인들로 하여금 '정책은 군인들의 작전 수행을 위해 종속되어야 한다'는 엉뚱한 주장이 나오도록 고무시켰으며, 반면에 특히 민주주의 국가에서 정치가가 자기 영역의 뚜렷한 경계를 벗어나 그들의 군사적 도구를 실제 어떻게 사용하느냐에 대해서 군인들을 간섭하게 만들었다.

몰트케는 다음과 같이 더욱 명확하고 현명하게 '전략'을 정의했다. "전략이란 예상되는 목적을 달성하기 위해 한 장수에게 그 처분이 위임된 수단의 실질적 적용이다."

이 정의는 그를 고용한 정부에 대한 군 지휘관의 책임을 분명히 하고 있다. 군 지휘관의 책임은 그가 위임받는 작전 구역 내에서 자신이 할당받은 병력을 좀더 상위의 전쟁 정책에 가장 유익하게 적용하는 것이다. 만약 지시된 임무에 비해서 자신에게 부여된 전력이 불충분하다고 생각한다면 군 지휘관은 그것을 지적하는 것이 타당하며, 또한 그와 같은 의견이 받아들여지지 않을 때는 부대 지휘를 거부하거나 또는 사임할 수 있다. 그러나 그가 정부에 대해서 자신의 처분에 맡겨지는 전력 소요를 정부가 강제로 받아들이도록 기도하는 것은 그의 정당한 한계를 넘는 것이다.

한편 전쟁 정책을 수립해야 할 정부는 전쟁의 진전에 따라서 수시로 변화하는 조건에 전쟁 정책을 적응시켜야 한다. 이를 위해서 정부는 신뢰를 상실한 지휘관을 경질하기도 할 뿐 아니라 정부의 전쟁 정책상의 필요에 부응해서 군 지휘관의 목적을 변경시킴으로써 전역의 전략에 정당하게 간섭할 수도 있다. 군 지휘관에 부여한 전력의 사용법에 대해 간섭해서는 안 되겠지만, 정부는 사령관에게 부여한 임무의 성격에 대해서 명확한 지시를 해야 한다. 이와 같이 전략은 반드시 적 군사력을 섬멸시키고자 하는 단순한 목표를 갖는 것은 아니다. 전반적 또는 특정 전역에 있어서 적이 군사적 우세를 보유하고 있다고 정부가 판단했을 때, 정부는 제한된 목적의 전략을 현명하게 요구할 수도 있다.

정부가 동맹국들의 개입에 의하거나 다른 전역에서의 전력 변동에 의해 세력 균형이 변화될 때까지 방관하기를 희망하는 경우도 있을 수 있다. 또 정부는 경제적 조치나 해군 행동이 문제를 해결할 때까지 방관하거나 또는 영구적으로 그 군사적 노력을 제한할 수도 있다. 정부는 적 군사력을 섬멸시키는 것이 자기의 능력 한계를 분명하게 초과하는 일이라고 판단하거나, 그럴 필요조차 없다고 생각할 수도 있다. 또 강화 협상시 협상 카드로 사용할 수 있도록 적의 영토를 점령하는 것으로 정부 전쟁 정책의 목적이 충족될 수도 있다.

앞에서 기술한 바와 같은 전쟁 정책은 지금까지 인식해온 군사에 관한 이론보다는 역사를 통해서 더 많은 지지를 받고 있으며, 그것은 일부에서 암시하듯 꼭 약자의 전략만은 아니다. 사실상 이와 같은 정책은 대영제국의 역사에 확고하게 뿌리박혀온 것이며, 그것은 대영제국 스스로에게 영원한 이익이었을 뿐만 아니라, 반복해서 연합국들을 위한 구명구로 작용했음이 입증되었다. 이와 같은 보수적 군사 정책이 아무리 무의식중에 계속 답습되어왔다고 하지만, 그것이 전쟁 수행 이론에 있어서 적당한 지위를 부여할 만한 것은 아니라는 주장에는 확실히 근거가 있다.

제한된 목적을 갖는 전략을 채택하는 통상적인 이유는 세력 균형에서의 변화를 기다리는 것이다. 세력 균형에서의 변화는 적에게 타격을 가하는 모험적 행동보다는 적을 가시로 자주 찔러 약화시키는 방법으로 적의 전력을 서서히 고갈시키는 것을 노려 그것을 달성하는 경우가 많다. 적 전력의 고갈이 아군의 그것보다 훨씬 크지 않으면 안 되는 것이 이와 같은 전략에서 불가결한 요건이다. 전략의 목적 달성은 다음과 같은 행동에 의해서 이루어진다. 적의 병참선에 대한 공격적 전력 부분에 대한 섬멸 또는 불균형한 큰 손해를 입히는 것, 적으로 하여금 불리한 공격을 하도록 유도하는 것, 적 전력을 과도하게 분산하도록 하는 것, 그리고 적의 정신적 및 물질적 에너지를 소진시키는 것 등이다.

이처럼 매우 세부적인 정의는 앞서 제기한 문제, 즉 자기 작전 구역 내에서 자기의 전략을 수행하는 한 군사 지휘관의 독립성이란 문제를 해명해준다. 왜냐하면 만약 정부가 제한된 목적의 전략, 다시 말해 파비우스 방식의 대전략을 수행하기로 결정했을 때, 군사 지휘관이 설사 자기의 전략 구역 내에서라도 적의 군사력을 섬멸하려고 기도하는 것은 정부의 전쟁 정책에 도움이 되기는커녕 오히려 해를 끼치게 될 수도 있다. 흔히 제한된 목적의 전쟁 정책은 제한된 목적의 전략을 부여하며 결정적인 목적은 오직 정부의 승인에 의해서 채택되어야 한다. 그것은 정부만이 '결정적인 가치가 있느냐, 없느냐'를 결정할 수 있기 때문이다.

이제 우리는 더욱 간결하게 '전략이란 정책 목적을 달성하기 위해 군사적 수단을 배분하고 적용하는 술'이라고 정의할 수 있다. 왜냐하면 전략이란 그 역할이 때때로 정의되듯이 부대의 이동에 관여할 뿐만 아니라, 그 효과에도 연관되기 때문이다. 군사적 수단의 적용이 실전으로 용해될 때, 그와 같은 직접 행동의 배치나 통제는 전술이라 불린다. 이 두 개의 카테고리는 토론을 위해서는 편리하지만, 전혀 별개의 두 가지 요소로 분리할 수가 없다. 그 까닭은 이 두 가지 요소는 서로 영향을 미칠 뿐만 아니라 하나가 다른 것에 융합되기 때문이다.

대전략(상위의 전략)

낮은 차원에서의 전략의 적용이 전술인 것과 같이, 전략은 '대전략'의 낮은 차원에서의 적용이다. 전쟁 목표를 지도해야 할 '더욱 근본적인 정책'과는 구분되지만, 전쟁수행을 지도하는 정책policy과 실질적인 동의어로서 대전략grand strategy이라는 용어는 '집행 중인 정책'이라는 의미를 갖는다. 왜냐하면 대전략의 역할은 근본적 정책에 의해 정의된 전쟁의 정치적 목적을 달성하기 위해 한 국가 또는 여러 국가의 자원을 조정하고 지향하는 것이기 때문이다.

대전략은 전투 부대를 지원하기 위해 국가의 경제 자원이나 인적 자원을 산출하고 개발해야 한다. 또한 국민의 적극적인 참여 정신을 함양하는 정신적 자원도 구체적인 형태의 국력 요소를 보유하는 것만큼 중요하다. 대전략은 또 여러 군종 간 그리고 군·산업 사이에서 자원의 배분을 규정해야 한다. 더욱이 전투력은 대전략의 여러 도구 중 하나에 불과하다. 대전략은 적의 의지를 약화시키기 위한 경제적 압력이나 외교적 압력, 통상 압력, 그리고 아주 중요한 도덕적인 압력의 힘을 고려하고 적용하지 않으면 안 된다. 훌륭한 명분은 방어하기 위한 무장이 되면서, 공격하기 위한 칼도 된다. 그와 마찬가지로 전쟁에서 발휘되는 기사도 정신은 자기 편의 정신력을 증강시키는 동시에 적의 저항 의지를 약화시키는 데 효과적인 무기가 될 수도 있다.

또한 전략의 영역은 전쟁에 한정되어 있으나, 대전략은 전쟁의 한계를 넘어서 전후 평화까지 연장된다. 대전략은 다만 여러 가지 수단을 결합할 뿐만 아니라 안전 보장이나 번영을 위해서 장래의 평화 상태에 해를 끼치지 않도록 그들 수단의 사용을 규제해야 한다. 과거 대부분의 전쟁의 결과, 승자나 패자를 불문하고 맞이하게 된 비참한 평화의 원인을 깊이 생각해보면, 전략과는 달리 대전략의 영역은 대부분이 여전히 탐구와 이해가 기대되고 있는 미지의 세계라는 점에 기인한다.

순수 전략 또는 군사 전략

이제 기초가 분명해졌으므로 적합한 차원과 '용병술' 이라는 창조적인 기초 위에 전략의 개념을 구축할 수 있다.

전략의 성공은 첫째 목적과 수단의 계산이나 조정에 달려 있다. 목적은 전체 수단에 비례해야 하며, 궁극적 목적에 기여하는 중간 목적을 달성하는 데 사용되는 수단은 그 중간 목적의 가치나 필요성에 비례한다. 이 중간 목적은 하나의 목적을 달성하는 것이거나 또는 어느 기여된 목표를 완수하는 것일 수도 있다. 또한 지나친 것은 미치지 못함과 같이 해로운 것이 될 수도 있다.

진정한 조절은 가끔 왜곡되는 군사적 용어의 의미로 '완벽한 병력 절약' 을 확립시킬 것이다. 그러나 전쟁의 특성 및 과학적 연구의 부족으로 증대되는 불확실성 때문에 설사 가장 훌륭한 군사적 재능을 가졌다고 해도 앞에서 말한 진정한 조절이 과거에 성취된 예가 없었으므로 성공은 진실에 가장 근접하는 것에 놓여 있다.

이 상대성은 어디에나 내재된다. 아무리 전쟁과학의 지식이 확장되었다 해도 그 지식의 적용은 술에 달려 있기 때문이다. 술은 목적을 수단에 더욱 근접시킬 뿐만 아니라 또 수단에 더 높은 가치를 부여함으로써 목적이 확대되도록 한다.

이것은 계산을 복잡하게 한다. 왜냐하면 그 누구도 인간의 현명하고 우둔함에 따른 능력이나 의지의 용량을 정확하게 계산할 수 없기 때문이다.

요소 및 조건

그러나 전략에서의 계산은 전술에서보다 더욱 간단하고 진실에 가깝게 할 수 있다. 그것은 전쟁에 있어서 인간의 의지라는 것이 가장 계산하기 어렵기 때문이며, 인간의 의지는 저항 상태로 나타나게 되며, 저항은 전술의 분야에 속한다. 전략은 대자연의 저항을 제외하고 모든 저항을 극복할 필요는 없다. '전략의 목적'은 '저항의 가능성을 감소시키는 것'이며, 전략은 이 목적을 달성하기 위해 운동 및 기습의 요소를 이용한다.

운동은 물질적 분야에 속하며 시간, 지형, 수송력이라는 조건에 대한 계산에 의존한다(수송력이란 병력이 이동되고, 유지되기 위한 방법이나 수단을 뜻한다).

기습은 심리적 분야에 속하며 물질적 분야보다 훨씬 곤란한 계산으로 항상 경우에 따라 변화해서, 적의 의지에 영향을 미치기 쉬운 많은 조건의 계산에 의존한다.

비록 전략은 어느 경우에는 기습의 이용보다 운동의 이용을 노릴 것이며, 그 반대의 경우도 있겠으나 이 두 가지의 요소는 서로 작용한다. 운동은 기습을 발생시키고, 또한 기습은 운동에 자극을 부여한다. 가속되었거나 방향을 바꾼 운동은 가령 그것이 은폐되지 않은 채 실시되었다 해도, 어느 정도의 기습 효과를 불가피하게 갖는다. 한편 기습은 적의 대항 수단이나 대항 운동을 방해하여 이쪽 운동의 진로를 원활하게 한다.

전략과 전술의 관계가 종종 명백하지 않으며 전략적 행동이 어디에서 끝나고, 전술적 행동이 어디에서 시작되는가를 정확히 결정하기는 어려우나, 개념상으로 양자의 구별은 확실하다. 전술은 전투 영역에 속하며 전투를 수행하는 것이다. 전략은 전투 분야의 경계 위에 멈춰 있을 뿐만 아니라, 또한 그 목적으로 전투를 최소한 감소시키는 것이다.

전략의 목적

흔히 적 군사력의 파괴만이 전쟁의 확실한 목적이며 전략의 유일한 목적이 전투이고, 클라우제비츠의 말대로 승리의 대가는 피라고 생각하는 사람에게 이 '전략의 목적'이란 문제는 격론을 일으킬 수도 있다. 그러나 만약 이러한 의견에 동의하고 그들의 입장에서 그 주창자들을 만나보면 이 주장은 이론의 여지가 없게 된다. 왜냐하면 설사 결전이 목적이라 할지라도, 전략의 목적은 결전이 가장 유리한 상황하에서 일어나도록 하는 것이어야 하기 때문이다. 그리고 그 상황이 우리에게 유리하면 유리할수록 그것에 반비례해서 전투는 줄어들게 된다.

그러므로 전략의 완성은 아무런 참혹한 전투를 치르지 않고, 사태를 결말로 가져오는 것이라 할 수 있다. 앞에서 주지했던 것처럼, 역사는 유리한 상황에 의해 도움을 받아 전략이 실제로 그러한 결과를 낳게 만든 몇 가지 실례를 제공하고 있다. 그 한 가지 예로서는 카이사르의 일레르다 전역, 크롬웰의 프레스턴 전역, 나폴레옹의 울름 전역, 1870년 세당에서 몰트케의 맥마흔 군에 대한 포위, 1918년 사마리아 언덕에서 알렌비의 터키군에 대한 포위 등이 있다. 가장 놀랍고 비극적인 최근의 예로서 1940년 세당에서 독일군은 구데리안의 기습적 중앙 돌파에 이어서, 벨기에에 있던 연합군의 좌측을 차단하고 이것을 포착하여 유럽 대륙에 있는 연합군의 전면적 붕괴를 달성케 했던 것이다.

이런 예는 적 군사력의 파괴를 항복에 의한 무장 해제를 통해서 경제적으로 달성한 것이지만, 그 파괴가 반드시 사태의 결말이나 전쟁 목적의 달성을 위해 필수적인 것은 아닐 수도 있다. 적을 정복하기보다는 자국의 안보 유지만을 얻고자 하는 나라의 경우에 그 목적은 적의 위협이 배제됨으로써, 즉 적이 그의 목적을 포기하도록 함으로써 달성된다.

페르시아가 이미 시리아에 대한 침략 기도를 포기한 후, 벨리사리우스가 수라에서 자기 휘하 군대로 하여금 결정적인 승리를 추구하도록 허용함으로써 입은 패배는 불필요한 노력과 모험을 보여주는 분명한 예였다. 그것과 대조적으로 벨리사리우스가 그 후 한층 더 위험한 페르시아의 침략을 타파하고 적을 시리아에서 몰아낸 방식은 진정한 의미에서 국가 목적을 순수 전략에 의해 달성하고, 사태에 결말을 낸 역사상 가장 경이적인 예이다. 이 경우, 벨리사리우스가 취한 심리적 조치는 너무 효과적이어서 어떠한 물리적 행동을 취할 필요도 없이 적은 그의 목적을 포기했다.

이러한 무혈 승리가 예외적인 것이기는 하지만, 그 희소성은 전략이나 대전략에서 잠재 능력의 징표로서 가치를 감소시키기보다는 오히려 높이고 있다. 과거 몇 세기에 걸친 전쟁 경험을 살펴보았지만, 우리는 심리적 분야의 연구는 거의 시작도 하지 않았다. 클라우제비츠는 전쟁에 관해서 깊이 연구한 결과, '모든 군사 행동은 지성의 힘과 그 효과가 두루 미치는 것'이라는 결론에 도달하게 된다. 그런데 국가들은 이와 같은 결론을 무시하고 전쟁에 임할 때 감정에 의해 싸우는 것이 보통이다. 지성을 사용하기보다 그들은 자신의 머리를 가장 가까이 있는 벽에 부딪치는 것을 선택한 것이다.

군사적 승리를 통해 전략이 기여할 것이냐, 또는 그 외의 방법을 택할 것이냐를 결정하는 것은 전쟁의 대전략에 대한 책임을 갖는 정부가 하는 것이 보통이다. 외과 의사가 갖고 있는 각종 도구 중의 하나처럼, 또 군사적 수단은 대전략의 목적을 위한 여러 수단 중 하나의 수단에 지나지 않는 것처럼, 전투는 전략의 목적을 위한 여러 수단 가운데 하나에 불과하다. 전투를 하는 것이 적합한 상황이라면 전투로서 가장 신속한 효과를 얻을 수 있으나, 상황이 적합하지 않을 때 전투 수단에 의지한다는 것은 바보 같은 짓이다.

여기서 전략가를 군사적 해결책을 구하도록 재능을 부여받은 인물이라고 가정해보자. 그의 책임은 가장 이익이 많은 결과를 얻기 위해, 가장 유리한 상황 아래 군사적 해결을 추구하는 데 있다. 따라서 그의 진실한 목적은 전투를 추구하기보다는 오히려 유리한 전략 상황을 추구해야 한다. 이 유리한 전략 상황이라는 것은 상황 그 자체가 해결을 가져올 수 있든가, 그렇지 않으면 그 유리한 전략 상황에서 전투를 결합하면 군사적 해결이 확실히 달성되는 상황이다. 바꾸어 말하면 적의 '교란'이 전략의 목표다. 그 결과, 적은 와해되거나 또는 전투 중에 쉽게 분열될 것이다. 적의 와해에는 부분적으로 전투라는 수단이 필요할지도 모르지만, 그것은 전투의 특성을 가지지는 않는다.

전략의 행동
전략적 교란은 어떻게 만들어지는 것인가? 물질적 또는 병참 분야에서 (1) 적의 배치를 혼란시키고, 갑자기 전선을 변경하도록 강요함으로써, 적 병력의 배비와 조직을 교란하며 (2) 적 병력을 분리시키며 (3) 적의 보급을 위기에 처하게 하고 (4) 적이 필요에 따라 철수하거나 기지나 본국 내에 거점을 재구축하기 위해서 이용할 수 있는 도로와 도로망을 위협하는 운동의 결과로 인해서 이 전략적 교란이 발생한다.

교란은 이들 몇 개의 효과 중 하나에 의해서도 생겨날 수 있으나, 여러 효과의 결과로서 생기는 경우가 훨씬 많다. 사실 이들 효과를 구별하는 것이 힘든 것은, 예를 들어 적의 배후를 지향하는 운동이 이 모든 효과를 결합하는 경향을 갖기 때문이다. 그러나 이들의 영향에는 각각 차이가 있어 역사를 통해 군대의 규모 및 그 군대 조직의 복잡성에 따라서 변화되어왔고, 현재도 변화되고 있다. 현지에서의 약탈이나 징발에 의해 보급을 조달하고 있는 현지 조달군에게는 병참선의 문제가 그다지 중요하지 않다. 이것보다 조금 더 고차원의 군사적 발전 단계에서조차 병력이 적으면 적을수록 보급을 위한 병참선에 덜 의존하게 된다. 군의 규모가 커지면서 그 조직이 복잡해질수록 병참선에 대한 위협은 더욱 즉각적이고 심각해지는 것이다.

병참선에 그다지 크게 의존할 정도가 아닌 군이라도 전략이 그만큼 방해를 받아 전투에서 전술상의 문제가 매우 큰 역할을 해왔다. 그러나 이와 같은 전략이 그 힘을 발휘할 수 없을 때에도, 유능한 전략가는 적의 퇴로나 배치상 균형 또는 국지적인 보급 기지에 위협을 가함으로써 전투에 앞서 결정적으로 유리한 위치를 얻는 일이 많았다.

이와 같은 위협을 효과적으로 만들기 위해서는 적의 병참선보다 적 군대에 시간적·공간적으로 더욱 가까운 지점에 적용되어야 한다. 이같이 전쟁 초기에는 '전략적 기동'과 '전술적 기동'을 구별하는 것이 곤란할 때가 많다.

심리적 분야에는 이미 이야기한 바와 같은 물리적 효과를 적 지휘관의 마음에 심어준 결과가 '교란'이 된다. 적 지휘관이 갑자기 자기가 불리한 위치에 빠져 있다는 점을 인식하고 그가 적의 행동에 대해서 대항할 수 없다고 느낄 때, 그 인상은 더욱 강력한 것이 된다. '심리적 교란'은 근본적으로 '함정에 빠졌다는 느낌'에서 발생한다.

'심리적 교란'이 적 배후에 대해 물리적 행동을 가한 직후에 가장 많이 발생하는 이유는 이것 때문이다. 인간과 같이, 군은 배후에서의 타격에 대해서는 새로운 방향으로 돌아서서 무기를 사용하지 않는 한 적절히 맞설 수가 없다. '방향 전환'은 인간에 대해서와 마찬가지로 군에 대해서도 일시적으로 균형을 잃게 하며, 특히 군은 불안정한 시간이 불가피하게 훨씬 길다. 따라서 군 지휘부는 배후로부터의 위협에 대해서 훨씬 더 민감하다.

그것과는 대조적으로 적 정면에 대한 직진 운동은 적의 물리적 · 심리적 균형을 강화시킴으로써 적의 저항력을 강화하는 것이다. 육군의 경우, 한쪽이 적을 그들의 예비 병력, 보급 부대 및 증원 병력이 있는 방향으로 석권함으로써 그 결과, 당초의 전선은 후방으로 이동되어 빈약하게 만든다 하더라도 다시 그 후방에는 새로운 방어망이 형성된다. 이런 방식으로는 적에 대한 충격을 주기보다는 기껏해야 긴장만 시킬 뿐이다.

이처럼 적 전선의 측면을 우회해서 적의 배후를 지향한 운동은 운동하는 도중에 예상되는 적의 저항을 회피하는 것만을 목적으로 하는 것이 아니고, 나아가 그 결과에 목적을 두고 있다. 가장 심오한 차원에서 그것은 '최소 저항선'을 취하는 것이 된다. 심리적 분야에서 이것과 동등한 것은 '최소 예상선'이 된다. 이 두 가지는 동전의 양면이며, 이것을 평가하는 것은 전략에 대한 우리의 이해를 더 넓히는 것이다. 만약 우리 쪽이 최소 저항선이라 보이는 방향을 취하면, 그 명백함은 적에 대해서도 똑같이 나타나므로 이 최소 저항선은 더 이상 최소 저항선이 되지 않을 수도 있다.

물리적 측면을 검토할 때 결코 심리적 측면을 간과해서는 안 된다. 이 양자가 결합되었을 때만이 전략은 적의 균형을 교란하도록 계산된 진정한 '간접 접근 방식'이 되는 것이다.

다만 적을 향해서도 적이 배치된 배후를 향해서 간접적으로 진군하는 행동은 '전략상의 간접 접근 방식'을 구성하는 것이 아니다. 전략적 술은 그처럼 단순한 것이 아니다. 그와 같은 접근 방식은 적 정면에 대해서는 간접적으로 발진하는 것일 수도 있으나, 적 배후를 향해 그 행군이 직접 지향되어 있으므로 적의 배치를 변경하도록 허용함으로써 그 행동은 곧 적의 새로운 정면에 대한 직접 접근 방식이 되는 것이다.

적이 그와 같은 정면의 변경을 달성할지도 모른다는 위험 때문에 흔히 교란 운동에 앞서 실행되는 다른 운동 또는 일련의 운동이 필요하게 된다. 이것은 견제라는 말로 잘 정의되는 행동으로, 말하자면 '흐트러지도록 만드는 것'이다. 이 견제의 목적은 적의 행동의 자유를 박탈하는 것이며, 이것은 물리적·심리적 분야에 걸쳐서 작용해야 할 것이다. 물리적 분야에서 견제는 '적 병력의 분산' 또는 무익한 목적으로 전환되도록 해야 하며 그 결과, 적은 우리 쪽의 결정적인 운동을 방해하기에는 병력을 너무 넓게 분산시키게 되는 동시에 다른 곳에 병력을 쓸데없이 투입하게 되는 것이다. 심리적 분야에서는 적 지휘부에게 공포심을 유발시키거나, 또는 그들을 기만함으로써 같은 효과가 얻어진다. 잭슨은 자기의 전략 모토에서 이것을 "신비화하라, 그릇되게 유도하라. 그리고 기습하라"라고 잘 표현했다. '신비화해서 그릇됨으로 유도하는 것'은 견제를 구성하는 한편, 기습은 교란의 불가결한 원인이다. 지휘관의 마음을 견제해야 비로소 그의 예하 병력을 견제할 수 있는 것이다. 그가 행동의 자유를 상실하는 것은 사고의 자유를 상실한 결과로 일어나는 것이다

심리적 요인이 물리적 분야를 어떻게 파고들며 또한 지배하는가를 더욱 깊이 연구하는 것은 간접적인 가치를 갖는다. 왜냐하면 우리가 전략을 수학의 차원에서 분석하고 이론화하려는 오류와 천박함을 경고해주기 때문이다. 전략을 단순히 선정된 지점에 우세한 병력을 집중하려는 문제인양 계량적으로 취급하는 것은 전략을 선과 각도의 문제인양 기하학처럼 취급하는 것과 똑같은 과오인 것이다.

더욱 진실에서 동떨어진 것은 전쟁을 단순히 우세한 병력의 집중이라고 간주하는 교과서의 경향이다. 이것은 실제로 통상 막다른 골목으로 이끌게 된다. 유명한 병력 절약에 대한 정의에서 포슈는 이것에 대해 다음과 같이 말하고 있다. "자기의 모든 자원을 주어진 시기에 일정한 지점에 주입하는 술, 모든 전력을 활용하는 술로서 그것을 가능하도록 하기 위해서 병력을 분할하거나 그 분할한 각각의 병력에 대해서 고정되거나 불변적 기능을 부여하는 대신, 전 병력이 상호간에 항상 연락할 수 있게 하는 술, 그 다음에 어떤 효과가 달성된 후에 새로운 단일 목표에 대해서 전 병력이 집결하여 그것에 대해서 행동하도록 전 병력을 다시 배치하는 술이다."

다음과 같이 말하는 편이 한층 더 정확하고 간결한 것이다. "항상 군은 그 개개의 부분이 서로 지원하고 한 지점에 대해서 가능한 최대한의 집중을 달성할 수 있도록 분산되어야 하며, 한편 그 집중을 성공시키는 준비로 필요 최소한의 병력이 그 외의 장소에 사용된다."

전 병력의 집중은 실현 가능성이 없는 이상理想이며, 그것은 과장된

수사만큼 위험하다. 더구나 사실상 '필요 최소한'은 '가능한 최대한' 보다 그 전체에 대한 비율이 큰 것이 될 수도 있다. 적을 견제하기 위해 효과적으로 사용하는 병력이 크면 클수록 병력 집중이 그 목적을 달성할 공산이 크다고 말하는 것이 오히려 맞을 수도 있다. 그렇지 않으면 파괴하기에 너무나 견고한 목표에 부딪히게 될지도 모르기 때문이다.

적이 적시에 그 지점에 증원을 할 수 없게 되지 않는 한, 의도했던 결정적 지점에 대한 우월한 병력은 충분한 것이라고 말할 수 없다. 또 그 지점에서 적이 단순히 수적으로 열세할 뿐만 아니라, 정신적으로도 약화되어 있지 않으면, 우리의 우월한 병력도 충분하다고 말할 수 없다. 나폴레옹은 이러한 요소를 간과했기 때문에 몇 번의 참혹한 패배를 맛보았다. 그래서 견제의 필요성은 무기들이 전쟁을 지연시키는 능력과 함께 신장되었던 것이다.

전략의 기초

포슈나 그 밖의 클라우제비츠 제자들이 충분히 간파하지 못한 진실은 전쟁에서는 모든 문제나 원칙이 양면성을 가진다는 점이다. 전쟁은 동전과 같이 양면을 가지고 있다. 그러므로 양면성의 문제에 부응하기 위해서는 잘 계산된 절충이 필요하게 된다. 이는 전쟁이 서로 맞서는 상호간의 문제라는 사실에서 기인하는 불가피한 결과이므로, 공격하는 동안에 누구든 경계하지 않으면 안 된다. 그 결과, 효과적인 타격을 주기 위해서는 적의 경계심을 이완시키지 않으면 안 된다. 그리고 통상 이 집중을 확실히 실행하기 위해서는 자기 쪽의 병력도 널리 배치해두지 않으면 안 된다. 이와 같이 언뜻 보기엔 역설적인 것 같지만 참다운 집중은 분산의 산물인 것이다.

쌍방에 맞서는 조건이 야기하는 또 하나의 결과는 누구든지 대용 목표를 갖지 않으면 안 된다는 점이다. 여기에서 19세기식 교리를 지지하는 포슈와 그 동료들의 단순한 생각과 가장 중요하게 대조되는 점이 존재한다. 즉, 현실과 이론 사이의 대조이다. 만약 적이 우리의 기도를 알고 있을 때, 적은 자기 쪽을 지키는 데 아주 좋은 기회를 얻을 것이며 우리 쪽의 예봉을 둔화시킬 것이다. 반면에 만약 적이 대용 목표에 위협을 가하는 방책으로 나온다면, 최대한의 병력 집중과 필요한 병력 분산 사이의 조화를 이루도록 허용하기 때문이다. 대용 목표가 없다는 것은 전쟁의 그 특성 자체에 배치되는 것이다. 그것은 18세기에 부르세가 날카롭게 지적한 다음과 같은 금언에 위배된다. "모든 전역 계획은 몇 개의 세부 계획을 가져야 하며, 이 세부 계획은 잘 고려되어서 최소한 한 개 이상은 반드시 성공해야 한다." 이 금언은 부르세의 군사적 후계자였던 나폴레옹이 항상 연구한 '한 개의 테마를 두 개의 방법으로 실시한다'는 내용과 일맥상통하는 것이다. 그로부터 70년 후 셔먼이 경험과 심사숙고를 통해서 만든 그 자신의 유명한 금언 "적을 딜레마의 입장에 몰아넣는다"로 남게 되었다. 적대하는 힘이 포함되어 있고 우리 쪽이 그 행동을 규정할 수 없는 어떠한 문제에도 우리는 대안을 미리 보고 준비하지 않으면 안 된다. 적응성은 인생에서와 같이 전쟁에서도 생존을 지배하는 법칙이다. 전쟁은 환경에 대해서 인간이 행하는 투쟁의 결집된 형태에 불과하기 때문이다.

어떤 계획이라도 그것이 실질적인 것이 되려면, 그것을 좌절시키려는 반대쪽의 힘을 고려하지 않으면 안 된다. 그와 같은 방해를 극복할 가능성을 최대로 하기 위해서는 일어날 수 있는 상황에 적합하도록 쉽게 적응될 수 있는 계획을 갖는 것이다. 그러한 '적응성'을 갖기 위한 가장 좋은 방법은 주도권을 확보하면서도 대용 목표를 제공하는 노선을 따라 작전하는 것이다. 그럼으로써 우리 쪽은 적을 딜레마의 위치로 몰아넣고 그 결과 적어도 한 개의 목표——수비 상태가 가장 약한 목표——를 확실히 장악할 수 있을지도 모른다.

적의 배치가 지형의 특성을 기초로 하기 쉬운 전술적 분야에서 적을 딜레마의 위치로 몰아넣기 위한 목표의 선택은 적이 지켜야 할 분명한 산업 중심지나 교통 중심지를 선택하는 전략적 분야보다 더욱 어려울지도 모른다. 그러나 이 경우에도 우리 쪽은 노력의 선을 조우하게 될 적의 저항 정도에 따라 적응시킴과 동시에 발견한 적의 약점을 이용함으로써 전략 분야와 비슷한 이점을 획득할 수 있다.

나무처럼 과실을 얻기 위해서는 어떠한 계획이든 가지를 가져야 한다. 단 하나의 목적만을 갖는 계획은 불모의 줄기가 되기 쉽다.

병참선의 차단

적의 측면 우회 또는 적 정면의 신속한 돌파를 통해 적의 병참선에 타격을 가하려는 계획을 수립하기 위해서는 적 병력의 배후 또는 후방을 불문하고 가장 효과적인 목표점 선정 문제가 대두된다.

기계화 부대가 시험적으로 창설되어 그 전략적 유용성이 검토되고 있던 당시 내가 이 문제를 연구했을 때, 과거에 특히 철도가 이용된 이후보다 최근의 전쟁에 수행된 기병 습격에 대한 분석에서 이에 대한 지침을 얻었다. 내가 기대를 걸고 있었던 기계화 부대의 전략적 종심 돌파에 비해서 그와 같은 기병 습격은 좀더 제한된 잠재력을 갖고 있었지만, 양자 간의 차이에 관해서 나는 이들이 제공하는 증거의 중요성에 필요한 수정을 가한 뒤에 다음과 같은 연역적 결론을 얻었다.

"일반적으로 차단점이 목표에 가까우면 가까울수록 그 효과는 더욱 즉각적이다. 기지에 가까우면 가까울수록 그 효과는 더욱 커진다. 어느 경우에서도 정지 중인 병력보다는 운동 중이거나 작전을 수행 중인 병력에 대해서 감행될 때 차단의 효과는 더욱 크고, 즉각 효과적인 것이 된다."

기계화 부대에 의한 기동 타격의 방향을 결정하는 것은 적 병력의 전략적 위치와 보급 조건에 의해 크게 좌우된다. 즉 적 병참선의 수, 예비 보급선의 선정 가능성, 적 정면 후방에 가깝게 전진 배치된 보급소에 집적할 수 있다고 생각되는 보급의 규모이다. 이 요소를 일단 고려한 후, 이들은 각종 가능 목표에 대한 '접근 가능성'의 차원에서 재고되어야 한다. '접근 가능성'이란 것은 거리, 천연 장애물, 마주칠 것으로 예측되는 저항 등이다. 일반적으로 통과해야 할 거리가 길면 길수록 천연적 장애물의 비율이 크게 되는 반면에 마주칠 저항의 비율은 적어진다.

이와 같이 천연 장애물이 너무 험난하지 않고 또 적이 기지로부터의 보급에 그렇게 심각하게 의존하고 있지 않다면 적의 병참선은 될 수 있는 대로 먼 후방에서 차단하는 것이 더욱 큰 성공과 효과를 기대할 수 있다. 함께 고려해야 할 것은 적 병력 후방 근처에 가하는 타격은 적 병사들의 심리에 대해서 더욱 강력한 효과를 발휘하며, 더욱 깊은 후방에 가하는 타격은 적 지휘관의 심리에 한층 강력한 효과를 발휘한다는 점이다.

과거에 있었던 기병 습격은 임무 중 폭파 측면에 대한 배려를 결여했기 때문에 그 효과를 때때로 발휘할 수 없었다. 그 결과, 병참선에 대한 기동 타격의 가치가 부당하게 경시되었던 것이다. 보급의 흐름을 저지하는 것은 도로 폭파뿐 아니라 열차나 트럭에 대한 요격이나 요격 위협도 유효하다는 것이 인식되어야 한다. 이러한 보급의 흐름을 저지하는 기계화 부대가 발달하면서 이들이 갖는 유연성과 엄청난 기동력 때문에 그 잠재력은 증가되었다.

이들의 연역적 결론은 제2차 세계대전의 경험에 의해서 실증되었다. 그 중에서도 독일군 주력보다 훨씬 앞서 달리고 있던 구데리안의 기갑 부대가 아미앵 및 아브빌에 있는 솜 방어선 후방의 연합군 병참선을 차단하여, 연합군을 물리적으로 또 심리적으로 파멸적인 마비 상태에 빠뜨린 것이 그 첫째의 실증이었다.

전진의 방식

18세기 말까지 전장까지의 전략적 전진이나 전장 내에서의 전술적 전진 모두 물리적으로 집중된 전진이 보편적이었다. 그 후 나폴레옹은 부르세의 구상과 새로운 사단 조직을 이용한 분산된 전략적 전진을 도입했다. 이것은 군이 독립 제대로 편성되어 행하는 전진이다. 그러나 아직도 전술적 전진은 대체로 집중된 형태로 수행되었다.

19세기가 끝날 무렵, 화기의 발달에 따라서 전술적 전진은 화기의 효과를 감소시키기 위해 분산된 형태가 되었다. 그러나 전략적 전진은 다시 집중된 형태가 되었는데 이는 부분적으로 철도의 영향 및 군중 집단의 성장, 그리고 나폴레옹의 방식을 오해한 데서 기인한 것이었다.

분산된 전략적 전진의 부활이 전략의 술이나 효과를 부활시키기 위해서 필요하게 되었다. 더구나 새로운 모든 조건, 즉 항공력과 동력은 더욱 발달해서 '분산된 전략적 전진'이 발전하도록 유도했다. 항공 공격의 위험성, 비익mystification 목적, 그리고 기계화 기동력이 발휘하는 가치의 전적인 활용 필요성 등은 전진 부대는 연합 행동에 부응할 수 있을 만큼 또한 단결을 해치지 않는 범위 내에서 될 수 있는 한 넓게 분산해야 한다는 것을 시사한다. 핵 무기의 등장으로 이는 필수적인 것이 된다. 무선의 발달은 부대의 '분산' 과 '통제' 를 조정하는 적절한 보조 수단이다.

집중된 병력에 의한 집중 공격이라는 단순한 생각 대신, 우리는 상황에 따라서 다음 중에서 적당한 것을 선정해야 한다.

(1) 집중적인 단일 목적, 즉 단일 목표에 대한 분산된 전진.

(2) 집중적인 일련의 목적, 즉 연속 목표에 대한 분산된 전진(적의 혼란에 의해서 이미 발생한 견제적 효과를 우리로 하여금 이용할 수 있게 하는 대용 목표를 취할 수 있는 가능성이 없는 한, 앞에서 말한 두 가지 경우는 각각 적의 집중력과 적 병력을 견제하기 위한 예비 행동이 필요하게 된다).

(3) 분산된 목적, 즉 동시에 많은 목표에 대한 분산된 전진(새로운 전투 조건하에서 많은 지점에 대한 부분적 성공 또는 단순한 위협도 한 지점에 대한 완전한 성공의 효과보다는 클 수도 있다).

군대의 효과는 이러한 새로운 방식의 개발에 의존한다. 새로운 방식이란 어느 선까지 장악한다기보다는 오히려 어느 지점에 침투하여 그 지역을 석권하는 것을 지향하며, 또한 적 병력을 분쇄한다는 이론적 목적보다는 오히려 적의 행동을 마비시킨다는 실질적 목적을 지향한다. 단순한 전력 집중이 위험한 경직성을 수반하는 상황에서는 전력의 유동성만으로 성공할 수도 있다.

제20장 전략 및 전술의 진수

이 짧은 장은 전사에서 얻어진 금언으로서 매우 보편적이고, 근원적인 경험적 사실 몇 가지를 간추려본 것이다.

그것들은 추상적인 원칙이 아니고 실질적인 지침이다. 나폴레옹도 '실제적인 것만이 유익하다'는 것을 인식하고, 우리에게 금언으로 남겼다. 그러나 현대적인 경향은 원칙을 탐구할 때 그것을 한 마디로 표현할 수 있도록 하고, 그것을 부연 설명하려는 것이었다. 이처럼 설명을 덧붙인다 해도 이들 원칙은 사람에 따라서 그 뜻의 해석이 다르며, 원칙의 가치는 개인의 '전쟁에 대한 이해'에 의존한다. 이렇게 어떤 뜻으로도 해석되는 추상화를 추구하면 추구할수록, 그것은 더욱 성취 불가능하고 무익한 신기루가 되며 지적 유희에 불과하게 된다.

전쟁의 원칙은 단순한 하나가 아니고 많은 원칙들로 구성되는 것이지만, 한마디로 그것은 '집중'으로 압축될 수 있다. 그러나 사실상 이것은 '약점에 대한 힘의 집중'이라고 부연되어야 할 것이다. 또한 이것이 어떠한 가치를 갖기 위해서는 다음 사항이 설명될 필요가 있다. 약점에 대한 힘의 집중은 상대편의 힘의 분산에 의존하며, 상대편의 힘의 분산은 반대로 우리 쪽의 외형상 힘의 분산이나 분산의 부분적 효과에 의해 일어나게 된다. 우리 쪽의 분산, 적의 분산, 우리 쪽의 집중, 이들은 인과 관계를 긍정하는 것이며 그 하나하나가 결과로서 발생한다. 참다운 집중은 계산된 분산이 가져온 결실이다.

여기서 우리는 근본적인 과오를 방지하기 위해서 이해해야 할 하나의 기본적인 원칙을 얻게 된다. 그 근본적인 과오란 우리 쪽의 집중에 대처하기 위해 상대에게 집중할 수 있는 자유와 시간을 주는 가장 흔한 과오이다. 그러나 이 원칙을 말하는 것은 그것의 실행을 위해서 실제로 크게 도움이 되는 것은 아니다.

앞에서 말한 금언을 한마디 말로 압축하기란 불가능하다. 그러나 그것이 실용적이기 위해서는 몇 마디 말로 표현할 수 있는데, 그것은 모두 8개로 되어 있고, 그 중 긍정적인 면은 6개이며 부정적인 면은 2개이다. 이 금언들은 별도로 명시하지 않은 한, 전략과 전술 모두에 적용되는 것이다.

긍정적인 면

1. 목적을 수단에 상응하게 하라

목적을 결정할 때는 명확한 통찰력과 냉정한 계산을 중요시해야 한다. '소화 능력 이상의 과식'은 어리석은 것이다. 군사적 지혜는 '무엇이 가능하냐'로 시작된다. 그러므로 신념을 가지면서, 사실에 직면하는 것을 배워야 한다. 거기에는 많은 신념이 요구된다. 신념이라는 것은 일단 행동이 개시되면 불가능하게 보이는 것이라도 가능하게 할 수 있는 것이다. 신뢰라는 것은 마치 전지 속을 흐르는 전류와 같은 것이므로, 쓸모없는 노력으로 방전하여 소비해서는 안 된다. 또한 당신의 계속적인 신뢰는 이쪽의 전지, 즉 당신이 의존하는 사람들이 소모된 경우에는 무익하게 된다는 것을 명심해야 할 것이다.

2. 항상 목적을 명심하라

계획을 상황에 적응시킬 때, 항상 목적을 명심하지 않으면 안 된다. 목적 달성을 위한 방법은 하나만이 아니라 그 이상 있는데, 그러나 어떠한 목표도 반드시 목적에 지향하도록 세심한 주의를 기울여야 한다. 그리고 대용 목표를 고려할 때는 달성 가능성을 헤아려보는 동시에, 달성된 경우에는 그것들의 목표가 목적에 어떻게 기여하는가를 계산해보아야 한다. 옆길로 빠지는 것도 나쁘지만 더욱 나쁜 것은 막다른 골목에 부딪히는 것이다.

3. 최소 예상선을 선택하라

적의 입장에서 서서 보도록 노력하고, 적이 예측하거나 또는 기선을 제압하기 가장 적은 방책이 어떤 것인가를 생각하라.

4. 최소 저항선을 활용하라

당신의 기본 목적에 대해서 기여할 수 있는 목표로 지향되어 있는 한 최소 저항선을 활용해야 한다(전술에서는 이 금언이 예비 병력의 사용에 적용되고, 전략에서는 모든 전술적 성공의 활용에 적용된다).

5. 대용 목표를 제공하는 작전선을 취하라

이렇게 하면 적을 딜레마의 위치로 몰아넣고, 적의 수비가 가장 약한 목표를 적어도 하나는 공략할 수 있는 기회를 확보할 때까지 진출할 수가 있게 되며, 또한 그것을 실마리로 해서 점차로 다른 목표를 공략하는 것이 가능하게 될 것이다.

대용 목표는 당신에게 한 목표 달성의 기회를 계속 확보하도록 허용하는 것이다. 반면 단일 목표는 적이 아주 열세하지 않는 한, 일단 적이 당신의 목표에 대해서 확실히 알게 되었을 때에는, 당신은 그 단일 목표를 공략하는 것이 불가능하게 되어버린다는 것을 의미한다. 단일 작전선(그것은 통상 현명한 행동이다)과 단일 목표(그것은 통상 무모한 것이다)를 혼동하는 것만큼 가장 흔히 범하는 과오는 없다(이 금언은 주로 전략에 적용되는 것이지만 가능한 경우, 전술에도 적용되어야 하며, 또한 실제로 침투 전술의 기초를 형성한다).

6. 계획이나 배치가 상황에 적합하도록 유연성을 확보하라

당신의 계획은 성공을 한 경우, 실패한 경우, 또는 전쟁에서 가장 흔한 부분적 성공을 거둔 경우에 다음 행동을 예견하고 그것을 이루게 해야 한다. 당신의 배치(또는 대형)는 가능한 단시간 내 다음 행동의 이용, 또는 상황에 적응하도록 허용되어야 한다.

부정적인 면

7. 상대가 경계하고 있을 때, 즉 당신의 공격을 격퇴, 또는 회피할 수 있는 태세에 있을 때 타격을 가하지 말라

매우 열세한 적을 상대하는 것이 아니라면, 상대의 저항력이나 회피 행동이 마비 상태에 빠지기 전에 효과적 타격을 가하는 것은 불가능하다는 점을 역사적 경험들이 보여준다. 그러므로 이와 같은 마비 상태가 충분히 진행되고 있지 않는 한, 모든 지휘관은 진지를 점령한 적에게 공격을 가해서는 안 된다. 마비 상태는 적의 조직이 붕괴되거나 정신적인 면에서 사기의 붕괴에 의해 발생한다.

8. 한 번 실패한 뒤, 그것과 동일한 선 또는 동일한 형태로 공격을 재개하지 말라

단순한 병력의 증강이 충분한 상황 변화는 아니다. 왜냐하면 적 또한 휴식 기간에 병력을 증강했기 십상이기 때문이다. 당신을 격퇴한 적의 성공이 적을 정신적으로 강화할 것임은 거의 확실하다.

이들 금언이 저변에 깔려 있는 핵심적인 진리는 성공하려면 두 가지 문제, 즉 교란과 전과 확대를 해결하지 않으면 안 된다는 점이다. 실제로 타격에 앞서 '교란'이 먼저 행해지고, 이어서 '전과 확대'가 행해진다. 이것은 비교적 단순한 행동이다. 먼저 좋은 기회를 만들지 않는 한 적을 효과적으로 타격할 수는 없다. 또한 적이 받은 타격에서 회복하기 전에 발생하는 두 번째 기회를 활용하지 않는 한, 그 타격의 효과를 결정적인 것이 되게 할 수 없다.

이 두 가지 문제의 중요성이 과거 적절하게 인식된 적이 없었다. 이점은 결정적으로 끝난 전쟁이 얼마나 적었던가를 대변해주고 있다.

군대 훈련은 주로 공격을 위한 상세한 실행법에서 능률 향상에 공헌하도록 되어 있다. 이러한 전술적 기술에 대한 관심 집중은 심리적 요소를 경시하는 경향이 있다. 그것은 기습보다도 안전을 중시하는 풍토를 조성한다. 그렇게 함으로써 교과서를 기준으로 하여 어떠한 과오도 범하지 않으려는 지휘관을 양성하게 되며, 이들은 적 지휘관이 세우는 계획에 대해서는 아무런 결과도 가져오지 않게 된다. 전쟁에서 가장 많이 전세를 뒤집는 것은 상대에게 과오를 강요하는 데 의존하는 것이다.

악운이 따르지 않는 한, 옛날이나 지금이나 지휘관은 그 승부의 열쇠를 명백한 사항을 피해서 오히려 예측하지 않는 사태에서 발견했다.

전쟁도 인생의 일부이므로, 전쟁에서 운을 떼어놓고 생각할 수는 없다. 그러므로 예측하지 않은 사태도 그 자체가 성공을 보장하지는 못한다. 그러나 예측하지 않은 사태는 승리를 위한 최고의 기회를 제공한다.

제21장 국가 목적과 군사 목표

전쟁에서 목적의 문제를 논할 때 '정치적 목적'과 '군사적 목표'의 차이를 분명히 하고, 그것을 명확하게 염두에 두는 것이 필요하다. 이 두 가지는 각각 다른 것이긴 하나 분리할 수는 없다. 왜냐하면 국가는 정책을 추구하기 위해서 전쟁을 수행하는 것이지, 전쟁 그 자체를 위해서 수행하는 것은 아니기 때문이다. 군사 목표는 정치 목적을 위한 단순한 수단에 불과하다. 그러므로 군사 목표는 정치 목적에 종속되어야 하며, 정책은 군사적으로 사실상 불가능한 것을 요구하지 않는다는 기본 조건에 종속되어야 한다.

이와 같이 이 문제를 연구할 때, 정책의 문제로 시작해서 정책으로 끝나지 않으면 안 된다.

목표라는 용어는 흔히 쓰여지고 있으나, 그다지 좋은 말은 아니다. 이 말은 물리적이면서 지리적인 의미를 띠고 있어, 자칫하면 사고의 혼란을 가져오기 쉽다. 그러므로 정책의 목적을 취급할 때는 목적 object이라는 말을 사용하고, 정책을 위해 전력이 지향되는 방법을 취급할 때는 군사 목표military aim라는 말을 사용하는 것이 타당할 것이다.

비단 우리 자신의 관점에서 볼 때라도 전쟁의 목적은 좀더 나은 평화 상태를 가져오게 하는 것이다. 그러므로 전쟁을 수행할 때는 항상 우리가 희망하는 평화를 염두에 두는 것이 꼭 필요하다. 이것은 팽창

을 추구하는 침략 국가나 또는 자기 보존만을 위해서 싸우는 평화 국
가에도 똑같이 적용된다. 그러나 이 두 국가에서 '좀더 나은 평화 상
태'가 무엇을 의미하는가는 매우 다르다.

역사가 증명하는 것은 군사적 승리의 획득이 반드시 정책 목적의 달
성을 뜻하는 것은 아니라는 점이다. 그러나 전쟁에 대한 사고가 거의
대부분 직업 군인에 의해 축적됨으로써 기본적인 국가 목적을 망각하
고, 그것을 군사 목표로 동일시하는 것이 아주 자연스러운 경향이 되
어온 것이다. 그 결과, 전쟁이 발발했을 때 정책은 군사 목적에 의해서
종종 지배되었으며 군사 목표란 목적을 위한 수단이기보다는 그 자체
가 목적인 것처럼 간주되었다.

그 나쁜 영향이 미치는 해독은 그것으로 끝나지 않았다. 참다운 목
적과 군사 목표, 즉 정책과 전략 사이의 올바른 관계를 망각함으로써
군사 목표가 왜곡되었고 지나치게 단순해졌다.

본질적으로 복잡한 이 문제를 제대로 이해하기 위해서는 지난 2세
기에 걸친 이에 대한 군사적 사고의 배경을 알고, 그 개념이 어떻게 발
전되어 왔는가를 인식할 필요가 있다.

과거 1세기 이상에 걸쳐 군사 교리의 주내용은 '전장에서 적의 주력
을 파괴하는 것이 전쟁에서의 유일한 참다운 목적'이라고 되어 있었
다. 이 생각은 보편적으로 받아들여졌고, 전 군사 교범에 명기되어 모
든 참모대학에서 가르치고 있었다. 그 생각이 모든 상황하에서 국가
목적에 적합한가에 대한 의문을 감히 가졌던 정치가는 성전聖典을 모독
하는 것으로 간주되었다. 이것은 특히 제1차 세계대전 중이나 전쟁 후
에 남겨진 공식 기록이나 참전국 군 수뇌들의 회고록을 연구하면 알
수 있는 것이다.

19세기 전에 있었던 위대한 명장들이나 전쟁 이론의 교사들은 이러

한 절대적인 규칙에 놀랐을 것이다. 왜냐하면, 그들은 힘이나 정책의 제약 아래 목적을 적응시키는 실질적 필요성과 지혜를 인식하고 있었기 때문이다.

클라우제비츠의 영향

이 규칙은 클라우제비츠가 죽은 후 그의 영향력과 저서가 프러시아의 군인들, 특히 몰트케의 생각에 미친 영향을 통해서 그리고 더 나아가 프러시아가 1866년 및 1870년에 얻은 승리가 전 세계의 군대에 미친 영향에 의해서 더욱 광범위하게 교리적인 경직성을 띠게 되었다. 전 세계의 군대는 프러시아 군사 조직의 많은 특성을 배웠다. 따라서 클라우제비츠의 이론을 검토해보는 것은 대단히 중요하다.

아주 종종 있는 일이지만, 클라우제비츠의 제자들은 그 스승이 의도하지 않았던 극단까지 그의 이론을 해석했다.

모든 분야에서 대부분의 예언자들이나 사상가들의 공통적인 운명은 오해받는 것이다. 열의에 넘쳐 있지만 이해가 모자라는 제자들은 반대자들의 편견이나 잘못된 견해보다도 본래의 개념에 곡해하여 이것을 손상시켜왔다. 그러나 클라우제비츠가 그 당시 어떤 사상가들보다도 가장 오해받기 쉬운 말을 했다는 것을 인정해야 한다. 칸트의 말을 간접적으로 배운 제자이기도 한 클라우제비츠는 참다운 철학적 지성도 함양하지도 않은 채 철학적 표현 양식이 몸에 배어 있었다. 사고가 본질적으로 구체적인 보통 군인들에게 클라우제비츠의 전쟁 이론은 너무나 추상적이고 또한 어려웠다. 그 결과, 그들의 사고는 클라우제비츠가 의도한 방향과는 때때로 정반대 방향으로 달리기도 했다. 그들은 깊은 감동을 받으면서도 모호하게 그 경지를 헤맸으며, 생생한 제목

구절에 동조하면서도 그 뜻을 피상적으로만 받아들여 클라우제비츠의 사고 저변에 흐르는 깊은 의미를 놓치고 있었다.

전쟁 이론에 대해 클라우제비츠가 이룩한 최대의 공헌은 심리적 요인을 강조한 점이었다. 그 당시 유행했던 기하학적 전략학파에 대해서 클라우제비츠는 소리 높여 그 잘못을 부르짖었고, 인간 정신은 '작전선이나 각도'보다 더욱 무한한 중요성이 있다는 점을 보여주었다. 그는 깊은 이해를 가지고 위험과 피로가 미치는 효과를 설명했고, 대담성과 결의가 갖는 가치를 피력했다. 그러나 그의 과오는 그 후 역사의 진전에 큰 영향을 미쳤다.

그는 해양력의 의미를 이해하기에는 시야가 너무나도 대륙적이었다. 또한 앞을 내다보는 시야도 짧았다. 즉 기계화 시대의 문턱에 서 있으면서도, 그는 '날이 갈수록 수적 우세가 더욱 결정적인 것이 된다'라고 자기의 확신을 단언했다. 이러한 지상 명제는 본능적으로 보수적인 군인들에 대해서 기계화 시대의 발명품이 점차 제공하고 있던 새로운 형태의 우세 가능성에 대한 저항을 강화시켰다. 그것은 또한 수적인 우세를 획득하는 가장 간단한 방법인 징병제의 보편적 확대와 영국적 확립에 대한 강력한 동기를 부여했다. 이것은 그 자체가 군대의 심리학적 적합성을 무시하면서 군대로 하여금 공황 상태나 급작스런 붕괴에 종래보다 더욱 취약하도록 만들었음을 의미했다. 그 이전의 방식이 아무리 비조직적이었다 해도 적어도 전력은 훌륭한 '싸우는 동물'로 구성되도록 보장하려는 경향은 갖고 있었다.

클라우제비츠는 전술 또는 전략에 대해서 새롭고 눈부신 진보적 아이디어를 기여하지는 않았다. 그는 창조적이고 역동적인 사상가이기보다는 요약을 잘하는 사상가였다. 그는 18세기에 나타난 '사단 제도' 이론이라든가 20세기에 나타난 '장갑 기동' 이론과 같이 전쟁에 대한 혁명적 효과를 가져오지는 못했다.

그러나 그가 나폴레옹 전쟁에 대한 경험적 연구를 하는 데 있어서 전쟁에 대해 여러 가지 퇴행성 특징을 중시한 것은 원시적인 부족 전쟁으로 거슬러올라가는 소위 '반혁명' 이라고 불리는 것을 유발하는 데 도움을 주었다.

클라우제비츠의 군사 목표 이론

군사 목표라는 것을 정의할 때 클라우제비츠는 정열이 지나쳐 다음과 같은 순수 논리로 치우쳤다.

"전쟁에 있어서 모든 행동의 목적은 적을 무장 해제하는 것이다. 그리고 지금부터 이것이 적어도 이론상으로 불가피하다는 것을 입증해보자. 적을 우리 의지에 굴복시키려면, 우리는 적으로 하여금 우리가 요구하는 희생보다 더 압도당한 상태로 몰아넣지 않으면 안 된다. 그러나 적이 내몰린 이 불리한 상태가 적어도 외견상 일시적인 상태가 되어서는 안 된다. 그렇지 않을 경우 적은 굴복하지 않고 장래 상황이 호전되기를 고대하며 견고하게 버틸 것이다. 전쟁이 계속되면서 나타나는 어떠한 상황 변화도 적이 몰린 이와 같은 상태보다 더욱 악화된 것이 되어야 한다."

"교전자의 한쪽이 처할 수 있는 최악의 상태는 완전하게 무장 해제를 당한 사태이다. 따라서 만약 적이 그와 같은 굴복 상태에 있도록 하기 위해서는 적을 확실히 무장 해제하든지, 또는 전면적 무장 해제의 위협 아래 적을 놓아두어야 한다. 따라서 완전한 무장 해제 또는 적의 격멸이 항상 전투의 목적이 되어야 한다."

클라우제비츠에 대한 칸트의 영향은 '사고의 이중성' 이란 점에서 엿볼 수 있다. 즉 클라우제비츠는 완벽한 이상의 세계라는 것을 믿는 동시에, 이들 이상이 오직 불완전하게 충족될 수밖에 없는 현실의 세계를 인식하고 있었다. 왜냐하면 그는 군사적으로 이상적인 것과 그가 '현실에서 하나의 수정'이라고 표현할 것을 구별할 수 있었기 때문이다. 그는 다음과 같이 말하고 있다.

"추상적인 논리에서는 마음이 극단에 이르기 전에 멈출 수가 없다. 그러나 추상적인 것에서 현실로 이동할 경우, 모든 사물은 다른 형태를 띤다", "추상적인 전쟁의 목적 즉, 적의 무장 해제라는 것은 실제로 달성되는 일은 드물며 평화를 위해 꼭 필요한 조건도 아니다."

극단을 향한 클라우제비츠의 경향은 또 전투는 전쟁 목적을 위한 하나의 수단이라는 이론에도 나타나 있다. 유일한 수단, 그것이 바로 전투라고 그는 확신을 가지고 설명하고 있다. 그는 이 이론을 입증하기 위해서 기나긴 논증을 사용하며 모든 형태의 군사 활동에는 '그 밑에 싸운다는 생각이 반드시 존재해야 한다'고 주장했다. 대부분의 사람들이 논의조차 하지 않고, 받아들일 사항을 정밀하게 논증하면서 그는 또 다음과 같이 말하고 있다. "전투의 목적은 반드시 적 부대의 파괴만은 아니다. 전투가 전혀 수행되지 않고도 전투 목적이 때때로 달성될 수도 있다."

그것뿐 아니라 클라우제비츠는, 특별한 사정이 없다면 적 군대의 파괴에 대해서 우리 목적이 지향되면 될수록 우리 편의 군사력 소모도 더 커진다고 인식했다. 위험은 여기에 있다. 우리 편이 좀더 큰 효과를 얻고자 하면, 그것은 우리 편에게 되돌아오며 따라서 싸움에 패배한 경우에는 더욱 나쁜 결과를 초래한다는 점이다.

이렇게 클라우제비츠는 자신의 이론을 추종함으로써 야기되는 결과에 대해 예언의 형태로 스스로 다음과 같이 말했다. "전투에 관한 나의 이론 중(제1차 및 제2차 세계대전이 일어나기까지) 유효했던 측면은 이상적인 부분이었고, 실질적인 부분은 아니었다." 그는 전투 외의 수단을 취하는 것은 오직 전투라는 모험을 회피하고자 하는 것이라고 주장함으로써 사고의 왜곡화에 기여했다. 그리고 그는 추상적인 이상을 강조함으로써 제자들의 마음을 왜곡시켰던 것이다.

그의 기묘한 이론을 식별하거나, 그의 철학적 마술 가운데서 참다운 균형을 유지하려고 노력한 사람은 극소수에 불과했다. 그보다도 모든 사람들이 다음과 같은 그의 명구들에 현혹되고 말았다.

"우리는 전쟁에서 전투라는 오직 하나의 수단만을 갖는다."

"유혈에 의한 위기 해결, 즉 적 군대의 파괴를 위한 노력이 전쟁의 장자長子이다."

"위대하고 전면적인 전투만이 위대한 결과를 가져올 수 있다."

"피를 흘리지 않고 정복한 장수들의 말을 듣지 말라."

클라우제비츠는 이와 같은 말들을 되풀이하여 본래부터 명확하지 않았던 자신의 철학적 윤곽을 더욱 흐리게 했고, 이 말들을 단순한 행진곡의 후렴처럼 만들어버렸다. 그것은 피를 끓게 하고 마음을 뒤흔드는 프랑스의 국가 라마르세예즈의 프러시아 판이었다. 그것은 마음속에 흘러 들어가 교리가 되었으나 하사관들에게는 적합할지도 모르나, 결코 장수들에게 적합한 것은 아니었다. 그의 교훈은 전투만을 유일하게 진실된 싸움다운 활동처럼 보이게 함으로써, 전략의 명예를 빼앗고 전쟁술을 대량 살상을 위한 계략의 지위로 전락시켰다. 그뿐 아니라 이는 장수들로 하여금 유리한 기회를 창출해내기보다는 무턱대고 전투를 추구하도록 만들었다.

클라우제비츠는 자주 인용되는 다음 글에 의해서, 용병술을 더욱 타락시켰다.

"박애주의자들은 많은 유혈이 없이도 무장 해제하고 압도하기 위한 교묘한 방법이 있고, 이것이야말로 전쟁술의 적절한 경향이라고 쉽게 상상할지도 모른다. 이 오류는 근절되지 않으면 안 된다."

그가 이것을 쓸 때, 다음과 같은 점을 깊이 생각했어야 했다. 나폴레옹을 비롯해서 모든 전쟁술의 거장들은 클라우제비츠가 여기서 비방한 것이야말로 장수가 지녀야 할 적절한 덕목이라고 간주하고 있었다는 점이다.

클라우제비츠의 말은 그 후에도 많은 실수자들이 감행한 저돌적 공격에 의해 발생하는 무익한 인명 살상 행위의 구실이 되고 또 이를 정당화하는 데 이용될 것이다.

수적 우세의 결정적 중요성에 대해서 항상 장황하게 설명한 그의 방법은 위험을 더욱 증대시켰다. '기습은 모든 행동의 기초로 존재한다. 왜냐하면 기습 없이는 결정적 지점에서 우세를 생각할 수 없기 때문'이라고 그는 주장했다. 그러나 그가 더욱 자주 수에 대해서 강조한 점에 충격받은 그의 제자들은 단순히 다수가 승리를 위한 손쉬운 처방이라고 간주하기에 이르렀다.

클라우제비츠의 목적 이론

그가 절대 전쟁의 구상에서 "승리에의 길은 힘의 무제한적 사용으로 도달된다"고 단언하면서 주장한 이론적 설명과 강조는 더욱 나쁜 영향을 남겼다. 이때 말한 '전쟁은 다른 수단에 의한 국가 정책의 계속'이라는 정의로 시작되는 교리는 "전쟁을 전략의 노예로 변하게 하는 모순된 결론으로 이끌면서 전략을 나쁜 전략으로 타락시켰던 것이다."

이 경향은 특히 다음과 같은 그의 금언에 의해서 더욱 조장되었다.

"전쟁 철학에서 중용의 원칙을 끌어들이는 것은 어리석은 일이다. 전쟁은 그 극한점까지 추진되는 폭력 행위인 것이다."

이러한 단정은 지금까지 매우 어리석은 현대 전면전의 기반으로서의 기능을 해왔다. 이 대가를 무시한 무제한 힘의 이론은 증오로 넘쳐흐르는 폭도에게나 적합한 이론이다. 그것은 통치술의 부정이며, 정책목적에 기여해야 할 현명한 전략에 대한 부정이다.

클라우제비츠가 선언한 것처럼 '전쟁이 정책의 계속'이라면, 전쟁수행은 필연적으로 전후戰後의 이익을 감안하면서 수행되지 않으면 안된다. 모든 국력을 소모하는 국가는 자국의 정책을 스스로 파탄시켜버리는 것이다.

클라우제비츠 자신도 '전쟁의 최초 동기로서, 정치 목적은 군사력의 목적과 투입될 군사적 노력의 양을 결정하기 위한 기준이 되어야 한다'는 점을 인정함으로써 자신이 말한 '최대한의 힘'의 원칙을 다듬었다.

아직 의미 있는 점은, 논리적 극단을 추구하는 것은 수단이 목적과의 모든 관계를 상실하는 것을 의미하여 거의 모든 경우, 극단의 노력을 지향하는 목적은 그 노력 자체 내에 일어나는 역작용의 힘에 의해상쇄될 것이라고 그가 밝히고 있다는 점이다.

그의 고전적 명저《전쟁론》은 12년에 걸친 집중적인 사고의 산물이다. 만약 클라우제비츠가 더욱 오래 살아서 전쟁에 관해 더 많은 시간을 투자할 수 있었다면, 그는 더욱 현명하고 명석한 결론에 이르렀을지도 모른다. 그는 자신의 사고가 진전함에 따라 전과는 다른 견해──더욱 깊은 통찰──로 나아갔다. 불행히도 그 진전은 1830년 그가 콜레라로 죽으면서 중단되었다. 그의 저서《전쟁론》은 그가 죽은 후 미망인에 의해서 출판되었다.《전쟁론》의 원고는 밀봉되어 있었고,

다음의 의미 있고 예언과 같은 메모가 부착되어 있었다.

"이 저작이 나의 죽음으로 인해 중단될 경우, 이 원고는 확고한 형태를 갖추지 못한 개념의 집적이라고 부를 수 있게 된다. 그것은 끝없이 그릇된 개념에 빠질 위험을 내포하고 있다."

만약 그가 콜레라에 걸리지 않았다면, 그 후《전쟁론》에 의해서 야기된 폐해의 대부분은 예방되었을지도 모른다. 그것은 그가 '절대 전쟁'이라는 최초의 개념을 폐기하고, 자신의 이론 전체를 더욱 상식적인 감각에 입각하여 고쳐 쓰려던 시점에 그에게 죽음이 찾아왔다고 볼 수 있는 징후가 발견되기 때문이다.

그 결과, 그가 염려했던 것보다 더욱 크게 '끝없이 그릇된 개념'의 여지가 남게 되었고 '무제한 전쟁'의 이론이 보편적으로 받아들여져서, 마침내 문명의 파괴까지 진전되어버리고 만 것이다. 클라우제비츠의 가르침은 이해되지도 않고 받아들여졌기 때문에 제1차 세계대전의 원인이나 성격에 대해서 크게 영향을 미쳤다. 그것은 또한 너무나도 논리적으로 제2차 세계대전까지 연결된 것이다.

유동적인 이론 ─ 제1차 세계대전 후

제1차 세계대전의 진전 과정과 영향은 적어도 그 제자들이 해석한 클라우제비츠 이론의 유효성을 의심하게 하는 많은 빌미를 제공했다. 육상에서 수많은 전투가 수행되었으나, 클라우제비츠의 제자들이 기대했던 결정적인 결과는 결코 나오지 않았다. 그러나 책임 있는 지도자들은 그들의 목적을 상황에 적응시키거나, 목적을 좀더 실현 가능하게 만들기 위한 새로운 수단을 개발하는 것에 대해서 더디게 행동했다. 그들은 문제에 직면하기보다는 전투에 의한 완벽한 승리라는 실현 불가능한 이상을 추구한 나머지, 거의 스스로를 파멸하는 수준까지 집착하면서 자기의 힘을 위험한 수준까지 고갈시켰다.

1918년 독일측이 결행한 공세가 중도에서 갑자기 좌절됨으로써 입은 큰 손실이나 승리가 불가능하다고 깨달은 정신적 패배 등이 독일측의 붕괴를 촉진한 것은 사실이다. 그러나 독일측이 최종적으로 붕괴하게 된 것은 인명 손실에 의한 것보다는 오히려 연합군측이 해양력을 가지고 가한 경제적 압박에서 기인하는 배고픔에 의한 것이었다.

이로 인해 독일에 대항하는 연합국들이 전쟁에 승리를 했어도, 그것은 정신적으로나 물질적으로 극심한 소모를 강요당한 후, 연합국들이 자국의 입장을 공고하게 하는 일은 더 이상 할 수 없을 정도의 비싼 대가를 지불하면서 얻은 격이 된 것이다.

클라우제비츠의 이론이나 그 적용에서 전술 · 전략 · 정책적으로 무엇인가 잘못되었다는 점이 분명해졌다. 이상적인 목표를 추구하기 위해서 지불한 쓸데없는 노력의 엄청난 손해 및 이름뿐인 승리 후의 황폐화된 상태는 목적과 목표에 대한 문제 전체에 대해서 철저한 재검토가 필요하다는 점을 보여주었다.

이러한 부정적인 요인 외에도 몇몇 긍정적인 이유가 필자의 새로운 연구를 촉진시켰다. 그 하나는 해상에서 어떠한 결전도 일어나지 않았음에도 불구하고 해양력이 이룩한 결정적인 역할이며, 해양력은 경제적 압박을 통해서 적의 붕괴를 가져왔다. 그것은 특히 영국이 자국의 전통적인 전략에서 이탈하여 육상에서의 결정적인 승리를 획득하기 위해 엄청난 손해를 입으면서 장기전에 돌입하게 되는 기본적인 오류를 범하지 않았는가 하는 의문을 가져왔다.

그 외에 두 가지 이유는 새로운 요인에서 기인했다. 항공력의 발전은 적 주력을 전장에서 격멸하기 전에, 적의 경제적 · 정신적 중심에 타격을 가할 수 있는 가능성을 제공했다. 항공력은 적의 저항을 격멸하는 대신 적의 저항을 뛰어넘어, 즉 간접적 수단에 의해서 직접 목적을 달성할 수 있도록 만든 것이다.

동시에 내연 기관과 무한궤도가 결합되어 발전한 것은 고도의 기동성을 갖춘 육상 기계화 부대가 발달할 수 있는 가능성을 열어주었다. 이로 말미암아 적의 병참선을 차단하고 적의 지휘 통제 조직을 교란하며, 적 후방에 대한 종심 돌파로 적 신경 조직에 대한 충격을 통해 마비 상태를 일으키는 등의 방법으로 격렬한 전투를 하지 않고도 적 주력을 붕괴시킬 수 있는 더욱 새롭고 커다란 가능성도 예측할 수 있게 되었다. 또한 이 새로운 형태의 지상 기계화 부대는 그 수준에는 다소 못 미치지만 항공력처럼 적의 중심부나 신경 계통에 직접 공격을 할 수 있는 가능성을 가져왔다.

항공 기동력은 공중에서의 간접 접근 방식이라는 형식으로 이러한 직접 타격의 달성을 가능하게 한 반면, 전차 기동력은 적 육군의 저항을 회피하는 지상에서의 간접 접근 방식을 통해 동일한 직접 타격을 가능하게 했다. 이것을 체스를 가지고 설명해보면 항공 기동력은 기사의 운동을 싸움에 응용한 격이며, 전차 기동력은 여왕의 운동을 싸움에 응용한 격이라고 할 수 있다. 물론 이 유사성이 각각의 기동력 가치를 그대로 나타내는 것은 아니다. 왜냐하면 항공력은 기사의 뛰는 능력과 여왕이 항상 갖추고 있는 유연성을 결합한 힘을 가지고 있기 때문이다. 한편, 지상 기계화 부대는 뛰는 힘은 없지만 획득한 지역을 점령 상태에 둘 수가 있다. 이와 같은 공중 및 지상에서의 새로운 발전은 미래전에서 군사 목적 및 목표 선정에 큰 영향을 줄 수밖에 없었다.

공중 및 지상에서의 새로운 발전은 적의 경제 및 심리적인 민간 목표에 대한 군사 행동의 역량을 증대시키고, 그 효과를 더욱 강화시켰다. 이 새로운 발전은 또한 군사 목표에 대한 군사 행동의 영향력을 증대시켰다. 그것은 적 군대라는 저항체를 격렬한 싸움에 의해서 물리적으로나 전체적으로 파괴하지 않고도, 그 대신 그것의 사활적인 주요 기관 일부를 마비시킴으로써 적을 파멸시키는 것을 용이하게 했다. 저항 세력을 마비시킴으로써 저항을 무력화하는 것은 병력 절약 면에서 저항을 실제로 분쇄하는 것보다 훨씬 낫다. 왜냐하면 저항을 분쇄하는 것은 승자에게 항상 오랜 시간과 비싼 대가를 요구하기 때문이다.

공중 및 지상에서 출현한 이와 같은 획기적인 기동력의 종합적 효과는 전술에 비해 전략이 갖는 중요도와 힘을 증대시키는 것이었다. 미래의 고급 지휘관들은 전 세대의 사람들에 비해 전투보다도 기동에 의해서 결정적인 승리를 얻을 확률이 더 커지게 될 것이다.

결전을 통해 승리를 얻는 가치가 결코 사라지지는 않겠지만 새로운 기동력을 이용하면 그와 같은 기회는 실제로 증대되며, 그러한 결전은 재래식 전투 형태를 다소 덜 갖게 될 것이었다. 새로운 전투 양식은 '전략적 기동'의 자연스런 완성에 유사해질 것이었다. 전투는 이처럼 연속된 작전을 의미하기에는 적절치 않다. 불행하게도 제1차 세계대전 후 여러 나라의 군 수뇌부는 변화된 조건과 수단에 따라 군사 목적을 새롭게 정의해야 할 필요성을 인식하는 데 게을렀다. 그 당시, 각국 공군 수뇌부는 공군의 독립성을 확보하는 것에 급급했고 민간 목표에 대한 공격 가능성이라는 너무 편협된 측면에 노력을 집중하여, 이것이 갖는 한계나 부정적인 영향에 대해서는 전혀 고려하지 않았다. 그들은 자신이 속한 새로운 공군에 열광되어 공군력에 의해서 적 국민들의 사기를 신속하게 붕괴시킬 수 있거나, 또한 해군력보다도 더 집약된 형태로 적에 경제적 압박을 가하고, 훨씬 더 신속하고 결정적인 효과를 올릴 수 있다고 과도하게 자신하고 있었다.

제2차 세계대전에서의 실제 적용

제2차 세계대전이 일어났을 때, 소수의 신형 지상 기계화 부대가 창설되어 그 본래의 요구를 충족하면서 또한 전략적인 목표에 대한 장거리 타격용으로 결정적인 효과를 발휘했다. 불과 6개 사단의 이러한 기계화 부대가 단 몇 주만에 폴란드를 붕괴시켰다. 독일 육군의 대 보병 부대가 전투에 돌입하기에 앞서, 소위 프랑스 전투의 승패를 결정한 것은 사실상 이 기계화 부대 10개 사단이었으며, 그 불가피한 결과로 서유럽 국가들의 붕괴를 가져왔다. 서유럽 정복은 겨우 1개월 만에 완료되었고 승자가 지불한 대가는 놀랄 만큼 적었다. 사실 인명 피해도 매우 적어서 클라우제비츠가 말한 어떠한 기준을 적용해도 결정적인 단계에서 유혈은 아주 약소했다.

이 빛나는 승리는 군사적 특성을 갖는 모든 목표에 대해서 행한 전투로 획득되었으나, 그것은 전술적이기보다는 주로 전략적인 기동 형태의 전투에 의하여 달성된 것이었다.

더욱이 종심 돌파 작전에 의해서 연합군의 병참선을 차단하고 그 지휘 통제 조직을 교란함으로써 얻은 효과는 그것이 동반한 국민의 심리적 동요나 민간 조직의 붕괴 등의 효과와 명확히 구별할 수가 없다. 그래서 이 사실은 최소한 부분적으로 적의 민간 목표에 대한 작전 효과를 인정하는 새로운 증거라고 표현될 수도 있었다.

이와 유사한 관찰이 1941년 4월 발칸 반도가 더욱 빨리 정복당한 사례에도 똑같이 적용된다. 이것도 새로운 무기와 그 전략적 응용에 의한 마비 효과를 실증하는 것이었다. 소위 전투는 상대적으로 의미가 없게 되었고 또한 파괴는 전쟁의 결과를 결정짓는 방법으로서는 분명히 부적당한 용어가 된 것이다.

러시아 침공 경우를 예로 들어보면 여기서는 다소 다른 방법이 시도되었다. 대다수의 독일 장군, 특히 할더 참모총장은 히틀러가 군사 목표보다는 오히려 경제적 목표를 노리는 경향에 대해서 불평했다. 그러나 모든 작전 명령과 증거를 분석해보면 그 비난은 정당하지 않다. 비록 히틀러가 경제 목표를 노리는 것이 더욱 효과적이라고 생각했지만 1941년의 중요한 전역에서는 참모본부가 전투를 선호한 것에 그가 동조한 것은 분명한 사실이다. 이 군사 목표에 대한 추구는 방대한 적 군대를 파괴하는 몇 차례의 대승이 있었는데도, 결국 전쟁을 승리로 이끌게 하지 않았다.

경제적인 목표에 대해 노력을 집중하는 것이 한층 더 결정적인 효과를 가져왔을지는 아직 더 생각해봐야 한다. 당시 독일 장군 중 가장 우수했던 몇몇 장군은 다음과 같이 회상하고 있다. 소비에트 러시아를 패배시킬 수 있는 최대의 기회는 모스크바나 레닌그라드 등과 같은 심리적·경제적 목표를 향해 가능한 신속하게 돌진하는 대신 고전적인 방법으로 전투의 승리를 거두려고 함으로써 사라져버렸다. 심리적·경제적 목표로 향한 돌진은, 당시 신 기계화 기동을 주창하던 구데리안 장군이 희망하고 있었던 것이다. 중요한 이 문제에 관해서 히틀러는 해묵은 전통파 쪽의 손을 들어주었던 것이다.

독일이 이룩한 일련의 신속한 정복에서 공군은 지상군의 기계화 부대와 협력하여 적 군대나 그 국가 자체를 마비시켰고, 또한 심리적 분열 상태에 빠지게 했다. 그 효과는 놀랄 만한 것이었으며 그것은 기갑 부대의 효과와 마찬가지로 중시되지 않으면 안 된다. 전격전Blitzkrieg이라는 새로운 형태의 전쟁을 만든 요소의 평가에 있어서 공군과 기갑 부대를 분리하는 것은 불가능하다.

전쟁 후반에 연합군의 육·해군의 성공에 기여한 영국이나 미국의 공군력의 활약은 더욱 위대했다. 우선 첫째로 연합군의 유럽 대륙 진격을 가능케 했고, 그리고는 확실한 승리를 보장한 것은 무엇보다도 공군의 힘이었다. 공군의 군사 목표 특히 병참선에 대한 행동은 연합군측의 행동에 대항하는 독일군의 능력을 결정적으로 무력화시켰다.

그러나 미국, 영국의 공군 참모부는 민간 목표, 즉 적의 공업 중심지에 대해서는 독립 작전에 임할 때와 같은 열의를 결코 보여주지 못했다. 민간 목표에 대한 독립 작전의 목적은 이것이 적 군사력에 대한 협동 작전보다도 더욱 신속하고 결정적일 것이라는 신념에서 적국에 대하여 경제·심리적인 효과를 직접 결합한다는 것이었다.

미국, 영국의 공군 참모부는 이것을 '전략 폭격'이라 호칭하고 있었는데 이는 잘못된 호칭이었다. 왜냐하면 그와 같은 목적이나 행동은 대전략의 범주에 속하기 때문이다. 정확히 정의한다면 '대전략적 폭격'인데, 이것이 너무 번거로운 호칭이라면 '산업 폭격'이라고 부름으로써 경제적 효과와 심리적 효과 모두를 반영할 수 있다.

이런 종류의 폭격의 승리에 기여하면서 달성한 실제 효과는 대단히 상세한 조사를 했음에도 불구하고 평가하기가 매우 어렵다. 데이터의 평가는 편견적인 판정이 더해질 수 있기 때문에 혼란을 초래한다. 편견적 판정이라고 말한 것은 산업 폭격에 대해서 찬성하는 자와 여러 가지 이유로 이에 반대하는 자 등 두 가지 분류가 있기 때문이다. 여타의 군사 행동에 대한 증거의 경우보다도 헤아릴 수 없는 요소가 산업 폭격의 데이터에는 많이 포함되므로 정확한 효과의 판정은 방해를 받아 거의 불가능하게 된다.

그러나 산업 폭격의 효과가 상당히 유리한 견해를 얻을 경우라도 산업 폭격은 군사 분야에 있어서 전략 목표에 대한 항공 공격에 비해 덜 결정적이라는 점은 대체로 맞는 것 같다. 어떠한 경우가 되었든 이들은 덜 결정적이었다. 전쟁이 경과하는 단계마다 그 결과는 폭격을 수행하는 사람들이 주장하는 것에 훨씬 미달했음이 분명하다.

산업 폭격이 전후 상황에 남기는 악영향은 매우 부정적이라는 점은 더욱 명확하다. 회복되기 어려운 방대한 규모의 황폐 상태의 그늘 속에 감추어져 있는 것은 명백하게 드러나지는 않으나 더 지속적인 사회적·심리적 영향인 것이다. 산업 폭격과 같은 행동은 비교적 취약한 문명 생활의 기반에 대해서 상당히 깊은 위험을 주지 않을 수 없다. 이 같은 일반적인 위험은 이제 원자 폭탄의 출현으로 더욱 엄청나게 증대했다.

여기서 우리는 전략과 대전략의 근본적인 차이에 부딪힌다. 전략은 단순히 군사적 승리를 얻는 것과 관련되는 데 비해, 대전략은 더욱 장기적인 관점을 취해야 한다. 왜냐하면 대전략의 문제는 평화를 쟁취하는 것이기 때문이다.

이와 같은 사고의 순서를 갖는 것은 주객이 전도되었느냐에 문제가 아니고 말과 수레가 어느 곳으로 가느냐의 문제이다.

주로 민간 목표에 대한 항공 공격은 대전략 차원의 행동이다. 바로 이 점 때문에 가끔 의문이 제기된다. 민간 목표 자체의 특성 때문에 그것이 목표로서 건전한 것이 아니라고 여겨진다. 민간 목표의 파괴에 의해서 전쟁에 승리하는 것이 더욱 보장된다 해도, 또는 적어도 그것이 실제보다 더 명확하게 과시되었다 해도 그것을 군사 목적으로 선택하는 것은 현명하지 않은 방책이 될 것이다.

이론의 추가적인 수정

누구든지 자기의 결론을 균형된 방향으로 수정하려고 한다면, 이론의 수정이나 균형을 재조정할 때 그 문제에 대한 배경 연구를 실시하는 것이 필요하다. 나는 내가 제1차 세계대전 후에 전쟁 목적과 관련하여 당시 유행하고 있던 클라우제비츠의 군사 교리에 대한 재검토를 시작한 최초의 연구자라고 감히 자부한다. 나는 이 문제를 여러 군사 잡지에 많은 논문을 통해 문제를 제기한 후, 1925년에 《파리 또는 전쟁의 미래Paris or future of War》라는 책에서 더욱 완전하게 다루었다.

제1차 세계대전에서 추구된 교조적인 격언이었던 '전장에서 적 주력의 파괴 방식'을 비판하면서 또 이 방식이 결정적인 결과를 가져오지 않고 피폐로 끝났다는 점을 지적하면서 이 조그만 책은 시작되었다. 이어서 '심리적 목표'의 유리한 점을 논하면서 (1) 장갑 부대는 어떻게 적군의 아킬레스 건인 적군의 신경 계통을 형성하고 있는 병참선과 지휘 통제 센터에 대해서 결정적 타격을 가할 수가 있는가 (2) 항공 부대는 이러한 전략적 행동에 협력하는 것 외에 적의 신경 계통인 정적인 민간 산업 중심지를 직접 지향하여 결정적인 효과를 갖는 타격을 가할 수가 있을지를 언급했다.

영국군 일반 참모본부는 2년 후 실험적인 기계화 부대를 창설하면서, 이 부대는 소속 장교들의 연구 서적으로 나의 책을 선정했다. 영국 공군 참모본부는 그 책을 더욱 철저하게 활용했다. 당시 공군 전략에 관한 교과서가 없어서 그 책은 공군 전략에 관한 그들의 견해를 발전시키는 데 적합했다. 공군 참모총장은 마침내 그 책 몇 권을 육·해군 참모총장에게도 배부했다.

지금 내가 이야기하고 있는 것은 25년 전에 썼던 것을 장기간에 걸쳐 숙고한 후에 개정한 것이며, 주제 일부에 대한 오류를 스스로 인정한다. 이것은 누구나 시각의 균형을 수정할 경우에, 지나치게 반대 방향으로 치우치기가 얼마나 쉬운가를 잘 보여준다. 로렌스T. E.

Lawrence는 1928년에 나에게 보낸 편지에서 다음과 같이 말하고 있다.

"클라우제비츠의 이론 체계는 너무 완벽하다. 그것은 그의 제자들, 특히 그들의 발보다는 팔로 싸우려는 사람들의 그릇된 방향으로 빗나가게 한다. 당신은 제1차 세계대전이 끝난 지금, 자신의 직업상 이 문제에 대해서 생각을 하지 않으면 안 될 사람들, 즉 군인들로부터 거의 아무런 원조도 받지 않고 시각의 균형을 올바르게 조정하려고 시도하고 있다. 당신이 성공하는 날(1945년경), 당신의 제자들은 당신의 분별력의 한계를 넘을 것이며 그들은 훗날 등장하는 전략가에 의해서 다시 울타리 안으로 쫓겨 들어가지 않으면 안 되게 될 것이다. 어쨌든 우리 인간은 앞으로 가기도 하고 뒤로 가기도 한다."

1925년에 나는 민간 목표에 대한 항공 공격의 이점을 과대평가하고 있었다. 그래도 그 항공 공격의 조건으로서 '오늘의 적은 내일의 손님이거나 미래의 동맹'이므로 영구적인 손해는 가능한 한 최소한으로만 부여하면서 공격하는 것이 중요하다는 점을 강조했던 것이다. 당시 나는 '항공 공격은 재래식 장기전에 비해서 적에게 부여하는 손해가 더 적고 패전국의 부흥 능력도 덜 고갈시킨다고 믿고 있었다.'

더 연구를 계속한 결과, 나는 '공업 중심지에 대한 항공 공격'은 직접적으로 결정적 효과를 주는 것이 아니고, 아마 제1차 세계대전보다는 사상자가 적은 대신에 더욱 큰 물질적 황폐를 가져오는 또 하나의 장기 소모전 형태를 가져오기 쉽다고 인식하기에 이르렀다. 그러나 이 점이 거론되자 공군 참모본부는 당초의 결론에 비해서 개정된 결론에 대해 덜 호의적인 자세로 변했다. 공군 참모본부의 인사들은 신속한 전쟁 승리가 옳다고 믿었고, 전쟁의 경험이 그들에게 신속한 전쟁 승리를 포기하도록 강요했으므로 그 대신 산업 소모전이 옳다는 고정관

넘을 갖게 된 것이다. 그 열성은 제1차 세계대전에서 일반 참모본부가 병력 소모전에 몰입했던 점과 비슷했다.

그러나 민간 시설을 목표로 정하는 것이 불리하고 죄악이라고 인식했다고 할지라도, 그것이 작전적 차원의 전투로 하여금 또다시 이전과 같은 차원에서 하나의 목표로 취급하는 것을 의미하는 것은 아니었다. 제1차 세계대전에서 클라우제비츠 공식의 결점은 싫증이 날 만큼 드러났다. 이와는 대조적으로 제2차 세계대전에서는 군사 목표에 대한 간접적 또는 전략적 행동의 이점이나 잠재력이 실증되었는데, 이미 예측되었던 것을 확인하는 것이었다. 심지어 제2차 세계대전 전에도 간접적 행동은 일부 명장들에 의해, 그들이 사용한 무기가 지닌 여러 가지 제약에도 불구하고 효과적으로 활용되었다. 그러나 전술적 저항력의 증대에도 불구하고 현재에도 새로운 무기의 개발 덕택에 간접적 행동은 아직도 더욱 결정적인 효과가 있다는 것이 입증되었다. 새로운 기동력은 돌파나 위협 방향을 전환하는 데 있어서 유연성을 가져오며, 그것이 전술적 저항력을 무력화시킨 것이다.

최근의 경험이나 현재 조건에 비추어 목적과 군사 목표에 관한 교리를 새로이 개정할 시기가 왔다. 이 개정이라는 것은 합동군의 기초 위에서 취급되어 그 합의된 해결책을 내놓게 되리라 기대된다. 왜냐하면 현재 교리상 위험한 의견 차이가 존재하기 때문이다.

이 문제에 관한 토의 중에 현재의 조건이나 지식에 부합하는 이론 수정의 윤곽이 나타났으리라고 기대한다. 그 중심 개념은 작전 차원의 전투가 아니고 '전략 작전'이다. 작전 차원의 전투라는 낡은 용어는 적합성과 효용성이 이미 사라져버렸다. 전투는 미래에도 여전히 일어나겠지만, 그러나 그 자체가 목적이라고 간주해서는 안 된다. 제2차 세계대전 중에 실증되었던 결론을 다시 한번 되풀이한다면, "참다운 목적은 전투를 추구하는 것이 아니며, 그보다는 오히려 전략적 상황이 유리하게 되도록 하는 것이다. 그리하여 그 자체로 전쟁을 매듭짓게 되지는 않더라도 전투를 통해 그 유리한 지위를 계속해서 지킴으로써 전쟁을 매듭지을 수 있도록 확실하게 하는 것이다."

제22장 대전략

　이 책은 대전략이나 전쟁 정책보다는 오히려 전략에 관한 내용이다. 대전략과 같은 광범위한 문제를 적절히 다루자면, 훨씬 많은 분량의 책이 요구될 것이며 별책 또한 필요할 것이다. 왜냐하면 대전략은 전략을 통제해야 하며, 대전략의 원칙들은 전략 분야에서 통용되고 있는 원칙들과 배치되는 경우가 많기 때문이다. 그러나 바로 이러한 이유 때문에 대전략에 관한 연구에 의해 얻을 수 있는 깊이 있는 결론을 여기서 다소 포함해두는 것이 바람직할 것이다.

　독자들의 관점에서 보더라도 전쟁의 목적은 좀더 나은 평화 상태에 이르는 것이다. 그러므로 전쟁을 수행할 때에는 독자가 희망하는 평화 상태를 항상 염두에 두고 있어야 한다. 이것은 '전쟁은 다른 수단에 의한 정책의 계속'이라는 클라우제비츠의 전쟁에 관한 정의 속에 자리잡고 있는 진실이며, 따라서 전쟁에 의한 정책의 연속은 전후의 평화 상태로 귀착되어야 한다는 점을 항상 명심하지 않으면 안 된다. 한 국가가 국력을 탕진할 때까지 전쟁을 계속했을 경우, 그것은 자국의 정책과 미래를 파탄으로 이끄는 것이다.

　만약 승리 획득에만 전력을 기울이고 전후의 결과에 대해서 생각하지 않는다면 전후에 닥쳐올 평화 상태에 의해 이익을 얻을 수 없을 만큼 피폐해져버릴 것이며, 그와 동시에 그 평화는 또 다른 전쟁의 씨앗을 지닌 나쁜 것에 지나지 않는다는 점은 거의 확실하다. 이것은 많은 경험에 의해서 증명되고 있는 교훈이다.

연합으로 수행되는 전쟁은 그 위험성이 더욱 심각하다. 그와 같은 경우 너무나 지나치게 완전한 승리를 추구함으로써 불가피하게 정당하고 현명한 평화 정착의 문제를 복잡하게 만들기 때문이다. 이미 승자의 탐욕을 억제할 만한 상대의 견제력이 존재하지 않을 경우, 연합국측 내부에 있는 이견이나 이해의 충돌을 조정할 수 있는 존재도 없게 된다. 그리하여 이러한 내분이 이제까지 공통 위험에 대항했던 동맹 관계를 다음 전쟁에서는 적대 관계로 변화시키게 되는 것이다.

이것은 더 한층 복잡하고 광범위한 문제를 일으킨다. 이제까지 연합 체제 내에서 일반적으로 발생한 마찰은 특히 어떤 조정 능력을 결여하고 있는 경우에는, 국가 간의 합방에 의해 해결책을 구하려는 기도를 가져오는 한 요인이 되었다는 사례가 유사 이래 많이 있다. 그러나 역사는 이러한 합방이 실제로는 연합 내의 한 나라에 의한 지배를 의미하기 쉽다는 것을 가리키고 있다. 그리고 작은 나라들이 큰 나라에 합병되는 것이 자연스러운 경향이지만 강제적으로 그러한 방향으로 가도록 하려는 결과, 때때로 포괄적인 정치적 유대를 확립하기 위한 계획은 혼란에 빠지게 된다.

더구나 이상주의자들에게 있어 유감스러운 것은, 역사의 경험도 '참다운 진보와 그 진보를 가능케 하는 자유'가 통합 속에 자리잡고 있다는 믿음을 대개의 경우 입증하고 있지 않는다는 사실이다. 왜냐하면 통합에 의해 사람들의 사상 통일이 이루어진다 해도 그것은 새로운 사상의 성장을 마비시킨다는 획일화로 빠지는 일이 많았기 때문이다. 그리고 통합이 단순히 인위적이거나 강제적인 일체감을 구축했다고 해도, 그 통합이 가져오는 권태감은 불협화음을 거쳐 마침내는 분열로 끝나게 되었다.

활력이라는 것은 다양성에서 나온다. '의견이 서로 다른 것을 받아들이는 것보다도 이것을 억압하는 것이 더 나쁜 결과를 가져온다'는 인식을 근거로 할 때, 서로의 관용이 존재하고 있는 한, 사고의 다양성은 참다운 진보를 가져온다. 이러한 이유로 세력 균형이 만들어내는 상호 견제야말로 진보를 가능케 하는 최선의 평화를 보증해준다. 그것은 국내 정치나 국제 관계의 분야에서도 같다.

국내 정치의 분야를 살펴보면, 영국 정치에서 양당 체제의 경험은 그것이 이론상 어떠한 결점을 가졌다 하더라도 이제까지 시도된 다른 어떤 정부 조직보다도 사실상 우월하다는 것을 과시할 만큼 장기간 지속되어왔다. 국제 관계 분야에서 '세력 균형'이라는 것은 그 균형이 유지되고 있는 한 건전한 이론이었다. 그러나 유럽에서의 세력 균형은 너무나도 빈번하게 불균형해지면서, 전쟁을 촉진했으므로 합방fusion이든 연방federation이든 어느 쪽인가의 방법에 의해 더욱 안정된 해결책을 찾자는 요구가 차츰 높아졌다. 연방제는 더욱 희망적인 것이었다. 왜냐하면 연방제 쪽이 생기에 넘친 협력 원칙을 내포하고 있기 때문이며, 이에 반하여 합방은 한쪽의 정치적 이해에 의해 권력의 독점을 부채질한다. 그리고 권력의 독점이라는 것은 액튼Acton 경의 유명한 금언이 단적으로 말하고 있듯이 "모든 권력은 부패하며, 절대권력은 절대적으로 부패한다"는 역사적 진실을 반복하게 한다. 설사 연방제를 채택할 경우라도, 이러한 위험에 대한 면역성은 없으므로 구조적인 통합의 자연적인 효과를 수정하기 위해 필요한 상호 견제와 균형 요소를 보장하기 위해 최대한 주의를 기울여야 한다.

역사를 배경으로 대전략을 연구할 때 도출해낼 수 있는 또 하나의 결론은 전략의 일반적 이론을 국가의 근본적인 정책 성격에 대해 적응시키는 것이 실제로 필요하다는 점이다. 전략의 목적은 나라마다 본질적인 차이가 있으며, 따라서 '팽창주의 국가'와 '보수주의 국가'가 취하는 적절한 수단 방식은 필연적으로 차이가 있게 된다.

　이러한 차이를 고려해볼 때, 제19장에서 언급한 순수한 전략 이론은 정복을 주요 관심사로 하는 나라들의 경우에 가장 잘 들어맞는 것이 분명해진다. 따라서 현존 국경선에 만족하고 자국의 안전 보장과 스스로가 현재의 생활을 지키는 것에 주로 관심을 갖는 국민들의 진실된 목적에 부합되게 하기 위해서는 이 순수 전략 이론에 대해서는 수정을 가하지 않으면 안 된다. 본래 욕구 불만에 빠져 있는 팽창주의 국가는 목적 달성을 위해서 싸워서 이길 필요가 있으며, 따라서 그 나라가 시도하는 바에는 모험적 요소가 더욱 크지 않을 수가 없다. 보수주의적 국가는 침략국에게 그들의 기도가 수지가 맞지 않을 것이라는 점을 자각시킴으로써 침략자의 정복 기도를 포기하도록 유도하는 것만으로 자국의 목적을 달성할 수가 있다. 보수주의 국가의 승리는 참다운 의미에서 상대편 승리를 위한 도박을 사전에 차단함으로써 달성될 수 있다. 사실상 침략 국가는 팽창을 꾀함으로써 야기된 국력의 소모로 다른 적에 대해서 대항할 수 없게 되고, 또 지나친 팽창의 결과로 인한 국내에서의 사태로 자국의 목적을 스스로 파괴시킬지도 모른다. 전쟁 중 타국에 대한 공격보다는 스스로의 국력 소진으로 멸망한 나라의 수가 더 많았다.

　이 모든 요인을 고려할 때, 보수주의적 국가의 문제는 현재 상태를 장래에도 유지할 수 있게 국력을 가장 훌륭하게 보존하여 보수주의 국가 본래의 제한된 목적을 달성하기에 적절한 형태의 전략을 찾아내는 것이다. 언뜻 보기에는 순수한 방어를 취하는 것이 가장 경제적인 것처럼 보인다. 그러나 이것은 정적인 방어를 뜻하는 것이고, 이러한 순수한 방어는 위험한 연약성을 갖고 있어 이것에 의지할 수 없다는 점을 역사는 가르친다. 신속한 반격력을 갖는 고도의 기동력을 기반으로 하는 수세적 공세 방식만이 병력 절약과 억제 효과를 가장 잘 결합한다.

동로마제국은 적극적으로 '보수주의적 전략'을 전쟁 정책의 기초로서 신중하게 고안했던 하나의 예이다. 이 사실은 동로마제국의 유례없는 장기 존속을 설명하기에 족하다. 또 다른 예를 들면, 그것은 이성이기보다는 오히려 본능의 산물인데, 영국이 16세기에서 19세기까지 자국의 전쟁에서 실행했던 해양력을 기초로 한 전략이다. 그 가치는 다음과 같이 나타나고 있다. 영국은 자국의 발전과 더불어 그 국력을 유지했던 반면에, 영국의 적대국들은 완전한 승리를 즉시 획득하여 만족하고자 하는 강력한 욕망 때문에 전쟁에서 스스로의 국력 소진에 의해 몰락했다.

교전국이 쌍방간 상호 소모나 황폐화를 불러들인 싸움 중 특히 30년 전쟁은 18세기의 정치가들로 하여금 전쟁 수행시 목적 달성을 위한 야심 또는 정열을 억제할 필요가 있음을 인식하도록 했다. 한편, 이러한 인식은 전후의 전망을 파괴할지도 모르는 과도함을 회피하게 하는 등 암암리에 전쟁 규모를 제한하도록 유도했다. 또한 이러한 인식은 승리가 의문시될 때 기꺼이 강화 협상을 준비하도록 만들었다. 교전국들의 야심 또는 정열은 과도해질 때가 많기 때문에 이들 국가가 강화를 맺을 때 국력이 강해지기보다는 오히려 약해지고, 쌍방 모두 국력이 소진되기 직전에 전쟁을 멈추었다는 것을 알게 되었다.

교전국 제한이라는 것에 내재된 단계적 학습이 진행되고 있다가 프랑스혁명에 의해 중단되었다. 프랑스혁명 당시 최고 지위에 있던 사람들은 통치술이 미숙했다. 혁명 정부나 그 후계자 나폴레옹은 20년 간에 걸친 전쟁을 통해 영구적 평화를 갈망하고 추구했다. 그러나 이러한 추구는 결코 목적에는 이르지 못했고 국력의 피폐로 퍼져가서 결국은 붕괴하고 말았던 것이다.

나폴레옹 제국의 붕괴는 이전에 종종 가르치던 하나의 교훈을 부활시켰다. 그러나 그 교훈도 나폴레옹 신화의 뒤안길에서 희미해지고 말았다. 그 교훈은 제1차 세계대전 무렵까지 잊혀지고 말았다. 제1차 세계대전의 쓰라린 경험을 겪고 난 후, 제2차 세계대전 당시의 정치가들도 전혀 현명하게 행동하지는 못했다.

전쟁은 이성에 역행하는 것이다. 즉 전쟁이라는 것은, 논의에 의해서 합의가 이루어지는 것이 실패했을 경우 무력으로 그 분쟁을 해결하려고 하는 방법이다. 하지만 전쟁 목적을 달성하기 위해서 전쟁 수행은 이성에 의해서 통제되지 않으면 안 된다. 그것은 다음의 이유에 기인한다.

(1) 싸움은 물리적 행동이지만, 싸움의 향방은 심리적인 과정에 속한다. 전략이 우수하면 우수할수록 한 수 위로 나오기가 쉬워지고 치러야 할 대가는 더욱 적어진다.

(2) 그와 반대로 힘을 낭비하면 낭비할수록 전세 역전의 위험이 점점 증대한다. 그 경우, 설사 전쟁에 이긴다고 하더라도 전후 평화 상태를 이용할 수 있는 힘이 점점 감소한다.

(3) 적에 대해 취하는 방법이 가혹하면 가혹할수록 적의 감정은 더욱 더 악화되고, 당연한 결과로서 우리 쪽이 극복해야 할 저항을 더욱 더 단단하게 만든다. 이와 같이 교전하는 쌍방의 실력이 백중하면 백중할수록 적의 지도층을 따르는 군대나 국민을 단결시키는 위험성이 있는 극단적인 폭력은 피하는 것이 더 현명하다.

(4) 이러한 계산은 더욱 더 멀리 적용된다. 자기 뜻대로 강제로 강화를 체결하려고 하는 의도가 엿보이면 엿보일수록 진로상의 장애물은 점점 더 단단해진다.

(5) 더 나아가 군사적 목적에 이르렀을 때, 패자에 대한 요구가 크면 클수록 우리 쪽의 곤란은 더욱 증대하며, 또한 전쟁에 의해서 일단 해결한 사항을 궁극적으로 다시 뒤집기 위한 구실을 좀더 많이 제공하게 된다.

폭력이라는 것은 가장 신중하고 이성적인 계산으로 통제되지 않는 한, 사악하고 나선형으로 발전하는 순환고리이다. 이처럼 전쟁은 이성을 부정하면서 시작되나, 싸움의 전 단계를 통해서 이성의 존재를 요구한다.

싸움의 본능이란 것은 전장에서의 성공을 얻기 위해서 필요하다. 그러나 전장에서도 냉정한 두뇌를 가진 전투원은 적을 보고 '격렬하게 분노하는' 자보다도 유리한 지위에 서게 된다. 투쟁 본능은 항상 통제 상태에 있어야 한다. 투쟁 본능에 의해서 자기를 상실하는 정치가는 국가의 운명을 짊어지기에는 부적합하다.

전쟁 전보다 전쟁 후의 평화 상태가 좋아진다는 것이 참다운 의미에서 승리이다. 이런 의미로서의 승리의 달성은 속전속결이나 또는 장기전이라 할지라도 그것이 자국의 자원에 대해 경제적으로 균형이 잡혔을 경우에만 가능하다. 목적은 수단에 따라 조절되지 않으면 안 된다. 현명한 정치가는 그와 같은 승리를 획득할 수 있는 충분한 전망이 서지 않을 때는 평화 교섭을 위한 기회를 놓치는 일이 없다. 교전국 쌍방이 간혹 서로의 힘을 시험해본 후 교착 상태를 거쳐 강화했다고 하더라도, 이것은 적어도 상호간의 국력 소진 후에 강화하는 것보다는 훨씬 좋다. 그리고 이런 경우 영속적 평화를 위한 더욱 훌륭한 기반을 제공한 적이 많았던 것이다.

승리를 획득하기 위해서 모든 국력을 걸고 전쟁의 위험을 치르는 것
보다는, 평화를 보전하기 위해 전쟁도 불사하는 편이 더욱 현명하다.
이 결론은 관습에 역행하는 것이지만, 경험에 의해 확인된다. 전쟁으
로 인해서 입은 인류의 모든 비극을 조정할 수 있는 평화의 전망이라
는 훌륭한 목적이 이루어질 가능성이 충분하게 있는 경우에 한해서,
전쟁에서의 인내가 정당하다고 인정된다. 사실 과거의 경험을 깊이 연
구하면, 승리를 목적으로 하는 전쟁을 추구하기보다는 분쟁 해결의 토
의를 하기 위한 투쟁에서 상대방을 달램으로써 국가 목적에 접근했던
경우가 많았다는 결론에 이른다.

또한 역사 속에는 교전국 쌍방의 정치가들이 국내 평화주의자들의
심리적 요소에 대해서, 더 나은 이해를 표시했더라면 훨씬 더 유익한
평화를 얻었을 것임을 보여주는 많은 예가 있다. 교전국 쌍방의 정치
가들이 취하는 태도는 전형적으로 국내 정치상의 싸움과 너무 닮은 데
가 많다. 국내 정치 무대에서 각 당은 자기 당이 상대 당에 대해 양보
하고 있는 것처럼 보이는 것을 꺼린다. 그러다 한쪽이 화해의 경향을
표시하는 데 그때 말의 표현은 지나치게 딱딱한 것이 통례이다. 상대
방은 이에 대해서 반응을 늦게 나타내는 것이 보통인데 이는 첫째, 자
존심이나 완고함 때문이고 둘째, 화해 제스처가 상식으로 되돌아가자
는 신호일지도 모르는데도 그것을 상대방의 약점의 표시라고 해석하
는 경향으로 빠지기 때문이다. 이리하여 운명의 순간은 지나가버리고
싸움은 계속되어 양쪽 다 상처를 입는다. 양쪽이 같은 지붕 밑에 살지
않으면 안 되는데, 다툼을 계속하는 것은 어떤 목적이라도 도움이 되
지 않는다. 이것은 국내 정치의 경우보다도 현대전에 더 적응된다. 왜
냐하면 국가의 산업화는 국민의 운명을 불가분하게 만들기 때문이다.
'승리의 신기루'를 쫓을 때 결코 전후의 전망을 잃지 않는 것이 정치

가의 책임이다.

교전국 쌍방의 실력이 너무나 비슷하여, 한쪽에 대해 다른 쪽이 조기에 승리를 획득할 기회가 없을 때는, 전략의 심리학에서 무엇인가를 배울 수 있는 정치가가 현명한 정치가이다. 만약 적이 견고한 위치에 있어서, 우리가 공격하는 데 비싼 대가를 치러야 한다면, 적의 저항을 가장 빨리 늦추게 하는 방법으로서 적의 퇴로를 열어두는 것은 전략의 초보적인 원칙이다.

마찬가지로 상대편에게 내려갈 수 있도록 사다리를 제공하는 것은 특히 전쟁서의 정책 원칙이어야 한다. 문명국 간의 전쟁 역사에 기초를 둔, 그와 같은 결론들을, 로마 제국의 야만적인 공격자들이 행한 순전히 약탈적인 전쟁이나 마호메트의 광신적 제자들이 수행한 종교적이고 약탈 전쟁과 같은 경우에 내재된 조건에 적용해도 좋을지 어떨지의 질문이 제기될 수도 있다. 로마 제국이나 마호메트의 전쟁에서, 모든 협상된 강화는 정상적인 수준 이하의 가치밖에 갖지 않는 경향이 있었다. 역사적으로 볼 때 국가들은 그들의 약속이 국익에 부합된다고 여겨질 때를 제외하고 다른 국가를 거의 신뢰하지 않는다는 것이 매우 확실하다. 그러나 도덕적 의무감이 희박한 나라일수록 물질적인 힘을 크게 중시하는 경향을 갖는다. 마찬가지로 개인적인 관계에서도 약한 자를 괴롭히는 형이나 강도형 인간은 자기 힘으로 도전해 오는 사람에 대해서는 공격하기를 주저한다는 것이 공통적인 경험이다. 그 주저하는 태도는 평화형의 사람이 자기보다 큰 공격자와 맞서는 것을 주저하는 것보다 훨씬 더 심하다.

개인이나 국가가 공격적인 존재를 돈이나 물질을 주고 그들의 기도를 단념, 또는 현대어로 말하면 유화시킬 수 있다고 생각하는 것은 어리석은 일이다. 왜냐하면 뇌물을 주고 아부하면 그것이 자극이 되어 더 많이 요구하기 때문이다. 그러나 공격적인 사람이나 나라는 그것을 억제할 수 있다. 그들은 힘을 믿고 있기 때문에 무서운 저항력에 부딪히면 그것이 갖는 억제 효과에 대해서 민감할 수밖에 없다. 이것은 순수한 광신 즉 팽창주의가 섞여 있지 않은 광신에 대한 경우를 제외하고 적당한 억제를 형성하는 것이다.

호전적인 사람이나 나라와 참다운 강화를 맺는 것은 곤란하지만, 그러한 사람이나 나라를 휴전 상태에 들어가도록 유인하는 것은 더 쉬운 일이다. 그리고 이것은 그들을 파괴하기보다는 훨씬 자기 쪽의 힘을 덜 소모하는 것이 된다. 왜냐하면 그들을 파괴하려고 할 경우, 그들은 모든 인간과 마찬가지로 절망적인 용기로 맞서려고 하기 때문이다.

문명국의 몰락은 적의 직접 공격에서 기인하는 것이 아니고, 전쟁으로 인한 국력 소진 결과가 내부 붕괴로 연결되기 때문이라는 점은 역사적 경험으로 수없이 증명된다. 그러나 지속적인 불안의 상태는 괴롭다. 그것은 견디기 어려운 것이기 때문에 개인이나 국가를 종종 자살 행위로 몰고가는 수가 있다. 그러나 지속적인 불안의 상태라 할지라도 승리의 신기루를 좇아 국력을 탕진하는 것보다는 낫다. 더구나 실제 교전 상태의 중지, 즉 휴전은 국력의 회복이나 발전을 가능하게 하며 한편 경계의 필요성은 그 나라가 경계를 늦추지 않게 하는 데 도움이 된다.

그러나 평화를 애호하는 국가는 불필요한 위험을 불러들이기 쉽다. 왜냐하면 평화 애호 국가들은 일단 자극되면, 호전국보다 더 극단으로 달리기 쉬운 경향이 있기 때문이다. 이득을 획득하기 위한 수단으로서 전쟁을 하는 호전 국가는 상대가 쉽게 정복될 수 없는 힘을 가지고 있다고 판단되면, 어느 때나 기꺼이 전쟁을 중지한다. 비참한 최후까지 싸우려는 전투원은 이해 타산에 의해서가 아니라 감정에 쫓겨서 망설이다 싸우는 전투원인 것이다. 따라서 이러한 전투원은 설사 직접적인 패배를 자초하지 않는다고 하더라도 자신의 목적을 해칠 경우가 너무나도 많은 것이다. 왜냐하면 야만적 정신은 오직 정전 기간 중에 완화될 수 있을 뿐이고, 불꽃에 기름을 끼얹듯이 전쟁은 야만적 정신을 더욱 부채질하기 때문이다.

제23장 게릴라 전쟁

30년 전에 나는 저서의 한 서문에서 "평화를 원하면 전쟁을 이해하라"라는 격언을 인용했던 일이 있다. 이는 구태의연하고 지나치게 축약된 금언인 "평화를 원하는 자는 전쟁에 대비하라"라는 말 대신 쓰는 것이 적당하고 또한 필요하다고 생각했기 때문이다. 사실 이 격언은 너무나 자주 전쟁 도발의 씨앗이 되어왔을 뿐 아니라, 급격하게 변화한 환경 속에서 여전히 과거의 전쟁 방식을 반복해서 준비하게 하는 과오를 가져왔기 때문이다.

핵 시대에 내가 개정한 격언을 강조하는 편이 좋을지도 모른다. 그러나 예상되듯이, 핵이라는 말을 삽입하는 것으로 강조하는 것은 아니다. 그것은 현재 가용한 핵 전력이 단순히 억제력으로 유지되는 것이 아니며, 핵의 사용은 전쟁이 아닌 대혼란을 뜻하는 것이 되기 때문이다. 왜냐하면 전쟁이란 조직된 행동이며 대혼란 상태에서는 계속될 수가 없기 때문이다. 그러나 핵 억제력은 교묘한 형식의 침략에 대해서는 억제력으로서 적용되지 않으며, 또한 적용될 수도 없다. 목적에는 그 사용이 부적당하기 때문에 핵 억제력은 이러한 교묘한 형태의 침략을 자극하고 조장하는 경향이 있다. 필자의 격언에 필요한 강조 사항은 '평화를 원하면 전쟁, 특히 게릴라 전쟁과 내부 교란 형태의 전쟁을 이해하라'가 된다.

게릴라전은 과거 그 어느 시대보다도 현대에 있어서 매우 큰 특징이 되었다. 과거에도 비정규군에 의한 무력 행동은 때때로 일어났지만, 금세기에 이르러 게릴라전은 서구 군사 이론에서 그 어느 때보다도 중요해졌다. 클라우제비츠는 불후의 명저 《전쟁론》에서 게릴라전의 문제를 위해 짧은 한 개의 장을 할당했으나 그것은 '방어' 의 여러 가지 단면을 취급한 제6편 30장 거의 맨 끝에 나타난다. 그는 침공군에 대한 하나의 방어수단으로서 국민의 무장화에 대한 문제를 다루면서, 성공을 위한 기본적인 조건 및 한계를 다루었지만, 그는 그것과 관련된 정치 문제에 대해서는 언급하지 않았다. 그것뿐 아니라 당시 전쟁에서 가장 두드러진 게릴라전의 사례였던 나폴레옹에 대한 스페인 민중의 저항에 대해서는 조금도 언급하지 않았다. 이 사례는 게릴라전이라는 용어를 군사적으로 사용하게 만든 계기였다.

이 문제를 더욱 넓고 또한 깊이 취급한 책이 클라우제비츠보다 한 세기 뒤에 나타났는데, 그것이 바로 T. E. 로렌스의 《지혜의 일곱 기둥 Seven Pillars of Wisdom》이다. 게릴라전의 이론에 대해 서술하고 있는 이 책은 그 공세 면의 가치에 초점을 둔 것이며, 터키에 대항한 아라비아의 반란 기간에 대한 그의 경험과 심사숙고를 종합한 산물이었다. 이 아라비아의 반란은 독립을 위한 투쟁인 동시에 터키에 대한 연합국측 전역의 일부이기도 했다. 중동에서의 이 원거리 전역은 제1차 세계대전에서 게릴라 행동이 중요한 영향을 미친 유일한 경우였다. 유럽 전장에서 게릴라전은 이렇다 할 역할을 하지 못했다.

그러나 제2차 세계대전에서 게릴라전은 거의 보편적인 특성이라고도 할 수 있을 만큼 광범위하게 수행되었다. 독일이 점령한 유럽과 일본이 점령한 극동의 대부분 국가에서 게릴라전이 발생했다. 그 발자취를 더듬어보면 로렌스가 처칠에게 준 깊은 인상으로 거슬러올라갈 수 있다. 그 영향은 특히 처칠이 강하게 받고 있었던 것 같다. 1940년 독일이 프랑스를 점령하고 영국을 고립시켰을 때, 게릴라전을 저항 무기로 이용하는 것이 처칠 전쟁 정책의 일부가 되었다. 영국의 전쟁 계획 기구 중 특수 조직이 히틀러가 '새 질서'를 강요하려고 했던 모든 지역에서 저항 운동을 선동하고 육성할 목적으로 설치되었다. 히틀러가 이룩한 정복의 뒤를 이어 게릴라 행동에 의한 저항 운동은 더욱 넓게 퍼져나갔다. 이처럼 저항 운동이 성공한 이유는 여러 가지였다. 그중 가장 효과적이었던 것은 티토의 지도하에 일어났던 크로아티아 공산당의 저항 운동이었다.

더욱 광범위하고 장기전이었던 게릴라전은 극동에서 1920년대 이후 중국 공산당이 수행한 것이었다. 여기에서 마오쩌둥은 점차 주도적인 역할을 했다. 장제스가 광둥에서 노도와 같이 진격하여 북방 군벌을 타도한 후, 국민 혁명군 내부의 공산분자를 제거하려고 했던 1927년에 중국 공산당의 저항 운동은 더욱 발전했다. 국부군國父軍과 중공군이 외국 침략군에 대해 불안정한 연합을 형성하면서 다시 한번 공동 목표를 갖게 된 1937년 후, 중국 공산당의 저항 운동은 일본군으로 향했다. 중공 게릴라 부대는 일본 침공군을 교란시키면서 장제스의 정규군에 대한 일본군의 압박을 크게 경감시켰다. 또한 이 전투가 일어나고 있는 동안, 중공군은 일본 점령 지역의 민중 사이에 그들의 세력을 확대하면서 장래를 위한 수단을 강구했다. 이 세력 확장은 매우 효과적이었고 하늘과 바다에서의 미국의 공격으로 일본이 마침내 붕괴했을 때, 중국 공산당은 그 전과를 이용하여 힘의 진공 상태를 채우는 데서도 국민당 정부보다 유리한 위치를 확보했다.

이 '공격하여 빼앗는 작전'은 눈부신 성공을 거두었다. 일본이 떠난 지 4년도 채 못 되어 마오쩌둥은 중국 본토의 완전한 지배권을 획득했는데, 그 과정에서 중국에 남아 있던 미제 무기와 그 밖의 장비 대부분을 빼앗았다. 이것들은 장제스로 하여금 일본이나 중국 공산당에 대항할 수 있도록 미국이 중국에 원조한 것들이다. 동시에 마오쩌둥은 휘하의 게릴라 부대들을 점진적으로 정규군으로 발전시켰고, 이 두 가지, 즉 게릴라전 및 전복 활동을 결합한 행동 양식을 활용하고 있었다.

그 후 게릴라전과 전복전의 결합 양식은 더욱 발전되었고, 동남아시아의 중국과 인접된 지역 및 알제리를 비롯 아프리카, 키프로스, 대서양 건너 쿠바 등 세계 각지에서 점차 성공을 거두었다. 이런 종류의 전역은 앞으로도 계속되기 쉬운데 그 이유는 이 방식이 현대 상황에 적합하고, 동시에 사회적 불만, 인종 문제, 민족주의적 정서를 이용하는 데 적합하기 때문이다.

게릴라전과 전복전의 발전은 핵무기의 위력 확대, 특히 1954년의 열핵熱核 수소 폭탄의 출현, 그리고 동시에 미국 정부가 모든 종류의 침공에 대한 억제력으로서 '대량 보복' 정책 및 전략을 채택하기로 결정함에 따라 더욱 확대되었다. 그 무렵, 미국의 닉슨 부통령은 다음과 같이 선언했다. "우리는 새로운 원칙을 채택했다. 전 세계에 걸쳐 공산측이 소규모 전쟁으로 우리 쪽을 물어뜯어 죽음에 이르게 하도록 방치하기보다는, 우리는 오히려 장차 대규모 기동 보복력에 의존할 것이다." 게릴라전을 억제하기 위해서 핵무기 사용 위협을 운운하는 것은 큰 쇠망치를 휘둘러 모기떼를 쫓으려 하는 것과 같이 어리석은 일이다. 그러한 정책은 의미 없는 것이며, 당연한 결과인 대항 수단으로 핵무기가 사용될 수 없는 침식에 의한 침략 형태를 조장하고 자극하게 되었다.

그와 같은 결과는 예측하기 어렵지 않았으나, 뉴 룩New Look이라 불리는 정책을 채택하고 '대량 보복'을 결심한 아이젠하워 대통령과 그 보좌관들은 그 점을 간파하지 못하고 있었다. '결과는 명백했다'는 점을 분명히 하기 위해 가장 간단한 방법은 미국 행정부가 채택한 결론이나 결정에 대한 비판으로서 당시 어떤 사람이 다음과 같이 쓴 것을 여기에서 짧게 돌이켜보는 것이다.

　　우리들이 명확하게 해두지 않으면 안 될 가장 긴급하고 또한 근본적인 문제는 소위 '뉴 룩'이라는 군사 정책 및 전략의 몫이다. 이 사활적인 문제는 수소 폭탄의 출현과 굳게 연계되어 있다. 수소 폭탄이 전면전의 발생 가능성을 감소시키는 만큼, 광범위한 국지 도발에 의한 제한전의 가능성은 증대한다. 적은 각종 다양한 기술을 선택할 수 있는데 그것은 대항 수단으로서 수소 폭탄이나 원폭의 사용을 주저하게 하면서도 소정의 목표를 달성하려고 기도된 것이다.

　　그 침략은 한정적인 템포, 즉 점진적 침식 과정으로 수행될지 모른다. 그것은 깊이에서는 한정되면서도 빠른 템포로 수행될 수도 있다. 즉 조금씩 재빨리 몇 번이고 물어뜯을 것이고 평화 교섭의 제안으로 신속하게 연결될 수도 있다. 그 침략은 밀도 면에서 한정될지도 모르고 또는 감지하기 어려운 증기처럼 미세한 분자에 의한 다수의 침투 행동이 될지도 모른다. …… 요컨대, 수폭水爆의 개발은 공산측의 침략에 대한 우리의 저항력을 약화시켰다. 이것은 매우 우려할 만한 결과다.

　　이 위협을 봉쇄하기 위해 우리는 이제 종전보다도 더욱 재래식 무기에 의존하지 않을 수 없다. 그러나 이 결론은 우리가 재래식 방식으로 복귀하지 않으면 안 된다는 뜻은 아니다. 이 사태는 새로운 방식의 개발을 위한 자극이 되어야 한다.

　　우리들은 새로운 전략 시대에 진입했다. 이 새로운 시대는 지난 시대의 혁명적 현상이었던 항공·원자력air-atomic power을 주창하는 사람들이 생각하고 있던 세상과는 다른 것이다. 우리의 적대 세력이 현재 개발하고 있는 전략은 우세한 항공력을 회피하는 동시에 그것을 무력화한다는 두 가지 구상에 고무되어 있다. 역설적으로 우리가 폭격 무기의 '대량 효과'를 개발하면 할수록 적의 새로운 게릴라 방식 전략의 발전을 더욱 협조하는 격이 된 것이다.

우리의 전략은 이러한 개념을 명확히 이해한 가운데 수립되어야 할 것이며, 우리의 군사 정책은 재교육을 필요로 하고 있다. 전망은 그렇게 어두운 것이 아니며, 우리는 그와 비슷한 성격의 대응 전략을 효과적으로 개발할 수 있을 것이다.

이러한 요소들과 그 합의를 인식하기까지에는 오랜 시간이 소요되었으나 1961년 케네디 행정부의 등장으로 그 진전이 빨라졌다. 5월 신임 대통령은 의회에서의 연설을 통해 "나는 국방장관에게 우리 연합국들과의 협력 속에서 비핵 전쟁, 준군사 작전, 비재래식 전쟁, 제한전을 수행할 수 있도록 현존 전력의 오리엔테이션을 급속히 또 대폭적으로 실시하도록 지시했다"라고 말했다. 맥나마라McNamara 국방장관은 미국이 '대對 게릴라 부대'의 규모를 150퍼센트 증강하며 미 행정부는 공산 정권에 맞서 작전하는 외국 게릴라 부대에 대한 원조를 검토하고 있다고 말했다.

"미리 아는 것이 미리 대비하는 것이다"라는 속담은 지금까지 알려져 온 정규전보다도 게릴라전이나 전복전 쪽에 더욱 잘 들어맞는다. 게릴라전이나 전복 활동에 대한 준비의 기초는 그와 같은 전투의 이론이나 역사적 경험을 이해하는 동시에, 전투가 현재 발전하고 있거나 또는 장차 일어날 수 있는 상황에 대해서 잘 이해하는 것이다.

게릴라전은 항상 역동적이어야 하고 동시에 기세를 유지하지 않으면 안 된다. 정적인 휴식 기간은 정규전보다 게릴라전에서 더 해롭다. 정적인 휴식 기간은 적이 그 점령 지구에 대한 통제를 강화하는 것을 허용하고, 적 부대에 휴식을 갖게 할 뿐만 아니라 우리 게릴라 부대에 합류하거나, 또는 지원하려는 현지 주민들의 동기에 찬물을 쏟아 붓는 경향으로 빠지게 한다. 게릴라 행동에서 정적인 방어는 전혀 소용 없으며 잠복병의 설치와 같은 일시적인 경우를 빼고는 고정 방어도 게릴라전에서는 무용지물이다.

　게릴라 행동은 전략적으로는 전투를 회피하도록 노력하고, 전술적으로도 손해를 입을 위험성이 있을 경우에는 어떠한 교전도 회피하는 식으로 정상적인 전투 방법을 뒤엎는다. 그 까닭은 잠복의 경우와는 달리, 전투에서는 게릴라 부대의 지도자나 대원 중 가장 우수한 자들이 부대의 전 병력에 비해 불균형하게 많은 사상자를 내기 쉽고, 그 결과 부대 활동 전체가 타격을 받거나 사기가 저하되어 전의를 상실하게 될 위험성이 있기 때문이다.

　'치고 빠지기'라는 말이 더 적당하고 알기 쉬울 것이다. 소규모의 타격이나 위협을 자주 가하는 것이 가끔 주요 타격을 가하는 것보다 적에 대해서 더욱 많은 혼란, 방해 및 사기 저하의 누적 효과를 가져오며 동시에 현지 주민들에게 더욱 광범위한 심리적 인상을 심어주는 훌륭한 효과를 얻을 수 있다. 이와 같은 전투는 형태는 보이지 않지만, 도처에 적이 있게끔 보이는 것은 성공의 기본적인 비결이다. 또한 '건드리고 도망치는' 방식은 적을 우리 잠복 병력 쪽으로 유도하는 공세적 목적을 달성하는 최선의 방책이 되는 수가 많다.

　게릴라전은 또한 정통적인 전쟁 원칙의 하나인 '집중'의 원칙을 역이용하여 우리 쪽에는 유리하게, 적에게는 불리하게 작용하도록 한다. 게릴라 부대에게 '분산'이란 것은 생존이나 성공의 불가결한 요건이다. 게릴라 부대는 결코 목표를 제공해서는 안 되며, 따라서 미세한 입자의 형태로만 작전을 한다. 그러나 방어가 허술한 적 목표를 격파하기 위해서는 '집중'의 원칙을 '병력의 유동성'의 원칙으로 바꾸어 놓지 않으면 안 된다. 정규군 부대에서도 그것이 핵무기의 폭격이라는 위험 아래 놓여 있을 때에는 마찬가지로 '병력의 유동성' 원칙을 수정해서 적용하지 않으면 안 된다. '분산'의 원칙은 게릴라의 도전을 받는 측에도 필요한 것이다. 왜냐하면 모기처럼 기민하여 잡기 어려운 게릴라 부대에 대해서는 정규군의 집중은 아무런 가치도 없기 때문이다. 게릴라 행동을 억제하는 방법은 가능한 최대 지역에 대해 정교하고도 긴밀하게 짜여진 망을 칠 수 있느냐에 달려 있는 것이다. 이 망이 넓으면 넓을수록 게릴라 구축 운동은 그 효과가 커질 것이다. 게릴라전에서 병력 대 공간의 비율은 가장 중요한 요소다. 이것은 로렌스의 아라비아 반란에 관한 수학적 계산 속에도 생생하게 표현되어 있다. "터키군이 아라비아 게릴라를 계속 저지하려면, 4평방마일마다 견고하게 방비된 주둔지를 하나씩 필요로 했을 것이며, 그 주둔지마다 병력은 20명 이하가 될 수가 없었을 것이다. 이 방법으로는 터키군이 지배하려고 하던 지역에 대해서 60만 명의 병력이 필요했을 것이지만, 그들이 가진 것은 겨우 10만에 불과했다. 공간과 병력 비율을 아는 것만으로 우리 쪽의 성공은 종이와 연필에 의해서 증명되었다." 지나치게 단순화되어 있는 이러한 계산은 그래도 보편적 진리를 포함하고 있다. 공간과 병력의 비율은 기본적인 요소지만 교전 국가의 형태, 교전 쌍방의 상대적 기동력 및 상대적 정신력에 따라 그 결과가 달라진다. 게릴라에게 가장 유리한 지역은 험준한 산림 지대다. 육상 기계화 부대나 항공기의 개발에 의해서 사막 지역은 게릴라 활동에 유리한 점과 불리한 점이 혼재하지만 대체로 게릴라 작전에 불리한 것으로 평가된다. 그러나 전복전에서는 좋은 기반이 된다.

비록 험준한 삼림 지대가 그 성격상 게릴라 부대의 안전과 기습 기회를 제공하는 점에서 가장 적합하지만, 꼭 유리한 것만은 아니다. 그러한 지대는 보급을 위한 교통이 불편할 뿐 아니라, 중요한 목표에서 멀리 떨어져 있다. 중요 목표는 적 점령군에 저항하여 게릴라에 협력하도록 설득되어야 할 현지 주민이다. 게릴라 활동이 안전을 제일로 할 경우 곧 소멸하고 만다. 게릴라 전략은 항상 물질적 그리고 정신적으로 적의 과도한 확장을 더욱 유도시키는 것을 목적으로 하지 않으면 안 된다.

수리를 포함한 지리적인 요소와 공간 대 병력 비율로 나타내는 상황은, 심리 – 정치적인 요소와 상황에서 분리될 수 없다. 게릴라 활동의 성공 가능성과 그 진전은 싸움이 일어나는 지역의 주민의 태도에 좌우되기 때문이다. 즉 게릴라 활동의 성공 여부는 게릴라의 소재를 숨기는 데 지원하는 한편, 게릴라에게 정보나 보급품을 제공하고 점령군에 대해서는 정보 제공을 차단함으로써 게릴라 활동에 기꺼이 협조하려는 의사의 유무에 달려 있기 때문이다. 성공의 관건은 게릴라가 적의 배치나 이동에 관해서 신뢰할 수 있는 정보를 입수하는 동시에 유리한 위치에서 싸우면서 적은 무지의 상태에 계속 놓여 있게 하는 것에 있다. 게릴라 활동은 우리측의 안전과 적에 대한 기습을 위해서 주로 야간에 실시되어야 하기 때문에 이와 같은 심리적 측면은 더욱 더 필요하다. 필요한 세부 정보와 신속한 정보를 입수할 수 있는 정도는 게릴라가 얼마나 현지 주민의 원조를 획득할 수 있느냐에 따라 좌우된다.

게릴라전은 소수의 인원으로 수행되지만, 많은 인원의 지원에 의존하는 것이다. 게릴라전은 그 자체가 가장 독립적인 행동 양식이지만, 대중의 공감에 의해서 집단적으로 지원되었을 경우에만 효과적으로 작전하여 그 목적을 달성할 수 있다. 이러한 이유로 게릴라전은 민족 독립을 위한 저항이나 혹은 욕망에 호소하고 사회적 · 경제적으로 불만족한 현지 주민에게 호소할 때, 즉 넓은 뜻에서 혁명적 존재가 되었을 때 가장 효과가 큰 경향이 있다.

과거에는 게릴라전은 약자의 무기이며, 그 때문에 주로 방어적인 의미를 가지고 있었으나, 핵시대에는 '핵 교착 상태'를 이용하는 데 적합한 침공 양식으로서 더욱 발전될지도 모른다. 이렇게 해서 '냉전'은 이제 시대에 뒤떨어진 개념이 되었고 그것은 '위장된 전쟁'에 의해 대체되어야 한다.

그러나 이 포괄적인 결론은 훨씬 넓고 깊은 문제로 연결된다. 이런 종류의 전쟁에 대한 대항 전략을 개발하려고 하는 서구 정치가들이나 전략가들은 '역사에서 배움'으로써 과거의 실패를 되풀이하지 않게 하는 것이 현명할 것이다.

과거 20년 간 이런 종류의 싸움의 수가 엄청나게 증가한 것은 독일에 대한 대항 수단으로서 처칠 지도하에 있던 영국이 적이 점령한 모든 나라에서의 민중의 반란을 선동하고 조장하는 전쟁 정책의 결과로 나타났고, 그 후 일본에 대한 대항 수단으로서 극동까지 확대되었다.

이 정책은 아주 열성적으로 받아들여져 거의 의문시되지 않았다. 독일이 노도와 같이 유럽의 대부분을 정복하자 히틀러의 점령지 통제력을 이완시키는 노력은 당연한 방침이라고 여겨졌다. 이런 종류의 방침이야말로 처칠의 생각과 기질에 부합하는 것이었다. 본능적 투쟁심과 나중에 무슨 일이 일어나건 상관하지 않는 히틀러 타도에 대한 철저한 열성을 가진 처칠은 로렌스와도 친교가 있었고, 그의 찬양자였다. 이제 그는 로렌스가 아랍의 비교적 한정된 지역에서 실시한 것과 같은 방법을 유럽에서 대규모로 실행할 기회를 발견한 것이다.

이러한 정책이 좋은 것인지 혹은 나쁜 것인지를 문제삼는 것은 결단력의 부족이며, 또한 거의 매국노적인 것처럼 여겨졌다. 그러한 비방을 받으면서 감히 의문을 표명하는 사람들은 없었으나, 그들은 유럽 회복을 위해서 그 정책이 가져올 최종적 효과는 의문시했다. 그 소수의 사람들에게 전쟁이란 항상 좋은 결과가 초래될 것이라고 희망하면서 악을 행하는 것이고, 의지의 부족을 의심받지 않고 분별력을 과시하기란 매우 어렵다. 더구나 전투시에는 신중한 노선을 따르는 것은 너무나 보편적으로 행해짐으로써 통상 잘못된 것으로서 높게 평가되지 않는다. 그러나 신중한 노선을 따르는 것은 전쟁 정책이라는 더욱 상위 차원에서는 현명하지만 대체로 인기가 없다. 전쟁의 열광 상태 아래서 여론은 그 결과가 어떻게 될 것인가에 대해 가장 극적인 방책을 바란다.

그 결과는 어떠했을까. 무장 저항부대는 확실히 독일측에 상당한 피해를 주었다. 서유럽에서는 프랑스가 가장 현저했다. 그 무장 저항 부대는 또한 유럽과 발칸 반도에서 독일측의 병참선에 대한 심각한 위협이 되었다. 그 결과 독일군 지휘관들은 민중의 지원을 받으면서 갑자기 공격해오는 적 게릴라에 대항해야 하는 초조와 부담감을 심각하게 의식해야 했다.

그러나 후방 지역에서의 전투를 분석해보면 이들은 적 정면에서 교전하고 그 예비 병력을 흡수하고 있는 강력한 아군의 정규군 작전과 얼마나 잘 결합되어서 수행되는가에 크게 비례해서 그 효과가 올라간다는 점을 알게 된다. 적의 주된 관심을 빼앗는 강력한 공세가 실시되거나 또는 그러한 긴박한 위협과 함께 조화되어 실시되지 않으면 후방 지역 전역의 효과는 적에게 미미한 것에 불과할 뿐이다.

그 외의 경우, 후방 지역 전역은 광범위한 소극적 저항보다도 못한 효과를 제공할 뿐이었고, 오히려 훨씬 큰 피해를 현지 주민들에게 가져다주었다. 이러한 작전은 적에게 끼친 손해보다 훨씬 무서운 적의 보복을 유발했다. 이들 작전은 적 부대에 대해서 폭력 행위는 적대적인 나라에 거주하고 있는 적 수비대원에게는 항상 일종의 신경 안정제 역할을 한다. 게릴라가 직접 가져온 물질적 손해와 유발시키는 적의 보복을 통해 간접적으로 발생하는 손해는 자국민에게 큰 고통을 주었으며, 그것은 궁극적으로 해방 후 복구 작업에서 하나의 장애가 되었다.

그러나 모든 장애 중에서 가장 크고 영속적이었던 것은 도덕적인 요소였다. 이 무장 저항 운동은 '악을 숨겨주는 구실'을 수없이 만들어 냈다. 이들은 일부 사람들에 대해서 악행에 빠지는 방종을 허용하고 애국심이라는 가면 아래 개인적인 원한을 해소하게 했다. 이는 이전에 존슨Johnson 박사의 '애국심은 악인이 마지막으로 찾는 집!'이라는 역사적인 말을 새삼스럽게 떠오르게 한다. 더욱 나쁜 것은 그것이 젊은 세대 전체에 광범위하게 미친 영향이다. 그것은 젊은 세대들로 하여금 체제에 대한 부정과 점령군에 대한 투쟁시 공중도덕 규범을 파괴하도록 가르쳤다. 이것은 '법과 질서'의 경시를 가져오게 했고, 침략자가 떠난 후에도 그러한 현상은 불가피하게 계속되었다.

정규전의 경우보다도 비정규전에서 폭력의 뿌리가 훨씬 깊다. 정규전에서 행사되는 폭력은 기존 권위에 대한 복종심에 의해 통제되는 반면, 비정규전에서는 권위에 대한 도전과 법규 위반이 찬양된다. 이와 같은 경험에 의해서 손상된 기초 위에 안정된 나라를 재건하는 것은 매우 어려운 것이 되었다.

아랍에서 로렌스가 실시한 전역을 생각하며 토론하고 있을 때, 나는 게릴라전이 남긴 위험한 후유증을 인식하게 되었다. 로렌스의 전역에 대한 나의 책은 게릴라전 이론을 설명한 것인데, 이것은 제2차 세계대전 중 많은 특수 부대 및 저항운동 지도자들이 지침서로 사용했던 것이다. 팔레스타인에서 근무하고 있던 당시 유일한 대위였던 윈게이트 Wingate가 제2차 세계대전이 시작되기 직전에, 나를 만나러 와서 게릴라전 이론에 대해 새롭고 폭넓은 응용에 대한 구상을 분명하게 품었던 것이다. 그러나 나는 의문을 갖기 시작했다. 그것은 게릴라전의 직접적인 효과에 대한 것이 아니고, 그 장기적 효과에 대한 것이었다. 즉 그것은 로렌스가 아랍의 반란을 퍼뜨린 곳과 같은 지역에서 당시 터키인의 후계자인 우리가 겪고 있는 일관된 문제를 통해서 실타래처럼 기원을 찾아낼 수 있을 것처럼 여겨졌다.

그 의문은 한 세기 전에 일어났던 (이베리아) 반도 전쟁의 전사를 검토하고, 그 후의 스페인 역사를 연구하면서 더욱 깊어졌다. 반도전쟁에서 나폴레옹의 스페인 정규군 격파도 그 정규군을 대치한 게릴라 집단의 성공으로 인해 상쇄되었다. 이는 타국에서 온 침략자에 대한 민중 봉기로서는 역사상 가장 효과적인 것 중 하나다. 스페인을 장악한 나폴레옹의 통제력을 이완시키고 그 세력 기반을 뒤흔든 점에서 그것은 웰링턴의 승리보다 더 값진 것이었다. 그러나 그것은 해방된 스페인에 평화를 가져오지 않았다. 왜냐하면 그 후 무장 혁명이 전염병처럼 반세기 동안이나 계속되었고 금세기에도 또다시 발발했기 때문이다.

또 하나의 나쁜 사례는 1870년 독일 침공군을 교란하기 위해 창설되었던 '프랑스 저격병'이 가져온 부메랑과 같은 효과였다. 프랑스 저격병은 독일 침공군에게는 그저 하찮은 정도의 것이었으나, 그것은 '코뮌'으로 알려진 동족 상잔의 무서운 투쟁 조직으로 발전했다. 그것뿐 아니라 '불법 행위'라는 유산은 그 후 프랑스 역사에서 지속적인 약점이 되었다.

이와 같은 역사적인 교훈은 우리의 전쟁 정책의 일부로서 무장 봉기

지원을 계획한 사람들에 의해 너무나 가볍게 무시되고 있었다. 그 반작용으로 전후 시기에 서구 연합의 평화 정책을 파괴시키는 효과를 가져왔다. 그뿐만 아니라 아시아, 아프리카에서는 반서구 운동을 위한 무기와 자극을 제공하는 계기가 되었다. 마키 단의 군사적 효과는 훗날 그 정치 및 도덕적 악영향에 의해 상쇄되었다는 사실이 프랑스의 예에서 일찍부터 분명히 드러났기 때문이다. 그 병폐는 지속적으로 퍼져나갔다. 그것은 비현실적인 견해 및 대외적인 문제 처리와 결부되어 프랑스의 안정을 손상시켰고, 그 때문에 북대서양 조약기구의 입장을 위험한 지경까지 약화시켰다.

역사의 경험에서 배우는 것은 결코 늦지 않다. 우리의 적대 세력의 '위장된 전쟁' 활동에 대해서 그와 같은 종류의 역공세로 대항하는 것이 아무리 유혹적으로 보일지라도, 더 정교하고 또한 선견지명이 있는 대항 전략을 수립하여 추진하는 것이 훨씬 더 현명할 것이다. 어쨌든 이러한 정책을 수립하고 적용하는 사람들은 과거보다도 한층 더 이 문제를 잘 이해할 필요가 있다.

부록

부록 |

1940~42년 북아프리카 전역에서의 간접 접근 전략[8]

에릭 도먼 스미드 소장 (1942년 중동 지역 부총참모장)

리델 하트 귀하

당신의 개념을 통해 1940년에서 1942년에 이르는 두 번의 중요한 시점에서 이집트 전역의 향방을 우리에게 유리하게 이끌었다는 점을 나는 이미 당신에게 이야기한 바 있다. 시디 바라니에서 그라치아니 군을 무력화시키고, 1940년 최초의 이집트 공격을 격퇴한 평원에서의 공격 계획은 당신이 말한 간접 접근 전략의 완벽한 사례였다. 반면, 1942년 7월 엘 알라메인에서의 로멜의 침공을 좌절시킨 방어 전략 및 전술은 더욱 직접적으로 그들로부터 착안된 것이었다. 나는 지금부터 여기서 이에 관한 이야기를 좀더 상세히 다루고자 한다. 이로부터 당신은 원칙을 간과했던 곳이라면 어디에서나 그 대가를 혹독하게 치러야 했다는 사실을 알게 될 것이다.

1940년 9월 인도의 군사훈련 책임관으로 있던 나는 새로 창설된 중동 참모대학의 교장으로 발령을 받았다. 10월 초 그라치아니 침공군이 시디 바라니 근방에서 멈추었을 때, 나는 서부 사막 지대에 있는 오코너군에서 약 2주 동안 머물렀다. 그 당시 오코너는 그라치아니 침공군이 지상 및 공중에서 수적으로 우세함에도 불구하고 공세적 타격 가능

---

8) 원래는 편지였으나 1946년도 판에서는 서문으로 사용되었다.

성을 검토하고 있었다. 우리는 그라치아니 침공군이 배치상 실책을 범하거나 적의 전방에 전략적 방책이라 할 만한 상황을 조성하거나, 시디바라니 근방을 타격할 목적으로 솔룸과 할파야 쪽으로 지향된 가파른 경사지 남방에서 대규모 접근 기동을 실시하는 방안에 관하여 토의했다. 수송 수단의 부족으로 우리는 두 번째 방책을 택할 수밖에 없다.

중동의 얼마 안 되는 공군력을 그리스로 이전함으로써 공세는 연기되었고, 11월 21일 웨이벌은 서부 사막 사령부를 다시 방문하라고 명령했다. 거기서 오코너는 이탈리아가 시디 바라니 남부 거점 지대에 구축해놓은 요새화된 사막 캠프에 대해 제4인도 사단이 공격 연습을 실시하는 방안에 대하여 자문을 구했다. 이 시험 공격은 전적으로 정면에서 벌어진 것으로 당시 대체할 수 있는 수단이 전혀 없었던 지뢰 지대를 곧바로 통과하는 최대 예상선을 따라 행하는 것이었다. 그것은 포병이 일몰 후 제원 기록 사격 준비를 위해 4시간이나 공백이 생기도록 계획됨으로써 매우 위험했고, 공백 기간 동안 우리의 공격군은 적의 우세한 공군력의 위협에 노출될 수밖에 없었다. 이 방법은 공식 교리에는 부합된 것이었지만, 결국 그날 저녁 오코너, 갤러웨이 그리고 나는 비교리적이고 매우 간접적인 기동을 고안해냈다. 우리는 이를 '사막 캠프에 대한 공격 방식'이라 이름 붙였는데 이는 그 작전의 전술 지시로 사용되었고 마법과 같이 작용했다. 그것은 방향, 방법, 시간 조절, 그리고 심리적으로는 당신의 간접 접근 방식의 원칙을 응용한 것이었다.

이와 같은 방식의 기동은 8일 개시되었고, 그날 우리 군은 니베이와 남쪽 구역에서 집결했는데, 이 지역은 적 정면에서 가장 남쪽에 위치한 육지 쪽 측면을 담당하는 소파피 지역의 캠프들과 가까운 곳이었다. 12월 9일 날이 새자마자 육군 전차 대대(제7영국 전차 연대)와 제4

인도 사단 예하 기계화 보병이 공격을 개시, 배후에서 니베이와 캠프를 탈취했고 그 후 이와 유사한 방식으로 후방의 투마르를 공격했다. 기록 사격을 위한 긴 공백은 사라졌고 포병의 지원은 모두 비계획된 것으로 실시되었으며, 72문의 포는 전차 공격의 반대 방향에서 이탈리아 캠프를 타격했다. 우리는 그것은 적의 사기를 꺾어놓기 위한 화력이라고 포병들을 위로했다. 그 사이 제7기갑 사단은 간격을 통해 쇄도하여 적의 모든 전방 지역의 배후로 서진, 증원군과 적을 차단했고 솔룸으로의 퇴로를 봉쇄했다. 이와 같은 간접 전술 기동은 적의 균형을 완전히 와해시켰다. 적의 저항은 붕괴되었고, 우리는 수적으로 훨씬 적고 열세에 놓여 있었음에도 불구하고 놀랄 정도로 적은 피해만을 입고 적군의 대다수를 포위했다. 웨이벌이 언젠가 나에게 보낸 편지의 한 구절처럼 "조금 비교리적인 것이 위험하기는 하지만 이것 없이는 전투에서 거의 이길 수 없다."

오코너의 공세에서 흥미있는 특성은 아주 어려운 수송 사정으로 인해 바로 앞에 있는 그라치아니의 외곽 기동 지역에서 48시간 동안 싸울 수 있는 식수와 탄약 공급을 포기해야 했으며, 만약 작전이 이 시간적인 한계 안에 성공하지 않았더라면 그는 보병을 수송하는 데 행정 수송 수단을 사용하면서 식수 부족으로 후퇴해야 했을 것이라는 사실이다. 내가 알기로 영국 또는 다른 어떤 유럽 대륙의 지휘관들도 그와 같은 악조건하에서는 공세를 개시하지 않았을 것이다. 그러나 오코너는 그러한 공세를 두 번이나 실시했고 두 번째는 베드 폼 작전이었다. 그는 대담하고 정확한 전사戰士이자 행정 분야에서조차 간접 접근 방식을 수행하는 매우 위험한 상대였던 것이다.

동시레나이카로 진격한 후, 1월에 나는 바르디아와 토브루크 탈취에 관한 작전 보고서를 작성했다. 오코너는 향후 계획을 나에게 이야기했고 나는 (제7기갑 사단에 의한) 베드 폼 측면 기동 개발에 참여할 수 있는 행운을 갖게 되었다. 이 기동은 벤가지 남부의 적 잔여 병력이 트리폴리타니아로 퇴각하기 전에 이를 차단하는 것이었다.

이 모든 것이 당신이 쓴 《간접 접근 전략Strategy of Indirect Approach》의 수정본이 발간되기 전의 일이다. 그러나 오랫동안 나의 마음은 당신이 역사에서 도출해낸 요점으로부터 깊은 감명을 받은 상태였고, 그 책에서 나는 당신이 군사 철학을 주입시켰고 여기에서 언급한 모든 작전이 당신의 이론을 실제로 증명했다는 사실을 느낄 수 있었다.

1941년 말 나는 당신이 그 해 여름 보내준 신간을 받아 몇 개월 동안 되풀이해서 읽었고, 그로 인해 전략적 원칙에 대한 나의 이해는 새로워지고 또 발전했다. 북아프리카 전역에 대한 설명 속에 담겨진 당신 이론의 중요성은 과거 어느 때보다도 명확해졌다. 1940년 12월부터 1941년 2월까지 실시된 오코너의 작전은 전략적 · 전술적 간접 접근의 뛰어난 사례들이었다. 시디 바라니에서 시작되어 베드 폼에서 끝난 모든 훌륭한 기동들은 당신의 책 10, 19, 20장에서 분석되고 다뤄진 진실의 직접적인 증거였다. 오코너는 가장 뛰어난 지휘관이었고 실질적으로 이 전쟁에서 '여우(사막의 여우라 불린 독일의 로멜 원수)를 개활지에서 사살한' 유일한 영국 지휘관이었다.

1941년 봄, 로멜의 극적인 등장은 간접 접근이라는 무기가 우리에게 불리하게 작용되는 모습을 보여주었고, 잘 무장되지 않은 아군 소규모 병력은 토브루크에서 산발적으로 퇴각할 수 있었다. 이것은 우리에게 오코너가 없을 때 일어났다. 그러나 토브루크의 반경 27.5마일 내에서 4~5개 여단 병력——이 병력은 물론 그 목적을 위해서는 엄청나게 부족했지만, 실질적으로 이집트에서 영국이 보유하고 있던 모든 전술

병력이었다——으로 저지한다는 결정은 로멜로부터 간접 접근이라는 무기를 무력화시킴으로써 그 해 여름과 가을, 독일군은 토브루크에 있는 우리들을 봉쇄하고 지상에서 토브루크를 구하려는 노력에 대항하여 솔룸에 있던 독일군 거점을 유지할 만한 충분한 전력을 갖지 못하도록 만들었다. 토브루크를 확보하려는 결정은 처칠과 웨이벌에게서 나온 것이었다. 나는 모스헤드에게 그곳을 사수하도록 명령하기 위해 4월 10일 토브루크로 날아갔다.

1941년 6월 이집트 전선에서 상황 변화의 요인이 많이 존재했음에도 우리의 공세는 정면 공격으로서 기도가 노출된 비참한 실패작이었다. 이 때문에 팔레스타인에서 시리아로 진입하려는 우리의 직접적이고 너무 솔직한 진격은 막강한 저항에 부딪혀, 북이라크에서 오친레크가 지휘하는 아군 부대가 비시 - 시리아의 동쪽 측면에 대해 실시한 간접적인 진격이 없었더라면 패배로 끝났을 것이다. 여기에 프랑스 인들을 배후에서 타격함으로써 그 원칙이 지닌 정확성을 재확인했다. 지금까지 모든 작전에서 당신의 이론이 입증되었다.

1941년 6월 중동 지역의 지휘관이 인디아에서 오친레크로 변경되었고, 그는 추축군에 대한 차기 공세를 위하여 사기가 다소 저하된 서부 사막 지대의 군사력을 시레나이카에서 재편성·강화하라는 명령을 받았다. 그 단계에서 서부 사막은 제8군이 담당하게 되었다. 토브루크는 벌써 수비가 보강되고 있었고 로멜은 아군의 취약 부분에 결정적인 공세를 가할 부대를 집결시키고 있었다. 11월 로멜이 토브루크를 공격할 준비를 완료하기 전, 우리는 '십자군Crusader'이라 불리는 공세를 개시했다. 이것은 군사령관이었던 커닝엄에게, 마달레나 근방에 위치한 은폐된 사막 공급기지의 북방으로 잘 배치된 작전선을 제공하려는 건전한 전략적 배경에서 실시된 것으로, 토브루크를 위협하는 적 또는 적의 전방 방어선의 후방을 위협할 수 있는 두 갈래의 목표를 제공했다. 한편 로멜은 후방이 바다를 접하고 있는 매우 취약한 위치에서 토브루크를 함락시키고, 동시에 할파야 거점을 방어해야 하는 등 종심을 갖지 못하고 있었다. 마달레나에서 우리가 진격하자 그는 병참선 오른쪽에서 교전할 수밖에 없었다. 이러한 상당한 이점에도 불구하고 이 작전은 로멜의 부대를 격파하는 데 실패했다. 이는 토브루크나 전방 방어선에 대한 간접 기동의 예비 기동으로서 우리의 기갑 부대가 로멜의 기갑 부대와 교전을 할 수 있도록 작전 계획이 수립되었기 때문이다. 비록 부분적으로 기습을 받았으나 로멜은 기술적으로 우세했던 기갑 부대와 다른 부대를 잘 조화시키면서 전투를 수행하여 초기의 전술적 승리를 맛보았으며, 이는 아군에 의해 군단급의 전투로 작전이 세분화된 후에야 겨우 정리될 수 있었다. 이때 리치 사령관은 뒤늦게나마 비르 고비와 엘 아뎀을 경유한 간접 접근 방식을 발전시켰다. 이것은 로멜로 하여금 전선 및 바르디아에 있는 부대를 희생시킨 채, 그의 주력을 엘 아게일라로 질서정연하게 퇴각하도록 만들었다.

그 후 간접 접근 원칙은 아군에게 불리하게 작용했다. 엘 아게일라에서의 로멜의 돌격은 과도하게 분산된 아군을 혼란 상태로 몰아넣어 후퇴시켰다. 언젠가 음수스에서 로멜은 벤가지와 메칠리를 향하면서 리치를 딜레마에 빠뜨렸는데, 여기에서 리치는 추격을 따돌리면서 토브루크로 신속하게 퇴각함으로써 위기를 모면할 수 있었다. 리치의 퇴각은 가잘라 — 비르하케임 방어선에서 정지했다. 1942년 2월부터 5월까지, 제8군은 가잘라와 비르하케임 사이에서 마치 퇴각 후에 휴식을 취하는 모습으로 방어선을 형성하고 있었고, 로멜은 예벨 아크다르에서 또 다른 공세를 계획하고 있었다. 이 기간 중 나는 제8군을 방문하여, 시디 바라니에 있는 그라치아니의 배치에서 나타났고 가잘라와 토브루크에 있던 리치의 배치에서 다시 나타난 단점을 예방할 수 있는 현대화된 전술적 군사 배치에 관심을 갖게 되었다. 왜냐하면 1942년 2월부터 5월까지 제8군의 배치는 1940년 10월부터 11월 중 시디 바라니 근방의 이탈리아군의 배치와 몹시 흡사했기 때문이다. 그들은 종심과 유연성이 부족했으며 중요한 예하 부대가 전술적 지원 범위 외곽에 노출되었다.

여기서 우리는 사막 전투에서 정면 대 종심의 비율, 전방 병력 대 예비 병력의 비율과 같은 큰 문제점에 봉착하게 된다. 사막에서는 기계화된 기동이 매우 용이하고 특히 행정적인 요인이 야전군의 규모를 대폭 감소시켜, 방어에 서 있는 쪽이 적에 의해서 수적으로 쉽게 압도된다. 이에 대항하여 일반적으로 전선을 과도하게 확장함으로써 종심과 예비 병력에 나쁜 영향을 미치게 된다. 이러한 경향을 수용하는 것은 결코 바람직하지 않음이 밝혀졌다. 이러한 경향은 특히 기동 부대가 부족하거나 공세적 기갑 전력이 약할 때, 또한 이러한 양상을 가진 전쟁의 기본적인 특성을 지휘관이 모르고 있을 때 빈발한다. 로멜 자신도 1942년 7월에 있었던 전투의 결과로 정면을 카타라 강 하구까지 과도하게 팽창함으로써 이러한 경향에 굴복한 적이 있었다. 그 결과, 몽고메리가 공격했을 때 그는 방어 종심이 거의 없는 상태였다.

그라치아니 그리고 그 다음에 리치를 굴복시킨 이러한 문제점은 '전략의 행동'이라는 당신의 문구에 명확하게 정의되어 있다. 그것은 아군 후방에 대한 적의 기습적인 기동에서 기인하는 심리적 교란 현상을 예방하는 방법, 균형이 상실되지 않고도 새로운 방향으로 화력을 운용할 수 있도록 군을 배치하는 방법 등이다. 해결책은 '아군에 배후를 향해 접근해오는 적이 있다는 사실 그 자체가 전략적 간접 접근 방식이 되지 않도록' 아군을 배치하는 것이다. 이는 방어군이 적에게 근접된 부분과 마찬가지로 후방 및 측면에 대해서도 강력한 방어를 구축할 수 있어야 하며, 모든 전투에서 효율적인 방어 행동은 적의 진격에 대한 견제와 반격의 결과에서 얻어지는 것임을 의미한다.

방어군으로서는 오직 세 가지 배치만이 가능할 뿐이다. 첫째는 기동 예비군을 통한 선형 배치다. 두 번째는 배후가 폐쇄된 (고슴도치형) 원형 배치다. 세 번째는 개방된 바둑판형 사각형 배치다. 바둑판형 사각형은 상호 포병화력 지원 및 지역 내에서 증원 기동 역량이 부합되도록 넓게 분리된 저항 중심을 가져야 한다. 전체 배치는 적어도 적으로부터 위협받은 장기판 모양의 부분에서 적이 아군의 저항을 돌파하기 전에, 공격점에 집중 가능한 기동성 있는 전체 유도탄 발사 요소의 최소한 75퍼센트를 수용해야 한다. 이것은 야전 교범에 적혀 있는 경직된 사단 지역과 사단 정면을 포기하는 것을 의미한다. 이러한 야전 교범에 따라 지휘관들은 주어진 정면에서 X개의 사단을 선형으로 배치한다면 각 사단은 자기들의 정면 방어에만 집중하고 특히 관심이 있는 최근접 사단만을 지원해야 한다고 생각한다. 반면 이러한 구상에서 공격받고 있는 전방 사단을 지원하거나 배후의 공격으로부터 배열을 방어하는 것은 예비대의 임무이다. 개방된 지역에서 소규모 군에 의한 방어 행동의 어려움은 방자측이 정면 대 기동성의 수적 비율 문제에 직면하게 되었다는 사실을 인식하고 거기에 적절하게 적응하지 않는 한, 예외 없이 정면을 과도하게 확장함으로써 종심이나 예비 병력이 거의 없게 된다는 점에서 기인한다.

해결 방안은 현대화된 형태의 군단을 배치하는 것이다. 즉 방어군은 수평·수직적으로 종심이 만 야드 분리된 지역을 확보하여 각 군이 포병 및 보병 부대를 보유하고 나머지 포병, 보병, 기갑은 이러한 틀 내에서 위협받은 지점이나 적이 우회하려고 시도하는 측면 혹은 배후에 집중할 수 있도록 하는 것이다. 이러한 방식으로, 예를 들면 4개 보병 사단과 1개 기동군단은 24×18마일의 사각형 지역에 배치될 수 있으며 상호 협조하에 기갑 부대는 중심축으로서 기능할 수 있다. 여기서 비행장은 지형 지물 또는 그 배후에 의해서 엄폐되어야 한다. 이 바둑판 모양의 사각형 측면에는 경기계화 부대가 각자 독립된 경비 구역을 보유한 채 배치되어야 하며, 군단으로부터 상당 규모의 화포 지원을 받을 수 있는 지역에 위치해야 한다. 이처럼 전체 시스템은 유연성이 있어야 한다. 상당 지역이 개활지인 국가에서 군단 중심축은 모든 이들을 통제하고 지휘할 수 있는 관측 지역을 차지하고 있어야 한다. 폐쇄되고 길이 겹쳐지는 지역에서 근 중심축은 길의 정중앙에 위치하게 될 것이다. 전체 배치는 기동력 있고 유연하면서도 잘 방어되어야 한다. 내가 처음 이집트에서 돌아왔을 때 당신이 나에게 종이에 그려준 방어 체제와 비교해보면, 양자가 동일한 구상임을 알게 될 것이다.

이러한 연장 선상에서 토브루크 남부에 제8군이 포진됨으로써 로멜을 패배시켜야 하는 상황이었다. 그러나 내가 말했듯이 제8군의 실제 배치는 선형이었고, 전형적으로 사선 대형을 이루어 접근해오는 공격에 대하여 개방되어 있는 상태였다. 5월 27일 로멜은 이러한 공격을 개시했다. 그의 계획은 아프리카 전차군의 이탈리아 부대가 리치 정면을 봉쇄하고, 상대적으로 소규모의 독일군 아프리카 군단은 비르하케임에 있는 자유 프랑스 거점을 우회하여 엘 아뎀과 나이츠브리지 사이에 있는 리치의 취약 지역을 타격하기 위한 것이었다. 초기 공세가 전적으로 성공하지는 못했지만 이러한 현명한 타격은 리치를 무력화시켰고 로멜은 제50사단 예하 고립된 여단을 파괴한 후 비르하케임에 있는 자유 프랑스 거점을 탈취함으로써 그의 배후를 말끔히 소탕했다. 또한 수차례의 반격을 격퇴한 후, 로멜은 엘 아뎀을 향하여 새롭게 진격함으로써 리치를 궁지로 몰아넣었다. 왜냐하면 이 진격은 가잘라 구역을 장악하고 있던 아군의 배후를 위협하는 것이었고, 이 구역은 아군의 철도망과 보급로가 집중되어 있던 토브루크 동쪽 지역이었다. 이 위협은 군사령관으로 하여금 제8군의 절반 이상을 이집트 전선으로 철수시키도록 강요함으로써, 토브루크에 잔류하고 있던 병력들은 전투력의 엄호 없이 속수무책으로 격멸될 수밖에 없었다.

이러한 작전에서 로멜은 간접 접근 방식의 가장 극적인 사례를 제공했다. 즉 2개 기갑 여단 그리고 4개 기계화 보병 여단으로 구성된 소규모 독일군 부대로 리치의 제8군 전체를 공격하여 패배시켰고, 수적으로는 대규모나 별로 쓸모 없는 이탈리아 부대에 의한 정면에서의 위협을 통해 이들 영국군 부대 대부분을 움직이지 못하도록 만들었다.

6월 25일 리치의 뒤를 이어 취임한 오친레크는 서부 사막에서의 직접적인 작전 통제권을 행사하게 되었다. 나는 그를 수행하여 제8군 사령부로 갔다. 이때 제8군 중에 남은 부대는 메사 마트루 부근으로 퇴각하고 있었는데 리치는 이집트 전선에서 로멜의 차단 기도를 간신히 회피하고 있었다. 오친레크의 취임은 이 전투에서 새로운 요인을 가져왔다. 왜냐하면 그는 마트루와 페르시아 사이에 남아 있던 군사력을 처분했고, 사령관으로서 그 위기에서 최대의 노력 집중을 달성하는 데 필요한 더욱 광범위한 전략적 결심을 할 수 있었다. 그의 첫번째 문제는 마트루 부근에서 전투를 수행하느냐, 아니면 더 동쪽으로 철수하느냐였다. 방어되는 마트루 근방 지역에 부여되었던 신화적인 명성을 고려할 때, 처음에는 전투하기에 좋은 장소로 보였으나 메사 마트루는 오직 적의 사막 우회를 막는 데 충분한 기갑 부대를 방어군이 가지고 있을 때만 장악 가능한 곳이었다. 그와 같은 부대가 없다면 마트루와 바기시 방어선은 독일군이 나일 강 삼각지로 쇄도해 지나가는 물이 없는 수용소나 다름없었다.

　이전의 전투에서 기갑 전력의 상당 부분이 상실되었기 때문에 사령관은 마트루 남부 기동전에서 적을 지연시키기만 하되, 주공은 엘 알라메인 근교에서 개시하기로 결심했고 거기서 그는 '이집트 전투'를 치르게 된다. 그러나 그는 이후 전투에서 전체적인 기술을 바꾸는 다른 두 가지 결심을 하는데, 그것은 간접 접근의 특성을 자동적으로 부여하는 것이었다. 첫번째 결심은 제8군의 포병에 대해 더 한층 중앙 통제를 실시하는 것이었다. 당시 포병은 야전 포병 연대를 보병 여단급에 영구적으로 분산함으로써 불건전하게 구획화된 상태였다. 두 번째 결심은 엘 알라메인과 카타라 강 하구 사이에 분산된 채 준비된 방어망을 무시하는 것이었다. 결국 이 마지막 결심이 적을 상당히 곤혹스럽게 만들었다. 그는 또한 기동전을 위해 너무나 취약점을 많이 내포하고 있던 비기계화 보병 위주의 배치를 감소했다.

　나는 역사가 1942년 6~7월 오친레크의 제8군 지휘에 대해 연합군의 포괄적인 패배를 예방했을 뿐만 아니라 전쟁 학도들에게 간접 접근 방식의 전형적인 적용 사례를 제공했다고 평가할 것이라고 믿는다. 비록 그의 전략은 수세적일 수밖에 없었지만 모든 전술 행동은 공세적이었다. 남은 병력을 엘 알라메인으로 퇴각시킨 후 그의 첫번째 관심 사항은 연안을 따라 알렉산드리아로 향하는 로멜의 정면 돌진을 어떻게 분쇄하느냐였다. 7월 1일에서 3일 사이에 추축군 군대는 엘 알라메인 남부의 아군을 공격했으나 엘 알라메인에서 르웨이삿 능선 요지에 이르는 탄력적이고 교묘한 전선에서 퍼붓는 강력한 포병 화력과 공중 폭격에 시달려야 했다. 이 정면 자체에서의 기술은 훌륭한 것으로 보병과 포병의 협조가 원활했다. 이것은 실제로 밀접하게 배치된 보병에 의해서 방호되고, 우리가 전에 남기고 간 전차에 의해서 지원된 24파

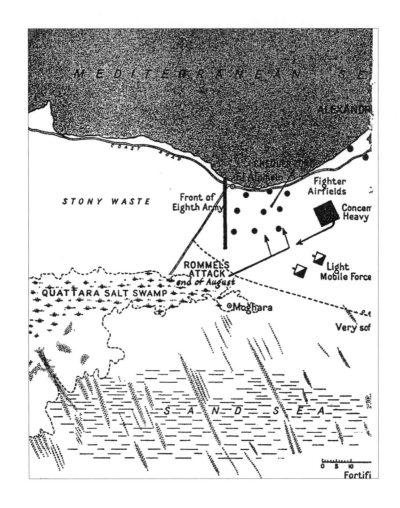

운드 화포로 구성된 유연한 전선이었다. 이 배치에 의해서 독일군 아
프리카 군단은 타격을 받고 7월 3일 공격이 중단되었다.

　오친레크는 지체없이 공세를 취하면서 뉴질랜드 사단과 제7 자동차
여단 예하 기동 부대로 구성되어 고트Gott가 지휘하고 있던 그의 좌측
부대로 하여금 당시 연안과 카타라 강 하구 사이 중간 지점에 위치하고

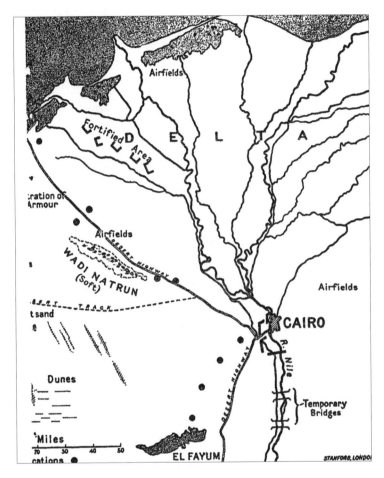

엘 알라메인 방어 계획

있던 로멜의 우측 방어 부대를 타격하도록 했다. 이 공격은 이탈리아
아리에테Ariete 사단을 강력하게 타격했고 이에 대해 로멜은 카타라 강
하구까지 우측방을 확장하고자 예하 독일군 병력 대부분을 파견함으로
써 연안까지의 그의 좌측방은 이탈리아군이 장악하게 되었다. 7월 10일
모스헤드가 지휘하는 호주 제9 사단의 공격이 성공하여 로멜은 크레타

섬에서 공수된 병력과 함께 겨우 회생했고 피로에 지친 독일군 병력을 다시 북방으로 전속력으로 이동시켜야 했다. 이러한 상황이 발생하자마자 오친레크는 이번에는 로멜의 정면 중심에 배치되어 있던 이탈리아군에 대하여 뉴질랜드군과 함께 세 번째 공세를 개시했다.

이러한 세 차례의 잘 계산된 공격은 결과적으로 로멜로 하여금 독일군 아프리카 군단을 바다와 카타라 강 하구 사이 40마일 지역에 걸쳐 분산시킴으로써, 사기가 저하된 이탈리아군을 증강하도록 강요하여 독일 판처군을 고착시키기 위한 것이었다.

그리하여 7월 중순까지 추축국의 침공은 격퇴되었고, 그 후 적은 40마일의 개방된 사막 전선에서 강력한 연합군 공군력의 무차별 폭격과 300문 이상의 야포 사격에 노출됨으로써 전투 손실과 질병이 나날이 증가하는 현실에 직면해야 했다. 나일 강 삼각주에 대한 로멜의 공격은 결정적으로 실패했으며 엘 알라메인에 도착한 후 9천 명의 포로를 포획당했다. 그러나 그는 아직 건재했고, 로멜이 다시 공격할 때 이를 격퇴하기 위해서는 이집트의 전반적인 방어 태세를 재구축하고 제8군의 위치를 강화해야 했다. 비록 그의 성격을 감안할 때 가능성은 그리 크지 않았지만, 로멜이 노출되고 과도하게 확장된 그의 위치에서 철수하는 상황에 대비하여 추격 준비를 하는 것도 필요했다.

가장 시급한 과업은 바다와 르웨이삿 능선 사이의 개방지에 있던 제8군의 위치를 남쪽 측면은 개방시킨 채 강화하는 것이었다. 왜냐하면 이들 전역에서 두 번씩이나 이처럼 개방된 사막에 배치되어 있던 군이 소규모 군에 의해 공격받거나 파괴되는 것을 우리는 목격했기 때문이었다(이러한 효과는 당신의 책 제21장에 완벽하게 기술되어 있다). 오친레크의 당면 과제는 지난 번 리치의 측면 주위에 대해 실시되었던 로멜의 기동이 재현되는 것을 어떻게 예방하느냐였다.

그의 해결 방안은 이미 내가 기술했던 이론적 구상에 자리잡고 있었다. 1941년에 구축되었던 부적절한 위치를 포기한 후, 오친레크는 제8군 정면의 바로 배후에 새로운 진지를 구축했다. 이것은 르웨이삿 능선의 약간 남쪽으로 약 20마일 정도 확장되어 수평·수직적으로 약 만 야드 정도 분리된 장기판 모양의 구역들로, 각각 보병 2개 대대와 25파운드용 포대로 방호되었다. 이 지역에서 3개 보병 여단으로 구성된 사단들이 3개 구역을 담당하게 됨으로써 더 이상 고립된 구역은 존재하지 않았다. 그러나 이들 구역은 제8군 전체 방위 계획상 하나의 골격에 불과했다. 이 방위 구상에 있어서 불필요한 부대들은 오친레크의 직접 지휘하에 양쪽 측면이나 정면과 배후 사이에서 자유롭게 작전하게 되어 있었다. 이 커다란 바둑판 구역 안에는 지뢰 지대가 설치되어 적 방호망을 거부하고 아군의 기동을 원활하게 할 수 있었다. 이렇게 배치된 군은 어떠한 방향에서도 균형을 잃지 않고 정면을 형성할 수 있었다. 결과적으로 아군의 일부가 고립되어 싸우게 되는 위험도 없어졌고 그라치아니와 리치에게 치명적이었던 배후로부터의 공격에 의해 사령부가 교란받게 될 위험도 사라졌다. 오친레크의 사령부도 바둑판 지역 내에 있었다. 그러나 필요한 것은 이 정도 수준이 아니었다. 만약 적이 방호되는 구역의 한 측방 또는 다른 측방에 대해 작전한다면, 그는 안팎에서 공격받을 수밖에 없게 되므로 오친레크는 그와 같은 기동에 대해서 자동화 부대 및 기갑 부대를 통해 동·남쪽 방향에서 역공을 취하도록 조치했다. 이 계획은 3가지 측면에서 간접 접근 방식을 적용한 것이었다. 즉 본질적으로 간접적인 방식으로 적의 접근에 대처하기 위해 수립된 바둑판 구역으로서 기갑 부대와 경기동 부대가 다양한 방향에서 적의 측면과 배후에 대한 간접 접근 방식을 실행할 수 있도록 배치되었다.

그러나 설사 제8군이 본국에서 막 도착한 증원 병력을 수용하기도 전에 로멜이 아군으로 하여금 알라메인 – 르웨이삿 바둑판 위치에서 퇴각하도록 강요하는 데 성공했다고 하더라도 결코 모든 것이 끝나지는 않았을 것이다. 왜냐하면 초전에서 패했다고 하더라도 우리가 알라메인에 도착한 순간 두 번째 방어전을 위한 준비가 완료되었을 것이기 때문이다. 이러한 목적을 위해 알렉산드리아의 방어가 암리야 너머의 사막 지역과 나일 강 동쪽까지 확장되었다. 와디 나트룬 장애물은 방어 지역의 기초로 활용되었으며 카이로 서쪽 개척지의 방어는 파윰 강까지 확장되었으며 마디 근방 나일 강과 더 남쪽을 연결하는 준비 태세가 취해졌다. 이것은 로멜이 너무 막강하여 제8군이 엘 알라메인 지역에서 철수해야 하는 경우, 그 철수가 질서정연하고 온전하게 이루어지도록 함과 동시에 두 방향에서 적의 진격 측면을 위협하면서 철수가 수행되도록 하려는 것이었다.

1942년 8월 6일 웨이벌이 제8군을 방문했다가 떠나기 전 나에게 이렇게 말했다. "당신은 정말 유리하게 배치하고 있다. 이것이야말로 당신의 정면 철수를 정당화함으로써 적을 당신의 그물로 유인하는 형태의 방어이다. 당신의 의도도 그런 것이었는가?" 실제로 그 가능성을 검토한 결과, 이 구상은 괜찮게 보였다.

이러한 방어 형태가 전투에서 적절하게 시험되지 않았다는 것은 군사학의 측면에서는 불행한 일일지 모른다. 왜냐하면 9월에 로멜이 다음 공세를 취했을 때, 증원되고 휴식을 취한 제8군은 병력수나 화력, 기갑 전력의 측면에서 로멜보다 우위에 있었고, 바둑판 구역의 남쪽 측면에 대한 그의 공격은 아군 예비 부대의 강력한 저항에 부딪쳐 로멜은 아무 소득 없이 약 60대의 전차만 잃었던 것이다. 사실 그는 전혀 소득을 얻지 못한 것처럼 보였다. 그렇다 해도 이 전투의 전반적인 형태는 로멜보다는 전임 사령관의 계획에 따른 것이었다. 이는 오친레크의 승리였고 다른 지휘관들은 그의 통찰력으로 커다란 이득을 보았던 것이다. 물론 이렇게 말한다고 해서 위기에서 새로운 구상의 전체적인 흐름을 활용하려고 평소에 준비했던 지휘관의 공적과 이 구상의 진면목을 깎아내리려는 것은 아니다. 비록 몽고메리가 오친레크의 승리를 확정짓는 반격을 실시한 10월에 이르러서야 일어난 일이지만 실질적으로 로멜은 7월에 이미 패배한 셈이었다. 이와 같은 방어 형태가 출현된 간접 접근 방식 및 공세적 방어 정신은 당신의 저서에서 발견된 것이다.

이 전쟁에서 중동의 아군은 만약 사태가 다른 방향으로 전개되었더라면 운명이 바뀌어졌을지도 모를 위기를 두 번씩이나 극복했다. 시디 바라니의 공세적 전투가 첫번째 경우였고, 이집트 방어 전투가 그 두번째 경우였다. 오코너가 패배했거나 로멜이 오친레크 휘하의 제8군을 패배시켰더라면 추축국측이 이집트와 중동을 유린했을 것이고 전쟁의 역사 또한 바뀌었을 것이다. 오친레크 진영의 그 어떤 장군도 그처럼 심각한 상황에서 냉정하게 또는 영리하게 대처하지는 못했을 것이다. 그 어떤 전쟁술도 1942년 7월 패배 직전에 승리를 엮어낸 것처럼 방어 및 공격에서 간접 접근 방식의 잘 판단된 실례를 제공하지는 못했을 것이다. 이 모두가 당신의 저서 10장, 14장, 20장의 내용에서 단서를 얻은 것으로 보이는데 어느 정도 타당한 말이다. 그렇다고 이것이 오코너나 오친레크와 같은 훌륭한 장군들이 책을 보고 전쟁을 수행했다는 것을 의미하는 것이 아니고, 다만 그들의 연구와 성찰이 전시에도 평시와 같이 계속된다는 것을 의미한다. 당신의 간접 접근 원칙을 적용함으로서 승리가 일관되게 쟁취된 이들 전역들을 연구한 결과, 다음과 같은 결론을 얻을 수 있었다. '어느 일방이 지상 화력, 기동성 그리고 공군력에서 월등한 우세를 보유하지 않는 한, 간접 접근 방식의 원칙을 무시하는 지휘관은 현명하지 못하다. 더 나아가 가잘라에서의 로멜이나 시디 바라니에서의 오코너 모두 공중 우세를 보유하지 못했다는 점을 인식하는 것이 중요하다. 아무리 강력한 공중 우세라도 지상에서 잘못된 지휘를 보상해줄 수는 없다.'

　진지한 독자들은 당신의 저서에서 승리를 위한 의례적인 공식이란 존재하지 않는다는 점과 다양한 수준의 군사 행동 전반에 걸쳐 전쟁 문제를 해결하기 위한 접근 방식의 단서를 발견하게 될 것이다. 그 단서란 '간접성obliquity'(이를 직역할 때 적절한 우리 단어가 없으나 '어떤 상황을 정면 그대로 부딪쳐 나가기보다는 비스듬한 각도 및 거리에서 조망하여 문제의 본질을 깨닫고 상대방이 예측하지 못한 방향으로 해결해나간다'는 뜻의 간접성으로 해석할 수 있다―옮긴이주)이다. 이것은 순수하게 심리적인 도구로서, 클론타르프의 전투 전의 브리안 보루Brian Boru처럼 '오늘의 전쟁은 어떤 종류의 것이 될 것인가'를 질문할 수 있는 개방적인 마음을 갖고 있는 군인들이라면, 중요하면서 비교리적인 목적으로 활용할 수 있는 것이다. 이 일에 대해서는 쉽게 구별할 수 있는 법칙이 존재하지 않는다. 적의 심리적·물리적 행동의 자유를 간접 공격하는 최선의 수단을 추구하는 가운데, 현재 평가된 상황 요인들이 적절한 '행동의 간접성'을 주도할 것이다. 어떨 때 이는 군수적인 요소가 될 수도 있고 다른 때는 탄도학적인 요소가 될 수도 있다. 공격과 방어는 간접성이 요구하는 대로 운용되어야 한다. 전략적 방어가 공격을 주도할 수도 있다. 전략적 공격은 초기의 전술적 방어에서 가장 잘 유발될 지도 모른다. 마음의 자세가 중요하다. '간접성'이란 언제나 공세적이다. 적에 대해 방어적인 정신은 외관상으로 아무리 강력하게 보인다 해도 패배한 정신이다. '간접성'의 목적은 치명적인 약점, 그

중에서도 심리적인 약점을 찾는 것이다. 목적은 적 사령부의 심리를 교란하는 것이며, 승리의 척도는 이러한 과정의 끝에서 아군이 향유하게 되는 행동의 자유의 정도이다. 이를 위해 우리는 적으로 하여금 끊임없이 생각하도록 만들 수 있는 모든 수단을 찾는다. 이것이 바로 대용 목표의 가치이다. 그러나 여기에는 감지할 수 있는 규칙이 별도로 있는 것이 아니며, 제단 위에 올려놓은 빵 위의 먼지가 그저 신성하게만 느껴지는 직설적인 마음을 가진 사람에게는 희망이 없다.

모든 차원에서의 군사 행동에 있어서 성공을 위한 정신적 자질은 상식, 이성 그리고 간접성이라는 점에 대해서는 이론의 여지가 없다. 그리고 군사 행동이 독립 사령부 차원으로 격상될 때, 간접성이 더욱더 필요하게 된다. 간접 접근 방식이야말로 확실히 전쟁에 이기는 방식인 것이다.

1942년 10월
에릭 씀

부록 ‖

"현명한 조언에 따라 전쟁을 준비하라"

(잠언 24장 6절)

─아랍-이스라엘 전쟁(1948~49년)에 대한 전략적 분석[9]

이스라엘군 총참모장 이가엘 야딘Y. Yadin 장군

전략 기획에서 (그리고 비록 조금 더 제한된 의미이지만 전술 기획에 있어서) 접하게 되는 문제는 양면적이다. 먼저 우리는 적이 신중한 원칙 위에서 활동하는 것을 예방하기 위해 모든 수단을 강구해야 한다. 또 한편으로는 목적 및 목표의 달성을 촉진하기 위해 우리의 군사력으로 하여금 이러한 원칙을 활용할 수 있도록 최상의 기획 노력이 있어야 한다. 이를 위해 적이 운용하기 쉬운 모든 원칙들은 우리 군사력의 운용을 기획하는 사람들의 재능의 한 가지 표적으로 기능해야 한다.

이것이 무엇을 요구하는지 알아보자. 기습의 원칙에 대해서는 다양한 정보 기관에 의한 지속적인 활동, 목표의 유지 원칙에 대해서는 전술적 양동 공격과 전략적·심리적·정치적 공세, 병력 절약 원칙에 대해서는 배후에 있는 병참선 및 창고에 대한 공격과 그로 인한 적 군사력의 고착 및 분산 강요, 협력의 원칙에 대해서는 적의 행정 통로에 대한 공격, 집중의 원칙에 대해서는 양동 공격 및 적 군사력을 분리시키는 공중 공격, 보안의 원칙에 대해서는 위에서 언급한 활동과 앞으로 나올 모든 행동의 종합, 공세적인 정신의 원칙에 대항해서는 공세적인

---

9) 〈Bamachameh〉(이스라엘군 잡지) 1949년 9월호에 게재된 논문을 번역, 요약한 것이다.

정신, 기동의 원칙에 대항해서는 병참선의 파괴 등이다.

모든 단계에서 정부에 의해 결정된 정치 – 군사적 목적을 달성하기 위해 고안된 우리 활동의 기획은 이차적이고 양동적인 작전과 조화를 이루어야 한다. 그러나 주목적은 전쟁의 원칙을 전적으로 활용하는 것이고, 또한 전투의 운명은 싸움이 시작되기도 전에 이미 전략적으로 결정될 것이라는 점을 항상 명심해야 하며 적어도 전투가 우리에게 최대로 유리하게 진전될 것이라는 점을 보장해야 한다. 이것이 완벽한 전략 기획의 비밀이다. '승리의 대가는 피'라는 클라우제비츠의 유명한 말은 이제 시대에 뒤떨어진 사고이다.

정면에서의 전술 공격이 점차 사라지는 시대가 도래하여 전술의 꽃은 측면 및 후방 공격을 통해 주과업을 달성하는 데 초점이 맞추어지고 있다. 그러나 이것이 전략에도 적용 가능한 방법인가에 대해서는 여전히 토론이 진행 중이다. 분명히 적용되는 것은 사실이나 당연히 다른 방식으로 적용된다. 간접 접근 전략이 유일하게 바람직한 전략이라는 점은 재론의 여지가 없으나, 리델 하트에 의해 훌륭하게 정의되고 설명되었듯이 전략에서 간접 접근의 창출은 전술적인 분야보다 훨씬 더 광범위하고 복잡하다. 우리의 목적을 위해 전쟁의 원칙을 활용하고 우리 자신을 전략적 간접 접근에 기반하도록 함으로써, 싸움이 시작되기도 전에 싸움을 결정짓기 위해서는 다음 세 가지 목적을 달성하는 것이 필요하다.

가. 적의 병참선을 차단하여 물리적 힘을 마비시키는 일
나. 퇴로를 봉쇄하여 적의 의지를 꺾고 사기를 파괴하는 일
다. 적의 행정 중심을 타격하고 병참선을 교란하여 중추부와 수족을 절단하는 일

이 세 가지 목적을 심사숙고하면 '전쟁술의 모든 비밀은 병참선의 달인이 되는 능력에 있다'는 나폴레옹의 이야기가 진실임을 알 수 있다.

이들 목적의 실행은 주요 전략 임무를 위한 전제 조건이다. 이 점에 대하여 리델 하트는 전략의 목적 및 전략가의 책임을 분석하면서 다음과 같이 잘 설명했다. "진정한 목적이란, 전투를 추구하기보다는 저절로 승리를 가져오지 않으면 곧이어 수행되는 전투에 의해 계속 승리를 보장할 정도로 아주 유리한 전략적 정세를 모색하는 것이다."

전략 상황의 결정 인자는 앞에서 언급한 세 가지 방식에 의해 주로 적의 조직을 와해시키고 전투 중 적을 와해 또는 교란시킴으로써 달성된다. 한편, 이것들의 실행을 기획할 때 그 실행의 형태를 결정지을 정치적 요인들을 종종 고려해야 한다. 그럼으로써 예를 들어 적의 병참선을 차단하고 퇴로를 봉쇄하는 효과의 신속함은 적의 주력과 그 작전이 수행되는 위치 사이의 거리에 반비례한다. 다른 말로 차단점이 적주력에서 가까이 있을수록 효과는 더욱 즉각적인 반면, 그 작전이 후방 깊숙한 곳에서 수행될수록, 그리고 적의 전략적 기지에서 가까울수록 그 효과는 더욱 커진다. 따라서 계획은 그 작전을 위해 쓸 수 있는 시간적인 요소에 의해서 골격이 형성되어야 한다. 우리의 전투에서 이 시간적인 요소는 작년에 있었던 전쟁의 특별한 성격상, 예를 들어 유엔의 수시 개입처럼 가끔은 인위적인 원인에 의해 결정되기도 했다. 또 가끔은 최선의 효과보다는 즉각적인 효과를 내는 계획을 선택하는 것이 필요하기도 했다. 지금부터 작년 전쟁을 분석하면서 이 문제를 더욱 생각해보자.

목적의 유지에 대해서는 몇 마디 더 언급할 필요가 있다. 목적은 반드시 하나가 되어야 하나 우리가 목적을 유지하기를 원한다면 그것을 달성하는 방식은 반드시 복수複數의 목적으로 구성되어야 한다. 그렇지 않으면 한 방식이 실패했을 때 전체 목적 달성이 수포로 돌아갈 수 있기 때문이다. 계획은 반드시 다음에 입각해야 한다. '만약 그러한 일이 발생한다면.' 이러한 측면에서 《창세기 32Genesis 32》라는 책에 야콥Jacob이 에서Esau와의 전투를 준비하면서 보여준 생생한 고려사항을 참고하라. 리델 하트는 다음과 같이 매우 적절하게 말했다. "하나의 나무와 같이 계획도 결실을 거두려면 가지들을 가지고 있어야 한다. 하나의 목적을 가진 계획은 황량한 막대기가 되기 쉽다."

나의 목적은 우리 군인들이 참전했던 전투에 대해 그들 스스로 연구하고 분석하도록 하고 그것을 전략적 사고와 가정으로 적용할 수 있도록 하자는 것이지, 전쟁에 관련된 우리의 많은 논문들이 그러하듯 주관적인 전술적 기술에 만족하자는 것이 아니다. 그럼에도 불구하고, 과거에 이미 언급되었던 측면에서 지난해 작전을 분석하며 몇 마디 더 덧붙이고자 한다. 가장 중요한 것은 다음 작전들이었다.

가. (이집트와의) 텐 플라그스 작전
나. (이집트와의) 아이인스 작전
다. (아카바 만 지역의) 엘라트에서의 진지 강화 작전
라. (갈릴리 해방) 히람 작전

그리고 앞에서 정의했듯이 전략적인 관점에서 로즈 작전(정전 협정)도 포함된다. 조사한 결과, 이들 작전의 기획은 우리가 언급했던 전략적 원칙과 방식, 즉 적의 배치를 근본적이고도 신속하게 와해시키려고 계획된 기습을 달성하고자 모든 책략을 활용했고, 차단·봉쇄 등 전략적 간접 접근 방식에 기초를 둔 것이었다. 다양한 요인이 개입하

면서 방식을 선택하는 데 시간적인 요인도 상당한 영향력을 발휘했다.

이스라엘을 침략한 이집트군은 침입로가 개방되어 있기를 희망했고, 따라서 이스두드까지 연안 고속도로를 타고 북진했으며 우리의 저항에 부딪혀 정지하게 되었을 때, 예루살렘 방향의 팔루자를 향해 분산했다. 그들이 우리보다 우세했으므로 우리는 가능한 정면 전투를 회피해야 했으며 그들은 수많은 방어 지역을 구축, 방어 무기의 양적인 측면에서 전반적인 우세를 유지하고 있었다. 한편, 그들의 주요 약점은 앞에서 나폴레옹으로부터 인용했던 "전쟁술의 모든 비밀은 병참선의 달인이 되는 능력에 달려 있다"는 말에 있었다. 즉 그의 병참선은 너무 길었던 것이다.

네게브로 향하는 도로를 개척하고 적의 배치를 교란시키는 것이 목적이었던 텐 플라그스 작전은 이러한 결점을 최대한 활용한 것이었다. 내가 이미 언급했던 삼중 체제, 즉 보급을 차단하고 퇴각로를 봉쇄하며 적의 행정 중심을 타격하는 것에서 이 텐 플라그스 작전은 전형적인 사례가 되고 있다.

(1) 이라크의 동쪽 엘 만시야의 돌파, 한쪽 측면의 동쪽 적 병참선의 차단 및 다른 쪽 113번 언덕의 점령, 그리고 다양한 특공 부대의 수많은 공격이 함께 어우러져 적 배치의 물리적 구조를 와해시켰다.

(2) 베트 - 하넌 지역의 점령에 따라 적 주력의 퇴로를 봉쇄함으로써 적을 혼란에 빠뜨렸고 적 병참선의 차단이라는 물리적 효과뿐 아니라 적의 사기 및 의지를 꺾어 적으로 하여금 결국 철수하도록 만들었다(이것은 우연하게도 단거리 봉쇄 및 즉각적인 효과를 가져오는 방식의 실례이다).

(3) 가자, 마즈달, 라파, 엘 - 아리시에 대한 계속된 폭격은 적 행정

중심 및 동맥을 타격함으로써 중추부와 수족을 연결하는 적 신경 조직 전부를 마비시켰다.

우리 군은 크고 독립적인 진형을 형성하면서 적의 북부 지역과 서부 지역을 공격함으로써 아군 사령부가 필요한 경우 중심을 효과적으로 움직일 수 있도록 신축성을 제공했다는 사실도 언급되어야 한다.

아우자-엘아리시 지방에서 치러진 이집트와의 아인 작전도 전쟁술의 몇 가지 획기적인 교훈을 제공했다. 최초에 이집트군은 결정적으로 그들의 동·서군을 전략적 이득을 얻을 수 있는 방식대로 활용하는 데 실패했다. 텐 플라그스 작전 후에 적은 뒤늦게 네게브 남쪽을 차단, 봉쇄하려고 동부군 활용을 시도했다. 앞에서 언급했듯이 공격 정신에 대한 가장 적합한 해답은 공격 정신이며 실제로 이것이 아인 작전의 기원이었다(우리들의 성인은 오래 전에 다음과 같이 이야기했다. "너를 죽이려고 오는 자는 네가 먼저 죽여버려라"). 적 배후에 대한 공세의 위력, 할루자를 경유하여 아우자를 향해 가는 접근로에서의 기습(이것은 적이 불가능할 것으로 여긴 것을 실행한 것이었다), 그리고 연안을 따라서 서부 지역에 대해 실시된 (전술, 심리 및 정치적 위협과 결합된) 전략적 양동 등 모든 요소가 결합하여 승리를 엮어냈다.

아인 작전은 앞에서 언급한 진실, 즉 전략 기획의 목적은 심지어 싸움이 시작되기도 전에 이미 그 싸움의 승패를 결정하거나 전투 그 자체가 스스로 전쟁 결과를 결정하도록 보장할 정도로 아주 유리한 조건을 조성하는 것이라는 점을 명확하게 보여주었다. 이집트 지역으로의 추격을 통해 아인 작전을 활용한 것은 앞에서 언급했던 다른 원칙, 즉 봉쇄 장소와 그 효과의 신속함 및 정도 사이의 관계를 적절하게 보여주었다. 엘 아리시를 향한 아군의 돌파와 시나이 사막의 아부 아웨이

글리아에 있는 중요한 교차점에 대한 점령은 더욱 결정적인 전과를 가져올 수 있었으나, 그러한 작전을 수행하는 데 소요되는 시간이 너무 길었다. 한편, 라파 인근 지방으로 봉쇄 지역을 신속하게 변경한 것은 적 주력으로부터 근접했다는 점(이로써 적은 아군에 비해 전술적 우세 속에 작전할 수 있게 된다)을 감안할 때 성격상 다소 덜 결정적인 것이 되기 쉽다고 생각되었지만 더욱 즉각적인 효과를 가져왔고 이집트측으로 하여금 즉각 정전 협정에 호소하도록 만들었다.

다양한 로즈 작전과 엘라트에서의 아군의 진지 강화 및 소위 삼각주와 와디 아라(메기도 통로)에서의 확장 작전은 전략에서 운용되는 도구와 전술에서 운용되는 도구는 종종 서로 상이하다는 점, 즉 가끔 전략은 전술적 결정에 유리한 조건을 달성하기 위해 정치적인 도구를 선택한다는 교훈을 제공한다. 이들 수단이 성공했을 때 상당 규모의 피와 땀이 절약된다.

마지막으로 히람 작전에 대해서 언급해보자. 이것은 전형적인 전격전이었으며 하나의 전략적 결정——이 경우 그러한 결정의 전략적 중요성이 전술적 결심보다 훨씬 더 효과적이었다——을 적절하게 보여주는 사례였다. 카우지Kauji는 마나라에 대한 압박 후 당시 이미 몇 차례 실패로 끝난 정면 공격에 우리가 아직 더 연루되어야 한다면, 그에게 유리하게 끝나게 될 전술적 결정을 강요하기를 희망했다.

히람 작전에서 우리는 전반적인 계획과 잘 조정되고 차단, 봉쇄 그리고 적의 행정 중심을 타격한다는 삼각 요소의 조합에 기반한 간접 접근 전략, 특히 대용 목표를 가능한 최대로 활용했다. 아군의 주력이었던 2개 군, 사파드에서 사사를 향해 북쪽으로 이동하던 부대와 카브리에서 타르시하로 향해 동쪽으로 이동하던 부대는 1948년 전역에서 최고로 신속한 승리를 가져오면서 계획된 전략적 포위의 좋은 하나의 실례를 제공했다.

결론적으로 많은 상황을 세부적으로 기술하는 것은 나의 의도가 아니었고 그들에 대한 전략적 조망을 통해 그들의 중요성에 대한 이해를 포괄적으로 접근하고자 하는 것이었음을 강조한다.

설명

로치N. Lorch 중령(이스라엘군 참모본부 전사과장)

텐 플라그스 작전(1948년 10월 15~21일)

다른 정면에서 있었던 첫번째 및 두 번째 정전(7월 9~19일) 사이의 10일 간의 전투가 이스라엘의 주도권 획득과 빛나는 결과로 끝났던 것에 비해, 이집트 정면에서의 상황은 다소 소강 국면에 있었다. 무장이 허술하고 전쟁에 지친 이스라엘군에 대해 신속한 결정적인 승리를 거둔다는 최초의 희망이 수포로 돌아가자, 실망한 이집트군은 제1차 정전 후 팔레스타인 일부에 확보하고 있던 거점의 강화에 몰두하고 있었다. 이 거점은 아우자 — 아슬루이 — 베르셰바 — 헤브론 — 베들레헴 도로변과 마즈달 – 베트 지브린 도로변을 연결하면서 이스두드까지 연안 도로를 따라 아랍의 정착촌을 형성하고 있었다.

상당한 노력에도 불구하고 연안 도로를 따라 고립된 위치에 놓여 있던 유태인 정착촌 두 군데만이 탈취되었다. 수많은 공격을 막아낸 후에 세 번째 정착촌은 첫번째 정전 기간 중 성공적으로 소개되었다. 네게브 지역의 주요 유태 정착 지역 —— 분할에 관한 유엔의 결의(1947년 11월)에 의해 유태인에게 주로 할당된 팔레스타인 남부의 반불모지 —— 은 고속도로에서 멀리 떨어져 있어서 온전하게 남게 되었다. 그러나 그곳의 북쪽 병참선 —— 유태인 주의 중심 —— 은 앞에서 언급한 마즈달 – 베트 지브린 거점 양쪽에 있던 이집트 요새에 의해서 절단되었다.

각각 다른 시간에 이스라엘군에게는 남북 도로를, 이집트군에게는 동서 도로를 사용할 수 있도록 만든 정전 규정이 설사 이집트측에 의해 잘 지켜진다 해도 이로 인한 결과는 일시적인 것이 될 수밖에 없었다는 점이 확실해졌다. 앞으로 언제인가는 유태인 네게브 지역을 잠식하거나 항복을 강요할 것을 희망하면서 이집트측이 당분간 휴식을 취할 수 있었던 반면, 특히 당시 군사 상황이 정치적 해결을 위한 토대로 검토되고 있다는 징후가 포착된 후 정착촌에 대한 병참 문제는 이스라엘측으로 하여금 주도권을 취하도록 강요했다. 그렇게 될 경우 네게브는 이집트에 귀속될 상황이었던 것이다.

이스라엘 사령부가 당면한 문제는 심각한 것이었다. 이 지역 내 상황은 당분간 정리되지 못했다. 유엔 결정에 따라 남쪽으로 파견된 이스라엘 대표단은 공격당했고 차량이 방화되어 철수할 수밖에 없었다. 따라서 보복으로 취해질 수 있는 어떠한 행동도 기습 효과를 달성할 수 없었다. 두 번째로, 네게브로 통하는 도로는 오직 앞에서 언급한 마즈달 —— 베트 지브린 양쪽에 있던 이집트 요새 중 1개 이상을 탈취해야 장악 가능했다는 점이 명확했다. 이들 거점은 요새화가 잘 되어 있었다. 더구나 이것도 작전 초기에 달성되어야 했다. 다르게 표현하자면 적시 · 적절한 기습 가능성이 배제되었고 이집트측이 공격당할 것이라고 예측한 바로 그 지점에 대한 상당 규모의 직접 공격이 불가피했다.

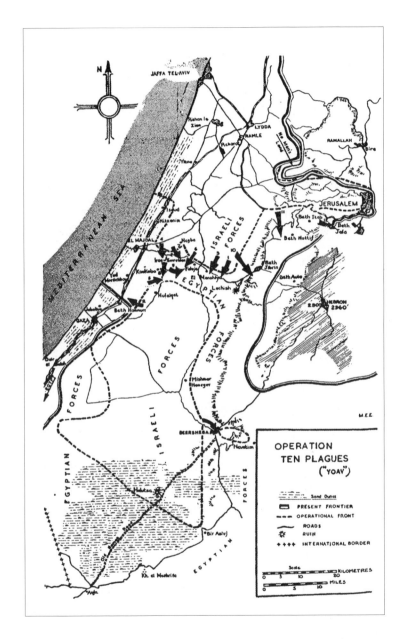

텐 플라그스 전역

한편, 이집트측은 종심이 부족했다. 그들은 수많은 줄 모양으로 배치되었다. 즉, 바다와 네게브의 아군 사이에 배치된 연안 지대, 마즈달 — 베트 지브린 도로를 따라 형성된 지대, 유데아 산맥으로 향하는 동북 방향의 세 번째 지대가 바로 그것이다. 이 작전 기간 중 우리들이 이용한 것은 바로 이들 약점이었고, 이들은 앞에서 언급했던 우리의 약점의 상당 부분을 보상해주었다. 그러나 이는 우리가 당초 보유했던 것보다 훨씬 많은 부대를 남쪽에 할애하기를 요구했다. 따라서 텐 플라그스 작전에 앞서 상당한 규모의 공수 작전이 네게브 지역에 실시되었고, 이집트군 바로 코 앞에서 이집트의 병참 도로를 통해 상당 규모의 이스라엘 기동 부대가 이동하는 것으로 절정을 이루었다.

이것이 완료되고 우리의 공세 개시 명령은 1948년 10월 15일 하달되었다. 이 날 오후 이스라엘 공군은 엘 - 아리시에 있는 이집트 공군 기지와 가자, 베드 하넌, 마즈달 및 할루자를 포함한 이집트 공군 목표에 대하여 가공할 만한 타격을 입혔다. 이집트 공군은 이후 작전을 계속했지만 더 이상 공중 우세를 유지하지 못했다. 그 다음날 저녁, 이스라엘군은 연안 도로상 베드 하넌 근방의 이집트 방어선 깊숙이 쐐기를 박았다. 이것은 이집트 병참선을 위협하다가 나중에는 거의 절단하기에 이르렀고, 그로 인해 마즈달 지역으로의 이집트군의 자유로운 증원 및 보급을 차단하면서 주전투 지역에서 상당 규모의 이집트 주력을 전환하도록 만들었다. 이와 같은 기세 속에 수많은 기습이 더 남쪽으로 계속되어 엘 아리시, 라파, 한 유니스 사이의 교량 및 철도를 폭파시켰다.

동시에 그때까지 이집트군이 점령하지 않고 있던 베트 지브린 지역에서 수많은 언덕들을 이스라엘군이 점령함으로써 마즈달 — 베트 지브린 방어선은 차단되었다. 이처럼 10월 16일 아침 비록 전투는 거의 일어나지 않았지만 이집트의 북부 병참선은 절단되고 서부 병참선은 위협받는 상태가 되었다. 상황은 이집트 북부 병참선을 차단하는 기도가 준비 완료된 것처럼 보였다. 이것은 10월 16일 새벽 이라크―엘 만시야와 고도 텔에 대한 전차 및 보병 공격으로 실행되었다. 그러나 이 공격은 잘 배합된 이집트 포병의 방어 화력에 부딪혔다. 수많은 전차가 작동 불능 상태가 되었고 이제 지원 화력이 없어지는 보병은 공격이 불가능해졌다. 후퇴 명령이 하달되었다.

이라크―엘 만시야의 탈취는 무엇보다도 이스라엘로 하여금 접합부 부근에 있는 이집트 배치를 배후에서 위협하도록 계획되었다. 이것이 실패하자 외부의 지원 없이 이들을 공격하는 방안 외에 다른 방도가 없었다. 그곳의 이집트 방어는 수많은 언덕――어떤 것은 바로 가까이에, 다른 것은 1마일 거리 안에 있는――과 접합부로부터 동쪽 2마일 거리에서 주위 반경 수마일 근방을 압도하던 이라크―수웨이단의 경찰 요새를 기초로 형성되어 있었다. 이러한 특성상, 그 공격에서 간접적인 것은 아무것도 없었다. 16일과 17일 저녁 113번 언덕과 수많은 다른 언덕들이 7차례의 피나는 백병전 끝에 탈취되었다. 이집트군이 어떻게 방어선을 편성하는지와 어떻게 그것을 방어하는지를 알고 있었음이 밝혀진 것이다. 유데아 언덕에 있던 이집트의 우측에 대해 개시되어 예루살렘의 남서쪽으로 지향되었던 이 공격은 의도대로 전략적 교란으로 작용했지만 접합부를 유린하는 가장 중요한 부대를 지원하지는 못했다.

17일 이집트군은 마즈달과 하루야 지역 사이의 병참선을 재건할 목적으로 강력한 반격을 실시했다. 그러나 이스라엘은 과거에 점령했었던 언덕을 재탈취하는 데 실패했다. 이제 동서 도로는 이집트군에게 거부되었지만 남북 도로는 우리에게 아직 개방되지 않았다. 이것은 홀레이캇 지역의 남북 도로변의 이집트 잔존 거점을 탈취거나, 홀레이캇을 우회하도록 하는 다른 거점을 확보함으로써 가능했다. 이집트군의 강력한 방어와 반격으로 인해 두 가지 중 하나의 목표를 달성하는 데만 이스라엘군은 이틀을 소요했다. 이집트군은 이라크— 수웨이단의 경찰요새에서 이라크— 엘— 만시아(이제까지 후루야 골짜기라 알려진 지역`)까지 동쪽에서 자기들의 위치를 가까스로 확보했지만 홀레이캇은 10월 19~20일 밤에 함락되었다. 그 후(실제로 1947년 12월 후) 고립 상태가 수개월 지속된 후 결국 네게브와 이스라엘 사이에 굳건한 교량이 건설되었다.

남은 작전 경과는 간단히 요약할 수 있다. 서쪽에서 이집트측은 배드하넌 측방의 병참선을 우려하여 거의 총 1발 쏘지 않고 마즈달 지역을 소개함으로써, 지난 5월 격렬한 전투 끝에 이집트 수중에 떨어졌던 야드 모데차이와 닛자님의 유태인 정착촌을 떠났다. 동쪽에서는 이스라엘군을 베들레헴 외곽으로 불러들인 신속한 공세에 의해 이집트군은 그들의 산악 거점에서 축출당했다. 오직 북쪽에 남아 있던 하루야의 이집트군만이 완강하게 버텼다. 이러한 형세는 간접 접근 방식에 내재된 위험을 강조했다. 즉 적의 병참선을 차단함으로써 적이 퇴각하는 대신 등을 돌려 다시 완강하게 싸우려는 현상이다. 그러나 이와 같은 상황은 점차 개선되었고 이라크— 수웨이단의 요새가 11월 8일 함락되었을 때, 하루야의 이집트군이 지닌 잠재적 공세 전력으로서의 가치는 완전히 상실되었다. 우연하게도 이 요새에서 탈취한 기록물 중의 하나가 이집트 지휘관이 소유하고 있던《간접 접근 전략》한 권이었다는 사실은 대단히 흥미롭다. 이 책은 현재 그 당시 공격을 지휘했던 이스라엘 장교의 기념품으로 보관되고 있다.[10]

그 동안, 이 작전은 베르셰바의 점령으로 인해 더욱 남쪽으로 진전되었다. 승리를 신속하게 이용하면서 방금 개방된 도로를 따라 부대가 네게브 안으로 쇄도했고, 이미 진입해 있던 부대와 합류하여 20~21일 밤에 이 도시를 탈취했다. 북쪽에서 전투가 벌어지고 있는 것을 모를 리 없는 이집트 수비 부대 지휘관은 이스라엘군이 그렇게 빨리 진격해 올 것을 예상하지 못한 듯 기습을 당하고 겨우 5시간의 전투 끝에 항복했다. 이 항복은 영국이 제1차 세계대전에서 베르셰바를 점령한 후, 그리고 그 공격에서 전사한 영국 군인들을 추모하는 기념탑이 세워진 후 거의 31년이나 소요된 것이었다. 베르셰바의 함락은 헤브론 지역에 있던 이집트군의 운명을 결정했고 이들은 곧 아랍 군단, 즉 우측 측면을 비르-아스루이의 남쪽 및 베르셰바의 남서쪽 방향으로 철수하는 이집트군에 의해 구출되었다.

아인 작전(1948년 12월 22일~1949년 1월 7일)

아인 작전이 시작되었을 때의 이집트의 배치는 텐 플라그스 작전 때와 흡사했지만, 그 정도에서는 상당히 축소된 것이었다. 이번에도 두 개의 날개가 있었다. 연안 도로를 따라 가자 지구까지 이르는 좌익과 아우자-헤브론 도로를 따라 베르셰바의 남서쪽 비르-아스루이에 이르는 우익이 바로 그것이었다. 이 양익은 부분적으로 이집트 영토 내를 달리는 라파-아우자 도로에 의해 수평적으로 연결되었고, 좀 더 남쪽으로는 엘 아리시와 아부 아웨이글리아를 연결하는 도로에 의하여 연결되었다. 나아가 팔루자 계곡과 헤브론 지역에는 아직도 이집

---

10) 그러나 우리에게 다행스러운 것은 이집트는 이 책의 진수를 이해하지 못했고 따라서 이 책의 원칙에 입각하여 세운 우리의 전략 계획에 의해 적은 완전히 기습을 당했다(야딘 설명).

트군이 파견되어 잔류하고 있었다. 적어도 다른 1개 아랍군의 지원 없이는 대규모 공세 작전을 취할 가능성은 적었지만 이집트군은 굴복하지 않았다. 아직 팔레스타인 지역의 상당 부분을 장악하면서 그들은 새로 개국한 이스라엘이라는 국가의 안전에 대해 위협 요소로 남아 있었고, 최후까지 굴복시키지 않으면 영원한 위협으로 남아 있을 태세였다.

이집트의 배치는 주로 두 가지 전제 조건을 바탕으로 하고 있었는데, 하나는 타당했고 다른 하나는 잘못된 것으로 밝혀져서 궁극적으로 패배의 원인이 되었다. 첫번째는 남부 네게브와 같이 사람이 살고 있지 않는 지역에서는 누구든 병참선을 장악하는 자가 전체 지역의 승자가 될 것이라는 점이었고, 두 번째는 이 영토 내의 병참선은 현실적으로 자갈을 깐 도로와 같다는 점이었다. 결과적으로 그들은 다시 한번 앞에서 언급한 도로 위에 놓여 있는 거점을 바탕으로 방어선을 형성하여 주화력망이 그 도로들을 지향하도록 했다.

텐 플라그스 작전에서 이집트 측이 얻은 유일한 교훈은 이스라엘군은 야간 공격에 뛰어나며 이스라엘 공군은 이제 무시 못할 존재가 되었다는 점이다. 그 결과, 그들의 진지는 과거 그 어느 때보다도 더욱 은폐되었고 야간 경계 태세도 강화되었다.

우리의 기본 공격 계획은 1917년 가을의 제3차 가자 전투에서의 알렌비Allenby 계획과 비슷하되, 반대 방향을 취했다. 왜냐하면 알렌비의 계획은 남쪽에서 북쪽으로 향했으나 이번 공격은 북쪽에서 남쪽으로 향했다. 그 구상은 서부에 있는 이집트군을 가능한 대규모로 유인, 고정시켜서 결정적인 기세로 그들의 동쪽 날개를 이집트 국경까지 석권하기 위한 것이었다. 그것이 완료되면 우리 군은 북서쪽을 향해 이집트와 가자 지대의 병참선을 위협함으로써 ——만약 필요하다면 그

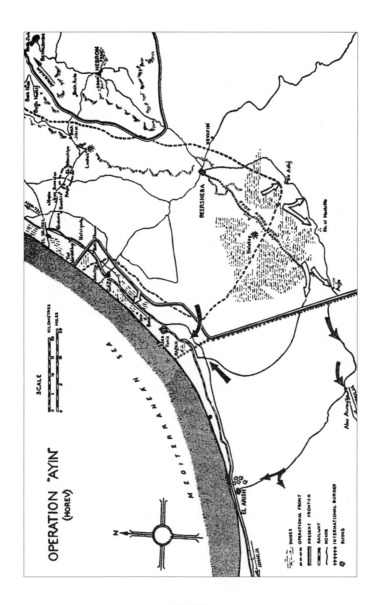

아인 작전

전투의 최종 단계에서 가자에 대한 직접적인 공격을 통하여——이집트로 하여금 가자 지구를 소개하도록 강요하는 것이었다.

이 작전은 이집트 공군 기지 및 라파, 한스 유니스 그리고 가자에 있던 병력 집결소에 대한 이스라엘 공군의 집중 공격과 함께 개시되었고, 전체 정면에 걸쳐서 이집트 거점에 대한 포격으로 이어졌다. 공격 개시일 저녁, 서부 정면에 있던 이스라엘군은 가자 남쪽 8마일에 있던 일련의 언덕을 점령함으로써 라파 – 가자 도로를 위협하는 존재가 되었다. 과거의 예를 답습하며 이집트군은 미끼를 덥석 물었고, 그 지역에 대한 반격을 위해 기갑 부대 대부분을 포함한 상당한 규모의 병력을 집결시키는 한편, 라파 – 가자 지역 전체의 방어 태세를 강화시켰다.

비록 86번 고지는 이집트군의 집요한 공격으로 다시 탈취당했지만 교란 목적 자체는 달성했다. 이처럼 공격이 동부 지역에서 개시되었을 때, 완전한 전략적 기습을 달성했다. 첫째 목표는 아우자 지역까지의 베르셰바 – 아우자 도로를 소탕하는 것이었다. 이집트군도 그러한 기도에 대비하고 있었다. 그러나 그들은 이스라엘 정보 부대가 아우자 배후까지 거의 직선 형태로 달리는 옛 로마 도로를 발견할 것이라는 점을 거의 예상하지 못했다. 비록 그들이 예측했더라도 아군 공병에게 감지되지 않고 중전차가 통과할 수 있을 정도로 도로를 준비할 만한 능력이 있으리라고는 예측하지 못했을 것이다. 그러나 실제로 그러한 일은 발생했다. 비르 – 아스루이에 있던 이집트 거점은 그 방향에서 공격이 시작될 것이라고 예측하며 계속해서 베르셰바 도로를 감시했지만 이스라엘 기계화 부대는 사막 쪽에서 나타나서 남쪽의 이집트 거점들을 탈취하고 아우자 – 라파 도로를 두 군데에서 봉쇄했다. 12월 25일 새벽 아우자 자체가 공격받았을 때, 이미 북쪽 끝단과 서쪽 기지들이 차단된 상태였다. 수비대는 최선을 다해 저항했으나 결국 증원군이 봉쇄군에 의해 라파로 오는 도중 격퇴되자, 12월 27일 새벽 사막 지역으로 도주하고 말았다. 이제 완전히 고립된 비르-아스루이도 몇 시간 후에 점령되었고 베르셰바-아우자 도로도 개통됨으로써 첫번째 단계의 작전은 종료되었다.

비록 이스라엘군은 전날의 전투로 피로한 상태였지만 2단계 작전은 아주 짧은 휴식 시간과 보급 후에 바로 이어져서 이집트로 쇄도했다. 이스마일리아로 향하는 도로상 시나이의 이집트 거점인 아부 아웨이 글리아는 12월 28~29일 저녁에 탈취되었고, 기갑 부대가 이제 엘-아리시 도로를 따라 질주하면서 이 도시의 남쪽에 있던 공군 기지를 탈취했는데 몇 대의 비행기는 아주 온전한 상태였다. 또 다른 진격을 통해 우리는 연안 도로를 장악하고 엘 아리시 근처의 해변에 당도할 예정이었지만, 정치적 요인들로 인해 이 공세는 수행되지 못했다. 비록 이집트군이 이스라엘 영토에서 방해받지 않고 작전하기에는 너무 타격이 컸지만, 이집트 영토 내에 이스라엘군의 존재는 용납될 만한 성격의 일이 아니었다. 심각한 정치적 압력 속에, 그리고 영국의 군사 개입 위험 속에 기갑 부대는 이스라엘의 영토로 철수하도록 명령을 받았다.

국경선의 북단도 이와 같은 성과를 얻도록 하는 방안 외에 다른 대안이 없었다. 이를 위해 수많은 여단들이 동남쪽과 남쪽에서 라파를 공격하기 위해 긴급 집결되었다. 그들은 도시가 내려다보이는 공동묘지에 있는 성채와 영국이 지어놓은 커다란 기지, 그리고 엘 아리시—라파—아우자 도로 남부의 몇 개의 언덕들을 점령했다. 1월 7일 오후, 전투가 이 단계에 이르자 이집트는 정전을 제안했다.

비록 공세가 절정기에 이르러 곧 그 결실이 수중에 들어올 무렵 이집트 영토에서 철수하라는 명령이 하달되었지만, 이 작전 결과를 분석하면서 이스라엘이 만족을 느껴도 될 만한 이유가 많이 있었다. 이집트군은 가자 지구를 제외한 팔레스타인 전체에서 축출당했고 이집트군의 주요 부대는 앞으로 상당 기간 기동이 불가능할 정도로 파괴되거나 와해되었다. 이 모든 성공이 방어군에 비해 수적으로 거의 대등하나 장비 면에서는 열세했던 공격군에 의해 달성된 것이다.

히람 작전(1948년 10월 28~30일)

아랍 정규군이 팔레스타인을 침공했을 때, 그때까지 공격의 선봉을 담당해온 파우지 카우크지Fawzi Kaukji 휘하의 해방군은 재편성 ─ 아니 정규군으로 편성 ─ 되기 위해 철수한 상태였다. 제1차 정전 후 카우크지는 갈릴리를 떠나 어느 정규군보다 명목상 아랍 연맹의 지휘하에 시리아, 레바논, 이라크를 설득했다.

두 차례의 정전 기간 사이에 있었던 10일 전투에서 그는 나자렛을 포함하여 갈릴리 하부를 빼앗겼다. 그러나 그는 예하 부대 거의 대부분을 갈릴리 상부로 철수시키는 데 성공했고 거기서 그는 20×15마일의 사각형 지역을 점령했다. 비록 가까운 장래에 그 스스로 대규모 공격을 수행할 것 같지는 않았으나, 그가 과거 이미 겪었던 반격을 감안할 때, 1개 또는 그 이상의 아랍 정규군과 연합할 경우 잠재적인 위협이 될 수도 있었다. 갈릴리 고원 지대에서 서팔레스타인 고원 지대의 내선에서 작전하면서 그는 자신의 영토를 포위하고 있던 이스라엘군이 장악한 3개의 좁은 지대 중 한 곳, 즉 남쪽으로는 이라크와 함께 에스드라엘론 계곡까지, 그리고 더 가능성 있는 것으로는 시리아와 함께 훌레 산맥 계곡에 대해 공세를 가할 수 있었다.

10월 중순경 카우크지는 정전 협정에도 불구하고, 이스라엘이 이집트 정면에서의 전투로 행동이 부자연스러울 것이라고 기대하면서 최소한 명성 회복을 위한 성공의 기회가 왔다고 판단하게 되었다. 따라서 그는 마나라(홀레 계곡 해발 2,500피트의 산악 지역) 유태인 정착촌을 바라보는 셰이키이 아베드 성채를 공격하기로 결심했다. 이 성채는 기습에 의해서 탈취되었고 마나라는 다시 한번 차단되어 홀레는 위험에 빠졌다.

　그러나 카우크지는 한 번 더 치명적인 오판을 했다. 카우크지의 도발과 정전 협정 위반, 이스라엘 공군이 다른 곳에서 작전할 수 없게 만든 이집트 정면에서의 전투를 악용한 점을 감안하여 이스라엘 최고사령부는 카우크지 해방군을 팔레스타인에서 추방하거나, 가능하다면 이번에는 영원히 파괴시켜버리기로 결심했다. 첫째 목적은 완전하게 달성되었고 두 번째 목적은 히람 작전[11]에 의해서 단 60시간 만에 상당부분 달성되었다.

　카우크지가 장악한 지역은 게릴라 전쟁 또는 물자가 풍부하고 의지가 굳건한 군대에 의해 방어하기에 적합한 지역이었다. 현대식 정규군에게는——카우크지 해방군은 이러한 능력은 거의 없었던 반면 약점은 거의 다 갖추고 있었다—— 이 지역은 하나의 심각한 약점을 갖고 있었다. 즉 적절한 도로의 부족이었다. 남북 도로 1개, 동서 도로 4개가 사용할 수 있는 도로의 전부였다. 그 외에 보행로는 있었지만 노새조차도 움직이기 어려웠다. 병참선 전체 체제의 핵심은 사사의 마을과 도로 접합부였다. 이곳은 해안에서 시작하는 바사 – 타르비카 도로가 남쪽의 파라디야 도로 및 북쪽의 레바논으로 향하는 말리키야 도로와

---

11) 히람이라는 암호는 고대 레바논의 왕 히람의 이름을 따서 명명되었다.

연결되는 카우크지의 보급기지였다.

카우크지 부대는 야르무크 여단이라 불리는 거의 똑같은 3개 부분으로 편성되었다. 그들을 여단이라 부르는 것은 의도적이었으며 과거 칼리드–이븐–엘–왈리드Khalid-ibn-el-Walid 지휘하에 비잔틴 제국으로부터 팔레스타인을 탈취했던 '야르무크군'의 이름을 딴 것이었다. 그 중 1개 여단은 아크레 도로 남부에 자리잡고 있었고, 두 번째는 사사를 포함하는 북동 지역을, 그리고 세 번째는 타르시하에 지휘부를 두고 북서 지방에 자리를 잡았다.

우리의 계획은 다음과 같았다.

남쪽 및 남서쪽에서의 양동 공격으로 카우크지군을 고착시키기 위하여 두 개의 부대가 할당되었다. 그리고 세 번째 부대는 서쪽에서 타르하를 탈취하도록 할당되었다. 한편 주력——경기갑 차량, 반 트럭 및 보병으로 구성된——은 사파드에서 사사를 탈취하는 동시에 남쪽 및 서쪽에서의 공격으로부터 자체의 측방 및 배후를 보호하기 위해 서쪽을 압박하도록 계획되었다. 이 협공의 동서 양익이 완성되면 승리는 다음과 같은 요인들을 이용함으로써 달성될 것이었다.

가. 지금은 골짜기가 되어버린 돌출부에 남아 있는 적 병력의 격멸.
나. 북동쪽으로 진격하여 말리키야–메툴라 도로변 지역의 소탕과 그에 따른 훌레 계곡 하류 유태인 정착촌 지역의 안전 확보.

공군은 공격 개시일 오후에 주요 목표였던 타르시하, 사사, 말리키야 등을 폭격하고 필요시 지상 공격군에 대한 화력 지원을 제공하기로 되어 있었다. 포병 부대는 넉넉한 전력을 갖고 있지 못하여 거의 모두 주공에 투입되었으나 그나마 1개 포병 대대의 전력에도 못 미쳤다.

이 계획에서 포병의 역할은 특히 주목할 만하다. 언뜻 이 지역에서의 포병의 활용은 이들이 몇 개 도로에 고정되고 양쪽 고지대를 점령하고 있는 적의 위협하에 들어가게 됨으로써 위험하게 보였다. 그럼에도 불구하고 포병 부대를 활용하기로, 그것도 주공의 선봉으로 적의 증원 병력 파견을 지연시키거나 차단하기 위해 운용하도록 결정되었다. 여기서 핵심 요소는 속도였다. 정치·군사적인 이유로 이 작전이 성공하기 위해서는 어떠한 정규군도 개입할 수 있는 시간을 갖기 전에, 또한 카우크지가 설사 사사를 상실한 후라도 재보급을 받아 재정비하고 상황을 역전시키기 전에 카우크지를 격멸하는 방법뿐이었다. 이러한 상황에서 기갑 부대의 운용은 하나의 도박이었다.

이 계획의 실행 면에서 더 추가될 사항은 없다. 비록 도로변의 장애물과 지뢰를 제거하는 데 예상보다 많은 시간이 소요되어 작전 개시일 시행 예정이었던 메이룬과 기시에 대한 공격이 그 다음날 새벽에 실시되었지만, 동부군은 남쪽의 마을 두 개를 탈취하고 수많은 반격을 격퇴한 후 29일 아침까지는 사사로 향하는 진로에 위치할 수 있었다. 그날 저녁 파견된 시리아 정규군 1개 대대는 지정된 거점에 위치하기도 전에 공격을 받고 대부분 파괴되었다. 적은 기습 공격을 받은 것이다.

한편 남쪽 및 남서쪽 방향으로부터의 2개의 양동 공격은 성공한 것이기도, 동시에 실패한 것이기도 했다. 이들은 카우크지로 하여금 여기가 정말 주공 방향이라고 확신하도록 만들었다는 점에서는 성공이었으나, 그 정면으로 적 병력을 고착시키는 데에는 실패했다. 왜냐하면 카우크지는 휘하 병력을 아크레 도로 북쪽에서 이스라엘의 주공 방향을 봉쇄하고 있는 지역으로 퇴각하도록 급히 명령했기 때문이다. 그러나 퇴각했던 부대는 그 지역에서 별 도움이 되지 못했다. 서부군은 그날(28~29일) 저녁 타르시하를 탈취하는 데 실패했고 그 결과, 이미 항복했던 몇몇 마을이 점령군 수중에 들어갔다.

29~30일 초저녁에 사사는 이스라엘군에 의해 점령되었고 카우크지의 부대가 떠난 타르시하에는 30일 새벽 이스라엘군이 진입했다. 비록 상당 규모의 아랍군들이 돌파하여 레바논 국경으로 넘어가는 것을 예방할 정도로 효과적인 것은 아니었지만, 수시간 동안 동부군과 서부군의 선봉 부대 사이에 접합부가 형성되었다. 그 다음에는 이집트군의 패주가 이어졌다. 추격 작전은 북쪽으로 팔레스타인의 위임령 경계선에 이르는 갈릴리 상부 전역을 소탕했을 뿐만 아니라, 우리 이스라엘군의 일부를 레바논 내의 와디 두베까지 진출하게 만들었다.

31일 아침 6시까지 작전 개시된 후 60시간도 채 안 되어 히람 작전은 이스라엘측의 손실은 거의 없이 완료되었다.

히람 작전

해설

1. 리델 하트의 생애

리델 하트는 1895년 10월 31일 파리에서 태어났다. 20세기 초에 영국으로 다시 돌아온 그는 어릴 때부터 전술, 역사, 운동, 항공 분야에 많은 관심을 가지고 있었다. 1914년 왕립 요크셔 경보병 연대에서 소위로 임관했으며 1915년 프랑스에 파견되어 1916년 솜 공세에 참전했고 1924년에 대위로 전역했다. 그를 '장군을 가르친 대위'라고 부르게 된 연유도 여기에 있다. 군에서 전역한 후 그는 군사 전문 기자가 되어 많은 저서와 논문을 발표했다. 명성을 얻게 된 그는 영국 정부 고위 관리들에게 자문을 해주었으며, 특히 제2차 세계대전 발발 전에는 육군성 장관 호어 – 벨리샤의 군사 고문을 지내기도 했다. 그러나 제2차 세계대전 동안 그의 명성은 쇠퇴를 거듭했는데, 이것은 제2차 세계대전의 개전에 대한 그의 예언이 결정적으로 빗나갔고 영국의 무장과 징병제 도입에 반대하는 정책을 조언했으며 전쟁 중 히틀러와 협상을 하도록 영국 정부에 강요했기 때문이다. 그는 1950년 이후 잃어버린 명성을 회복하기 위해 노력했으며, 1960년대 중반에는 다시 원래의 명예를 회복했다.

그는 군사 문제에 관한 많은 저서와 논문을 남겨놓았다. 《제1·2차 세계대전사》, 《셔먼 장군》(전기), 《영국 기갑 부대 발달사》, 《독일 장군과의 대담》,《회고록》(2권),《근대군의 재건》등 30여 권의 저서를 발간하고 보병, 기갑, 대전략에 대한 혁신적이며 영향력 있는 이론을 주장했다. 1963년에 영국 왕립 군사 문제 연구소에서 '체스니' 기념 훈장을 받고 1966년에는 영국 왕실로부터 기사 작위를 받았으며 1970년 1월 29일 사망했다. 리델 하트의 명성은 분석가로서 뿐만 아니라 역사가로서도 지속적으로 유지되고 있지만 정책 자문가로서는 실패했다. 그러나 유럽의 수많은 전역들을 통해 작전적 통찰력을 입증했기 때문에 영국과 독일의 군사 지도자들도 그의 영향력을 상당히 관대하게 평가했다. 리델 하트 자신도 명예 회복을 위해 끊임없이 노력했으나 군사 사상가로서의 그의 업적은 다소 타당성을 잃고 있다. 그것은 '군사력을 전체적으로 사용한다면 기술적으로 사용해야 하고 가급적 억제해야 하며 전쟁의 목표가 더 나은 평화이므로 평화의 원천은 사람에 의해서 뿐만 아니라 전쟁을 수행한 방법에 의해 결정된다'고 주장했기 때문이다.

　근래 들어와 그의 사상에 대한 재조명과 분석 연구서가 쏟아져 나오고 있는데 대표적인 것으로, 브라이언 본드가 쓴《리델 하트 군사 사상 연구Liddel Hart : A Study of His Military Thought》(졸역, 진명문화사, 1994), 존 미어샤이머가 쓴《리델 하트 사상이 현대사에 미친 영향 Liddell Hart and the weight of history》(졸역, 홍문당, 1998)이 있으며 그에 대한 최초 전기는 알렉스 단체프Alex Danchev가 쓴《전쟁의 연금술사 바실 리델 하트의 생애Alchemist of war: the life of Basil Liddell Hart》(1998)가 있다. 리델 하트의 사상과 풀러 사상과의 비교 분석은 브라이언 홀든 리드Brian Holden Reid가 쓴《영국 군사사상 연구Studies in Bristish Military Thought》가 유명하다.

2. 리델 하트 전략 사상의 진수

리델 하트는 역사로부터 전략 일반 이론을 도출했다. 리델 하트가 역사를 통해 배우고자 한 이유는 역사 연구에서 지혜와 영감의 원천이자 행동을 선택하는 과정의 기록을 통해 전쟁의 복합 상황과 경험을 내면화하여 논리성과 합리성을 기르고, 이를 바탕으로 창조성을 개발할 수 있기 때문이다. 고도의 전략적 사고 능력을 배양하기 위해서는 군사軍史 연구가 하나의 방편이 될 수 있음을 확인할 수 있다.

역사의 이론에 기초한 냉정한 분석의 필요성을 강조하면서도 리델 하트는 자신이 속해 있던 세대의 딜레마로부터 벗어나고자 했다. 리델 하트의 전략을 연구할 때, 특히 역사적으로 접근할 때 주의해야 할 것은 객관성을 유지하고 편견을 분리해내는 것이다. 편견이란 자신의 판단을 기어코 영향력 있게 행사하고자 하는 것이다. 이것은 오늘날의 전략 연구와 전쟁 분석에서도 명심해야 할 것으로, 리델 하트가 우리에게 던져주는 교훈일 것이다.

학문에서 '순수성'을 찾는다면 아래 부류의 사람들에 의해 만들어졌다는 것을 알게 된다.

첫째, 새로운 방식을 찾아내거나 업적을 통해 우리에게 그러한 방식의 첫 예를 보여준 사람으로서 발명가.

둘째, 여러 방식을 종합하고 이를 발명가보다 더 잘 활용하는 사람으로서 전문가.

셋째, 앞의 두 부류의 사람들을 뒤쫓아가지만 숙련도에서 떨어지는 사람.

넷째, 글은 잘 쓰지만 눈에 띄지는 않는 사람.

다섯째, 미문美文을 쓰는 사람.

여섯째, 광기를 보이기 시작하는 사람.

군사 분야에서 첫번째 부류의 사람은 그렇게 많지 않다. 리델 하트의 사망 후 셸포드 비드웰은 리델 하트에 관한 수많은 비판을 '그는 우리를 군인들의 미스터리 속에 몰아넣었다' 는 한 마디의 찬사로 일축해 버렸다. "리델 하트는 상식으로 받아들여졌던 많은 사상들이 개정의 대상이 되었을 때인 19세기 사고 방식을 활짝 피게 한 꽃이다. 그리고 이 모든 사상들 중 전략에 관한 독단적인 견해만큼 굳혀진 사상도 없다. 그는 마르크스와 프로이트를 닮았는데, 리델 하트의 이론 역시 추상적이고 직관적이면서 역사에 대해 개인적인 학식에 크게 의지하고 있기 때문이다. 간접 접근은 변증법적 유물론과 심리학 분석과 마찬가지로 과학적 근거에 민감하지 않지만, 그렇다고 해서 군사 문제를 바라보는 관점의 가치가 떨어지지는 않는다." 리델 하트는 워낙 많은 예언을 남겼으므로 그 중 일부는 적중하지 않을 수도 있었다. 그가 성공한 것은 견고해서 아무도 반대의 입장을 표명할 수 없었던 군사적인 사고를 비틀어내고, 군인과 전술가들이 전쟁을 전혀 새로운 눈으로 보게 만든 것이다. 우리는 계속 리델 하트에 관해 연구를 해야 한다. 그를 반대하는 것도 배우는 것이 되기 때문이다.

개념의 지나친 확대, 제국주의의 과도한 확산, 유화주의 전통, 방어 우위론, 유한 책임 사상 등은 리델 하트에 의해 씨앗이 뿌려진 것이다. 그의 이론은 몇 번씩이나 꼬리가 밟혔어도 계속 유지되고 있다. 꼬리가 밟히는 것은 군사적 토의의 질을 높이는 데 도움이 되었다. 그러나 이러한 자양분의 공급이 끝날 기미는 보이질 않는다. 오히려 리델 하트의 업적을 분석하고 발표하는 것은 이제 유행처럼 번지고 있다. 현대 군사교리는 리델 하트의 이론으로 뒤덮여 있다.

3. 간접 접근 전략의 발전 배경

리델 하트는 근본적으로 전략의 역사는 간접 접근의 발전과 응용의 기록이라고 쓰고 있는데, 그가 간접 접근 이론을 주장한 것은 싸우지 않고 대륙의 적을 격멸시키고자 한 소망적 사고에서 기인했음은 주지의 사실이고 궁극적으로는 영국 지상군을 유럽에 개입시키지 않으려고 하는 '영국식 전쟁 수행 방식'의 논리적 근거로 제시하기 위한 것이었다. 즉 적과의 교전의 필요성을 경감시킬 방법을 모색하는 과정에서 도출한 이론이 간접 접근 전략이다.

영국의 군사 전략은 전통적으로 대륙에서의 싸움에 대규모 지상군 개입을 회피해왔으며 적국에게 경제적 압력을 가하는 해군을 활용했다. 영국식 전쟁 수행은 해양력을 통해 발휘되는 경제 압력이었다. 따라서 해양국가인 영국의 입장에서 본 전략이므로 대륙국가의 입장에서는 동의할 수 없는 부분이 있는데, 특히 방어 우위론이 그러하다.

리델 하트는 자기와 동시대인들에게 간접 접근 전략의 교훈을 가르치고자 하는 총체적 목적을 갖고 역사상 성공과 실패를 한 전략을 역설하고 있다. 리델 하트는 간접 접근에 관한 주요 이론을 《파리 또는 전쟁의 미래》,《영국식 전쟁 수행》과 《전략론》에서 정립했다.《전략론》은 원래 2권으로 구성되어 있다. 책의 전반부는 1929년에 《역사상 결정적인 전쟁》이라는 제목으로 출간되었다. 이 책은 위대한 명장들과 잊혀진 지휘관들의 결정적인 동태를 분석하면서 제1차 세계대전을 통해 전쟁사를 조명하고 있다. 후반부는 제2차 세계대전의 전략에 관한 상세한 검토 내용을 담고 있다. 《역사상 결정적인 전쟁》을 발간한 후 리델 하트는 25년에 걸친 연구와 사색의 결과를 전략 및 세계 대전략의 측면에서 분석하여 발표했는데, 이것이 본서이다. 그는 '전략의 역사는 근원적으로 간접 접근의 응용과 발전의 기록'이라고 주장하면서 전략과 대전략에 관한 전반적인 교훈을 도출하고 있다. '간접'이란 심중의 목적을 다른 사람이 명백하게 인식하지 못하도록 하는 것으로서, 간접 접근이라는 개념 속에는 모든 문제가 일방의 심리에 대해 타방의 심리가 미치는 영향과 긴밀하게 관련되어 있다는 인간의 심리적·정신적 요인과의 연관성이 함축되어 있다.

리델 하트는 연구 범위에 있어 작전 전략에 머무르지 않고 전후의 평화와 번영을 염두에 두고 여러 수단을 조정 통제해야 함을 강조하면서 대전략의 영역까지 발전시켰다. 그는 간접 접근이 생명의 법칙이고 철학에 있어서의 진리이며 인간의 모든 문제를 취급할 때 해결의 열쇠가 된다고 주장했다.

《전략론》의 최우선 목표는 전쟁 그리고 인생 자체에 대한 리델 하트의 주장에 대한 토론장을 제공해주고 있기 때문에 간접 접근이 어떤 종류의 직접 접근보다 훨씬 뛰어나다는 점을 지적하는 데 있다. 그의 주장은 모든 국가는 전쟁에서 참패를 야기할 수 있는 아킬레스 건을 가지고 있다는 가정에 기초를 두고 있다. 그는 가능한 최소한의 인적·경제적 손실로 적의 저항 의지를 굴복시켜야 완벽한 전략을 구사한 것이라고 보고 있다.

간접 접근에 대한 그의 설명은 2,500년 전의 페르시아 전쟁에서부터 제2차 세계대전에 이르기까지 상당히 여러 형태를 띠고 있다. 하나의 사례는 제2차 포에니 전쟁이다. 한니발은 칸나이와 같은 대전을 통해서가 아니라 이탈리아에서 그가 처부순 제국을 격파하여 로마를 간접적으로 패배시켰다. 결국 로마는 간접 접근을 이용하여 회복했는데 그들은 끝까지 항전했고, 한니발의 전술상의 천재성은 무시되었다. 결국 한니발의 패배는 스키피오가 한니발의 본토를 침략, 카르타고 인들을 이탈리아 밖으로 끌어내어 자신이 원하는 위치에서 전쟁을 치름으로써 이루어졌다. 여기서 리델 하트는 결렬된 전투를 종결짓는 데는 다른 방법보다 간접 접근 방법이 더 뛰어나다는 것을 보여주었다.

그는 또한 '간접'이라는 말을 속임수라고 했다. 그 극단적인 예가 테미스토클레스가 크세르크세스에게 보낸 속임수의 편지로, 이를 통해 수적인 우세에도 불구하고 살라미스의 좁은 수로로 페르시아 함대를 끌어들이면서 굴복시킨 사례를 들고 있다. 로마의 율리우스 카이사르는 직접 전략과 간접 전략을 적절하게 변화시키면서 전략을 구사했고, 불가피한 상황이나 유리한 상황에서만 전투를 했다. 또한 전투에서의 승리보다는 정치적인 목적으로 육군을 유지하는 데 비중을 두었으며 전투 자체보다 적을 굶주리게 하여 승리를 쟁취해야 한다고 주장한 면에서 간접 전략을 선호했다. 1066년 켄트와 서식스가 초토화된 상태에서 윌리엄은 해럴드의 소규모 부대를 남쪽, 즉 헤이스팅스까지 끌어들인 것을 두고 적의 활동에 대해 조종이 가능한 것까지 간접 접근이라고 주장했다. 또한 그는 잘 알려지지 않았거나 예측하지 못한 길을 택하여 경제적으로 봉쇄를 하는 것 역시 간접 접근의 가치를 보여주는 것이라고 말하고 있다.

사실 리델 하트의 이러한 이론을 증명하기 위해 무리한 시도를 하는 것은 그의 작업의 가치를 떨어뜨린다. 그는 간접 접근의 우월성을 설명하면서 반대되는 교훈을 무시하거나 잘못 다루었다. 예를 들어 리델 하트는 제2차 포에니 전쟁에서 한니발이 트라시메네에서의 승리 직후 로마로 들어선 것을 비난하는 한편, 이탈리아 제국을 분리시키는 간접 접근을 칭찬했다. 이것과 더불어 다른 일관성 없는 지적들은 리델 하트의 이론에 흠집을 낼 정도는 아니지만 그의 요지에 커다란 의문을 던진다.

군사학도들 중에는 리델 하트를 일러 20세기의 클라우제비츠라고 부르는 사람도 있다. 리델 하트는 클라우제비츠의 전략 개념 중 전략이 정책의 분야를 침범하고 있는 점과 전략이 순수한 전투의 운용에만 국한되어 여러 문제를 초래했다는 점을 비판했다. 전략의 개념이 시대의 변천에 따라 확장되어왔으므로 전투가 중시되던 클라우제비츠 시대와는 상당한 괴리가 있다. 클라우제비츠는 결전과 적 병력 격멸을 중시한 데 반하여 리델 하트는 이를 회피해야 하고 적을 혼란 속에 몰아넣어 무력화하는 것이 바람직하다는 상반된 주장을 했다.

리델 하트는 시간을 초월하는 종합 이론을 정립하지는 않았다. 그의 저서 《전쟁 사상Thoughts on war》이 이러한 노력의 뼈대라면, 《전쟁에 있어서의 혁명Revolution in warfare》이 그 밑그림이고, 《전략론》이 완성품일 것이다. 여기에서 그는 더 이상 진전하지 못했다. 《전략론》 이후의 그의 저서는 같은 내용의 반복일 뿐, 그 이상의 것이 아니다. 전략 사상이란 전쟁의 특정 방법에 대한 직관이다. 위대한 예술가들과 마찬가지로 그의 가장 뛰어난 사상은 다른 사람의 사상을 본떠서 자신의 것으로 만든 것이다.

물론 간접 접근 전략이 만병통치약은 아니다. 방법론 면에서 간접 접근의 역사상 토대는 불완전하며 지나치게 직관적이며 자신의 논리를 입증할 수 있는 것만 의도적으로 취사 선택했다. 간접 접근이 실패한 전투(나폴레옹의 이집트 침공), 직접 접근이 성공한 전투(헤이스팅스와 블렌하임 전투) 사례에 대하여 리델 하트는 아무 말이 없다. 또한 1866년과 1870년의 몰트케의 전역에 대하여 너무 모호한 해석을 내리고 있는 것이 흠으로 지적된다. 그러나 그가 역사에 관한 정확성과 객관성보다 중요시했던 것은 간접 접근의 현재 조건과 미래 전장에서의 실질적인 유효성과의 연계성이다.

학자의 견해와 전략 실무자 사이에는 현실적으로 많은 시각의 차이가 존재하는데, 그 가장 큰 차이는 전략적 방책을 도출하는 데 있어 시간의 절박성과 책임의 소재일 것이다. 전략 이론가는 진보적인 생각과 사고를 자극할 수 있는 말을 임의로 할 수 있고 주장이 가능하나, 전략 기획을 담당하는 실무자는 똑같이 되풀이되지 않는 상황과 조건, 전승 불복의 개념을 항상 염두에 두어야 하며, 대안이 있는 미래 예측을 하되 책임을 져야 하므로 신중해야 한다.

4. 리델 하트 전략론의 가치와 의의

손자의 병법에 관한 원칙을 상당수 수록하고 있는 리델 하트의 시각과 인식은 합당하다. 그것은 《손자병법》을 전쟁 지도에 대한 지혜의 압축된 핵심으로서 서두에 인용하고 있는 데서 잘 나타나고 있으며, 그의 간접 접근은 손자의 우직지계于直之計와 일맥 상통한다고 보겠다. 하지만 《전략론》의 가치는 리델 하트의 기본적인 이론에만 있는 것이 아니다. 이 책의 이중성은 리델 하트의 인생 전반의 사건들을 반영한 것에 있다. 이 책의 전반부는 물론 제1차 세계대전 후에 유럽 국가들이 빠져 있던 딜레마인 서부 전선 참호전에서 벌어진 대량 살상을 어떻게 피할 것인가에 대한 해결책을 제시하기 위해 쓰여진 것이다. 리델 하트는 그의 '간접 접근' 이론을 그 문제 해결을 위한 역사적 교과서로 사용하고 있다. 후반부 히틀러의 흥망성쇠에 대한 그의 분석은 간접 접근의 결정성을 다시 한번 확인시켜준다. 심지어 리델 하트는 히틀러의 적대 이전의 무혈 정복에 대하여 폴란드를 포위하면서 적용한 '간접 접근법'이라고 결론짓고 있다.

리델 하트의 전략에 관한 분석은 나름대로의 통찰력이 있지만 약간의 혼란이 있었음은 간과할 수 없는 사실이다. 이 책은 또한 과거를 통해 시대를 전반적으로 다룬 문제를 해결하는 관점을 엿볼 수 있게 한다.

'전략' 의 개념은 시대의 변화에 따라 그 정의가 확장되고 발전되어 왔다. 리델 하트는 전략의 정의를 '정책 목표를 달성하기 위한 군사적 모든 수단을 배분하고 적용시키는 술' 로 정의했다. 이러한 정의는 군사 전략 부문에 한정하기 때문에 실제 사용되고 있는 광범위한 의미를 수용하지 못하는 한계가 있다. 전략은 '하나의 과정이며 기회, 불확실성 그리고 모호함이 지배하는 세계에서의 변화하는 조건과 환경에 대한 끊임없는 적응' 이라는 관점에서 볼 때 그 의미는 계속 확장되고 있다.

앙드레 보프르는 리델 하트에 의해 정의된 군사전략 개념이 오로지 군사력만을 취급하고 있기 때문에 너무 한정적이라고 지적하면서 '핵무기의 존재가 초래한 억제 효과로 인하여 행동의 제한 자유의 영역을 최대한 활용하고, 한정된 군사 자원에도 불구하고 결정적으로 중요한 승리를 획득할 수 있는 술책' 으로 간접 전략의 개념을 제시하고 있다. 앙드레 보프르는 리델 하트의 간접 접근 전략이 군사력을 주요 수단으로 하는 직접 전략의 범주에 포함시키면서 간접 전략은 군사력의 직접 충돌에 의해서가 아니라 완만한 방법으로 모든 수단을 활용, 승부 결정을 추구하는 전략이라고 말했다.

리델 하트는 간접 접근 전략의 목적을 "최소 전투에 의한 승리를 위해 적 저항의 가능성을 감소시키는 것이며 이러한 목적을 달성하기 위한 목표로서 유리한 전략적 상황을 조성하는 것이다. 이러한 교란은 적의 균형을 파괴하고 조직의 기능을 와해하는 물리적 교란과 적을 심리적으로 분열시키고 저항 의지를 상실시키기 위한 심리적 교란으로 달성된다. 이것은 적에 대한 사고와 행동의 자유를 박탈하기 위해 사전에 물리적·심리적 견제로서 최소 예상선, 최소 저항선을 따라 적의 배후로 지향하는 기동인 간접 접근 방법을 택해야 한다"라고 주장하고 있는 것이다. 그런 면에서 오늘날 미국이 취하고 있는 국가 안보 전략에서 유리한 전략 상황 조성, 국가 이익에 도전하는 적의 위협에 대응, 미래의 위협에 지금 준비한다는 전략은 리델 하트의 이론을 그대로 구현하고 있다고 보아야 할 것이다.

리델 하트는 이 책을 통해 오늘날 강대국 특히 해양국가의 승리는 전략의 승리임을 예시했고, 전략을 무시하는 태도는 두 번의 세계대전에서 독일에게 막대한 손해를 입혔다는 메시지를 전달하고 있다. 작전상의 묘기와 술책을 아무리 많이 구사해도 정책 판단에서의 근원적인 결함을 메울 수는 없으며 정치·전략상의 실수는 치명적인 결과를 초래했다. 작전과 전술의 차원보다 정치 및 전략 차원에서 정확한 결정과 결심을 하는 것이 중요하며, 작전과 전술의 실패는 전략의 성공으로 만회하는 것이 가능하지만 정치 및 전략의 실수는 영원히 지속됨을 알 수 있는 것이다.

5. 전략적 사고 확대와 미래전 대비

우리는 이 책에서 알렉산드로스 대왕과 히틀러의 사례를 통해 과도한 목표를 설정하거나 능력과 가능성의 한계를 벗어나 과욕을 부리면 초기의 성공에도 불구, 반드시 대가를 치르게 됨을 보았다. 전쟁 억제와 전략적 사고의 확대와 미래전에 대비하기 위해 나는 몇 가지 제안을 하고자 한다.

첫째, 전쟁 억제와 전쟁 수행을 위한 정치가와 군인의 역할 인식이다. 정치가는 전쟁 억제를 위해 군사를 이해해야 하고 군인은 전쟁 수행을 위해 정치를 이해해야 한다. 국가 지도자는 명확한 전략 개념과 더불어 전쟁 지휘 능력을 구비해야 하며 군 지휘관은 정치에 대한 식견과 감각을 갖추고 있어야 한다. 따라서 장교 양성 과정에서 정치학 교육은 더욱 심화되어야 한다.

둘째, 장교 교육 체계 중 전략 교육의 강화이다. 전략은 군사 문제 해결을 위해 최선의 방안에 이르는 방법에 대한 사고 과정으로, 군사학 교육은 전체를 조감한 뒤 세부적으로 탐구할 수 있는 대관세찰大觀細察의 하향적 접근이 요구되므로, 특히 초급장교 시절에 전략 입문을 포함하여 전략 교육을 해야 한다. 이는 공격 정신과 판단력이 조화를 이루지 못한 우둔한 지휘관 한 사람에 의해 국가와 군대가 돌이킬 수 없는 피해를 입을 수 있음이 많은 사례를 통해 입증된 바와 같기 때문이다.

셋째, 우리의 대북 전략에 간접 접근 전략을 적용하자는 것이다. 간접 접근 전략의 다소 모호한 점은 인정한다고 하더라도 북과 대치한 현실에서 직접 대응하기보다 간접 접근의 방법을 활용하면 대북 문제 해결의 실마리가 훨씬 쉽게 풀릴 것이다. 리델 하트가 주장한 경제적 압박은 반도국인 우리의 처지에서 고려해봄직할 것이다.

넷째, 한국전쟁을 바라보는 시각과 태도 역시 되돌아볼 때가 되었다. 패배를 자인하는 측은 그 원인을 찾고 절치부심하여 차기 전쟁에서 승리를 거두었는데 반해, 승리한 측은 자기 만족과 보수 지향의 성향으로 다음 전쟁에 패배했음을 전략사는 보여주고 있다. 우리는 한국전쟁을 어떻게 바라보고 있으며 인식하고 있는가?

다섯째, 용병 전략과 양병 전략의 구분이다. 이 책은 주로 용병에 관한 전략을 다루고 있는데, 전략의 구분은 용병에 관한 작전 전략 Operational Strategy과 양병에 관한 전략 즉 군사력 건설 전략Force developing Strategy으로 구분되므로, 전략의 개념 구분을 혼돈해서는 안 된다는 점이다. 군사력 건설 전략이란 목표년도의 전쟁 발발을 가정하여 어떻게 싸울 것인가에 대한 전장 운영 개념을 토대로 군사력 건설과 정비 지침을 제공하는 것이다. 국방 기획 관리 제도(PPBS)에 의한 '목표 소요 기획'을 위한 전략과 현재의 능력을 토대로 전쟁을 어떻게 수행하고 지도할 것인가 하는 작전 전략을 구분할 수 있어야 하겠다.

독자들이 이 책 《전략론》을 이해하기 위해서는 지도나 아틀라스를 휴대하되 저자 서문을 먼저 읽고 제4부부터 제1부까지 역순으로 읽는 것이 더욱 쉬운 방법일 것이다. 왜냐하면 1, 2, 3부는 전략과 대전략의 근본 문제를 도출하기 위한 예증이자 사례이기 때문이다.

리델 하트 사상의 진수를 담고 있는 이 책을 통해 리델 하트에게 한 걸음 다가설 수 있게 되었다. 이 책의 초고를 검토하고 오류를 수정해준 정호섭 박사에게 감사한다. 전략 문제에 관하여 고민하는 계기를 마련해준 조창진, 한광문, 윤일영, 김진항 장군께도 감사드린다. 이 책을 번역하면서 천학비재賤學非才하여 범한 오류에 대해서는 따뜻한 질정叱正을 바란다. 용어 번역에 있어 혼란을 조성하여 이탈 강요의 의미를 내포하고 있는 dislocaion을 교란으로, 적의 주의를 분산시키는 distraction은 견제로 표기하였음을 첨언한다.

주은식

찾아보기

옮긴이 / **주은식**
경남에서 태어나 1976년 육군사관학교에 입학한 후 육사 36기로 임관했으며
육군대학 정규 44기 과정과 러시아 총참모대학원 국가안보과정을 수료했다.
야전 부대에서 지휘관과 참모 업무를, 합동참모본부에서 전략 업무를 수행했으며
육군준장으로 전역하였다.
옮긴 책으로는《리델 하트 군사사상 연구》《리델 하트 사상이 현대사에 미친 영향》
《전쟁의 이론과 해석》《전투력과 전투 수행》등이 있으며
〈독불전의 교훈과 침투 마비전 개념의 발전〉
〈기동전 수행을 위한 교육 훈련 발전 방안〉〈리델하트 군사상에 관한 연구〉등의
논문을 발표했다.

전략론

초판 1쇄 발행 1999년 10월 10일
개정 1판 1쇄 발행 2018년 8월 30일
개정 1판 3쇄 발행 2022년 12월 29일

지은이 바실 헨리 리델 하트
옮긴이 주은식

펴낸이 김현태
펴낸곳 책세상
등록 1975년 5월 21일 제2017-000226호
주소 서울시 마포구 잔다리로 62-1, 3층(04031)
전화 02-704-1251
팩스 02-719-1258
이메일 editor@chaeksesang.com
광고·제휴 문의 creator@chaeksesang.com
홈페이지 chaeksesang.com
페이스북 /chaeksesang **트위터** @chaeksesang
인스타그램 @chaeksesang **네이버포스트** bkworldpub

ISBN 979-11-5931-274-8 04390
    979-11-5931-273-1 (세트)